ENVIRONMENTAL SAMPLE
PREPARATION

环境样品
前处理技术

第二版

◉ 江桂斌 等编著

化学工业出版社

·北京·

样品前处理对于测定结果的准确性和质量控制具有至关重要的作用。随着仪器水平和分析技术的不断提高，样品前处理已成为整个分析过程的瓶颈。《环境样品前处理技术》（第二版）系统地介绍了当前国际上各种先进样品前处理技术，全书共分十二章，包括目前应用广泛且具有良好发展前景的固相萃取、固相微萃取、膜分离、低温吹扫捕集、微波消解和微波辅助萃取、超临界流体萃取、免疫亲和固相萃取等新技术及其发展现状，此外，还结合典型有毒化学污染物如二噁英、多氯联苯和多环芳烃、有机金属化合物等讨论了它们的前处理方法。各章均提供了大量的样品处理应用实例。

《环境样品前处理技术》（第二版）可供环境化学、分析化学科技工作者阅读，也可供高等院校相关专业师生及其他行业的分析技术人员学习参考。

图书在版编目（CIP）数据

环境样品前处理技术/江桂斌等编著. —2 版.
北京：化学工业出版社，2016.1（2023.9重印）
ISBN 978-7-122-25442-9

Ⅰ.①环…　Ⅱ.①江…　Ⅲ.①污染物-萃取②污
染物-前处理　Ⅳ.①X132

中国版本图书馆 CIP 数据核字（2015）第 250192 号

责任编辑：杜进祥　　　　　　　　　　文字编辑：向　东
责任校对：陈　静　　　　　　　　　　装帧设计：韩　飞

出版发行：化学工业出版社（北京市东城区青年湖南街 13 号　邮政编码 100011）
印　　装：北京虎彩文化传播有限公司
710mm×1000mm　1/16　印张 27½　字数 535 千字　　2023 年 9 月北京第 2 版第 6 次印刷

购书咨询：010-64518888　　　　　　　　售后服务：010-64518899
网　　址：http://www.cip.com.cn
凡购买本书，如有缺损质量问题，本社销售中心负责调换。

定　　价：99.00 元　　　　　　　　　　　　　　版权所有　违者必究

《环境样品前处理技术》（第二版）编写人员

江桂斌　郑明辉　刘景富　何　滨

蔡亚岐　刘稷燕　周群芳　刘杰民

时国庆　梁立娜　周庆祥　姚子伟

张小乐

前　言

　　样品前处理对于测定结果的准确性和质量控制具有至关重要的作用。由于仪器水平和分析技术的不断提高，样品前处理已成为整个分析过程的瓶颈，受到国内外学术界的高度重视。2003 年，在化学工业出版社的大力支持下，我们编著出版了《环境样品前处理技术》一书，得到读者肯定。十几年过去了，这本书所总结介绍的环境样品前处理方法已经得到广泛应用，一些实验室以此为基础，建立了不同的分析方法体系。

　　随着科学技术的快速发展，一些新的技术不断出现，使得本书的修订与再版十分必要。本版书比较系统地介绍了当前国际上各种先进样品前处理技术的发展现状，以求为从事环境样品方法研究、分析监测和其他有关研究人员提供参考。本次修订的主要内容有：第 2、5、7、8、9、11 章改动较大，文献进行了更新；第 4、6、10 章部分更新，文献也进行了更新；第 1、3、12 章更新内容很少。从内容分配方面，本书前八章介绍了目前应用广泛或具有良好发展前景的固相萃取、固相微萃取、微波萃取、超临界萃取、免疫亲和、吹扫捕集和连续流动液膜萃取等新技术，后几章结合典型有毒化学污染物如二噁英、多氯联苯、有机金属化合物等讨论了这些化合物的前处理方法，可供从事相关工作的同仁参考。

　　和第一版一样，本书的完成也是分工协作的结果。参加本书的写作人员均来自中国科学院生态环境研究中心、环境化学与生态毒理学国家重点实验室的科研一线，书中大多数内容正是笔者及其同事和研究生正在从事的研究，其中所选若干图表来自笔者实验室的研究成果。清华大学化学系郁鉴源教授、陈培榕教授对书稿提出了不少修改意见，在此表示衷心感谢！由于笔者的学识水平所限，加上一些领域的技术并不成熟，无论从理论上还是技术方面都还需要继续深入研究和完善，书中存在的不足之处，敬请专家和读者指正，在此表示诚挚谢意。

江桂斌
2015 年 9 月 1 日于北京

第一版前言

样品前处理对于测定结果的准确性和质量控制具有至关重要的作用。随着科学技术的进步，特别是仪器水平和分析技术的不断提高，样品前处理已成为整个分析过程的瓶颈，受到国内外学术界的高度重视。鉴于国内目前在环境样品前处理方面资料甚少和广大读者的需要，本书比较系统地介绍了当前国际上各种先进样品前处理技术的发展现状，以求为从事环境样品方法研究、分析监测和其他有关研究人员提供参考。

本书前八章介绍了目前应用广泛或具有良好发展前景的固相萃取、固相微萃取、微波萃取、超临界萃取、免疫亲和、吹扫捕集和连续流动液膜萃取等新技术，后四章结合典型有毒化学污染物如二噁英、多氯联苯、多环芳烃、有机金属化合物等讨论了这些化合物的前处理方法，力图使从事相关工作的同仁有所裨益。

本书的完成是分工协作的结果。参加本书编写的人员均来自中国科学院生态环境研究中心、环境化学与生态毒理学国家重点实验室的科研一线，书中大多数内容是作者及其同事和研究生正在从事的研究，所选若干图表来自作者实验室的最新结果。天津大学肖新亮教授对书稿提出了不少修改意见，在此表示衷心感谢。由于笔者的学识水平所限，加上一些领域的研究刚刚起步，无论从理论上还是技术方面都还需要继续深入研究和完善，书中存在的纰漏、不足甚至错误之处，敬请专家和读者指正。

江桂斌
2003 年 8 月于北京

目 录

第三章　固相微萃取技术　　95

第四章　膜分离技术　　146

第七章　超临界流体萃取技术　　231

第八章　免疫亲和固相萃取技术　　259

第九章　二噁英样品的前处理技术　294

第一章

绪　　论

　　样品的采集、贮存和前处理对于微量有毒化学污染物的测定是极为重要的。在上述过程中，样品被沾污或因吸附、挥发等造成的损失，往往使分析结果失去准确性，甚至得出错误的结论。

　　环境分析化学包括了样品的采集和预处理、样品分析以及分析结果的化学计量学处理等整个过程，而不仅仅局限在初期的测定样品中各种成分的含量。环境分析工作中的误差，可能由多种原因引起，例如：实验方法本身的误差、试剂本身不纯或是被沾污、测定过程或数据处理过程的误差等，所有这些误差现在都可以通过空白实验、标准方法、标准参考物质等来校正和控制。但是，如果是样品本身出现的问题就很难解决了。分析工作中的偶然误差，其标准偏差 S_o 与采样过程中的标准偏差 S_s 及剩下所有分析过程的标准偏差 S_a 有关。通常表达为：

$$S_o^2 = S_s^2 + S_a^2 \tag{1-1}$$

　　因此，如果 S_s 足够大，而且无法控制，分析工作就失去了准确性的依据，使用再精密的仪器测定方法也无济于事，因为最终分析结果的误差不可避免。样品前处理过程对分析结果的准确性影响极大。若用 S_{ss} 来表示前处理过程的标准偏差，则整个分析过程的偏差可以表述为：

$$S_o^2 = S_s^2 + S_a^2 + S_{ss}^2 \tag{1-2}$$

上式表明样品前处理和样品采集一样对分析的准确性具有重要的制约作用。

　　样品前处理技术已成为近年来环境分析化学研究的热点之一。目前，国内外都有不定期的学术会议专门讨论，也有许多研究论文和专著发表[1~11]。样品的采集及其前处理、分析结果的处理方法已和样品分析工作本身并驾齐驱，成为分析工作的三个重要环节。如果考虑花费在这三个环节上的时间份额，图 1-1 给出了采样及前处理、分析过程和数据处理三个过程所占的时间份额。

　　初看起来，这个比例似乎有夸大之嫌。但是如果把分析工作当做一个整体看待，随着仪器分析方法的进步和自动化程度的提高，样品分析的时间份额必然会降低（这里当然不包括纯分析方法研究），更多的时间则用于样品的采集、贮存及其预处理方法研究和具体操作上。对于数据处理和分析结果报告，包括科研论

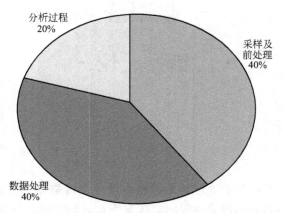

图 1-1 采样及前处理、分析过程和数据处理三个过程所占的时间份额

文的撰写等所占的时间份额更是分析工作者有切身体验的。

样品的采集和贮存问题涉及许多许多学科领域,本章将简要讨论样品的采集、贮存及其预处理。

第一节 样品采集前的考虑与准备

确定样品采集前要考虑 5 方面的问题和影响因素。

① 采样之前要根据样品测试的总体要求选定采样区域。要求综合考虑采样区域的历史演变、地理情况、工农业污染现状等因素。对选定的采样区域,如果选定一条河流作为采样区域,应该对其污染历史,周围的化肥、农药及其他化工产品生产有所了解,还要了解流域的工农业生产情况特别是农药的使用或有毒化学品在工业生产中的使用、交通情况、污染物排放情况、污染历史等。要特别重视和利用已有资料。在综合分析的前提下,确定采样点的分布。

② 采样之前要根据所要测的污染物来确定样品的种类。样品的种类主要包括气体、液体、固体和生物样品几大类。气体样品包括大气中的微量气体成分、气溶胶、大气颗粒物、飘尘、沙尘、挥发性金属化合物等。液体样品主要包括海水、河水、天然水、矿泉水、地下水、自来水、污水、雨雪水、饮料、酒类、奶类、酱油、醋、汽油、洗涤剂、食用油等。固体环境样品主要包括土壤和沉积物、矿物质,与人类活动有关的日常生活废弃物,如食品、污泥、灰尘、废旧材料等。生物样品包括广泛的陆生及水生动植物,其中和人体有关的样品包括体液、汗液、血液、血清、尿液、胆汁、胃液等。固体生物样品包括肌肉、骨头、头发、指甲、肾、肝等。

③ 要考虑样品的大致浓度范围。有毒化学污染物在各种样品中的分布差别

是很大的。采样前，应大致了解所测样品的浓度范围，以做到有的放矢，采集合适的样品体积与数量。例如，二噁英、多氯联苯（PCBs）、多环芳烃（PAHs）等有机污染物和壬基酚、双酚A等环境内分泌干扰物在一般无污染河水和海水中的含量和自然界各种水源中的含量是很低的，需要通过大量水样（有时需要几十升）的富集来完成一次测定，如一般河水中壬基酚的测定每次需要水样300～500mL。再如，有机锡化合物在一般无污染海水中的含量和自然界水源中的含量在 $10ng \cdot L^{-1}$ 以下，这样的样品含量，按照现有气相色谱-火焰光度检测器的检测限（10pg）来计算，如果样品衍生以后定容为1mL，取 $1～2\mu L$ 进样，一次测定的样品量起码应在500mL以上；在污染的海水中和港湾中可以高达 $\mu g \cdot L^{-1}$ 级以上，一次测定只需少量样品；而在化工厂等处有机锡的含量可能高达 $mg \cdot L^{-1}$ 水平，这样的样品需要经过稀释后再测定。

④ 要考虑基体的种类及其均匀程度。对于非均匀质的环境样品的采集，如固体废弃样品，活水排放源附近水域等。首先要选择合适的具有代表性的地点，有条件的要使用卫星定位系统，准确确定采样地点的经纬度，以便下次或多次重复采样或长期观察。要根据测定工作的需要，确定典型代表物的样品数量和单个样品的体积大小，还要考虑采样的频度，如均匀排放的污水样品，可以定期采样；而对于不定期排放的污水，则应区分排放期和非排放期的差别。对于生物样品，如血液、尿液等要根据不同的样品分析要求确定采样所用的容器、时间、频度和体积。

⑤ 要考虑所用分析方法的特殊要求。根据测定任务的要求和实际需要选择分析仪器和方法。但任何分析方法都不是万能的，因此采样前就要充分考虑所用分析方法的特点来有选择性地采集不同的样品种类和取样量。如果所选环境样品需要经过衍生后测定，特别是通过液相色谱或气相色谱分离后进行测定的，样品的基体没有什么干扰，适于广泛的样品种类和大量的样品体积。而利用氢化物发生等技术直接测定的，样品基体往往会有较大影响，样品中各种干扰离子往往对被测化合物产生抑制作用，这种技术一般选择海水、天然水等液体样品，取样量可以少些，因为这种技术非常灵敏。

此外，一些外部因素，如风向、河水流向、温度、光照、酸度、微生物作用等也应予以考虑。例如，在光的照射下，三烷基锡化合物容易降解为二烷基化合物。温度及引起的微生物活动变化对许多化合物的稳定性有影响，如容易引起一些化合物的生物降解。样品的pH值会极大地影响金属离子的氧化/还原比例；低pH值时，样品中易含有更多的自由离子。对于多数水样，需要调节为酸性介质以避免水解反应的发生。

采样时应根据不同样品选择采样皿。采集金属化合物一般要用聚四氟乙烯或玻璃器皿，而由于双酚A、壬基酚、辛基酚等化合物在绝大多数塑料器皿中都有溶出，严重干扰测定结果，因此，此类化合物样品的采集必须使用玻璃器皿或不锈钢器皿。

采样前要做好充分准备，要提前熟悉所采区域的地理环境、天气情况，熟悉采水器、底泥采样的抓斗、土柱采样装置、大气颗粒物采集装置等的使用方法，以便节省采样时间。

第二节　水样的采集方法

一、水样的采集

环境样品测定中采集最多的就是水样。环境水样可分为自然水（雨雪水、河流水、湖泊水、海水等）、工业废水及生活污水。自然界中的水含有复杂的多种成分，包括有机胶体、细菌和藻类，无机固体包括金属氧化物、氢氧化物、碳酸盐和黏土等，而其中微量元素或有机污染物的含量往往是很低的。采集的各种水样必须具有代表性。

1. 采集位点

工业污水中有毒化合物较多，而生活污水中有机质、营养盐等成分居多。采样时应尽可能考虑全部的影响因素，包括人为的和客观环境的影响因素以及这些因素可能的变化情况。主要包括以下及几个因素：①测定内容，即测定化合物的类别。采集前对于样品的用途应该有清楚的了解，假若是测定一条河中某种污染物长期的变化规律，一定要选取在固定间隔期间内可以重复选取的地点。②样品的大致浓度范围。③基体的种类及其均匀程度。④所用分析方法的特殊要求。影响水样性质的物理过程有：逸气、光化降解、沉淀、悬浮物损坏、沉积物和悬浮物的挠动等。由化学过程影响采集水样的性质主要有：化学降解、分析物再分布、解吸与吸附、沾污。采样时避免采样设备、船甲板或排污水的沾污。

自然界中微量元素和有机污染物的含量与水样的深度、盐度及排放源有关，只有个别有机金属化合物如甲基锗等与采集深度及盐度无关。采集前对于样品的用途应该有清楚的了解，假若是测定一条河中某种元素或污染物长期的变化规律，一定要选取在固定间隔期间内可以重复采样的地点。

采集的各种水样必须具有代表性，能反映水质特征。河口和港湾监测断面布设前，应查河流流量、污染物的种类、点或非点污染源、直接排污口污染物的排放类型及其他影响水质均匀程度的因素。监测断面的布设应有代表性，能较真实地全面反映水质及污染物的空间分布和变化规律。对于使用管道或水渠排放的水样的采集，首先必须考虑通过实验确定污染物分布的均匀性，应该避免从边缘、表面或地面等地方采样，因为通常这些部位的样品不具备代表性。供分析河流天然水化学成分的水样，一般在水文站测流断面中泓水面下 0.2～0.5m 采取，断面开阔时应当增加采样点。岸边采样点须设在水流通畅处。入海河口区的采样断面一般与径流扩散方向垂直布设。港湾采样断面（站位）视地形、潮汐、航道和监测对象等情况布设。在潮流复杂区域，采样断面可与岸线垂直设置。海岸开阔海区的采样站位呈纵横断面网格状布设。必要时还可根据不同的物理水文特征和采样要求在不同深度分层取样，一般可分为表层、10m 层和底层。

2. 采样要求

水样采集一般应使用专用采样器，以保证从规定的水深采集代表性水样。

① 表面水样的采集，必须考虑将聚乙烯瓶插入水面以下，避开水表面膜并戴上聚乙烯手套，表面水样可以用聚乙烯水桶采集。测定海水中金属元素或有机污染物时，必须更加小心注意采样器具的清洁问题。用船来采集水样，必须考虑来自船体自身的沾污、采样器材本身的沾污，不管是大船还是小舟。

② 对于深水采样，目前采用的器皿大多由聚乙烯、聚丙烯、聚四氟乙烯、有机玻璃（甲基丙烯酸甲酯）等加工而成，避免使用胶皮绳、铁丝绳等含有胶皮或金属的材料，避免铁锈或油脂等的沾污。

③ 对于天然水样，大多采用定时采集的方法。为了反映水质的全貌，必须在不同的地点和时间间隔重复取样。采集的频度须足够大以反映水样随季节的变化，通常采用两周一次或一月一次。在确知一些排放源排放时间时，采样也可随此变化。另外，在有多种排放源存在的情况下，采自不同的横断面或不同深度的样品都会有很大差别。自动采集装置主要用于高采样密度和长期连续不断采样的需求。连续测定的常规参数主要包括 pH、电导率、盐度、硬度、浊度、黏度等。

④ 采集雨水和雪样时，如果是沉积物，可用大体积取样器同时收集湿的和干的沉积物，如果采集湿样，只能在下雨或下雪时采集。对于高山和极地雪的采集，必须用洁净的聚乙烯容器，操作者戴洁净手套，在逆风处采样。采样时先用塑料铲刮出一个深度约 30cm 的斜坡，用大约 1000mL 的聚乙烯瓶横向采集离地面 15～30cm 的雪样，采集后立即封盖并冷藏处理直到样品分析。

3. 采样频率

采样时间和频率的确定原则是：以最小工作量满足反映环境信息所需的资料、能够真实地反映出环境要素的变化特征，尽量考虑采样时间的连续性、技术上的可行性和可能性。对于天然水样，大多采用定时采集的方法。为了反映水质的全貌，必须在不同的地点和时间间隔重复取样。采集的频率必须足够大以反映水样随季节的变化。通常采用两周一次或一月二次。在确知一些排放源排放时间时，采样也可随此变化。另外，在有多种排放源存在的情况下，采自不同的横断面或不同深度的样品都会有很大差别。自动采集装置主要用于高采样密度和长期连续不断采样之需求。连续测定参数主要包括 pH 和电导率等。

二、水样的预处理

除非将采到的水样马上进行分析，否则在水样贮存以前必须进行适当的预处理。主要依据被测水样的不同要求而异。通常对于微量元素或有机分析，首先必须通过过滤或者离心将水样中的颗粒物质除去（如果测定颗粒物中的污染物成分，则需收集这部分样品），然后加入保护剂，水样盛放在没有污染的容器内，并贮存在合适的温度下，以防止有效成分的损失、降解或形态变化。

在未过滤的样品中，由于颗粒物和溶解于样品中的碎片之间的相互作用，有可能引起样品中重金属化学形态分布的变化。研究人员发现重金属在沉积物与水的混合物中的吸附-解吸附平衡时间是很快的，一般少于 72h，最大吸附发生在 pH＝7.5 左右，沉积物中金属的浓度因子可以高达 50000，采样后，溶液平衡的任何变化，颗粒物所提供的吸附部位都将为金属形态的迁移提供路径，而在某些条件下，解吸已吸附的金属是可能的。另外，一些研究表明，将未过滤的海水样品贮存在聚乙烯容器中，溶解的重金属组分如 Pb、Cu、Cd、Bi 等没有损失。

高的细菌浓度伴随着沉积物的存在同样也会导致水溶性金属形态的损失。细菌和藻类的生长包括光合成及氧化等作用将会改变水样中 CO_2 的含量因而导致 pH 值的变化，pH 值的变化往往带来沉淀、改变螯合或吸附行为，以及溶液中金属离子的氧化还原作用。

利用未经处理的膜来过滤海水样品中的含汞样品，可能造成 10%～30% 的损失。然而使用处理过的玻璃纤维过滤，汞的损失可降低至 7% 以下。

由于贮存样品中的细菌生长和繁殖的不可测性质，采样后的过滤越早越好。如果时间推迟至几个小时之后，样品最好在 4℃ 左右保存以便抑制细菌的生长。

利用 0.45μm 的微孔膜可以方便地区分开溶解物和颗粒物，通过滤膜的过滤液中还可能含有 0.001～0.1μm 的微生物和细菌的胶粒以及小于 0.001μm 的溶解于水中的组分。0.45μm 的滤膜可以滤出所有的浮游植物和绝大多数的细菌。连续的过滤有时可能造成滤膜的堵塞，这时一般需要更换新膜或是采用加压过滤。

使用过滤仪器，应该注意仪器与溶液相接触部分的材料，如硼硅玻璃、普通玻璃、聚四氟乙烯等，同时也要考虑过滤器的类型，如真空还是加压。玻璃过滤器使用橡胶塞子容易造成沾污。一般选择使用硼硅玻璃的真空抽滤系统。过滤以前，过滤器材应用稀酸洗涤，通常可以在 1～3mol·L^{-1} 盐酸中浸泡一夜。

未被处理过的过滤膜表面极易吸附蒸锅水中的镉和铅，但用来过滤河水时，未发现上述元素浓度的变化。一般的滤膜使用前先用 20mL 2mol·L^{-1} HNO$_3$ 洗涤，再用 50～100mL 蒸馏水冲洗。接收的烧杯或三角烧瓶必须用蒸馏水将酸冲洗干净，最初的 10～20mL 滤液去掉。对于海洋深水样的过滤，滤膜最好先用稀硝酸浸泡。

加压过滤或真空抽滤是通常使用的两种方法。加压过滤速度快，适用于过滤含有大量沉积物的河水水样的过滤，如果使用 47mm 直径、$0.45\mu m$ 膜过滤水样，速度大约在 $100mL\cdot h^{-1}$ 左右，加压过滤通常使用超滤膜。

对于难以过滤的样品，离心也是一种有效的手段，但离心的过程容易引起沾污。离心分离的效率跟离心的速度、时间以及颗粒的密度有关。

三、水样的贮存

常用于样品贮存的容器材料有聚乙烯、聚丙烯、聚四氟乙烯、硼硅玻璃等，选择容器材料的主要依据是材料的吸附程度和表面纯度。玻璃表面具有弱的离子交换作用，在弱酸或弱碱水溶液中，玻璃表面的硅酸离子易和阳离子交换。研究表明碱玻璃表面的交换能力甚至高于标准的磺酸盐树脂，引入硼硅基团后，交换能力大大下降，因此选择容器材料时，不能选用碱性玻璃。

研究表明，金属离子在玻璃或氧化物表面上的吸附程度取决于金属离子本身的水解能力，在酸性溶液中吸附现象很少，而随着 pH 的升高，吸附现象明显增加。

疏水的有机聚合物如聚乙烯、聚四氟乙烯等的吸附行为被认为是由聚合物表面双电层上的离子交换引起的。在聚四氟乙烯中，这种双电层含有通过范德华力或氢键键合的羟基离子。而带有负电荷的容器表面已被电渗析测定而证实。

通常而言，使用聚乙烯或聚四氟乙烯材料比用硼硅玻璃材料的表面吸附现象少得多。用疏水硅胶处理玻璃表面可以有效地降低重金属离子的吸附。无论是聚合材料或是玻璃材料都可能因其本身所含重金属杂质而沾污所盛的样品，这些杂质可能来自于制造这些材料时用的催化剂、助剂、模板等。有机增塑剂也可能在贮存期间释放，可能影响金属形态的氧化还原性能和螯合性能。因此，选用这些材料制造容器时，必须考虑将它们自身的沾污降低到允许范围并减少由于被测组分吸附在容器壁上所造成的损失。

通常将容器浸泡在稀酸溶液中已经足以消除容器表面的金属杂质了。实验表明：在 HNO_3 中将聚乙烯容器浸泡 48h 后，用此容器贮存 Cu、Co、Pb、Cd、Zn 等没有发现浓度的损失。

聚四氟乙烯容器在制作时有可能接触金属污染物，因而也需要清洗，和清洗石英器皿一样，用 50% 的 HNO_3 清洗，结果是很有效的。

聚乙烯和聚四氟乙烯材料是贮存测定微量重金属离子含量用的水样的最佳选择。样品贮存时，如果只是为了测定样品中金属总量，则为了减少样品的吸附通常在过滤以后，加入 HCl 或 HNO_3，保持酸度在 $0.1mol\cdot L^{-1}$，如果在过滤前就酸化，由于酸度的提高可能将颗粒物中包含的金属离子释放出。样品加酸以前，必须做酸的空白实验以确证酸中金属离子的含量不干扰样品测定，但有时空白实验所用的蒸馏水中金属离子的含量比一般天然水样中的含量还高，这时要引起充分注意。

有的实验室采用将水样过滤后冷冻保藏的方法，比如：将未酸化的海水样品在$-45℃$保持3个月后，Cd、Pb和Cu的总浓度没有明显变化。只是一些不稳定的金属形态和无机或有机胶体的浓度略有改变。在采用冷冻贮存和非冷冻贮存的对照实验中铅的浓度没有变化。冷冻的新鲜水样发现不稳态的铜和铅的形态有变化，而金属的总浓度没有变化。

通过$0.45\mu m$滤膜过滤的水样在室温下贮存时，几天后发现有颗粒物重新出现，大多数的颗粒物的直径大于$4\mu m$。研究结果表明颗粒物的出现与细菌的生长及聚集有关。在$4℃$时贮存样品，细菌活性大大降低。

对于有机汞、有机硒、有机砷等有机金属化合物，样品的贮存必须给予特殊的考虑，如聚乙烯容器表面可能还原有机汞或与之键合。而当容器材料中或水样中含有微量金属时，可能加速这一过程，将样品贮存在冰箱中或冷冻贮存可以减少$Hg(Ⅱ)$的还原或汞化合物的分解。另外，在酸性溶液中加适量的氧化剂，如高锰酸钾、重铬酸钾或一些螯合剂，如半胱氨酸、腐殖酸等可以防止有机汞或$Hg(Ⅱ)$的损失。加酸酸化，可以防止甲基汞与海水样品中存在的有机硫化合物的螯合，在20%的稀HCl溶液中保存含甲基汞样品较为合适。

第三节　沉积物样品的采集方法

一、沉积物样品的采集

水中沉积物采集的办法主要有两种：一种是直接挖掘的办法，这种方法适用于大量样品的采集，但是采集的样品极易相互混淆，当挖掘机打开时，一些不黏的泥土组分容易流走；另一种是用一种类似于岩心提取器一样的采集装置。采样量较大而样品不相互混淆，这种装置采集的样品，同时也可以反映沉积物不同深度层面的情况。使用金属装置，需要内衬塑料内套以防止金属沾污。当沉积物不是非常坚硬而难以挖掘时，甲基丙烯酸甲酯有机玻璃材料可用来制作提取装置。这种装置外形是圆筒状的，高约50cm，直径约5cm，底部略微倾斜，以便在水底易于用手插进泥土或使用锤子敲于泥土内。取样时底部采用聚乙烯盖子封住。对于深水采样，需要能在船上操作的机动提取装置。倒出来的沉积物，可以分层装入聚乙烯瓶中贮存。在某些元素的形态分析中，样品的分装最好在充有惰性气体的胶布套箱里完成，以避免一些组分的氧化或引起形态分布的变化。

悬浮的沉积物的采集最好使用沉积物采集阱，这种采集阱的设计对其采集效率有很大影响。

沉积物间隙中的水样在研究微量元素从水相到沉积物或从沉积物到水相的转

换具有重要意义。但这种水样的采集是很困难的，特别是要避免暴露于氧中或不同温度、压力带来的变化。传统的技术很难用于这种样品的采集，首先是由于较难转移沉积物中的水样，特别是沙性沉积物，其次很难防止微量金属的沾污。

离心分离被广泛用于采集沉积物间隙中的水样，它具有样品操作简单的优点。沉积物可以直接放入聚乙烯离心管中，对于一些很细的泥土样品，通常水被分离而处于沉积物的上面。而对于一些粗的样品，如粗沙等，水则处于样品的下面，需要收集底部的水样，这些较困难，有时需要将收集的水样过滤，因而可能引入新的沾污问题。

二、沉积物的预处理和贮存

形态分析用的沉积物要求放置于惰性气体保护的胶皮套箱（glove box）中以避免氧化。岩心提取器采集的沉积物样品可以用气体压力倒出，分层放于聚乙烯容器中。

由于沉积物的颗粒通常大小不一，因而一般先进行初步的物理分离，以分出岩石的碎片等大块物质。在土壤科学中，一般选择 $20\mu m$ 的颗粒体积，认为小于 $20\mu m$ 的组分可以较好地代表微量元素的分布。而粗的淤泥颗粒（$20\sim63\mu m$）和沙子（大于 $63\mu m$）则不包括在内。可以用 $63\mu m$ 的膜来过滤样品，但应用聚乙烯或尼龙材料，避免使用金属材料。

湿法过筛的优点是不易凝聚结块。将样品在 110°C 下干燥后过筛容易损失一些挥发性组分，如汞等。风干会影响铁的形态分析结果，也影响 pH 和离子交换能力。因而，形态分析最好使用混合均匀的没有干燥的沉积物或土壤样品。

干燥的沉积物样品可以贮存在塑料或玻璃容器里，各种形态和金属元素含量不会有什么变化。湿的样品最好在 4°C 保存或冷冻贮存。干燥过程，即使室温下的干燥，也容易引起土壤结构及化学性质的变化，这对于形态分析是至关重要的。因此，样品最好密封在塑料容器中并冷冻存放。这样做起码可以避免铁的氧化，而这一点容易引起沉积物样品中金属元素分布的变化。

第四节　大气样品的采集方法

一、气溶胶（烟雾）的采集

环境中气溶胶具有 $0.01\sim10.0\mu m$ 的颗粒，有时甚至更大，这些气溶胶的组成，通常与颗粒大小有关。批量采样通常用过滤方法、碰撞或静电吸附的方法来收集气溶胶。选择方法的主要依据是避免气体颗粒在滤膜上转化，避免样品经过空气动力学作用而损失，避免由过滤材料而引起的沾污。过滤是最常用的手段，可以使用高速采样器（$0.1\sim3m^3 \cdot h^{-1}$）。滤膜的选择非常重要，需要考虑颗粒的大小、收集效率及可能的沾污等。塑料纤维滤纸机械强度较差，使用纤维滤纸和石英滤纸是较好的选择，而膜过滤适用性更为普遍，这种技术具有很好的收集效率和较低的微量元素背景，但具有较高的空气流动阻力。

用滤膜采样器采集大气中的汞、有机汞和其他易挥发的元素形态，如铅、砷、硒等，存在一些问题，主要是滤膜表面的工作条件易于导致采集样品的解吸和挥发。无论是高速或低速采样装置都面临这一问题。对于高速采样器，由于需要采样面积更大的滤纸，表面流速与低速采样器相似。

一些商用采样器通常采用碰撞收集大气颗粒，这些仪器具有按照不同大小组分采集气溶胶的能力。静电吸附在分析化学中使用较少，但具有很好的收集功能。用于职业健康调查研究中采集大气中某种颗粒的商品仪器是比较多的，它们大多采用滤膜式并可以随身携带。目前大气中微量金属研究主要集中在研究汞和铅的化学行为，对于有机铅化合物，研究它们在大气中的存在及化学行为非常重要，虽然目前从总体上讲，使用铅作为汽油防爆剂的用量已明显减少，但从冶炼厂中排放或辐射的有机铅仍然相当可观。有机汞由于天然的和人为的排放而广泛地存在于大气中，其有害的化学性质，成为重点研究的对象。对于这两个元素，化学形态分析不仅在于它们在大气中的存在和反应的途径，更重要的是研究吸入人体的毒性。这两种元素可以作为挥发性气体形态附着在颗粒物上，或自身作为离散的颗粒物存在。挥发性有机铅，包括四乙基铅、四甲基铅和它们的降解产物，大约占城区中铅总量的 $1\%\sim4\%$。在含铅物燃烧中，二氯乙烯或二溴乙烯的存在会导致大多数铅化合物以氯化物或溴化物的形式排放。在硫酸盐的作用下，这些卤化物转化成为 $PbSO_4$。冶炼过程中，排放的气体中含有 Pb、PbO、PbS、$PbSO_4$ 等。

在周围大气中，元素汞蒸气、$HgCl_2$ 蒸气、CH_3HgCl 蒸气和 $(CH_3)_2Hg$ 都已发现单独存在或附着在其他颗粒物上。

大气中有机铅样品的采集已有过许多的研究。玻璃纤维和膜过滤被广泛地用于收集不挥发的无机铅盐，而空气中存在的烷基铅化合物则可以通过上述过滤器。一些吸附剂和萃取剂被大胆地用于有机铅的收集和分离。氯化碘是一个有效的吸附剂，在 EDTA 的作用下，用四氯化碳萃取二烷基铅的双硫腙螯合物可以从无机铅中区分有机铅，无机铅仍留在溶液中。另外，用色谱填料来分离有机铅也是一种常用的选择。

大气中含汞样品的采集，包括不同的气体阱或吸附方法，使用不同的吸附剂可以选择性地吸附汞的多种形态。如用硅烷化物的 Chromosorb W 吸附 $HgCl_2$；用 $0.5mol \cdot L^{-1}$ NaOH 处理的 Chromosorb W 可以吸附 CH_3HgCl；涂银的玻璃珠可以吸附元素汞，而涂金的玻璃珠则可选择性地吸附 $(CH_3)_2Hg$。对于含量很低的大气样品的采集，使用快速采样器按流速 $5\sim50m^3 \cdot min^{-1}$ 计算，也需要几个小时的时间，这种方法的缺点是存在吸附样品解吸或挥发的可能性。而用低速采样器，按流速在 $0.5 \sim 1.5 \mathrm{m}^3 \cdot \min^{-1}$ 计，有时需要几天的时间。

二、大气沉积物

大气沉积物包括干的沉积物如灰尘颗粒等和湿的沉积物如雨后的颗粒。大气颗粒的采集基本类似于气溶胶，但湿的沉积物需在下雨时采集。

第五节　生物样品的采集方法

一、采样

生物样品涉及复杂的基体，这些基体既有固态的也有液态的，包括所有的水生或陆生动、植物。形态分析有时针对整个生物体，有时是其中的一部分器官或组分，有时则只测定排泄物。在环境分析中，生物样品主要包括鱼类、果壳类、海藻类、草本植物、果实、蔬菜、叶子及其动植物样品。在职业健康研究中，主要研究人体组织、头发、汗液、血液、尿样和粪便等。

生物样品的采集关键在于防止样品的沾污，对于金属元素的形态分析，应该避免使用金属刮刀、解剖刀、剪刀、镊子或针等。实验室用的硼硅玻璃器皿，聚乙烯、聚丙烯或聚四氟乙烯以及石英器具等可以代替上述金属制品。处理样品时，不要直接用手接触，而应戴塑料手套，带粉末的如滑石粉等应注意冲洗干净，因这些粉末往往带进锌和其他金属。在实践中，金属刀片和活检用的针头不可避免地要用于样品处理，虽然这些刀具会带来一定的金属沾污，但比石英或玻璃刀具要方便和有效得多。研究表明，使用不锈钢刀具处理活检组织，可能带入 $3 \mathrm{ng} \cdot \mathrm{g}^{-1}$ Mn、$15 \mathrm{ng} \cdot \mathrm{g}^{-1}$ Cr 和 $60 \mathrm{ng} \cdot \mathrm{g}^{-1}$ Ni，如果研究上述金属元素在生物体中的浓度和形态，不锈钢刀具显然是不合适的。

研究人体血清中的微量元素，有时含量相差很大，这除了分析方法和个体差异以外，在很大程度上来源于采样时的污染。有研究表明，在不锈钢针头采集血液样品时，前 20mL 中铁、锰、镍、钴、钼、铬的含量明显增高，铜和锌的含量没有什么变化。由于这个原因，最好用聚四氟乙烯或聚丙烯导管替代。

灰尘是生物样品中锌、铝和其他金属元素污染的主要来源。在体液等样品采集中应该避免带入灰尘。尿样也极易带入灰尘，所以采样时必须加倍注意，接收在带盖的、用酸冲洗过的聚乙烯瓶子里。

二、样品处理及贮存

对许多生物样品，需要进行最初的预处理。这种预处理应该在采样后立即进行。例如，在分析贝壳类样品中的微量元素时，需要将贝壳外层的沉积物清洗干净，然后开壳，采集整个贝肉或个别部位。同样，水生植物如海藻等亦需要仔细清洗以除去沉积物、寄生植物或其他类似的表面沾污。必须注意样品的代表性。微量元素往往在一些特殊的部位有更大的浓度，如植物根和叶子等，而且植物的大小与浓度也有关系，如果分析单个样品时，这些特点采样时就应注意。上述样品采集后如不马上进行分析应该冷藏。处理上述样品时应戴聚乙烯手套，样品存放于塑料袋或塑料容器中。对于头发样品，为了清洗干净以排除外来元素，可以使用一些清洗办法进行微量元素分析发样的处理，可以在 0.1% Triton-X 100中，用超声波振荡仪处理，过滤后用甲醇冲洗，然后在空气中用吹风机吹干。

对于血液样品的处理，要根据全血、血浆及血清的不同要求而进行前处理。全血短期内可以在 4℃贮存，冷冻效果较好，但冷藏往往导致沉淀出现。解冻时沉淀出的固体加酸可以溶解。

样品的均匀往往是处理大量样品的第二步，如果使用机械匀浆器，刀片的沾污问题需要考虑。少量样品也可以直接溶解在浓盐酸或强碱里，季铵盐的氢氧化物也经常用来溶解少量组织样品。如在 20% 的四甲基氢氧化铵中浸泡 2h，可以有效地从蛋白质和脂肪中游离出烷基铅化合物，这种提取方法适合于鱼、海藻和其他海生植物的处理。提取时在 60℃水浴中加热可以加快提取速度。

高压焖罐也经常用于样品处理，这种方法可以有效地防止样品处理时的沾污。微量元素的空白非常低。在高压溶样前，样品一般经冻干或风干后，再经高压处理，高压焖罐的温度控制要根据不同样品的需求而定，一般而言，在 160～180℃下处理 6h 即可得到满意的结果。

冷冻干燥是除去固体生物样品中水分的好办法，可以避免微量元素的损失或样品沾污，少量样品时这个方法较为适宜。在通风橱中控制温度在 100℃左右连续加热，是一种最方便的方法，但是容易挥发的组分，像元素汞和其他一些有机金属化合物极易在此期间损失。

马弗炉在 500℃时可以分解大多数有机化合物，也适合 Hg、As、Sn、Se、Pb、Ni、Cr 等样品的处理。

冻干或消解的样品比较容易保存，在萃取前或溶解前，需要重新混合均匀。

第六节　洁净实验室

为了避免样品在空气中的沾污，建立洁净实验室是很有必要的。有研究表明，在一般实验室空气中，每立方米含有 0.5～100μm 直径的颗粒物数量为 $3×10^7$ 个。但要把这么多的灰尘颗粒全部除掉是不可能的，重要的是分析人员必须时时刻刻注意到防止样品的沾污。在一些高标准的洁净实验室内，直径在

0.3μm 以上的灰尘的数量降低到每立方英尺（1ft³＝0.028m³）100 个以下是有可能的，但其费用极为昂贵。事实上，在所有的实验室材料中，避免使用金属几乎是不实际的，目前主要的作法是使用高效滤膜过滤空气，或使用洁净的有机玻璃罩子，操作人员需要换用符合标准的鞋帽和工作服。

第七节　几种有机金属化合物的贮存

1. 有机汞

有机汞在整个汞污染中占的比例不大，但毒性却很高，其中甲基汞是典型的污染物。在 pH4～6 时，由于在溶液中与腐殖酸中的硫醇基团反应，甲基汞的含量会迅速降低。而在海水中，甲基汞的降解速度是很慢的，在 pH＝10 时，甲基汞在刚开始时略有下降，余后的时间里可以长期稳定。贮存甲基汞最好的办法是保持温度在 4℃，并贮存在暗处，以免光解。

2. 有机锡

有机锡的贮存遇到的主要问题是光解和生物降解。许多有机金属化合物的金属-碳原子键极易被光解。C—Sn 的解离能只有 210kJ·mol^{-1}，在光照射下，三丁基锡很容易降解为二丁基锡。在低温贮存时，如在 −20℃ 下，贻贝中的丁基锡与苯基锡即使在光照下也可以稳定保存 3 个月；而在 4℃ 时，降解现象很明显。一般有机锡样品，贮存在硼硅玻璃器皿中，pH＝2 时，在 4℃ 并置暗处可以稳定存放 4 个月。

3. 有机铅

C—Pb 的解离能为 130kJ·mol^{-1}，也极易光解。烷基铅化合物的光稳定性依次为三烷基铅低于二烷基铅，乙基铅低于甲基铅。在强光照射下，四乙基铅极易降解为三乙基铅，半衰期大约为 15min，而三乙基铅和三甲基铅在短波紫外线照射下，1h 内即分解，因此，有机铅一定要贮存在避光的容器中。

4. 有机硒

从化学热力学上比较，Se(Ⅵ) 比 Se(Ⅳ) 稳定，一般有机硒化合物贮藏在 −20℃，可以稳定存放 6 个月，贮存样品的 pH 值应保持在 1.5 左右，避免细菌以及样品与器皿材料的反应。

参考文献

[1]　Smith R，James G V. The sampling of bulk materials. London：Royal society of chemistry，1981.

［2］ Kratochvil B，Wallace D，Taylor J K. Anal Chem，1984，56：113R.

［3］ Kratochvil B G，Taylor J K. A survey of the recent literature on sampling for chemical analysis，NBS technical note 1153，U S Department of commerce washington D C，January 1982.

［4］ Gy P M. Sampling of particulate mixture：Theory and practice. New York：Elsevier，1979.

［5］ Woodget B W，Cooper D. Samples and standards. London：Wiley，1987.

［6］ Harrison T S. Handbook of analytical control of iron and steel production. Chichester：Horwood，1979.

［7］ Kratochil B，Taylor J K. Sampling for chemical analysis. Anal Chem，1981，53：924A.

［8］ Wallace D，Kratochil B. Visman equations in the design of sampling plans for chemical analysis of segragated bulk matesrial. Anal Chem，1987，59：226.

［9］ Batley G E. Trace element speciation：Analytical methods and problems. Florida：CRC press Inc，1989.

［10］ Baiulescu G E，Dumitrescu P，Zugraescu P Gh. Sampling. Ellis Horwood，1991.

［11］ Heumann K G. Determination of inorganic and organic traces in the clean room compartment of Antarctica. Anal Chim Acta，1993，283：230.

第二章

固相萃取技术

第一节　固相萃取的原理和特点

一、传统样品预处理方法

一个完整的分析化学过程的每一个步骤都对快速获得准确和可重现的分析结果至关重要。但由于种种原因，人们对样品预处理的重视程度相对不足，样品预处理方法的研究相对滞后，因而在许多现代化的实验室存在着 20 世纪的现代化分析仪器与 19 世纪的相对落后的样品预处理方法并存的尴尬局面。这些传统的样品预处理方法往往存在费时、劳动强度大、难以实现自动化、精密度差及需要使用对环境不友好的有毒化学溶剂等严重不足。因而，样品预处理方法的相对落后已成为制约分析化学进一步发展的最大限制性因素。为了克服这一不足，近二三十年以来，经过不懈努力，科研工作者已经研发了一些效果较好的新型样品预处理技术，固相萃取就是其中之一。

二、固相萃取的原理

固相萃取（Solid Phase Extraction，SPE）是一种基于液固分离萃取的试样预处理技术，由液固萃取和柱液相色谱技术相结合发展而来。从一次性商品固相萃取（SPE）柱于 1978 年的首次出现（Sep-Pak Cartridge）算起，现代意义上的固相萃取技术已经有近 40 年历史了。该技术通过颗粒细小的多孔固相吸附剂选择性地吸附溶液中的被测物质，被测物质被定量吸附后，用另一种体积较小的溶剂或用热解析的方法解析被测物质，在此过程中达到分离富集被测物质的目的，然后再用适当的检测方法进行测定。

由于柱固相萃取的过程实质上是一个柱色谱分离过程，其分离富集机理、固定相和溶剂选择与高效液相色谱有许多类似之处，但固相萃取（SPE）柱填料的粒径（一般粒径 $40\sim80\mu m$）比高效液相色谱填料粒径（$3\sim10\mu m$）大，柱长度比高效液相色谱柱短（$10mm\times75mm$），故固相萃取（SPE）柱的柱效比高效液相色谱柱低得多。一个高效液相色谱柱的柱效多在 10000 理论塔板以上，而一般的固相萃取柱的柱效在 10～20 理论塔板范围之内。因此固相萃取只能分离性质差别较大的物质，且分离时不以恒组分方式（isocratic）进行，而是以数字开关方式（digital on-off mode）进行。也就是说，希望分析物不是被完全吸附就是完全不被吸附，即在吸附时，分析物应尽可能被吸附完全，而在洗脱时，被吸附的分析物则应被定量洗脱。

三、固相萃取的特点

与液液萃取等传统的分离富集方法相比，固相萃取具有如下优点：

（1）高的回收率和高的富集倍数。大多数固相萃取体系的回收率较高，可达 70％～100％；另外，固相萃取的富集倍数一般很高，很多体系很容易就能达到几百倍，少数体系甚至能达到几千或几万倍，这是一般传统分离富集方法很难达到的。

（2）使用的高纯有毒有机溶剂量很少，减少了对环境的污染，是一种对环境友好的分离富集方法；另外，使用较少的有机溶剂也有利于减少有机溶剂中的杂质对被测物分析的影响。

（3）无相分离操作，易于收集分析物组分，能处理小体积试样。

（4）操作简单、快速、易于实现自动化。在固相萃取中，较大体积的样品溶液可在泵的压力推动或负压抽吸下较快地通过固相萃取柱或固相萃取盘，用少量洗涤液洗涤柱或盘后，被萃取柱或盘萃取的分析物可用小体积的洗脱剂定量洗脱，这几个步骤均可以很容易地实现自动化。而传统的液液萃取则要经过加萃取剂、剧烈摇动、消除乳化、静置分层等操作，有时还要洗涤与反萃取，这一系列繁琐操作在固相萃取中可以免去。

固相萃取的上述特点引起了人们极大的兴趣，并获得了广泛的应用[1～5]。它可以作为气相色谱、高效液相色谱及其他分离检测方法的有效的样品前处理技术。应用固相萃取可以达到富集痕量被测组分，降低分析方法检测限，提高灵敏度；消除基体干扰对测定的影响，提高分析的准确度；高盐样品的脱盐处理；现场采样，便于试样的运送和贮存等目的。在以上这些作用中，富集和消除干扰应是最主要的。

第二节　固相萃取的步骤

如图 2-1 所示，一个完整的固相萃取包括柱或盘的预处理、加样、洗去干扰杂质、分析物洗脱及收集四个步骤。在加样和洗去干扰杂质两步中，要尽可能使分析物完全吸附在填料上，即不发生穿透现象；而在分析物洗脱及收集过程中，则要使分析物尽可能被完全解脱，即不发生残留，但上述情况并不是总能达到。要使固相萃取尽可能按设想进行，就要根据被测物及样品基体的性质，选择合适的吸附剂及洗脱溶剂，选择时可参照高效液相色谱的有关理论。

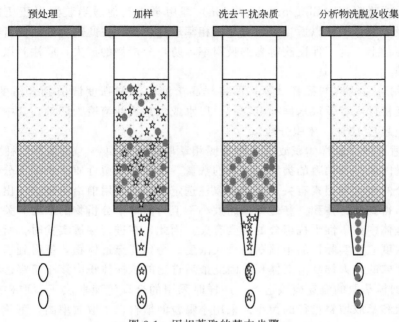

图 2-1　固相萃取的基本步骤

一、固相萃取柱或盘的预处理

在固定相吸附分析物前，吸附剂必须经过适当的预处理（conditioning）。经过处理，一方面可以除去吸附剂中可能存在的杂质，减少污染；另一方面可使吸附剂溶剂化，从而与样品溶液相匹配，这样在加样吸附时，样品溶液就可与吸附剂表面紧密接触，以保证获得高的萃取效率和大的穿透体积。

不同填料的固相萃取柱或盘，其预处理的方法有所不同。常用的反相 C_{18} 固相萃取柱的预处理方法一般是：先用适量的正己烷通过萃取柱以活化该萃取剂，未经处理的萃取剂 C_{18} 的长链处于卷曲状态，经正己烷处理后，C_{18} 的长链处于伸展状态，呈毛刷状，有利于它与分析物的紧密接触，已活化的萃取剂呈近透明状态；此时再将适量甲醇通过萃取柱以置换正己烷并充满萃取剂的微孔，最后用水或缓冲溶液过柱顶替滞留在柱中的甲醇，这样可保证憎水性的萃取剂表面与样品水溶液有良好的接触，提高萃取效率。

有机高聚物型的固相萃取剂的预处理则相对简单，一般可用少量甲醇将其憎水性表面润湿即可，有时也可将此步省略。表面经亲水性基团修饰的有机高聚物萃取剂，不经预处理就可用于样品水溶液的固相萃取。

二、加样或吸附

加样或吸附（loading or adsorption）即用泵或其他适当装置以正压推动或负压抽吸使液体试样以适当流速通过固相萃取柱或盘，在此过程中，分析物被吸附在吸附剂上。为了保证获得高的吸附率，防止分析物的流失，应注意以下几方面的事项：

① 用合适的溶剂稀释试样，即将样品溶液的溶剂强度调节到合适的范围。如以反相机理固相萃取水样有机物时，以水或水基缓冲溶液为溶剂，其中有机溶剂量不应超过 10%（体积分数）。

② 适当减少试样体积或适当增加固相萃取柱中的填料。加到萃取柱或盘上的试样量的大小与填料的类型、填料的数量、组分的保留性质、试样中分析物及基体组分的浓度等因素有关。固相萃取柱选定后，应先用前沿色谱法作出穿透曲线，从而得到穿透体积。穿透体积的大小不但与试样中分析物的浓度有关，而且与试样基体中竞争性干扰组分的浓度有关。因此，在进行穿透实验时，所选择的分析物浓度应为实际样品中预期的最大浓度。得到了穿透体积，就得到了该萃取体系可萃取的最大样品溶液体积，因此最后选定的试样体积应该小于穿透体积。

③ 加样萃取的流速应该适当。加样时采用的合理流速取决于萃取柱或盘的几何形状和萃取填料粒径的大小。采用小颗粒的填料，萃取效率高，可使用短的柱子和高的流速；采用较大粒径填料，萃取效率低，则需使用较长的柱子和较低的流速。一般而言，采用大约 $10\mu m$ 粒径的固相萃取填料时，使用的柱长应小于 10mm，这样即使流速较大，柱两端的反压也不至于太大；采用粒径为 $50\sim 100\mu m$ 的填料时，则应使柱长大于 50mm，并使用较低的流速以获得有效的传质。一个固相萃取体系的合适流速可用下面的简单实验加以确定：配制一深色溶液，让该溶液以一定流速通过萃取柱，如果得到一宽的色谱带，则说明该流速太大，应适当降低。

还应指出的是，在整个加样萃取过程中，应尽量避免柱子流干而进入气泡。否则，进入的气泡将会影响样品溶液与吸附剂之间的紧密接触，影响萃取效率。如果不慎使柱流干进入了气泡，最好重新活化柱子后再开始实验。

三、干扰杂质的洗涤

干扰杂质的洗涤（washing the packing）的目的是为了去除吸附在柱子上的少量基体干扰组分。合适的洗涤液应该既能将基体干扰组分尽可能除净，又不会导致被吸附的分析物流失。一般的洗涤液是合适的中等强度的混合溶剂，对反相萃取体系而言，洗涤液是含合适浓度有机溶剂的水或缓冲溶液（有机溶剂比例应大于上样溶液，而小于洗脱剂溶液）。为了确定洗涤液的最佳浓度和体积，可在柱上加入一定量的试样，用 5～10 倍固相萃取柱床体积的溶剂洗脱，收集分析流出液，得到洗涤液对分析物信号的洗涤轮廓图。改变洗涤液的组成浓度即溶剂强度，得到不同的洗涤轮廓图，根据该图形确定洗涤液的浓度和体积。

四、洗脱和分析物的收集

洗脱和分析物的收集（elution）即用尽可能少量的合适溶剂将被吸附剂吸附的分析物洗脱下来，使其重新进入溶液，再用仪器测定。为了尽可能完全地将分析物洗脱，并使比分析物吸附更强的杂质尽可能多地留在固相萃取柱上，关键是选择合适强度的洗脱溶剂。太强的洗脱溶剂既可将分析物洗脱下来，又会将杂质洗脱下来，干扰后续测定。有时为了得到干净的洗脱溶液，宁愿选择较弱的溶剂，使用较大体积的溶剂将分析物洗脱后，再用氮气将该溶剂吹干，然后再用合适的方法测定。为了选择合适的洗脱剂强度和体积，可加一定量的试样于固相萃取柱上，然后再改变洗脱剂的强度和体积，测定不同洗脱条件下分析物的回收率加以比较，选出最理想的洗脱剂及其用量。在反相机理的固相萃取体系中洗脱剂一般选用合适的有机溶剂，即选用分析物的容量因子 k 接近于 0 的有机溶剂。

洗脱时还必须注意一点：洗脱前必须先将残留在柱中的少量试样水溶液用抽真空或吹入压缩空气、氮气的办法尽可能多地赶出，否则最后得到的试样溶液会被稀释，当洗脱溶剂与水不混溶时，还会产生分层或乳化现象。

另外，选择的溶剂最好与后续的仪器测定相匹配，还应注意选择无毒性或低毒性洗脱溶剂，以减少对环境的污染。

第三节　固相萃取的吸附剂

一、固相萃取对固定相的要求

经过 30 多年的发展，固相萃取吸附剂的种类日渐增多，并仍然在随着液相色谱固定相的发展而发展，商品的固相萃取柱更是种类繁多。作为一种理想的固相萃取吸附剂，最好能满足下列条件：

（1）固相萃取吸附剂最好为多孔的、具有大的比表面积的固体颗粒　一般比表面积越大，吸附能力越强。一个理想的固相萃取吸附剂的比表面积最好在 $100m^2 \cdot g^{-1}$ 以上，现在广泛使用的固相萃取固定相的比表面积大多在 200～

$800m^2 \cdot g^{-1}$ 之间，高者甚至达到 $1000m^2 \cdot g^{-1}$ 以上。另外固定相颗粒的孔径与其比表面积之间往往存在着负相关的关系，即颗粒孔径越大，其孔隙率将越小，固定相的比表面积就越小，反之亦然。

（2）应降低固相萃取的空白值　尽可能地降低固相萃取的空白值，从而最大限度地降低测定的检测限。因此必须要求固定相具有高的纯度，为此必须在其制造上不断改进工艺以提高其纯度。对于已经选定的固定相一般在使用前都要用合适的一种或几种溶剂进行充分的洗涤，以减少杂质、降低空白。

（3）萃取吸附过程必须可逆且有高的回收率　即固定相不但能迅速定量地吸附分析物，而且还能在合适的溶剂洗脱时迅速定量地释放出分析物，完成整个固相萃取的全过程。整个分析过程具有较高的且恒定的回收率（最好为 100%），可以保证分析结果更为可靠、准确和精密。萃取过程的可逆性是固相萃取获得成功的另一保证，例如，活性炭是一种具有很大比表面积和吸附容量的吸附剂，但它却不是一种良好的固相萃取吸附剂，原因之一就是活性炭对很多分析物的吸附过程的可逆性较差，被其吸附的分析物不易被定量洗脱；还有，活性炭表面具有一定的催化活性，有时会使分析物在其表面发生化学反应，这样会引起分析物回收率的降低，从而造成误差。

（4）固相萃取吸附剂要有高的化学稳定性　应能抵抗较强的酸、碱、有机溶剂的腐蚀，遇到常见溶剂或溶液酸度发生较大改变时，固定相不发生较大体积的膨胀或收缩，也不发生固定相的溶解或软化。例如，C_{18} 键合硅胶在 pH 8 以上的碱性溶液或强酸性溶液中会发生有机长链与硅胶基质的断裂，使用时应设法避免此现象的发生。而有机高聚物型固定相则无此问题。

（5）固相萃取固定相必须与样品溶液有好的界面接触　接触是吸附的前提，固定相与溶液中分析物之间进行良好的界面接触是定量萃取的最基本保证。目前最为常用的两种反相固定相 C_{18} 键合硅胶和聚苯乙烯-聚二乙烯苯共聚物均为疏水性固定相，高的疏水性可以保证它对水样中疏水性有机物产生定量吸附，但是太高的疏水性会使这类固定相与样品水溶液之间的接触界面减少，使分析物萃取效果变差，回收率降低。此类固定相在使用前常需用甲醇、乙醇、乙腈或丙酮等有机溶剂进行活化预处理，其目的之一就是使固定相获得一个能与样品水溶液产生紧密接触的表面，从而获得好的吸附。而且还应该注意在整个萃取过程中不应使流动相流干而使气泡进入柱床，气泡会导致固定相表面与样品水溶液之间的接触效果恶化，降低萃取效率，如果出现这种情况，必须重新对固定相进行活化处理。一个更好的解决此问题的方法是对此类固定相的表面进行适当的亲水性化学修饰。Sun 和 Fritz[6,7] 等通过化学反应在交联聚苯乙烯型固定相表面引入少量亲水性的乙酰基（$CH_3CO—$）、氰甲基（$—CH_2CN$）、羟甲基（$HOCH_2—$）等基团，使固定相表面具有了一定的亲水性，因而能更好地与样品水溶液接触，极大地改善了萃取效果，此类具有优良表面性质的固定相可不需要活化而直接应用于水溶液的固相萃取。有研究者将磺酸基（—SO₃H）修饰于聚合物树脂表面，也取得了良好的结果[8]。研究开发此类油-水两亲型固定相的关键是掌握好表面亲水性基团的数量，即引入的亲水性基团的数量要多到能保证固定相表面有足够的亲水性，使固定相与样品水溶液有好的接触，又不至于多到其亲水性能与固定相基体的疏水性相匹敌，在疏水性和亲水性之间找到恰当的平衡。此类新型固定相优良的萃取性能已引起人们极大的兴趣，各公司也竞相开发相关产品，如 Nexus 系列固相萃取柱、Zorbax SB-Aq 系列固相萃取柱、Oasis 系列固相萃取柱和 Abselut 系列固相萃取柱等。此类新型固定相的另一优点是其吸附萃取对象的广谱性，即能同时满足对亲水性、亲脂性、酸性、碱性及中性化合物的固相萃取。

要在众多的固相萃取柱中选择出合适的产品，必须对常见固定相的性能等有充分的了解，下面具体介绍一些常用的固定相，以供参考。

二、常用固相萃取的吸附剂

（一）键合硅胶类吸附剂

1. 键合硅胶吸附剂的基本性质、种类及应用

固相萃取是由液固萃取和柱液相色谱技术相结合发展起来的，其固定相大多采用液相色谱固定相，例如键合硅胶类是目前为止应用最为广泛的色谱固定相，这也决定了键合硅胶类填料是目前应用最为广泛的固相萃取固定相。固相萃取中使用的键合硅胶的比表面积一般在 $50 \sim 500 \mathrm{m}^2 \cdot \mathrm{g}^{-1}$，表面的孔径大多在 $5 \sim 50 \mathrm{nm}$，由于此类固定相发展较早，商品货源充足，因而价格也相对便宜。此类固定相一般通过硅胶与氯硅烷或甲氧基硅烷反应制得，反应式如下：

$$\text{Silica—OH} + \text{ClSi}(CH_3)_2(CH_2)_{17}CH_3 \longrightarrow \text{Silica—O—Si}(CH_3)_2(CH_2)_{17}CH_3 + \text{HCl}$$

键合硅胶吸附剂类固相萃取产品生产厂商较多，产品种类丰富，要从众多产品中选择合适的固定相，需重点考察固定相的粒径、比表面积、极性、碳链长短、固定相的含碳量及固定相是否经过封端处理等。

固相萃取中使用的固定相的粒径一般大于 $40\mu m$。在其他条件相同时，一般应该选择粒径小、比表面积大的固定相，这样萃取能力强、萃取效果好。过细的粒径必然增加过柱的阻力，这点也应予以注意。

在固相萃取中选择合适极性的固定相对于萃取能否取得成功是极其重要的。萃取极性大的分析物时，应该选择极性较大的固定相，反之亦然。键合硅胶固定相的极性主要取决于碳链的种类、长短、固定相的含碳量、硅烷化试剂是单功能团试剂还是三功能团试剂及固定相是否经过封端处理等。常用的键合硅胶固定相见表 2-1。

表 2-1 常用的键合硅胶固定相

固定相	简称	极性	应用
辛烷基	C_8	非极性	反相固定相
十八烷基	C_{18}（ODS）	非极性	反相固定相
乙基	C_2	弱极性	反相固定相
环己基	CY	弱极性	反相固定相
苯基	PH	弱极性	反相固定相
腈丙基	CN	极性	正相固定相
二醇基	Diol（2OH）	极性	正相固定相
硅胶	Si（SiOH）	极性	正相固定相
氨丙基	NH_2	极性（弱离子交换剂）	弱离子交换固定相
羧甲基	CBA	极性（弱离子交换剂）	弱离子交换固定相
丙基苯基磺酸	SCX	极性（强离子交换剂）	强离子交换固定相
三甲基氨丙基	SAX	极性（强离子交换剂）	强离子交换固定相

　　一般碳链长，固定相含碳量大，固定相的极性小；碳链短，固定相含碳量小，固定相的极性大。含有氰基、二醇基、氨丙基、磺酸基、三甲基氨丙基的固定相具有较大的极性，它们在大多数情况下作为正相固相萃取和离子交换固相萃取的吸附剂，其中氰基、二醇基、氨丙基键合硅胶在极少数情况下也作为反相吸附剂使用。下面主要讨论最常用的 C_{18} 键合硅胶。

　　需要指出的是，在制备键合硅胶固定相时，由于空间位阻的存在，并不是硅胶表面的所有硅醇基都发生了反应，这样得到的键合硅胶表面必然残留有少量的硅醇基。残留在硅胶表面的硅醇基会对极性较大的组分产生吸附，如果被吸附物是醇或胺等物质，则这种吸附一般是以氢键键合的方式进行。这种残留硅醇基引起的次级吸附往往对分析物的固相萃取产生不利影响。为了尽可能地降低残留的硅醇基，以使次级作用降至最小，获得极性更小的固定相，同时可以更好地实现对水样中非极性组分的萃取，人们首先使用三功能团硅烷化试剂与硅胶反应，以尽量减少硅胶表面的硅醇基，并在硅胶的长链烷烃键合完成以后，再对固定相表面残留的极少量硅醇基进行所谓"封端"处理。"封端"处理的目的是使残留的硅醇基被封闭或惰性化，其方法是使用更加活泼且较短的硅烷化试剂如三甲基硅烷等与固定相上残留的硅醇基发生如下反应：

$$Silica—OH + ClSi(CH_3)_3 \longrightarrow Silica—O—Si(CH_3)_3 + HCl$$

　　经封端处理的固定相，其对水溶液中的非极性及弱极性分析物的萃取更加完全，回收率更高；而对极性组分则保留很少，有利于提高萃取的选择性。

　　硅胶表面残留的少量硅醇基与分析物之间的次级作用的大小还与实验条件密切相关，如果分析物溶液的酸度条件控制得当，就可使这种次级作用减至最小，反之则可增大。当硅胶表面的硅醇基处于离解状态（带负电荷）及分析物带正电荷时，这种次级作用主要表现为能量较大的离子相互作用。当硅胶表面的硅醇基处于未离解状态（未带电荷）及分析物未带电荷时，则这种次级作用可降至最小,并可忽略不计。硅醇基及分析物处于何种状态(是否带电)主要取决于溶液的酸度。对硅醇基而言,溶液 pH 值越大,其离解程度越大,一般 pH 值大于 4.0 时,硅醇基即带有明显的负电荷。而分析物所带电荷状况较为复杂,随分析物种类不同而不同。对一个固相萃取体系来说,理想的溶液酸度就是硅醇基及分析物均不发生离解,即均不带电荷的酸度。

但是,随着固相萃取技术的进一步发展,人们认识到,残留的硅醇基与极性组分之间的偶极-偶极相互作用、离子相互作用及氢键作用也有有利的一面。合理数量的硅醇基的存在可以使疏水性的键合硅胶与极性较大的分析物之间的接触更加紧密,从而实现对此类分析物的良好萃取;合理数量的硅醇基的存在,在键合硅胶与极性较大的分析物之间额外增加了除疏水性相互作用以外的氢键作用、离子相互作用、偶极-偶极相互作用,因而可以用键合硅胶实现对极性较大分析物的萃取。了解了这些,人们就可以通过控制硅胶表面硅醇基的多少来得到不同极性的键合硅胶,还可通过控制萃取时的溶液条件,有意加强硅醇基与分析物之间的次级相互作用,从而获得对不同极性的分析物有一定选择性的键合硅胶固定相,这样就扩大了该类固定相的适用范围。这种针对极性分析物特意设计制备的 C_{18} 键合硅胶常常表示为 C_{18}/OH 或 Polar C_{18}。这一类固定相对分析物的萃取机理是一种混合作用机理,故此类 C_{18} 键合硅胶固定相是混合作用模式固定相之一。例如,Slobodnik 等利用 Bondesil C_{18}/OH 固定相成功地富集并测定了氨基甲酸酯类杀虫剂。在该研究中,正是固定相上的羟基基团与极性较大的分析物之间存在的疏水性相互作用以外的氢键作用、离子相互作用、偶极-偶极相互作用使得分析物得以定量吸附,最终获得高的回收率[9]。常用的商品 C_{18} 键合硅胶固相萃取柱列于表 2-2。

表 2-2　常用的商品 C_{18} 键合硅胶固相萃取柱

吸附剂	制造商	孔径/nm	粒径/μm	封端	含碳量/%
Sep-Pak C_{18} t	Waters	12.5	37~55	是	17
Sep-Pak C_{18}	Waters	12.5	37~55	是	12
Sep-Pak C_8	Waters	12.5	37~55	是	9
Bond-Elut C_{18}	Varian	6.0	40/120	是	18
Bond-Elut C_{18}/OH	Varian	6.0	40/120	是	13.5
Bond-Elut C_8	Varian	6.0	40/120	是	12.5
Bond-Elut C_2	Varian	6.0	40/120	是	5.6
Bond-Elut C_1	Varian	6.0	40/120	是	4.1
Bond-Elut PH	Varian	6.0	40/120	是	10.7
Bond-Elut CH	Varian	6.0	40/120	是	9.6
Isolute C_{18}(EC)	IST	5.5	70	是	18
Isolute C_{18}	IST	5.5	70	是	16
Isolute C_8(EC)	IST	5.5	70	是	12

续表

吸附剂	制造商	孔径/nm	粒径/μm	封端	含碳量/%
Isolute C$_8$	IST	5.5	70	否	12
Bakebond C$_{18}$	J. T. Baker	6.0	40	是	17～18
Bakebond C$_{18}$-Polar-Plus	J. T. Baker	6.0	40	否	16
Bakebond C$_{18}$-Light	J. T. Baker	6.0	40	否	12～13
Bakebond C$_8$	J. T. Baker	6.0	40	是	14
Zorbax C$_{18}$	Agilent	8.0	30/80	否	11
Zorbax C$_{18}$（EC）	Agilent	8.0	30/80	是	14.8

　　由于 C$_{18}$ 键合硅胶发展较早，现有的商品化固定相种类又多，故其应用非常广泛。例如短链脂肪胺类物质，其极性较大、水溶性较高，所以对于水样中这类化合物的测定，衍生化处理就成为必不可少的一个步骤，这就造成了分析过程的烦琐、费时。Verdu-Andres 等[10]利用填充有 0.1g Bond-Elut C$_{18}$ 固定相的 1mL 固相萃取柱，同时在柱上完成了对脂肪胺类物质的萃取富集和衍生化两个步骤，并最后用气相色谱进行了定量测定，这种做法大大简化了分析步骤，节约了分析时间，取得了较好的结果。其大致步骤是：先依次用 2mL 甲醇、1mL pH 值为10.0 的硼酸缓冲溶液对上述固相萃取柱进行预处理，然后将样品水溶液过柱，用 1mL pH 值为 10.0 的硼酸缓冲溶液过柱以洗涤杂质，接着用空气流将柱子吹干，此时将适量的衍生化试剂 3,5-二硝基苯甲酰氯通过萃取柱进行柱上衍生，最后用适量乙腈洗脱已经被衍生过的分析物，再取此洗脱液 20μL 进样进行气相色谱测定，该方法的检测限为 2～5μg·L^{-1}，加标回收率在 70%～102% 之间。又如，对于环境水样中低含量壬基酚及其相关的壬基酚聚氧乙烯醚类物质的分析测定，最常用的分析方法就是将固相萃取分离富集手段与气相色谱或液相色谱检测方法相结合，其中 C$_{18}$ 键合硅胶就是应用最广泛的固相萃取固定相[11,12]，该类物质一般的萃取程序是：首先依次用 5mL 乙腈、5mL 甲醇、5mL 水对填充有 1g C$_{18}$ 键合硅胶固定相的萃取柱进行预处理，然后将 10～1000mL 样品溶液过柱萃取，最后用 5mL 甲醇洗脱后，选择气相色谱或液相色谱法进行测定。总体来说，C$_{18}$ 键合硅胶固定相更加适合于非极性和弱极性分析物的萃取。Crozier 等[13]最近利用规格为 6mL/1000mg 的 ENVI-18™ C$_{18}$ 填充的聚丙烯萃取柱萃取了 17 种自来水、湖水、河水及泥塘水中的多环芳烃（PAHs），其萃取的大致步骤是：首先分别用 5mL 甲醇和蒸馏水对萃取柱进行预处理，再将已经用盐酸酸化为 pH 2.0 的 800mL 水样以 20mL·min^{-1} 的流速过柱，过完后用空气将柱中的残留水分吹干，用甲苯将分析物洗脱后蒸发至 1mL，最后用气相色谱-离子捕获质谱法测定。该方法对这些分析物测定的检测限为 0.8～1.6ng·L^{-1}。C$_{18}$ 键合硅胶固定相还可应用于许多生物样品中药物组分的固相萃取[14]。例如，对血浆样品中安定类药物的萃取及测定，可使用下面的方法进行：依次用 5mL 甲醇和蒸馏

水预处理规格为 6mL/500mg 的 C_{18} 键合硅胶萃取柱，再将加有 1mL 0.1mol·L^{-1} 乙酸钠的 4mL 血浆样品上样过柱，过完后，用少量蒸馏水洗涤萃取柱并用真空泵尽可能将残留在柱中的水分抽干，最后用适量的丙酮洗脱分析物，将洗脱液用高纯氮气吹至近干，用少量甲醇溶解残渣，此溶液可直接进行反相高效液相色谱分析，色谱分析可使用 C_{18} 键合硅胶类分析柱，流动相一般采用乙腈-甲醇-磷酸二氢钾水溶液（5mmol·L^{-1}）（15：30：55）体系。该萃取法对 11 种安定类药物的平均回收率为 75.3%。

Kutter 等[15]将 C_{18} 键合硅胶键合于微流管路系统中，实现了在微芯片上进行固相萃取（SPE on chip）的设想，虽然该研究仅仅是一种极其初步的探索，但它也许能代表一种固相萃取发展的新方向，即固相萃取的微型化。

有效的洗脱对一个固相萃取体系同样非常重要。洗脱完全所需要的洗脱剂体积越小，则萃取的富集倍数就越大。C_{18} 键合硅胶对大多数非极性及中等极性的分析物具有好的萃取能力，对这样的萃取体系，洗脱剂己烷、四氢呋喃、乙酸乙酯、二氯甲烷、丙酮、乙腈、甲醇的洗脱能力按此顺序依次减弱，但是随分析物极性的增强，则洗脱能力按此顺序逐渐增强。尽管存在以上洗脱能力的次序，但在多数情况下人们仍然使用能与水混溶的乙腈、甲醇等溶剂，便于最后用气相色谱测定。对于可离子化的化合物的萃取，一般是通过调节溶液酸度使分析物以中性化合物的形式被 C_{18} 键合硅胶萃取，对这类物质的洗脱除可按上述方法进行外，另外一种更有效的方法就是将洗脱溶液的酸度调节至使分析物以离子状态存在，这样分析物才可被有效洗脱。在 C_{18} 键合硅胶固相萃取中，洗脱时使用的洗脱剂用量一般为 2～5mL（500mg 吸附剂）。

由于键合硅胶类固定相是采用比表面积大的硅胶作为基体制备的，故保证了其具有较大的吸附容量。若以二甲苯为模型化合物，一般 C_{18} 键合硅胶对其穿透容量可达到 4mg·g^{-1} C_{18} 键合硅胶以上，有的甚至更高[16,17]。

键合硅胶类固定相具有良好的机械强度，常见的有机溶剂及洗脱剂对其没有不良的影响，一般也不会引起膨胀或收缩。

键合硅胶类固定相商品化程度高，易于获得，适用化合物种类范围广泛。其孔径大多在 6nm 以上，该孔径可保证对相对分子质量大到约 1500 的有机化合物的固相萃取。

总体来说，C_{18} 键合硅胶固定相萃取效果较好的分析物主要是非极性化合物和中等极性的化合物，即使充分利用残留硅醇基的次级作用来增加对极性组分的萃取能力，也仅仅是增加了对中等极性或极性较大的化合物的吸附而已。但对极性很大的分析物，使用 C_{18} 键合硅胶固定相进行萃取的效果不能令人满意，此时应该考虑使用有机聚合物型或石墨化炭黑型固定相进行萃取。例如文献 [18] 中，分别使用一般的 C_{18} 键合硅胶固定相、C_{18} MF 键合硅胶固定相（未封端）及有机聚合物型固定相 PLRP-S 对强极性的三氯苯酚进行固相萃取，在其他条件相同时，该分析物的穿透体积分别是 50mL、70mL、200mL。

C_{18} 键合硅胶固定相的另一个不足是其对强碱性及强酸性介质的敏感性。硅胶类固定相在强碱中一方面会被碱溶解；另一方面会发生硅胶与烷基碳链化学键的断裂，在强酸性介质中硅胶与烷基碳链之间的化学键也会发生断裂。

其他键合硅胶如 C_8、C_2、环己基、苯基等也常使用，其萃取性能基本与 C_{18} 键合硅胶一致，主要对非极性分析物有较好的萃取能力。相比而言，C_2 键合硅胶极性较强，其对非极性分析物的萃取能力比其他几种弱。由于芳香性苯环的引入，使得苯基键合硅胶对芳香性分析物具有较好的萃取能力。文献［19］将上述几种固定相对天然水样中的 18 种苯酚类优先污染物的萃取情况作了较系统的对比，实验结果证实了上述论述。

硅胶还是理想的分子印迹聚合物（MIPs）材料。除去了模板分子后的硅胶颗粒具有特定的空腔结构，能够选择性识别和吸附与模板分子结构相近的物质。将分子印迹硅胶聚合物装填成 SPE 小柱，即可用于环境样品中结构类似物的选择性萃取。将其包覆于磁性纳米颗粒表面制得的磁性硅胶 MIPs 微球不仅对目标物分子具有特殊的选择萃取能力，同时还具有纳米材料超大的比较面积和磁性材料的磁分离能力，可以作为磁性固相萃取剂用于选择性萃取环境样品中的痕量有机污染物[20]。

近年来，介孔硅胶材料由于具有巨大的比表面积、均匀有序的孔径分布和高度的结构稳定性而引起人们的广泛关注。由于其介孔通道内可以负载大量的修饰基团，因此将其作为固相萃取吸附剂可以拥有更高的萃取容量。此外，其均匀有序的垂直导向型介孔通道可以通过空间位阻抵抗复杂样品中的大分子天然有机质对小分子目标物萃取的干扰。Li 等将修饰功能基团的介孔硅胶与磁性纳米颗粒相结合，合成了磁性介孔硅胶材料（制备过程见图 2-2），并成功地将其用于大

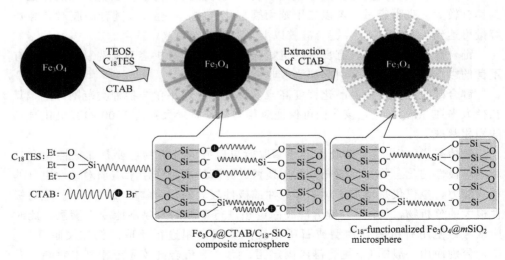

图 2-2　介孔硅胶包覆的磁性 Fe_3O_4 固相萃取吸附剂的合成示意图[22]

体积复杂基质环境水样中痕量有机污染物的萃取测定[21,22]。此外，还有人将具有有序介孔孔道的介孔硅胶 MIPs 壳层包覆在磁性纳米颗粒表面，不仅显著增加了识别位点的数量，有效提高了其吸附性能，而且使其具有优良的吸附动力学特性和磁分离能力[23]。

2. 其他氧化物及键合氧化物固相萃取吸附剂

硅胶与分析物的作用及键合硅胶的制备是基于硅胶表面具有活性硅醇基。与此相似，其他几种氧化物表面，如氧化铁（Fe_2O_3、Fe_3O_4）、氧化钛（TiO_2）、氧化锆（ZrO_2）、氧化铝（Al_2O_3）、氧化镁（MgO）、氧化钍（ThO_2）等也具有活性羟基，因此这些氧化物及其烷基键合物也有可能作为固相萃取的吸附剂。Gillespie 等[24]及 Buser 等[25]对此进行过研究与评述。

常见的金属氧化物中，氧化铁（Fe_2O_3、Fe_3O_4）、氧化钴（CoO）等氧化物具有独特的磁性特征，在外加磁场作用下可快速回收。近年来，以纳米磁性氧化铁为固相萃取剂，结合磁性分离，派生出磁性固相萃取技术（Magnetic Solid Phase Extraction，MSPE），该技术简便、快速，在大体积环境水样的萃取富集中具有较大的应用潜力（其萃取装置和萃取流程将在后面章节中介绍）。要将磁性纳米氧化物用于固相萃取，一般需要将其表面修饰成不同的功能基团。Zhao 和 Cai 等首先将离子型表面活性剂通过自组装在磁性纳米氧化物表面形成混合胶束体系，并用于环境水样中痕量酚类污染物的萃取富集[26]。以此为基础建立的 MPSE 方法还被用于全氟化合物、磺胺和氟西汀药物等多种环境污染物的萃取中[27~29]。此外，如果在 Fe_3O_4 磁性颗粒表面包覆上 SiO_2 或者 Al_2O_3，即可使其表面的等电点上升或下降，在中性 pH 下带上电荷，从而使带有相反电荷的表面活性剂更容易在其表面形成混合胶束，进一步简化了 MPSE 的操作步骤。目前，这种磁性纳米复合物-混合胶束体系已经被用于萃取富集环境水样中的内分泌干扰物[30]或者甲氧苄氨嘧啶[28]等。此外，利用硅烷化反应、酯化反应和路易斯酸碱反应还可以将各种功能基团以共价形式负载到磁性颗粒上。例如，氨丙基、C_8、C_{18} 等有机基团均可以通过硅烷化反应单独或混合共价修饰到磁性颗粒表面，用于环境水样中不同极性有机污染物的萃取[31,32]。长链烷基羧酸也可通过酯化反应连接到磁性纳米颗粒表面，其表面的疏水性烷基可高效富集环境水样中的非极性有机物[33,34]。冯钰琦研究组还利用路易斯酸碱反应将十八烷基磷酸接枝到氨基修饰的 Fe_3O_4 磁性纳米颗粒表面，并成功地将其应用于环境水样中多环芳烃的萃取[35]。

在实际使用中，如果环境样品的基质比较复杂，其中的腐殖酸等天然有机质会对磁性纳米颗粒表面修饰的功能基团造成严重的干扰，而且疏水基团修饰的磁性纳米颗粒在水溶液中的分散性较差，也影响了其对目标物的萃取效果。为了提高萃取剂的抗干扰能力和疏水性修饰的颗粒在水中的分散性[36]，Zhang 和 Cai

等采用亲水性生物质聚合物壳聚糖（或海藻酸）包覆 C_{18} 键合的 Fe_3O_4 磁性纳米颗粒，不但有效克服了该反相固相萃取剂在水溶液中分散性差、萃取效率低的缺点，而且固相萃取剂表面的生物质聚合物具有生物相容性，蛋白质、腐殖酸等大分子不会在萃取剂表面发生变性吸附；且该聚合物层可构成化学屏障，大分子物质无法进入到疏水性内层，而小分子目标污染物可进入疏水内层而被高效萃取，即使水溶液中存在较高浓度的腐殖酸（$10 \sim 20 mg \cdot L^{-1}$）时，目标化合物的富集萃取效率也没有明显降低[37,38]（见图 2-3）。以该磁性纳米颗粒为基础设计的磁性固相萃取程序，与液相色谱串联质谱结合，可以实现对复杂环境水样中痕量全氟化合物（PFCs）的萃取检测，检测限在 $0.05 \sim 0.37 ng \cdot L^{-1}$ 之间。采用该固相萃取方法测定了几种环境水样（包括自来水、井水、河水、污水）中的全氟化合物，加标回收率在 $60\% \sim 110\%$ 之间[36]（图 2-4）。

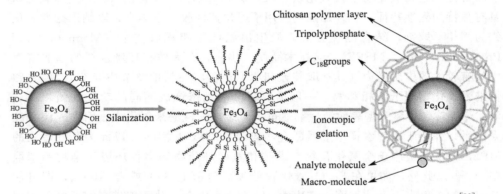

图 2-3　壳聚糖聚合物包覆的 Fe_3O_4-C_{18} 磁性纳米萃取剂及其抗大分子干扰原理图[36]

为了赋予磁性纳米材料更多的功能，还可将无机硅胶、有机聚合物、金属氧化物、纳米金属等负载到其表面，制得磁性纳米复合材料。与传统的微米级固相萃取吸附剂相比，这些复合材料具有更高的萃取性能，而且还能够方便地进行固-液分离，因此，在大体积环境水样中痕量目标物的萃取富集中有很好的应用前景。

另一种备受关注的金属氧化物是二氧化钛（TiO_2）。由于其无毒、自身强度高、比表面积大、表面活性强、分散性好，因此非常适合用作固相萃取的吸附剂。但是 TiO_2 纳米颗粒的粒径过细，难以进行固-液分离，而且容易流失，所以需要将其负载到其他辅料上后才能填装成 SPE 小柱，用于不同环境水样中各种重金属离子的萃取[39~41]。此外，还可将其与磁性纳米颗粒相结合，制得磁性 TiO_2 纳米材料，利用前面提到的磁性固相萃取技术（MSPE），简便、快速地从大体积环境水样中萃取富集目标化合物[42~44]。与之相似的还有二氧化锆（ZrO_2），有人曾将 ZrO_2 分别沉积于搅拌棒和金电极表面，利用 ZrO_2 与有机磷

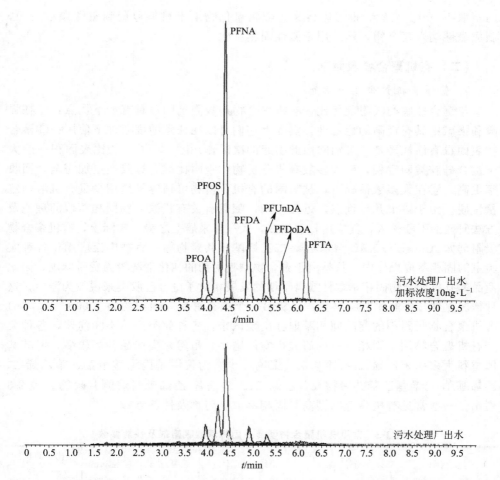

图 2-4　壳聚糖包覆的 Fe_3O_4-C_{18} 纳米颗粒富集污水后 PFCs 的 LC/ESI-MS/MS 总离子流图[36]

的特异性相互作用，分别用于环境水样中甲基磷酸酯和有机磷农药的选择性萃取[45,46]。Kawahara 等[47]通过研究证明，与硅胶相比，钛胶及锆胶固定相至少具有以下三个优点：①它们无论在碱性还是酸性溶液中都具有很高的稳定性，几乎可在任意 pH 值使用；②它们具有独特的吸附表面，对酸性化合物具有较强的吸附性能；③特别适合于某些生物样品如核糖核酸（RNA）和脱氧核糖核酸（DNA）等的分离富集。现在用于高效液相色谱和固相萃取的钛胶及锆胶系列固定相已有商品出售。但需要指出的是，钛胶及锆胶在高效液相色谱及固相萃取中的应用仍然十分有限，还需要进一步开发和研究。

其他金属氧化物纳米材料（如 Al_2O_3、CeO_2 等）在固相萃取中的应用也有少量报道。例如，可以将纳米 Al_2O_3 负载到微米级硅胶颗粒上，然后装填到 SPE 小柱中，分别用于环境水样中不同价态硒、酞酸酯和 Cu、Pd、Cr 等重金属离子的萃取[48~50]。当然，也可以将这些金属氧化物纳米材料包覆到磁性颗粒表面，制成磁性纳米复合物，然后用于磁性固相萃取。

（二）有机聚合物吸附剂

1. 普通有机聚合物吸附剂

与键合硅胶类吸附剂相比，有机聚合物型吸附剂明显具有如下优点：①在强酸和强碱中具有极高的稳定性，实际上它们可以在任意酸度条件下使用；②聚合物表面没有活性羟基，可消除由此引起的次级作用[51~54]了；③比表面积一般大于键合硅胶类固定相，对大多数有机分析物的吸附比键合硅胶类更加完全，回收率更高；④在大多数情况下，被吸附的有机分析物可很容易地用少量有机溶剂定量洗脱。由于以上几点优点，近几年来，随着有关有机聚合物固相萃取的理论及方法研究的不断深入，其应用日益增多，大有后来居上之势。实际上，有机聚合物吸附剂如 Amberlite XAD 型苯乙烯-二乙烯基苯共聚物等一直被广泛应用于各种实验室的固相萃取操作中，只是由于聚合物型吸附剂的纯化清洗较为费时麻烦，因此商品的有机聚合物固相萃取柱或盘早期的发展相对于键合硅胶类来说较为滞后，这种情况直到几年前才有所改变。自从第一个填充有比表面积约为 $1000m^2 \cdot g^{-1}$ 的有机聚合物吸附剂的商品固相萃取柱出现以来，各种此类产品不断涌现，各种关于有机聚合物用于固相萃取的研究也空前增多。虽然该类产品种类较多，但其基体材料大多为苯乙烯-二乙烯基苯共聚物，少数为聚甲基丙烯酸甲酯、苯乙烯-二乙烯基苯-乙烯基乙苯共聚物及苯乙烯-二乙烯基苯-乙烯吡咯烷酮共聚物。表 2-3 列出了一些常见有机聚合物型商品固相萃取吸附剂及性能参数。

表 2-3 常见有机聚合物型商品固相萃取吸附剂及性能参数

吸附剂	制造商	结构类型	孔径/nm	粒径/μm	比表面积/$m^2 \cdot g^{-1}$
Porapak RDX	Waters	PS-DVB-NVP	5.5	120	550
Oasis	Waters	DVB-NVP	8.2	—	830
Oasis HLB	Waters	PS-DVB-NVP	5.5	30/60	800
XAD-2	Supelco	PS-DVB	9.0	300~630	300
DAX-8	Supelco	PA	22.5	300~450	160
CG-71	Supelco	PA	25.0	80~160	500
CG-161	Supelco	PS-DVB	15.0	80~160	900
CG-300s	Supelco	PS-DVB	30.0	20~50	700
CG-300m	Supelco	PS-DVB	30.0	50~100	700
CG-1000s	Supelco	PS-DVB	100.0	20~50	250
Envichrom P	Supelco	PS-DVB	14.0	80~160	900
Ostion SP-1	Lab instruments	PS-DVB	8.5	—	350
Synachrom	Lab instruments	PS-DVB-EVB	9.0	—	520~620
Spheron MD	Lab instruments	PA-DVB			320

续表

吸附剂	制造商	结构类型	孔径/nm	粒径/μm	比表面积 /m² · g⁻¹
Bond-Elut ENV	Varian	PS-DVB	45.0	125	500
Bond-Elut PPL	Varian	PS-DVB	30.0	125	700
Empore disk	J. T. Baker	PS-DVB	—	6.8	350
Speedisk-DVB	J. T. Baker	PS-DVB	15.0	700	
SDB	J. T. Baker	PS-DVB-EVB	30.0	40~120	1060
LiChrolut EN	Merck	PS-DVB	8.0	40~120	1200
Isolute ENV+	IST	PS-DVB	10.0	90	1000
Chromabond HR-P	Machery- Nagel	PS-DVB	—	50~120	1200
Hysphere-1	Spark Holland	PS-DVB	—	5~20	>1000
PRP-1	Hamilton	PS-DVB	7.5	5/10	415
PLRP-S	Polymer Labs	PS-DVB	10.0	15/60	550

注：PS：聚苯乙烯；DVB：二乙烯基苯；NVP：N-乙烯基吡咯烷酮；PA：聚甲基丙烯酸酯；EVB：乙烯基乙苯。

由于一般商品苯乙烯-二乙烯基苯共聚物吸附剂具有比键合硅胶更大的比表面积，加之其本身更强的有机性，使得此类吸附剂在一般情况下对有机分析物包括极性较大的有机分析物如酚类、杀虫剂类的吸附比键合硅胶更完全，回收率更高。例如，该类固定相中的 Amberlite XAD-2，XAD-4 树脂已被 Jones 等[55,56]成功地应用于烷基酚聚氧乙烯醚类非离子表面活性剂物质的萃取测定，首先用少量有机溶剂如甲醇等对固定相进行预处理，然后再将合适体积的水样上样通过萃取柱，最后分别用合适量的丙酮-水（9：1）混合液、乙酸乙酯、甲醇洗脱分析物，同时进行色谱检测，该类萃取体系的回收率一般可达 80％以上。Hennion 等[57,58]用液相色谱方法对苯乙烯-二乙烯基苯共聚物型吸附剂 PRP-1 和 PLRP-S 对一系列有机分析物的吸附性能进行了研究，并将结果与 C_{18} 键合硅胶对这些分析物的吸附行为进行了比较，结果表明该类有机聚合物吸附剂对这些分析物的吸附能力（保留因子）大约是 C_{18} 键合硅胶的 10~40 倍。Mishre 等[59]最近将衍生化法、固相萃取和气相色谱-质谱相结合，对一些环境水样中的氨、脂肪胺、芳香胺及酚类物质同时进行了测定，取得了满意的结果。他们的做法是：首先在水样中加入适量的苯甲酰氯和少量碳酸氢钠，剧烈振摇，使分析物充分发生衍生化反应，则上述分析物分别生成苯甲酰胺、N-烷基取代苯甲酰胺、N-芳基取代苯甲酰胺和苯甲酸芳酯，然后将经过衍生化的溶液混合物试样通过经少量甲醇和蒸馏水预处理过的填充有 0.1g PLRP-S 型的 PS-DVB 聚合物固定相的萃取柱（10mm×3mm），过完溶液后用少量蒸馏水洗涤萃取柱，再用氮气将残留在柱中的水分赶出并吹干，最后用适量乙酸乙酯洗脱分析物，洗脱液用无水硫酸钠干燥后，即可取样进行气相色谱-质谱测定。该方法经过衍生化解决了氨及脂肪胺在一般情况下不能进行有效的固相萃取这一难题，从而实现了对上述几种分析物的同时测定。对几种天然水样如饮用水、地下水、河水等样品中分析物测定的检测限在 $7\sim39ng \cdot mL^{-1}$ 之间。Gimeno 等[60]将规格为长 10mm、内径 3mm 的高度交联 PS-DVB 固相萃取填充微柱与液相色谱-大气压化学电离质谱在线联用，对港口海水中的四种防腐化合物（敌草隆、灭菌丹、抑菌灵和海洋防污损涂料添加剂 Irgarol 1051）进行了在线分离富集和测定，该固相萃取体系对 100mL 海水的回收率为 85%以上，此在线分析体系对灭菌丹测定的检测限为 $250ng \cdot mL^{-1}$，对其余三种化合物的检测限为 $5ng \cdot mL^{-1}$。Mendas 等[61]最近将 J. T. Baker 公司生产的规格为 3mL 的 Bakerbond SDB-1 型固相萃取微柱应用于尿样中几种三嗪类除草剂及其单去烷基化代谢产物的固相萃取以及液相色谱分离和紫外检测，其柱填料为粒径 $43\sim123\mu m$、比表面积 $965m^2 \cdot g^{-1}$ 的 PS-DVB 固定相。实验结果表明该固相萃取体系可有效萃取这几种极性较大的化合物，萃取后用 1%的乙腈水溶液洗涤萃取微柱可以有效地将样品中其他极性更大的干扰物质提前洗脱，分析物的洗脱可以用少量丙酮来实现，洗脱液用适量水稀释后可以用高效液相色谱-二极管阵列检测器进行测定，该体系的萃取回收率在 $78\%\sim101\%$ 之间，对母体化合物和去烷基代谢物的检测限分别为 $10ng \cdot mL^{-1}$ 和 $20ng \cdot mL^{-1}$。Stefan Weigel 等[62]最近用玻璃纤维过滤器和 Bakerbond SDB-1 型 PS-DVB 固定相组装成大容量、高速度的固相萃取柱系统，该系统可以对 $10\sim100L$ 的海水样品进行固相萃取，萃取时流速达 $500mL \cdot min^{-1}$ 仍可得到满意的回收率，该系统可应用于对环境水样中有机污染物的普查分析。Dominguez 等[63]使用经过预处理的 Merck 公司的 200mg LiChrolut EN 型 PS-DVB 填充柱直接分离富集葡萄酒样品中的 3,5,4-三羟基二苯代乙烯及其衍生物，分析物被定量吸附后，用少量水洗涤萃取柱，通入氮气至萃取柱中的固定相被充分干燥，最后用少量四氢呋喃和水先后洗脱柱上的分析物，含有分析物的洗脱液可进行高效液相色谱-紫外或高效液相色谱-质谱测定，该萃取和测定方法回收率高、选择性和重复性好、测定速度快、消耗样品少，对果酒类样品的测定结果令人满意。

但是一般未经修饰的普通苯乙烯-二乙烯基苯共聚物吸附剂的表面极性太小，对极性化合物的吸附能力仍显不足，在此情况下可考虑使用极性较大的聚甲基丙烯酸甲酯类吸附剂如 XAD-7、XAD-8 等。

2. 有机高聚物型吸附剂的功能化修饰

与键合硅胶类吸附剂类似，有机聚合物型吸附剂也可通过在其表面引入各种功能基团达到修饰改造其吸附萃取性能的目的。引入的方法大多是通过傅氏反应来完成的，引入的基团有—CH_2OH、—$COCH_2CH_2COOH$、—$COCH_3$、—CH_2CN、邻羧基苯甲酰基、磺酸基、—$C(CH_3)_3$ 等。对非极性分析物如苯的同系物（BTEX）、异丙基苯等化合物的萃取来说，引入非极性的叔丁基可使吸附剂的保留因子增大，从而获得较好的萃取效果。相反，引入了极性基团后，聚合物吸附剂对上述非极性化合物的保留因子将降低。而对极性化合物来说，引入极性基团特别是乙酰基、磺酸基、羧基、羟甲基等后，它们在聚合物吸附剂上的保留因子将增大，这样可获得较好的萃取效果；而该类聚合物吸附剂对非极性和弱极性化合物的保留因子将减小[6]。

　　这里需要对在聚合物表面引入极性基团的亲水性修饰作特别说明。固相萃取中萃取吸附剂对分析物产生良好吸附萃取的一个重要条件是吸附剂的表面与分析物产生紧密的接触。为了有效萃取水中的有机分析物，固相萃取吸附剂的主体必须是疏水性的。但是，吸附剂过强的表面疏水性必然会对其与分析物的紧密接触产生不利影响，从而影响萃取效果。因此，有必要对分析物表面进行合适的亲水性修饰。进行亲水性修饰的方法一般有两种，一种方法就是人们原来采取的对吸附剂事先进行预处理，即使用与水混溶的有机溶剂如甲醇、乙醇等处理吸附剂，吸附剂表面必然吸附一些这样的有机溶剂，从而使其表面具有较好的润湿性即亲水性，这样可达到改善其吸附性能的目的，但是这种与水混溶的有机溶剂总会随时间而流失，尤其是当萃取柱床流干并有空气进入时更是如此，这样必然会发生萃取效果的恶化；另一种方法就是通过化学反应在疏水性的吸附剂基体上引入适当数量的亲水性基团，即进行所谓的表面亲水性修饰。但是进行这种修饰的一个重要原则是引入的极性基团的数量必须合适，既要保证亲水性基团足够多从而使吸附剂能与分析物产生紧密地接触，又不能使极性基团的数量太多，以影响吸附剂主体的亲水性并降低其对分析物的吸附萃取。

　　这方面的具体例子包括 Fritz 等[64~67]和 Masque 等[68,69]所做的研究工作，他们的研究结果表明：通过在聚合物表面引入适当数量的乙酰基、羟甲基、磺酸基及邻羧基苯甲酰基等极性基团，可极大地改善聚合物吸附剂表面的亲水性，使该类吸附剂对有机分析物尤其是极性较大的分析物如苯酚类的萃取效果获得大的提高。如 Fritz 等[6,64]在苯乙烯-二乙烯基苯高聚物型吸附剂 Amberchrome 161（Supelco，$50\mu m$，$720m^2 \cdot g^{-1}$）的表面引入乙酰基后，该吸附剂对苯酚、对甲基苯酚、甲氧基苯、硝基苯、2,4-二硝基氟苯、二乙基酞酸酯、苯乙醇、苯胺、苯甲醇、对叔丁基苯酚、2,4-二甲基苯酚、邻苯二酚、2-乙基苯酚、苯甲酸异戊酯、邻羟基苯乙酮、2-硝基苯酚的萃取回收率在 $96\%\sim101\%$ 之间，而未经修饰的苯乙烯-二乙烯基苯高聚物吸附剂对这些化合物的萃取回收率却只有 $72\%\sim95\%$，在完全相同的情况下，C_{18} 键合硅胶对这几种化合物的萃取回收率仅仅为 $6\%\sim90\%$。Fritz 等[70,71]还将经乙酰基修饰的粒径为 $5\sim8\mu m$，比表面积为 $400m^2 \cdot g^{-1}$ 的高交联球形苯乙烯-二乙烯基苯高聚物吸附剂制成 $47mm\times0.5mm$ 的萃取膜盘，然后将 $500mL$ 含有 $\mu g \cdot mL^{-1}$ 级的 16 种酚类物质的样品溶液以将近 $200mL \cdot min^{-1}$ 的流速通过该萃取盘，最后再用 $3mL$ 四氢呋喃洗脱（重复 3

次）被吸附的酚类物质，该操作程序对这些酚类物质的平均回收率为 98%。Fritz 等[72]从 3M 公司生产的磺酸型 PS-DVB 固相萃取盘上切取直径仅仅 0.7mm 的极小部分，并将其结合在 50μL 微型注射器上，构成微型化固相萃取装置，该萃取装置可以直接萃取 2.5mL 水溶液中的取代苯分析物，萃取后的分析物可以用 5μL 洗脱剂洗脱下来并直接注射进气相色谱进行分析测定，该固相萃取过程可以实现 500 倍的富集倍数，对 23 种受试取代苯类化合物的平均回收率为 95%。对苯乙烯-二乙烯基苯高聚物型吸附剂的磺化亲水性修饰也有研究[73,74]，在该聚合物吸附剂表面引入适量的磺酸基可以很好地改善其表面的亲水性，其对极性较大的一些分析物的萃取效果令人满意，他们的研究结果还发现吸附剂表面引入的磺酸基数量以 0.6mmol·g^{-1} 为宜，太少或太多时的吸附萃取效果都不是很好。他们用这样的磺化聚合物吸附剂分别以事先用甲醇预处理和不进行预处理两种方式对苯甲醚、苯甲醛、硝基苯、苯甲醇、苯酚、邻硝基苯酚、乙酸己酯、异亚丙基丙酮、邻苯二酚、2-己烯基乙酸等化合物进行萃取，两种萃取方式的萃取回收率的平均值分别为 94% 和 95%，而在其他条件完全相同时，用未经磺化处理的苯乙烯-二乙烯基苯高聚物吸附剂对上述化合物进行同样的萃取，预处理和未预处理两种方式的萃取回收率的平均值分别为 91% 和 84%。由此可见，对聚合物表面进行适当的磺化处理，确实增加了聚合物吸附剂对极性较大的化合物的萃取能力，而且，经过这样的处理使得聚合物吸附剂表面获得了永久的润湿，从而可免去活化处理这一步，简化了操作手续。

有机聚合物型固相萃取吸附剂发展的一个最新动态是所谓的亲水-亲脂两亲平衡型固相萃取吸附剂（Hydrophilic-lipophilic polymers）的出现[75~79]，这类新型产品有两个显著的特点：一是由于其本身结构固有的两亲平衡性，使其表面具有了永久润湿性，因此该类产品不需经过预处理这一步，可直接用来对样品溶液进行萃取；二是其具有的两亲平衡性可使该类产品具有通用型萃取剂的性质，使用范围广泛，无论分析物是极性还是非极性，该类吸附剂一般可同时萃取酸性、中性、碱性分析物，或同时萃取酸性、中性分析物，或同时萃取碱性、中性分析物。由于该特点，它们又被称为通用型吸附剂。这类产品的典型代表是 Waters 公司的 Oasis HLB 和 Oasis MCX。Oasis HLB 型固相萃取吸附剂是由亲脂性的二乙烯基苯和亲水性的 N-乙烯基吡咯烷酮两种单体共聚而成的大孔共聚物，通过调节合适的两种单体的比例可以获得两亲平衡型的吸附剂[72,73]，该产品对许多有机化合物的吸附容量很大，一般可以达到 C_{18} 键合硅胶的 5 倍，这种吸附剂可被用于对水溶液中的极性和非极性组分进行有效的萃取，应用该吸附剂不但可对水样品中酸性、中性、碱性组分同时完成吸附萃取，而且还可通过选择不同酸度条件的洗涤液和洗脱液使酸性组分和碱性组分获得分离。蔡亚岐等用 HLB 固相萃取柱对土壤、底泥、污泥及人体血液中全氟化合物萃取液进行了萃取净化，然后选用 HPLC-ESI-MS/MS 进行检测[80~82]。针对土壤、底泥和活性污泥样品，可首先选用 100％甲醇超声提取样品中的全氟化合物，然后提取液用水稀释后用 HLB 固相萃取柱进行处理，样品溶液上载到 HLB 柱上后，先选用 4mL 20％的甲醇-水溶液冲洗 HLB 柱去除其中的杂质，再以 10atm（1atm＝101325Pa）的压力将 HLB 柱中的残留水分抽干，最后用 10mL 甲醇将全氟化合物洗脱，洗脱液浓缩定容后用 HPLC-ESI-MS/MS 进行检测。图 2-5 和图 2-6 分别为样品前处理流程图和样品加标色谱图。对于血液样品，首先用离子对液液萃取方法将血液样品中全氟化合物萃取出来，然后用 HLB 固相萃取柱净化，然后进行 HPLC-MS/MS 分析[81,82]。

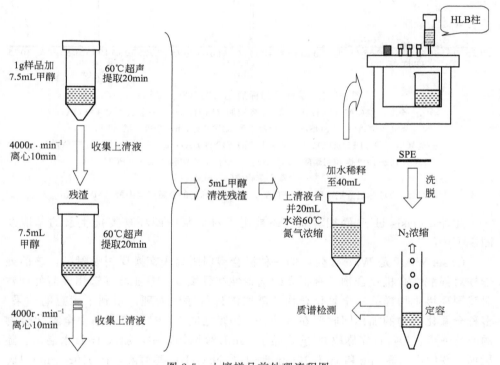

图 2-5　土壤样品前处理流程图

HLB 萃取柱也可对环境水和生物样品中的多种抗生素进行萃取[83,84]，如可将 500mL 环境水样以 1mL·min⁻¹左右的速率装载到活化好的 HLB 固相萃取柱中，然后用 12mL 高纯水清洗 HLB 小柱以除去其中不保留的盐类等杂质，再在负压下抽干萃取柱中的水分，最后用 6mL 氨水-甲醇（5：95，体积比）溶液洗脱目标物，洗脱液在 35℃下用氮气吹干，用流动相定容至 1mL 后进样分析，如图 2-7 所示为抗生素标准溶液色谱分离图。用 HLB 柱对环境生物样品的前处理步骤为：将 ASE 提取液经过旋转蒸发浓缩后再加 100mL 超纯水稀释，然后以水的净化步骤进行操作，最后的浓缩洗脱液以 15000r·min⁻¹的转速离心，再取上

清液过 $0.22\mu m$ 尼龙滤膜后进样分析。

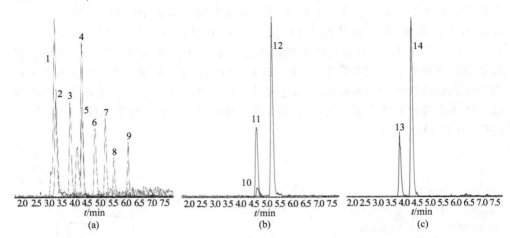

图 2-6　土壤样品加标后色谱图（2ng 混标）

(a) 1—全氟己烷磺酸（PFHxS）；2—全氟庚酸（PFHpA）；3—全氟辛酸（PFOA）；

4—全氟辛烷磺酸（PFOS）；5—全氟壬酸（PFNA）；6—全氟癸酸（PFDA）；

7—全氟十一酸（PFUnDA）；8—全氟十二酸（PFDoDA）；9—全氟十四酸（PFTA）

(b) 10—8∶2 饱和调聚酸（POEA）；11—8∶2 不饱和调聚酸（POUEA）；

12—全氟辛烷磺酰胺（FOSA）

(c) 13—^{13}C 标记全氟辛酸（MPFOA）；14—^{13}C 标记的全氟辛烷磺酸（MPFOS）

　　此外，Oasis HLB 固相萃取柱还被用于对血浆中四环素类抗生素的萃取及测定[73,74]。

　　Oasis WAX 是 Waters 公司的一种混合型弱阴离子交换反相吸附剂，该前处理柱对强酸性有机化合物具有很高的选择性和灵敏度。蔡亚岐等选用该前处理柱对我国环境生物样品中全氟化合物的萃取液进行净化处理，得到了满意的结果，多种全氟化合物的加标回收率在 80%～120% 之间[85~91]。海产品中全氟化合物的前处理步骤为：首先称取 0.2g 样品于 15mL 聚丙烯管中，加入 1mL 水混匀。随后加入替代物内标 5ng 和 7mL 10mmol·L^{-1} NaOH 甲醇溶液，在 250r·min^{-1} 转速下室温消解 16h。以 2000r·min^{-1} 的转速离心 5min，取上清液 4mL，加 36mL 水稀释，过 Oasis WAX 柱（200mg，6mL）。样品过柱前，柱子依次用 4mL 0.1% 氨的甲醇溶液、4mL 甲醇和 4mL 水进行活化；过柱时，速度控制在 1 滴·s^{-1}。样品过完后，用 4mL 25mol·L^{-1} 醋酸盐缓冲液（pH4）冲洗 WAX 柱。再将 WAX 柱以 3000r·min^{-1} 的转速离心 2min 除去残留的水。目标分析物依次用 4mL 甲醇和 4mL 0.1% 氨的甲醇溶液洗脱，合并的洗脱液用氮气浓缩，定容至 1mL 待测[85]。对于某些内脏组织样品，目标物的提取也可以采用离子对液液萃取法，其后的净化步骤基本与海产品相同。图 2-8 所示为猪肝中全氟化合物经离子对液液萃取，然后用 WAX 柱净化后进样分析的色谱图。

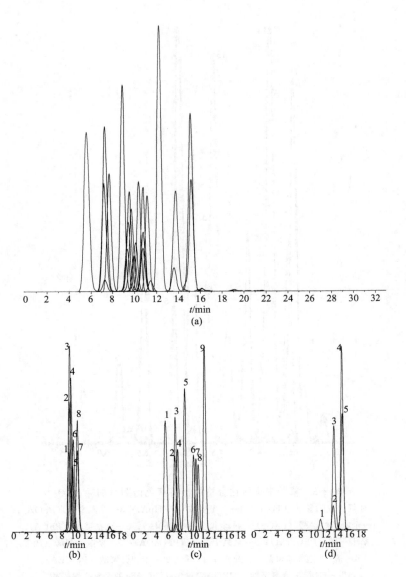

图 2-7 22 种抗生素混合标准色谱图（a）和单独每一类抗生素色谱图 [（b）、（c）、（d）]

（b）喹诺酮类抗生素：1—氟罗沙星（FLE）；2—氧氟沙星（OFL）；3—诺氟沙星（NOR）；

4—环丙沙星（CIP）；5—洛美沙星（LOM）；6—恩诺沙星（ENR）；7—双氟沙星（DIF）；

8—沙拉沙星（SAR）；（c）磺胺类抗生素：1—磺胺嘧啶（SDZ）；2—磺胺噻唑（ST）；

3—磺胺吡啶（SPD）；4—磺胺甲基嘧啶（SMR）；5—磺胺二甲基嘧啶（SDMD）；

6—磺胺间甲氧嘧啶（SMM）；7—磺胺甲基异噁唑（SMX）；8—磺胺二甲基异噁唑（SIA）；

9—磺胺间二甲氧嘧啶（SDM）（d）大环内酯类抗生素：1—螺旋霉素（SPI）；

2—红霉素（ERY）；3—酒石酸泰乐菌素（TYL）；4—交沙霉素（JOS）；5—罗红霉素（ROX）

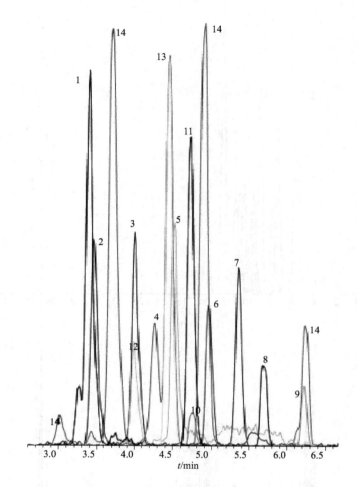

图 2-8　猪肝中全氟化合物加标溶液色谱图（加标 2ng）

1—全氟己烷磺酸（PFHxS）；2—全氟庚酸（PFHpA）；3—全氟辛酸（PFOA）；

4—全氟辛烷磺酸（PFOS）；5—全氟壬酸（PFNA）；6—全氟癸酸（PFDA）；

7—全氟十一酸（PFUnDA）；8—全氟十二酸（PFDoDA）；9—全氟十四酸（PFTA）；

10—8：2 饱和调聚酸（POEA）；11—8：2 不饱和调聚酸（POUEA）；

12—^{13}C 标记全氟辛酸（MPFOA）；13—^{13}C 标记的全氟辛烷磺酸

（MPFOS）；14—与 PFOS 有相同 Q1/Q3 值的杂峰

　　Waters 公司的另一产品是 Oasis MCX，该产品是磺酸基取代的二乙烯基苯与 N-乙烯基吡咯烷酮的共聚物，磺酸基的引入改善了聚合物吸附剂对尿样、血浆样、及全血样中碱性组分萃取的选择性和灵敏性，例如该产品对于人尿样品中加入的多种碱性组分如美沙酮（Methadone）、美沙酮代谢物（Methadone-metabolite，EDDP）、Ranitidine、可待因（Codeine）、可待因-6-葡萄糖苷酸

(Codeine-6-glucuronide) 等进行固相萃取的平均回收率为 98.0％[69]。Nexus 固相萃取系列产品中也有类似的通用型产品，其对一般有机分析物及极性较大的分析物具有令人满意的萃取效果，而且不用进行预处理。例如使用 Nexus 60mg/3mL 固相萃取柱对人尿样品中加入的几种酸性、中性、碱性的药物同时进行固相萃取，其平均回收率也达到了令人满意的 90.9％。Jimenez 等[76]最近利用填充有 0.2g Oasis HLB 型两亲平衡型固定相的萃取微柱对几种红酒样品中的大约 30 种极性各异的农药残留进行了萃取并用气相色谱-电子捕获或气相色谱-氮磷检测器进行分析，并将该方法的测定结果与使用 ODS（C_{18} 键合硅胶）固定相及 LiChrolut En（PS-DVB）固定相进行固相萃取测定所得结果进行了比较，对大多数测定对象而言，使用 Oasis HLB 型固定相进行固相萃取的测定结果优于其他两种。该文提出的样品预处理方法的大体步骤如下：将 10mL 酒样通过 Oasis HLB 填充微柱，然后用 5mL 水-正丙醇的混合液（9∶1）洗涤萃取微柱，通空气将残余在柱中的洗涤液吹出并使柱中填料充分干燥（约需 45min），柱干燥后，用 3mL 乙酸乙酯洗脱被吸附的分析物，洗脱液再通过硅镁型吸附剂进行进一步净化，流出液直接进样进行气相色谱分析即可。该方法富集对象广泛，简便快速，结果令人满意。Arena 等[77]将聚 N-乙烯基吡咯烷酮的水-甲醇（1∶1）溶液以适当流速流过 3M Empore 公司的 47mm SDB-XC 型 PS-DVB 萃取圆盘，将聚 N-乙烯基吡咯烷酮吸附剂修饰于萃取盘上，并将该萃取盘应用于水样中单质 I_2 或 I^- 的固相萃取，萃取后将圆盘取下，用扩散反射光谱法进行检测，该方法可用于测定水样中浓度为 $0.1 \sim 5.0 \mu g \cdot mL^{-1}$ 的 I_2 或 I^-，测定速度快，完成一次测定总共需时约 60s。Varian 公司的 Abselut 也是这种两亲平衡型的固相萃取吸附剂。

除以 PS-DVB 为基质的固定相外，其他类型的有机聚合物用于固相萃取的研究也有少量报道。Bagheri 等[78]用化学聚合法合成了粒径 $125 \sim 180 \mu m$、比表面积 $48m^2 \cdot g^{-1}$ 的聚苯胺导电聚合物，并将其应用于对水溶液中氯代酚类物质的固相萃取和气相色谱-电子捕获测定，他们还将这种萃取方法与其他几种商品固定相如 C_{18} 键合硅胶及 PS-DVB 聚合物进行了比较，他们的研究结果表明聚苯胺固定相对氯代酚类物质尤其是对三氯苯酚和五氯苯酚的萃取有更好的萃取效果，该固定相的另一个优点是其具有较好的亲水性，即使萃取过程中溶液流干，继续进行固相萃取也不会影响萃取效果，该分离富集及其测定方法对苯酚类物质的检测限在 $3 \sim 110ng \cdot mL^{-1}$ 之间。

上述各种聚合物固相萃取吸附剂的保留机理虽然各有小的差异，但它们的最基本的保留机理仍然是疏水性的保留机理，因此对于已经被这类吸附剂吸附萃取的分析物，洗脱时使用的最基本的洗脱剂与 C_{18} 键合硅胶相似，即仍然为有机溶剂。由于该类吸附剂的吸附能力大于 C_{18} 键合硅胶，所以洗脱时应该使用较多的溶剂，一般应在柱床体积的 $2 \sim 3$ 倍以上。

3. 新型有机高聚物固相萃取吸附剂

近年来，将有机聚合物与磁性纳米颗粒相结合制备磁性固相萃取剂的报道也不断涌现，聚苯乙烯、聚硫代呋喃、聚吡咯、聚甲基丙烯酸酯和聚苯胺均可包覆在磁性颗粒表面，制得的磁性固相萃取剂可成功地用于各种环境样品中的有机污染物和重金属离子的萃取富集[92~96]。最近，一种在碱性条件下可发生自聚合作用的化合物——多巴胺引起了人们的极大兴趣。该聚合反应在水相中进行、反应条件温和，生成的聚合物附着力强、活性基团丰富，而且比常见的人工合成高聚物具有更为优良的亲水性和生物相容性，因此可以利用该反应将聚多巴胺层包覆于磁性纳米颗粒表面，利用其表面丰富的活性基团萃取富集水样中的 PAHs[97]。此外，还可以利用原子转移自由基反应、溶胶凝胶反应或电化学聚合等方法制备乙烯基三甲氧基硅烷-甲基丙烯酸型或甲基丙烯酸-乙烯基吡啶-三羟甲基丙烷三甲基丙烯酸酯型分子印迹聚合物 （MIPs），并将其包覆于磁性纳米颗粒的表面，得到的磁性表面分子印迹微球可以利用 MSPE 技术选择性地萃取样品中的双酚 A、2-氨基-硝基酚、多巴胺、磺酰脲类除草剂等目标化合物[98~101]。

（三）碳基吸附剂

碳基吸附剂种类较多，其性质往往随制造方法、原料的不同而有较大差异。常见的几种有活性炭、碳分子筛、石墨化炭黑和多孔石墨炭。活性炭是最早用来从水溶液中萃取低极性和中等极性分析物的吸附剂之一[79]。但是该材料对分析对象吸附的不可逆性导致被其吸附的分析物洗脱较为困难，洗脱时既费时间，又费溶剂；该吸附剂表面所具有的催化性能往往导致被萃取物的结构发生变化分解，导致回收率降低[102,103]，因此活性炭在固相萃取领域已经被弃用。碳分子筛具有极好的机械强度和很大的比表面积，但由于碳分子筛吸附分析物之后，其洗脱速度较慢，要消耗较大体积的有机溶剂。所以，这类吸附剂也未获得广泛应用。

石墨化炭黑和多孔石墨炭是近二三十年发展起来的性能独特的固相萃取吸附剂，它们对极性化合物表现出来的较高的吸附萃取能力正促使它们获得日益广泛的应用。

石墨化炭黑 （graphitized carbon blacks，GCBs） 是目前为止应用最为广泛的碳基固相萃取吸附剂，它是将炭黑加热到 2700~3000℃制成的。最早的一些商品化石墨化炭黑吸附剂有 Supelco 公司的 Carbopack B 和 ENVI-Carb SPE，Altech 公司的 Carbograph 1，它们是无孔的低表面积固体颗粒，其比表面积大约为 100m^2·g^{-1}。Carbograph 4 是较新出现的该类吸附剂，其比表面积为 210m^2·g^{-1}。该类吸附剂表面总是带有一些功能基团如羟基、羧基、羰基等，另外其表面还往往有一些带有正电荷的活性中心，这些都使得该类吸附剂对极性较大的酸类、碱类、磺酸盐类分析物有很好的吸附萃取，这也是该类固相萃取吸附剂有别于其他固相萃取吸附剂的特点之一。石墨化炭黑已经被成功地应用于氯代苯胺、氯代苯酚及一些极性杀虫剂的固相萃取[104~108]。DiCorcia 等[104,109,110]对用该类吸附剂萃取极性杀虫剂进行了较深入的研究，他们发现对这类极性杀虫剂的萃取，使用石墨化炭黑比 C_{18} 键合硅胶效果要好。另外石墨化炭黑萃取膜盘也已制得，并已经用于对地下水中 pg·mL^{-1} 浓度级的 N-亚硝基甲胺的固相萃取[111]。DiCorcia 等[112~114]还用 Carbograph 4 石墨化炭黑成功地萃取了水样中非离子性表面活性剂及其生物降解产物，并用液相色谱-质谱法检测，取得了好的结果。另外，DiCorcia 等[115]还对已经被石墨化炭黑吸附萃取于柱上多种表面活性剂的分组洗脱作了研究。例如，如果用二氯甲烷-甲醇（70∶30，体积比）混合洗脱液洗脱，则洗脱下来的是壬基酚和壬基酚聚氧乙烯醚；含适量甲酸的二氯甲烷-甲醇（90∶10，体积比）混合洗脱液洗脱下来的则是壬基酚氧乙酸；含适量三甲基氯化铵的二氯甲烷-甲醇（90∶10，体积比）混合洗脱液洗脱下来的则是线型的烷基苯磺酸盐。通过上述分组洗脱，既达到了萃取富集的目的，又达到了减少各分析对象之间的干扰问题。Hennion 等[116]较系统地研究了石墨化炭黑对极性和水溶性很大的多羟基取代苯及多羟基取代苯甲酸类化合物的萃取行为，实验得到了一些多羟基苯类化合物在水溶液和固定相之间的容量因子数据，并与 RP-18 型 C_{18} 键合硅胶和 PRP-1 型 PS-DVB 聚合物固相萃取吸附剂进行了比较。实验结果表明，RP-18 型 C_{18} 键合硅胶对多羟基苯及多羟基取代苯甲酸基本不产生吸附萃取，PRP-1 型 PS-DVB 聚合物对该类化合物的萃取程度也很有限，而石墨化炭黑对该类化合物的萃取则比前两者好得多。D'Ascenzo 等[117]使用填充有 0.5g Carbograph 4 石墨化炭黑的萃取柱从 4L 饮用水中萃取 15 种除草剂，然后用高效液相色谱测定，取得了满意的结果，测定的检测限可达 5ng·L^{-1}。Concejero 等[118]最近以多氯联苯类、多氯联苯-二苯并-对-二噁英类和多氯联苯-二苯并-对-呋喃类为富集分析对象，对几种碳基固相萃取吸附剂包括 Carbopack B、Carbopack C、Amoco PX-21、Carbosphere 的固相萃取特点进行了比较，并应用于测定鸡肉、猪肉香肠、黄油等样品。他们的研究结果表明，在上述几种固定相中，Carbopack B 的分离富集能力最强，并且 Carbopack B 的提取液中干扰背景也小，重现性好。Gerecke 等[119]最近将固相萃取、固相微萃取和气相色谱-质谱相结合，成功实现了对天然水样中苯基脲类除草剂的测定。该方法的主要过程是：首先依次用 8mL 二氯甲烷-甲醇（80∶20）、4mL 甲醇、20mL 弱酸性抗坏血酸 10g·L^{-1}、10mL 纯水对 250mg Carbopack B 填充微柱进行预处理，再将 1000mL 水样以大约 15mL·min^{-1} 的流速通过该萃取柱，用 0.5mL 洗涤萃取柱，然后真空抽气 30min 使萃取柱尽可能干燥，最后用 1mL 甲醇和 6mL 二氯甲烷-甲醇（80∶20）洗脱被吸附的分析物，用二甲亚砜对洗脱液进行溶剂置换后，加入碘甲烷进行烷基化衍生处理，用适量 pH7.0 的磷酸缓冲溶液终止衍生化反应后，加入少量己烷萃取衍生物，用氮气将该己烷溶液吹扫至 100~150μL，再用聚甲基丙烯酸涂层的固相微萃取纤维对此衍生物溶液进行萃取，萃取后用气相色谱-质谱进行分析测定即可。该方法对目标分析物的检测限在 $0.3\sim1.0\text{ng}\cdot\text{L}^{-1}$ 之间。

虽然石墨化炭黑吸附剂在萃取极性较大的有机分析物方面取得了一定的成功，但其脆弱的机械强度阻碍了其作为色谱填料在高效液相色谱分析中的应用，多孔石墨炭（Porous Graphitic Carbons，PGC）正是在此情况下发展起来的。商品化的多孔石墨炭固相萃取吸附剂出现于 20 世纪 80 年代后期，其商品名为 Hypersep PGC，该吸附剂与液相色谱级的填料 Hypercarb 相类似。该萃取吸附剂的制造方法如下：将苯酚与甲醛的混合物在多孔硅胶的表面和多孔内表面进行聚合反应，将该表面附有聚合物的多孔硅胶加热到 1000℃ 充分炭化，然后用浓度为 $5\text{mol}\cdot\text{L}^{-1}$ 氢氧化钠溶液与炭化产物反应以除去硅胶，除去硅胶后的剩余物在 2000～2800℃ 进行石墨化处理以除去吸附剂中的微孔，经过这种一系列处理所得到的具有平的晶面的大孔吸附剂就是多孔石墨炭。该材料是两维的石墨层状结构，层内的碳原子以 sp^2 杂化排列成六边形，石墨层与层之间紧密地纠缠在一起，该吸附剂具有较好的机械强度。多孔石墨炭对分析物的保留机理基于疏水性作用和电子作用，这种多重的作用机理使得其对从非极性到极性的众多化合物具有强的保留作用，尤其对具有平面分子结构且含有极性基团和离域大 π 键、孤对电子的分析物具有强的吸附作用。例如 Hennion 等[120]用 Hypercarb 成功地从水中萃取了浓度小于 $0.1\text{ng}\cdot\text{mL}^{-1}$ 的邻苯二酚、间苯二酚、间苯三酚等极性很大的分析物，这些分析物使用一些传统的固相萃取法往往效果很差。

除了石墨化炭黑和多孔石墨炭之外，近年来富勒烯、碳纳米管（CNTs）、石墨烯（Graphene）、亲水炭等碳基吸附剂用于固相萃取的情况也有报道。富勒烯是由碳元素组成的球状物质，其球面是一个具有离域大 π 键的共振结构，具有芳香性，因此对芳香族化合物具有较强的吸附作用。利用这个性质，可以将 C_{60} 填充的 SPE 小柱用于萃取水样中苯的同系物，该萃取柱的萃取性能远远优于常规的 C_{18} 和 Tenax TA 萃取柱[121]。此外，Ballesteros 等[122]还考察了 C_{60} 富勒烯作为固相萃取吸附剂对常见的几种有机化合物和金属有机化合物的螯合物及离子对化合物的萃取情况，结果发现 C_{60} 富勒烯对金属有机化合物的螯合物及离子对化合物有优良的萃取性能。

碳纳米管是由石墨原子单层或多层绕同轴卷曲而成的管状结构。由于 CNTs 可以通过疏水作用、π-π 电子堆积、范德华力、氢键以及静电作用等分子间作用力对有机物产生强的吸附作用，因此可以将其用于环境水样中有机污染物的富集萃取[123]。Cari YQ 等[124]最近研究发现多壁碳纳米管可以作为一些有机化合物高效固相萃取吸附剂加以应用，实验结果表明多壁碳纳米管不但能定量吸附水样中的有机污染物，而且吸附于其上的这些物质还可很容易用少量甲醇或乙腈洗脱下来。根据此原理可以建立这些化合物的新型固相萃取体系，该萃取方法对双酚 A 的萃取

效果优于 C_{18} 键合硅胶和 XAD-2 共聚物；对其他物质的萃取效果或优于或相当于常见的商品固相萃取吸附剂。该萃取体系具有富集倍数大（富集倍数可达到几百倍）、操作简单方便和吸附剂持久耐用等特点。将此固相萃取体系与高效液相色谱结合建立的这几种物质的分析方法已经应用于环境水样的测定，该方法对双酚 A、辛基酚、壬基酚、酞酸二乙酯、酞酸二正丙酯、酞酸二异丁酯和酞酸二环己酯等物质的检测限分别为 $0.083ng \cdot mL^{-1}$、$0.024ng \cdot mL^{-1}$、$0.018ng \cdot mL^{-1}$、$0.18ng \cdot mL^{-1}$、$0.23ng \cdot mL^{-1}$、$0.48ng \cdot mL^{-1}$ 和 $0.86ng \cdot mL^{-1}$。

　　CNTs 萃取柱的萃取性能会受到有机污染物类型、萃取条件和 CNTs 类型的影响。一般情况下，CNTs 对弱极性有机物具有更强的萃取和富集能力，尤其是对于含有较多芳香环的有机物具有突出的吸附性能，这一点已被许多相关研究得以证明。当选择酞酸酯、氯酚、多氯联苯、多溴联苯醚等弱极性有机物作为目标物时，萃取回收率均可接近或达到 100%，且随着目标物极性的增强而逐渐降低[4~6]；而对于阿特拉津、西玛津、磺隆类农药、有机磷农药、磺胺抗生素、头孢类抗生素和多元酚类化合物等极性较强的有机物，则只能通过降低萃取体积来获得较高的萃取回收率[7~8,10]。研究表明，除了吸附剂的用量和萃取体积之外，萃取之后洗脱剂的选择也会对回收率产生较大的影响，应该根据目标物的极性选择与之相配的洗脱剂，使目标物能够尽可能完全从吸附剂上解吸附，从而获得较高的萃取回收率。溶液 pH 值也会影响目标物的萃取，相对来说，CNTs 对弱极性有机物的吸附萃取受溶液 pH 值的影响较小，可在较宽的 pH 范围内（pH3~11）进行萃取；而对于含氨基、羧基、羟基等官能团的较高极性的水溶性有机物，萃取回收率会随溶液 pH 的变化而有所不同，如当溶液 pH>8.0 时，双酚 A、苯甲酸、氯酚的回收率明显降低。CNTs 根据卷曲成管的片层数可分为单壁碳纳米管（SWCNTs）和多壁碳纳米管（MWCNTs）。两者相比，MWCNTs 由于具有多层同心石墨烯片层，因此对有机物的吸附能力比 SWCNTs 更为优越，这种差别对于极性较强的有机分子表现得更为明显。有研究比较了 MWCNTs 和 SWCNTs 装填成的 SPE 小柱对于几种头孢类抗生素和磺胺类药物的萃取效果，在优化萃取条件下，MWCNTs 对头孢类抗生素和磺胺药物的萃取加标回收率分别为 80%~100% 和 82%~95%，而 SWCNTs 对两类药物的萃取加标回收率分别只有 82.2%~94.4% 和 78%~82%[125]。

　　为了进一步扩展 CNTs 的应用范围，可以利用强酸或强氧化剂对其进行处理，在其表面引入羟基、羧基或羰基等含氧基团。这些官能团可以通过与目标物分子之间的静电作用或氢键作用显著改善 CNTs 对某些强极性有机污染物的萃取能力[126]。而且氧化处理过的 CNTs 表面还可以进一步引入氨基、巯基等基团，从而实现对特定目标物的选择性萃取[127]。此外，为了提高萃取效率，还可以将 CNTs 及羧基化 CNTs 制成固相萃取盘，从而实现多种环境水样中的酞酸酯、氯酚、烷基酚、双酚 A、磺酰脲农药等不同极性污染物的快速萃取[127,128]。

石墨烯是一种由碳原子以 sp^2 杂化轨道组成六角形蜂巢晶格的二维平面碳材料，其平面上的 π 电子可以自由移动，结构上与平面型芳香族化合物非常近似，因此可以通过 π-π 电子堆积、疏水作用、范德华力等对芳香族化合物产生较强的吸附能力。与 CNTs 相比，石墨烯是完全伸展的平面型结构，其理论比表面积比 CNTs 大得多，因此吸附位点也比 CNTs 更多。而且石墨烯具有较好的柔韧性，可以方便地负载到支撑物上制备复合吸附剂。另外，石墨烯可以用石墨为原料通过化学方法大量合成，极大地节约了制备和使用成本。因此，石墨烯在环境样品中有机污染物的萃取富集方面有着极大的应用潜力。目前，石墨烯装填成的固相萃取柱已广泛应用于环境水样中有机污染物的萃取测定[129,130]。研究表明，与传统的 C_{18} 填料、CNTs 和石墨化炭装填成的固相萃取柱相比，极少量的石墨烯填料就可以获得较高的加标回收率，而且洗脱时所需有机溶剂更少，重现性也非常令人满意。但是用石墨烯装填成的固相萃取柱在使用过程中容易出现石墨烯的团聚以及从萃取柱中泄漏的问题，严重影响了萃取柱的萃取效率和重复使用性。如果将其通过化学接枝连接到氨基修饰化的硅胶颗粒上就可以很好地解决上述问题，而且通过控制氧化石墨烯上的含氧亲水性官能团的数量，可以利用正相模式或者反相模式实现对不同极性化合物的选择性萃取，同时还避免了由于污染物在萃取剂上吸附过于牢固而难以洗脱，造成萃取回收率下降的问题[131]。当然，也可以将石墨烯负载到磁性纳米颗粒上，并以此为固相萃取剂萃取环境水样中的 PAHs、酞酸酯、三唑类和氨基甲酸酯类农药等有机污染物[132~135]。

亲水碳是由葡萄糖在高温高压下进行脱水反应得到的含有较多亲水性基团的碳纳米材料。该材料在水溶液中具有较好的分散性，而且还能够在一定程度上避免非极性被分析物在常规碳基萃取剂上的不可逆吸附，从而获得较高的萃取回收率。Zhang 等将磁性纳米 Fe_3O_4 颗粒浸泡在葡萄糖溶液中，在密闭的反应容器中加热至 $180℃$，使葡萄糖炭化，形成以 Fe_3O_4 为核、碳层为壳的核壳式磁性纳米碳基吸附剂（$Fe_3O_4@C$）（制备流程见图 2-9）[136]。该吸附剂制备方法简单，结合了碳材料的强吸附能力、纳米材料大比表面积及传质快和磁性材料便于回收的优点。$Fe_3O_4@C$ 吸附剂中的碳吸附层具有较好的亲水性，使磁性纳米碳材料能均匀分散在水溶液中。利用磁性固相萃取技术，可以快速富集大体积环境水样中的有机污染物。使用 50mg 的 $Fe_3O_4@C$ 固相萃取剂，30min 内可以从 1000mL 水样中定量萃取痕量多环芳烃，用 8mL 乙腈可将吸附的多环芳烃洗脱下来。将此固相萃取体系与高效液相色谱结合，可以分析一些环境水样中的多环芳烃（色谱图见图 2-10），该方法对菲（PhA）、荧蒽（FluA）、芘（Pyr）、苯并蒽（BaA）、苯并荧蒽（BbF）、苯并芘（BaP）、苯并苝（BghiP）的检测限分别为 $0.2ng \cdot L^{-1}$、$0.6ng \cdot L^{-1}$、$0.4ng \cdot L^{-1}$、$0.2ng \cdot L^{-1}$、$0.5ng \cdot L^{-1}$、$0.2ng \cdot L^{-1}$ 和 $0.5ng \cdot L^{-1}$。

由于碳基吸附剂不同于其他萃取剂的保留机理，其洗脱情况也与其他吸附剂

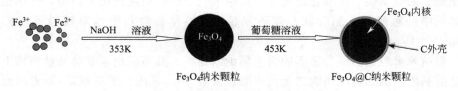

图 2-9　磁性碳基质吸附剂的制备流程图

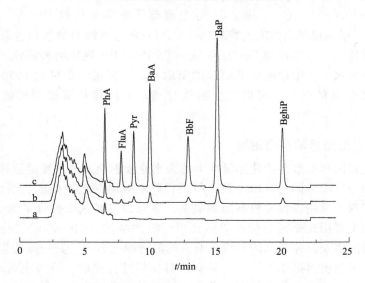

图 2-10　雨水样品中 PAHs 的 SPE-HPLC-FLD 色谱图

a—雨水样品；b—雨水加标 0.05ng·mL^{-1}；c—雨水加标 0.5ng·mL^{-1}

略有不同，对其他吸附剂的洗脱很有效的甲醇、乙腈等溶剂对碳基吸附剂的洗脱往往不够理想。对碳基吸附剂采用二氯甲烷或四氢呋喃可获得好的洗脱效果，而且为了取得更好的洗脱效果，在洗脱时最好采用反冲法进行洗脱，原因是该类吸附剂对分析物的保留能力很强，如果采用正向洗脱法，可能既费时间，又费试剂。

（四）纳米金属固相萃取吸附剂

某些金属纳米颗粒对于特定类型的目标化合物具有特异性的吸附能力，或者可以通过表面的功能化修饰，实现对目标物的选择性吸附，因此可以作为固相萃取的吸附剂，目前研究较多的主要是贵金属金、银纳米粒子。

金纳米粒子对于 Hg、Co 和 Ni 等重金属以及 PAHs 类污染物具有超强的亲和能力，因此可以将其负载到 Al_2O_3 或 SiO_2 上，用于环境水样中 Hg 等重金属离子或 PAHs 类污染物的萃取，目标物经高温热解吸或用微量正辛烷（含戊硫醇）洗脱后可用原子荧光光谱法或色谱法定量测定[137~140]。此外，还可以利用柠檬酸、四烷基铵、巯基化合物等对金纳米粒子的表面进行化学修饰，选择性萃取样品中的吲哚胺、脑啡肽、多环芳烃、酚类化合物和甲基对硫磷等目标化合物[141~144]。

银纳米颗粒是另一种重要的贵金属纳米材料，其表面也非常容易被修饰上各种功能基团。例如将吡咯烷二硫代甲酸铵或者 2-(4-异丙基苄基氨基)苯硫酚修饰的纳米银包覆到硅胶颗粒或活性炭上，可分别用于环境水样中痕量 Fe^{3+}、Pb^{2+}、Cd^{2+}、Co^{2+}、Cu^{2+} 和 Zn^{2+} 等金属离子的富集萃取[145,146]。此外，将二-(2,4,4-三甲基戊基)-二硫代膦酸(b-TMP-DTPA)修饰的纳米银包覆到 Fe_3O_4 磁性纳米颗粒上，可以得到 Fe_3O_4@Ag@TMP-DTPA 磁性纳米颗粒。该磁性颗粒可用于自来水、土壤样品中 PAHs 的萃取富集，富集因子可达 1000 左右，而且由于磁性颗粒的引入，可以结合磁性分离，实现固相萃取剂的简便、快速分离[147]。

(五) 正相固相萃取吸附剂

所谓正相固相萃取是指使用极性大的亲水性吸附剂从憎水性溶液样品中萃取极性较大的分析物的固相萃取。常用的正相萃取吸附剂包括硅胶、活性氧化铝、硅镁型吸附剂，及用极性有机基团如氨基、氰基、二醇基等修饰的键合硅胶等。这类吸附剂主要用途是对分析前的样品进行清洗净化 (Clean-up)，特别是使用在对复杂的固体及液体样品的有机提取液的清洗净化方面。其一般的作法是：首先用非极性的有机溶剂如正己烷、异辛烷对样品进行提取，分离出有机提取液，干燥除去其中水分，再将此提取液通过填充有正相固相萃取吸附剂的萃取柱，收集流出液，此流出液即为较为干净的非极性组分溶液，被吸附在柱上的组分再依次用极性由小到大的洗脱剂进行分步洗脱，则收集得到的淋洗液即为极性逐渐增大的一系列较干净的组分。由此可见，用这种方法不但可以净化分析物，而且可以对复杂的样品组分进行分组及分离，从而减少后续测定中的干扰影响，提高分析测定的准确度。

硅镁型吸附剂经常被用来净化植物和动物组织样品的有机溶剂提取液，其使用前最好加热到 650℃进行活化处理。硅胶及活性氧化铝的性质与其含水量密切相关，使用时需根据不同工作需求选择合适的种类，进行合适的活化处理。氧化铝的活化处理一般是将其进行高温加热，另外氧化铝还细分为酸性、中性和碱性三种。所谓中性是指其酸度处在其等电点 (pH 稍大于 8)。酸性氧化铝指其酸度在等电点以下，此时氧化铝带正电荷，故其具有阴离子交换剂的性质；碱性氧化铝的酸度在其等电点以上，此时氧化铝带负电荷，故其具有阳离子交换剂的性质；中性氧化铝对分析物保留的主要机理则为偶极-偶极相互作用。

硅胶、活性氧化铝、硅镁型吸附剂，及用极性有机基团如氨基、氰基、二醇基等修饰的键合硅胶等正相吸附剂已经被成功地应用在对复杂样品如土壤、食品、生物组织、污泥等的提取液的净化方面[148~150]。例如，分析测定蔬菜样品中的除草剂或杀虫剂时，首先将样品匀浆，然后使用与水不混溶的有机溶剂从该匀浆物中萃取除草剂或杀虫剂，此时样品中的其他更加亲水性的有机物也可能被萃取，为了净化该萃取物，可将该萃取液通过填充有硅镁型吸附剂 Florisil 或其他吸附剂的萃取柱，用合适的洗脱剂洗脱分析物除草剂或杀虫剂，而更加亲水性的其他杂质则仍留在萃取柱上，这样就可达到净化萃取液的目的。又例如，分析测定地表水样品中有机氯及拟除虫菊酯类杀虫剂时，可使用正己烷对水样进行液液萃取，然后将此萃取液蒸发至 1~2mL，此萃取液中含有较多的其他杂质，为了净化该萃取液，可将其通过填充有硅胶的萃取柱，用少量正己烷洗涤萃取柱，最后用适量正己烷-甲苯混合液（70∶30，体积比）洗脱分析物，用气相色谱-电子捕获进行测定即可，用此法可成功测定地表水中 ng·L^{-1} 的该类杀虫剂。

（六）离子交换型固相萃取吸附剂

可离子化的分析物可以使用离子交换固相萃取吸附剂进行萃取。常用的离子交换型固相萃取吸附剂的基体主要有硅胶和聚合物两种，强阳离子交换吸附剂的主要官能团是磺酸基（—SO$_3^-$）；弱阳离子交换吸附剂的主要官能团是羧基（—COO$^-$）；强阴离子交换型吸附剂的主要官能团是季铵盐；弱阴离子交换吸附剂的主要官能团是伯胺和仲胺。表 2-4 列出了常用的离子交换型固相萃取吸附剂的类型。

表 2-4　常用的离子交换型固相萃取吸附剂的类型

交换剂	硅胶基体	聚合物基体
强阳离子交换剂	Silica-$(CH_2)_3C_6H_4SO_3^-$ H$^+$ Silica-$(CH_2)_3SO_3^-$ H$^+$	PS-DVB-SO$_3^-$ H$^+$
弱阳离子交换剂	Silica-CH_2CH_2COOH	PS-DVB-COOH Polyacrylate-COOH
强阴离子交换剂	Silica-$(CH_2)_3N^+(CH_3)_3Cl^-$	PS-DVB-$CH_2N^+(CH_3)_3Cl^-$
弱阴离子交换剂	Silica-$(CH_2)_3NH_2$（氨丙基） Silica-$(CH_2)_3NHCH_2CH_2NH_2$	PS-DVB-$CH_2NH^+(CH_3)_2Cl^-$ PS-vinylpyridie 共聚物

注：PS-DVB：苯乙烯-二乙烯基苯共聚物；Polyacrylate：聚丙烯酸酯；vinylpyridie：乙烯基吡啶。

由于硅胶型离子交换吸附剂在强酸及强碱介质中不稳定，所以使用时的酸度最好控制在 pH3~9 之间，而有机聚合物型离子交换吸附剂则可在整个酸度范围内使用，这点正是其优于硅胶型吸附剂之处。固相萃取中使用的有机聚合物型离子交换吸附剂一般是经过高度交联的具有一定刚性结构的大孔树脂，这样的结构特点决定了其对分析物的交换吸附速度快、容量大，既可用于水溶液中分析物的萃取，也适用于有机溶液中分析物的萃取，而不会像一般普通树脂一样在有机溶剂中出现树脂塌陷等情况。现在填充有硅胶型和聚合物型离子交换吸附剂的固相萃取柱或盘均有商品供应。

　　离子交换固相萃取的理论较为简单，其作用机理是以离子状态存在的分析物与带相反电荷的离子交换剂之间的静电作用。基于这一点，在进行上样萃取时，一般必须首先通过调节样品溶液 pH 等使分析物以阴离子或阳离子存在，然后再上样过柱进行萃取。样品溶液过柱完成后，应该用少量合适的洗涤液洗涤萃取柱，以除去留在柱中的非离子性杂质。上样溶剂及洗涤溶剂的选择对萃取的成功具有重要影响，对于无机离子和小的有机离子分析物，选择水就可作为上样溶剂和洗涤溶剂。但是为了防止中性的有机杂质的吸附，多数情况下可使用水-有机溶剂混合液来作为上样和洗涤溶剂。对于弱酸和弱碱型分析物，洗脱的最好办法仍然是调节洗脱液的 pH，即想方设法调节 pH 使分析物以中性分子的形式存在，就可达到洗脱的目的。对于在任何酸度下都以离子状态存在的分析物如大部分无机阴阳离子、季铵盐型有机阳离子、磺酸盐型有机阴离子等，其上样萃取和洗脱不能通过酸度来控制，此时必须通过选择合适的离子强度来加以控制。

　　使用离子交换固相萃取法处理基体复杂的环境及生物样品时遇到的最大问题是该类样品中往往存在较大浓度的无机离子，这些无机离子的存在会造成离子交换吸附剂的饱和，从而使吸附剂的萃取能力降低或完全丧失。针对这种情况，一般必须事先对样品溶液进行化学预处理，处理方法大多采用沉淀法和配位法。例如，对一般环境水样中存在的大量钙、镁及一些重金属离子，可加入草酸盐及 EDTA 等进行掩蔽，消除干扰[151]。这样的方法可以被应用于水溶液中氨基三唑农药的固相萃取及分析测定[152,153]，该化合物极性和水溶性大，在一般聚合物和 C_{18} 吸附剂上没有保留，无法富集分离。因此对这种化合物最好采用磺酸型聚合物强阳离子交换吸附剂进行萃取，萃取前加入草酸盐和 EDTA 进行掩蔽，从而消除了无机离子的影响。

　　如果能将一般的反相固相萃取与离子交换固相萃取结合起来，也可减小或消除大量无机离子所造成的干扰。该方法一般进行两步固相萃取的操作，首先调节合适的溶液酸度，使分析物以其中性分子形式存在，将此溶液上样通过弱极性的反相聚合物吸附剂，此时，分析物将被该吸附剂萃取保留，无机离子将不被保留而直接通过萃取柱进入废液。再用合适的洗脱剂洗脱分析物，调节合适的酸度使分析物以离子状态存在，将该洗脱液上样通过填充有离子交换剂的固相萃取柱，则分析物会以离子形式被萃取于萃取柱上，最后用合适酸度的洗脱液将分析物以中性分子形式洗脱下来，收集此洗脱液进行后续测定。Coquart 等[154,155]使用这种两步法成功地萃取并测定了地表水中亚 $ng \cdot mL^{-1}$ 浓度级的氯代三嗪类农药及其羟基衍生物。也有研究者[156]使用这种方法用阴离子交换剂萃取测定了酚类物质和苯氧乙酸类除草剂。

　　若分析物为有机性和憎水性更强的可离子性化合物时，除存在于分析物与离子交换吸附剂之间的静电作用外，还有次级的疏水性相互作用，此时分析物离子在与杂质无机离子竞争离子交换剂的过程中，处于优势地位，这样无需进行化学前处理，就可直接用离子交换剂进行固相萃取。例如，水样中三嗪类除草剂如阿特拉津等为含氮有机弱碱，对它们进行固相萃取时，可先将水溶液的酸度调节至弱酸性（pH＝2），此时，该类化合物以质子化的阳离子存在，这时选用强酸性的阳离子交换剂如磺酸型即可对分析物进行有效的固相萃取[157]，萃取后，可用 $0.1mol \cdot L^{-1} K_3PO_4$ 的乙腈-水（1:1）混合溶液进行洗脱，此时分析物将转化为它们的中性分子形式而溶于乙腈-水混合液中，这样就达到了对分析物的分离富集。Kaczvinsky 等[158]研究了用经过磺化处理的 Rohm and Haas 公司的 XAD-4 型 PS-DVB 树脂固相萃取分离富集胺类碱性化合物的情况，他们将 $100\sim1000mL$ 样品水溶液以 $3.0mL \cdot min^{-1}$ 的流速上样通过填充有 2.45g 该树脂的萃取柱，样品溶液完全通过萃取柱后，用 20mL 蒸馏水洗涤两次，再用少量甲醇-乙醚混合液（1:2体积比）洗涤萃取柱，则可将萃取柱吸附的中性杂质洗涤除去，此时以质子化状态存在的胺类碱性化合物仍然被萃取吸附在萃取柱上。将残留在柱中的少量液体尽量吹干后，使足量的氨气通过该萃取柱，则碱性的氨气将会把吸附在萃取柱上的质子化的胺类物质转化为非质子化的中性分子形式，此转化反应完全充分后，再用氨的甲醇或乙醚溶液洗脱柱上的胺类分析物，最后用气相色谱法进行测定即可。实验结果表明对浓度为 $50ng \cdot mL^{-1}$ 的 12 种脂肪胺类、10 种芳香胺类、27 种含氮杂环化合物，萃取的回收率范围分别为 72%～99%、46%～99%和 65%～100%，回收率的平均值分别为 86%、84%和 93%。

　　使用阴离子交换剂对有机酸类阴离子进行固相萃取的研究也有较多的报道。例如苯酚类物质虽然可以用普通的聚合物固相萃取吸附剂进行有效的萃取，但这种方法的缺点之一是无法将酚类物质与其他有机化合物相区别，选择性较差，此时可以考虑使用离子交换型固相萃取吸附剂。酚类分析物的固相萃取可以使用强阴离子交换剂来进行，首先将溶液用氢氧化钠溶液调节至 pH10 以上，此时，分析物被转化为其阴离子形式，再将该溶液上样过柱，则分析物被吸附于萃取柱上，被萃取的分析物可以使用稀盐酸的甲醇或丙酮溶液来洗脱，洗脱的结果就是在酸性溶液中，分析物又被转化为它们的中性分子形式，该中性分子形式易溶于甲醇这样的有机溶剂。Chriswell 等[159]较为全面地研究了 Rohm and Haas 公司的羟基型 A-26 型阴离子交换树脂对酚类物质的固相萃取情况，他们首先将调为碱性的样品溶液通过萃取柱，然后用碱性甲醇溶液淋洗萃取柱以除去保留在萃取柱上的中性杂质分子，最后用盐酸的丙酮-水溶液完全洗脱保留在柱上的酚类分析物。Ferrer 等[160]将一粒径为 $10\mu m$ 的 SAX 型 PS-DVB 的阴离子交换树脂固相萃取盘叠加于同样粒径的 C_{18} 固相萃取盘上，构成双盘固相萃取系统，他们将该萃取系统应用于地表水和土壤提取液样品中的苯基脲和三嗪类农药的固相萃取，并最终使用液相色谱进行测定。该方法的最大特点是处于上层的阴离子交换固相萃取盘可以有效地吸附样品中的腐殖酸等杂质，从而有效减少或消除腐殖酸等杂质对分析物富集和测定的影响。

　　许多其他的有机酸类物质也可使用离子交换固相萃取法进行有效的分离富集。Field 等[161]使用直径为 25mm 的强阴离子交换固相萃取盘萃取了河水、造纸厂废液、下水道废液等水样中聚合度不同的几种壬基酚聚氧乙酸类物质（壬基酚聚氧乙烯醚类表面活性剂的生物代谢物），其萃取的大致过程是：首先依次用 5mL 乙腈、5mL 蒸馏水预处理萃取盘，然后将最多 500mL 水样过柱，过完柱后，用 1mL 乙腈洗脱分析物，再在加热的情况下对分析物进行甲基化，最后用气相色谱-质谱法进行测定。Patsias 等[162]最近将美国 Hamilton 公司生产的 PRP-X100 型 PS-DVB 基质三甲基铵阴离子交换固相萃取柱（20mm×2mm，10μm）与阳离子交换高效液相色谱在线结合起来，用于对水样中除草剂草甘膦及其转化产物氨甲基膦酸的在线富集及分离，收集的色谱流出液用柱后衍生荧光检测的方法进行检测。该方法使用 100mL 样品，对上述两种化合物的检测限分别为 $0.02ng \cdot mL^{-1}$ 和 $0.1ng \cdot mL^{-1}$。

　　另外，如前几节所述，由于磺化程度合适的聚合物型固相萃取吸附剂（磺酸基数量以 $0.6meq \cdot g^{-1}$）的表面能够与亲水性分析物产生密切的接触，因而更有利于其对这类分析物的萃取，所以磺酸型树脂也可用于对中性分析物的固相萃取，此问题已在前边进行过论述，在此不再赘述。

（七）次级相互作用（Secondary interactions）和混合作用模式固相萃取吸附剂（Mixed-mode sorbents）

　　次级相互作用的概念在前边已有简单的论述，该概念最初起源于对使用碳链较短且未经过封端的键合硅胶萃取碱性药物类化合物时的实验观察及对其保留机理的理论解释。大多数药物（绝大多数含有氮元素）的结构中含有可发生酸性离解或碱性离解或两性离解的基团，因此该类物质在不同酸度条件下往往以不同的形态存在，要么以阴离子存在，要么以阳离子存在，要么以两性离子存在或中性分子存在。存在形式不同，它们与键合硅胶之间的作用机理就不完全相同，即其保留机理不同，此时其洗脱的情况也就不完全相同。我们已经知道，反相固相萃取的主要作用机理是疏水性相互作用，除此之外，随实验条件的不同，往往还存在其他次级相互作用如阴阳离子间的静电吸引、氢键作用等。在上述三种作用力当中，疏水性相互作用力最弱（小于 $10kcal \cdot mol^{-1}$），阴阳离子静电吸引力最强（大于 $100kcal \cdot mol^{-1}$），氢键作用介于二者之间（约为 $10kcal \cdot mol^{-1}$）。在高效液相色谱中，一般认为次级相互作用的存在会引起色谱峰的拖尾，因而不利于色谱分离。

　　在固相萃取中，次级作用的利害要看具体情况而定。例如用碳链较短且未经过封端的键合硅胶萃取含氮碱性药物类化合物时，如果介质酸度处在使氮原子质子化带正电并同时使硅醇基离解而带负电，则此时正负电荷之间的静电作用力必然很大，这时使用一般反相固相萃取中常用的强洗脱剂如乙腈、甲醇来洗脱分析物，效果会很差，需要较大体积的洗脱剂（多者甚至达几十倍柱床体积）才能完全洗脱，这就是所谓的过度保留现象，这显然对固相萃取是不利的[163~165]。遇到过度保留现象时，显然不可能像在一般固相萃取中一样，达到用 2~3 倍的床体积的洗脱剂定量洗脱分析物的效果。对于这种由离子静电吸引力造成的过度保留，若在一般的乙腈、甲醇类水溶液洗脱液中加入一些阳离子（如 Na^+、K^+、NH_4^+、Cu^{2+} 等）电解质，则洗脱效果会大大改善，就可用少量体积的洗脱液将分析物洗脱下来。产生这种现象的原因是离子交换作用，这种作用原理与离子交换色谱中的淋洗是一样的[166]。当使用极性较大的固定相如氨丙基、氰丙基、二醇基键合硅胶等进行反相固相萃取时，氢键这种次级作用有时甚至会变为主要作用。

　　事物的性质是可以转化的。如果条件控制得当，次级相互作用在某些情况下可以为我们利用，从而达到诸如提高选择性等特定的萃取分离富集目的。为此，人们有意地在一些疏水性固定相（大多为 C_8 键合硅胶）的表面引入合适比例的离子性基团如磺酸基等，这样得到的固定相就同时兼有疏水性作用和离子静电作用，是混合型作用机理固相萃取固定相。常见的这类产品有 Varian 公司的 Bond Elut Certify Ⅰ 和 Bond Elut Certify Ⅱ、IST 公司的 Isolute Confirm HAX/HCX、United Chemical Technologies 公司的 Clean Screen DAU™ 等。

　　混合作用模式固定相自 20 世纪 80 年代末出现以来，到目前为止其应用仍然偏少。目前，该类固定相大多使用在生物样品中药物的分析领域。例如 Chen 等[167,168]、Thompson 等[169] 和 Mills 等[170] 较详细地研究了利用混合作用机理固定相对尿样中碱性药物的萃取分离富集和样品净化情况。Chen 等首先用甲醇和水按普通方式对 Bond Elut Certify 固定相进行了预处理，然后将样品溶液调节为弱酸性，即 pH≈6，将此样品上样过柱，此时碱性药物（pK_a 大于 6）将处于质子化状态，因而呈阳离子状态，由于呈阳离子状态的碱性药物与混合固定相上的磺酸基之间的离子相互作用，该类药物将被混合固定相（含有阳离子交换基团）保留；由于上样溶剂强度很弱（尿样的基本溶剂是水），尿样中的酸性药物（在此弱酸性条件下呈中性分子状态）和其他中性药物也将同时被混合固定相以疏水性的反相作用机理所保留。配制 pH 约为 3 的丙酮-氯仿混合洗脱液对萃取柱进行洗脱，此洗脱液酸度更强，会更进一步增大碱性药物与固定相之间的离子相互作用，更强的酸度还将进一步减弱酸性药物的离子化程度，使其以更大比例的中性分子状态存在，因此使用混合洗脱液时洗脱下来的是酸性和中性药物，碱性药物则仍被保留在萃取柱上。最后再使用含有适量氨水的中等极性的有机溶剂洗脱萃取柱，由于碱性洗脱液既可克服离子相互作用，又可克服疏水性相互作用，因而可理想地将碱性药物洗脱下来，从而实现了对碱性药物的分离富集和净化处理。

　　现在使用的混合作用固定相大多是键合硅胶类固定相，但也有研究者[72]对基于 PS-DVB 型聚合物型的混合作用机理固定相进行了初步研究，并将它们成功地用于对三嗪类药物和其他碱性药物的分离萃取，研究发现该类固定相可将离子相互作用、氢键作用和疏水性作用集于一身。此类 PS-DVB-RPS 固定相已有 Empore 型萃取盘商品供应。另外，Li[171] 还通过对带有二亚乙基三胺的 PS-DVB 型聚合物进行氯甲基化处理首次获得了兼具阴离子交换性和疏水性相互作用两种功能的混合作用机理固定相，并将其应用于对有机和无机阴离子的固相萃取。

（八）其他类型固相萃取吸附剂

除上述几种较常用的固相萃取吸附剂外，近年来人们还研究开发出了几种更新型的、各具独特优点的固相萃取吸附剂，如限进介质固相萃取吸附剂（Restricted access matrix sorbents）、免疫亲和型固相萃取吸附剂（Immunoaffinity extraction sorbents）和分子印迹聚合物固相萃取吸附剂（Molecularly imprinted poltmer sorbents）等。其中后两种将在后边的有关章节作较详细的介绍，在此仅对限进介质固相萃取吸附剂作一简单介绍。

当用固相萃取分离富集生物组织样品中的小分子分析物时，经常遇到的一个问题就是来自样品中的生物大分子如蛋白质、多肽、核酸及脱氧核糖核酸等遇到疏水性的反相固相萃取填料时经常发生生物大分子的变性，变性后的这类大分子物质常常会吸附在填料的表面，造成填料孔径堵塞、分析物在固定相上的传质效率下降、萃取柱堵塞等不利现象，从而使柱效降低、吸附容量下降、萃取柱寿命缩短，最终造成对小分子分析物测定的严重干扰[172]。为了解决这一问题，Yu 等研究开发了限进介质固相萃取吸附剂。这类吸附剂同时兼具针对大分子的体积排阻功能和针对小分子分析物的萃取功能[173~179]，通过控制吸附剂合适的孔径和对吸附剂的外表面进行适当的亲水性基团修饰，使得生物样品溶液中的大分子不能进入吸附剂的内孔中去，而且亲水性的外表面保证了生物大分子在吸附剂的外表面不会发生不可逆的变性和吸附，这些措施的采用，保证了在上样过柱时该类吸附剂不会对生物大分子产生保留；而该类吸附剂的内孔表面则一般仍具有反相萃取性质，这种结构上的特点就可保证在有较大量的生物大分子的存在下，可以用此类吸附剂实现对种类繁多的小分子分析物的有效固相萃取。例如，Hagestam 等[172]通过反应将亲水性的甘油酰丙基键合于反相固定相多孔硅胶的外表面，而该固定相的内孔则仍保持反相固定相的疏水性，这样就制得了限进介质固相萃取吸附剂。他们又用该固定相填充一固相萃取柱，将该柱作为预柱与高效液相色谱仪（分析柱为传统的 C_{18} 柱，检测器为紫外检测器）组成在线分析体系，通过该体系从人血浆样品中直接萃取并测定了药物苯妥英（Phenytoin），实验中未发现样品基体中的生物大分子对分析测定产生的干扰。又例如，Petersson 等[180]将填充有限进介质固相萃取吸附剂烷基二醇类键合硅胶 ADS（ADS 是外表面有亲水性的甘油残基，内孔表面有相对疏水性的十八烷酰基的硅胶类固定相）的微型固相萃取柱（长 1～3mm，内径 0.2mm）与高效毛细管电泳的分离微柱在线连接，构成在线 SPE-CE 分析系统，并将此系统应用于血浆样品中药物的分析测定。与一般未经固相萃取富集的毛细管电泳相比，富集倍数可达 7000 倍，使用紫外检测器检测，对分析物的浓度检测限达到了 0.6nmol·L^{-1}。目前商品限进介质固相萃取吸附剂的种类还很有限，常用的此类产品有 Chrompack 公司的 ChromSper 5 Bi-omatrix、Supelco 公司的 Hisep、Hypersil 公司的 Ultrabiosep、Chromtech 公司的 Biotrap 500、Merck 公司的 LiChrospher ADS 等。例如 Hoeven 等[181]利用此类固相萃取吸附剂预柱与高效液相色谱-质谱检测手段在线联用，成功地测定了血浆样品中的氢化可的松（cortisol）和脱氢皮质（甾）醇（prednisolone）以及尿样中的花生四烯酸（arachidonic acid）。

第四节　固相萃取的装置

一、固相萃取柱构造

固相萃取柱的种类很多，但从其柱的构型来分，最基本的有两种：固相萃取柱（Cartridge）和固相萃取盘（Disk）。

（一）固相萃取柱（Cartridge）

一般商品固相萃取柱的结构如图 2-11 所示，其柱体通常由含杂质极低的聚丙烯制成，有时为了某些特殊需要，柱体也可用玻璃或聚四氟乙烯制成。在柱的入口配有母螺丝以便于与较大的储液器相连，在其出口也配有公螺丝。固相萃取柱的容积从 1～50mL 不等，典型的商品固相萃取柱容积为 1～6mL，填料质量多在 0.1～2g 之间，常用的有 0.3g、0.6g、0.9g 几种规格，填料的粒径多为 40μm。在填料的上下两端各有一个聚乙烯（聚丙烯、聚四氟乙烯或不锈钢等）制成的筛板。如前所述，反相固相萃取柱最常用的填料是 C$_{18}$ 键合硅胶，其他填料有 C$_8$ 键合硅胶、苯基键合硅胶、活性炭、炭分子筛、石墨化炭黑及疏水性高聚

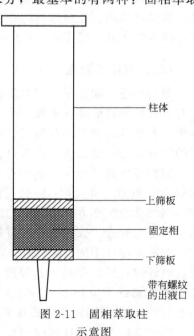

柱体

上筛板

固定相

下筛板

带有螺纹的出液口

图 2-11　固相萃取柱示意图

物填料等，这些填料具有强的疏水性，对水溶液样品中的大多数有机化合物具有好的保留。正相固相萃取使用的填料有非键合硅胶、双醇基硅胶、氰基硅胶、氨基硅胶、硅酸镁等。另外，固相萃取中还使用离子交换剂、排阻色谱填料、免疫亲和色谱填料及分子模板高聚物填料等。具体实验工作中，需根据分析对象、检测手段及实验室条件合理选择合适填料、合理规格的固相萃取柱。选择时要考虑固相萃取柱对分析对象的萃取能力、样品溶液的体积、洗脱后溶液的最终体积等。还要根据样品溶液中被测物及干扰物的总量选择合适容量的萃取柱，一般被柱中吸附剂吸附的被测物及干扰物的总质量不应超过吸附剂总质量的 5%，而洗脱剂的体积一般应是萃取柱柱床体积的 2～5 倍。

需要指出的是，商品固相萃取柱的柱构型、柱填料有时并不能满足特定工作的需要，此时可根据自己工作的需求，选择合适规格的柱体和填料，自行装填固相萃取微柱（Minicolumn）。这样可以取得比商品固相萃取柱更好的效果。

不管是商品柱还是自己装填的柱子，都要注意柱体材料、筛板材料及填料中的杂质是否会对萃取及测定产生影响，因此进行固相萃取实验时，都必须同时做空白实验。如果空白值太高，则必须对方法和固相萃取装置加以改进，从而降低污染，减少空白。

对已经选定的柱子，实验时则必须注意选择合适的溶剂，如果选择不当，有时会引起柱材料或筛板材料中增塑剂、稳定剂或柱材料本身的溶出或溶解。对各种柱体材料中杂质的溶出情况及柱体本身的溶解情况，应在使用前查阅相关手册或产品使用说明。几种常见的商品固相萃取柱的规格、萃取剂类型及其主要用途可查阅有关产品介绍手册[182～184]。

（二）固相萃取盘（Disk）

据前所述，固相萃取柱大多填充 $100～500mg$ 的 $40\mu m$ 的填料，并在柱两端配有多孔的金属或塑料筛板，这种较大颗粒填料及其特定的柱构型决定了萃取过程中当有液流通过时必有沟流现象存在，并且由于其较低的传质效率，使得萃取时的加样流速不能太大，否则会引起萃取效率的降低，得到较低的回收率。

固相萃取的另外一种操作形式是固相萃取盘。商品固相萃取盘首先出现于 1989 年，在这一年美国 3M 公司推出了 Empore 系列固相萃取圆盘产品。这种新型的固相萃取操作方式给分析工作者提供了一种除柱式固相萃取操作方式之外的另一种更加有效、快速的样品前处理新方法。固相萃取圆盘与过滤膜十分相似，它一般是由粒径很细（$8～12\mu m$）的键合硅胶或吸附树脂填料加少量聚四氟乙烯或玻璃纤维丝压制而成，其厚度在 $0.5～1mm$ 之间。在该萃取圆盘中，聚四氟乙烯或玻璃纤维支撑基质约占总质量的 $10\%～40\%$，而填料则占 $60\%～90\%$。图 2-12 为一般的固相萃取圆盘装置示意图。

固相萃取盘的这种结构增大了面积、降低了厚度，对于同等重量的填料，固

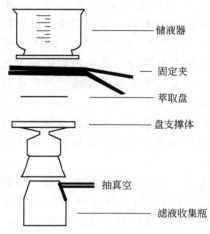

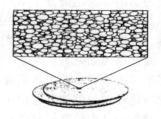

10μm C$_{18}$键合硅胶与聚四氯乙烯或玻璃纤维支撑体压制而成的固相萃取固盘

图 2-12　固相萃取圆盘装置示意图

相萃取圆盘的横截面积约是固相萃取柱的 10 倍，还有盘式固相萃取采用了小粒径的填料。上述措施的采用必然导致萃取容量的增大和萃取流速的提高，从而使萃取效率提高。很多体系流速达到了每分钟几十毫升仍可定量萃取，例如采用直径为 47mm 的固相萃取圆盘萃取 1L 地表水仅需约 20min。由于无需筛板，盘式固相萃取减少了由此引起的污染。盘片内紧密填充的填料基本消除了沟流现象的存在。固相萃取盘大而薄的结构特点决定了萃取圆盘不易堵塞。另外，圆盘萃取定量洗脱所需洗脱剂体积小，传统的液-液萃取一般需要 300mL 溶剂，而用 Empore 固相萃取盘一般仅需 10～20mL 溶剂，这既节约资金、益于环保，又有利于获得高的富集倍数。所以圆盘固相萃取特别适合于从较大体积的水溶液中萃取富集痕量被测物。

　　一般固相萃取圆盘是由纤维状网状支撑基质与粒径很细（8～12μm）的颗粒状填料压制而成。常见的支撑基质有聚四氟乙烯（PTFE）、聚氯乙烯（PVC）及玻璃纤维等。常见的填料有：①反相化学键合硅胶填料，包括 C$_{18}$、C$_8$、C$_2$键合硅胶，该类填料对非极性憎水有机化合物有强的吸附能力，三者中以 C$_{18}$键合硅胶的吸附能力最强。②非极性苯乙烯-二乙烯基苯共聚物（PS-DVB）填料，该类吸附剂的作用原理大多为疏水性相互作用原理，一般而言它们对非极性有机化合物有较强的吸附能力。③脂-水两亲型高聚物吸附剂填料，该类吸附剂多由非极性苯乙烯-二乙烯基苯共聚物填料发展而来，通过在苯乙烯-二乙烯基苯等高聚物表面键合适当的亲水性基团如乙酰基、磺酸基、羧基苯甲酰基等，使高聚物的亲水性增加，从而具有脂-水两亲性，即对极性和非极性化合物均有好的吸附性，而且由于极性基团的引入，增加了填料与水溶液的亲和性，有利于固定相与分析物的紧密表面接触，从而可改善吸附萃取效果。④碳基吸附剂填料，此类吸附剂包括活性炭、碳分子筛和石墨化炭黑，其中以石墨化炭黑（GCBs）应用最为广泛，石墨化炭黑填料对极性有机化合物有强的吸附力。⑤离子交换型吸附剂填料。⑥正相固相萃取吸附剂填料，包括活性氧化铝、活性硅胶、硅镁型吸附剂、极性基团如氨基、氰基、二醇基等修饰的键合硅胶等，此类吸附剂很少被直接用于对天然样品的固相萃取，它们主要用于对复杂的天然固体或液体样品抽提物的净化处理。例如首先用正己烷或异丁醇提取天然水、底泥、土壤、食品或生物组织等样品中的有机化合物，然后再用正相固相萃取吸附剂对此提取液进行净化处理。⑦螯合型树脂填料，此类填料为含有特定螯合基团的高聚物，特定的螯合树脂对特定的金属离子有选择性的吸附。

与固相萃取柱的使用一样，具体实验工作中，需根据分析对象、需萃取的样品溶液体积大小、检测手段及实验室条件选择合适填料、合理规格的固相萃取盘。固相萃取盘的规格大小用盘的直径来表示，其规格从 4.6mm 到 90mm 不等，其中最常使用的是 47mm 萃取盘，此盘适合于处理 0.5～1L 的水样，萃取处理用时为 10～20min。

由于固相萃取盘的种种优点及现有商品固相萃取盘填料种类的多样性，因而盘式固相萃取法应用日益广泛，特别适合于各种饮用水、地下水、地表水及其废水样品的分析测定。分析对象包括多环芳烃（PAHs）、多氯联苯（PCBs）、二噁英类、酚类、苯二甲酸酯类、有机磷类杀虫剂、有机氯类杀虫剂等。几种经美国 EPA 验证的 Empore 盘固相萃取法列于表 2-5。

表 2-5   EPA 验证的 Empore 盘固相萃取法

方法编号	分析对象	Empore 固相萃取盘型号
506	己二酸酯	C_{18},47mm
507	含氮、含磷杀虫剂	C_{18},47mm
608	有机氯杀虫剂	C_{18},90mm
508.1	有机氯杀虫剂	C_{18},47mm
8061	邻苯二甲酸酯	C_{18},47mm
513	二噁英	C_{18},47mm
515.2	氯酸	SDB,47mm
550.1	多核芳烃	C_{18},47mm
525.2	半挥发性有机化合物	C_{18},47mm
552.1	卤代乙酸及茅草枯	Anion X,47mm
553	联苯胺	C_{18},SDB,47mm
554	羰基化合物	C_{18},47mm
549.1	百草枯及杀草快	C_{18},47mm

近年来，药物和个人护理品（PPCPs）成为又一大类受到关注的新型污染物，合成麝香（SMs）是 PPCPs 中个人护理类用品的典型代表，它在环境中的存在、污染现状和生态毒性引人关注。环境水样中微量合成麝香的萃取一般采用 C_{18} 硅胶填料，但 C_{18} 硅胶固相萃取柱过样流速小，对大体积样品的萃取耗时多，

效率低。蔡亚岐等采用美国 Supeclo 公司的 47mm C_{18} 萃取盘对大体积环境水样中的 7 种微量合成麝香进行了萃取富集[185]。首先用 20mL 甲醇-二氯甲烷（1：1，体积比）分两次清洗萃取盘，抽干之后，用 20mL 甲醇、20mL 去离子水缓慢通过萃取盘，对萃取盘进行充分活化，之后使 500mL 混有 AHTN-d_3 同位素标记替代物标样的待测水样过柱。在此过程中，要保证萃取盘不要抽干，待水样全部过柱之后，用 N_2 吹法使萃取盘充分干燥。依次加入 20mL 正己烷、10mL 正己烷-二氯甲烷（2：1，体积比）、10mL 正己烷-二氯甲烷（1：1，体积比）进行洗脱，合并洗脱液，用 N_2 进行浓缩并定容至 1mL，加入内标 HCB-C_{13}，进行 GC-MS 检测（图 2-13）。C_{18} 萃取盘的采用大大加快了萃取速度，上述萃取过程可在

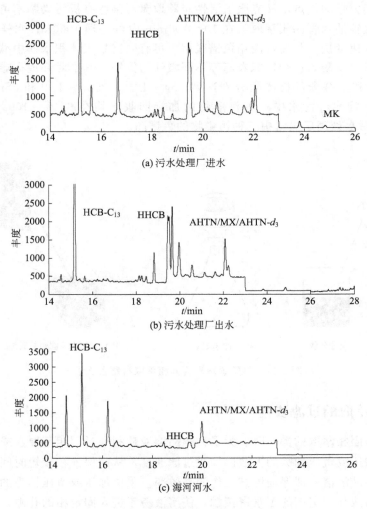

图 2-13　环境水样中合成麝香分析 GC-MS 谱图

20min完成,建立的分析方法对7种合成麝香的线性范围为0.001~1μg·mL^{-1},检出限在1.0~1.2ng·L^{-1}(S/N=5),实际样品平均加标回收率均在78.6%~106.3%范围内,该方法适用于自来水、河水、污水等环境水样中合成麝香的分析。

采用纳米材料制备新型固相萃取盘的研究也有报道。蔡亚岐等利用单壁碳纳米管(SWCNTs)易于成膜的特点,制备了单壁碳纳米管及羧基化的单壁碳纳米管固相萃取盘[186]。制备流程如图2-14所示,首先将30mg SWCNTs均匀分散在表面活性剂溶液中,再以定量滤纸为支撑体,负压下过滤该溶液,使SWCNTs均匀分布在滤纸上,这样可形成固相萃取盘。该固相萃取盘保持了碳基吸附剂吸附能力强的优点,又克服了活性炭萃取盘对某些有机污染物不可逆吸附的缺点。单壁碳纳米管固相萃取盘在10~100min内可处理1000mL水样,萃取容量高,萃取速度快,与高效液相色谱联用,可有效富集大体积水样中酞酸酯、氯酚、烷基酚、双酚A、磺酰脲农药等不同极性污染物。其中对环境类雌激素双酚A、辛基酚和壬基酚的检测限分别达到7ng·L^{-1}、25ng·L^{-1}和38ng·L^{-1},在自来水、河水、污水中三种污染物的加标回收率均在60%~100%范围内,图2-15是污水处理厂出水中三种污染物的色谱图。

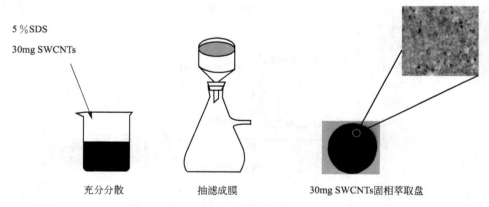

充分分散   抽滤成膜   30mg SWCNTs固相萃取盘

图2-14 单壁碳纳米管固相萃取盘制备流程

二、固相萃取的过滤装置

在进行固相萃取的操作时,为了让样品溶液顺利通过固相萃取盘或柱,大多需要采取加压或负压抽吸的方法以加快过滤速度,从而保证在较短时间内处理尽可能多的样品溶液,即保证测试工作的高效率。采取加压或负压抽吸的方法还有助于样品溶液与固定相的更紧密接触,使溶液易于进入固定相的孔隙,从而提高萃取的效率。另外,由于活化溶剂在加压的情况下与固定相的接触紧密,活化效

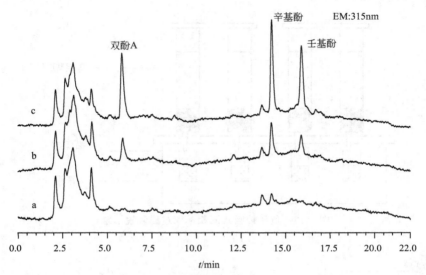

图 2-15　采用单壁碳纳米管萃取盘处理后的污水处理厂
出水中双酚 A、辛基酚和壬基酚的色谱图
a—污水处理厂出水空白；b—水样加标浓度为 0.50ng·mL⁻¹；
c—水样加标浓度为 2.00ng·mL⁻¹，水样体积 1000mL

率高，因而在加压的情况下，可用较少体积的溶剂完成对萃取柱或盘的活化，节约溶剂。同理，加压也可提高洗脱效率，从而用较少的溶剂就可将被测的分析物从固定相上洗脱下来。

固相萃取时的加压操作可通过在液体样品储液桶的上方用空气或氮气钢瓶施加 1～2bars 的压力来实现。当仅仅有少量（几毫升）样品溶液需处理时，可将样品溶液加入固相萃取柱的储液桶中，然后将该储液桶与一较大体积的桶状注射器相连，然后手动在注射器的活塞上加压，将样品溶液压过固相萃取柱。

最常使用的使样品溶液较快通过固相萃取柱或盘的方法是负压抽吸。这可通过将固相萃取柱或盘的下方与水泵或真空泵相连，然后用泵施加适当的真空度，从而将样品溶液抽吸通过固相萃取柱或盘。这种操作装置可自行组装，也可购买商品的固相萃取过滤装置。现在有好多固相萃取柱或盘的供应商也同时提供配套的过滤装置，这些过滤装置往往允许同时处理多个样品（最常见的为同时处理 12 个或 24 个样品），有利于提高工作效率。图 2-16 是负压抽吸式固相萃取过滤装置示意图。

三、磁性固相萃取装置

所谓磁性固相萃取，是利用磁性纳米颗粒作为固相萃取剂，将其分散到溶液中对目标物进行吸附，达到吸附平衡后，利用外加磁场实现萃取剂与母液的快速

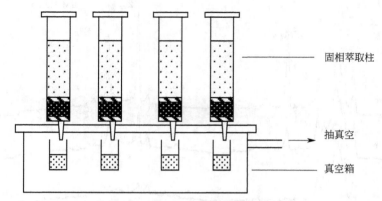

图 2-16　负压抽吸式固相萃取过滤装置示意

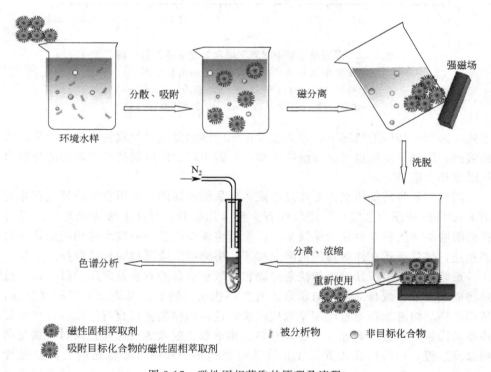

图 2-17　磁性固相萃取的原理及流程

分离，然后将目标物洗脱，洗脱液经浓缩后再利用色谱法（或光谱法）进行定量测定的样品前处理方法，其装置和流程如图 2-17 所示。这种新型的固相萃取过程最大的特色是引入了磁性纳米颗粒作为固相萃取吸附剂和外加磁场作为分离装置。与常规的微米级固相萃取剂相比，纳米材料由于具有较高的比表面积和较短的吸附扩散路径，因此吸附性能更优越、萃取速率更快，目标物的洗脱也更为容易，在样品的分离富集方面有很好的应用潜力。但它同时也存在固液分离困难、上样时压力过高等问题。如果将它与磁性材料相结合得到磁性纳米颗粒，然后通过表面包覆或表面改性，使之获得功能基团，即可制得功能化磁性纳米材料。这种磁性纳米复合材料既具有磁性，又具有表面活性基团，能与金属离子、有机污染物或生物分子等发生特异性吸附。将其作为固相萃取剂，在痕量目标物的分离萃取方面有独特的应用价值。

由于磁性纳米颗粒具有超顺磁性，因此在没有外加磁场时，材料不表现磁性，可完全分散到样品中，与被分析物充分接触。吸附完成后，当在容器壁外施加外加磁场时，萃取剂产生很强的同向感应磁场，在外加磁场的作用下，吸附被分析物的萃取剂会被迅速吸附到容器壁上，从而实现快速的固液分离。该方法的优点主要有三方面：①磁性分离解决了固液分离困难的问题，显著提高了大体积环境水样的分析速度；②纳米材料比表面积大的特点使其萃取容量显著提高，大大减少了萃取剂用量；③磁性纳米颗粒制备过程简单，成本低廉，而且可以重复使用。这种磁性固相萃取方法操作简便快捷，无需特殊设备，分离过程可控，非常适合大体积水样中痕量目标物的固相萃取。

四、固相萃取的自动化

当需要分析测定的样品很多时，可根据需要选择不同程度的自动化固相萃取操作方式，这样不但可以提高工作效率，而且可以减少人为操作造成的某些误差。固相萃取的自动化研究工作大约起步于20世纪80年代后期，经过近20年的发展，其技术日益成熟，应用日益广泛，其应用领域包括环境科学、食品科学、临床化学、药物分析等研究中的所有分析化学课题。

固相萃取的自动化主要包括96孔固相萃取板系统（96-Well extraction systems）、在线固相萃取（On-line solid phase extraction）以及最近开发出来的自动化固相萃取装置（Auto SPE）。

（一）96孔固相萃取板系统

当固相萃取与后续测定之间为离线方式时，可考虑使用Agilent或其他公司开发的96孔固相萃取装置。该装置如图2-18所示，其上层为萃取板（萃取样品溶液），萃取板通过一密封垫圈与其下的收集板（收集被洗脱的分析物）相连，收集板再通过密封垫圈与最下边的真空泵连接。这种装置可进行半自动化的固相萃取操作，其同时可进行96个样品溶液的固相萃取处理，其处理一批样品所需总时间一般不超过1h。

（二）在线固相萃取

尽管离线固相萃取与传统液-液萃取相比具有萃取效率高、萃取速率快、使用有机溶剂少、富集倍数大等优点，但在某些情况下，仍感其操作费时费力、操

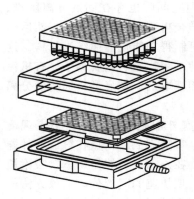

图 2-18　96孔固相萃取
板系统示意图

作过程中易于被污染，且由于洗脱液有时需进一步蒸发浓缩及只有极少量洗脱液在随后的分析步骤中可被利用，故分析灵敏度有较大的损失。在线固相萃取在某种程度上可克服上述不足。在线固相萃取主要是指固相萃取与高效液相色谱、气相色谱及其他分析方法的在线联用。

固相萃取易于以柱切换（Column switching）或预柱（Precolumn）的形式实现与液相色谱的在线联用。该联用技术自 20 世纪 80 年代发展以来，由于其具有的突出优点，目前已获长足发展[187~191]。该联用体系的典型结构如图 2-19 所示，在该体系中，固相萃取预柱首先被置于六通阀的采样环位置，经过对萃取预柱的预处理、上样吸附富集、清洗杂质等步骤后，通过六通阀将预柱切换至注射位置，即将预柱与分析柱相连，此时可用合适的流动相将吸附于预柱上的被测物直接洗脱至分析柱，被分析物在流动相的推动下在分析柱得到分离，最终到达检测器检测。

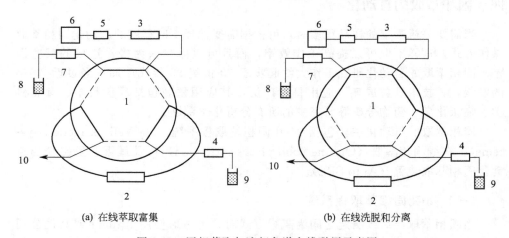

(a) 在线萃取富集　　　　　　　　　(b) 在线洗脱和分离

图 2-19　固相萃取与液相色谱在线联用示意图

1—切换六通阀；2—固相萃取预柱；3—分析柱；4—萃取富集泵；
5—检测器；6—记录仪；7—液相色谱泵；8—流动相；9—样品溶液；10—废液

从在线联用的分析过程可看出，其预浓缩与分析测定之间联为一体，步骤简单、与外部环境接触少，这样可将分析过程中的污染减少到最低程度；由于在线操作过程中被预柱吸附的被分析物全部进入分析柱，总体富集效率较高，测定灵敏度高，因而可用比离线操作少得多的样品进行分析测定；另外由于在线联用分析过程中预富集与色谱测定可同时进行，即在分析一个样品时可同时用预柱富集下一个样品，所以可节约分析时间，提高工作效率。

固相萃取除可与液相色谱联用外，其与气相色谱、毛细管电泳等的在线联用也有研究，这方面的具体研究情况可参阅有关文献[186,192~197]。

（三）自动化固相萃取装置

自动化固相萃取仪是一套由液体处理平台衍生开发出的能够在无人值守情况下自动化运行固相萃取方法的固相萃取装置。例如，Thermo Fisher 公司的 AutoTrace 280 自动化固相萃取仪（图 2-20），它能够全自动完成固相萃取过程中包括活化、上样、淋洗和洗脱的所有步骤，主要用于对大体积水样的在线固相萃取。AutoTrace 280 的上样体积为 20mL～20L，是目前市面上上样体积最大的设备，而且能够同时处理 6 个样品，兼容 3 种不同规格的 SPE 柱和 SPE 盘；还有就是采用正压上样，具有更高的重复性和稳定性。目前，这套自动化固相萃取仪已经广泛地用于各种水样中痕量目标化合物的萃取，加标回收率和重现性都能令人满意。

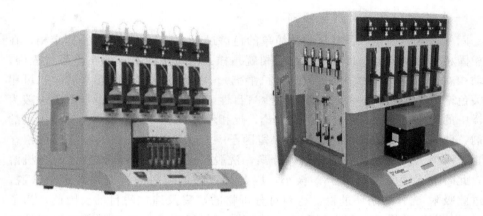

图 2-20 Thermo Fisher 公司的 AutoTrace 280 固相萃取仪（左边安装萃取盘）

此外，目前市面上还有许多不同厂商生产的自动化固相萃取仪，如美国 Horizon 公司的 SPE-DEX 全自动固相萃取仪、美国 Gilson 公司的 GX-27X ASPEC 系列全自动固相萃取仪、日本 GL Sciences 公司的 AQUA Trace ASPE 7X 自动固相萃取仪，我国国内有济南海能仪器股份有限公司的 Hanon Auto SPE 全自动固相萃取仪和上海屹尧仪器科技发展有限公司的 CLEVER 全自动固相萃取仪等。这些自动化固相萃取装置各具特色，例如上海屹尧仪器科技发展有限公司的 CLEVER 全自动固相萃取仪，不仅从活化、上样、淋洗、吹干、洗脱、浓缩、定容整个固相萃取过程完全自动化，而且其采用的无阀陶瓷泵可以进行连续定量上样，实现了多通道的同时活化、同时上样、同时洗脱。另外，通过 4 个模块并联使用，最多可以实现 24 个样品同时进行萃取；最具特色的是其创新的在线无水硫酸钠除水功能，可以大大提高苯胺等不适合采用氮气吹扫的半挥发性有机物的回收率，结合其自动清洗样品瓶功能，解决了水溶性差的有机物的瓶壁吸附问题。

这些商品化的自动化固相萃取仪虽然结构上各有不同，但是萃取原理和方式基本相同，采用该技术的主要优势在于：第一，降低成本，包括人力成本和试剂成本；第二，更安全，减少操作者在有机溶剂下的暴露；第三，提高效率，在更短的时间内处理更多的样品。今后的发展趋势是多通道、高通量、智能化、良好的重现性和更为精确的定量。

第五节　固相萃取的理论及方法开发

一、固相萃取的理论

（一）穿透体积及其理论预测

固相萃取的过程可以看作一个简单的色谱过程，萃取吸附剂就是固定相。在反相固相萃取中的上样过程中，流动相就是样品溶液中的水；而在洗脱过程中，流动相就是洗脱剂（大多数情况是有机溶剂）。因此进行反相固相萃取时，可用有关色谱理论预测指导萃取实践以减少盲目性。反相固相萃取的萃取对象一般为水样中的有机化合物，按有关色谱理论，反相萃取过程中，由于水是一个极弱的溶剂，此时水样中的有机化合物的保留因子 k 极大，因此被测物被强烈保留在反相吸附剂上而与大量的水样基体分离；洗脱时则使用了溶剂强度大的有机溶剂，此时被测物的保留因子 k 极小，因此被吸附剂吸附的被测物被定量洗脱，通过此吸附-洗脱的循环过程，达到对分析物的富集及纯化的目的。因此，为了取得好的萃取效果，在萃取过程中，我们希望保留因子 k 越大越好；而在洗脱过程中，我们希望保留因子 k 越小越好。

在色谱过程中，注射样品后，即在流动相的推动下连续不断地向柱末端流动并最终流出色谱柱，如果在此过程中在色谱柱末端接一对被测物有响应的检测器，则检测器对分析物的响应轮廓线必为一呈正态分布的峰型曲线。该曲线的拐点即为分析物的保留体积 V_R，其与分析物的保留因子 k 之间的关系为：

$$V_R = V_0(1+k)$$

式中，V_0 为色谱柱及检测器的死体积。

而固相萃取过程则与色谱过程稍有不同，样品溶液本身就是流动相，其流出曲线的轮廓线在达到最大后并不像色谱流出线那样逐渐下降，而是维持最大不

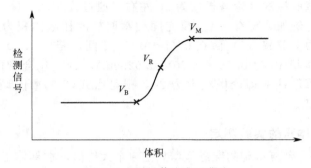

图 2-21　固相萃取穿透曲线

变，这是由于样品溶液在不断地流入固相萃取柱。图 2-21 是一个典型的固相萃取流出曲线即穿透曲线示意图。图中 V_B 即为该萃取柱的理论穿透体积，其含义是漏出的分析物浓度是原溶液中分析物浓度的 1％时样品溶液的总流出体积；V_M 的含义是漏出的分析物浓度是原溶液分析物浓度的 99％时样品溶液的总流出体积，此时流出液在组成上基本与原溶液一样。V_0 含义与色谱中一样，其与分析物保留因子的关系仍然是：

$$V_R = V_0(1+k) \tag{2-1}$$

式中的 V_0 项即固相萃取柱或盘的死体积，其值可由吸附剂的空隙率（ε）和固定相的床体积 V_c 进行估算。它们之间的关系是：

$$V_0 = V_c \varepsilon \tag{2-2}$$

而在固相萃取的萃取阶段，我们希望被分析物得到定量吸附，即在萃取阶段被分析物不要发生穿透，也就是用固相萃取处理的最大样品体积应不超过穿透体积 V_B。因此在固相萃取中，我们更感兴趣的是穿透体积 V_B，其与保留体积 V_R 之间的关系是：

$$V_B = V_R - 2.3\sigma \tag{2-3}$$

式中，σ 是标准偏差，其值取决于溶质在萃取柱中的轴向扩散，属动力学因素。因此穿透体积 V_B 由热力学因素和动力学因素共同决定。标准偏差 σ 与柱的理论塔板数之间存在如下关系：

$$\sigma = (V_0/N^{1/2})(1+k) \tag{2-4}$$

结合以上各公式可得：

$$V_B = (1+k)(1-2.3/N^{1/2})V_0 \tag{2-5}$$

由式（2-5）可知，一个化合物的保留因子越大，穿透体积越大；使用的固相萃取柱的理论塔板数越大，柱效越高，穿透体积越大。式（2-5）中 k 和 V_0 易于查到或计算得到，N 不易得到，一般通过估计得到一个大约值，一般典型的商品固相萃取柱的理论塔板数为 20 左右，通过公式(2-5)，从理论上即可估算穿透体积。例如，现有一 C_{18} 填充固相萃取柱的柱床体积为 $0.75cm^3$，大多数反相填料的空隙率（ε）值在 $0.65\sim0.70$ 之间，若以 0.70 计算，则此固相萃取柱的死体积 V_0 为 $0.75\times0.70=0.525cm^3$，若一化合物的保留因子为 3000，假设该萃取柱的理论塔板数为 20，则可由式(2-5)计算得该体系的穿透体积为 765mL。

（二）穿透体积的实验测定

根据式(2-5)计算得到的穿透体积只是一个大约值，在具体工作中，穿透体积大多是通过实验的方法来进行测定的。穿透体积的实验测定可按下述几种方法进行：

① 最简单的测定穿透体积的方法是直接法，即以合适的恒定流速使一样品溶液流过固相萃取柱，在固相萃取柱的出口处安装一检测器，使其连续检测出口处被分析物的浓度，根据测定数据作出穿透曲线，从该曲线直接得到穿透体积，这就是直接法。该测定方法要求检测器必须有高的灵敏度，否则固相萃取柱流出液中的被分析物浓度很难测定准确；另外，测定时溶液浓度必须合适，浓度过大会造成萃取柱的过载。穿透体积的大小还与溶液的流速有关，测定穿透体积时一般要求流速尽可能与实际测定样品时的流速一致。直接法的另一个缺点是测定过程很长费时间。

② 为了提高测定的速度，人们又提出了另一种测定穿透体积的方法，该方法既可按在线方式进行，又可按离线方式进行。该方法首先用固相萃取柱浓缩一系列体积不断增大但含有相同质量被分析物的溶液，然后洗脱被吸附的分析物，再用色谱仪测定洗脱液的峰高及峰面积。随着溶液体积的不断增大，分析物浓度逐渐降低，但只要固相萃取柱不发生穿透，则被固相萃取柱保留的溶质总量及随后的洗脱液的浓度就保持不变，这样上述一系列不同体积的溶液在色谱测定中得到的色谱图及峰面积均应相同。当穿透发生后，随着溶液体积的不断增大，被固相萃取柱萃取的被分析物的质量不断减少，则随后的色谱测定中的峰高及峰面积不断降低，最后作峰面积-样品体积图，从该图就可得到穿透体积。这种方法的优点是可以同时测定几种化合物的穿透体积，并且该测定是在与未知样品相同的实验条件下完成的。

二、固相萃取的方法开发

（一）固相萃取的类型

固相萃取在基本原理上与液相色谱类似，因而按萃取原理固相萃取也可分为反相固相萃取（Reversed phase SPE）、正相固相萃取（Normal phase SPE）、离子交换固相萃取（Ion exchange SPE）等。

　　反相固相萃取是目前最为常用的一种固相萃取方法，其基本含义是使用非极性的疏水性固定相如 C_{18} 键合硅胶、C_8 键合硅胶、聚苯乙烯-聚二乙烯苯共聚物固定相、碳分子筛、石墨化炭黑等从极性的样品溶液如水样中萃取非极性或弱极性的分析物，定量萃取分析物后，再用少量有机溶剂将分析物从固定相上洗脱下来进行测定。

　　与反相固相萃取相反，正相固相萃取的目的是从非极性的样品溶液中萃取相对极性的分析物，在该萃取体系中一般使用极性较大的固定相如硅胶、氧化铝、氧化镁及硅镁型吸附剂等。分析物被定量吸附后再用少量极性较大的有机溶剂将分析物从固定相上洗脱下来进行检测。该类固相萃取很少用于直接萃取非极性溶液中的极性成分，绝大部分使用在水溶液等样品中有机提取物的去杂净化。例如，测定植物样品或动物样品中多环芳烃或多氯联苯时，一般是先将样品用环己烷充分浸提，分析物被萃取进入环己烷相，而在此过程中原样品中的植物油及动物脂肪也有相当比例进入环己烷相，植物油及动物脂肪的存在会干扰后续的气相色谱测定。因此，在进行气相色谱测定前必须对该环己烷提取物进行纯化，其方法是将此环己烷提取物溶液通过填充有硅镁型吸附剂的固相萃取柱，则分析物及溶液将流过该柱，而植物油及动物脂肪将被吸附在固相萃取柱上，这样可达到纯化提取物的目的。又例如测定贝壳等软体动物组织中有机锡时，首先将动物组织匀浆，用少量盐酸-四氢呋喃酸化样品后，加入适量草酚酮-正己烷，在振荡仪上充分振荡以浸提样品中的有机锡，离心分离，取上层清液并转移至旋转蒸发仪中，蒸发至 $1 \sim 2\,\mathrm{mL}$，加入格氏试剂，充分振荡使样品中的离子型有机锡定量转化为非离子型的疏水性衍生物，此时该正己烷溶液中除含有有机锡的衍生物外，还含有较大量的动物脂肪，脂肪的存在会干扰有机锡的色谱测定，测定前应采用正相固相萃取法可除去该溶液中的脂肪，其做法是：将该溶液通过填充有硅镁型吸附剂的固相萃取柱，溶液中的脂肪将被吸附在吸附剂上，而分析物有机锡的衍生物将通过该柱，收集过柱液后用气相色谱法测定即可。

　　当分析物为离子状态时，则可考虑选择含有阳离子或阴离子官能团的固定相来萃取此类分析物。进行此类萃取时，应注意选择合适的 pH 值以使分析物在上样萃取阶段以离子状态存在，从而达到定量吸附；在洗脱时则应选择合适的有机溶剂并调节其 pH 为合适数值，以使分析物转化为中性的分子状态，从而被该有机溶剂定量洗脱。除此之外，还可采用另外一种较高浓度或与固定相亲和能力更大的离子溶液来将分析物置换洗脱下来。

　　了解了固相萃取的几种类型，在具体工作中，就可根据样品的类型、分析物及主要基体的性质，选择合适的固相萃取类型，确定了固相萃取类型后，再选择合适的固定相、上样溶剂、淋洗溶剂和洗脱溶剂。溶剂选择最重要的因素是溶剂强度，它是保证固相萃取成功的关键。表 2-6 列出了正、反相固相萃取中常见溶剂强度的大小关系。

表 2-6 溶剂强度大小排序

正相固相萃取法	溶剂强度	反相固相萃取法
己烷	弱	水
异辛烷		甲醇
甲苯		异丙醇
氯仿		乙腈
二氯甲烷		丙酮
四氢呋喃		乙酸
乙醚		乙醚
乙酸		四氢呋喃
丙酮		二氯甲烷
乙腈		氯仿
异丙醇		甲苯
甲醇		异辛烷
水	强	己烷

（二）吸附剂的选择

选择固相萃取固定相时，考虑的因素主要是：需要萃取的分析物的性质和样品溶液的基体，即溶剂。

被分析物的极性与固定相的极性越相似，两者之间的作用力越强，分析物在该固定相上的保留越完全，因此在进行固相萃取时，应尽可能选择与被分析物极性相似的固定相。例如，萃取低极性的碳氢化合物、多环芳烃、多氯联苯等物质时，应选用低极性的反相固定相如 C_{18} 键合硅胶、乙烯-苯乙烯共聚物、碳分子筛等。而萃取中等极性的物质时，正、反相固定相都可使用。

另外，选择固定相时还应考虑样品溶液的溶剂强度。样品溶液的溶剂强度相对于固定相应该较弱，溶剂强度较弱时，被分析物的保留因子较大，则被分析物在固定相上必有强的吸附保留。如果溶剂强度太大，分析物的保留必然很弱或不被保留。例如，样品为水溶液时，应用反相固相萃取法，不应使用正相固相萃取法，此时应选用 C_{18} 键合硅胶等反相填料，而不能用极性大的正相填料，原因是在反相固相萃取法中，水是一个溶剂强度极弱的溶剂，使用它不会影响分析物的保留。样品溶剂是正己烷时，则应选用正相填料；此时选用反相填料就很不合适，原因是对反相固相萃取来说，正己烷是一个溶剂强度很大的溶剂，如果此时使用 C_{18} 键合硅胶等反相填料作为固定相，则分析物不会保留或保留极少。

选择固定相时还应注意的其他事项包括：分析物是否能离子化，能否使用离子交换固定相；分析物在各种溶剂中的溶解度；干扰组分是否与分析物竞争固定相上的结合位点等。

（三）洗脱剂的选择

固相萃取的过程实际是一个简单的液固色谱过程，它包括四个基本过程：固定相的活化、上样富集、淋洗杂质、分析物洗脱均涉及溶剂的选择问题。既然固相萃取过程是一个色谱过程，那么在选择溶剂时，可借用有关的色谱理论来进行指导。

1. 固定相活化时溶剂的选择

固定相的活化要达到的目的有两个：去除固定相上的杂质；使填料被溶剂润湿并溶剂化，从而提高分析物的回收率及测定的重现性。所以活化固定相时一般使用两个溶剂，第一个溶剂（初溶剂）用于净化固定相；第二个溶剂（终溶剂）主要作用是使固定相溶剂化，即用于建立一个合适的固定相环境以便使样品中的分析物得以保留。每一个活化溶剂的用量一般为每 100mg 固定相 1～2mL 活化溶剂。

不管是商品固相萃取柱还是自制的固相萃取柱，或多或少都含有杂质，因此都必须用一种合适的溶剂（初溶剂）去除这些杂质，杂质去除不彻底将会导致对分析物测定的严重干扰，从而造成分析误差。例如对最常使用的 C_{18} 键合硅胶，一般使用的初溶剂为甲醇，甲醇可有效地去除该固定相上所含有的杂质。

选择终溶剂时最重要的一点是其溶剂强度应与样品溶液的溶剂强度一致，若使用太强的溶剂，会导致分析物回收率的下降。如用 C_{18} 键合硅胶萃取水样中疏水性有机物时，理想的终溶剂应是蒸馏水，而且还应将此蒸馏水的 pH 及其他成分调节至与实际水样尽可能一致。

固定相在活化过程和活化结束后，都不能将活化溶剂抽干。否则将会使填料干裂和进入气泡，这将导致柱效的降低，将造成回收率低和重现性差的结果。

2. 上样萃取时溶剂的选择

为了使分析物得到好的保留，上样萃取时应采用尽可能弱的溶剂。如果上样溶剂强度太大，分析物将不被保留或保留很弱，这样测定时分析物的穿透体积将很小，回收率将很低。如果上样时溶剂选择合适，分析物必然得到好的保留，这样一方面可保证测定有高的回收率，另一方面可得到大的穿透体积，从而可采用大的上样量，获得高的富集倍数。

3. 淋洗去杂质溶剂的选择

分析物得到保留后，常需使用合适的溶剂淋洗固定相，其目的是洗掉吸附于固定相上的不需要的干扰组分。经过淋洗可得到更纯净的样品，这样可得到更简单理想的色谱图，有利于得到更正确的分析结果，也可以更好的保护色谱柱，从而延长色谱柱的使用寿命。因此淋洗溶剂强度的选择非常重要，其强度不能太高，也不能太低，即应大于或等于上样溶剂，小于洗脱溶剂，其最高目标应是：尽可能将干扰组分从固定相上洗脱完全，但又不会洗脱任何分析物。

4. 洗脱溶剂的选择

选择理想的洗脱溶剂主要应该考虑以下两点。

（1）溶剂强度应足够大，即使用该溶剂时分析物的保留因子 k 应该尽可能小，这样可保证将吸附在固定相上的分析物定量洗脱下来。洗脱剂的用量一般为 $0.5 \sim 0.8 \mathrm{mL}/100\mathrm{mg}$ 固定相。对大多数化合物来说，乙腈是比甲醇及乙醇更好的洗脱溶剂。另外，对大多数化合物来说，它们在 C_{18} 键合硅胶-有机溶剂体系中的保留行为与其在苯乙烯-二乙烯苯共聚物固定相-有机溶剂体系中的保留行为基本一致，但其在 C_{18} 键合硅胶-有机溶剂体系中的保留因子比在苯乙烯-二乙烯苯共聚物固定相-有机溶剂体系中的保留因子要小一些。

（2）选择的洗脱溶剂应与后续的测定相适应，即要么该溶剂易于挥发，这样可在定量洗脱分析物后用氮气等惰性气体将该溶剂吹干，再用合适的另一种溶剂溶解分析物后，直接进样进行色谱测定；要么该溶剂适合于色谱分析，这样直接进样就可进行分析测定，蒸发及溶剂置换这一步骤就可省略。

另外还应注意所选溶剂的黏度、纯度、毒性、反应性及与检测器是否匹配（如液相色谱中紫外检测器的截止波长等）。在其他条件相同时，应该选择黏度低、纯度高、毒性小并与分析物及固定相不反应的溶剂。选用的溶剂的截止波长应小于分析物的检测波长，即溶剂不对分析物的检测产生干扰。选用单一溶剂洗脱效果不理想时，可考虑使用混合溶剂进行洗脱。

第六节　金属离子的固相萃取

现代科学技术的发展从灵敏度和准确度两方面对微量金属离子的分析测定提出了更高的要求。高的灵敏度和准确度的取得有待于科技工作者从检测手段和样品前处理两方面进行深入的研究，多年来人们在检测手段即分析仪器的研究上作出了不懈的努力，取得了极大的进展，研制出了以等离子体质谱（ICP-MS）为代表的一批高灵敏度、高准确度的元素分析仪器。这些仪器的出现，极大地改善了微量金属离子测定的灵敏度和准确度，但与科学研究工作不断提高的要求和实际样品的复杂程度相比，这些检测手段仍然存在好多不足，如海水中极低浓度的金属离子仍然是许多检测方法不能直接测定的，好多实际水样复杂的基体（如海水中存在的大量盐分、地表水中存在的腐殖酸等有机物、生物体液样品中存在的较大量的蛋白质及电解质等）极大地干扰了分析测定的准确度，这些因素使得用这些仪器不可能直接测定许多样品中的微量金属离子。在这种情况下，对金属离子进行富集分离就成为必然。一些传统分离富集手段如液-液萃取、沉淀共沉淀等存在的效率低下、费时费力、分相困难、需使用大量有毒的有机溶剂和酸碱等缺点，迫使人们将注意力日益集中到近年来在有机物分离富集方面大显身手的固相萃取研究领域，经过研究探索，人们发现固相萃取对微量金属离子的分离富集同样有效。前面各节针对有机物的分离富集介绍了固相萃取的概念、发展，下面按照萃取原理，我们对金属离子的固相萃取分三种情况作一简单介绍。

一、金属离子的离子交换固相萃取吸附剂

实际上，远在固相萃取概念（主要指用色谱固定相进行萃取分离富集）出现以前，人们一直使用离子交换树脂进行金属离子的分离富集，这包括传统的、简单的离子交换分离富集，也包括离子交换色谱和离子色谱法。进行这种分离富集使用的吸附剂是合成的带有离子交换基团的高聚物树脂或键合硅胶，此类商品种类繁多、品种齐全。这类吸附剂作用的对象可以是简单的金属离子、金属离子的无机配阴离子或配阳离子、金属离子的有机配阴离子或配阳离子等，其中应用较多的有过氧化氢配离子、卤素配离子、氰根配离子、硫氰根配离子等。此类萃取在萃取和洗脱时需控制的关键条件就是选择合适的酸度、配体种类和浓度。总之，此类分离富集方法选择性较差，所处理样品的浓度不能太小；此类分离富集方法的研究已较为成熟，在许多情况下人们已经将其作为常规的、传统的分离富集手段来看待，而不认为这种方法是现代意义上的固相萃取法。因此我们在这里也不对其作进一步的介绍。

二、金属离子的螯合型固相萃取吸附剂

此类萃取吸附剂通过化学反应在各种基体上键合针对特定一种或几种金属离子的螯合基团，因而其选择性大大增强，该螯合基团与金属离子之间的作用主要是强的配位作用，所以，该类吸附剂对分析对象的萃取富集能力强，能从极低浓度的水溶液中萃取富集特定的金属离子。因此该类固相萃取近年研究较多，并与各种检测手段特别是各种光谱法结合，取得了良好的效果。

作为金属离子固相萃取的理想吸附剂，应该满足高选择性、大吸附容量、高机械强度、快的交换动力学过程等条件。这类吸附剂的性质主要由基体材料和吸附剂上的官能团的性质所决定。合成这类吸附剂的主要途径有两种：一种是首先合成含有螯合基团单体，然后再经聚合反应合成而得，用这种方法制得的吸附剂螯合基团在高分子链上分布均匀，螯合基团数量大，所以其吸附容量大、吸附能力强，然而其制备步骤繁多，在一般分析实验室不易实现；另一种合成方法是利用现有的合成或天然高聚物为原料，通过反应直接在高聚物的表面引入螯合基团，这种方法的优点是合成原料易得，引入的螯合基团可以灵活多样，合成反应在一般分析实验室就可完成，因而深受分析工作者欢迎，但该方法合成的吸附剂的吸附容量较低。目前螯合型固相萃取吸附剂的基体材料大多是合成有机高聚物、硅胶、天然纤维素、甲壳素等，其中以前两种居多。而对吸附萃取的选择性起主要作用的螯合基团则有 8-羟基喹啉基团、亚氨基二乙基基团、二硫代氨基甲酸基团、氧肟酸基团等。下面对其作进一步介绍。螯合型金属离子固相萃取吸

附剂与金属离子的作用机理主要是它们之间的螯合反应，而吸附后金属离子的洗脱的方法主要有三种：一是使用合适强度的酸溶液使螯合物分解，从而将金属离子释放出来，即将被吸附金属离子洗脱下来；二是使用配位能力更强的其他配位剂，这样可将被吸附的金属离子置换出来；三是使用酸与配位剂相结合的混合洗脱剂进行洗脱。

螯合型金属离子固相萃取吸附剂的最大特点是萃取能力强，可以按照不同的分析对象设计合成特定的萃取剂，因而萃取具有很好的选择性。但该类吸附剂制取麻烦，缺乏通用性，商品吸附剂种类不多，常常需要自行合成，故此类吸附剂在实际中的应用受到很大的限制。

（一）8-羟基喹啉螯合固相萃取吸附剂

8-羟基喹啉有两个配位原子，分别是氧和氮，它们与金属离子发生配位反应后能形成稳定的五元环结构，所以 8-羟基喹啉是一种性能良好的广谱螯合剂，对绝大多数金属离子具有好的螯合性，能与 50 多种金属离子形成稳定的螯合物，其对金属离子发生螯合反应的选择性主要是通过控制溶液的酸度来实现的。作为一种反应对象较多的螯合剂，其用途主要是从含有较大量碱金属、碱土金属等基体的溶液中分离富集微量的重金属；如果较为准确地控制溶液的 pH 值，也可实现微量重金属离子的组分离。如果将 8-羟基喹啉通过化学反应键合于合适的固相基体上，必定会产生一种性能优越的固相萃取吸附剂，从而方便地以固相萃取的手段来对一些重金属离子进行分离富集。近年来人们在这方面开展了好多研究工作，并将其应用于许多金属离子的分离富集，取得了良好的结果。在这些研究中，研究最多的基体材料是硅胶和有机高聚物，并且富集分离方式以在线联用方式最多。

1. 8-羟基喹啉键合硅胶固相萃取吸附剂

商品的色谱用硅胶原料易得，品种较多，机械强度好，有利于进行柱分离操作，因此化学改性硅胶的合成及其固相萃取的应用研究也最为广泛。例如 Halicz等[198]将 8-羟基喹啉键合于直径为 $80\sim100\mu m$ 的硅胶表面，用 25mg 该吸附剂填充一固相萃取微柱，并与 ICP-MS 系统在线联用，在 pH 值 9.0 时对高盐分卤水中 14 种稀土金属离子进行萃取富集，并与基体盐分相分离，然后再用适量的 $2mol \cdot L^{-1}$ HCl$+0.8mol \cdot L^{-1}$ HNO$_3$混合酸溶液洗脱分析物，将该溶液通入 ICP-MS 实现在线分析测定，该方法在 10min 左右即能实现对这些离子的分离富集及测定，对 14 种稀土金属离子的检测限在 $0.06\sim0.6ng \cdot L^{-1}$ 之间。Lofthouse等[199]将 8-羟基喹啉键合在位于毛细管末端的具有微孔结构的硅酸盐玻璃筛板上，构成内径 0.5mm，长 5mm 的微柱分离富集系统，并与 ICP-MS 相连。由于微柱构型的死体积很小，因而使该在线分离富集-测定系统的分析速度大大加快，可在 $2\sim3min$ 内完成一次测定过程，另外该系统还具有很强的基体消除能力和富集能力。Beauchemin 等[200]将大约 80mg，粒径为 $37\sim75\mu m$ 的 8-羟基喹啉键合硅胶填充于内径 3.0mm，长 45mm 的短柱内，并将该短柱与 ICP-MS 连接起来，构成固相萃取- ICP-MS 分析系统，用此系统对标准河水样品中的 Co、Ni、Cu、Pb、U 及标准海水样品中的 Mn、Mo、Cd、U 等元素进行了分析测定，结果表明，与离线方式比较，该在线联用系统具有所需样品量少（由 500mL 减少为 10mL）、分析时间短（由 8h 减少为 45min）等优点，另外该系统的测定值与样品的标准值也能很好地符合。Azeredo 等[201]以 8-羟基喹啉键合硅胶填充微柱与石墨炉原子吸收在线联用，分离富集并测定了海水样品中的微量金属元素如 Cd、Cu、Fe、Mn、Ni、Pb、Zn 等，该系统成功地消除了海水中大量盐分对测定的干扰，对以上分析对象的绝对检测限在 $0.3\sim10.2pg$ 之间。以上几例只是 8-羟基喹啉键合硅胶固相萃取吸附剂众多应用中的一小部分，其他应用在此不再一一赘述，读者可参阅有关文献[202~209]。

2. 8-羟基喹啉键合有机聚合物固相萃取吸附剂

与硅胶类吸附剂相比，有机聚合物的一个最大特点是在整个酸度范围内能保持稳定的结构，另外有机聚合物种类比硅胶更多，形态也更为多样，因此近年对有机聚合物的 8-羟基喹啉键合修饰固相萃取研究较多，涉及金属元素很多，并与各种检测手段相结合，取得了很好的分离富集效果，并较快地获得了满意的分析结果。如 Orians 等[210]将 8-羟基喹啉键合在离子交换树脂上制得螯合树脂，用该树脂填充柱对海水中的微量 Ga、In、Ti 元素进行固相萃取分离富集，既提高了测定灵敏度，又有效消除了海水盐分的基体效应，最后进行 ICP-MS 测定，取得了满意的结果，对上述三元素的检测限分别为 $0.02ng\cdot L^{-1}$、$0.01ng\cdot L^{-1}$、$0.2ng\cdot L^{-1}$。张秀尧等[211]通过化学反应制得键合有 8-羟基喹啉-5-磺酸的 Amberlite XAD-4 树脂，并将其填充柱与火焰原子吸收组成在线分析系统，用该系统对标准水样中的 Pb 元素含量进行了测定，该系统的应用改善了分析的灵敏度和抗干扰性，对 Pb 测定的检测限达到了 $1\mu g\cdot L^{-1}$。温蓓等[212,213]将 8-羟基喹啉键合到聚丙烯腈空心纤维表面，将 0.3g 此纤维填充于内径 0.5mm、长 60mm 的玻璃微柱内，用此微柱对海水中的 15 种微量稀土元素和 Be、Co、Cu、Ag、Cd、In、Pb、Bi 等元素进行了富集和基体分离，并用 ICP-MS 测定其含量，结果表明该富集分离系统的富集倍数可达 300 倍，对上述元素的检测限在 $0.24\sim50.2ng\cdot L^{-1}$ 之间。其他此类金属离子固相萃取吸附剂的应用还有许多[214~216]。

（二）亚氨基二乙酸基螯合型固相萃取吸附剂

亚氨基二乙酸基结构中起配位作用的原子是氮和氧，一个亚氨基二乙酸基结构中共含有三个配位原子，该结构单元与许多金属离子能形成稳定的配位化合物，含有该结构的螯合型金属离子固相萃取吸附剂可能是应用最早且目前仍在广泛使用的金属离子螯合吸附剂。该类产品中最著名的当属 Chelex-100 螯合树脂，该产品的主要用途是从碱金属、碱土金属基体中选择性地分离富集重金属离子，因此它在一些天然水样中微量重金属离子的分析测定方面有重要用途。但由于该树脂的交联度较小，所以在使用时存在的最大问题是它的体积随溶液条件的改变会发生较大的改变，体积的改变引起的柱压改变有时会影响它的实际应用，尤其是会影响其在在线联用分析中的应用。解决此问题的途径是选择具有高度交联结构的聚合物作这类螯合树脂的母体结构，美国的 Metpac CC-1、Dowex A-1 和日本的 Muromac A-1、Diaion CR-10 就是这样的产品，它们继承了 Chelex-100 的螯合特性，又解决了其存在的膨胀和收缩问题，尤其有利于在线联用分析中的微柱固相萃取。例如，Pasullean 等[217]将大约 0.5g 粒径为 250～500μm 的 Muromac A-1 亚氨基二乙酸树脂填充于长 150mm 萃取柱内，然后将其与火焰原子吸收分析仪在线连接起来，他们将该系统应用于海水和海湾水样品中 Cr 元素的形态分析，他们首先将溶液调节至 pH 4.0，在此酸度条件下富集 Cr(Ⅲ) 并与 Cr(Ⅵ) 相分离，这样就可测定出 Cr(Ⅲ) 的浓度，然后再将 Cr(Ⅵ) 还原为 Cr(Ⅲ)，再按与 Cr(Ⅲ) 相同的条件富集并测定出样品中的总 Cr 量，最后可用差减法计算出 Cr(Ⅵ) 的浓度，该法以 6mL·min^{-1} 的流速对样品溶液富集 3min，对 Cr(Ⅲ) 的检测限可达 2ng·mL^{-1}。Heithmar 等[218]将内径 9mm、长 25mm，内部填充有大约 1.5mL 亚氨基二乙酸树脂的微柱与 ICP-MS 分析仪在线连接，用此分析体系重点研究了天然水样中大量基体元素如碱金属、碱土金属及卤素阴离子对微量 Ti、V、Mn、Fe、Co、Ni、Cd、Cu、Pb 等元素测定的影响。研究发现，如果直接使用该体系对合成海水样品和废水样品中的微量元素进行测定，则部分元素的回收率较低，不能满足定量分析的要求，而如果事先对样品溶液进行微波消解，然后再进行富集分离，则基体效应可很好地予以去除，从而获得满意的分析结果。Greenberg 等[219]将 Chelex-100 螯合树脂分离富集与中子活化分析相结合，测定了淡水和海水样品中的 15 种重金属，他们的作法是将 100～500mL 已调节 pH 5.2～5.7 的样品溶液通过填有大约 0.5g Chelex-100 螯合树脂的萃取柱，过完溶液后用适量的乙酸铵溶液洗涤柱子以除去碱金属、碱土金属、卤素离子等基体成分，然后用蒸馏水将乙酸铵洗涤干净，并用空气将柱中的水分吹干，再将此干树脂在中子活化分析仪上测定，即可测出各元素的含量，该法可以很好地消除干扰并提高灵敏度。Wang 等[220]还使用键合有亚氨基二乙酸基团的醋酸纤维素膜应用于流动注射-ICP-AES 分析体系，并对海水中 Cu、Ni、Cd、Co、Mn、V、Pb 等元素进行了测定，这种结合既提高了分析速度，又改善了分析的灵敏度。Hirata 等[221]将 Muromac A-1 亚氨基二乙酸树脂填充柱与火焰原子吸收仪通过流动注射流路连接起来，构成在线分离富集及测定系统，用该系统对环境标准水样及真实水样中的 Cd、Cu、Cr、Fe、Mn、Pb、Zn 等元素进行了测定，对上述各元素的检测限在 0.04～2.1ng·mL^{-1}之间，结果表明用该法能较好地消除基体干扰并提高测定灵敏度。亚氨基二乙酸基螯合型固相萃取吸附剂应用于金属离子分离富集的例子还有很多，读者可参阅有关文献[222~238]。

（三）其他螯合型金属离子固相萃取吸附剂

除过上述两类应用广泛的螯合型固相萃取吸附剂外，近年来含其他螯合基团的吸附剂也有较多的研究。如二硫代氨基甲酸酯类[239~244]、氧肟酸类[245~248]、巯基及巯基苯并噻唑类[249~251]、氨基磷酸类[252,253]、偶氮苄基磷酸类[254]、聚丙烯酰胺肟类[255,256]、聚半胱氨酸类[257~259]等。

一个二硫代氨基甲酸酯类分子中含有两个硫配位原子，所以该螯合剂对重金属尤其是软酸类金属如过渡金属有强的配位能力，即该试剂对重金属尤其是过渡金属的选择性比前两类试剂都高。因此将该官能团键合于特定的基体尤其是聚合物基体上制成螯合型固相萃取吸附剂，对金属离子进行分离富集及测定的研究，特别是与各种检测方法的在线联用研究近些年开展得很多。例如，有研究者使用体积为 $60\mu L$ 的二硫代氨基甲酸基螯合树脂填充微柱对 pH 值 3~10 的天然水样如自来水、河水、咸水中的甲基汞、乙基汞及无机汞进行了富集和基体分离，然后用酸性硫脲溶液将其洗脱，将此酸性洗脱液用氢氧化钠和硼酸缓冲溶液调节为碱性后，再加入适量的二硫代氨基甲酸钠溶液进行充分反应，然后用少量甲苯进行反萃，取少量此汞-二硫代氨基甲酸配合物的甲苯溶液于冰水浴中加入适量丁基氯化镁格氏试剂进行丁基化反应，反应完全后，加入适量盐酸破坏过量格氏试剂，离心分离后，取上层有机相，用高纯氮气吹入进行浓缩，取此浓缩液适量进行气相色谱分离和微波等离子体原子发射检测，该方法对甲基汞和乙基汞的检测限为 $0.05ng \cdot L^{-1}$，对无机汞的检测限为 $0.15ng \cdot L^{-1}$。Shah 等[245,246]合成了聚氧肟酸类螯合树脂，并利用其填充柱分别在 pH 5.0 和 pH 2.0 色谱分离了 Zn^{2+} 和 Cd^{2+} 以及 Co^{2+} 和 Cu^{2+}、Ni^{2+}。还有用聚氧肟酸类螯合树脂和纤维从海水中萃取铀的报道[249]。Gokturk 等[249]合成了巯基键合硅胶，并将其应用于天然水样中 Ge 的分离富集和氢化物发生火焰原子吸收测定，该体系富集倍数可达 400 倍，检测限可达 $0.813ng \cdot L^{-1}$。Zhang 等[252]合成了聚丙烯酰胺二硫代氨基甲酸酯螯合纤维，该纤维可在 pH 3~6 之间定量吸附海水样品中的 15 种稀土离子，被吸附的稀土离子可以被 $0.01mol \cdot L^{-1}$ 的草酸铵溶液定量洗脱，洗脱后的溶液用 ICP-MS 测定，该方法既可消除基体干扰，又可提高测定灵敏度，富集倍数可达 200 倍，方法的测定检测限在 $0.2~2ng \cdot L^{-1}$ 之间。Ueda 等[254]合成了含有偶氮苄基磷酸类基团的聚苯乙烯树脂，研究发现该树脂在中性附近可有效富集 Pb、U、Cu、Mn、Zn、Fe 等元素并与其他基体元素相分离，该树脂可以成功应用于河水及海水中这类元素的富集和光谱测定。Devi 等[255]和常希俊等[256]分别合成了聚丙烯酰胺肟类螯合树脂和螯合纤维，他们的研究证明，这类吸附剂对多种重金属离子具有好的富集能力，在一定条件下对金属离子是吸附还是不吸附以及分离富集的选择性主要取决于溶液的酸度，他们分别将这种分离富集方法与中子活化、原子吸收及等离子体原子发射光谱结合，均获得了满意的分析结果。Howard 等[257]将半胱氨酸聚合到微孔玻璃上，这样的螯合材料对 Cd 元素有高的选择性，可以在较大量的 Cu 元素、碱金属及碱土金属的存在下对 Cd 元素进行分离富集。

其他螯合型金属离子固相萃取吸附剂还有异羟肟酸酯硅胶[260,261]、香草醛缩氨基脲键合聚合物[262]、二苯基硫代卡巴腙聚合物微珠[263]、经化学键合修饰的几丁质[264,265]、四氨丙基乙二胺[266]、五胺合物螯合树脂[267]、茜素红-S 修饰 Amberlite XAD-2 树脂[268]、大孔咪唑键合聚乙烯树脂[269]、二乙基氨环硫脲螯合树脂[270]、乙二胺四甲基次磷酸改性纤维素[271]、乙二胺四乙酸纤维素[272]等。

三、基于疏水性相互作用的固相萃取

与前面的两类金属离子固相萃取吸附剂不同，还有一类固相萃取吸附剂既不含离子交换基团，又不含金属离子螯合基团。这一类固相萃取吸附剂一般是疏水性的、多孔的、大表面积的化合物，它们绝大多数是由液相色谱固定相发展而来，它们对分析对象的作用一般基于疏水性相互作用，少数也有偶极-偶极作用、π-π 相互作用、氢键作用等。由此可见，此类固相萃取吸附剂的直接作用对象大多应该是疏水性的中性化合物，而且最好是疏水性的有机化合物。此类固相萃取吸附剂从结构上来讲主要有两大类：一类是疏水性的烷基键合硅胶类；另一类是疏水性的有机聚合物类。两类吸附剂一般都是多孔的，都拥有很大的比表面积。从具体操作来讲，此类固相萃取有两种做法：一种是先将能与金属离子反应生成疏水性螯合物的螯合剂等包覆于吸附剂上，然后再在合适的条件下用此吸附剂直接采用动态或静态方法螯合吸附溶液中的金属离子；另一种是先在适当的条件下往金属离子的溶液中加入合适的螯合剂溶液，经过反应在溶液中生成疏水性的螯合物，再用此类疏水性的固定相动态或静态吸附此疏水性的螯合物。在这种类型的固相萃取中，被吸附的分析对象的洗脱有三种办法：一种是采用有机溶剂将疏水性螯合物直接从吸附剂上溶解下来，收集此洗脱液用合适的检测方法进行分析测定；另一种是采用合适的强酸（有时还加入适量的另一种配位剂）将螯合物破坏分解以释放出金属离子，收集该洗脱液后再进行测定；还有一种是采用有机溶剂和强酸的混合液进行洗脱，然后测定。

此类固相萃取吸附剂的最大特点是具有通用性，只要选择合适的螯合剂，就可使用种类不多的吸附剂对众多的金属离子进行效果良好的萃取；另外此类吸附剂有众多的商品色谱固定相可供选择，并且现在仍然随着色谱固定相的发展而飞速发展，故实验时吸附剂选择余地很大，这一点对使用者极为方便。基于这些理由，此类吸附剂近年来在金属离子的固相萃取研究中应用日益增多，并仍在快速发展。下面我们分疏水性键合硅胶类和疏水性聚合物类两大类对此类固相萃取吸附剂进行介绍。

(一) 疏水性键合硅胶类金属离子固相萃取吸附剂

在金属离子固相萃取中使用的键合硅胶类固相萃取吸附剂主要是 C_{18} 键合硅胶。据前面介绍，该类萃取有两种操作方式：一种是金属离子先与螯合剂生成疏水性螯合物，然后再用疏水性 C_{18} 键合硅胶萃取吸附；另一种是用疏水性 C_{18} 键合硅胶先将螯合剂吸附，然后再用该修饰过的吸附剂直接萃取金属离子。本书对 C_{18} 键合硅胶对金属离子的固相萃取情况也分两种情况进行介绍。

1. C_{18} 键合硅胶萃取吸附金属离子-螯合剂疏水性螯合物

C_{18} 键合硅胶是疏水性很高的固相萃取吸附剂，而游离金属离子却是高度亲水性的，因此直接用 C_{18} 键合硅胶吸附金属离子是不可能的。要用 C_{18} 键合硅胶萃取金属离子，一个先决条件就是必须先将金属离子通过化学反应转化为疏水性的化合物，而完成这种转变的一个极重要途径就是加入合适的螯合剂，从而将金属离子转化为疏水性的螯合物。现有的能完成这种转化的螯合剂种类非常多。其中最常使用的首推 8-羟基喹啉和二硫代氨基甲酸盐。其他的螯合剂也有很多使用。

二硫代氨基甲酸盐对重金属尤其是过渡金属具有好的螯合性，反应后可形成疏水性强的螯合物，可以被 C_{18} 键合硅胶吸附萃取，因此该试剂在金属离子固相萃取中应用很多。例如，Xu 等[273]将填充 C_{18} 键合硅胶的 $15\mu L$ 的固相萃取微柱通过流动注射系统与电热原子吸收分析仪在线连接起来，在流路中完成吡咯烷二硫代氨基甲酸铵（APDC）与 Cd^{2+} 的螯合反应及其在线吸附，然后再用 $50\mu L$ 乙醇洗脱被吸附的 Cd^{2+}-APDC 螯合物，此洗脱液在线输送到电热原子吸收分析仪进行检测，该方法使用样品溶液少，仅需 $1mL$，富集倍数达 19 倍，检测限为 $0.5ng \cdot L^{-1}$。Yan 等[274]将 $10.2\mu L$ C_{18} 键合硅胶固相萃取微柱与电热原子吸收分析仪用流动注射系统连接起来，构成在线分析系统，进行了对水样中 Se(Ⅳ) 和 Se(Ⅵ) 的分析测定。该系统首先让 Se(Ⅳ) 和吡咯烷二硫代氨基甲酸铵（APDC）在线反应生成螯合物并吸附富集于 C_{18} 键合硅胶微柱上，该螯合物再用 $26\mu L$ 乙醇洗脱，洗脱液用电热原子吸收进行在线检测，从而测得 Se(Ⅳ) 的含量，Se 总量可用还原剂还原后按上述方法测定而得，最后用差减法可求得 Se(Ⅵ) 的含量。该方法可在 180s 内完成一次测定，富集倍数为 112 倍，测定 Se 的检测限为 $4.5ng \cdot L^{-1}$。Sperling 等[275]在流动注射流路系统中首先使 Cr(Ⅵ) 与二乙基二硫代氨基甲酸钠（DDTC）反应生成疏水性螯合物，然后将其引入体积为 $15\mu L$ 的填充有 C_{18} 键合硅胶的固相萃取微柱，再用 $40\mu L$ 乙醇将螯合物洗脱下来，送入石墨炉原子吸收进行在线检测，即可测得 Cr(Ⅵ) 的浓度；用过硫酸钾将 Cr(Ⅲ) 氧化为 Cr(Ⅵ) 后再进行与 Cr(Ⅵ) 同样的在线富集与检测即可测得 Cr(Ⅲ) 的浓度。上述过程经过 60s 的富集后，对于 Cr(Ⅵ) 的富集倍数为12倍，检测限为 16ng・L^{-1}，该方法对于 Cr(Ⅵ) 加标海水、河水、湖水的测定，回收率在 101%~105% 之间。Sperling 等[276]使用流动注射-C$_{18}$ 键合硅胶固相萃取-石墨炉原子吸收在线分析系统，实现了对 Cu^{2+}、Cd^{2+}、Ni^{2+}、Pb^{2+} 等离子的富集分离及测定。他们首先用二乙氨基-二乙基-二硫代氨基甲酸钠将被测离子转化为疏水性螯合物，然后再进行 C$_{18}$ 键合硅胶吸附萃取，最终用石墨炉原子吸收进行检测。该方法可以提高分析速度、改善测定灵敏度、减少基体干扰，对上述四种元素的测定检测限分别为 17ng・L^{-1}、0.8ng・L^{-1}、36ng・L^{-1}、6.5ng・L^{-1}。其他使用二硫代氨基甲酸盐螯合剂的此类分离富集体系还很多，感兴趣的读者可参阅有关文献[277~280]。

　　8-羟基喹啉是一种广谱的螯合剂，对重金属离子及部分碱土金属离子有广泛的配位性，反应的产物是疏水性的螯合物，易被 C$_{18}$ 键合硅胶吸附萃取。Watanabe 等[281]首先在 1L 海水样品溶液中加入适量的 8-羟基喹啉，调节该混合液 pH 8.9，然后以 10~40mL・min^{-1} 的流速，将该混合液通过填充有 0.8mL C$_{18}$ 键合硅胶的固相萃取微柱，再用大约 5mL 甲醇将柱上的金属离子-8-羟基喹啉螯合物洗脱下来，将该洗脱液经过蒸发，加盐酸-硝酸混合液消化处理后定容为 5mL，最后用 ICP-AES 法测定其浓度，该方法的富集倍数可达 200 倍，用于海水样品溶液中 Cu^{2+}、Cd^{2+}、Ni^{2+}、Pb^{2+}、Zn^{2+}、Mn^{2+}、Fe^{3+} 等离子的测定，检测限在 0.02~0.1ng・mL^{-1} 之间。Sturgeon 等[282]也进行过类似的研究，也取得了很好的效果。

　　使用其他螯合剂首先与金属离子反应生成疏水性螯合物，然后再用 C$_{18}$ 键合硅胶吸附萃取的例子也有很多。如 Monteiro 等[283]将 C$_{18}$ 键合硅胶填充微柱与冷原子吸收分析仪通过流动注射连接起来，构成在线分离富集及测定系统，在该系统中，Hg^{2+} 和 CH$_3$Hg$^+$ 与二硫代磷酸二乙酰基酯反应生成疏水性的螯合物，用乙醇将螯合物洗脱，再用 NaBH$_4$ 还原后原子吸收在线测定即可，该方法检测限为 10ng・L^{-1}。徐光明等[284]将 C$_{18}$ 键合硅胶萃取微柱与火焰原子吸收仪在线连接起来，利用邻二氮菲为螯合剂，在线富集并测定了几种天然水样中的 Fe^{2+} 和总 Fe，该方法测定速度快，富集倍数为 19 倍，测定的检测限为 3ng・mL^{-1}，标准加入回收率为 94%~105%。Yamini 等[285]使用铜试剂使 Cu^{2+} 生成螯合物，然后用 C$_{18}$ 键合硅胶萃取盘富集分离，异丙醇洗脱，最后用分光光度法测定，该方法可应用于自来水、泉水中铜的测定，检测限为 0.12ng・mL^{-1}。其他该类研究工作可参阅文献 [286~290]。

　　2. 负载螯合剂的 C$_{18}$ 键合硅胶直接吸附萃取金属离子

　　负载螯合型 C$_{18}$ 键合硅胶是指利用疏水性作用及氢键等非化学键合方法首先将金属离子螯合剂吸附在 C$_{18}$ 键合硅胶上，然后再在适当的酸度条件下用该吸附剂直接吸附萃取溶液中的金属离子，从而实现对金属离子的分离富集。这种固相萃取吸附剂比化学键合型固相萃取吸附剂制作简单得多，一般可通过用螯合剂的有机溶剂溶液浸泡 C_{18} 键合硅胶固定相或将螯合剂的有机溶剂溶液通过 C_{18} 键合硅胶填充柱即可制得，用该法制得的萃取吸附剂可很方便地直接应用于金属离子的固相萃取。这种吸附剂的缺点是螯合剂与 C_{18} 键合硅胶之间的作用力不是很强，随着实验的进行，螯合剂会逐渐流失，富集容量会逐渐下降，因此吸附剂会较快失效，需要更换或再次进行负载处理。由于该法存在制造方便和商品螯合剂种类多的特点，该方法近年来应用较多，可应用于多种元素的分离富集和测定。

Shabani 等[291]将二-(2-乙基己基）磷酸和 2-乙基己基磷酸的混合液通过 C_{18} 键合硅胶填充柱，这样可使该混合螯合剂负载于 C_{18} 键合硅胶上，用该固相萃取柱对已调至 pH3.0～3.5 的海水样品溶液中的 14 种微量稀土元素进行富集并与基体分离，吸附于柱上的稀土元素用适量的 $6mol \cdot L^{-1}$ HCl 溶液定量洗脱后用 ICP-MS 测定，该方法基体消除作用强、富集倍数高，可达 200～1000 倍，应用于海水样品中 $0.1～5.0pg \cdot mL^{-1}$ 浓度范围稀土元素的测定，结果令人满意。Shamsipur 等[292]对美国 3M 公司生产的规格为直径 47mm、厚度 0.5mm 的 C_{18} 键合硅胶固相萃取盘（粒径 $8\mu m$，孔径 $60Å$）进行了三辛基氧化磷负载修饰，并用于自来水和泉水样品中铀元素的分析测定。他们的大致作法是：首先用适量甲醇对萃取盘进行清洗和预处理，然后将少量合适浓度的三辛基氧化磷甲醇溶液通过萃取盘，使三辛基氧化磷均匀吸附在萃取盘上，将该萃取盘在 60℃烘干除去溶剂，此时即完成了对萃取盘的负载处理；让少量水通过萃取盘后，再将酸度调节成 $0.5mol \cdot L^{-1}$ HNO_3 介质的 UO_2^{2+} 样品溶液以 $5～10mL \cdot min^{-1}$ 的流速通过萃取盘，继续用抽真空的方法使萃取盘干燥后，用 2mL 甲醇以 $1～2mL \cdot min^{-1}$ 的流速洗脱 UO_2^{2+}-三辛基氧化磷螯合物，再重复洗脱两次，合并洗脱液，在洗脱液中加入适量显色剂二苯甲酰甲烷后，在 405nm 处光度法测定浓度，该萃取盘修饰方法操作简便，对 U 测定的检测限为 $0.1ng \cdot mL^{-1}$。Shamsipur 等[293]还用三辛基氧化磷负载修饰过的美国 3M 公司生产的规格为直径 47mm，厚度 0.5mm 的 C_{18} 键合硅胶固相萃取盘（粒径 $8\mu m$，孔径 $60Å$）圆满实现了对标准土壤样品提取液中 Th^{4+} 和其他共存元素的分离富集和测定，测定结果与标准值一致。Shamsipur 等[294]和 Hashemi 等[295]分别将萘酚的席夫碱衍生物和含硫席夫碱吸附负载于直径 47mm、厚度 0.5mm 的 C_{18} 键合硅胶固相萃取盘（粒径 $8\mu m$，孔径 $60Å$）上，并将它们分别应用于雪水、自来水、雨水、海水、泉水中 Cu^{2+} 和 Pb^{2+} 的萃取和火焰原子吸收测定，这两种方法选择性高、操作简单方便、富集萃取速度快、富集溶液体积大、富集倍数和测定灵敏度高，对 Cu^{2+} 和 Pb^{2+} 的测定检测限分别为 $4ng \cdot L^{-1}$ 和 $16.7ng \cdot mL^{-1}$。Yamini 等[296]将苯并-18-冠-6 吸附修饰于直径 47mm、厚度 0.5mm 的 C_{18} 键合硅胶固相萃取盘（粒径

$8\mu m$，孔径 $60\mathring{A}$）上，并将其成功应用于自来水、井水、河水中 Ba^{2+} 与其他碱金属和碱土金属离子的分离，该方法操作简单方便，分离效果良好。Yamini等[297]和 Shamsipur 等[298]还将吸附负载有六硫代-18-冠-6-四酮的 C_{18} 键合硅胶固相萃取盘应用于自来水、河水、井水、泉水中 Hg^{2+} 和 Ag^+ 的富集和原子吸收测定，对 Hg^{2+} 和 Ag^+ 的检测限分别为 $6ng\cdot L^{-1}$ 和 $50ng\cdot L^{-1}$。由于该类研究工作可利用的 C_{18} 键合硅胶和螯合剂种类很多，负载吸附剂制造及对金属离子的萃取操作都很简单，有待研究的体系很多，所以该类研究近来开展较多并仍然在持续发展。

（二）疏水性聚合物类固相萃取吸附剂

在金属离子固相萃取中使用较多的另一类疏水性吸附剂是有机聚合物类吸附剂，该类吸附剂比表面积大，疏水性强，所以对疏水性化合物有很强的吸附萃取能力，其对疏水性化合物的吸附萃取能力往往比 C_{18} 键合硅胶更强。该类吸附剂中应用最广泛的是 Amberlite XAD 系列树脂。与 C_{18} 键合硅胶类一样，使用有机聚合物类吸附剂萃取金属离子也可用两种操作方式来进行：一种是金属离子先与螯合剂生成疏水性螯合物，然后再用疏水性有机聚合物类吸附剂萃取吸附；另一种是用疏水性有机聚合物类吸附剂先将螯合剂吸附，然后再用该修饰过的吸附剂直接萃取金属离子。

1. 疏水性聚合物萃取吸附金属离子-螯合剂疏水性螯合物

Uzun 等[299]首先在 500mL 工业废水中加入适量二乙基二硫代氨基甲酸钠，并调节溶液 pH 6.0，使溶液中的 Cu^{2+}、Fe^{2+}、Pb^{2+}、Ni^{2+}、Cd^{2+}、Bi^{3+} 等离子转化为疏水性螯合物，将此溶液以 $5mL\cdot min^{-1}$ 的流速通过填充有 0.5g XAD-4 树脂的直径 10mm 的固相萃取柱，则上述离子的疏水性螯合物被吸附于萃取柱上，用 10mL 丙酮可将此螯合物定量洗脱，该洗脱液蒸发近干后用 $1mol\cdot L^{-1}$ HNO_3 溶液稀释为 5mL 或 10mL，最后用火焰原子吸收仪进行测定。该法富集倍数高，基体去除能力强，可用于废水样品的测定，对上述几种离子的检测限在 $4\sim 23ng\cdot mL^{-1}$ 之间。Narin 等[300]首先使金属离子与 PAN 在 pH10.0 时反应生成疏水性螯合物，将此溶液以合适流速通过 XAD-2000 树脂，被吸附的螯合物用少量 $1mol\cdot L^{-1}$ HNO_3 的丙酮溶液洗脱，洗脱液再用火焰原子吸收仪测定，该方法可应用于分析测定地表水和海水中的 $ng\cdot mL^{-1}$ 浓度级的 Cu^{2+}、Pb^{2+}、Ni^{2+}、Cr^{3+} 等离子，方法的富集倍数达 250 倍。另外，King 等[301]利用二-(2-羟基乙基)-二硫代氨基甲酸酯、Elci 等[302]利用吡咯烷二硫代氨基甲酸铵，与金属离子反应生成疏水性螯合物后，用 XAD-4 树脂填充柱进行富集萃取并分别应用于海水和河水样品中金属离子的测定，均取得了满意的结果。其他利用 XAD 型树脂的此类研究还有许多，读者可参阅有关文献[303~306]。

此种操作方式中，除 XAD 型树脂外，其他的吸附剂应用于金属离子分离富集的研究也有报道。如蔡亚岐等人的研究[307~310]发现，Chromosorb 系列聚合物气相色谱固定相由于具有大的比表面积和强的疏水性，在特定条件下可有效富集 Cu^{2+}、Cd^{2+}、Pb^{2+}、Co^{2+} 等金属离子的疏水性衍生物并与碱金属和碱土金属离子分离，通过对 Chromosorb 101~105 的比较研究，我们发现 Chromosorb 105 对金属离子的疏水性衍生物吸附富集能力最强，它既可以定量吸附这些金属离子的8-羟基喹啉螯合物，也可以吸附弱碱性到碱性范围内的金属离子本身。我们将大约 0.3g Chromosorb 105 固定相填充于长 52mm、直径 4.0mm 的离子色谱柱中，构成固相萃取微柱，该微柱用于一些天然水样如自来水、河水、矿泉水等中的金属离子的富集及原子吸收测定，效果良好，对金属离子的检测限一般为每升几十纳克。该法富集倍数高，一般可达 100 倍以上；吸附和洗脱速度快，在较短时间内可处理较大体积的样品溶液；洗脱可用稀硝酸实现，洗脱后可直接用于石墨炉原子吸收进行测定；柱填料耐酸、耐碱，使用时间长，易于再生。

Anthemidis 等[311]通过流动注射系统将细丝状聚四氟乙烯切削料填充柱与火焰原子吸收分析仪连接起来，构成在线分析系统；将 Cu^{2+} 加入吡咯烷二硫代氨基甲酸铵衍生为疏水性螯合物后，通过该系统进行分离富集和测定，该系统吸附富集能力比编结反应器强，富集倍数为 340 倍，系统反压又比其他填充柱小，可采用更高的流速，分析速度快，进样频率为 40 次·h^{-1}，该系统已成功应用于自来水、河水、近海海水中 Cu^{2+} 的测定，测定检测限为 50ng·L^{-1}。

2. 负载螯合剂的疏水性聚合物直接吸附萃取金属离子

负载螯合剂的疏水性聚合物制作简单方便，一旦制作完成后，只要通过简单调节金属离子溶液的酸度，就可直接用此类吸附剂分离富集金属离子，所以分离富集操作更为方便。故此类吸附剂用于金属离子的分离富集的研究也较多。在这类吸附剂中，使用最多的仍然是 Amberlite XAD 系列聚合物树脂。如 Melo 等[312]通过简单地将 2-（2-噻唑偶氮）-5-二甲氨基苯酚（TAM）的甲醇溶液通过 Amberlite XAD-2 树脂填充柱，即可将 TAM 吸附负载于 Amberlite XAD-2 树脂上，他们将该填充微柱与火焰原子吸收分析仪在线连接起来，该分析系统可在 pH 8.0~8.5 定量吸附 Cd^{2+}，定量洗脱可用 0.5mol·L^{-1} HCl 来实现，利用该分析系统对面粉、龙虾等标准样品中的 Cd 进行了分离富集和测定，该方法测定速度快，进样频率为 40 次·h^{-1}，富集倍数 108 倍，检测限为 1.2ng·mL^{-1}。Yebra 等[313]将 1-(2-吡啶偶氮)-2-萘酚（PAN）的稀溶液通过 Amberlite XAD-4 树脂填充微柱（65mm×1.4mm id），1-(2-吡啶偶氮)-2-萘酚（PAN）即可吸附负载于 Amberlite XAD-4 树脂上，他们将该萃取微柱与一简单的蠕动泵相连，该系统即可对海水进行原位现场采样，对海水中的 Cu^{2+} 可达到定量富集，而不受大量盐分基体的影响，回到实验室后，将萃取微柱与火焰原子吸收分析仪连接起来，用 0.5mol·L^{-1} HCl 的 20％的乙醇溶液进行洗脱，洗脱液直接进行原子吸收测定，该方法富集倍数为 30 倍，测定 Cu^{2+} 的检测限为 $0.06ng \cdot mL^{-1}$。
Hutchinson 等[314]将杯芳烃四氢草氨酸酯吸附负载在 Amberlite XAD-4 树脂上，
该负载树脂对过渡金属离子有不同程度的吸附富集，其中对微量 Cu^{2+}、Zn^{2+}、
Mn^{2+} 的吸附富集可达定量程度，富集倍数为 25 倍。其他使用负载螯合剂的
Amberlite XAD 树脂进行微量金属离子分离富集的研究报道还有不少[315~320]，
在此不作一一叙述。

　　另外利用其他类型负载型聚合物进行金属离子分离富集的研究也有报道。如
Ricardo Jorgensen Cassella 等[321]通过将 2-(2-噻唑偶氮)-对苯二酚（TAC）的乙
醇稀溶液流过聚氨酯泡沫塑料填充柱，将 2-(2-噻唑偶氮)-对苯二酚（TAC）吸附
负载于该柱上，该吸附剂可在 pH10.0~11.0 之间定量吸附 Co^{2+}，被吸附的
Co^{2+} 可用 $2mol \cdot L^{-1}$ HCl 溶液定量洗脱，洗脱液可以流动注射的方式直接引入
火焰原子吸收仪进行测定，该在线分析系统被成功地应用于井水、湖水、自来水、
海水样品中 Co 的分离富集与测定，该方法测定速度快，进样频率为 17 次 $\cdot h^{-1}$，
测定的检测限为 $2.4ng \cdot mL^{-1}$。Chwastowska 等[322]将 2-巯基苯并噻唑吸附负
载于大孔聚丙烯酸酯树脂上，他们用该吸附剂填充柱成功地分离并富集了河水和
地下水中的无机汞和烷基汞，并用冷原子吸收法进行了测定，测定的检测限可达
$10ng \cdot L^{-1}$。刘海玲等[323]还将 2-巯基苯并噻唑吸附负载于聚酰胺树脂上，用该
吸附剂对河水、井水、自来水、池塘水等样品中的 Hg 元素进行了分离富集和冷
原子吸收测定，测定的标准加入回收率在 $92.1\% \sim 102.5\%$ 之间，结果令人
满意。

（三）其他基于疏水性作用的金属离子固相萃取形式

　　在以疏水性作用为基础的固相萃取中，除上述介绍过的键合硅胶类和聚合物
类以及最早使用的活性炭类外，还有一些其他的基体材料和操作方式。

　　Baena 等[324]研究了 C_{60} 富勒烯作为新型固相萃取吸附剂的可能性，他们将
填充有 80mg C_{60} 富勒烯的规格为内径 3mm、长 17mm 的固相萃取微柱以流动注
射的方式与火焰原子吸收分析仪连接起来，构成在线分离富集和测定系统，利用
该系统可以使 Zn^{2+}、Mn^{2+}、Fe^{3+} 等离子与二硫代氨基甲酸盐的疏水性螯合物
富集于该微柱上，并与其他共存成分分离，再用稀硝酸溶液将被 C_{60} 富勒烯固定
相吸附的分析物洗脱下来，洗脱液直接引入火焰原子吸收分析仪进行测定即可。
该方法富集倍数高，使用 10mL 样品溶液时富集倍数可达 45 倍，对上述三种分
析物的检测限在 $1 \sim 5ng \cdot mL^{-1}$ 之间。Pena 等[325]较系统地研究了 Cu^{2+} 与吡咯
烷二硫代氨基甲酸铵、硫氰酸铵、铜试剂、邻菲罗啉生成的螯合物或离子对化合
物在 $C_{60} \sim C_{70}$ 富勒烯填充微柱上的吸附萃取行为，研究发现吸附萃取效果以生
成的螯合物吸附于 C_{70} 富勒烯填充微柱体系为最佳，该微柱与流动注射火焰原子
吸收相连构成的在线分析系统样品溶液和洗脱剂用量少（定量洗脱仅需 0.25mL

甲基异丁酮），富集倍数大，随所用反应体系的不同其富集倍数在 $40\sim185$ 之间，检测限在 $0.3\sim3ng \cdot mL^{-1}$ 之间。Baena 等[326]还合成了键合有二硫代氨基甲酸钠基团的 C_{60} 富勒烯，并将其应用于对 Pb^{2+} 的固相萃取。上述两例说明，这类新型笼形材料具有作为选择性疏水性固相萃取吸附剂的巨大潜力，其选择性可由其笼的大小和所带支链来控制，该类材料的疏水性大小也可通过对其进行亲水性或疏水性修饰来控制，所以笔者认为该类材料在固相萃取方面的应用潜力还有待进一步挖掘。

微晶萘负载有机螯合剂或离子对试剂柱分离法近年来也有较多的研究，这类分离富集方法可以看作是另外一种形式的固相萃取。其操作方法大体如下：将适当体积的萘丙酮溶液在不断搅拌下滴加于已经调节好合适 pH 值的螯合剂或离子对试剂的溶液中，充分混合均匀后，陈化、过滤、洗涤、干燥后即制得了对金属离子有分离富集能力的微晶萘固相萃取吸附剂，将这种材料装柱后即可应用于金属离子的分离富集。该方法吸附剂制作方便，可供选择的有机试剂种类多，其填充微柱可以方便地以流动注射的方式与许多检测手段相结合，所以该方法的研究工作近年有较多的报道。如 Cai 等[327]用三溴偶氮胂-溴化十六烷基吡啶负载微晶萘从 pH6.0 的样品溶液中分离富集了 La、Eu、Yb 三元素，被吸附萃取的分析物用 $3.0mol \cdot L^{-1}$ HCl 洗脱后，洗脱液可以直接用 ICP-AES 进行测定。该法富集和基体去除能力强，对上述三元素的检测限分别为 $8.6ng \cdot mL^{-1}$、$1.5ng \cdot mL^{-1}$、$1.3ng \cdot mL^{-1}$，该法已成功应用于几种汽车尾气颗粒物及植物标准样品中目标元素的分析测定，结果令人满意。Mohammad Ali Taher[328]首先在 pH10.0 的条件下使 Ni^{2+} 与 2-（5-溴-2-吡啶偶氮基）-5-二乙氨基苯酚（5-Br-PADAP）反应生成螯合阳离子，然后再将此溶液通过四苯硼酸铵负载微晶萘填充柱，则在溶液中形成的螯合阳离子会与四苯硼酸阴离子生成中性的疏水性的离子对化合物而被吸附萃取于微晶萘填充柱上，再用二甲亚砜将柱中的微晶萘溶解，此含有被测元素 Ni 的二甲亚砜溶液可直接用空气-乙炔焰原子吸收进行测定，该方法选择性高，富集倍数较大（80 倍），测定灵敏度（产生 1% 吸收）为 $0.23\mu g \cdot mL^{-1}$，该方法应用于合金样品和生物样品中 Ni 的测定，结果令人满意。Mohammad Ali Taher[329]还用 1-(2-吡啶偶氮基)-2-萘酚(PAN) 负载微晶萘填充柱分离富集了微量 Zn^{2+}，用二甲亚砜溶解柱中的微晶萘后再用火焰原子吸收法测定，该方法线性范围为 $0.1\sim6.5ng \cdot mL^{-1}$，可应用于合金和生物样品中微量 Zn 元素的测定。其他有关用微晶萘分离富集微量金属离子的研究报道还有不少，感兴趣的读者可参阅有关文献[330~334]。

近几年另一项经常使用的与流动注射在线联用的分离富集手段是编结反应器（Knotted reactor），该方法首先使金属离子与适当的化学试剂在流动注射系统中在线生成强疏水性的化合物，生成疏水性化合物后的反应混合物被在线送入用很细的聚四氟乙烯管编结而成的编结反应器中，由于聚四氟乙烯材料的强烈疏水性和流路中发生的频繁的疏水性化合物与聚四氟乙烯管内表面的碰撞作用，使得由分析物生成的疏水性化合物完全地被吸附于编结反应器的内表面上，然后再用适当的溶剂（大多数情况为有机溶剂，少数情况为无机酸）将吸附于编结反应器内表面的疏水性化合物洗脱下来，在上述过程中达到了对分析物的富集和与基体杂质的分离，这就是编结反应器分离富集金属离子的原理。实际上上述过程也可以看作为一个固相萃取过程。由于编结反应器为空心的非填充结构，因此大大减小了流动注射体系中的反压阻力，有利于在较快流速下实现对大体积样品的分离富集，提高分析效率。如 Yan 等[335] 使用该方法与 ICP-MS 结合，实现了对河水、地下水、自来水中 Fe^{3+} 和 Fe^{2+} 的分离富集和测定，他们首先让 Fe^{3+} 与吡咯烷二硫代氨基甲酸铵在弱酸性中反应生成疏水性螯合物，将该螯合物在线吸附于编结反应器中，再用 $1mol \cdot L^{-1}$ HNO_3 洗脱，洗脱液直接送入 ICP-MS 测定，即可得到样品溶液中 Fe^{3+} 的浓度；将 Fe^{2+} 预先氧化为 Fe^{3+} 后，即可按上述同样的方法测得 Fe 元素的总量，差减后得到 Fe^{2+} 的浓度。该方法用 30s 进行富集，富集倍数可达 12 倍，进样频率为 21 次 $\cdot h^{-1}$，检测限为 $0.08ng \cdot mL^{-1}$。Yan 等[336] 将稀土元素离子样品溶液的酸度调节为 pH8.3～9.0，从而使这些元素离子生成氢氧化物沉淀，该沉淀被在线吸附于编结反应器中而与碱金属、碱土金属等基体相分离，再用 $1mol \cdot L^{-1}$ HNO_3 洗脱，洗脱液可用 ICP-MS 直接测定，该方法可在 120s 内达到 55～75 倍的富集倍数，检测限为 $0.06～0.27ng \cdot mL^{-1}$。其他此类研究读者可参阅有关文献[337～339]。

通过以上较为全面的介绍，我们了解到固相萃取作为一项有效的分离富集手段，正在微量金属离子的分离富集及测定方面获得广泛的应用，它几乎可以与现有的各种检测手段以离线和在线两种方式相结合，并在此结合中充分发挥其增加灵敏度、简化或消除基体干扰的作用。另外通过众多举例，我们也可了解到，现代分析科学中分离富集发展的一个重要趋势是在线化和微型化，因为只有这样，才能在极短的分析时间内，使用极少量的样品，获得大的富集倍数、好的分离效果，最终得到准确的分析结果。

第七节　固相萃取的展望

由于固相萃取在样品前处理中存在的突出优点，自其出现以来，经过 30 多年的发展，其技术和理论已日益成熟，应用范围也日益广泛。但与任何事物一样，固相萃取也仍然存在一些不足，有待于进一步发展和完善。例如一些样品的复杂基体有时会较大程度地降低萃取的回收率；污染严重的复杂样品尤其是含有胶体或固体小颗粒的样品会不同程度地堵塞固定相的微孔结构，引起柱容量和穿透体积的降低，萃取效率和回收率的严重恶化；柱体和固定相材料的纯度有时仍不够理想，使得测定的空白难以进一步降低；固定相的选择性有时仍显不足，需进一步提高等。鉴于上述原因，今后固相萃取应在以下几方面获得更大的发展：

① 继续向高选择性和高通用性两个极端方向深入进行研究开发。一方面继续研究开发高选择性甚至特异性的固定相以降低基体效应，消除干扰，提高萃取回收率，改善测定的准确度，如免疫亲和固定相和分子印迹固定相的出现和日益广泛应用就是人们为此努力的结果，这些新型固定相确实可以极大地提高固相萃取的选择性，简化样品基体，提高测定的准确度；与提高选择性相对应。另一方面应继续研究发展广谱通用型固定相，这类固定相在我们前面的有关内容中已经有了一些简单的介绍，其最大特点是可以同时对酸性、碱性和中性组分进行有效萃取。

② 在现有的 96 孔固相萃取装置等基础上，继续发展高通量、微型化的固相萃取装置。这样一方面可以提高工作效率；另一方面可减少样品、试剂消耗，降低测定成本，这也是现代分析化学发展的一个基本趋势。进行这一研究的具体思路可以多种多样，但一个最重要的途径可能就是固相萃取装置的阵列化、芯片化（SPE on chip）。

③ 继续研究新型柱体材料和固定相，降低杂质含量，减少测定的空白值，降低检测限。

④ 继续研究与各种分析仪器的在线联用，这样可以提高效率，减少污染，增加灵敏度。

⑤ 研究固相萃取与其他分离富集方法的联用和结合，这样既有可以克服各种分离富集方法各自的不足，改善分离富集效果，又有可以派生出新的分离富集方法。

总之，应用广泛实用的固相萃取技术经过人们的继续努力必将获得更大的发展，并将给分析工作者带来更多的方便。

参考文献

[1] Liska I. J Chromatogr A，2000，885：3-16.
[2] Simpson Nigel J K. Solid Phase Extraction：Principles，Techniques，and Applications. New York Basel：Marcel Dekker Inc，2000.
[3] Thurman E M，Mills M S. Solid Phase Extraction：Principles and Practice. New York：Wiley，1998.
[4] Fritz J S. Analytical Solid-Phase Extraction. New York：Wiley-VCH，1999.
[5] Majors R E，Raynie D E. LC-GC，1997，15：1106-1117.
[6] Sun J J，Fritz J S. J Chromatogr，1992，590：197.
[7] Sun J J，Fritz J S. U S Patent 5071565，1991.

［8］ Schmidt L，Fritz J S. J Chromatogr，1993，640：145.

［9］ Slobodnik J，Hoekstra-Oussoren S J F，Jager M E，Honing M，Van Baar B L M，Brinkman U A Th. Analyst，1996，121：1327.

［10］ Verdu-Andres J，Campins-Falco P，Herraez-Hernandez R. Analyst，2001，126：1683.

［11］ Lee H B，Wang J，Peart T E，Maguire R J. Water Qual Res J Canada，1998，33：19.

［12］ Blackburn M A，Waldock M J. Water Res，1995，29：1623.

［13］ Crozier P W，Plomley J B，Matchuk L. Analyst，2001，126：1974.

［14］ DIKMA 2001—2002 Chromatography Catalog（迪马公司），310.

［15］ Kutter J P，Jacobson S C，Michael R J. J Microcol Sep，2000，12：93.

［16］ Ogan K，Katz E，Salvin W. Anal Chem，1979，51：1315.

［17］ Subra P，Hennion M C，Rosset R，Frei R W. J Chromatogr，1988，456：121.

［18］ McLaughlin R A，Johnson B S. J Chromatogr A，1997，790：161.

［19］ Puig D，Barcelo D. Chromatographia，1995，40：435.

［20］ Zhan J，Fang G Z，Yan Z，et al. Anal Bioanal Chem，2013，405：6353.

［21］ Zhang X L，Niu H Y，Li W H，et al. Chem Commun，2011，47：4454.

［22］ Li Z B，Huang D，Fu C F，et al. J Chromatogr A，2011，1218：6232.

［23］ Sadeghi O，Aboufazeli F，Zhad H R L Z，et al. Food Anall Methods，2013，6：753.

［24］ Gillespie A M. Proc. California Pesticide Residue Workshop. California，Rancko Cordova，1992.

［25］ Buser H R，Muller M D，Rappe C. Environ Sci Technol，1992，26：1533-1540.

［26］ Zhao X L，Shi Y L，Cai Y Q，et al. Environ Sci Technol，2008，42：1201.

［27］ Bagheri H，Zandi O，Aghakhani A. Anal Chim Acta，2012，716：61.

［28］ Sun L，Zhang C Z，Chen L G，et al. Anal Chim Acta，2009，638：162.

［29］ Zhao X L，Cai Y Q，Wu F C，et al. Microcheml J，2011，98：207.

［30］ Zhao X L，Shi Y L，Wang T，et al. J Chromatogr A，2008，1188：140.

［31］ Sha Y F，Deng C H，Liu B Z. J Chromatogr A，2008，1198：27.

［32］ Zhang X L，Niu H Y，Pan Y Y，et al. J Coll Interf Sci，2011，362：107.

［33］ Ballesteros-Gomez A，Rubio S. Anal Chem，2009，81：9012.

［34］ Yazdinezhad S R，Ballesteros-Gomez A，Lunar L，et al. Anal Chim Acta，2013，778：31.

［35］ Ding J，Gao Q A，Luo D，et al. J Chromatogr A，2010，1217：7351.

［36］ Zhang X L，Niu H Y，Pan Y Y，Shi Y L，Cai Y Q. Anal Chem，2010，82：2363.

［37］ Zhang X L，Niu H Y，Zhang S X，et al. Anal Bioanal Chem，2010，397：791.

［38］ Zhang S X，Niu H Y，Cai Y Q，et al. Anal Chim Acta，2010，665：167.

［39］ 朱晨燕. 净水技术，2012，31：3.

［40］ 黄霄红，卢豪良. 亚热带资源与环境学报，2013（8）：6.

［41］ Liu R，Liang P. J Hazar Mater，2008，152：166.

［42］ Nam S，Wen W，Schroeder A，et al. Mol Oncol，2013（7）：369.

［43］ Zhang N，Peng H Y，Hu B. Talanta，2012，94：278.

［44］ Ma W F，Zhang Y，Li L L，et al. Acs Nano，2012（6）：3179.

［45］ Li P J，Hu B，Li X Y. J Chromatogr A，2012，1247：49.

［46］ Liu G D，Lin Y H. Anal Chem，2005，77：5894.

［47］ Kawahara M，Nakamura H，Nakajima T. J Chromatogr，1990，515：149.

［48］ Duan J K，Hu B，He M. Electrophoresis，2012，33：2953.

［49］ Li J D，Shi Y L，Cai Y Q，et al. Chem Engin J，2008，140：214.

[50] Dadfarnia S, Shakerian F, Shabani A M H. Talanta, 2013, 106: 150.

[51] Hosoya K, Frechet J M J. J Liq Chromatogr, 1993, 16: 353.

[52] Hosoya K, Sawada E, Kimata K, Araki T, Tanaka T. J Chromatogr A, 1994, 662: 37.

[53] Hosoya K, Kageyama Y, Yoshizako K, Kimata K, Araki T, Tanaka N. J Chromatogr A, 1995, 711: 247.

[54] Anderson D J. Anal Chem, 1995, 67: 475R.

[55] Jones P, Nickless G. J Chromatogr A, 1978, 156: 87.

[56] Jones P, Nickless G. J Chromatogr A, 1978, 156: 99.

[57] Hennion M C, Coquart V. J Chromatogr A, 1993, 642: 211.

[58] Hennion M C, Pichon V. Environ Sci Technol, 1994, 28: 576A.

[59] Mishre S, Singh V, Jain A, Verma K K. Analyst, 2001, 126: 1663.

[60] Gimeno R A, Aguilar C, Marce R M, Borrull F. J Chromatogr A, 2001, 915: 139.

[61] Mendas G, Drevenkar V, Zupancic-Kralj L. J Chromatogr A, 2001, 918: 351.

[62] Weigel S, Bester K, Huhnerfuss H. J Chromatogr A, 2001, 912: 151.

[63] Dominguez C, Guillen D A, Barroso C G. J Chromatogr A, 2001, 918: 303.

[64] Sun J J, Fritz J S. J Chromatogr A, 1990, 522: 95.

[65] Chanmber T K, Fritz J S. J Chromatogr A, 1998, 797: 139.

[66] Schmidt L, Sun J J, Fritz J S, Hagen D F, Markell C G, Wisted E RE. J Chromatogr, 1993, 641: 57.

[67] Dumont P J, Fritz J S. J Chromatogr A, 1995, 691: 123.

[68] Masque N, Marce R M, Borrull F. J Chromatogr A, 1998, 793: 257.

[69] Masque N, Galia M, Marce R M, Borrull F. J Chromatogr A, 1998, 803: 147.

[70] Dumont P J, Fritz J S, Hagen D F, Markell C, Schmidt L W. US Pat Appl, May 1994.

[71] Fritz J S, Dumont P J, Schmidt L W. J Chromatogr A, 1995, 691: 133.

[72] Fritz J S, Masso J J. J Chromatogr A, 2001, 909: 79.

[73] Cheng Y F, Bonin R, Zilling L, Neue U, Woods L, Iraneta P, Bouvier E, Phillips D. Poster presented at HPLC, Granada, 1999.

[74] Bouvier E S P, Iraneta P C, Neue U D, McDonald P D, Phillips D J, Capparella M, Cheng Y F. LC-GC, September, 1998, 35.

[75] Cheng Y F, Phillips D J, Neue U. Chromatographia, 1997, 42: 187.

[76] Jimenez J J, Bernal J L, Del Nozal M J, Toribio L, Arias E. J Chromatogr A, 2001, 919: 147.

[77] Arena M P, Porter M D, Fritz J S. Anal Chem, 2002, 74: 185.

[78] Bagheri H, Saraji M. J Chromatogr A, 2001, 910: 87.

[79] Mangani E, Skrabakova S. J Chromatogr A, 1995, 707: 145.

[80] 潘媛媛, 史亚利, 蔡亚岐. 环境化学, 2010, 29: 519.

[81] 潘媛媛, 史亚利, 蔡亚岐. 分析化学, 2008, 36: 1321.

[82] Pan Y Y, Shi Y L, Wang J M, Cai Y Q, Wang Y N. Environ Toxicol Chem, 2010, 29: 2695.

[83] 高立红, 史亚利, 刘杰民, 蔡亚岐. 色谱, 2010, 28: 491.

[84] 厉文辉, 史亚利, 高立红, 刘杰民, 张玲玲. 分析测试学报, 2010, 20: 987.

[85] 潘媛媛, 史亚利, 蔡亚岐. 分析化学, 2008, 36: 1619.

[86] 王杰明, 潘媛媛, 史亚利, 蔡亚岐. 分析测试学报, 2009, 28: 720.

[87] 王杰明, 潘媛媛, 史亚利, 蔡亚岐. 分析试验室, 2009, 28: 33.

[88] Shi Y L, Pan Y Y, Yang R Q, Wang Y W, Cai Y Q. Environ Inter, 2010, 36: 46.

［89］ Pan Y Y，Shi Y L，Wang Y W，Cai Y Q，Jiang G B. J Environ Monit，2010，12：508.

［90］ 王杰明，王丽，冯玉静，潘媛媛，史亚利，蔡亚岐. 食品科学，2010，31：127.

［91］ Wang J M，Shi Y L，Pan Y Y，Cai Y Q. Chinese Science Bulletin，2010，55：1020.

［92］ Zhang X，Xie S，Paau M C，et al. J Chromatogr A，2012，1247：1.

［93］ Tahmasebi E，Yamini Y，Moradi M，et al. Anal Chim Acta，2013，770：68.

［94］ Miah M，Iqbal Z，Lai E P C. Analytical Methods，2012，4：2866.

［95］ Lee P L，Sun Y C，Ling Y C. J Anal Atom Spectro，2009，24：320.

［96］ Mehdinia A，Roohi F，Jabbari A. J Chromatogr A，2011，1218：4269.

［97］ Wang Y，Wang S，Niu H，et al. J Chromatogr A，2013，1283：20.

［98］ Wang X，Mao H，Huang W，et al. Chem Eng J，2011，178：85.

［99］ Bouri M，Jesus Lerma-Garcia M，Salghi R，et al. Talanta，2012，99：897.

［100］ Jing T，Du H，Dai Q，et al. Biosen Bioelectro，2010，26：301.

［101］ Lerma-Garcia M J，Zougagh M，Rios A. Microchim Acta，2013，180：363.

［102］ Dressler M. J Chromatogr A，1979，165：167.

［103］ Van Rossum P，Webb R G. J Chromatogr，1978，150：381.

［104］ DiCorcia A，Marchetti M. Anal Chem，1991，63：580.

［105］ DiCorcia A，Samperi R. Anal Chem，1989，61：1490.

［106］ Cohn H，Eon C，Guiochon G. J Chromatogr，1976，119：41.

［107］ Borra C，DiCorcia A，Marchetti M，Samperi R. Anal Chem，1986，58：2048.

［108］ DiCorcia A，Marchese S，Samperi R. Chromatogr J，1993，642：163.

［109］ Ascenzo G D'，Gentili A，Marchese S，Marino A，Perret D. Chromatographia，1998，48：497.

［110］ Crescenzi C，DiCorcia A，Guerriero E，Samperi R. Environ Sci Technol，1997，31：479.

［111］ Tomkins B A，Griest W H. Anal Chem，1996，68：2533.

［112］ DiCorcia A，Crescenzi C，Marcomini A，Samperi R. Environ Sci Technol，1998，32：711.

［113］ DiCorcia A，Constantino A，Crescenzi C，Marinoni E，Samperi R. Environ Sci Technol，1998，32：2401.

［114］ Crescenzi C C，DiCorcia A，Samperi R，Marcomini A. Anal Chem，1995，67：1797.

［115］ DiCorcia A，Samperi R，Marcomini A. Environ Sci Technol，1994，28：850.

［116］ Hennion M C，Coquart V. J Chromatogr A，1993，642：211.

［117］ Ascenzo G D'，Gentili A，Marchese S，Marino A，Perret D. Environ Sci Technol，1998，32：1340.

［118］ Concejero M，Ramos L，Jimennez B，Gomara B，Abad E，Rivera J，Gonzalez M J. J Chromatogr A，2001，917：227.

［119］ Gerecke A C，Tixier C，Bartels T，Schwarzenbach R P，Muller S R. J Chromatogr A，2001，930：9.

［120］ Coquart V，Hennion M C. J Chromatogr，1992，600：195.

［121］ Yang F，Shen R，Long Y M，et al. J Environl Mon，2011，13：440.

［122］ Ballesteros E，Gallego M，Valcarcel M. J Chromatogr，2000，869：101.

［123］ Pan B，Xing B S. Environ Sci Technol，2008，42：9005.

［124］ Cai Y Q，Jiang G B，Liu J F，Zhou Q X. Analytical Chemistry，2003，75：2517.

［125］ Ravelo-Perez L M，Herrera-Herrera A V，Hernandez-Borges J，et al. J Chromatogr A，2010，1217：2618.

［126］ Polo-Luque M L，Simonet B M，Valcarcel M. Electrophoresis，2013，34：304.

[127]　Niu H Y，Cai Y Q，Shi Y L，et al. Anal Bioanal Chem，2008，392：927.

[128]　Niu H Y，Shi Y L，Cai Y Q，et al. Microchim Acta，2009，164：431.

[129]　Huang K J，Jing Q S，Wei C Y，et al. Spectrochim Acta Part a-Mol Biomol Spectro，2011，79：1860.

[130]　Wang Y K，Gao S T，Zang X H，et al. Anal Chim Acta，2012，716：112.

[131]　Liu Q，Shi J B，Sun J T，et al. Angew Chem Int Edit，2011，50：5913.

[132]　Zhai Y，He Q，Han Q，et al. Microchim Acta，2012，178：405.

[133]　Wang W N，Ma R Y，Wu Q H，et al. J Chromatogr A，2013，1293：20.

[134]　Wang W N，Ma X X，Wu Q H，et al. J Sep Sci，2012，35：2266.

[135]　Wu Q H，Zhao G Y，Feng C，et al. J Chromatogr A，2011，1218：7936.

[136]　Zhang S X，Niu H Y，Hu Z J，Cai Y Q，Shi Y L. J Chromatogr A，2010，1217：4757.

[137]　Wang H，Yu S，Campiglia A D. Anal Biochem，2009，385：249.

[138]　Leopold K，Foulkes M，Worsfold P J. Anal Chem，2009，81：3421.

[139]　Lo S-I，Chen P-C，Huang C-C，et al. Environ Sci Technol，2012，46：2724.

[140]　Cheng G-W，Lee C-F，Hsu K-C，et al. J Chromatogr A，2008，1201：202.

[141]　Li M D，Tseng W L，Cheng T L. J Chromatogr A，2009，1216：6451.

[142]　Sudhir P R，Wu H F，Zhou Z C. Anal Chem，2005，77：7380.

[143]　Zhao X，Cai Y，Wang T，et al. Anal Chem，2008，80：9091.

[144]　Tang X，Zhang D，Zhou T，et al. Anal Meth，2011，3：2313.

[145]　Baysal A，Kahraman M，Akman S. Current Anal Chem，2009，5：352.

[146]　Ghaedi M，Tashkhourian J，Montazerozohori M，et al. Intern J Environ Anal Chem，2013，93：386.

[147]　Tahmasebi E，Yamini Y. Anal Chim Acta，2012，756：13.

[148]　Carlsson H，Ostman C. J Chromatogr A，1997，790：73.

[149]　Tan L K，Liem A J. Anal Chem，1998，70：191.

[150]　Rozemeijer M J C，Olie K，Voogt P De. J Chromatogr A，1997，761：218.

[151]　Nielen M W F，Brinkman U A Th，Frei R W. Anal Chem，1985，57：806.

[152]　Pichon V，Hennion M C. Anal Chim Acta，1993，284：317.

[153]　Dugay J，Hennion M C. Trends Anal Chem，1995，14：407.

[154]　Coquart V，Hennion M C. Chromatographia，1993，37：392.

[155]　Coquart V，Garcia-Camacho P，Hennion M C. Int J Environ Anal Chem，1993，52：99.

[156]　Geerdink R B，C. Van Balkom A A，Brouwer H. J Chromatogr，1986，481：488.

[157]　Thurman E M，Mills M S. Solid Phase Extraction：Principles and Practice. New York：Wiley，1998，152.

[158]　Kaczvinsky J R，Saitoh Jr K，Fritz J S. Anal Chem，1983，55：1210.

[159]　Chriswell C D，Chang R C，Fritz J S. Anal Chem，1975，47：1325.

[160]　Ferrer I，Barcelo D，Thurman E M. Anal Chem，1999，71：1009.

[161]　Field J A，Reed R L. Environ Sci Technol，1996，30：3544.

[162]　Patsias J，Papadopoulou A，Papadopoulou-Mourkidou E. J Chromatogy A，2001，932：85.

[163]　Soltes L，Benes L，Berek D. Methods Findings Exp Clin Pharmacol，1983，5：461.

[164]　Marko V，Soltes L，Novak I. J Pharm Biomed Anal，1990，8：297.

[165]　Marko V. J Chromatogy，1988，433：269.

[166]　Law B，Weir S，Ward N A. J Pharm Biomed Anal，1992，10：167.

[167] Chen X H，Wijsbeek J，Franke J P，De Zeeuw R A. J Foren Sci，1992，37：61.

[168] Chen X H，Franke J P，Wijsbeek J，De Zeeuw R A. J Anal Toxicol 1992，16：351.

[169] Thompson BC，Kuzmack J M，Law D W，Winslow J J. LC-GC，1989，7：846.

[170] Mills M S，Thurman E M，Pedersen M J. J Chromatogr，1993，629：11.

[171] Li J，Fritz S. J Chromatogy A，1998，793：231.

[172] Helene H I，Pinkerton T C. Anal Chem，1985，57：1757.

[173] Yu Z，Westerlund D. J Chromatogr A，1996，725：137.

[174] Yu Z，Westerlund D. J Chromatogr A，1996，725：149.

[175] Yu Z，Westerlund D，Boos K S. J Chromatogr B，1997，698：379.

[176] Boos K S，Rudolphi A. LC-GC Int，1997，15：602.

[177] Rudolphi A，Boos K S，Seidel D. Chromatographia，1995，41：645.

[178] Vielhauer S，Rudolphi A，Boos K S，Seidel D. J Chromatogr B，1995，666：315.

[179] Gurley B J，Marx M，Olsen K. J Chromatogr B，1995，670：358.

[180] Petersson M，Wahlund K G，Nilsson S. J Chromatogr A，1999，841：249.

[181] Van der Hoeven R A，Hofte A J，Frenay M，Ikrth H，Tjaden U R，Van der Greef J，Rudolphi A，Boos K S，Marko Varga G，Edholm L E. J Chromatogr A，1997，762：193.

[182] DIKMA 2001—2002 Chromatography Catalog 迪马公司，312-327.

[183] A Guidebook for Selection of Solid Phase Extration Sample Preparation Products，Agilent Technologies，2001.

[184] J&W Scientific，DC Columns，Chromatograms and DC Accessories Product Buyer's Guide 2001，Agilent Technologies，2001，132.

[185] 胡正君，史亚利，蔡亚岐. 环境化学，2010，29：530.

[186] Niu H Y，Cai Y Q，Shi Y L，Wei F S，Liu J M. Anal Bioanal Chem，2008，392：927.

[187] Martin A J P，Halasz I，Engelhardt H，Sewell P. J Chromatogr，1979，186：15.

[188] Pastoris A，Carutti L，Sacco R，Vecchi L D，Shaffi A. J Chromatogr B，1995，664：287.

[189] Marchese A，McHugh C，Kehler J，Bi H. J Mass Spectrom，1998，33：1071.

[190] Hennion M C. J Chromatogr A，1999，856：3.

[191] Subra P，Hennion M C，Rosset R，Frei R W. J Chromatogr，1988，456：121.

[192] Kwakman P J M，Vreuls J J，Brinkman U A Th，Ghijsen R T. Chromatographia，1992，34：41.

[193] Vreuls J J，Cuppen W J G M，de Jong G J，Brinkman U A Th. HRC & GC，1990，13：157.

[194] Valcarcel M，Arce L，Rios A. J Chromatogr A，2001，924：3.

[195] Guzman N A，Trebilcock M A，Advis J P. J Liq Chromatogr，1991，14：997.

[196] Guzman N A. J Liq Chromatogr，1995，18：3751.

[197] Veraart J R，Brinkman U A Th. J Chromatogr A，2001，922：339.

[198] Halicz L，Gavrieli I，Dorfman E. J Anal At Spectrom，1996，11：811.

[199] Lofthouse S D，Greenway G M，Stephen S C. J Anal At Spectrom，1999，14：1839.

[200] Beauchemin D，Berman S S. Anal Chem，1989，61：1857.

[201] Azeredo L C，Sturgeon R E，Curtius A J. Spectrochim Acta，Part B，1993，48：91.

[202] Marshall M A，Mottola H A. Anal Chem，1985，57：729.

[203] Bernal J P，Rodriguez de S M E，Aguilar J C，Salazar G，De Gyves J. Separation Science and Technology，2000，35：1661.

[204] Daih B J，Huang H J. Anal Chem Acta，1992，258：245.

[205] McLaren J W，Mykytiuk A P，Willie S N，Berman S S. Anal Chem，1985，57：2907.

[206] Mohammad B，Ure A M，Littlejohn D. J Anal At Spectrom，1993，8：325.

[207] Esser B K，Volpe A，Kenneally J M，Smith D K. Anal Chem，1994，66：1736.

[208] Lan D R，Yang M O. Anal Chim Acta，1994，287：111.

[209] Sturgeon R E，Berman S S，Willie S N，Desaulniers J A H. Anal Chem，1981，53：2337.

[210] Orians K J，Boyle E A. Anal Chim Acta，1993，282：63.

[211] 张秀尧. 分析化学，2000，28：1493.

[212] Wen B，Shan X Q，Xu S G. Analyst，1999，124：621.

[213] Wen B，Shan X Q，Xu S G. Intern J Environ Anal Chem，2000，77：95.

[214] Peng X，Jiang Z，Zen Y. Anal Chim Acta1，993，283：887.

[215] Beinrohr E，Cakrt M，Garaj J，Rapta M. Anal Chim Acta，1990，230：163.

[216] Resing J A，Meaney M. Anal Chem，1992，64：2682.

[217] Pasullean B，Davidson C M，Littlejohn D. J Anal At Spectrom，1995，10：241.

[218] Heithmar E M，Hinners T A. Anal Chem，1990，62：857.

[219] Greenberg R R，Kingston H M. Anal Chem，1983，55：1180.

[220] Wang X R，Zuang Z X，Yang C L，Yu F Z. Spectrochim Acta Part B，1998，53：1437.

[221] Hirata S，Honda K，Kumamaru T. Anal Chim Acta，1989，221：65.

[222] Olsen S，Pessenda L C R，Ruzicka J，Hansen E H. Analyst，1983，108：905.

[223] Hartenstein S D，Ruzicka J，Christian G D. Anal Chem，1985，57：21.

[224] Pai S C. Anal Chim Acta，1988，221：271.

[225] Hirata S，Honda K，Ikeda M. Anal Chem，1986，58：2602.

[226] Baffi F，Cardinale AM. Int J Environ Anal Chem，1990，41：15.

[227] Lu Y，Chakrabarti C L，Back M H，Gregoire D C，Schroeder W H. Anal Chim Acta，1994，293：95.

[228] Sung Y H，Liu Z S，Huang S D. Spectrochim Acta Part B，1997，52：755.

[229] Sung Y H，Liu Z S，Huang S D. J Anal At Spectrom，1997，12：841.

[230] Naghmush A M，Pyrzynska K，Trojanowicz M. Anal Chim Acta，1994，288：247.

[231] Bloxham M J，Hill S J，Worsfold P J. J Anal At Spectrom，1994，9：935.

[232] Ebdon L，Fisher A，Handley H，Jones P. J Anal At Spectrom，1993，8：979.

[233] Miyazaki A，Reimer R A. J Anal At Spectrom，1993，8：449.

[234] Reimer R A，Miyazaki A. J Anal At Spectrom，1992，7：1239.

[235] Baffi F，Cardinale A M，Bruzzone R. Anal Chim Acta，1992，270：79.

[236] Heithmar E M，Hinners T A，Rowan J T，Riviello T M. Anal Chem，1990，62：857.

[237] Dupont V，Auger Y，Jeandel C，Wartel M. Anal Chem，1991，63：520.

[238] Caroli S，Alimonti A，Petrucci F，Horvath Z. Anal Chim Acta，1991，248：241.

[239] Emteborg H，Baxter D C，Frech W. Analyst，1993，118：1007.

[240] Yamagami E，Tateishi S，Hashimoto A. Analyst，1980，105：491.

[241] 侯延民，徐贵玲，李毅，崔桂君，张延甫，闫永胜. 光谱实验室，1999，16：429.

[242] Emteborg H，Baxter D C，Sharp M，Frech W. Analyst，1995，120：69.

[243] Arpadjan S，Vuchkova L，Kostadinova E. Analyst，1997，122：243.

[244] Liu Z S，Huang S D. Anal Chim Acta，1992，267：31.

[245] Shah A，Devi S. Analyst，1987，112：325.

[246] Shah A，Devi S. Analyst，1985，110：1501.

[247] Vernon F，Shah T. React Polym，1983，1：301.

[248] Phillips R J，Fritz J S. Anal Chim Acta，1982，139：237.

[249] Gokturk G，Delzendeh M，Volkan M. Spectrochimica Acta Part B，2000，55：1063.

[250] Bagheri H，Gholami A，Najafi A. Anal Chim Acta，2000，424：233.

[251] Dias Filho N L. Mikrochim Acta，1999，130：233.

[252] Zhang T H，Shan X Q，Liu R X，Tang H X，Zhang S Z. Anal Chem，1998，70：3964.

[253] Enriquez-Dominguez M F，Yebra-Biurrun M C，Bermejo-Barrera M P. Analyst，1998，123：105.

[254] Ueda K，Sato Y，Yoshimura O，Yamamoto Y. Analyst，1988，113：105.

[255] Devi P R，Gangaiah T，Naidu G RK. Anal Chim Acta，1991，249：533.

[256] 常希俊，詹光耀，苏致兴，罗兴寅，蒙筠. 分析化学，1986，14：1.

[257] Howard M，Jurbergs H A，Holcombe J A. Anal Chem，1998，70：1604.

[258] Jurbergs H A，Holcombe J A. Anal Chem，1997，69：1893.

[259] Elmahadi H A M，Greenway G M. J Anal At Spectrom，1993，8：1011.

[260] Ryan N，Glennon J D，Mulle D. Anal Chim Acta，1993，283：344.

[261] Glennon J D，Srijaranai S. Analyst，1990，115：627.

[262] Jain V K，Handa A，Sait S S，Shrivastav P，Agrawal Y K. Anal Chim Acta，2001，429：237.

[263] Salih B. Spectrochimica Acta Part B，2000，55：1117.

[264] Aifang X，Qian S，Huang G，Chen L. J Anal At Spectrom，2000，15：1513.

[265] Inoue K，Yoshizuka K，Ohto K. Anal Chim Acta，1999，388：209.

[266] Chambaz D，Haerdi W. J Chromatogr，1992，600：203.

[267] Blain S，Appriou P，Handel H. Anal Chim Acta，1993，272：91.

[268] Saxena R，Singh A J，Sambi S S. Anal Chim Acta，1994，295：199.

[269] Su Z X，Pu Q S，Luo X Y，Chang X J，Zhan G Y，Ren F Z. Talanta，1995，42：1127.

[270] 梁勇，汤又文，汪朝阳. 分析实验室，1999，18：41.

[271] Jarvis K E，William J G，Alcantara E，Wills J D. J Anal At Spectrom，1996，11：917.

[272] 刘春明，郭伊荇，赵晓亮. 光谱学与光谱分析，1997，17：69.

[273] Xu Z R，Pan H Y，Xu S K，Fang Z L. Spectrochimica Acta Part B，2000，55：213.

[274] Yan X P，Sperling M，Welz B. Anal Chem，1999，71：4353.

[275] Sperling M，Yin X，Welz B. Analyst，1992，117：629.

[276] Sperling M，Yin X，Welz B. J Anal At Spectrom，1991，6：295.

[277] Liu Z S，huang S D. Anal Chim Acta，1993，281：185.

[278] Plantz M R，Fritz J S，Smith F G，Houk R S. Anal Chem，1989，61：149.

[279] Sperling M，Yin X，B Welz. J Anal At Spectrom，1991，6：615.

[280] Fang Z，Guo T，Welz B. Talanta，1991，38：613.

[281] Watanabe H，Goto K，Taguchi S，McLaren J W，Berman S S，Russell D S. Anal Chem，1981，53：738.

[282] Sturgeon R E，Berman S S，Willie S N. Talanta，1982，29：167.

[283] Monteiro A da C P，Andrade L S N de，Campos R C De. Fresenius J Anal Chem，2001，371：353.

[284] 徐光明，叶映雪，殷学锋，沈宏，Akbar Ali. 高等学校化学学报，2000，21：350.

[285] Yamini Y，Tamaddon A. Anal Chim Acta，1999，49：119.

[286] Taguchi S，Yai T，Shimada Y，Goto K. Talanta，1983，30：169.

[287] Akatsuka K，Suzuki T，Nobuyama N，Hoshi S，Haraguchi K，Nakagawa K，Ogata T，Kato T. J Anal At Spectrom，1998，13：271.

[288]　Miro M，Cladera A，Estela J M，Cerda V. Analyst，2000，125：943.

[289]　Ruzicka J，Arndal A. Anal Chim Acta，1989，216：243.

[290]　王爱霞，阎雪，李春林. 分析试验室，2000，19：67.

[291]　Shabani M B，Akagi T，Masuda A. Anal Chem，1992，64：737.

[292]　Shamsipur M，Ghiasvand A R，Yamini Y. Anal Chem，1999，71：4892.

[293]　Shamsipur M，Yamini Y，Ashtari P，Khanchi A R，Ghannadi M. Separation Science and Technology，2000，35：1011.

[294]　Shamsipur M，Ghiasvand A R，Sharghi H，Naeimi H. Anal Chim Acta，2000，408：271.

[295]　Hashemi O R，Kargar M R，Raoufi F，Moghimi A，Aghabozorg H，Ganjali M R. Microchemical Journal，2001，69：1.

[296]　Yamini Y，Alizadeh N，Shamsipur M. Separation Science and Technology，1997，32：2077.

[297]　Yamini Y，Alizadeh N，Shamsipur M. Anal Chim Acta，1997，355：69.

[298]　Shamsipur M，Mashhadizadeh M H. Fresenius J Anal Chem，2000，367：246.

[299]　Uzun A，Soylak M，Elci L. Talanta，2001，54：197.

[300]　Narin I，Soylak M，Elci L，Dogan M. Analytical Letters，2001，34：1935.

[301]　King J N，Fritz J S. Anal Chem，1985，57：1016.

[302]　Elci L，Soylak M，Dogan M. Fresenius J Anal Chem，1992，342：175.

[303]　Vicente O，Padro A，Martinez L，Olsina R，Marchevsky E. Spectrochim Acta Part B，1998，53：1281.

[304]　Plantz M R，Fritz J S，Smith F G，Houk R S. Anal Chem，1989，61：149.

[305]　Yang H J，Huang K S，Jiang S J，Wu C C，Chou C H. Anal Chim Acta，1993，282：437.

[306]　Porta V，Sarzanini C，Mentasti E，Abollino O. Anal Chim Acta，1992，258：237.

[307]　Cai Y Q，Jiang G B，Liu J F. Analyst，2001，126：1678.

[308]　Cai Y Q，Jiang G B，Liu J F. At Spectros，2002，23：52-58.

[309]　Cai Y Q，Jiang G B，Liu J F，He B. Anal Sci，2002，18：705-707.

[310]　Cai Y Q，Jiang G B，Liu J F. Talanta，2002，57：1173-1180.

[311]　Anthemidis A N，Zahariadis G A，Stratis J A. Talanta，2001，54：935.

[312]　Melo M H A，Ferreira S L C，Santelli R E. Microchemical Journal，2000，65：59.

[313]　Yebra M C，Carro N，Enriques M F，Moreno-Cid A，Garcia A. Analyst，2001，126：933.

[314]　Hutchinson S，Kearney G A，Horne E，Lynch B，Glennon J，McKervey M A，Harris S J. Anal Chim Acta，1994，291：269.

[315]　Ferreira S L C，Lemos V A，Moreira B C，Spinola Costa A C，Ricardo E S. Anal Chim Acta，2000，403：259.

[316]　Hoshi S，Fujisawa H，Nakamura K，Nakata S，Uto M，Akatsuka K. Talanta，1994，41：503.

[317]　Masi A N，Olsina R A. Talanta，1993，40：931.

[318]　Paull B，Foulkes M，Jones P. Analyst，1994，119：937.

[319]　Masi A N，Olsina R A. Fresenius J Anal Chem，1997，357：65.

[320]　Ferrarello C N，Bayon M M，Alonso J I G，Sanz-Medel A. Anal Chim Acta，2001，429：227.

[321]　Cassella R J，Salim V A，Jesuino L S，Santelli R E，Ferreira S L C，De Carvalho M S，Talanta，2001，54：61.

[322]　Chwastowska J，Rogowska A，Sterlinska E，Dudek J. Talanta，1999，49：837.

[323]　刘海玲，沈清华. 分析科学学报，2001，17：310.

[324]　Baena J R，Gallego M，Valcarcel M. Analyst，2000，125：1495.

［325］ Pena Y P de，Gallego M，Valcarcel M. Anal Chem，1995，67：2524.

［326］ Baena J R，Gallego M，Valcarcel M. Anal Chem，2002，74：1519-1524.

［327］ Cai B，Hu B，Xiong H C，Liao Z H，Mao L S，Jiang Z C. Talanta，2001，55：85.

［328］ Taher M A. J Anal At Spectrom，2000，15：573.

［329］ Taher M A. Analyst，2000，125：1865.

［330］ 熊宏春，廖振环，江祖成，邓中华. 分析科学学报，1998，14：216.

［331］ 熊宏春，江祖成，廖振环. 分析科学学报，1999，15：252.

［332］ Taher M A. Talanta，2000，52：301.

［333］ Taher M A. Talanta，2000，52：181.

［334］ Burns D T，Tungkananuruk N，Thuwasin S. Anal Chim Acta，2000，419：41.

［335］ Yan X P，Hendry M J，Kerrich R. Anal Chem，2000，72：1879.

［336］ Yan X P，Kerrich R，Hendry M J. J Anal At Spectrom，1999，14：215.

［337］ Salonia J A，Wuilloud R G，Gasquez J A，Olsina R A，Martinez L D. Fresenius J Anal Chem，2000，367：653.

［338］ Benkhedda K，Infante H G，Ivanova E，Adams F. J Anal At Spectrom，2000，15：429.

［339］ Chen H W，Xu S K，Fang Z L. Anal Chim Acta，1994，298：167.

第三章

固相微萃取技术

第一节　固相微萃取技术概况

一、SPME 的发展概况

固相微萃取（Solid Phase Microextraction，SPME）是加拿大 Waterloo 大学的 Pawliszyn 及其同事在 20 世纪 90 年代提出的样品前处理技术[1,2]，该技术以固相萃取（SPE）为基础发展而来，同时又克服了固相萃取的缺点，如固体或油性物质对填料空隙的堵塞，大大降低了空白值，同时又缩短了分析时间。

SPME 技术经历了一个由简单到复杂，由单一化向多元化的发展过程。最初仅利用具有很好耐热性和化学稳定性的熔融石英纤维作为吸附介质进行萃取，对茶和可乐中的咖啡因做了定性和定量分析[3]。后来又将气相色谱固定液涂布在石英纤维表面，以提高萃取效率。1993 年由美国 Supelco 公司推出了商品化固相微萃取装置和纤维，至今已经在环境分析、医药、生物技术、食品检测等众多领域得到广泛应用。

该技术操作简单，集采样、萃取、浓缩和进样于一体，可以节省样品预处理70％的时间，无需使用有机溶剂。萃取过程使用一支携带方便的萃取器，特别适于野外的现场取样分析[4]，也易于进行自动化操作[5,6]，可在任何型号的气相色谱（GC）和液相色谱仪（LC）上直接进样。

1997 年 Pawliszyn 又提出了 in-tube SPME 的概念，是该技术的又一大进展。in-tube SPME 使用一根内部涂有固定相的开管毛细管柱，富集目标化合物。这种萃取方式多与高效液相色谱（HPLC）联用分离测定一些不挥发的和热不稳定的化合物，大大扩展了固相微萃取的应用范围。

二、纤维 SPME 的装置

纤维固相微萃取使用的是一支类似注射器的萃取装置，由手柄（holder）和萃取头（fiber）两部分构成，如图 3-1 所示。手柄用于安装萃取头，由控制萃取头伸缩的压杆、手柄筒和可调节深度的定位器组成，定位器和橡胶环共同用于调节萃取头进入样品或色谱进样口的深度。萃取头是一根 1～2cm 长的涂有不同色谱固定相或吸附剂的纤维，接在一根不锈钢微管上。外部又套一层起保护作用的不锈钢针管，使纤维可在其中自由伸缩，确保纤维在分析过程中不被折断、涂层不被破坏。若使用得当，每根萃取头可以反复使用 50 次以上，最多可达 200 次左右，而不影响其灵敏度和重现性。

现有商品化手动和自动进样的 SPME 手柄和萃取头，以及与 HPLC 的接口，使 SPME 能很好地完成液相色谱的直接进样。目前还有市售的 SPME-GC 自动进样器。

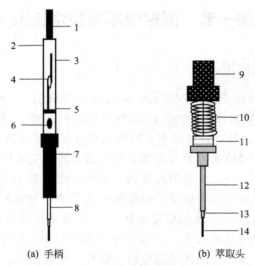

(a) 手柄　　　　　　(b) 萃取头

图 3-1　固相微萃取装置示意图

1—压杆；2—手柄筒；3—Z 形槽；4—压杆卡持螺钉；5—橡胶环；6—萃取头视窗；
7—调节针头深度的定位器；8—萃取头；9—萃取头螺帽；10—弹簧；11—密封垫；
12—针管；13—连接纤维的微管；14—熔融石英纤维

三、纤维 SPME 萃取头

涂有聚合物涂层的石英纤维是 SPME 技术的关键，市售的商品化萃取头涂层主要有以下几种，见表 3-1。

表 3-1　商品化纤维萃取头的种类

纤维涂层	涂层厚度	涂层极性	涂层稳定性	pH	最高使用温度/℃	建议分析仪器	应用
PDMS	$100\mu m$	非极性	非键合	2～10	280	GC，LC	小分子挥发性非极性物质
	$30\mu m$	非极性	非键合	2～11	280	GC，LC	半挥发性非极性物质
	$7\mu m$	非极性	键合	2～11	340	GC，LC	半挥发性非极性物质

续表

纤维涂层	涂层厚度	涂层极性	涂层稳定性	pH	最高使用温度/℃	建议分析仪器	应用
	$65\mu m$	两性	部分交联	$2\sim11$	270	GC	极性挥发性物质
PDMS/DVB[①]	$60\mu m$	两性	部分交联		270	LC	极性半挥发性物质
	$65\mu m$	两性	高度交联	$2\sim11$	270	GC	极性半挥发性物质
PA	$85\mu m$	极性	部分交联	$2\sim11$	320	GC,LC	极性半挥发性物质
CAR/PDMS[①]	$75\mu m$	两性	部分交联	$2\sim11$	320	GC	痕量挥发性有机成分
	$85\mu m$	两性	部分交联		320	GC	痕量挥发性有机成分
CW/DVB[①]	$65\mu m$	极性	部分交联		250	GC	极性物质,尤其醇类
	$70\mu m$	极性	部分交联	$2\sim9$	250	GC	极性物质,尤其醇类
CW/TPR	$50\mu m$	极性	部分交联		240	LC	表面活性剂
DVB/CAR/PDMS	$50/30\mu m$	两性	高度交联	$2\sim11$	270	GC	$C_3\sim C_{20}$大范围分析
PEG	$60\mu m$	极性		$2\sim9$	250	LC	极性物质
Carbopack Z	$15\mu m$		高度交联	$2\sim10$	340		共平面化合物,二噁英、PCBs、呋喃等化合物

① 石英纤维长 2cm。

注：PDMS—聚二甲基硅氧烷（Polydimethylsiloxane）；PA—聚丙烯酸酯（Polyacrylate）；DVB—二乙烯基苯（Divinylbenzene）；CAR—聚乙二醇（Carboxen）；CW—碳分子筛（Carbowax）；TPR—分子模板树脂（Templated Resin）；PEG—聚乙二醇（Polyethylene Glycol）；Carbopack Z—涂布在涂有高度交联的 PDMS 的金属纤维上多孔石墨涂层。

商品化纤维的涂层最初是涂布在熔融石英纤维上，后发展为涂布在柔韧石英纤维和金属丝上。萃取纤维的聚合物涂层与石英表面结合主要有键合（Bonded）、非键合（Non-bonded）与交联（Crosslinked）几种方式。大多数涂层是直接涂布的，采用非键合和部分交联的方式，这些纤维不能暴露在高浓度的有机物和强酸、强碱环境中，当样品中的有机物浓度高于 20％时，固定相将会因膨胀而脱落，严重影响使用寿命。而键合的固定相则可以暴露于含高浓度有机物的样品中，并可用有机溶剂冲洗。此外，色谱分析时应使用高纯度的载气，因为有些涂层在痕量氧存在时会被氧化。

纤维涂层富集目标化合物的机制有两种，PDMS 和 PA 涂层的纤维主要通过吸收作用（Absorption）富集目标化合物，即化合物溶解或扩散到纤维固定相当中，而其余的复合涂层（PDMS/DVB，CAR/PDMS，CW/DVB，CW/TPR）则是通过吸附作用（Adsorption）将化合物富集在涂层的表面[7]。在萃取过程中采用哪种机制富集还可通过化合物的辛醇-水分配系数（K_{ow}）与 SPME 的涂层-水分配系数（K_{dv}）之间的相关性进行判断。有人研究了 PDMS 纤维的萃取过程，发现基于吸收作用的富集往往针对一些低分子量的化合物，如苯（MW＝78）、甲苯（MW＝92）、二甲苯（MW＝106），它们的 K_{ow} 与 K_{dv} 值具有很好的正相关性[8~11]。但在一些高分子量化合物的分析过程中，如多环芳烃（PAHs）、多氯联苯（PCBs）等，K_{dv}值比相应的 K_{ow} 值小 $1\sim7$ 个数量级，应

用 K_{dv} 值不能很好描述分析物在涂层与样品之间的分配，而且对多数高分子量（MW＞200）的化合物，其 K_{dv} 和 K_{ow} 值呈负相关性[12]。经过计算发现，这些高分子量化合物的分配系数与涂层的表面积有关，是吸附在涂层表面的。在萃取过程中，纤维涂层的性质不同，富集化合物达到效果也会不同。应针对不同化合物选择不同的萃取纤维以达到最大的萃取效率，这将在下文中进行讨论。

四、纤维 SPME 的操作过程

SPME 技术包括吸附（吸收）和解吸两步，其最大的特点就是在一个简单过程中同时完成了取样、萃取和富集，并可以直接进样，完成仪器分析。萃取的操作过程十分简单，如图 3-2 所示。将 SPME 萃取器插入密封的样品瓶，压下手柄的压杆，使纤维暴露在样品或样品顶空中。由于聚合物涂层对目标化合物具有亲和力，因此目标化合物将从样品基质向纤维的涂层迁移，吸附或被吸收到涂层上，直至达到分配平衡，也就是涂层中目标化合物的吸附量不再随萃取时间的延长而增加。在萃取过程中应用磁力搅拌、超声振荡等方式搅动样品基质，可缩短达到平衡的时间。SPME 萃取达到分配平衡时，灵敏度最高，但由于整个分配过程中 SPME 纤维吸附的化合物量都与其在样品中的初始浓度存在比例关系[10,11]，因此对一些平衡时间过长或无平衡状态的化合物，在定量分析时没必要达到完全平衡，只需严格控制萃取时间，以保证分析的重复性和精密度即可。萃取完成后，将纤维退回萃取器的针头中，再在钢针的保护下直接插入色谱进样口进行解吸。

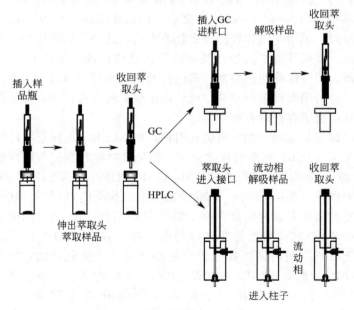

图 3-2　固相微萃取的操作过程

解吸过程随 SPME 后序分离手段的不同而不同。对于气相色谱（GC），是将纤维暴露在进样口中，通过高温使目标化合物热解吸，而对于液相色谱（LC），则是通过溶剂进行洗脱。目前已有商品化的 SPME/HPLC 接口，由六通阀和一个特别设计的解吸池组成，如图 3-3 所示。解吸池与进样管相连，当六通阀置于采样（Load）状态，将纤维插入解吸池，六通阀旋至进样（Injection）状态，流动相开始冲洗纤维，使富集的化合物解吸下来。之后，将纤维再次退回到钢针中，拔离进样口，即完成进样过程。

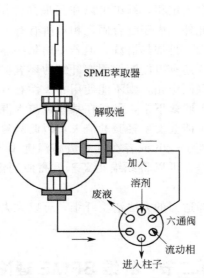

图 3-3　纤维在 SPME/HPLC 接口中解吸过程示意

经过热解吸的纤维可直接进行下一次萃取操作。但液相色谱分析，经溶剂洗脱后，纤维上存在的有机溶剂可能会影响下一次萃取，因此在接下来的萃取过程前，需将纤维晾干。

五、纤维的老化

所有纤维在使用之前都需要 0.5～4h 的老化，以去除纤维上的杂质，降低背景值。与气相色谱联用主要是在进样口进行高温加热，使纤维上的杂质挥发或热解。尤其是连接石英纤维和不锈钢微管的胶，会在老化时释放一些单体和裂解产物。经过老化后，只有 PA 涂层的纤维会变成褐色，但这不会影响纤维的萃取效果。

对于液相色谱进样，由于不同的溶剂对 SPME 纤维的影响是不同的，因此最好用流动相或与萃取相关的溶剂进行老化，将纤维插入 SPME/HPLC 接口，让流动相通过。如果使用梯度运行程序，纤维至少应老化 30min，如果纤维在不同于流动相的溶剂中老化，应使纤维浸泡在溶剂中至少 15min。

纤维老化的效果可通过空白分析检验。将纤维插入进样口解吸，观察色谱基线，若达不到令人满意的空白值，纤维可再次进行老化。

六、纤维的清洗

纤维用过一段时间后，可能会被沾污，残留物会严重影响目标化合物的分析测定，此时有两种方法用于清洗纤维，即热清洗和溶剂清洗，可根据涂层性质的不同加以选择。对于键合固定相，纤维可以在其最高使用温度热解吸 1h 甚至过夜以达到清洗的目的。此外，由于键合固定相对所有有机溶剂都是稳定的，还可以在有机溶剂中清洗之后，再加热清洗，但若使用某些非极性溶剂会发生轻微的流失。另外使用含氯溶剂还有可能溶解固定纤维的环氧树脂从而破坏纤维。

而对于非键合和交联固定相，则不能使用非极性有机溶剂进行冲洗，溶剂会使固定相膨胀并从纤维上脱落下来，虽然在某些可与水混溶的有机溶剂中非键合固定相是稳定的，但也可能会发生轻微的流失，因此只建议使用热清洗方法。可以在其最高使用温度清洗 1~2h 或者在低于最高温度 10~20℃ 的条件下加热过夜。如果还无法清洗干净，可以将纤维在高于最高使用温度 20℃ 的条件下热处理 30min。

通过上述介绍，选择适当的方法清洗纤维，可以大大延长纤维的使用寿命。

第二节 纤维 SPME 理论

纤维 SPME 技术可用于测定气体、液体、固体样品中的目标化合物，操作中涉及纤维的涂层，样品的基体以及样品的顶空气相，是一个复杂的多相平衡过程。萃取开始时分析物吸附在涂层与样品基体的交界面上，然后再大量扩散到涂层中。如果分析物在固定相中的扩散系数很高，萃取就以吸收的方式进行，分析物可以在两相之间完全分开。如果扩散系数较低，分析物将以吸附的方式附着在涂层表面。

一、纤维 SPME 的基本原理与数学模型

如果使用液态聚合物涂层，当单组分单相体系达到平衡时，涂层上富集的待测物的量与样品中待测物浓度线性相关[12]。在理想的情况下：①化合物只通过扩散方式从液体样品向固定相迁移；②化合物从溶液向固定相的迁移无需其他能量；③化合物在样品中的浓度对纤维固定相的物理性质没有影响。可以得到以下数学公式：

$$n = K_{fs}V_f c_0 V_s / (K_{fs}V_f + V_s) \tag{3-1}$$

式中，n 为萃取涂层上吸附的待测物数量；V_f、V_s 分别为涂层和样品的体积；K_{fs} 是待测物在涂层与样品间的分配系数；c_0 为待测物的初始浓度。

根据这一理论模型，在混合均匀的样品中，就只考虑化合物向固定相的扩散，而无须考虑化合物在溶液中的扩散过程。萃取量不仅与化合物在固定相中的扩散系数成比例，还与固定相的体积成比例。而对于不能很好混合的液体样品，化合物在液相中的扩散必须加以考虑。实验证明，混合均一的溶液实际上很难得到，因为化合物在纤维周围的扩散要通过一个稳定的薄液层，因此实际的操作时间往往要比预期的还要长。

若萃取涂层对有机化合物的亲和力较强，那么待测物的 K_{fs} 值就很大，也就是说 SPME 能有效富集化合物并具有较高的灵敏度。当 K_{fs} 足够大（$K_{fs}V_f \gg V_s$）时，纤维的萃取量为：$n = c_0 V_s$，可达到完全萃取。但在多数情况下，K_{fs} 值较小，不能达到完全萃取，但经过适当的校正，还可用于定量分析。当样品体积 $V_s \gg K_{fs}V_f$ 时，式（3-1）可简化为：

$$n = K_{fs}V_f c_0 \tag{3-2}$$

此时涂层上分析物的吸附量直接与基体中分析物的浓度成比例，而与样品的体积无关，这为 SPME 的野外采样提供了依据，即可用萃取头直接在环境中采集样品，所以没必要在分析前选择限定的样品。将纤维暴露在大气中或浸入湖泊、河流中，萃取结束后再把纤维带回实验室进行分离测定。为避免途中的样品损失，可用橡胶塞堵住萃取头的针头，或将萃取头冷冻起来。如此简化采样步骤，整个分析过程可以大大加快，也可以防止样品的分解和一般采样容器内壁对分析物的吸附所引起的误差。

另外，由于纤维固定相的体积相对较小（小于 $0.66\mu L$），一次萃取操作的提取水平很低，如对于血样中的有机磷农药萃取量仅为总量的 $0.03\% \sim 10.6\%$[13]，而对于苯系物（BTEX，苯、甲苯、乙基苯、二甲苯）提取水平在 $1\% \sim 20\%$ 之间[14]，所以萃取过程基本不改变样本基体的状况，因此十分适合进行活体分析[15]。

对于非活体测定过程中扩散系数较小的目标化合物，若要增加萃取率，可以用纤维对同一样品反复进行萃取和解吸操作，并通过降低分析柱的温度至低于分析物的沸点，而使分析物保留在柱头，当然，这会令分析时间成倍增加。多次萃取得到的萃取量可用下式计算，其中 i 为测定的次数：

$$n_f^i = K_{fs}V_f c_s^0 / (K_{fs}/V_s + 1) \tag{3-3}$$

若以 F 表示多次萃取的全程回收率，也可以在预定回收率 F 的情况下，计算萃取所需的次数 j，如公式（3-4）所示：

$$j = \lg(1/F) / \lg(K_{fs}V_f/V_s + 1) \tag{3-4}$$

对于包括固定相、顶空气相和液体样品三相同时存在的顶空萃取体系，萃取时质量传递的动力学过程包括了分析物从液相向顶空气相的迁移以及最终向涂层的迁移，因此相对于上面讨论的萃取体系，还要考虑分析物在顶空与液相之间的分配。顶空萃取系统达到平衡后，涂层中待测物的浓度可按下式计算[16]：

$$n=c_0V_fV_sK_1K_2/(K_1K_2V_f+K_2V_g+V_s) \tag{3-5}$$

式中，c_0 为待测物初始浓度；V_f、V_s、V_g 分别为涂层、样品和顶空的体积；K_1、K_2 分别为待测物在涂层与顶空气相之间的分配系数和在气液（或气固）两相间的分配系数，即涂层、样品和顶空中分析物的平衡浓度比：$K_1=c_f^\infty/c_g^\infty$，$K_2=c_g^\infty/c_s^\infty$。若以 K 表示涂层与样品间总的分配系数，那么 $K=K_H/K_F=K_1K_2$，其中 K_F、K_H 分别为待测物在涂层和样品基质中的亨利常数。那么式（3-5）就可以写为：

$$n=c_0V_fV_sK/(KV_f+K_2V_g+V_s) \tag{3-6}$$

式（3-6）给出了顶空 SPME 中，在各相中都达到平衡时聚合物涂层吸附的分析物的量，其中的 K 值接近于 K_{ow} 值，而 $K_2=K_H/RT$，K_{ow} 和 K_H 值均可从相关文献查得，所以从上式就能够了解顶空 SPME 法是否适用于待测化合物。对于大多数化合物，K_2 值都较小，例如苯的 K_2 值只有 0.26，所以当顶空气相的体积远小于液体样品的体积（$V_g \ll V_s$）时，顶空萃取法测定的检测限与直接萃取法是相近的。

二、影响萃取效率的因素及提高萃取效率的方法

纤维固相微萃取方法测定样品时，萃取量不仅取决于纤维涂层的极性和厚度，还与萃取方式、水样与顶空气相的体积、萃取时间、搅拌条件、萃取温度、pH 值、无机盐的浓度和解析条件等诸多因素有关，所以用该方法分析样品时，必须严格控制测定条件，使之与测定校正曲线时完全相同。其中一些参数经过优化，可以有效提高萃取效率。

1. 纤维 SPME 萃取方式的选择

应用纤维 SPME 技术萃取目标化合物可以使用 3 种萃取方式：①直接浸入式萃取（Direct Immersion，DI-SPME）；②顶空萃取（Headspace，HS-SPME）；③膜保护萃取，三种萃取方式如图 3-4 所示。

直接浸入式萃取是把纤维插入到样品中，待测物从样品基体直接迁移到萃取纤维上，适于分析气体样品和洁净水样中的有机化合物，但不适于复杂样品基体中有机化合物的分析测定。

目前大部分有机化合物的萃取都选用直接法，尤其是针对水样中挥发性差的化合物，直接萃取时萃取头与分析物直接接触，较顶空法更好。对于气体样品，空气的自然流动可使易挥发的化合物快速达到平衡，但对于液体样品，纤维涂层外围会形成一个稳定的薄液层，阻碍目标化合物向涂层的扩散迁移，因此某种形

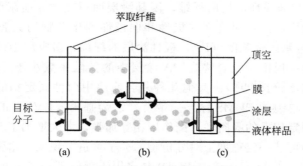

图 3-4　SPME 三种萃取方式

(a) 直接浸入式萃取；(b) 顶空萃取；(c) 膜保护萃取

式的搅拌十分必要。应用直接萃取法测定液体样品的缺点是纤维与样品基质的接触会大大缩短纤维的使用寿命。

顶空萃取是将纤维暴露于密封样品上方的气相中，萃取挥发到固体或液体样品顶空中的待测物，适用于分析废水、油脂、腐殖酸等复杂基体的样品和固体样品中挥发、半挥发性有机化合物。相对于直接萃取法，顶空法对扩散系数较大的挥发性物质，更具有优势。因为部分待测物在萃取之前就已进入顶空气相；在这里，待测物的扩散系数比在液相中高 4 个数量级[16]，通过机械方法不断更新气液两相的界面，能够使分析物更有效地吸附到纤维上，因此大大缩短了平衡所需时间。例如，对于水中的 BTEX，取样时间可从直接法的 5min 缩短到顶空法的 1min，检测限达到 10^{-9} 级。另外，顶空萃取法中，纤维不直接接触样品，避免了基质的干扰，方法的重现性也优于直接法。

作为最常用的两种萃取方式，选择顶空法还是直接法，对方法的灵敏度没有影响，而是要根据目标化合物的性质确定。因为对于由液体及其顶空气相组成的体系，纤维萃取的待测物数量与样品中化合物的浓度密切相关，无论纤维是在液体还是在气体中，都与纤维所在的位置无关。只有当直接法用于萃取极易挥发的化合物，而该体系又没有顶空气相时，其灵敏度才和顶空萃取不同[17]。

膜保护萃取适用于污染严重的水样。纤维通过一个选择性的膜与样品隔离。待测物可以通过选择性膜吸附到纤维上，而样品中高分子量的化合物不能通过，从而排除基体干扰。与顶空萃取不同的是，膜保护法可用于不易挥发性化合物的分析。但由于待测物先要扩散穿过膜，才能吸附到涂层上，所以萃取时间较长。为缩短萃取时间可以使用较薄的膜和升高样品温度。

2. 纤维涂层的选择

纤维涂层的性质直接影响萃取的效率和选择性。萃取时，选用涂有何种固定相的萃取纤维，应当综合考虑分析组分的极性、沸点及其在各相中的分配系数，但最基本的依据是"相似相溶"的原则。在现有的商品化纤维中，涂有聚二甲基硅氧烷（PDMS）非极性涂层的纤维，因其涂层面积较大，能耐受 300℃ 的进样口温度，应用最为广泛，对许多非极性和弱极性的化合物均具有很好的萃取效率[18,19]。而涂有聚丙烯酸酯（PA）极性涂层的纤维，多应用于极性化合物如酚类、醇类的分析，但由于化合物在 PA 涂层中的扩散系数小于 PDMS 涂层，所需的萃取时间也比较长[20,21]。其他几种复合涂层中两种固定相的性质互补，分配系数明显大于单纯的 PDMS 涂层。带有二乙烯基苯（DVB）的复合涂层含有很多微孔，使固定相上的吸附和分配作用相互加强，大大增加了萃取的容量，同时这种微孔结构可从一定程度上对分析物的分子量进行识别，增强了纤维的选择性，PDMS/DVB，CAR/DVB，CW/DVB 多用于萃取低分子量的挥发性化合物和极性化合物。两性涂层 PDMS/CAR 则是为了分析高挥发性的溶剂和气体设计的，它比 PDMS 涂层的纤维表现出更好的萃取效率，但重现性较差，所需平衡时间也较长。

此外，涂层的厚度对萃取的效率和萃取所需的时间也有一定的影响。从 SPME 的原理可知，增加涂层的厚度可以增大石英纤维涂层的体积，提高吸附量、降低检测限，但厚的涂层在萃取过程中需要较长的平衡时间。不同厚度的涂层适用的分析对象也不同，薄的涂层适合于萃取分子量大或半挥发性物质，而厚的涂层则适于易挥发性和分子量小的化合物。表 3-2 中比较了不同厚度的 PDMS 涂层对不同分子量的化合物的回收率，从中可以清楚地看出这一趋势。商品化纤维的涂层，性质较为稳定，厚度也能很好地加以控制，具有良好的重现性和重复性，同一根纤维测定化合物的相对标准偏差范围在 3%～9% 之间[22]。对于具有同一涂层类型的纤维，萃取的重复性与固定相的厚度有关，一般涂层厚的纤维，重复性比较好。

表 3-2　涂层厚度对化合物回收率的影响[23]

化合物	回收率/%	PDMS 涂层厚度/μm		
		100	30	7
苯		2	<1	<1
甲苯		5	1	<1
氯苯		6	2	<1
乙基苯		3	4	1
1,3-二氯苯		17	5	2
1,4-二氯苯		15	5	1
1,2-二氯苯		15	4	1
萘		13	4	1
苊		19	8	3
芴		29	18	8
菲		37	27	16
蒽		49	38	32
芘		69	54	47

化合物 \ 回收率/%	PDMS 涂层厚度/μm		
	100	30	7
苯并[a]蒽	105	91	96
蒀①（$C_{18}H_{12}$）	100	100	100
苯并[b]荧蒽	104	111	120
苯并[k]荧蒽	111	124	127
苯并[a]芘	119	127	131
茚并[1,2,3-cd]芘	61	140	148
苯并[ghi]苝	61	117	122

① 将蒀的回收率作为参考值，定为 100%。

注：应用直接 SPME 萃取法，萃取 15min。

　　在与液相色谱联用的分析中，纤维的选择还要考虑更多的问题，例如解吸采用的模式，在此过程中流速的改变以及涂层在流动相中的溶胀性等。因此，可用于液相色谱分析的萃取纤维种类比可用于气相色谱的少得多，只有 5 种。

3. 试样量、容器体积和顶空体积的选择

　　为保证萃取的效果需要对试样量、试样容器的体积进行选择，从 SPME 的原理可知，纤维萃取量增加不能单纯依靠样品体积的增加。样品浓度低时，平衡与浓度无关，因此样品体积的增加对提高萃取量没有帮助；样品浓度高时，体积的变化对萃取量就有很大的影响。高浓度的样品，在萃取之后，试样中分析物的减少不足以改变基体的浓度，其校正曲线往往呈现指数关系，而低浓度的样品，校正曲线则呈线性关系，利于测定的进行，所以在样品浓度范围未知的情况下，应尽量少地取用试样。若用直接法测定，还应使体系的顶空体积最小[24]。

　　对于顶空萃取法，分析的灵敏度还与样品体积和顶空体积之间的相互关系有关。Denis 在利用顶空法检测 14 种半挥发性有机氯农药的研究中指出，试样量与容器体积之间存在匹配关系，试样量增大，重现性明显变好，检出量也提高了[25]。但我们的顶空萃取实验表明，当萃取容器体积一定时，同一浓度的样品体积增加，会使相应的顶空体积减小，纤维的萃取量随着顶空体积与样品体积比例的减少呈现先增加后降低的趋势，也就是说，顶空萃取时存在一个适宜的顶空-样品体积比。

4. 反应温度的影响

　　SPME 萃取过程中，分配系数与温度密切相关。应用一般的加热方式或微波加热方式[26]适当升高液体样品的温度，可加快分子运动速度，从而加快分析物的扩散速度，有利于分析物向纤维涂层的迁移，并可大大缩短萃取相与水相之间平衡的时间。特别是对于顶空 SPME 法，温度的升高，不仅能使待测物分子在水相中的运动速率加快，提高其挥发度，促进分析物向顶空气相的迁移，还能增

加气相的蒸气压，加快气相中分子的碰撞速度，尤其能使固体试样中的组分尽快释放出来，提高分析的灵敏度。

但纤维的吸附又是一个放热过程，过高的温度会使待测组分在涂层与顶空间的分配系数下降，导致涂层对分析物的吸附能力降低，从而直接引起检测灵敏度的下降[27]。而且在顶空实验中我们还发现，水样温度升高后，水分子也会挥发到气相中并在温度较低的气相中凝结，形成小水滴附着在纤维上，影响后续的色谱分析。文献报道，气相中的相对湿度达到 90％时，可使化合物的吸附量减少10％[28]。所以，在实际操作中往往需要选择一个最佳萃取温度。尤其是进行多组分同时测定时，由于各化合物的极性和挥发性的不同，所需的最佳温度也会有所差异，这就要依靠温度-萃取量的关系曲线来进行选择。

为了提高萃取效率，有科研工作者曾对 SPME 的装置进行了改造，在纤维外侧再加一层套管，管内通过液态 CO_2 降低涂层的温度，使通过高温手段促使气相中分析物浓度加大的同时，不影响涂层的吸附能力[29]，取得了良好的分析结果。

对有些试样如土壤样品，由于分析组分与基质之间的结合力非常强，单纯升高温度并不能有效地释放分析组分，需要多种手段综合使用，提高检测灵敏度。

5. 体系盐度的影响

向液体样品中加入无机盐（NaCl、Na_2SO_4）可增加溶液离子强度，降低有机物的溶解度，即盐析作用，使纤维涂层能吸附更多的分析组分，提高萃取效率[30]。但加入无机盐的量需要根据具体试样和分析组分来定，如 Boyd-Boland 在对 22 种含氮杀虫剂检验中发现，在基体中加入氯化钠可使多数组分的萃取效率明显提高，但对恶草灵、乙氧氟甲草醚等农药却无效[20]。另外，对有些化合物，当体系盐浓度过高时，盐溶作用会占有优势，此时纤维的萃取量反而减少了。

值得注意的是，样品溶液中加入盐，再用纤维直接萃取，测定后需仔细清洗纤维，因为纤维浸过盐溶液后变脆，极易折断。

6. 体系酸度的影响

由于涂层固定相属于非离子型聚合物，对于吸附中性物质更有效。所以为了防止液体试样中待测物质的离子化，提高被吸附的能力，还需要调节溶液的 pH 值，以改变分析组分与样品介质、固定相之间的分配系数。尤其是对弱酸性和弱碱性化合物，样品的 pH 值直接影响其存在形态，因此应用适当的缓冲溶液调节pH 值十分必要。在酸度调节时还应注意到 pH 对纤维的影响，在 pH＜1 时，PA 涂层不稳定。

7. 加入溶剂的影响

向液体样品中加入溶剂会减少纤维上萃取的分析物的量[22,31]，但向固体或污水样品中加入有机溶剂，可以加速分析物向纤维涂层的扩散迁移[4]，从而提高萃取的化合物的量。适量的水或其他表面活性物质也将有助于固体样品中结合力强的分析组分的释放[32,33]。

8. 基体搅动状态与萃取的时间

样品中分析物的萃取速度由其向涂层的质量传递决定，这个过程包括目标化合物在气体或液体样品中的对流迁移，以及样品中存在颗粒物时，分析物从固体表面的解析，和分析物在涂层中的扩散。当质量传递只取决于分析物在涂层中的扩散时，薄薄的涂层可使萃取过程很快达到平衡，通常小于 1min[14]。但这种理想状态只能在气体样品的分析中才能得到。对于液体样品，分析物在迁移到纤维涂层上之前，必须通过液体样品与涂层之间形成的一个稳定的薄液层，因此延长了萃取所需的时间。薄液层很难消除，只有通过强烈而有效的搅拌才能促使扩散慢的化合物加速穿过，迁移到更接近纤维的地方，减弱其造成的干扰。而且通过搅拌还可使水样中的有机物分子分布更为均一，更快达到分配平衡，提高萃取效率。

一般可采用的搅拌技术有：样品的快速流动、纤维或容器的快速移动、搅拌或者超声振荡等。使用超声头对样品进行超声振荡较一般的磁力搅拌更有助于分析组分吸附到纤维上，所需的萃取时间更短。但由于磁力搅拌所用设备简单，目前的分析仍多使用此法。

为保证试验结果重现性良好，试验中应保持萃取时间一定，即从纤维一暴露在样品中，到萃取过程结束所需要的时间应在多次测定中保持一致。由于平衡时间与众多因素有关，因此实际萃取时间可由萃取量随萃取时间的变化曲线来选择。萃取开始时，待测组分很容易而且很快富集到纤维涂层中，使纤维的吸附量迅速增加，接近平衡时，吸附量变化趋于平缓，此时再延长萃取时间对富集也毫无意义了。拥有这种变化趋势的化合物，只要在其萃取平衡的时段内，对萃取时间的控制要求并不十分严格。多数化合物的萃取时间应控制在 5~60min 以内，顶空萃取所需时间比直接萃取少，几分钟即可使萃取量与原始浓度的比值达到最大。而直接萃取，特别是某些极性分子（如脂肪酸、农药等）与水分子作用力较强，在水中扩散较慢，萃取时间多为 30min 以上。

对萃取时间很长或本来就是一个非平衡态的反应体系，其萃取时间很难确定。根据非平衡理论[11]，萃取到纤维上的化合物量可用式（3-7）计算：

$$n=\left[1-\exp\left(-A\,\frac{2m_1m_2KV_f+2m_1m_2V_s}{m_1V_sV_f+2m_2KV_sV_f}\right)\right]\frac{KV_fV_s}{KV_f+V_s}c_0 \tag{3-7}$$

式中，K 为分析物在样品和涂层之间的平衡常数；A 为涂层的表面积；m_1、m_2 分别为分析物在样品和固定相中的质量转移系数。

从式（3-7）以及前文的平衡理论可知，即使未达到平衡，纤维萃取的化合物量与其在样品中的浓度也存在比例关系，因此并不一定要选择达到完全平衡的状态，只要在确定萃取时间之后，严格控制萃取时间并使每次测定均保持一致，即可确保测定的精密度。

9. 解吸条件

现代的气相色谱都允许 SPME 直接进样并完成热解吸,由于无溶剂使用,进样口通常设为不分流方式,并使载气保持较高的线性流速,这可防止峰展宽。此外有效的热解吸还取决于化合物的挥发性、涂层的厚度、进样的深度、进样口温度和解吸的时间。

调节进样口的温度可以明显促进解吸效率的提高。而且,适当的解吸温度还可使测定后纤维上的残留物最少,残留主要归因于杂质与聚合物涂层的强亲和力。有研究人员注意到 SPME 纤维上的残留就是由于解吸不完全所致[34]。多数化合物的解吸温度设置在 150～250℃ 之间,往往稍高于它的沸点,目的是保持分析物的热稳定性,并在此前提下达到完全解吸。对难解吸的化合物,解吸温度要求更高,如农药需要 300℃ 的高温才能有效解吸。对含有高温易分解化合物样品,可在进样口采用程序升温的方式。例如水中碘化合物的测定,因为温度大于 150℃ 时 CHI_3 会分解,所以进样口采用升温速度为 5℃/min 的方式从 120℃→200℃ 或 25℃/min 的速度从 150℃→200℃ 解析分析物,既可保证 CHI_3 不发生热解,又可保证其他极性分析物的正常解吸[35]。为了进一步加快分析速度,还可应用其他解吸方式,如使用由热脉冲加热而非持续加热的汽化室,使用装有内热装置的萃取纤维,以及利用金属作萃取纤维通过加电压后的瞬时短路来高温解吸或使用激光脉冲加热解吸[36]等。

纤维插入进样口的深度对解吸的效率和柱分离的效果也有巨大影响。在分析过程中 GC 的进样口温度与柱温是不同的,致使进样口内存在温度差异,所以纤维插入的深度应调节到进样口的高温区或中心处。如果纤维在进样口中的位置温度较低,目标化合物的解吸速度慢,使进入分离柱的样品分子分散,就会造成色谱峰变宽,如图 3-5 所示。因此纤维插入进样口的位置也要经过优化实验加以确定。

纤维还需在进样口中停留一段时间,使分析物完全解吸下来,解吸的难易程度取决于分析物与纤维涂层的作用力大小和进样口的温度。一般 2～5min 即可使分析物完全解吸。实际上,许多挥发性化合物的解吸只需要 1s,稍长的时间设置是为了去除纤维的残留。

用 SPME-HPLC 接口解吸可以采用两种方式:动态解吸和静态解吸。动态解吸中,纤维先插入接口,六通阀扳至 "Injection" 位置,化合物即被流动相冲洗下来,并直接进入色谱柱进行分离;静态解吸多用于牢固吸附在纤维上难以解吸的化合物,即先在接口中充满流动相或其他解吸溶剂,再将纤维插入接口浸泡一段时间,使化合物解吸进入溶剂中,再将六通阀扳至 "Injection" 位置,使分析物和溶剂进柱分离。无论使用哪种方式,使用最少量的溶剂对优化条件十分重要。

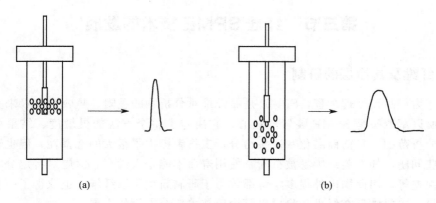

图 3-5　纤维在进样口不同位置，由于解吸温度不同引起的峰形变化
（a）纤维在高温区集中解吸得到的峰形；（b）纤维在低温区分散解吸得到的峰形

10. 衍生化反应

针对强极性、难挥发的化合物，可使用衍生的方法，增加挥发性，降低极性，使其更易被固定相吸附，这样可有效增加萃取的效率、选择性，也利于后续的色谱分析，已经有很多化合物的测定中使用了衍生反应[37~39]。固相微萃取中普遍使用的有三种衍生方式，即原位衍生法、纤维上衍生法和进样口内衍生法。原位衍生法是指将衍生试剂加入待测样品中进行衍生反应，之后再用 SPME 纤维萃取衍生产物。这一方法已经用于水中苯酚的测定，通过衍生反应将其转变为醋酸盐可得到满意的结果[6]。

纤维上衍生又有两种方式。其一是将衍生用于萃取过程之后，即先将纤维暴露在样品或样品顶空中萃取分析物，再将吸附了分析物的纤维暴露在衍生试剂中一段时间，使分析物转变为相应的衍生产物。Okeyo 等用 85μm PA 纤维，于室温下顶空萃取血清中的类固醇，30min 后，再将纤维暴露于纯的衍生试剂（BSTFA）蒸气中，60℃顶空衍生 1h，成功地萃取分离了六种类固醇[40]。另一种则是将衍生用于萃取过程之前，即将萃取纤维浸入衍生试剂中，待涂层中吸附了一定量的衍生试剂后再进行 SPME 萃取，这时在纤维涂层上萃取过程和衍生化反应同时进行。由于分析物一旦被萃取，就会发生衍生反应，所以这并非一平衡过程。由于此方法具有较高的萃取效率，易于进行现场采样分析，最具发展潜力，但对挥发性低的化合物具有一定的局限性。有人用溴化五氟苯甲烷或重氮化五氟苯乙烷对短链脂肪酸进行纤维上衍生化，用季铵碱和季铵盐对长链脂肪酸进行衍生化，顶空 SPME 法测定了水样和粪便中的脂肪酸[41,42]。

SPME 纤维萃取化合物之后进入色谱仪，也可以在进样口内进行衍生反应。Nagasawa[43] 等用此方法测定了安非他明，在 SPME 萃取后，通过向进样口注入衍生试剂，使之转化为氨基衍生产物，得以测定。

第三节　纤维 SPME 技术的发展

一、纤维及其涂层的研制

作为样品预处理过程，SPME 是靠纤维对分析物的吸附、吸收和解吸来完成的，所以萃取头是 SPME 装置的核心，它决定了整个方法的灵敏度、结果可信度和分析范围。目前商品化萃取头给分析工作者提供了很大的选择性，但也还存在一些问题，如石英纤维易被折断，使用寿命不能令人满意，涂层对特定分析物选择性差等，因此国内外很多学者都致力于研制新型萃取纤维，也取得了一些研究成果，主要体现在纤维、涂层以及涂层技术三个方面的进展。

1. 纤维材质的改进

由于熔融石英具有很好的耐热性和化学稳定性，所以目前商品化的萃取纤维均选择以它为材质的光纤作为萃取介质，在上面涂布固定相富集分析物，但由于熔融石英纤维容易碎，所以人们也考虑采用其他材料作为纤维介质，以提高使用寿命。

金属具有很好韧性，不易断裂，是一类理想的纤维介质。Liu 等将 $100\mu m$ 的多孔硅通过高温环氧树脂固定在 $250\mu m$ 外径的不锈钢纤维上，制成了新的纤维介质。其总面积是聚合物涂层表面积的 500 倍，提高了萃取的化合物量，同时还提高了萃取的选择性[44]。

碳素类物质也可以作为纤维的介质。用铅笔的铅芯作为萃取头可从水中成功地分析 BTEX 等有机污染物[45]。用吸附量大而且易解吸的活性炭纤维（Active Carbon Fiber，ACF）进行萃取，因为 ACF 几乎全以微孔形式出现，没有大孔与过滤孔，吸附解吸都很快，缩短了萃取所需的时间。方瑞斌等将石墨型碳素基体及其辅助材料混匀，压制并打磨成细棒，经过物理及化学的表面改性处理后作为纤维的吸附介质，与微量进样器组装成 SPME 装置，萃取样品后与 GC-ECD 联用分析水中的有机农药，检测下限可以达到 $0.02ng/L$，线性范围可达到 10^4 数量级，显示出良好的应用前景[46]。贾金平等自制了膜型及体型两类全碳型纤维材料，膜型纤维是在石英丝表面均匀涂渍酚醛树脂的丙酮溶液后固化成膜，体型纤维是选取合适的植物纤维作为基质材料，经过处理后作为纤维使用。用这两种纤维分析苯，可在 30s 内达到饱和，而且体型纤维的萃取量是膜型纤维的 4～6 倍。两种纤维的耐高温特性使其解吸时不受汽化室温度的影响，但体型纤维的解吸时间比膜型纤维长[47]。这些都为 SPME 新型纤维的研制提供了新的思路。

江桂斌等应用氢氟酸处理石英毛细管，使毛细管内外表面均呈粗糙多孔状，加大了萃取的表面积，用这种方法制成的萃取头直接萃取丁基锡、甲基汞和苯基汞的氢化物[48]，具有很强的吸附效率。Lipinski 用内壁涂有固定相的不锈钢毛细管代替常规的 SPME 注射器针头进行动态萃取，此装置既可以应用直接萃取法，也可以应用顶空萃取法，富集样品后再由 GC 热解吸测定，用其测定水中的杀虫剂，检测限显著降低。此装置的设计使涂层薄的固定相提高了吸附量，经比较，涂有 $7\mu m$ 厚涂层的不锈钢毛细管与涂有 $100\mu m$ 厚 PDMS 的 SPME 纤维富集的样品总量相当[49]。

上面介绍的萃取头均为细径的纤维或毛细管，充分体现了微萃取的微型化优势，但很小的涂层面积制约了富集的化合物量，因此有研究人员想到使用带有固定相涂层的磁子提高萃取量[50]，如图 3-6 所示。磁子为内有铁芯的玻璃棒，外表面涂有 PDMS 等固定相涂层，体积远大于纤维涂

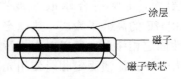

图 3-6　用于微萃取的涂层磁子

层，1cm 的磁子可涂布 $55\mu L$ 的 PDMS，因此也大大提高了萃取量和灵敏度，与纤维 SPME 比较，检测限下降 1～2 个数量级。但此装置也存在着问题，磁子虽可直接置于液体样品中搅拌吸附，但萃取之后放到热解吸管中解吸比较麻烦，要求有特制的进样口或进样管，而且在磁子转动过程中，还会造成涂层的磨损。

2. 新型纤维涂层的研制

商品化纤维涂层的耐热温度范围比较窄，多在 200～280℃ 之间，限制了分析物的最高解吸温度，从而限制了分析物的质量范围。因此一些适合于宽范围的 SPME 实验条件，具有较高稳定性，容量相对较大，能快速萃取分析物的固定相材料的研制，成为许多科研工作者的共识。到目前为止已经开发了十几种新的涂层。

Pawliszyn 等将 PDMS 涂层用液体离子交换剂二（2-乙基己基）磷酸（HDEHP）改性，产生微孔结构，用以进行离子交换式的萃取，直接法测定了无机离子 Bi（Ⅲ）[51]。后来 Pawliszyn 又把聚吡咯（PPY）和聚-N-苯基吡咯（PPPY）通过电化学聚合作用涂渍在金属（铂、金、不锈钢）丝上，萃取了多种化合物，结果表明，PPY 和 PPPY 对极性化合物、芳香族化合物、碱性和阴离子化合物有较高的选择性。由于它们的多功能特征，可以通过引入不同的官能团和改变涂层的厚度，使纤维对不同种类的化合物具有不同的选择性和灵敏度[52]。该小组还开发了一种 Nafion 全氟化树脂涂层，可以从液相中萃取极性化合物[53]。

有人把用于 HPLC 的固定相如 C_8、C_{18} 等涂渍在粘有多孔硅的不锈钢纤维上，制成的萃取头用于水中 PAHs 的萃取，效率显著提高。只是环氧树脂黏合剂会在高温下分解，造成干扰，影响了该涂层的热稳定性（<250℃）[54]。n-辛基三乙氧基硅烷/甲基三甲氧基硅烷（C_8-TEOS/MTMOS）涂层可用于水中有机金属（如砷、汞、锡等）化合物的萃取，检测限低，萃取时间短，且能用于强有机溶剂（如二甲苯和亚甲基氯）以及强酸和强碱溶液（pH 为 3 和 13）[55]。活

性炭不仅可以作为纤维的介质，也可以作为纤维的涂层，涂布在金属或石英纤维的表面。Djozan 和 Assadi 将多孔活性炭（PLAC）作为涂层，对挥发性有机物如 BTEX 等的萃取率要比商品化涂层高[56]。Mangani 等用石墨化炭黑（GBC）作为固定相涂层从气相或液相中萃取了有机污染物。石墨化炭黑涂层表面均匀多孔，具有容量大、取样时间短的优点，能耐高温，也没有明显的不可逆吸附现象[57]，性能十分优越。Buszewski 等研制出的环氧-聚二甲基硅氧烷（PDES）涂层[58]，非常适合萃取非极性化合物。聚甲基乙烯基硅氧烷（PMVS）用作 SPME 的高分子涂层，热稳定性好，涂渍性能优越，萃取容量大。由于属于非极性固定相涂层，所以对有机污染物特别是非极性和弱极性有机物具有强的吸附能力，而且涂渍固定相时使用光固化交联法，使得固定相液膜厚度易于控制[59]。

Guo 及其同事应用电化学技术控制 SPME 萃取的过程。在碳钢金属丝外面涂布 $10\mu m$ 的金，作为金属电极，使萃取相能够导电。富集液态样品中的二价汞离子之后，再进入电子捕获 GC-MS 中进行检测[60]。

国内，武汉大学吴采樱小组在 SPME 涂层的研制方面做出了很大的成绩，他们将中极性全氧-18-冠醚-6-聚氧硅氧烷（POS-18C6）用作 SPME 石英纤维上的涂层，经交联固化制成的萃取头，对环境水样中 12 种多氯联苯污染物萃取分离，检测下限比商用 PA 萃取头降低 3～4 个数量级。将含羟基的开链冠醚 Superox-4[61]、苯并羟基冠醚[62]涂渍在纤维上，经缩聚交联，键合在纤维表面，形成网状高分子结构，对酚、醇、胺、多氯联苯、苯及其同系物（BTEX）等多种极性、非极性化合物均有较高的萃取效率。他们还将聚硅氧烷（OV-1）与富勒烯聚二甲基硅氧烷（PSD-C60）两种固定相以 4∶1 的比例混合，自制萃取头，分析了水中 5 种邻苯二甲酸二酯。结果表明该萃取头萃取选择性明显优于商用的萃取头[63]。他们研制的聚硅树脂富勒烯（PF）涂层，具有平面分子识别能力[64]。其热稳定性、萃取率、选择性和灵敏度都很高，用于半挥发性化合物的萃取，FID 的检测范围可以达到 $10ng/L～1\mu g/L$。

3. 涂层技术的发展

大多数商品化纤维的涂层都是通过物理作用吸附到萃取头表面。在涂渍之前，先用强酸或其他一些溶液除掉石英细丝或金属细丝的保护层。然后将其浸渍于固定相溶液中，或反复多次穿过装有固定相溶液的有孔容器。也可以进行多步涂渍，得到多层固定相。涂层的厚度可以依据浸渍的时间和涂布的次数来控制。涂层之后用紫外灯或其他热力学方法使纤维干燥老化。这种涂层技术的缺点主要是热稳定性差，在溶液中易发生固定相的流失[65]。因此人们也在探索新的涂层方法。

溶胶-凝胶（Sol-gel）技术制备简单、操作方便，能在温和的条件下使有机物附着在无机介质表面，在材料合成和表面涂料方面具有独特的优越性，已经广泛用于高效液相色谱、毛细管气相色谱、毛细管电泳等方面。1997 年 Malik 首次将此技术用于固相微萃取中石英纤维表面 PDMS 固定相的涂层[66]，得到的纤维用于萃取 PAHs、烷烃等化合物，得到了满意的结果。

溶胶-凝胶的涂层技术，主要是利用含羟基的甲基聚硅氧烷预聚物作为基本骨架，由预聚物、涂层主成分、催化剂、溶剂和钝化剂组成的溶胶-凝胶溶液，于酸性或碱性条件下经过水解和浓缩，即可简便快速的涂渍在石英纤维表面上，形成凝胶。在中等温度条件下老化，进一步缩聚、交联，形成网状高分子结构，键和在纤维的表面。该方法的特点和优点是：①溶胶-凝胶过程中，纤维表面的处理、去活以及固定相的涂渍、固定是一步完成的，大大减少了制作成本和时间。②固定相的固定无需自由基的交联过程，杜绝了传统的交联反应中经常出现的固定相性质的随机变化。若要改变涂层的性质，可通过人为控制，按照预期的目的，改变溶胶液中各组分的配比，得到具有不同选择性和灵敏度的涂层。③涂层表面在分子水平上具有同一性，呈多孔结构，显著提高了涂层的表面积，使纤维有较大的萃取容量。例如，用溶胶-凝胶方法涂渍的 $40\mu m$ 厚度的端羟基-聚二甲基硅氧烷涂层的总萃取量与商品化 $100\mu m$ 厚度的 PDMS 涂层相当。在萃取容量不减少的情况下，涂层厚度降低，就可以加速试样在固定相中的扩散速度，使萃取平衡时间缩短[67]。④溶胶-凝胶过程中，有机相（即固定相）与无机相（石英纤维）之间通过化学键键合，得到的纤维有热稳定性好、耐溶剂冲洗及使用寿命长等优点。如用溶胶-凝胶技术涂渍的 PDMS 涂层可以耐 320℃ 的高温，而目前商用涂层在 250℃ 就开始流失。这种涂渍方法较好地解决了商用涂层热稳定性差的缺点。由于涂层能在较高的解吸温度下解吸，加快了试样在 GC 热解吸时脱离固定相涂层的速度，也就消除了峰展宽、拖尾等现象，因而提高了检测灵敏度，降低了检测限。

除了上述的直接涂层和溶胶-凝胶技术之外，目前还没有更为成熟的涂层技术用于 SPME 领域，但其他的易于操作的色谱涂层方法都可以在这方面发挥作用。

4. 应用电化学方法在不锈钢丝上涂渍聚合物涂层

笔者实验室在纤维涂层的制备中引入电化学方法，将聚苯胺（PANi）等聚合物电镀到不锈钢细丝的表面[68]，从纤维材质和涂层技术两方面均对 SPME 纤维进行了改进，电镀过程如图 3-7 所示。将需要电镀的不锈钢纤维打磨刨光之后作为工作电极，铂电极作为对电极，甘汞电极作为参比电极，共同组成一个三电极系统，电解液为含有聚合物前体如苯胺的硫酸水溶液，通过恒电压控制聚合反应的进程。苯胺发生聚合反应的机理如式（3-8）和式（3-9）所示。

$$\overset{NH_2}{\bigcirc} \rightleftharpoons \overset{\overset{+}{\bullet}NH_2}{\bigcirc} +e^- \qquad (3\text{-}8)$$

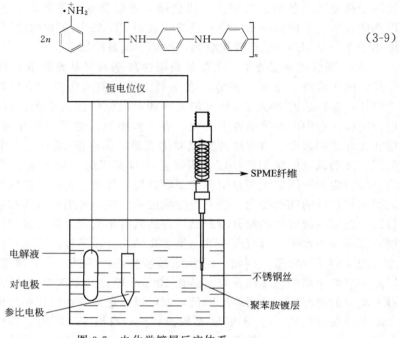

$$2n \underset{}{\overset{\cdot \overset{+}{N}H_2}{\bigodot}} \longrightarrow \left[-NH-\bigodot-NH-\bigodot-\right]_n \tag{3-9}$$

图 3-7　电化学镀层反应体系

　　通过调节控制电压的大小、电镀时间的长短和电镀的次数可以有效控制镀层的厚度。得到的黑色聚合物镀层用去离子水和甲醇依次清洗，干燥后在 GC 进样口高温老化，就可用于目标化合物的分析测定。经此电化学镀层得到的纤维涂层厚度均一，性质稳定。用红外光谱对电镀层进行定性分析，表明在不锈钢细丝的表面确实已经形成苯胺的聚合物。扫描电镜的分析还表明得到的涂层呈现粗糙多孔的结构，提高了萃取的比表面积，电镜照片如图 3-8 所示。

　　应用此纤维顶空萃取芳香胺类化合物（苯胺，N,N-二甲基苯胺，间甲苯胺，2,4-二甲基苯胺，2-氯苯胺，3,4-二氯苯胺）以评价其性能，实验表明其线性范围为 0.0048~27.5μg/mL，检测限为 0.019~1.06μg/L，相对标准偏差为 2.02%~6.00%。同时优化了 PANi 的萃取条件，并对实际样品进行了测定，回收率在 89%~95% 之间。结果显示，聚苯胺萃取头可用于包括芳香胺等极性化合物的定量分析。

　　通过实验说明电化学聚合法制备 SPME 萃取头涂层，具有很好的应用前景。而且，可以借鉴化学修饰电极中导电聚合物薄膜的制备，改变电解液的组成，从而得到不同的固定相涂层，例如，可以通过掺杂技术引入功能团，使之固着在电极表面[69]，改变涂层的极性和其他性能。掺杂方式包括以下几种：①掺杂多酸阴离子，如掺杂同多钼酸的聚苯胺修饰电极；②掺杂大环配合物，将金属大环配合物（如四磺化酞菁钴）结合到导电聚合物中；③掺杂无机化合物，对于一些过

(a)

(b)

图 3-8　聚苯胺涂层的扫描电镜照片

(a) SEI, 3.0kV, ×300；(b) SEI, 3.0kV, ×60000

渡金属离子，可将其掺杂到一些可溶性的聚苯胺薄膜中；④掺杂聚合物；⑤掺杂有机电子受体，如苯醌衍生物等，可提高聚苯胺的导电性。其中第④种，掺杂聚合物在 SPME 纤维制备过程中将最具有实用价值，采取的方法主要是在聚电解质存在的条件下电聚合苯胺。例如在含有聚苯乙烯磺酸盐的 $HClO_4$ 水溶液中、在含有 Nafion 的乙腈溶液中、含有聚乙烯磺酸和聚丙烯酸的水溶液中进行电聚合反应，制备聚苯胺膜，即可将其他聚合物掺杂到聚苯胺中，提高涂层的极性。

二、纤维 SPME 应用的后续分析仪器

1. 纤维 SPME-GC

挥发性、半挥发性的有机化合物经 SPME 富集之后，多与气相色谱联用进行分离测定。由于 SPME 技术的无溶剂化特点，色谱柱的柱效不会受溶剂的影响，所以可使用细径、固定相薄的毛细管柱提高分离效果，实现快速分析。Shirey 利用 SPME 方法富集废水及饮用水中的挥发性碳化合物（VOCs）及含氯杀虫剂，只用 15m 长的短毛细管柱就可进行很好的分离，不仅缩短了分析时间，还降低了检测限[70]。Tadeusz 等进一步发展了应用短柱毛细管及高速载气气流

进行快速分析的方法，将 BTEX 的分析时间缩短到 23s[71]。而且使用 SPME-GC 联用测定水样中的 BTEX 也更加灵敏，最低检测限为 $1.5\sim15\text{pg}\cdot\text{mL}^{-1}$，大大优于美国 EPA 规定方法的检测限（$30\sim90\text{pg}\cdot\text{mL}^{-1}$）[72]。

为了提高 SPME 方法的精密度，Arthur 等将 Varian Model 8100 自动进样器进行改良，用于 SPME 的自动进样，大幅度改善了方法的精密度，相对标准偏差（RSD）达到 5%，优于手动操作的 20%。经过研究人员的不懈努力，目前固相微萃取技术的样品制备、萃取、进样、色谱分离与检测可全部实现自动化，提高了 SPME 技术的分析速度和大量样品常规分析的能力。

与 GC 联用，通常使用的检测器可以是质谱（MS）检测器、氢火焰离子化检测器（FID）、火焰光度检测器（FPD）、电子捕获检测器（ECD）、原子发射光谱检测器（AED）等，最低检测限可达 10^{-9}、10^{-12} 级[73]。还有人用氮磷检测器（NPD）测定有机磷农药[74,75]。

2. 纤维 SPME-HPLC

一些半挥发性、非挥发性化合物，热不稳定性化合物，强极性化合物，如药物、氨基酸、蛋白质和氨基甲酸盐等，应用 HPLC 进行分离和测定更为适合，因此，对 SPME-HPLC 联用的研究也逐渐增多。

SPME-HPLC 联用技术中，富集了分析物的萃取纤维既可以用一定的有机溶剂离线解吸后再进样，也可以在进样口在线解吸，而完成分析物在线解吸的关键就在于进样的接口。此接口既要能满足 HPLC 的进样要求，避免大体积进样造成的柱外效应，又要保持 SPME 低溶剂消耗的优势。商品化的接口为一小型 T 形三通，一个口为纤维插入口，即解吸室，另两个口与六通阀相连，使样品解吸后可直接进入色谱柱分离测定。实验证明，测定过程中使用溶剂梯度洗脱可以改善某些化合物的分离效果。

HPLC 应用的检测器均可用于此联用技术，Body-Boland 等用聚乙二醇/模板树脂和聚乙二醇/二乙烯基苯涂层的纤维萃取，HPLC 梯度洗脱正相展开，应用紫外 UV220nm 检测，建立了新的分析乙氧基非离子表面活性剂的方法，检测下限达到 $2\mu g\cdot L^{-1}$[33]。应用 HPLC-荧光检测器以及纤维上的在线衍生方法测定非离子表面活性剂醇乙氧基化物（Brij 56）和 1-十六烷醇，线性范围为 2 个数量级[76]。用电化学检测器测定生物体中的胺类、酸类化合物，能够很好地进行分离，并可降低生物样品的背景干扰，适于多种生物样品的测定[77]。二极管阵列检测器（PDA）也是 HPLC 经常使用的。Negrao 等将其用于分析废水中的 PAHs[78]，线性范围为 $1\sim300\mu g\cdot L^{-1}$，最低检测限 $1\sim5\mu g\cdot L^{-1}$，准确性可通过加标回收率保证，在 73%～104%范围内。

3. 纤维 SPME-光谱

紫外光谱和红外光谱均可提供化合物的结构信息，由分析物在一定波段的吸收峰，可以很容易判断其携带的官能团以及官能团的化学环境，十分适于有机化合物的分析。而且在化学传感器的研制过程中，光纤的应用最受注目，这也为 SPME 技术与光谱法的联用提供了契机。

SPME 技术与红外光谱联用可用于测定生物样品中[79] 以及水样品中的挥发性化合物、有机氯化合物[80~82]，提高了红外检测的灵敏度，一般检测限在 10^{-9}、10^{-12} 级。而且由于纤维上固定相的疏水性，还降低了检测中水分子的吸收干扰。进入固定相的有机分子可直接用红外光测定，不需要进行其他的处理，十分方便。还可以将固相微萃取法与感测组件（如衰减式全反射，ATR）结合，进行半直接测量[83]。对于固体样品，通过加热使分析物从样品中挥发出来，可提高测定的速度与灵敏度（约 10^{-8} 级，10min）。也可以采用中空的光导纤维管，内表面涂布聚异丁烯，测定土壤中的氯代芳烃[84]。

SPME 与紫外光谱联用可以测定水中的芳烃化合物。将 $80\mu L$ PDMS 涂在小薄片上，作为微萃取的介质富集芳香化合物，多次测定的 RSD 值为 $3\%\sim10\%$，检出限为 $(0.4\sim12)\times10^{-9}$[85]。另外也有 SPME-拉曼光谱联用分析水中 BTEX 的报道，检测限为 $(1\sim4)\times10^{-6}$[86]。

4. 纤维 SPME-CE

SPME 萃取化合物后离线解吸，解吸液可通过毛细管电泳进行测定[87]。与之联用的在线解吸方式也有人进行了尝试[88,89]。将可插入萃取纤维的一小段粗径毛细管（1.5cm 长，$150\mu m$ 内径）与 CE 分离柱相连作为纤维的解吸池，即可完成分析物在流动相中的在线解吸。适当调整解吸池的长度和内径，如将直径 $40\mu m$ 的纤维直接插入 $75\mu m$ 内径的毛细管中，可达到零死体积连接。

第四节　纤维 SPME 的应用

随着 SPME 技术的发展，目标化合物从挥发性、半挥发性的有机化合物，扩展到非挥发性的大分子物质，在环境样品分析、精细化工、食品检测及药物检测方面均有应用。

一、SPME 在环境分析领域的应用

1. 环境水样

由人类生产、生活而引入环境水体的污染物，不仅对环境造成了巨大的污染，也严重危害到人类的健康和生存。因此检测江河、湖泊、海洋、废水、污水、地下水、饮用水中的污染物成为人们关心的问题。作为一种灵敏的痕量分析技术，SPME 出现后，就在液体样品研究中充分体现了它的优越性，均匀的液态

样品，无须消解，只要转移到具塞玻璃容器中，调节萃取条件，盖紧塞子，就可进行萃取操作。表 3-3 列举了 SPME 技术应用于水体环境中的一些典型有机污染物的分析过程，其中包括了萃取过程中影响参数的优化，如酸度、盐度、衍生试剂、萃取温度、萃取方式、萃取所需的时间以及应用的纤维，表中还列出了相应化合物的测定条件，如解吸温度和时间、分离测定的手段以及测定的结果。萃取纤维与测定手段两栏中，与每种化合物对应的列项，使用频率最高的列在最上面。

从表中可见，SPME 技术用于各种农药、除草剂、灭菌剂残留，挥发性碳化合物（VOCs），苯的同系物（BTEX），多环芳烃（PAHs），多氯联苯（PCBs），芳香胺化合物和酚类化合物等环境污染物的测定，具有较宽的线性范围和较高的灵敏度，对于多种萃取纤维的选用，非极性的 PDMS 涂层和极性的 PA 涂层适用面最广，对多数化合物均具有较好的富集效果。萃取的温度通常也不高，多数在室温下就可取得满意的萃取效率。

笔者研究组应用 SPME-GC-FPD 分离测定水中的六种有机磷农药：甲拌磷（Phorate）、杀螟松（Fenithrothion）、马拉硫磷（Malathion）、倍硫磷（Fenthion）、双硫磷（Parathion）、三硫磷（Carbophenothion）。由于化合物的弱挥发性，所以采用直接法萃取。针对五种商品化的纤维（$7\mu m$、$30\mu m$、$100\mu m$ PDMS，$85\mu m$ PA 和 $65\mu m$ PDMS-DVB）进行了比较，发现 $100\mu m$ PDMS 和 PA 涂层对目标化合物均具有较强的吸附能力，富集效果最好，是其他三种纤维的 2～10 倍。在下述优化的条件下操作：$100\mu m$ PDMS 纤维于 40℃ 下萃取 30min，基体盐度用 NaCl 调节至 3%，方法重复性很好，RSD<8%，线性范围为 $0.5\sim100\mu g \cdot L^{-1}$，最低检测限 $0.049\sim0.301\mu g \cdot L^{-1}$[90]。

除了有机化合物的测定，SPME 技术还被用于水中无机离子的分析。根据吡咯的离子交换特性，用聚吡咯涂层可萃取多种无机阴离子，如 Cl^-、F^-、Br^-、NO_3^-、PO_4^{3-}、SO_4^{2-}、SeO_4^{2-}、SeO_3^{2-} 等[91]。

2. 土壤、底泥与生物组织等固体样品

固体样品往往不能直接进行 SPME 操作，可加热样品，使易挥发的分析物进入顶空后采用顶空方式萃取，此法尤其适用于固体样品中的挥发性化合物，如 PAHs。也可以通过适当的浸提液浸取，将分析物转移到液相中，再进行固相微萃取，测定条件与水样的测定相同。

将固体样品中的分析物转移到液相中有多种方式可供选择，为了避免应用有机溶剂，可使用微波辅助萃取，在固体样品中加入适量水，利用水分子对微波能量的强吸收作用，进行微波加热并加上一定的压力，使分析物从固体样品转移至水相中，再用 SPME 进一步进行富集。应用微波辅助萃取可测定西红柿中的挥发性胺类化合物[26]。Hawthorne 等还提出次临界水萃取与 SPME 技术联用测定

表 3-3　典型环境污染物的 SPME 分析

目标化合物	萃取条件 pH	盐度	温度	常用衍生试剂	萃取方式①	萃取时间/min	纤维	解吸温度/℃	解吸时间/min	检测手段	RSD/%	线性范围	检测限 LOD/μg·L⁻¹	文献
有机磷农药	中性	0~饱和 NaCl	室温	—	DI	20~180	85μm PA, 100μm PDMS, CW/DVB	205~280	2~30	GC-NPD, GC-MS, GC-FID, HPLC-UV	<25	3个数量级	0.001~37.5	95
有机氯农药	中性	0~4mol·L⁻¹ NaCl	室温	—	DI	2~90	PDMS, 85μm PA, CW/DVB	200~280	2~5	GC-ECD, GC-MS, GC-FID	<30	3个数量级	0.0001~800	95 96
三嗪类除草剂	中性	饱和 NaCl	87℃	—	HS	45	100μm PDMS	250	23	GC-ECD, GC-MS	6~21	3个数量级	0.0003~0.06	97
硫代氨基甲酸盐除草剂	中性	0~饱和 NaCl	室温~60℃	—	DI	10~50	85μm PA, 100μm PDMS, CW/DVB	220~300	2~5	GC-MS, GC-NPD, GC-FID, GC-ECD	2~24	3个数量级	0.0003~14	95 96
取代脲嘧啶除草剂	中性	0~饱和 NaCl	室温	—	DI	20~180	85μm PA, 100μm PDMS, CW/DVB	220~280	5	GC-MS, GC-NPD, GC-FID, HPLC-ECD	3~25	3个数量级	0.001~2	95
取代脲嘧啶除草剂	中性	0~10% NaCl	室温	—	DI	30~50	85μm PA, 100μm PDMS, CW/DVB	230~250	5	GC-NPD, GC-MS, GC-FID	5~22		0.01~19	95
二硝基苯胺除草剂	中性	0~饱和 NaCl, Na₂SO₄	室温~70℃	—	DI	25~50	85μm PA, 100μm PDMS	250~270	2~5	GC-MS, GC-NPD, GC-ECD	2~11		0.001~2.6	95

续表

目标化合物	萃取条件							解吸温度/℃	解吸时间/min	检测手段	RSD/%	线性范围	检测限LOD/μg·L⁻¹	文献
	pH	盐度	温度	常用衍生试剂②	萃取方式②	萃取时间/min	纤维							
苯氧酸类除草剂	1	5mol·L⁻¹ NaCl	室温	苯甲基溴化物	DI	50~60	100μm PDMS PDMS/DVB	250	5~7	GC-MS	<32		0.001~1.5	95
脲类除草剂	4	14.3% NaCl	室温	—	DI	60	PA	300	5	GC-NPD	9~15	2个数量级	0.04~0.1	98
其他类农药	中性	0~饱和 NaCl	室温	—	DI	15~180	85μm PA 100μm PDMS	200~300	2~30	GC-MS GC-NPD GC-ECD HPLC-ECD	<22		0.01~27.25	95 99
VOCs	—	—	室温	—	DI HS	10~30	CAR/PDMS 100μm PDMS	200~300	1~5	GC-MS GC-ECD	<5	3个数量级	<0.05	100 101
卤代烃化合物	—	—	室温	—	DI	5	100μm PDMS	220~300	6	GC-MS GC-ECD		1~2个数量级	0.0001~0.013	102
BTEX	中性	—	40℃	—	DI HS	1~10	100μm PDMS	150	1	GC-FID	4	4个数量级	0.3~3	22 103
芳胺化合物	中性或13	0~饱和 NaCl	室温	—	DI	20~30	CW/TPR PDMS/DVB 冠醚涂层	260	2~7	GC-MS GC-FID HPLC-UV	2~8	2~3个数量级	0.00017~0.0024	104 105
酚类	2.0	饱和 NaCl	室温	乙酸酐，BSTFA①	HS	40~60	PA CW/TPR PDMS/DVB	300	5	GC-MS HPLC-二极管阵列检测器	3~12	2~3个数量级	0.01~0.1	106 107

续表

目标化合物	萃取条件						纤维	解吸温度/℃	解吸时间/min	检测手段	RSD/%	线性范围	检测限 LOD /μg·L⁻¹	文献
	pH	盐度	温度	常用衍生试剂	萃取方式⑥	萃取时间/min								
PAHs	9.2	5%NaCl	室温	—	DI	30~120	C₈,C₁₈涂层 100μm PDMS	320	2~5	GC-FID HPLC-UV CE-UV	<12	2个数量级	1~75	54 80 89
CH₃及水中消毒副产物	—	—	室温	—	DI	30~60	85μm PA 100μm PDMS	120 200④	1	GC-ECD	2~18	2~3个数量级	0.00028~0.12	35
表面活性剂	—	13% NaCl	室温	TMCS②,DMPA③	DI	60	PDMS/DVB CW/TPR	室温	—	HPLC-UV HPLC-荧光检测器	2~15	2~3个数量级	100	33 78
酞酸酯	—	0~25% NaCl	22℃	—	DI	15~900	PDMS/DVB CW/TPR	270 室温	5 0.5	GC-MS HPLC-UV	<8.5	1~2个数量级	0.015~1	108 109
PCBs	—	—	室温	—	DI	300	100μm PDMS	300	1	GC-ECD	—	—	—	9
水中气味物质	中性	30% NaCl	室温	五氟苯基重氮乙烷	HS	40	PDMS/DVB	240	3	GC-ITDMS⑤	4.3~17.1	2个数量级	0.0008~0.05	110
长链脂肪酸	1.5	饱和 NaCl	室温	—	DI HS	30	PA	275	3	GC-FID GC-MS	<5	—	10^{-12}	41
短链脂肪酸	1.5	饱和 NaCl	25~60℃	五氟苄基溴、重氮甲烷、甲烷吡啶重氮甲烷	HS	50	PDMS PA	300	4	GC-FID GC-MS	<5	—	10^{-9}	40 41

①Bis (trimethylsilyl) trifluoroacetamide [双 (三甲基硅) 三氟乙酰胺]。②三甲基氯硅烷。③4-二甲基氨基吡啶。④程序升温，初温 120℃，以 5℃·min⁻¹ 的速率升温至 200℃。⑤离子阱质谱。⑥萃取方式：DI 表示直接萃取方式；HS 表示顶空萃取方式。

土壤、底泥样品中多氯联苯（PCBs）、芳香胺、多环芳烃（PAHs）等化合物的方法[92,93]。次临界水是指在高温下的液态水。不同于超临界流体萃取通过高压下的 CO_2 富集分析物，次临界水萃取主要依赖水的温度，压力只要足够维持水的液态即可（一般 $<40bar$，$1bar=10^5Pa$）。萃取装置为一根长 64mm、直径 7mm 的不锈钢管，两端可用螺帽封死。加入固体样品和预先用氮气除氧的水，置于 GC 柱箱内加热。高温下，水的极性、表面张力和黏性均会下降。此时，一些水溶性很小的有机化合物，溶解度会急剧增加，如杀虫剂 Chlorothalonil 在常温下的水溶解度为 $0.3\mu g \cdot L^{-1}$，而水温升高到 200℃时，溶解度可达 $23000\mu g \cdot L^{-1}$。因此适当调节水温度，此方法可用于多种化合物的萃取。对于极性较强的化合物，50～100℃就可以充分萃取分析物，而非极性的化合物则要求更高的水温。

3. 气体样品的分析

SPME 技术用于气体样品分析，主要是 VOCs[94,28] 的测定，相对于传统的气体分析方法，具有显著的优势。传统的气体采集、富集方式有两种，一种是针对目标化合物的活性气体采样（Active Air Sampling），即将含有目标化合物的气体通过特定的吸附床或反应剂，其中的目标化合物就通过物理吸附或化学反应被富集，再经过加热脱附、溶剂解吸等方式使化合物适合后续的色谱分析。此法在气体组分分析中十分有效，但缺点在于现场操作比较麻烦，不能进行污染物浓度变化的实时监测，还会使用有毒的有机溶剂。与之相应的另一种气体采样方法是全气采样（Whole Air Sampling），即用不锈钢器皿或塑料袋采集含有目标化合物的气体样本进行分析，这种方法虽然操作简单，但引入了很大的背景值，不利于痕量组分的分析。而 SPME 克服了传统技术的缺陷，可方便快速地针对目标化合物进行采样测定。我们关心的许多问题如工业卫生监测、室内空气污染调查等，SPME 技术都具有很好的应用前景。

虽然 SPME 技术具有诸多优点，但气体样品分析自身存在的缺点却阻碍了它的广泛应用，如气体样品不同浓度的标准系列很难制备，不利于工作曲线的绘制。Pawliszyn 制备苯、甲苯、二甲苯、乙苯等化合物的气态混合标样的方法是：将各化合物的标准样品 0.75g 依次加入聚四氟乙烯封口的玻璃瓶中，充分混匀后将液体转移至 1.8mL 聚四氟乙烯封口的小瓶中，加盖后样品上方应不留顶空。此液体混合样品可通过注射泵产生标准气体。此外还应注意工作曲线与样品采集要在同一温度下进行，以确保良好的精密度。

二、SPME 在食品检测方面的应用

食品检测主要是评价其营养价值，监测各种食品添加剂的含量，进行质量控制。对各类食品，如酒、果汁、饮料、水果、蔬菜、粮、油、肉、蛋、乳制品、蜂蜜等，应用 SPME 进行检测均有报道[111,112]。由于食品样品的基质往往比较

复杂，为延长纤维的使用寿命和减少基体干扰，70％的测定采用顶空萃取方式，普遍使用的纤维为 $100\mu m$ PDMS 和 $85\mu m$ PA 涂层，CAR-PDMS 和 CW-DVB 纤维也有应用。

芳香剂和香料的测定是食品检测的重要方面，包括了一些小分子的有机化合物和含硫的有机化合物，这些香味物质在食品中的含量都很低，要从复杂的样品基体中分离出来非常困难，所幸这些化合物都具有较强的挥发性。基于这些化合物的挥发性，利用顶空 SPME 萃取，可取得满意的结果[113,114]。饮料中的咖啡因测定，采用直接萃取方式，将含有 ^{13}C 的咖啡因作内标物，方法的精密度很好，相对标准偏差＜5％[115]。

另外，食品也会被一些环境污染物沾污，如杀真菌剂、杀虫剂、除草剂等农药在世界范围内广泛使用，导致许多食品中都存在农药残留，而食用被污染食品导致的中毒事件也时有发生。因此农药残留和其他环境污染物的监测在食品分析中占有非常重要的地位。应用 SPME 技术富集可同时测定葡萄酒中的 22 种含氮农药[21,116]。Simplício 测定了水果和果汁中的有机磷农药，果汁可直接进行测定，而水果为固体样品，粉碎后与水制备成匀浆液后再进行测定。最低检测限＜$2\mu g/kg$，果汁的回收率在 75.9％～102.6％范围内，优于水果样品的回收率70％～90％，这主要是由于水果匀浆液包含了果肉和果汁两部分，基体干扰比单纯的果汁严重[117]。

还有其他一些天然的和人造的化学物质，能够通过食物链累积，并对人类的遗传和内分泌产生干扰。某些抗生素类的药物，经常被用于牲畜、家禽的疾病预防与治疗，很多的肉类产品和奶制品中都可检测到四环素的存在。应用 SPME-HPLC 联用技术，可灵敏地检测牛奶中 10^{-7} 级的四环素[118]。有些食物自身可产生具有致突变、致癌作用的化合物，如久置的大米产生大量黄曲霉素，食用后可诱导癌症的发生。而不当的烹调制作、储存方式或包装材料也能产生有毒副作用的化合物。如熏制的火腿中含有的致癌物 N-亚硝基二正丁胺（NDBA）和 N-亚硝基二苄胺（NDBzA），可用顶空萃取-SPME 方法进行测定[119]。

三、SPME 在医药卫生领域中的应用

药品摄入人体后，活性组分是否能针对病变组织发生作用，在参与人体代谢过程中又发生了怎样的形态改变，是许多医务工作者感兴趣的问题；中成药中的溶剂残留、农药残留对患者的影响；酒后驾车肇事的鉴定以及体育比赛中使用兴奋剂的鉴定等许多问题都要求高灵敏度、快捷的分析方法。SPME 技术就为这一领域的分析工作提供了无溶剂化，可避免复杂基体干扰的高效方法。

1. 血、尿等生物样本中有机化合物的测定

尿液是一种相对简单的生物样品，往往包含了目标化合物及其代谢产物，而

且经过肾脏的作用，其中的化合物还会被浓缩，常被用于药物检测、法医鉴定、工作环境化学品暴露的测定。血液样品组成比较复杂，既可对全血进行分析，也可将血液分离后，对血清进行分析，要根据不同的需要选择分析对象。直接分析全血存在的问题是血液的凝结，会影响目标化合物的迁移和挥发，难于取得平行的结果。全血可以进行脱蛋白处理，向血样中加入强酸后离心分离，可解决血液凝结问题，但这种方法会导致强挥发性化合物的损失；因此常选择加入强碱NaOH，使红细胞溶解，防止细胞凝结。毛发样品也是生物检测的重要样本，其处理方式是：将毛发置于高浓度的碱溶液 NaOH 中，加热至 55℃使之溶解。

这些样品中的目标化合物主要有以下几大类，溶剂与挥发性的有机化合物，如醇类物质、BTEX 等；摄入人体的环境污染物，如农药残留等；药物及其代谢产物，包括安非他明、镇痛剂、麻醉剂、抗抑郁剂、兴奋剂等；天然产物，如蛋白质、氨基酸、类固醇等。表 3-4 列举了 SPME 在医药领域中的部分应用。

由表 3-4 中的结果可见，SPME 萃取血、尿等生物样品中的化合物时，全血的萃取率为 $0.8\% \sim 12.9\%$，尿样为 $3.8\% \sim 40.2\%$。由于基体复杂程度不同，尿样检测往往比血样检测具有更好的灵敏度和精密度，如全血中农药的测定检测限为 $4.4 \sim 80 \mu g \cdot L^{-1}$，高于尿样的 $1.6 \sim 24 \mu g \cdot L^{-1}$。毛发样品经过消解后可用 SPME 萃取，作为药物监测的手段，但 SPME 技术不适于测定毛发样品中的可卡因、海洛因等生物碱，因为这类酯型化合物会在碱性环境中水解。SPME 还可用于唾液、粪便等样品的分析，检测药物及其代谢产物。

蛋白质、氨基酸等化合物常用的分析方法是用荧光标记之后进行 HPLC-荧光检测。而用 PA 涂层的纤维可萃取中性环境中的肌血球蛋白、细胞色素 C 和溶菌酶等蛋白质化合物，并快速达到平衡。蛋白质以含 NaCl 的 Na_3PO_4 溶液洗脱，洗脱液用于 HPLC 分析，为蛋白质的快速分离和测定提供了新的途径。

2. 药物成分分析

SPME-GC 联用是分析中药材中挥发性成分的强有力工具。PDMS 纤维可从中药丸中顶空萃取多种萜类化合物。笔者研究组对中成药中的溶剂残留进行了分析。

我国药典中关注的残留溶剂包括苯、甲苯、二甲苯、环己烷、正辛烷、苯乙烯、二乙烯苯，规定了它们的限量标准，苯低于 2×10^{-6}，其他溶剂低于 20×10^{-6}。除此之外我们还选取了一些药物提取中可能使用的溶剂，包括正己烷、乙醚、乙醇、丙酮、二氯甲烷、四氯化碳、四氢呋喃、乙腈、乙酸乙酯，这些溶剂中只有二乙烯苯沸点较高，无法用低温色谱进行分离（低温色谱最高柱温为80℃），因此对其他几种溶剂残留进行了 HS-SPME-低温色谱-FID 富集分离和测定。市售的许多中成药都具有良好的水溶性，只要将样品溶于水就可进行顶空萃取。对影响 SPME 萃取的参数进行了优化实验，发现 PDMS/DVB 的纤维对各目

表 3-4　SPME 技术在医药卫生领域中的应用

目标化合物	样品基体	萃取条件							纤维	检测手段	检测限/$\mu g \cdot L^{-1}$	文献
		pH	盐	温度/℃	常用衍生试剂	萃取方式	预热时间/min	萃取时间/min				
醇和挥发性物质	血,尿	中性	NaCl $(NH_4)_2SO_4$ $Na_2S_2O_8$	25~80	—	HS	—	5~20	PDMS CAR/PDMS PDMS/DVB CW/DVB	GC-FID GC-MS	0.039~ 422	120~ 122
有机磷农药	全血,尿	3	NaCl $(NH_4)_2SO_4$	100	—	HS	15	20	100μm PDMS	GC-NPD	1.6~80	13
持久性有机氯化合物	血	酸性	—	100	—	HS	—	40	PA	GC-ECD	0.05~1.59	123
安非他明及其衍生物	血,尿,人发	碱性	NaCl Na_2CO_3	60~100	丙基氯甲酸盐 七氟丁酸酐	HS DI	20~30	5~20	100μm PDMS PDMS/DVB	GC-MS GC-FID GC-NPD	0.1~4000	124~ 127
抗抑郁剂	血尿	碱性	—	100~120	—	HS	30	15~60	100μm PDMS	GC-FID GC-MS GC-NPD	32~100	128 129
生物碱:烟碱,可卡因	尿	碱性	NaF K_2CO_3	室温~80	—	DI HS	20	5~30	100μm PDMS	GC-NPD GC-MS	12	130 131
镇痛剂:美沙酮,盐酸哌替啶	尿,血	碱性	15%NaCl	室温	—	DI HS	10	15~30	100μm PDMS	GC-MS GC-FID	<1000	120 132 133
苯环己哌啶	血,尿	碱性	K_2CO_3	90	—	HS DI	10	30	100μm PDMS	GC-SID	0.25~1	134
麻醉剂	血	中性或碱性	NaCl	室温	—	DI HS	—	40	100μm PDMS	GC-MS HPLC	50~700	135 136
大麻的化学成分	唾液,人发	碱性	饱和 NaCl	室温	—	DI	15	15	PDMS	GC-MS	ng/L 级	137
类固醇①	血,尿	中性	—	室温 60	BSTFA②	DI HS	—	60	PA CW/DVB	GC-MS	ng/L 级	40

① 此文献测定中,室温下直接萃取类固醇,再于 60℃下 BSTFA 试剂中顶空衍生。
② 双(三甲基硅)三氟乙酰胺。

标化合物都有很好的萃取效率，酸度的调节对测定没有影响，而加入 30％NaCl 可明显提高萃取效率，0℃的冰水浴中平衡 10～15min 就可完成萃取。低温色谱的程序升温为 0℃的初温保持 2min，以 10℃·min^{-1} 的速率升至 75℃。在上述条件下，SPME-低温色谱联用可使一些直接进样无法分开的化合物如环己烷和苯、乙醚和二氯甲烷、正己烷和乙酸乙酯达到很好的基线分离。图 3-9 为低温色谱分离中药中溶剂残留的标准色谱图，其中的甲醇为各化合物标准溶液的溶剂。

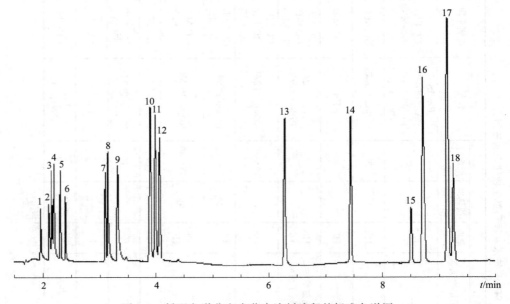

图 3-9　低温色谱分离中药中溶剂残留的标准色谱图

1—甲醇；2—乙醇；3—乙腈；4—丙酮；5—乙醚；6—二氯甲烷；7—正己烷；8—乙酸乙酯；
9—四氢呋喃；10—苯；11—四氯化碳；12—环己烷；13—甲苯；14—正辛烷；15—乙苯；
16—间二甲苯，对二甲苯；17—苯乙烯；18—邻二甲苯

应用该方法多次测定的相对标准偏差为 1％～8％；用于实际样品的分析，具有较高的灵敏度，检测限为 0.16～5000μg·L^{-1}，线性范围为 2～3 个数量级，加标回收率范围在 88％～112％之间。样品测定的结果表明不同的中成药，由于提取方式不同，所含的溶剂残留也有所不同，感冒冲剂和板蓝根中以乙醚和乙醇残留为主，跌打丸中以丙酮残留为主，但残留量均低于国家规定的标准。

四、SPME 技术在化工领域中的应用

人们生活中经常接触的日用品中往往含有人工合成的化学品，其中一些是有害的，也有一些是无害的，这就要求有灵敏的方法对其进行质量监测。

含氮的染料具有致癌性，已在一些欧洲国家禁止使用。其定量分析往往是针

对它的裂解产物——芳香胺化合物。Cioni 等将纺织品和皮革的碎片置于柠檬酸缓冲介质中，70℃下还原裂解 30min，生成不同的芳香胺化合物，以三氯苯胺和 2-甲基-1-萘胺作为内标进行定量分析，检测下限可达 $0.75\mu g \cdot mL^{-1}$。与常用的分析此类化合物的方法相比较，样品处理过程大大简化，减少了 2/3 的时间[138]。

Struppe 等利用 HS-SPME 方式选择性测定了化妆品中的三种硝基麝香化合物，化妆品只要溶解在水中就可以用 $100\mu m$ PDMS 纤维进行顶空萃取，平衡 30min 后以气相色谱-原子发射检测器分离和测定，检测限在 $1\sim500mg \cdot kg^{-1}$ 的范围内[139]。

五、SPME 技术在金属及准金属化合物形态分析中的应用

许多金属与非金属元素因它们具有在工农业生产中的利用价值，被广泛应用在人类生活的各个方面，经济效益显著，但随之出现的问题也越来越多。如苯基汞、乙基汞、甲基汞等有机汞化合物在 20 世纪 50～60 年代曾被大量用于涂料和农业，其中甲基汞的毒性要比无机汞大得多。而自然界中的无机汞又可以通过生物的和化学的过程转化为有机汞，通过食物链在生物体内积累，最终影响高等生物的神经系统。日本水俣湾发生的水俣病事件就是由甲基汞污染造成的。有机锡化合物广泛用于杀虫剂、杀菌剂、催化剂、海洋防污涂料和 PVC 稳定剂，是人为引入海洋环境中毒性最大的物质之一。作为一类环境内分泌干扰物，有机锡化合物能引起水生生物雄性化变化，对渔业生产和海洋生物群落都造成了不可逆转的破坏。铅化合物作为燃油的防爆剂，已经成为城市环境污染的重要源头。这些金属元素在环境中以具有不同毒理效应的形态存在，可以是纯物质、自由离子、混合离子或有机金属化合物，不同形态之间还可以相互转化。实际工作中，无论是对金属化合物污染进行监控，还是对其环境化学行为进行研究，都要求快速准确的形态分析与测试方法，SPME 技术就是一个很好的选择，既可以用于无机态金属离子的测定，又可以用于有机金属化合物的测定[140,141]。

最早将 SPME 用于无机金属离子，是测定水溶液中的 Bi(Ⅲ)[51]。用改性的纤维直接萃取液体样品中的 Bi(Ⅲ)，酸性 KI 溶液离线解吸，生成黄色的 BiI_4^-，再用分光光度法测定。Boyd-Boland[142]用 CW/TPR 涂层的纤维，建立了 HPLC 同时富集分离 Cr(Ⅲ) 和 Cr(Ⅵ) 的方法，取得了满意的结果。表 3-5 中还列出了 SPME 技术在汞、锡、铅等有机金属化合物测定中的应用。

表 3-5 SPME 技术在汞、锡、铅金属化合物测定方面的应用

目标化合物	样品基体	萃取条件						纤维	解吸温度和时间	检测手段	文献
		pH	盐度	温度/℃	衍生试剂	萃取方式	萃取时间/min				
铅(Ⅱ)	血尿	4.0	—	室温	NaBEt₄	HS	8～10	$65\mu m$ PDMS/DVB	220℃	GC-FID	143
	水	4.0	—	室温	NaBEt₄	HS	10	$100\mu m$ PDMS	250℃ 1min	GC-FID GC-MS	144

目标化合物	样品基体	萃取条件						纤维	解吸温度和时间	检测手段	文献
		pH	盐度	温度/℃	衍生试剂	萃取方式	萃取时间/min				
四乙基铅	血尿	4.0	—	室温	—	HS	8~10	65μm PDMS/DVB	220℃	GC-FID	143
	水	4.0	—	室温	—	HS	10	100μm PDMS	250℃ 1min	GC-FID GC-MS	144
无机汞	鱼 水	4.5	—	25	NaBEt4	HS DI	10 20	100μm PDMS	220℃ 30s	GC-MS	145
一甲基汞	鱼 水	4.5	—	25	NaBEt4	HS DI	10 20	100μm PDMS	220℃ 30s	GC-MS	145
	动物毛皮底泥	3	20% NaCl	室温	KBH4	HS	90	自制	200℃ 2min	GC-AAS	146
二甲基汞 二乙基汞 二苯基汞	水样 土壤	— —		25 25		HS DI HS	20 50 30	100μm PDMS	150℃ 1min	GC-MIP-AED	147
甲基锡①	水样	4	3%~ 10% NaCl	29	NaBEt4	HS	20	100μm PDMS	200℃ 1min	GC-FPD	148
丁基锡② 苯基锡③	水样 固体样品	3~ 4.8	—	20~ 30	NaBEt4	DI	60	100μm PDMS	250℃ 1~ 2min	GC-FPD GC-PFPD GC-MIP-AED GC-ICP-MS	149 ~ 152
丁基锡②	葡萄酒	5	10% NaCl	40	NaBEt4	HS	20~30	100μm PDMS	250℃ 1.5min	GC-MS	153

① 一甲基锡 MmeT，二甲基锡 DmeT，三甲基锡 TmeT，四甲基锡 TeMeT。

② 一丁基锡 MBT，二丁基锡 DBT，三丁基锡 TBT。

③ 一苯基锡 MPhT，二苯基锡 DPhT，三苯基锡 TPhT。

SPME 技术萃取有机金属化合物后，多依靠 GC 测定。由于有机金属化合物在环境中的存在形式挥发性较小，还要通过衍生反应增加其挥发性，若目标化合物是无机金属离子，更需要通过衍生反应，将其转化为有机金属，以利于测定。常用的衍生试剂主要有两类：一类是烷基化试剂，如格林试剂[154,155]和四乙基硼化钠（NaBEt4）[156,157]；另一类是氢化试剂，如 NaBH4、KBH4[158,159]。格林试必须在无水条件下使用，操作和转换步骤繁多，极易引入较大的误差，影响结果的准确性。四乙基硼化钠的衍生条件温和，能给分析物引入较大的有机基团，利于甲基化合物的气相色谱分析。NaBH4、KBH4 可用于各种仪器方法和样品的衍生，如连续流动注射[160]等，而且与烷基化试剂相比更经济实用，但反应生成的氢化物不够稳定是它的一大缺点。

多数文献在测定汞、锡、铅化合物时选用 NaBEt4 进行衍生反应，溶液的

pH 值范围在 4～5 之间，生成非离子化的乙基取代化合物。用 NaBEt$_4$ 的最大的优点就是可以在水样中直接衍生，无需改变样品基体，还为汞、锡、铅多种元素同时进行形态分析提供了可能性。Moens 等用 NaBEt$_4$ 原位乙基化反应后 SPME 萃取，同时测定一丁基锡、二丁基锡、三丁基锡、一甲基汞和三甲基铅化合物，经比较发现，对丁基锡化合物顶空萃取法的灵敏度高于传统的液-液萃取 300 倍，对三甲基铅灵敏度提高了 35%[161]，其优势显而易见。但乙基化衍生的主要缺陷是不能用于乙基化合物的分析。例如，三乙基铅和无机铅与 NaBEt$_4$ 反应后都生成同样的产物——四乙基铅，无法进行色谱分离。于是 Pawliszyn 小组[162]用氘代的 NaBEt$_4$ 进行衍生化反应，克服了这个缺点。生成的挥发性衍生产物既可以用顶空法也可以用直接法萃取，但实验证明顶空法的萃取效率更高，所需的平衡时间也更短。向衍生反应体系中加盐，增加离子强度，萃取率反而降低，因此多数测定中不调节盐度或使用很低的盐浓度。但 Mester 分析甲基汞时，却使用 NaCl 的饱和溶液，用极性较强的 PDMS/DVB 萃取头进行顶空萃取，之后再以特制的加热系统解吸分析物，ICP-MS 测定，使方法的灵敏度和选择性显著提高[163]。

当样品基体为复杂的固体时，为提高萃取效率，还要在萃取之前，对样品进行简单的处理。如鱼体内汞化合物的测定，需将组织样品打碎，浸于 250g·L^{-1} CH$_3$OH-NaOH 溶液中超声振荡 3h，再取浸提液进行衍生和固相微萃取操作，检测限可达到 pg 级[145]。为了将底泥和水貂毛皮中的甲基汞完全浸出，需要将样品在加入 HNO$_3$ 的 HAc-NaAc 缓冲溶液中分别浸泡 24h 和 96h[146]。分析有机锡化合物时，要将冻干的底泥在冰醋酸中振荡 12h 后离心分离，取上清液进行衍生反应和固相微萃取操作[149]。

对一些饱和（非离子）和挥发性比较强的有机金属化合物，如四取代的铅化合物（四乙基铅）、二取代的汞化合物（二甲基汞、二乙基汞、二苯基汞等）以及四取代的锡化合物（四甲基锡、四丁基锡、四苯基锡），无需衍生就可以用 HS-SPME 萃取，Snell 测定了自然气体冷凝物中的二甲基汞，只需 30s 就可达到萃取平衡[164]。

此外砷、硒等准金属也可以用 SPME 进行富集。砷化合物的测定可利用硫醇基团与胂化物之间的亲和作用，以巯基乙二醇甲酸酯（Thioglycolmethylate，TGM）作为衍生试剂，得到的一甲基胂酸（MMA）和二甲基胂酸（DMA），可以应用 SPME-GC-MS 富集分离[165]。Se(IV) 和 Se(VI) 经衍生后生成苯并 [c] 硒二唑，此产物可用 100μm PDMS 纤维直接萃取测定。

笔者研究小组一直从事有机金属化合物的分析及其环境化学行为的研究，并利用 SPME 技术对有机汞和有机锡进行形态分析。实验中应用的衍生试剂为 NaBH$_4$ 或 KBH$_4$，与有机汞、锡的氯化物反应，使之转变为相应的氢化物后进行富集，反应如下式进行：

$$RHg^+ + KBH_4 \xrightarrow{H^+} RHgH + H_2$$

$$R_n Sn^{(4-n)+} + KBH_4 \xrightarrow{H^+} R_n SnH_{4-n} + H_2$$

当样品中存在有机物时，需要加入过量的 $NaBH_4$，否则会抑制氢化物的产率。由于在偏碱性环境中，有机锡化合物会发生水解，而甲基汞往往被还原成元素汞 Hg，没有氢化物生成，所以衍生反应多在酸性条件下进行。此外甲基汞的衍生反应还应保持在中性或弱氧化性环境中进行，因为在氧气和浓 HNO_3 存在时，$NaBH_4$ 可使有机汞化合物的碳-汞键断裂，形成一种中间产物，进而生成元素汞 Hg 而无法完成萃取。经过对几种自制的萃取头进行试验，发现不同的色谱固定液，如硅酮 OV-101、OV-17、DC-200 等不能满足高效吸附有机金属化合物的要求。而将石英毛细管在浓氢氟酸中浸泡 3.5h[166]，洗净后在高温下老化 4h，作萃取头使用，对丁基锡、甲基汞、乙基汞和苯基汞的氢化物具有较强的吸附能力。将此萃取头于扫描电镜下放大 5000～6000 倍，可以观察到经过处理的纤维表面呈粗糙多孔结构（如图 3-10 所示），为吸附待测物提供了较大的表面积，也增加了萃取容量。用此纤维萃取之后，以 GC-QSIL-FPD[167,168] 定量测定环境水样中的一丁基锡、二丁基锡、三丁基锡化合物，最低检出限达到 1ng（3 倍噪声），加标回收率在 85%～117%范围之间[169]。生物样品、底泥和土壤中的甲基汞、乙基汞和苯基汞的形态分析应用 GC 分离，AAS 在线定量测定，得到的 GC 谱图如图 3-11 所示。以 3 倍噪声计算检测限分别为 16ng、12ng 和 7ng，9 次测定的相对标准偏差分别为 2.1%、2.8%和 3.5%。土壤和底泥中有机汞的含量在 $0.04～0.64\mu g \cdot g^{-1}$，加标回收率为 93%～106%。但与商品化的 SPME 纤维比较，其重现性和灵敏度都比较差。

1-0001　20.0kV　X5.00K　3.60μm　　　4-0002　20.0kV　X6.00K　3.00μm　　　4-0001　20.0kV　X5.00K　3.60μm

图 3-10　石英纤维表面的扫描电镜照片

（a）未经氢氟酸处理的纤维表面，×5000；（b）经过氢氟酸处理的纤维表面，×6000；

（c）经过氢氟酸处理的纤维表面，×5000

　　之后我们又用商品化 $100\mu m$ PDMS 纤维建立了顶空 SPME 测定液体样品和底泥样品中丁基锡（一丁基锡：MBT；二丁基锡：DBT；三丁基锡：TBT；四丁基锡：TeBT）化合物的方法[170]。由于使用特效检测器，丁基锡化合物的测定没有杂峰干扰，而且灵敏度也很高，检测限可达到几个 $ng \cdot L^{-1}$ 的水平。

　　环境水样采集后，无需进一步的过膜处理，只要调节适当的酸度（pH3.3），并在磁力搅拌下原位氢化衍生，将纤维暴露在样品顶空中萃取挥发性的氢化产物就可完成分析物的富集，再进入后续的 GC 分离测定。底泥样品的测定采用内标标准曲线法。绘制标准曲线时，标准样品与内标物一甲基三丙基锡同时加入空白泥样，30min 后各标准样品在空白泥样上的吸附就可达到平衡，再向底泥样品中加入缓冲溶液和 KBH_4，进行氢化衍生和 SPME 萃取。由于标准曲线模拟了自然界中底泥对丁基锡化合物的吸附过程，因此萃取时无需将样品中的分析物浸提出来，只要将底泥样品与缓冲溶液混合就可进行测定，操作十分简便，得到的色谱图如图 3-12 所示。用此方法对底泥标准参考物质 CRM462 进行测定，结果在 DBT 和 TBT 的标准参考值范围之内，由表 3-6 可见，准确性是可以得到保证的[171]。

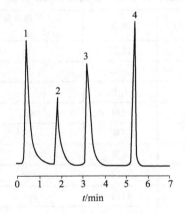

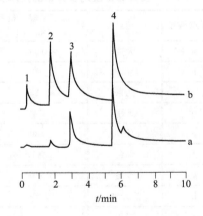

图 3-11　甲基汞、乙基汞和苯基汞经氢化衍生后 SPME 萃取得到的色谱图

1—溶剂；2—MeHg；3—EtHg；4—PhHg

图 3-12　底泥样品（a）和标准样品（b）中丁基锡化合物测定的 GC 色谱图

1—MBT；2—DBT；3—MeSn(n-Pr)₃；4—TBT

表 3-6　标准参考物质 CRM462 的测定结果

化合物	标准参考值[①]/ng·g^{-1}	SPME 测定值[②]/ng·g^{-1}
MBT	n. d.[③]	114.7±10.2
DBT	68±12	75.5±9.2
TBT	54±15	47.9±2.3

　　① 1998 年标定的参考值，浓度值用化合物表示，三丁基锡 [TBT：$Sn(C_4H_9)_3^{+}$]，二丁基锡 [DBT：$Sn(C_4H_9)_2^{2+}$]。

　　② 五次平行测定的结果（$n=5$）。

　　③ 未检出。

应用已建立的 SPME-GC 方法对我国沿海城市采集的海水及内陆河、湖的淡水中丁基锡化合物的含量进行了调查[172]，样品采集地点以及各地丁基锡化合物总量的平均值如表 3-7 所示。我国的近岸海水中丁基锡的浓度平均值分别为：TBT，93.8ng(Sn)·L^{-1}；DBT，28.1ng(Sn)·L^{-1}；MBT，102.3ng(Sn)·L^{-1}，远远高于西方国家规定的残留标准。而且沿海城市中大连、天津、青岛、香港，由于工业发达，拥有大型货运、客运港口，并拥有较大的船舶修造厂，丁基锡污染尤为严重。丁基锡化合物在底泥中降解缓慢，并可能再次释放到水中，造成二次污染，其影响是长时间的。对从香港海域取得的底泥样品进行测定，其中各丁基锡化合物的平均含量分别为：MBT，104ng(Sn)·g^{-1}；DBT，36ng(Sn)·g^{-1}；TBT，354ng(Sn)·g^{-1}。内陆河流、湖泊的淡水中尤其是在船舶行驶频繁的地点，丁基锡含量也比较高，上海复兴东路黄浦江码头采集的水样中，三丁基锡含量高达 425ng·L^{-1}，已经超出多数淡水敏感生物的 48h EC_{50} 值[173]，不但对水生生物具有很大的危害，也对人类健康存在潜在威胁。

表 3-7 我国城市及地区采集的海水及内陆河、湖的淡水中总丁基锡化合物的含量

采样点编号	地点	总丁基锡含量[①] /ng(Sn)·L^{-1}	采样点编号	地点	总丁基锡含量[①] /ng(Sn)·L^{-1}
a	大连	1096	j	江阴	142
b	秦皇岛	78	k	无锡	n.d.[②]
c	北京	35	l	上海	474
d	天津	747	m	杭州	48
e	白洋淀	30	n	三峡	88
f	烟台	134	o	昆明	444
g	青岛	998	p	北海	139
h	连云港	106	q	香港	304
i	郑州	3	r	台湾以南海域	40

① 总丁基锡含量为各采样点一丁基锡、二丁基锡与三丁基锡化合物含量的总和。
② 未检出。

酒是我国人民的传统饮品，酿制工艺多种多样，市场上销售的种类更是不计其数，从总体上看，葡萄酒分为干型和天然型，酿自葡萄等水果，白酒则酿自粮食。我们选择 40 种市售的国产和进口葡萄酒以及 5 种白酒进行了研究，发现酒中，特别是葡萄酒中普遍存在丁基锡化合物。国产葡萄酒中丁基锡的含量［平均值 MBT：543ng(Sn)·L^{-1}；DBT：815ng(Sn)·L^{-1}；TBT：25ng(Sn)·L^{-1}］高于白酒［平均值 MBT：287ng(Sn)·L^{-1}；DBT：35ng(Sn)·L^{-1}；TBT：未检出］，这可能与它们不同的生产工艺和原料有关。而葡萄酒中，特别是同一厂家生产的往往干型的含量高于天然型。所检测的葡萄酒中，大部分含量均在每升

几百纳克（Sn）的水平，少数超过了 $1\mu g(Sn) \cdot L^{-1}$，其中浓度最高的葡萄酒中二丁基锡达 $33257ng(Sn) \cdot L^{-1}$。

葡萄酒中存在的丁基锡化合物有可能有两个来源：一是酿酒葡萄中丁基锡农药的残留；二是酿制、储存和分装过程中使用的塑料容器和管路中的稳定剂成分。但在实验中发现还与葡萄酒瓶封口用的软木塞有很大关系。作为木材防腐剂的主要成分，软木塞中的丁基锡可直接被葡萄酒浸取出来。我们应用格林试剂衍生方法测定封装干红葡萄酒的软木塞，得到很高的丁基锡含量，MBT：$5265\mu g$ $(Sn) \cdot g^{-1}$，DBT：$199\mu g(Sn) \cdot g^{-1}$，TBT：$64\mu g(Sn) \cdot g^{-1}$，是酒中含量的 10^4 倍，推测是酒水污染的来源之一。

人们对塑料制品中的有机锡化合物也十分关注，尤其是目前大量的塑料食品包装，对食品会产生一定的污染。测定了一些市售塑料袋或塑料瓶包装的食品，如茶饮料、果汁等，其中丁基锡化合物的浓度值虽然不很高 [平均值 MBT：$34ng(Sn) \cdot L^{-1}$；DBT：$28ng(Sn) \cdot L^{-1}$；TBT：$2ng(Sn) \cdot L^{-1}$]，但也不可忽视。市场上还有一些具有灭菌、防臭作用的纺织产品，也有可能添加了丁基锡化合物。2000 年德国汉堡汉斯康筹实验室测出，有一款耐克足球服内含有三丁基锡（TBT），对三枪内衣进行研究时也发现其纺织材料中含有三丁基锡化合物，浓度为 $21.77ng(Sn) \cdot g^{-1}$。

六、SPME 在其他方面的应用

有机化合物在环境中的迁移转化，以及对生物的影响程度均与其在环境中的赋存形态有关。药物进入人体后，其作用效果更与它在体内的结合状态有关，因此研究目标化合物在整个体系中多相之间的分配，意义重大。SPME 技术在此方面就大有用武之地。

化合物在各相之间的分配是一个平衡过程，若采用完全萃取方法富集其中一相中的化合物，平衡遭到破坏，并向化合物减少的方向倾斜，那么得到的浓度分配或赋存形态结果就不准确。而 SPME 技术是一个非完全萃取过程，萃取相体积小，富集的化合物量也很少，通常只有总量的 1%～20%。因此只要适当选择纤维：对目标化合物具有良好选择性的薄的涂层，并缩短萃取时间，萃取就不会改变体系的性质，还可以实现实时监控。Poerschmann 应用该技术同时研究了离子态和非离子态有机锡化合物在可溶性腐殖质和不溶的颗粒态腐殖质上的吸附动力学过程，并计算出相应的吸附系数。发现对于相同来源的腐殖质，无论是溶解态还是颗粒态，都具有相似的吸附作用。而且有机锡化合物的取代基越大，非特异性的吸附越明显，体系平衡的时间也越短[174]。

Pollien 利用 SPME 方法测定了 12 种风味物质的油-水分配系数，他们分别用顶空方式和直接浸没方式萃取测定了油相和水相中的化合物浓度，避免了操作过程中由化合物挥发造成的误差[175]。

Bartelt 则用 $100\mu m$ PDMS 涂层的纤维，测定了 71 种化合物的校正因子。同时建立了根据 GC 保留指数、温度及待测物所含官能团来预测化合物校正因子的回归模型。根据所得的校正因子计算亨利常数，结果能与理论值较好吻合。因此 SPME-GC 方法也是一个测定有机物理化常数的简便办法[176]。

第五节　毛细管固相微萃取技术

固相微萃取技术经过十几年的发展，已经十分成熟，特别是与 GC 的联用，可以使用商品化的自动进样器完成萃取和进样等步骤，但对于液相色谱，却一直没有适用的自动进样设备，只能使用手动进样器与 HPLC 接口完成直接进样。作为一种样品前处理技术，如果不能实现自动化进样，就很难用于常规分析，因此，Pawliszyn 又于 1997 年首次提出毛细管固相微萃取（in-tube SPME）方法[177]，将涂有固定相的 GC 毛细管柱用于样品萃取，并与商品化 HPLC 自动进样器相连，无需使用特殊的接口进行解析，使固相微萃取与液相色谱的联用实现了自动化。同时还克服了纤维 SPME 的涂层经溶剂浸泡洗脱容易造成溶胀脱落的问题。也有人将此技术称为涂层毛细管微萃取（coated capillary microextraction，CCME）[178]。

由于任何 GC 开管毛细管柱都可以用于 in-tube SPME，也大大拓宽了 SPME-HPLC 技术的应用范围。目前可供使用的 GC 毛细管柱多种多样，强极性的固定相种类更远远多于商品化的 SPME 纤维，使之更适合于强极性化合物的测定。

一、毛细管 SPME 的装置与操作过程

将一段 GC 开管毛细管柱安装在 HPLC 自动进样针和进样管之间，为避免计量泵的污染，进样管应一直置于流路中。毛细管的连接使用的是一小段聚醚醚酮（Polyether Ether Ketone，PEEK）材质的微管，再用一不锈钢箍与流路相连。萃取之前，需用流动相如甲醇等冲洗毛细管，并使流动相停留在毛细管中。萃取开始后，将六通阀扳到"Load"位置，进样针在微机的控制下，反复将样品瓶中的样品吸入、排出毛细管若干次。当样品被吸入毛细管时，分析物就被富集在管壁的固定相中，而当样品被排出毛细管，回到样品瓶中时，流动相又再次进入毛细管，固定相上萃取的分析物就有可能解析下来，因此流动相造成的影响需通过优化试验加以解决。萃取结束后，进样针会从溶剂瓶中吸入流动相或其他溶剂洗脱固定相中富集的分析物，带入后面的进样管（Loop）中，待分析物解吸完全之后，将六通阀搬到"Injection"的位置，使流动相将进样管中的分析物带入液相色谱柱分离测定。整个装置和操作过程如图 3-13 所示。

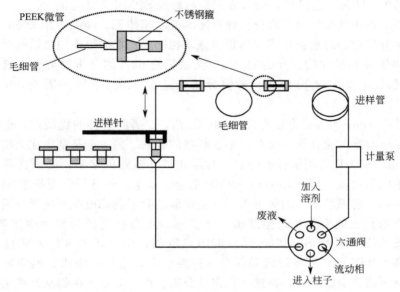

图 3-13　in-tube SPME 操作和装置示意图

应用自动进样器可以使萃取、解吸和进样过程不间断进行，也提高了分析的准确度和精密度，多次测定的相对标准偏差小于 6%。当样品中含有分配系数较高的分析物时，所需的平衡时间较长，但样品被反复吸入和排出毛细管，可以起到搅动样品的作用，缩短到达吸附平衡的时间。由于分析物在每次流动相排出毛细管时都会有部分解吸，所以 in-tube SPME 不能完全萃取样品中的分析物。通常萃取的化合物量取决于涂层的极性、样品被吸入排出毛细管的次数和体积，以及样品的 pH 值。

毛细管内的涂层选择与纤维 SPME 方法相同，也遵循"相似相溶"的原则，针对极性的化合物，应选择极性的涂层。用于萃取的毛细管长度在 $50\sim60$cm 范围内是最好的。毛细管太短，萃取效率较低，毛细管太长，萃取的分析物在解析时过于分散，就会出现峰展宽的现象。样品总的吸排体积可以用进样针和毛细管的总体积来计算，增加吸排的次数和体积也能提高萃取效率，但经常使色谱峰展宽。样品吸排的流速会同时影响萃取率和方法的精密度，即较高的吸排速度一方面可以良好地搅动样品，使分析物的质量传递加快，增加萃取效率；另一方面，又会使流动相中产生气泡，降低萃取的效率和精密度。因此最优的吸排流速范围是 $50\sim100\mu\mathrm{L}\cdot\mathrm{min}^{-1}$。低于此流速范围，萃取时间较长，不利于快速分析的进行。

平衡时间对 in-tube SPME 也十分重要。不同于纤维 SPME，其萃取时间的优化需要通过萃取量对吸排样品的次数作优化曲线来进行选择。而其他的萃取条件如样品的 pH 值、盐度等，调节方式则与纤维 SPME 方法相同。

进样的体积就是完全解吸分析物所需的流动相体积。Gou 等用 60cm 长的毛细管萃取分析物，之后再用不同体积的流动相洗脱，根据得到的色谱峰分析，发现洗脱曲线并非线性的。开始的 $20\mu L$ 流动相使 62% 的分析物解吸，接下来的 $20\mu L$ 又解吸了 24% 的分析物，若使分析物达到 100% 解吸共需要 $60\mu L$ 的流动相[179]。

比较 in-tube SPME 方法与纤维 SPME 法，二者各有各的优缺点，但最大的差别就在于萃取的化合物一个是富集在纤维的表面，另一个是富集在毛细管的内壁。in-tube SPME 使用细径毛细管，为防止柱和流路的堵塞，必须在萃取前去除样品中的颗粒物，因此 in-tube SPME 适合洁净水样的分析。而纤维 SPME 不用去除样品中的颗粒物，因为可以用顶空萃取消除干扰，或在直接萃取后用水冲洗纤维清除其上的颗粒物，但纤维易于折断，还会在进样和搅动中遭到破坏。in-tube SPME 和纤维 SPME 均可与 HPLC 联用，但二者的进样方式也存在差别。纤维 SPME 中，要将纤维暴露在进样接口中，用流动相或其他溶剂冲洗纤维，待分析物完全解吸后，再进入色谱柱分离。由于某些分析物从纤维上洗脱速度较慢，常常造成色谱峰展宽的现象。而 in-tube SPME 中，用流动相或其他解吸溶剂通过毛细管柱，直接解吸并使分析物进入分离柱，实现了解吸、进样的一体化，峰展宽的现象得以缓解。

二、毛细管 SPME 原理的数学模型

毛细管 SPME 萃取有两种基本方式：①动态法——在样品反复通过毛细管时萃取分析物；正如上文所描述的；②静态法——即样品处于静止状态，分析物通过扩散的方式迁移到毛细管固定相中，多应用于现场采样。

1. 动态毛细管 SPME 萃取

毛细管 SPME 应用毛细管柱萃取化合物，是一个动态的吸附-解吸过程。其理论与液相色谱理论相似。若以 k 表示样品在毛细管中的分配比，则：

$$k = K_{fs}\frac{V_f}{V_v} = 4K_{fs}\frac{d_s}{d_c} \tag{3-10}$$

式中，K_{fs} 是涂层与样品之间的分配系数；V_f 是毛细管萃取相的体积；V_v 是萃取用毛细管的死体积；d_s 是固定相涂层厚度；d_c 是毛细管的管径。

毛细管柱的理论塔板高度（以 H 表示）与萃取系统的几何形状有关，可由开管毛细管系统的 Golay 公式推导，得到下式，即

$$H = \frac{2D_m}{u} + \frac{1+6k+11k^2}{96(1+k)^2}\frac{ud_c^2}{D_m} + \frac{2kd_s^2 u}{3(1+k)^2 D_s} \tag{3-11}$$

式中，u 是溶剂在毛细管中的线性流速；D_m 是溶质在流动相中的扩散系

数；D_s 是溶质在固定相中的扩散系数。上式中的最后一部分说明了溶质在固定相中的缓慢平衡过程，当用开管毛细管萃取水样中的化合物时，可以忽略不计，于是上式可以简化为下式：

$$H=\frac{2D_m}{u}+\frac{1+6k+11k^2}{96(1+k)^2}\frac{ud_c^2}{D_m} \qquad (3\text{-}12)$$

当毛细管萃取样品时，萃取相中分析物的浓度与其在管中的分配比和理论塔板高度都有关系，在整个富集过程中，任何时刻，萃取相中分析物的轴向浓度都是时间 t 的函数。扩散的平均方根可用 σ 表示

$$\sigma=\sqrt{Htu/(1+k)} \qquad (3\text{-}13)$$

在引进样品时，分析物迁移的前锋通过毛细管的速度与样品的线性流速成正比，与分配比成反比[180,181]。由于毛细管 SPME 萃取用毛细管都很短，样品分散程度小，所以认为萃取所需的时间与样品到达毛细管末端的时间相似，可用下面两式表示：

$$c(x,t)=\frac{1}{2}c_0\left[1-\mathrm{erf}\frac{x-ut/(1+k)}{\sigma\sqrt{2}}\right] \qquad (3\text{-}14)$$

$$t_e=\frac{L(1+k)}{u} \qquad (3\text{-}15)$$

式中，L 是毛细管中固定相的涂层长度。从上式可以看到，萃取时间与毛细管长度成正比，与样品的线性流速成反比，而且随着涂层-样品分配系数的增加而增加。萃取时间还与萃取相的体积以及柱的死体积有关，毛细管长度不同，其死体积和固定相体积都会不同。一般死体积大，会使萃取时间减少；固定相体积增加，虽然可以萃取更多的化合物，但所需的平衡时间也延长了。增加涂层-样品间分配常数可以增加萃取的绝对数量。已经发现在多数情况下用甲醇或其他一些适当的溶剂，在萃取前预载毛细管，可以增加萃取的数量。因为在样品吸入毛细管进行分配的阶段，样品一直跟随由甲醇形成的溶剂带，这与 SPE 中用来加强萃取效果的预载溶剂作用相似。

应该指出式（3-15）仅对直接萃取有效。如果样品在管内的流速非常快，涂层-样品间的分配系数又不是很高，那么样品流动就可以达到一种良好的搅动状态，此时的平衡时间可用式（3-16）表示：

$$t_e=t_{95\%}=d_s^2/2D_s \qquad (3\text{-}16)$$

用上式可以根据分析物在固定相中的扩散系数（D_s）和涂层的厚度（d_s）估算实际体系能达到的最短平衡时间。

2. 静态毛细管 SPME 快速采样

现场采样时，必须考虑样品浓度随时间推移而发生的变化。使用内壁涂有固定相的毛细管采集样品，样品静止在管内进行静态萃取。当把毛细管带离采样地

时，两端具有保护的管结构对随时间和地点变化而变化的分析物总浓度产生成比例的响应[182]。此时，分析物迁移到萃取相只是通过扩散作用。在这一过程中，管内建立起一个线性的浓度梯度。随时间的增加，固定相萃取的化合物量（n）可用下式计算：

$$n = D_g \frac{A}{Z} \int c(t)d \tag{3-17}$$

式中，A 为管的截面积；Z 为管进样口与萃取相所在位置间的距离；$c(t)$ 为样品接近管开口处的分析物的浓度，与时间相关；D_g 为分析物在气相中的扩散系数。

萃取分析物的数量与样品浓度和分析物的扩散系数成正比，而与涂层相对于管开口处的位置成反比。要强调的是式（3-17）仅在固定相萃取样品中很少量的分析物的情况下成立。

三、毛细管 SPME 的应用

毛细管 SPME 与 HPLC 联用在强极性化合物和热不稳定性化合物的测定方面显示出极大的优越性。Pawliszyn 小组将其用于环境样品中氨基甲酸盐杀虫剂的测定[183,184]，由于使用梯度洗脱法，所以在进样量加大的情况下，不会造成峰形变宽。六种氨基甲酸盐可达到基线分离，最低检出限为 $0.3\mu g \cdot L^{-1}$，萃取率达到 15%～34%。用少量甲醇（$4\mu L$）预载萃取毛细管，可以成倍提高萃取效率。

苯基脲类除草剂也是一类强极性化合物，用毛细管 SPME-HPLC 能够定量萃取和测定，线性范围可达到 3 个数量级，线性相关系数大于 0.99。每次测定后用 $250\mu L$ 甲醇冲洗，毛细管中就不会有残留影响下一次测定。研究人员还发现，在分析系统中使用细径的 HPLC 柱，可以改善峰形，提高灵敏度[177]。Hartmann 用类似的方法分离测定了 11 种除草剂，整个分析时间只需 11min。不同的样品基体如溪流、河水、污水等对分析没有影响，而且毛细管表现出良好的稳定性，每根毛细管可重复萃取样品 100 次以上[178]。

应用毛细管 SPME 技术可以进行药物检测[185]。β-阻断药能够刺激中枢神经系统，具有类交感神经的特点，是国际奥林匹克委员会和国际体育联盟禁止使用的一类兴奋剂，因此它的检测在临床、法医学和毒理学等许多方面都很重要。应用毛细管 SPME 自动化进样系统，与液相色谱-电喷雾离子化质谱联用完成定量测定，为兴奋剂的常规快速灵敏检测提供了美好的前景。用极性涂层的毛细管萃取、分离血清和尿样中的 9 种 β-阻断药，由于样品基体的复杂程度不同，所以血样的回收率范围为 71%～112%，尿样的回收率范围在 84%～113% 之间[186]，从上述结果可见，方法的准确性可以得到保证，而且血、尿等生物样品也无需复杂的处理，只要经过水或缓冲溶液的稀释和过滤处理即可，十分简便。

有机金属化合物也可尝试用该技术测定。以涂有多孔的二乙烯基苯聚合固定相的 Supel-Q Plot GC 毛细管柱直接萃取三甲基铅、三乙基铅[187]的氯化物，无需衍生反应，即可使两种烷基铅化合物得以形态分离，并用电喷雾质谱（ES-MS）检测器测定，得到这两种铅化合物的质谱图。对环境中的三丁基锡[188]化合物，毛细管 SPME 富集后以质谱测定，方法检出限为 $0.05\text{ng} \cdot \text{mL}^{-1}$。

Saito 等将毛细管 SPME 技术与纤维 SPME 技术结合起来，建立了管内纤维 SPME 技术（Fiber in-tube SPME）[189]。他们将 280 根直径为 $11.5\mu\text{m}$ 的带杂环的聚合物——赛璐珞刚性纤维插入 0.25mm 的 PEEK 细管中，作为萃取的介质，与 HPLC-UV 联用富集分离废水中的内分泌干扰物邻苯二甲酸盐（或酯），取得了很好的结果。相对于开管式毛细管 SPME 技术，管内插入的纤维，具有很强的富集能力，同时极大地增加了样品与萃取相接触的面积，萃取率可达到 50%，而多次测定的相对标准偏差小于 1%。

还有人尝试将毛细管 SPME 与 GC 联用测定水样中的酚和多环芳烃[190]。分析物经毛细管富集后，解吸方式可以是热解吸，即将萃取毛细管中的样品吹出、吹干，通过石英压封接头将富集柱与分析柱相连，再整个置于 GC 柱箱内加热解吸。也可以是溶剂解吸，即样品富集后吹干毛细管，再注入适当的有机溶剂（约 $100\mu\text{L}$），待分析物解吸以后，采用柱内进样方式用辅助载气将溶剂以一定的流速引入 GC。由于进样体积较大，还要使用保留间隙柱。此联用方式没有自动进样装置可用，不适于日常工作，较纤维 SPME 而言，还增加了操作步骤，灵敏度也比较低。利用增加富集柱的长度来提高萃取灵敏度，在进样时无论采用哪种方式，都容易造成色谱峰的拖尾现象，不利于化合物的形态分析。

第六节　固相微萃取技术的优势与不足

SPME 技术作为一种简单、快速的样品预处理方法，人员无需特殊的培训就可熟练操作。萃取过程中无需使用有机溶剂，具有环境友好的特性。与 GC、HPLC 等仪器在线联用，完成多种化合物的形态分析，具有很好的灵敏度和选择性。萃取只需很小的样品体积，一般只有几毫升。有三种萃取方式可供选择，用于固体、液体、气体等各种不同基体性质的样品中挥发性、半挥发性、不挥发性化合物的分析测定，应用范围十分广泛。因此在其出现后的十几年间，迅猛发展，有关的文献报道已达几千篇，但它也存在一些不足之处。

熔融石英纤维非常脆弱，易于折断，操作要十分小心。纤维固定相体积小，就要求很高的生产精度，任何不规则和不均一都会影响涂层的表面性质和萃取操作的重复性。同一纤维测定的重复性都很好，而不同纤维之间的重复性较差，RSD＞20%[163]。用电子显微镜研究了未用过的和用过的 PDMS 和 PDMS/CAR

纤维的表面特征，发现用过的纤维顶端和末端（纤维与不锈钢微管联结的一端）都有损坏；多孔结构的 PDMS/CAR 纤维，表面的孔径达到 $40\mu m$，每根纤维的孔密度都有很大差别；在 PDMS 纤维表面发现有来自不锈钢外管的金属颗粒沾污，会影响痕量金属化合物的测定[94]。不同种类的纤维具有不同的最高使用温度，但在最高限温下使用，也经常检测到涂层的流失。一些大分子的蛋白质与纤维不可逆结合，使纤维上的残留难以消除，也会改变固定相的性质，从而影响测定结果的准确性。有些纤维涂层经过几次萃取就发生溶胀和剥落，严重影响实验的进程，而样品中颗粒物含量高，也会破坏纤维表面，缩短纤维的使用寿命。因此纤维的研制和开发一直是科研工作者努力的方向。

预计 SPME 技术今后的发展主要有：①选择性强，灵敏度高，涂层稳定的新型萃取纤维的研制。②与多种分析仪器联用的自动操作系统。目前已经有 SPME 与 GC、HPLC 联用的自动进样装置和专用接口，与其他一些分析仪器的联用还有待进一步开发操作简便的接口装置，而实现常规大批量样品的分析，对自动化进样的要求就更加迫切。③随着 SPME 理论研究的深入，实际工作的广泛开展，其应用领域也将不断拓展。尤其是它操作方便，必将成为环境监测、食品卫生监测、医药卫生检测、工业卫生检测等政府质检部门的常规分析手段。

参考文献

[1] Belardi R G, Pawliszyn J. Water Pollut Res J Can, 1989, 24: 179.

[2] Arthur C L, Pawliszyn J. Anal Chem, 1990, 62: 2145-2148.

[3] Hawthorne S B, Miller D J, Pawliszyn J. J Chromatogr, 1992, 603: 185-191.

[4] Pawliszyn J. Solid phase microextraction theory and practice. Chichester: Wiley-VCH, 1997.

[5] Arthur C L, Potter D W, Lim M, Motlagh S, Killam L M, Pawliszyn J. J Environ Sci Technol, 1992, 26: 979-983.

[6] Buchholz K D, Pawliszyn J. Anal Chem, 1994, 66: 160-167.

[7] Poerschmann J, Zhang Z, Kopinke F, Pawliszyn J. Anal Chem, 1997, 69: 597.

[8] Potter D W, Pawliszyn J. Environ Sci Technol, 1994, 28: 298.

[9] Yang Y, Hawthorne S B, Miller D J, Liu Y, Lee M L. Anal Chem, 1998, 70: 1866-1869.

[10] Ai J. Anal Chem, 1997, 69: 3260.

[11] Ai J. Anal Chem, 1997, 69: 1230-1236.

[12] Zhang Z, Yang M J, Pawliiszyn J. Anal Chem, 1994, 66: 844A-853A.

[13] Lee X P, Kumazawa T, Sato K, Suzuki O. Chromatogr 1996, 42: 135-140.

[14] Louth D, Mortlagh S, Pawliszyn J. Anal Chem, 1992, 64: 1187-1199.

[15] 黄健. 顶空 SPME 对于漳州水仙花香气组分的活体分析研究. 安谱通讯, 2000 (3): 3-4.

[16] Zhang Z, Pawliszyn J. Anal Chem, 1993, 65: 1843-1852.

[17] Pawliszyn J. J Chromatogra Sci, 2000, 38: 270-278.

[18] Almeida M T, Conceicao P M A R, Alpendurada M de F. Analusis, 1995, 25: 51.

[19] Langenfeld J J, Hawthorne S B, Miller D J. Anal Chem, 1996, 68: 144.

[20]　Boyd-Boland A A，Pawliszyn J. J Chromatogr A，1995，704：163-172.

[21]　Zambonin C G，Palmisano F. Analyst，1998，123：2825.

[22]　Arthur C L，Killam L M，Buchholz K D，Pawliszyn J. Anal Chem，1992，64：1960-1966.

[23]　Alpendurada M de F. J Chromatogr A，2000，889：3-14.

[24]　臧丽. 一种新型的样品预处理技术——固相微萃取（SPME）. 安谱通讯，2000（3）：1-2.

[25]　Denis P B，Lacroix G. J Chrmatogr A，1997，757：173-182.

[26]　Wang Y W，Bonilla M，Khaled H，Mcnain H M. J High Resol Chromatogr，1997，20（4）：213-216.

[27]　Nilsson T，et al. J High Resolut Chromatogr，1995，18（10）：617-624.

[28]　Martos P A，Pawliszyn J. Anal Chem，1997，69：206-215.

[29]　Zhang Z，Pawliszyn J. Anal Chem，1995，67：34-43.

[30]　Buchholz K D，Pawliszyn J. Environ Sci Technol，1993，27：2844-2848.

[31]　Eisert R，Levsen K. Am Soc Mass Spectrom，1995，6：1119.

[32]　Zhang Z Y，Pawliszyn J. J High Resol Chromato，1993，16：689-692.

[33]　Body-Boland A A，Pawliszyn J. Anal Chem，1996，68：1521-1529.

[34]　Górecki T，Pawiszyn J. Anal Chem，1995，67：3265-3274.

[35]　Frazey P A，Barkley R M，Sievers R E. Anal Chem，1998，70：638-644.

[36]　Cisper M E，Earl W L，Nogar N S. Anal Chem，1994，66：1879-1901.

[37]　Sng Mui Tiang，Ng Wei Fang. Journal of Chromatography A，1999，832：173-182.

[38]　Sarrión M N，Santos F J，Galceran M T. Journal of Chromatography A，1999，859（2）：159-171.

[39]　Müller L，Fattore E，Benfenati E. Journal of Chromatography A，1997，791（1-2）：221-230.

[40]　Okeyo P，Rentz S，Snow N H. J High Resol Chromatogr，1997，20：171.

[41]　Pan L，Adames M，Pawliszyn J. Anal Chem，1995，67：4396-4403.

[42]　Mills G A，Walker V，Mughal H. J Chromatogr B，1999，730（1）：113-122.

[43]　Nagasawa N，Yashiki M，Iwasaki Y，Hara K，Kojima T. Forensic Sci Int，1996，78：95.

[44]　Liu Y，Lee M L，Hageman K J，Yang Y，Hawthorne S B. Anal Chem，1997，69：5001-5005.

[45]　Wan H B，Chi H，Wong M K，Mok C Y. Anal Chimica Acta，1994，298：219-223.

[46]　方瑞斌，张维昊，王建. 色谱，1999，17（5）：453-455.

[47]　贾金平，何羽. 化学世界，1998（4）：214-215.

[48]　刘稷燕，江桂斌. 第十二次全国色谱学会报告会文集（中），杭州，1999：515-516.

[49]　Lipinski J，Fresenius' J. Anal Chem，2001，369（1）：57-62.

[50]　Vercauteren J，Pérès C，Devos C，Sandra P，Vanhaecke F，Moens L. Anal Chem，2001，73：1509-1514.

[51]　Otu E O，Pawliszyn J. Mikrochim Acta，1993，112：41-46.

[52]　Wu J C，Pawliszyn J. J Chromatogr A，2001，909：37-52.

[53]　Corecki T，Martos P，Pawliszyn J. Anal Chem，1998，70：19-27.

[54]　Liu Y，Shen Y F，Lee M L. Anal Chem，1997，69：190-195.

[55]　Gbatu T P，Sutton K L，Caruso J A. Anal Chim Acta，1999，402：67-79.

[56]　Djozan D，Assadi Y. Chromatographia，1997，45：183-189.

[57]　Mangani F，Cenciarini R. Chromatographia，1995，41：678-684.

[58]　Ligor M，Scibiorek M，Buszewski B. J Microcolumn Separations，1999，11（5）：377-383.

[59]　张道宁，吴采樱，艾飞. 色谱，1999，17（1）：25-28.

[60]　Guo F，Gorecki T，Irish D，Pawliszyn J. Anal Comm，1996，33：361-364.

[61] Wang Z Y, Xiao C H, Wu C Y, Han H M. J Chromatogr A, 2000, 893: 157-168.

[62] Zeng Z R, Qiu W L, Huang Z F. Anal Chem, 2001, 73: 2429-2436.

[63] 刘振岭, 肖春华, 吴采樱等. 色谱, 2000, 18: 568-590.

[64] Xiao C H, Han S Q, Wang Z Y, Xing J, Wu C Y. J Chromatogr A, 2001, 927 (1-2): 121-130.

[65] 黄悯嘉, 游静, 梁冰, 欧庆谕. 色谱, 2001, 16 (4): 314-319.

[66] Sau L Chang , Abdul Malik, et al. Anal Chem, 1997, 69: 3889-3898.

[67] 王震宇. 色谱, 1999, 17 (3): 280-283.

[68] Zotti G, Cattarin S, Comisso. J Electroanal Chem, 1987 (235): 259.

[69] 董绍俊, 车广礼. 化学修饰电极. 北京: 科学出版社, 2003.

[70] Shirey R E. J High Resolut Chromatogr, 1995, 18 (8): 495-499.

[71] Tadeusz G, Pawliszyn J. J High Resolut Chromatogr, 1995, 18 (3): 161-166.

[72] Potter DW, Pawliszyn J. J Chromatogr, 1992, 625: 247-255.

[73] Chai M, Arthur C L, Pawliszyn J, Belardi R P, Pratt K F. Analyst, 1993, 118: 1501-1505.

[74] Eisert R, Levsen K. Fresenius J Anal Chem, 1995, 351: 555-562.

[75] Eisert R, Levsen K, Wünsch G. J Chromatogr A, 1994, 683 (1): 175-183.

[76] Aranda R, Burk R C. J Chromatogr A, 1998, 829 (1-2): 401-406.

[77] Auger J, Boulay R, Jaillais B, Delion-Vancassel S. J Chromatogr A, 2000, 870 (1-2): 395-403.

[78] Negrão M R, Alpendurada M F. J Chromatogr A, 1998, 823 (1-2): 211-218.

[79] Auger J, Rousset S, Thibout E, Jaillais B. J Chromatogr A, 1998, 819 (1-2): 45-50.

[80] Heglund, Daniel L, Tilotta David C. Environ Sci Technol, 1996, 30 (4): 1212-1219.

[81] Merschman Sheila A, Lubbad Said H, Tilotta David C. J Chromatogr A, 1998, 829 (1-2): 377-384.

[82] Stahl Danese C, Tilotta David C. Environ Sci Technol, 1999, 33 (5): 814-819.

[83] Yang J, Her J W. Anal Chem, 1999, 71: 4690.

[84] Yang J, Her J W. Anal Chem, 2000, 72: 878.

[85] Merschman S A, et al. Appl sperctrosc, 1998, 52 (1): 106-111.

[86] Wittkamp B, Tilotta D C. Anal Chem, 1995, 67 (3): 600-605.

[87] Li S, Weber S G. Anal Chem, 1997, 69: 1217-1222.

[88] Nguyen A L, Luong J H T. Anal Chem. 1997, 69 (9): 1726-1731.

[89] Whang C W, Pawliszyn J. Anal Commun, 1998, 35 (10): 353-356.

[90] Yao Zi-wei, Jiang G B, Liu J M, Chen W. Talanta, 2001, 55 (4): 807-814.

[91] Wu J, Yu X, Lord H, Pawliszyn J. Analyst, 2000, 125: 391-394.

[92] Hawthorne S B, Grabanski C B, Hageman K J, Miller D J. J Chromatogr A, 1998, 814: 151-160.

[93] Hageman K J, Mazeas C B, Grabanski C B, Miller D J, Hawthorne S B. Anal Chem, 1996, 68: 3892.

[94] Haberhhauer-Troyer C, Crnoja M, Rosenberg E, Grasserbaner M. Fresenius J Anal Chem, 2000, 366: 329-331.

[95] Beltran J, Lopez F J, Hernandez F. J Chromatogr A, 2000, 885: 389-404.

[96] Aguilar C, Penalver S, Pocurull E, Borrull F, Marce R M. J Chromatogr A, 1998, 795: 105-115.

[97] Page B D, Lacroix G. J Chromatogr A, 1997, 757: 173.

[98] Berrada H, Font G, Molto J C. J Chromatogr A, 2000, 890: 303-312.

[99] Jinno K, Muramatsu T, Saito Y, Kiso Y, Magdic S, Pawliszyn J. J Chromatogr A, 1996, 754: 137-144.

[100] Zhang Z, Pawliszyn J. J High Resol Chromatogr, 1996, 19: 155-160.

[101] Bocchini P, Andalò C, Bonfiglioli D, Galletti G C. Rapid Commun Mass Spectrom, 1999, 13: 2133-2139.

[102] Popp P, Paschke A. Chromatographia, 1997, 46 (7/8): 419-424.

[103] Thomas Steven P, Sri Ranjan Ramanathan, Webster G R Barrie, Sarna Leonard P. Environ Sci Technol, 1996, 30 (5): 1521-1526.

[104] Chao Y, Huang S D. Anal Chem, 1999, 71: 310-318.

[105] Zeng Z, Qiu W, Yang M, Wei X, Huang Z, Li F. J Chromatogr A, 2001, 934: 51-57.

[106] Helaleh M I H, Fujii S, Korenaga T. Talanta, 2001, 54: 1039-1047.

[107] Gonzalez-Toledo E, Prat M D, Alpendurada M F. J Chromatogr A, 2001, 923: 45-52.

[108] Kelly M T, Larroque M. J Chromatogr A, 1999, 841: 177-185.

[109] Luks-Betlej K, Popp P, Janoszka B, Paschke H. J Chromatogr A, 2001, 938: 93-101.

[110] Bao M, Griffini O, Burrini D, Santianni D, Barbieri K, Mascini M. Analyst, 1999, 124: 459-466.

[111] Kataoka H, Lord H L, Pawliszyn J. J Chromatogr A, 2000, 880: 35-62.

[112] Harmon A D. Food Sci Technol, 1997, 79: 81.

[113] Mestres M, Busto O, Guasch J. J Chromatogr A, 1998, 808: 211.

[114] Jia M, Zhang Q H, Min D B. J Agric Food Chem, 1998, 46: 2744.

[115] Hawthorne S, Miller D J, Pawliszyn J. J Chromatogr, 1995, 718: 617-624.

[116] Vitali M, Guidotti M, Giovinazao R, Cendrone O. Food Addit Contam, 1998, 15 (3): 280-287.

[117] Simplício A L, Boas L V. J Chromatogr A, 1999, 833: 35-42.

[118] Lock C M, Chen L, Volmer D A. Rapid Commum Mass Spectrom, 1999, 13: 1744.

[119] Sen N P, Seaman S W, Page B D. J Chromatogr A, 1997, 788: 131.

[120] Mills G A, Walker V. J Chromatogr A, 2000, 902: 267-287.

[121] Brewer W, Galipo R, Morgan S, Habben K. J Anal Toxicol, 1997, 21: 286-290.

[122] Lee X, Kumazawa T, Sato K, Seno H, Ishii A, Suzuki O. Chromatographia, 1998, 47: 593.

[123] Röhrig L, Püttmann M, Meisch H U. Fresenius J Anal Chem, 1998, 361: 192-196.

[124] Ugland H D, Krogh M, Rasmussen K. J Chromatogr B, 1997, 701: 29.

[125] Lord H, Pawliszyn J. Anal Chem, 1997, 69: 3899-3906.

[126] Koid I, Noguchi O, Okada K, Yokoyama A, Oda H, Yammamoto S, Kataoka H. J Chromatogr B, 1998, 707: 99.

[127] Battu C, Marquet P, Fauconnet A, Lecassie E, Lachatre G. J Chromatogr Sci, 1998, 36: 1.

[128] Lee X P, Kumazawa T, Sato K, Suzuki O. J Chromatogr Sci, 1997, 35: 302-307.

[129] Kumazawa T, Lee X P, Tsar M C, Seno A, Ishii A, Sato K. Jpn J Forensic Toxicol, 1995, 13: 25.

[130] Yashiki M, Nagasawa N, Kojima T, Miyazaki T, Iwasaki Y. Jpn J Forensic Toxicol, 1995, 13: 17.

[131] Kumazawa T, Watanabe K, Sato K, Seno H, Ishii A, Suzuki O. Jpn J Forensic Toxicol, 1995, 13: 207.

[132] Chiarotti M, Marsili R. J Microcol Sep, 1994, 6: 577.

[133] Myung S W, Kim S, Park J H, Kim M, Lee J C, Kim T J. Analyst, 1999, 124: 1283.

[134] Ishii A, Seno H, Kumazawa T, Watanabe K, Hattori H, Suzuki O. Chromatographia, 1996, 43: 331.

[135] Watanabe T, Namera A, Yashiki M, Iwasaki Y, Kojima T. J Chromatogr B, 1998, 709: 225.

[136] Koster E, Hofman N, Jong G de. Chromatographia, 1998, 47 (11/12): 678.

[137] Hall B J，Doerr M S，Parikh A R，Brodbelt J S. Anal Chem，1998，70：1788.

[138] Cioni F，Bartolucci G，Pieraccini G，Meloni S，Moneti G. Rapid Commun Mass Spectrom，1999，13：1833-1837.

[139] Struppe C，Schäfer B，Engewald W. Chromatographia，1997，45：138-144.

[140] Dumemann L，Hajimiragha H，Begerow J. Fresenius J Anal Chem，1999，363：466.

[141] Guidotti M，Vitali M. J High Resolut Chromatogr，1998，21：665.

[142] Boyd-Boland A A. Royal Society of Chemistry，Cambridre，1999：327-332.

[143] Yu X M，Yuan H D，Górecki T，Pawliszyn J. Anal Chem，1999，71：2998-3002.

[144] Górecki T，Pawliszyn J. Anal Chem，1996，68：3008-3014.

[145] Cai Y，Bayona J M. J Chromatogr A，1995，696：113-122.

[146] He B，Jiang G B，Ni Z M. J Anal At Spectrom，1998，13：1141-1144 .

[147] Mothes S，Wennrich R. J High Resol Chromatogr，1999，22（3）：181-182.

[148] Morcillo Y，Cai Y，Bayona J M. J High Resol Chromatogr，1995，18：767.

[149] Sandrine A，Chrystelle B M，Gaëtane L，Martine P G. Analyst，2000，125：263-268.

[150] Lespes G，Desauziers V，Montigny C，Potin-Gautier M. J Chromatogr A，1998，826：67-76.

[151] Sandrine A，Gaëtane L，Valérie D，Martine P G. J Anal At Spectrom，2001，16：263-269.

[152] 刘稷燕，江桂斌. 分析化学，2001，29（2）：158-160.

[153] Azenha M，Vasconcelos M T. Anal Chim Acta，2002，458：231-239.

[154] Cai Y，Jaffe R，Jones R. Environ Sci Technol，1997，31：302-305.

[155] Bulska E，Baxter D C，Frech W. Anal Chim Acta ，1991，249：545-554.

[156] Cai Y，Rapsomanikis S，Andreae M O. Anal Chim Acta，1993，274：243-251.

[157] Cai Y，Rapsomanikis S，Andreae M O. J Anal At Spectrom，1993，8：119-125.

[158] Ritsema R. Mikrochim Acta，1992，109：61-65.

[159] Fillippelli M，Baldi F，Brinckman F E，Olson G J. Environ Sci Technol，1992，26：1457-1460.

[160] Weber J H. Anal Chem，1997，16：73-78.

[161] Moens L，Smaele T D，Dams R，Broeck P V D，Sandra P. Anal Chem，1997，69：1604-1611.

[162] Yu X，Pawliszyn J. Anal Chem，2000，72：1788-1792.

[163] Mester Z，Lam J，Sturgeon R，Pawliszyn J. J Anal At Spectrom，2000，15：837-842.

[164] Snell J P，French W，Thomassen Y. Analyst，1996，121：1055-1060.

[165] Master Z，Pawlisyzn J. J Chromatogr A，2000，873：129-135.

[166] 刘稷燕，江桂斌. 固相微萃取在有机锡、有机汞分析中的应用. 分析化学，1999，27（10）：1226-1230.

[167] Jiang G B，Ceulemans M，Adams F C. J Chromatogr，1996，727：119-129.

[168] Jiang G B，Xu F Z. Appl Organomet Chem，1996，10：77-82.

[169] Jiang Gui-bin，Liu Ji-yan，Yang Ke-wu. Anal Chim Acta，2000，421（1）：67-74.

[170] Jiang Gui-bin，Liu Ji-yan. Anal Sci，2000，16（6）：585-588.

[171] Liu J Y，Jiang G B，Zhou Q F，Yang K W. J Separation Sci，2001，24（6）：459-464.

[172] Jiang G B，Zhou Q F，Liu J Y，Wu D J. Environ Pollut，2001，115（1）：81-87.

[173] Brook' L T，et al. Center for lake superior environmental studies report. Wisconsin：University of Wisconsin-Superior，Superior，1986.

[174] Poerschmann J，Kopinke F D，Pawliszyn J. Environ Sci Technol，1997，31：3629-3636.

[175] Pollien P，Roberts D. J Chromatogr A，1999，864（2）：183-189.

[176] Bartelt R J. Anal Chem，1997，69：364-372.

[177]　Eisert R，Pawliszyn J. Anal Chem，1997，69：3140-3147.

[178]　Hartmann H，Burhenne J，Müller K，Frede H G，Spiteller M. J AOAC Int，2000，83（3）：762-770.

[179]　Gou Y，Tragas C，Lord H，Pawliszyn J. J Microcolumn Separations，2000，12（3）：125-134.

[180]　Crank J. Mathematics of Diffusion. Oxford：Clarendon Press，1989：14.

[181]　Pawliszyn J. J Chromatogr Sci，1993，31：31-37.

[182]　Chai M，Pawliszyn J. Environ Sci Technol，1995，29：693.

[183]　Gou Y，Eisert R，Pawliszyn J. J Chromatogr A，2000，873：137-147.

[184]　Gou Y，Pawliszyn J. Anal Chem，2000，72：2774-2779.

[185]　Kataoka H，Lord H L，Pawliszyn J. J Chromatogr B，1999，731：353-359.

[186]　Kataoka H，Narimatsu S，Lord H L，Pawliszyn J. Anal Chem，1999，71：4237-4244.

[187]　Mester Z，Pawliszyn J. Rapid Commun Mass Spectrom，1999，13：1999-2003.

[188]　Wu J C，Mester Z，Pawliszyn J. J Anal At Spectrom，2001，16（2）：159-165.

[189]　Saito Y，Nakao Y，Imaizumi M，Takeichi T，Jinno K. Fresenius J. Anal Chem，2000，368：641-643.

[190]　Boon C D T，Philip J M，Hian K L，et al. Analyst，1999，124：651.

第四章

膜分离技术

样品前处理是目前分析化学的瓶颈，它往往决定样品分析过程的速度且是误差的重要来源。长期以来，样品前处理技术往往被忽视。除了固相萃取（SPE）以外，标准分析方法中常使用的样品前处理技术如过滤、沉淀、溶剂萃取等已使用数十年而基本上没有任何改进。

所幸的是这种情况正在得到改进，分析化学家正致力于发展高通量的分析方法包括快速样品前处理技术。在近 20 多年里，自动化的样品前处理技术，尤其是在线样品前处理技术，正越来越引起大家的关注。在线前处理技术的两个重要发展趋势是柱切换（Column-switching）技术和膜分离技术的应用。

柱切换技术也即在线预柱技术，已广泛用于环境和生物医学分析中。该技术的主要缺点是它不适用于含有大量大分子的样品基体。这是因为大量的大分子容易堵塞预柱，在色谱分离中还容易毁坏分析柱的分离效能。膜分离技术则可以很好地克服此缺点。

第一节　膜分离过程

膜分离技术主要应用于工业过程如脱盐、食品工业和生物医学工程中。将其应用于分析化学的样品前处理则是近几十年的事情。

一、膜的定义

由于存在许多类型的膜和膜分离过程，很难给膜下一个很明确的定义。一般说来，膜可以定义为："膜是两相间的选择性屏障"[1]。当一种驱动力施加于膜时，物质即可从一相（给体，Donor）传输至另一相（受体，Acceptor），这种传输即被称作通量。当某种物质的传输大于其他物质时即可达到分离的目的。显然，最理想的情况是某种物质完全从给体传输至受体，而其他组分被完全保留在给体中。

146

二、膜和膜分离过程的分类

依据不同的出发点，膜和膜分离过程可有不同的分类方法，各种分类方法又是相互关联的[2]。本章仅介绍依据膜结构和分离机理两种分类方法。

按结构不同可将膜分为多孔膜和非孔膜。多孔膜是基于体积排斥（size-exclusion）原理进行分离的，即足够小的分子能透过膜而大分子则无法透过膜从而达到分离的目的。非孔膜则是一类由液体或聚合物薄膜组成的完全不同的膜，被分离的分子必须能溶解于膜中才能透过该膜。为此，化合物在溶液本体相和膜相间的分配系数是一个重要参数，而且对物质在膜中的传输起着十分重要的作用。非孔膜因此可被认为是一种选择性膜，只有那些容易从给体相萃取至膜相，且又容易从膜相反萃取至受体相的化合物才容易传输通过膜。化合物的分离也是基于液-液萃取和反萃取相同原理，即使大小相同的分子只要具有不同物理化学性质就能被有效分离。离子交换膜是一个特例，这种膜是在聚合物膜上共价键合有带正电荷或负电荷的官能团，其分离不仅与分子体积有关，而且与分子的电荷有关，与膜带相同电荷的分子将被排斥。

膜分离过程通常根据其驱动力进行分类[2,3]。最重要的驱动力为：产生分子通量（分子传输）的浓度梯度，产生电通量（电荷传输）的电势差，产生体积通量（液体或气体本体传输）的压力差。通常，在一种膜分离过程中有一个以上的驱动力起作用，但其中只有一种驱动力起主要作用。

表4-1列出了一些常见的且最重要的膜分离过程及其应用。渗析是溶质透过膜的过程，通过分子通量的差异达到分离的目的。电渗析是在电势作用下，溶质传输通过膜的过程。渗透是溶剂穿透膜的过程，即溶剂从低溶质浓度一方传输到高溶质浓度一方的过程。电渗透则是在电场作用下，溶剂从膜的一侧传输至另一侧的过程。过滤是溶质和溶剂在压力差的作用下通过膜的过程。膜萃取则是由于溶质在溶液和膜相间的溶解度不同而穿透膜。气体分离是在压力差的作用下分离气体混合物的过程。蒸发则是在压力差的作用下分离液体混合物的过程。

表4-1　一些常见的膜分离过程及其应用

分离过程	膜类别	原理	驱动力	应用
渗析	多孔	体积排斥/扩散系数差异	浓度梯度	大分子和小分子间的分离
电渗析	多孔	体积排斥及选择性离子传输	电势差	水的脱盐
过滤	多孔	体积排斥	压力差	大分子和小分子间的分离
膜萃取	非孔	分配系数差异	浓度梯度	分离化学性质不同的物质
渗透	多孔	体积排斥/扩散系数差异	浓度梯度	水的脱盐
电渗透	多孔	体积排斥/扩散系数差异	电势差	水的脱盐

第二节　膜分离在分析化学中的应用

在分析化学中，用于样品处理的膜分离过程主要有渗析、电渗析、膜过滤和膜萃取等[4~7]。

一、渗析

渗析是溶质在浓度梯度的作用下，从给体穿过膜进入受体相的过程。在唐南（Donnan）渗析中，膜可用于从高分子量基体中分离低分子量分析物，从而实现样品的有效净化，但对不同的小分子物质则无法分辨。渗析广泛应用于生物化学的蛋白质浓缩中。

渗析单元由带沟槽的惰性材料块（如聚四氟乙烯）和渗析膜组成。渗析膜被固定夹在两块带沟槽的惰性材料块之间，形成给体和受体两个液流通道。当样品被引入给体通道时，大小合适的溶质分子即在浓度梯度的作用下，扩散通过膜而进入受体通道中，受体通道与液相色谱系统在线连接。

在膜渗析中，单位时间内透过膜的溶质分子数（通量）与膜的面积和厚度、溶质的浓度梯度和扩散系数等因素有关，而扩散系数又由样品的黏度、温度、膜的孔径大小等因素决定。为了获得高的通量也即溶质的回收率，对这些影响因素进行优化是十分必要的。

可用中空纤维膜代替平面膜以增加膜的面积，从而增加溶质的通量。此时，可将一束中空纤维的两端分别黏结在一个装置中，中空纤维浸在样品（给体）中而受体存在于纤维中。这样，将使扩散因面积大大增加。这种装置的缺点是中空纤维较脆不便操作，且使用后清洗困难。另外，这种装置只能用于样品体积量较大的样品如天然水等。

影响通量的另一重要因素是膜的孔径，也即截留分子量（Molecular Weight Cut Off，MWCO）。MWCO是指能够截留90%以上的最小的化合物的分子量。使用时，应选择既能有效保留干扰物质又能使分析物快速通过的膜。用膜渗析清除生物样品中的蛋白质时，一般选用MWCO值为10~15kDa的膜。

另外，溶质与膜表面之间的静电作用和疏水作用也影响通量。文献[8]曾报道醋酸纤维膜表面的负电荷因与带正电荷的化合物结合而导致其回收率降低，对亲水性的纤维素膜而言，化合物的疏水性越强，回收率越低。

实验表明，膜渗析装置的结构设计也影响通量。给体通道愈浅通量愈大，这是因为溶质的传质阻力不仅来自渗析膜，还来自给体相。目前使用的商品渗析装置多是Gilson公司（Villiers-le-Bel，法国）的产品，其通道深度为0.2mm，膜厚度为20μm。

膜渗析有平衡渗析（equilibrium dialysis）和连续渗析（continuous dialysis）

两种方式。在平衡渗析中，给体和受体都是静止的。随着时间的推移，溶质在给体和受体间的浓度梯度将逐渐减小并最终为零，这将导致溶质的通量也将逐渐减小并最终为零。因此，这种渗析速度较慢且最高只能得到50%的回收率（当给体和受体的体积相等时），只能应用于分析物浓度较高和不需要高灵敏度的样品前处理中。相反，在连续渗析中，由于扩散到受体中的溶质被连续流动的受体及时转移出受体通道，能够得到比平衡渗析更高的浓度梯度和通量，从而获得更高的渗析速度。由于渗析到受体中的溶质被连续流动的受体稀释，有必要连接一个预富集柱将溶质浓缩。

膜渗析可与多种仪器在线联用，尽管有膜渗析与气相色谱[9]和毛细管电泳[10]联用的报道，研究得最多的还是膜渗析与液相色谱在线联用。膜渗析与液相色谱在线联用的主要应用领域为食品分析和生物医学分析，文献［5］详细列出了应用实例和相应的参考文献。

二、电渗析

在电渗析中，将阴阳电极置于分离膜的两边施加电势差，带电的溶质即透过分离膜向阳极或阴极迁移。分析物的分离不仅和分子体积有关，而且还与其所带电荷有关。对于弱酸弱碱化合物，还可通过调节 pH 提高选择性，达到分离富集的目的。电渗析所用的膜可以是普通的纤维素膜或离子交换膜。为了防止被分离物在电极附近电解，可以用离子交换膜将电极包裹。

电渗析的影响因素较多，除了前面讨论的影响膜渗析的影响因素外，其他参数如所施加的电压、样品流速、样品的离子强度和 pH 等也影响分离富集效率[11]。对标准的纤维素膜而言，所施加的电压一般应小于10V，高于10V会因为焦耳热使膜受损害。

电渗析可方便地与色谱或毛细管电泳在线联用。目前，有关用电渗析进行样品分离富集的研究报道有限，主要用于血清、食品发酵液和环境样品的前处理。但是，真正得到实际应用的是比较干净的环境水样，如地表水和地下水中的一些酸碱化合物的测定[12,13]。

三、膜过滤

膜过滤是将样品置于膜的一侧，并施加压力使大小合适的分子以及溶剂通过膜孔到膜的另一侧。当进行离线操作时，膜过滤的驱动力可通过真空或离心而施加。在在线操作中，用泵将样品泵入膜过滤器的给体通道，并在其出口端施加阻力，使样品通过膜而进入受体通道中。

膜过滤中，影响体积通量的因素主要有施加的压力、样品黏度以及影响膜阻力的一些参数，如面积、厚度和孔径等。值得注意的是，膜过滤的传质阻力还可来自所谓的浓度极化层——累积在膜表面的不能透过膜的物质[5]。

尽管有膜过滤与液相色谱和气相色谱在线联用的研究报道，但它在分析化学中的应用还十分有限，目前仅在食品发酵液的测定中得到应用[5]。

四、膜萃取

膜萃取是一种基于非孔膜进行分离富集的样品前处理技术。这种非孔膜可以是液体也可以是固体（如聚合物）。进行膜萃取操作时，非孔膜置于中间，膜的一边是样品（给体），另外一边是用于捕集目标分析物的受体。给体和受体一般为液体，但也可以是气体。膜萃取的优点主要是富集倍数高、净化效率高、有机溶剂用量少、成本低以及易于与分析仪器在线联用等。膜萃取主要有支载液体膜萃取（SLM）、连续流动液膜萃取（CFLME）、微孔膜液-液萃取（MMLLE）、聚合物膜萃取等几种模式，我们将在以下各节中详细讨论。

第三节 支载液体膜萃取

支载液体膜（Supported Liquid Membrane，SLM）萃取，最初是一种用于工业生产和废水处理的技术。瑞典的 Audunsson[14] 最早将 SLM 用于分析化学的样品的分离富集。他首先将 SLM 用于胺类物质的富集，并对其基本原理及各种影响因素进行了讨论。SLM 选择性高、获得的萃取物中干扰物质少（萃取后样品不需净化）、操作简单并且可获得高的富集倍数。另外，它可以方便地与分析仪器联用，实现自动化。文献 [15] 对支载液体膜萃取的基本原理、影响参数以及装置进行了阐述。目前，该方法已广泛用于萃取环境样品中的农药、氨基酸、金属离子以及生物样品中的药物等。

一、支载液体膜萃取的原理

SLM 为一三相系统，即在两水相之间夹一有机相，有机相固着于多孔的憎水性膜上。SLM 技术可以看作是萃取和反萃取两过程的结合。在进行 SLM 萃取前，首先要将聚四氟乙烯（PTFE）膜浸泡在水溶性低的有机溶剂中（约15min），萃取时两水相分别从膜两侧的萃取槽通过（一般同向），这样就形成了水相-有机相-水相三相系统。图 4-1 为以萃取碱性化合物（胺）为例的 SLM 萃取原理示意图。首先，加入碱调节样品溶液的 pH 值使胺不能电离，即以中性分子的形式存在。样品（称为"给体"，Donor）由泵引入萃取系统，经过支载膜时未电离的胺分子（B）首先被萃取进入附着在 PTFE 膜微孔中的有机相中，膜另一侧的"受体（Acceptor）"中充满酸性缓冲溶液（静止），进入液膜的胺中性分子在膜与受体界面上发生电离，随后扩散进入受体溶液，电离后的萃取物不能再重新进入给体即样品溶液中。整个萃取过程的动力来自于离子态及非离子态的分析物在水相/有机相中分配系数之间的差距，结果相当于胺分子从样品中转移到了受体溶液中。在受体中，几乎所有分析物都是以离子的形式存在，因此自由胺的浓度梯度（从而传质速率）不会受到受体中胺总浓度的影响，因此当连续不断的样品流入给体槽时就可获得高达几百倍或几千倍的富集倍数。

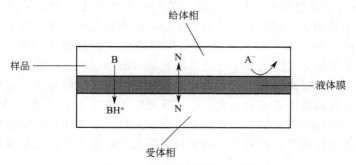

图 4-1　SLM 萃取原理示意图
B—碱性物质；N—中性物质；A⁻—酸性物质

　　很明显，在萃取过程中酸性化合物（HA）在碱性给体中会发生电离，因此会完全被膜排斥在外（只有中性分子才可以通过有机液膜），不能进入受体，这同样适用于始终带有电荷的化合物。中性分子（N）也能够被萃取，但最终在膜的两侧达到平衡，因此不能够在受体中富集。大分子物质如蛋白质也会在给体中发生电离，不能进入另一相，而且由于未电离大分子在膜中的低分散系数，故其萃取效率很低。

　　总之，在上述条件下，SLM 萃取系统对于小分子碱性化合物具有很高的选择性。通过改变受体、有机液膜的种类以及其他条件，即可对其他类型的物质进行萃取。对于酸性物质，可以通过改变给体和受体的 pH 值，用与萃取胺相同的方法进行萃取。另外，在受体中加入离子对试剂或螯合试剂，SLM 系统可以用来萃取始终带有电荷的化合物以及金属离子等。

二、支载液体膜萃取装置

　　目前，应用较多的 SLM 萃取装置主要有萃取体积较小的直线形、体积较大的螺旋线形以及微量的中空纤维膜型萃取装置。图 4-2(a) 为一直线形 SLM 萃取装置，图 4-2(b) 则为螺旋形装置。两者均是将一憎水性微孔膜夹在两片惰性材料（如聚四氟乙烯，PTFE）之间，与膜接触部分刻有沟槽，分别称为给体槽（Donor）和受体槽（Acceptor），两槽在固定时能够互相吻合，萃取即在两槽之间进行。微孔膜通常为 PTFE 膜，为增加机械强度，常在其反面增加一层支撑物（如聚乙烯），有机溶剂渗入 PTFE 膜的微孔中形成液膜。由于聚四氟乙烯块机械强度低，容易变形，因此在每个聚四氟乙烯块两侧分别用铝合金块支撑，装置通常由 6～10 个螺栓（不锈钢）固定。在每一个聚四氟乙烯块上沟槽的两端起始位置有小孔可以连接流路系统中的管路，用于将给体及受体溶液引出。目前应用的萃取槽体积在 10～1000μL 之间。由于这两种基于平面膜的装置安装麻烦，目前应用较多的是中空纤维 SLM 装置。这一形式最早由 Pedersen-Bjergaard 等提出[16]。该方法是将浸有有机溶剂的 U 形中空纤维固定好后，用微量进样器将一定体积的接受相从一端注入，萃取结束后，再将接受相从另一端吸出进入仪器分析测定。由于接受相的注入和吸出操作很麻烦，而且难于实现自动化，Lee 等[17]于 2001 年提出了直线形中空纤维液相微萃取形式。这种萃取装置只用一根微量进样器注入和吸出接收相，另一端热封或直接敞口接触样品，这样不仅简化了操作过程，而且易于实现自动化。Liu 等发展了基于中空纤维 SLM 的被动采样装置[18]，如图 4-2(c) 所示，该装置将液膜支载在中空纤维膜壁的微孔中，受体注入中空纤维膜内腔，再将纤维两端封口后置于样品中萃取富集目标物。

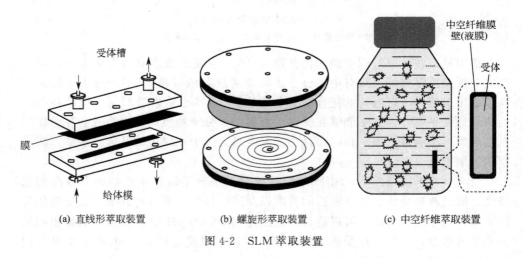

(a) 直线形萃取装置   (b) 螺旋形萃取装置   (c) 中空纤维萃取装置

图 4-2　SLM 萃取装置

三、支载液体膜萃取的影响因素

SLM 萃取可以看作物质被萃取进入有机相，又被反萃取进入第二个水相两个过程的结合，这两个萃取过程是同时发生的，通常这种方式较两个步骤在萃取槽中相继发生有效得多。分析物从给体进入受体过程中的传质与膜两侧的浓度差 Δc 成正比，Δc 可以用下式表示：

$$\Delta c = \alpha_D c_D - \alpha_A c_A \tag{4-1}$$

式中，c_D、c_A 分别为分析物在给体和受体中的浓度；α_D、α_A 分别为可以被萃取的分析物（即中性分子）在给体和受体中所占的分数。通常在萃取条件下，

认为 $\alpha_D \approx 1$，而 α_A 很小。这样受体中被萃取物的浓度 c_A 从开始时的 0 逐渐增大，最后要高于 c_D。根据式（4-1），当 Δc 接近于 0 时，可以得到最大的富集倍数，用下式表示：

$$E_{e(max)} = (c_A/c_D)_{max} = \alpha_D/\alpha_A \qquad\qquad (4\text{-}2)$$

式（4-2）并没有涉及传统液-液萃取中提到的萃取效率，在 SLM 萃取中，萃取效率通常表示为：$E = n_A/n_I$

式中，n_I 和 n_A 分别表示在萃取时间内进入萃取系统和被富集进入受体溶液中的分析物的物质的量。

富集倍数（或效率）受很多因素的影响。Audunsson[14] 除对 SLM 萃取原理进行了初步探讨外，还以萃取胺为例，对影响萃取的各个参数如受体及给体溶液的组成、两相流速及酸度、用作液膜的有机溶剂种类、液膜支载体种类、两相流速等进行了优化。通过对五种液膜支载体的考察，发现当膜的孔径大于 $3.0\mu m$ 时，膜两侧的溶液会发生渗漏，而选用孔径为 $0.2\mu m$ 的 Fluoropore FGLP 膜时富集效果最好；并且支撑体材料（如聚乙烯）对传质速率的影响可以忽略，但是，使用无聚合物支撑的膜时，样品的传质速率要小得多，原因可能是萃取时由于膜两侧的压力差而使膜不平。当液膜支载体较薄时，可以提高分析物在透过膜时的传质速率，但此时渗入支载体微孔中的有机溶剂量较少，液膜的稳定性降低。

用作液膜的有机溶剂是影响萃取效率和富集倍数的主要因素，有机溶剂应具有非极性、低挥发性、低黏度的特点，否则容易造成液膜的挥发和流失，从而降低液膜稳定性。文献［14］对异辛烷、正十六烷、正十一烷、正十醇四种有机溶剂进行了选择，由于正十一烷挥发性低于异辛烷且黏度要低于正十六烷和正十醇，因此正十一烷作为有机液膜时比较合适。该液膜可以连续使用至少六周而保持稳定性不变。目前，正十一烷、二正己基醚、正辛醇是应用比较多的有机液膜[15]。

给体及受体的种类及酸度是影响富集效率及倍数的重要因素。式（4-1）是假设分析物进入受体后立即发生离解，这样在受体溶液流动和静止两种情况下的萃取效率是相等的。但是实际上，对于受体静止的情况，效率只能达到 90% 以上[14]。文献［19］通过对传质动力学的研究认为对于碱性分析物的萃取，受体的最佳 pH 值要低于分析物的 pK_a 值 3.3 个单位，而样品溶液的 pH 值则通常要高于分析物的 pK_a 值 3.3 个单位，对于酸性化合物的萃取两相的酸度条件与之相反。文献［14］认为在达到上述酸度条件时，受体的 pH 值（或缓冲容量）不会影响传质速率或萃取效率，文中只对标准溶液进行了萃取。但是对于实际样品，尤其是环境样品，由于基体比较复杂，样品中的其他组分经过一段时间（尤其是长时间）的富集后，受体的 pH 值常会发生改变，从而影响萃取效率[20]。

样品流速也是影响萃取效率的重要因素。研究表明：对于固定长和宽的萃取槽，萃取效率随样品体积流速的增大而逐渐降低，而富集倍数则随之增大[15]。理论上当样品流速接近于零时，萃取效率接近于 1，因此最有效的萃取可在低的给体流速下获得。但是在实际的分析工作中，在给定萃取时间内更倾向于获得较大的富集倍数而不是得到较高的富集效率，而且，受体流速的选择常会受到样品体积的制约，当样品体积很小时（尤其是生物样品），常采用低流速；相反，对大体积的样品如环境样品则经常采用高流速。

给体溶液的离子强度对 SLM 萃取也有一定的影响。与传统的液-液萃取一致，往给体中加入适量盐（通常是 NaCl）可以增大其离子强度，提高分析物在有机相中的分配系数，从而提高富集倍数和富集效率[14]。加入盐还可以防止系统中乳状液的形成，而 SLM 萃取系统中形成乳状液是引起液膜不稳定的主要因素。另外，有些物质的萃取受温度的影响比较显著。

四、联用技术与自动化

如上所述，膜萃取技术的优点是适合与色谱装置连接实现自动化，通常称为联用。应用这种方法可以建立自动化分析系统，从未处理样品甚至是复杂样品如尿或血清样品到最终的色谱分析，实现全过程操作的自动化。当然，SLM 与其他仪器的联用并非必须是完全的在线的，在很多情况下是通过离线操作的方式将分析物手动转移到分析仪器中。SLM 可较方便地与 LC 及 GC 在线联用。

SLM 与 HPLC 的在线联用比较容易实现，用泵（如蠕动泵）将 SLM 萃取单元的受体槽中全部或部分溶液转移到 HPLC 进样阀的样品环中，再注入色谱分离检测系统即可。当受体体积较大时，可将 HPLC 进样阀的样品环换成预柱，将受体中的分析物转移到预柱中，然后进样测定。将受体中的分析物转移到预柱的过程，实际上也是进行第二次富集，可大大提高方法的灵敏度。图 4-3 为典型的将膜萃取系统与 HPLC 直接联用的流路图。文献［20］报道了一种典型的 SLM-预柱-HPLC 在线联用系统，最初的设计是用于测定天然水中的氯酚，后来该系统也用于其他环境样品的分析测定。SLM 与填充柱 GC 的在线联用也比较容易实现，将 SLM 萃取单元的受体槽中的部分溶液注入填充柱分离检测系统即可。SLM 与毛细管柱 GC 的在线联用则比较麻烦，必须将水相受体中的溶质转移到有机相中，然后进样测定[21]。SLM 与 CE 的联用已有一些报道，但都未实现真正意义上的完全在线联用。Pálmarsdóttir 等[22]用中空纤维膜进行 SLM，使分析物富集于 $1.3\mu L$ 受体溶液，通过堆积进样后分离测定了血清中的药物含量。

五、在环境样品预处理中的应用

由于 SLM 萃取的上述特点，该方法已广泛应用于环境样品中氨基酸、苯胺及其衍生物、金属离子、除草剂等物质的萃取，以及生物样品中药物的萃取。

1. 有机弱酸的萃取

磺酰脲类除草剂（Sulfonylurea Herbicides）可用 SLM 分离富集[23~25]。由

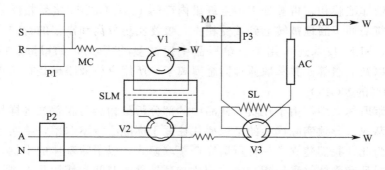

图 4-3　典型的膜萃取系统与 HPLC 直接在线联用的流路示意图

S—样品；R—试剂；A—受体；N—中和液；MP—流动相；W—废液；

P1，P2—蠕动泵；P3—柱塞泵；MC—混合圈；V1，V2，V3—六通阀；

SLM—支载液体膜萃取装置；SL—样品定量环；AC—分析柱；DAD—二极管阵列检测器

于磺酰脲类除草剂为弱酸性化合物，样品溶液通常用 H_2SO_4 酸化，而受体则为 pH8.5 或 pH7.0 的磷酸盐缓冲溶液。由于采用螺旋形萃取装置（体积约为 1mL），萃取后的样品溶液首先进入 C_{18} 预柱，然后再转移进入分析柱进行分离测定。液膜的溶剂则分别采用纯的正十一烷[24]、正十一烷与二正己基醚的混合液（1∶1）[23,25]。目前已经用 SLM 方法进行萃取的磺酰脲类除草剂有甲磺隆、氯磺隆（Chlorsulfuron）、麦磺隆以及噻吩磺隆（Thifensulfuron Methyl，阔叶散）等。文献［23］用该方法对河水中以上四种磺酰脲类除草剂进行了 SLM 萃取，并与固相萃取方法进行了比较。对 $1\mu g \cdot L^{-1}$ 的样品进行固相萃取，萃取后注入分析柱的体积为 $20\mu L$，所得色谱图中四种物质受杂质峰的干扰比较严重，若改用大体积进样（$500\mu L$，同样转移到 C_{18} 预柱），由于背景吸收仍然很大，因此这种情况并没有得到明显改善，说明用固相萃取方法很难测定 $1\mu g \cdot L^{-1}$ 浓度条件下的样品。而用 SLM 方法萃取后得到的色谱图中杂峰明显少于用固相萃取所得的谱图，四种物质分离效果很好，从而降低了检测限。对 250mL 样品进行富集（大约 5h），得到四种物质的检测限在 $0.05\sim0.1\mu g \cdot L^{-1}$（用固相萃取方法得到的检测限为 $1\mu g \cdot L^{-1}$ 左右），且 SLM 萃取可直接与分离检测装置进行在线联用。值得注意的是，由于富集后样品溶液呈碱性，因此在转入预柱前需要与稀 H_2SO_4（$0.4mol \cdot L^{-1}$）混合，以便于分析物在预柱上的吸附。样品全部转移到预柱后，需用 0.5mL $0.026mol \cdot L^{-1}$ 的 H_2SO_4 冲洗，实验结果表明用 H_2SO_4 冲洗后所得谱图基线明显低于未用 H_2SO_4 冲洗的情况，且分析物的峰形及灵敏度、分离度明显高于后者[24]。

作为一类有机弱酸，氯酚也特别适合用 SLM 萃取。将疏水性离子液体 1-辛基-3-甲基咪唑六氟磷酸（$[C_8MIM][PF_6]$）支载于聚丙烯中空纤维膜上，萃取环境水样中的 4-氯酚、3-氯酚、2,4-二氯酚和 2,4,6-三氯酚。这四种氯酚先被萃取到离子液体液膜相，再被处于中空纤维内部的 $10\mu L$ NaOH 接受相反萃取，样品相中的氯酚便不断地被转运到接受相中，最终实现分离和富集的目的[26]。

另外，SLM 技术还可用于土壤样品中短链羧酸[27,28]，如甲酸、丙酸、丁酸、乳酸以及醋酸等。其萃取原理同金属离子，所用有机液膜也是在二正己基醚中加入 10% 的 TOPO。

上述萃取体系中，由于在实际样品中的部分污染物会与腐殖酸等样品基质结合而不被萃取，导致实际样品的萃取率往往低于标准溶液萃取率，给实验结果带来误差。为此，我们建立了一种所谓完全萃取模式，以消除基体的干扰。该方法通过缩小样品和受体（采样相）的体积比、延长萃取时间和使用足够高抗 pH 变化的受体等措施，确保样品中的分析物全部萃取到受体中，从而准确测定样品中目标污染物的总浓度[29]。

随着环境科学研究的深入，人们逐渐认识到环境水体中污染物的总浓度往往不能代表污染物的毒性效应和环境风险，而污染物的自由溶解态浓度与污染物的生物有效性有更好的相关性。笔者研究小组基于中空纤维 SLM 技术发展了测定环境水样中自由溶解态氯酚的新方法。将有机液膜（正十一烷）支载于聚丙烯中空纤维膜孔里、以碱性缓冲液为受体制备图 4-2(c) 所示的被动采样装置，通过调节样品相和采样相（受体）的体积比被萃取的分析物的量不超过其总量的 5%，以达到不破坏目标物在样品相中自然存在的状态（自由溶解态和结合态的平衡）；同时，通过采用足够长的采样（萃取）时间使得分析物在接受相-液膜相-样品相三相之间达到萃取平衡，实现了对自由溶解态物氯酚的微耗损平衡采样。用这种方法测得的污染物的自由溶解态浓度可以用来评价污染物的生物有效性[18]。

2. 有机弱碱的萃取

文献 [30，31] 以正十一烷为有机液膜对环境水样以及尿样中的苯胺及其衍生物进行了 SLM 萃取，并与液相色谱或气-液色谱联用进行了在线测定。前面已经提到，SLM 萃取的一大优点就是能够与多种分析仪器连接进行在线测定，而实现这一目的的关键在于 SLM 萃取装置与分析仪器接口的设计。当萃取后样品（受体）的体积在几十微升时，可直接转移至带有大体积定量管的六通阀上，然后通过阀的切换将样品注入分析柱[30]；而当样品体积较大（将近 1mL 或更大）时，常将样品溶液先转移到一预柱上[31]，再转入分析柱进行分离测定，这相当于分析物在预柱上又进行了第二次的富集。尿中胺类的萃取结果表明：当分析物浓度为 $1\mu g \cdot L^{-1}$ 时，重复测定结果的相对标准偏差为 3.5%～4.0%。该方法对 600 个尿样进行富集后，液膜的萃取效率没有发生明显变化，说明液膜的稳定性很好。

Trocewicz 等[32]用螺旋形萃取器对三嗪类除草剂如扑灭津（Propazine）等和苯脲类除草剂非草隆（Fenuron）等的情况进行了研究，发现只有三嗪类除草剂可以用该方法富集。通过对二正己基醚、正十一烷及两种溶剂混合物作有机液膜三种情况的比较，发现当以二正己基醚为萃取剂时扑灭津和西玛津的萃取效率最大，分别为 78% 和 85%。对湖水中的五种除草剂进行了富集及高效液相色谱测定，该方法的检测限可以达到 $0.1\mu g \cdot L^{-1}$。文献 [33] 以二正己基醚作液膜对阿特拉津、西玛津和特丁津 (Terbuthylazine) 进行了萃取并应用于地表水检测，方法检测限在 $0.03\sim0.16\mu g \cdot L^{-1}$ 之间。随后，Megersa 等[34,35]分别对环境水样中的烷基硫代和甲氧基取代三嗪类除草剂进行了 SLM 富集及 HPLC 测定，液膜分别为正十一烷和二正己基醚，检测限最低可达到 $15ng \cdot L^{-1}$[35]。笔者研究小组基于中空纤维 SLM 建立了测定环境水体中阿特拉津及其降解产物[36]、三氯生[37]以及双酚类化合物[38]的方法。需要说明的是，用 SLM 分离富集环境水样中的有机弱酸时，样品中大量存在的 CO_2 会被萃取进入受体而引起其 pH 值降低，最终导致目标分析物的萃取回收率降低。在 SLM 萃取前将样品酸化并通 N_2 除 CO_2 可消除其影响[37]，以碳酸盐缓冲液作为受体可部分缓解样品中 CO_2 的影响。

另外，通过改变给体及受体溶液的类型及极性，还可以用该方法富集玉米油及橄榄油等样品中的三嗪类除草剂[39]。

3. 两性物质的萃取

氨基酸类物质的萃取主要是通过反离子试剂进行萃取，也称为"载体"。萃取原理与胺的萃取相似。文献 [40，41] 在三-2-乙基己基磷酸酯 (TEHP) 中加入二-2-乙基己基磷酸酯 (DEHPA)，以 DEHPA 为载体，对色氨酸、苯丙氨酸和酪氨酸进行了萃取。萃取原理可用下式表示：

$$A^+ + 2(HR)_2 \longrightarrow AR(HR)_3 + H^+$$

式中，A^+ 为氨基酸离子；$(HR)_2$ 为 DEHPA。萃取时，氨基酸分子首先在 pH3.0 的给体中离解，在给体与液膜的界面上与离子对试剂 DEHPA 结合，形成载体-氨基酸中性分子化合物。然后，该中性分子在液膜中扩散，当到达液膜与受体的界面时，受体中的另一种反离子试剂代替氨基酸，载体被释放出来，又重新回到给体与膜的界面转移已经电离的氨基酸，从

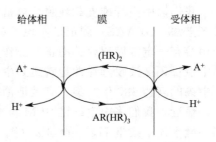

图 4-4 氨基酸的萃取机理

体与膜的界面转移已经电离的氨基酸，从而构成循环，达到富集的目的。萃取过程见图 4-4。文中对影响萃取效率和富集倍数的各因素如 DEHPA 含量、给体溶液酸度、受体溶液组成及酸度、样品浓度等进行了讨论。以 $1mmol \cdot L^{-1}$ HCl 为受体时，在 $0.01nmol \cdot L^{-1}$ 分析物浓度条件下，萃取效率可以达到 60%，富集倍数最高可达到 150。

由于氨基酸类化合物属两性化合物，受体及给体溶液的酸度对萃取效率的影响很大，并且容易使分析物的被萃取形式在两相中的比例较具有单一酸碱性的化合物小，导致萃取效率的降低。在向有机溶剂中加入分析物载体之前，该研究小组曾用丹酰（1-二甲氨基萘-5-磺酰）化的方法，用螺旋形萃取器对 10 种氨基酸进行了萃取，在低于 $10nmol \cdot L^{-1}$ 的浓度条件下，多数氨基酸的萃取效率大于 90%。该方法的缺点是进行萃取前需要对样品进行衍生化。

磺胺抗生素也是一类两性化合物，可以通过严格控制样品 pH 值使其以分子态萃取到液膜中，再以离子态被反萃取到受体相溶液中。笔者研究小组将样品调至弱酸性（pH4.5）、以 $0.25mol \cdot L^{-1}$ 的 NaOH 溶液为受体、以 TOPO 为载体，建立了中空纤维 SLM 分离富集环境水样中的磺胺抗生素残留的方法。由于离子液体对两性物质有良好的溶解性，以疏水性离子液体 1-辛基-3-甲基咪唑六氟磷酸（$[C_8MIM][PF_6]$）为液膜，获得了比正己基醚等常见有机溶剂液膜更高（58～135）的富集倍数[42]。

4. 金属离子的萃取

金属离子的萃取原理与氨基酸的萃取原理相同，也是在液膜中加入离子对试剂或螯合试剂作为载体，实现富集的目的。Djane 等[43,44]以 DEHPA（加入煤油中，质量分数为 40%）为载体对河水中的 Cu^{2+}、Cd^{2+}、Pb^{2+} 以及尿中的 Pb^{2+} 进行了富集，萃取效率在 80%～95% 之间，检测限分别为 $0.19\mu g \cdot L^{-1}$、$0.024\mu g \cdot L^{-1}$、$0.09\mu g \cdot L^{-1}$ 和 $0.1\mu g \cdot L^{-1}$。文献 [45] 将两个 SLM 萃取装置连接起来对 Am^{3+}、Eu^{3+} 进行了富集。目前除上述金属离子可用 SLM 进行萃取外，Co^{2+}、Ni^{2+}、Zn^{2+} 等离子也可用该方法进行萃取，除常用 DEHPA 作载体外，8-羟基喹啉、KSCN、Aliquat-336 也常用来作金属离子的萃取载体[46]。

我们以中空纤维支载液膜分离富集海水中痕量镉（Cd），结合石墨炉原子吸收光谱法（GFAAS）测定，实现了对海水中痕量/超痕量镉的分析测定。该方法采用溶有一定浓度双硫腙的正辛醇作为液膜，油酸作为液膜的保护剂，使海水样品中痕量镉被液膜选择性地转运到中空纤维内部的硝酸接受相中，从而实现了海水中镉的高达 387 倍富集，有效地消除海水样品中基质的干扰[47]。

最近，我们将中空纤维 SLM 与纳米金显色相结合，建立了高灵敏可视化检测环境水体中痕量 Hg^{2+} 的方法（图 4-5）。该方法以含 2%TOPO 的正十一烷为液膜，以吡啶二羧酸（PDCA）为受体萃取水中 Hg^{2+}，萃取 3h 对 Hg^{2+} 的富集倍数为 1000。该方法可消除 1000 倍以上的环境水样中常见金属离子的干扰，肉眼检测限最低可达 0.8×10^{-9}，也可方便地将肉眼检测限调至 2×10^{-9} 以进行饮用水限值（2×10^{-9}）Hg^{2+} 的现场筛查[48]。

Romero 等分别基于平面膜[49]和中空纤维膜[50]建立了 SLM 系统，用于测定环境水样中自由溶解态铜离子，测定结果与模型计算的结果吻合，为评价环境

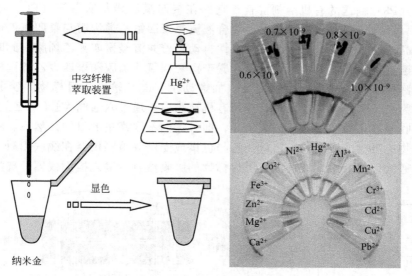

图 4-5　中空纤维采样纳米金探针高灵敏快速测定水中 Hg^{2+} 示意图

水体中重金属离子的生物可给性提供新的分析测定方法。

第四节　连续流动液膜萃取

　　SLM 萃取作为一种样品前处理技术已在环境及生物样品中的有机以及无机污染物、药物等的富集中得到了广泛的应用。但是，SLM 仅能使用十分有限的几种有机溶剂且存在液膜被穿透的危险。用作液膜的有机溶剂必须具备不溶于水、难挥发、黏度小等条件，比较常用的有机溶剂为正十一烷、二正己基醚和三正辛基磷酸酯。使用这些溶剂分离富集极性化合物时，因其溶解度较小，萃取速率往往很低。当使用弱极性溶剂如二正己基醚时，液膜寿命仅数小时。这就造成了液膜选择的两难境地。笔者研究小组提出的连续流动液膜萃取（CFLME）技术[51]很好地克服了 SLM 的弱点。

一、基本原理

　　连续流动液膜萃取是建立在连续流动液液萃取和 SLM 基础上的一种新的液膜萃取模式，即在 SLM 萃取前进行连续流动液液萃取步骤，用作液膜的有机溶剂通过微量泵输入。

　　图 4-6 是连续流动液膜萃取流路示意图。由恒流泵（如蠕动泵，P1）输送的样品与试剂首先在混合圈（MC）反应生成中性化合物，然后与由微量柱塞泵或

注射泵（P3）输送的有机溶剂混合。它们在聚四氟乙烯萃取盘管（EC）中自动萃取，目标物被萃取入有机相中。混合液流经聚四氟乙烯沟槽与聚四氟乙烯膜组成的样品流通道时，有机相因其疏水性自动附着并流经聚四氟乙烯膜，此时待萃取物即透过聚四氟乙烯膜而被反萃入置于由聚四氟乙烯膜和聚四氟乙烯沟槽组成的吸收液通道内，吸收液由恒流泵（如蠕动泵，P2）输送。目标物在吸收液内被转换为离子型化合物，阻止其返回有机液膜内。通过六通阀 V1 和 V2 的切换，保持吸收液静止而样品等液流流动时，即可达到萃取富集的目的。然后，将富集了目标物的吸收液取出分析定量。若与色谱或光谱等检测仪器在线联用时，则可通过六通阀切换，由载液将富集了目标物的吸收液直接输入检测仪器分离测定。

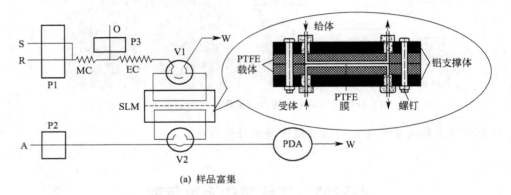

(a) 样品富集

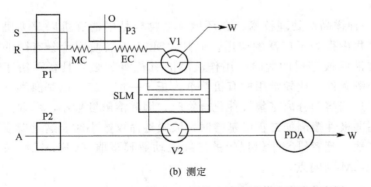

(b) 测定

图 4-6　连续流动液膜萃取流路示意图

S—样品；R—试剂；O—有机溶剂；A—受体；W—废液；P1, P2—蠕动泵；P3—柱塞泵；
MC—混合圈；EC—萃取圈；V1, V2—六通阀；SLM—支载液体膜萃取装置；PDA—二极管阵列检测器

　　CFLME 可看作 CFLLE 和 SLM 的有机结合，它综合了 CFLLE 和 SLM 的优点克服了二者的缺点。与 SLM 相比，CFLME 主要有以下优点：①由于有机溶剂在系统中连续流动，液膜连续更新、长期稳定。理论上讲，只要与水不互溶的有机溶剂都可使用，从而大大拓宽了有机溶剂的选择使用范围，也扩展了流动

式支载液体膜萃取技术的应用范围。而现有流动式支载液体膜萃取技术只能使用非极性、难挥发的有机溶剂。②由于可使用极性、挥发性有机溶剂，从而可大大提高极性化合物的萃取效率，也即单位时间内的富集倍数。③由于设计了一个聚四氟乙烯萃取盘管（EC），可使大部分目标物预先萃取到有机相中，提高了萃取富集效率。

二、影响因素

笔者研究小组以甲磺隆（MSM）、苄嘧磺隆（BSM）、麦磺隆（TBM）、嘧磺隆（SMM）、胺苯磺隆（EMS）五种磺酰脲类除草剂及双酚-A（BPA）为模型化合物对影响 CFLME 的参数进行了研究[51,52]。影响 CFLLE 的一些因素如萃取圈的内径和长度、样品流速，试剂及有机溶剂的流速对连续流动液-液萃取也有重要的影响。实验结果表明，当 SLM 沟槽长度较短时，萃取效率随萃取圈的长度的增加而增加直到恒定。随着有机溶剂流速的增加，富集倍数逐渐降低，当流速达到 $0.20\text{mL}\cdot\text{min}^{-1}$ 时，其富集效率仅为 $0.05\text{mL}\cdot\text{min}^{-1}$ 时的一半。样品流速的影响与 SLM 相同，即样品流速的增大，可提高单位时间里的富集倍数，但考虑到系统的稳定性，样品流速不宜太大，以 $2.0\sim3.0\text{mL}\cdot\text{min}^{-1}$ 为宜。显然，当样品量有限时，应该使用较小的样品流速以获得尽可能大的富集效率。

1. 液膜支载体材料的选择

对作为液膜支载体的五种微孔膜材料（相应参数见表 4-2）进行了比较。结果（见表 4-3）表明：以孔径最小而孔率最大的 Fluoropore FGLP 膜作支载体时各物质的富集系数最高。尼龙膜对五种物质均不起富集作用，原因有可能是尼龙膜的亲水性要比聚四氟乙烯膜强，有机相不能进入其微孔中；也有可能是尼龙膜接触到二氯甲烷时部分溶解，导致膜微孔被堵塞，而起不到富集作用。另外，我们还发现使用 Fluoropore FGLP 膜作支载体时，当聚四氟乙烯的一面朝着给体时的萃取效率是其朝受体时的 1.3 倍。

表 4-2　膜支载体相关参数

膜类型	材料	支撑材料	膜厚度/μm	平均孔径/μm	孔率
Fluoropore FGLP①	聚四氟乙烯	聚乙烯	60	0.2	0.70
BSF-Ⅱ-030②	聚四氟乙烯	—	60	0.3	0.57
BSF-Ⅱ-050②	聚四氟乙烯	—	80	0.5	0.60
BSF-Ⅱ-100②	聚四氟乙烯	—	80	1.0	0.65
Nylon③	尼龙			0.45	

① Millipore Corp., Bedford, MA。

② 北京塑料研究所。

③ Bio-Rad Lab. Inc。

表 4-3   液膜支载体对富集倍数的影响（富集时间：20min）

膜类型	富集倍数，E_e				
	MSM	BSM	TBM	SMM	EMS
Fluoropore FGLP	93	88	126	35	275
BSF-Ⅱ-030	48	8.0	13	2.6	8.3
BSF-Ⅱ-050	20	4.7	5.8	16	75
BSF-Ⅱ-100	20	4.7	8.0	18	83
Nylon	0	0	0	0	0

2. 液膜种类的选择

CFLME 系统中，几乎所有可用于液-液萃取的有机溶剂都可以用作液膜。由于磺酰脲类除草剂和双酚 A 均为极性化合物，根据相似相溶原则，采用极性大的有机溶剂有利于提高的富集速率。对二氯甲烷、氯仿、四氯化碳、二甲苯、正己醇、正辛醇六种极性溶剂的比较表明，二氯甲烷作为液膜时五种磺酰脲类除草剂的富集倍数最大（见表 4-4）。

表 4-4   用作液膜的有机溶剂的影响（富集时间：20min）

有机溶剂	富集倍数，E_e				
	MSM	BSM	TBM	SMM	EMS
二氯甲烷	196	72	50	77	450
氯仿	121	16	11	41	241
四氯化碳	20	59	25	20	83
二甲苯	43	41	10	26	83
正己醇	15	28	15	15	50
正辛醇	15	14	7.6	5.1	17

进行 SLM 萃取时，必须根据被富集物的性质，选择合适的给体和受体的 pH，方能达到分离富集的目的。以磺酰脲类除草剂及双酚-A 等弱酸性物质为例，需要对样品进行酸化使其转化为中性分子，才能通过有机液膜进入受体中，而受体应选择碱性缓冲溶液使其转化为离子以免其返回给体，从而达到分离富集的目的。值得注意的是，作为受体的缓冲溶液的缓冲容量必须足够大；否则，当进行长时间的富集时，受体的 pH 值有可能发生变化从而影响萃取效率。图 4-7 显示了 $10\mu g \cdot L^{-1}$ MSM 和 $50\mu g \cdot L^{-1}$ BPA 的富集效率随时间变化关系。在相同的给体和受体条件下，MSM 的富集倍数随时间变化而呈线性关系，而 BPA 的富集倍数则随时间的增加而缓慢增大，最后保持不变。这是因为 $pK_{a_{BPA}}(9.5) > pK_{a_{MSM}}(3.3)$，BPA 的富集需要保持较高的受体 pH，而受体的缓冲容量较低时，其 pH 随萃取时间的延长而降低，导致 BPA 的不完全捕集。进一步的研究表明，当以 $1mol \cdot L^{-1}$ NaOH 为受体时，BPA 的富集时间与富集倍数关系曲线在 3h 内为直线。图 4-7 表明，当富集时间为 120min 时，MSM 的富集倍数可以超

过 1000。

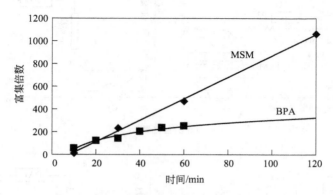

图 4-7　富集时间对富集倍数的影响

MSM 浓度：$10\mu g \cdot L^{-1}$；BPA 浓度：$50\mu g \cdot L^{-1}$；流速：$2.0mL \cdot min^{-1}$；

$0.5mol \cdot L^{-1}$ H_2SO_4：$0.4mL \cdot min^{-1}$；CH_2Cl_2：$0.05mL \cdot min^{-1}$；

缓冲溶液：$0.1mol \cdot L^{-1}$ Na_2HPO_4-NaOH（pH12.0），流速为 $0.8mL \cdot min^{-1}$

3. 盐效应

向样品溶液中加入适量盐通常能够提高萃取效率。研究表明，当 SLM 萃取槽较短（5cm）时，NaCl 的加入有利于双酚-A 萃取率的提高，但对磺酰脲类除草剂无显著影响。因此实验中采用混合 15％的 NaCl 浓度。当 SLM 萃取槽增加到 160cm 时，NaCl 的加入对双酚-A 及磺酰脲类除草剂的萃取率均无显著影响。

三、联用技术与自动化

与 SLM 一样，CFLME 可方便地与 HPLC 的在线联用，即将 SLM 萃取单元的受体槽中的全部或部分溶液转移到 HPLC 进样阀的样品环中，再注入色谱分离检测系统；或者，将受体中的分析物转移到 HPLC 的预柱中，然后进样测定。

图 4-8 为将膜萃取系统与 HPLC 直接联用的典型流路图。整个分析过程分三步：①样品富集阶段［图 4-8(a)］：富集时六通阀 V1 处于采样位置，V2 置于旁路，使受体溶液保持静止，而流动相则直接进入分析柱。②进入定量管［SL，图 4-8(b)］：经过一定时间的富集，如 10min，V1 置于旁路，V2 置于注射位置，而 V3 则处于采样位置，这样富集后的样品由 P2 泵入阀 V3 的定量管中。15s后，P2 自动停止，以保证富集后的样品被完全转移到定量管中。③进入分析柱［图 4-8(c)］：P2 停止后，将 V3 置于旁路，此时即可将样品注入分析柱进行分离，并用二极管阵列检测器进行检测。当样品在分析柱上进行分离时，可以同时进行下一个样品的富集。

图 4-9 为 CFLME-预柱-HPLC 在线联用示意图。图中虚线部分为 CFLME的膜萃取单元，由 PTFE 块、PTFE 膜以及铝支撑体组成，整个圆盘用 8 个螺栓

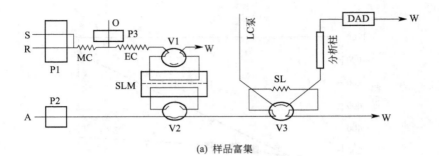

(a) 样品富集

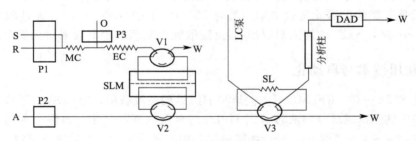

(b) 富集后的样品注入定量管

(c) 样品注入分析柱

图 4-8 CFLME-HPLC 联用系统流路图

流速：样品（S），$2.0mL \cdot min^{-1}$；H_2SO_4（R），$0.4mL \cdot min^{-1}$；

二氯甲烷（O），$0.05mL \cdot min^{-1}$；$0.2mol \cdot L^{-1}$ Na_2CO_3-$NaHCO_3$（pH10.0）

缓冲溶液（A），$0.8mL \cdot min^{-1}$；流动相（MP），$1.0mL \cdot min^{-1}$

固定。其萃取槽为阿基米德螺旋线形状，槽深 0.3mm，宽 2.0mm，长为 160cm，体积为 $960\mu L$。经过一定时间的富集后，将阀 V1 置于旁路，而阀 V2 则处于注射位置，V3 处于采样位置。打开泵 P2，将富集后的溶液与中和液在混合圈 MC2 中混合并转移到 5mL 刻度试管中，此时混合溶液的 pH 值约为 2.5。然后，泵 P2 自动停止并开启泵 P4 将该混合液转移到预柱上，样品在预柱上实现第二次富集。然后，向该试管中加入合适的洗涤液以便将分析物全部转移到预柱上，同时将预柱中的盐冲走。上述操作完成后，将泵 P4 停止，阀 V3 置于注射位置，将富集后的分析物转移到分析柱进行分离，用二极管阵列检测器（DAD）在 240nm 处进行检测。在进行样品色谱分离测定的同时，可以进行下一个样品的富集。

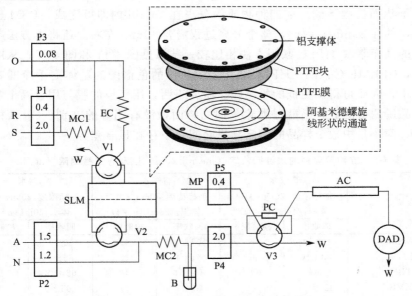

图 4-9　CFLME-预柱-HPLC 在线联用示意图

P1、P2、P3、P4、P5—泵；V1、V2、V3—六通阀；O—有机溶剂（二氯甲烷）；
R—硫酸；S—样品；MC1、MC2—混合圈；EC—萃取圈；A—受体；N—中和液；
MP—流动相；PC—预柱；AC—分析柱；B—刻度试管；W—废液；
DAD—二极管阵列检测器；SLM—支载液体膜萃取装置
注：图中数字为流路系统中各物质的流速（单位：mL·min^{-1}）

四、在环境样品预处理中的应用

由于 CFLME 的研究刚开始，其应用还不多，但初步研究表明，CFLME 可获得比 SLM 更高的富集效率。文献［53］报道了采用图 4-8 所示的 CFLME-HPLC 在线联用系统测定了每升亚微克级磺酰脲类除草剂的方法。以极性有机溶剂二氯甲烷作为液膜，经过 10min 的富集即可达到 100 倍的富集倍数，甲磺隆和胺苯磺隆的检测限分别达到 $0.05\mu g·L^{-1}$ 和 $0.1\mu g·L^{-1}$，消耗的实际样品的体积为 20mL。该方法自动化程度高，样品预处理时间短，除第一个样品需要 22min 的分析时间外，随后的样品测定只需 12min，即在进行样品分离的同时可进行下一个样品的富集。与文献［23］报道的 SLM-HPLC 方法相比，该方法的萃取效率大大提高、短时间内可获得高的富集倍数和较低的检测限。

采用图 4-9 所示的 CFLME-C$_{18}$预柱-HPLC 在线联用系统，成功地实现了用

紫外检测器测定 $ng \cdot L^{-1}$ 级磺酰脲类除草剂[54]。表 4-5 列出了五种除草剂在不同基体的样品中的加标回收率（mean$\pm s$,%）以及方法检测限（ng/L）。图 4-10 为分别向瓶装矿泉水和自来水中加入 $20ng \cdot L^{-1}$ 和 $100ng \cdot L^{-1}$ 浓度水平标准样品后，富集测定所得的色谱图。在 $20ng \cdot L^{-1}$ 浓度时，TBM 受样品基体中未知物质的干扰而检测不到。前四种物质的分离在 15min 内即可完成，BSM 出峰时间较晚，约在 36min，因此，整个分离过程需要 40min 左右。还将本方法与在线和离线的固相萃取-HPLC 联用方法相比较，结果见图 4-11 和图 4-12。从图中可以看出，CFLME-C18预柱-HPLC 联用系统所得的色谱图的基体更干净即基体峰明显较小，因而可得到更低的检测限。研究表明：用新换的膜与用过两个月的膜富集样品后测得的五种磺酰脲类除草剂的峰面积没有明显的差别。C18预柱也比较稳定，两个月中数个样品的测定结果之间也不存在显著差异。

表 4-5　五种除草剂的加标回收率（mean$\pm s$,%）以及方法检测限（ng/L）

除草剂	矿泉水 加标浓度:$20ng \cdot L^{-1}$ 体积:240mL($n=2$)		自来水 加标浓度:$100ng \cdot L^{-1}$ 体积:120mL($n=4$)		河水 加标浓度:$200ng \cdot L^{-1}$ 体积:60mL($n=4$)	
	回收率	检测限①	回收率	检测限①	回收率	检测限①
MSM	103±9	5	109±15	45	110±10	60
SMM	83±10	6	91±4	12	96±6	36
TBM	nd②	nd②	43±16	48	68±19	114
EMS	124±17	11	87±7	21	105±9	54
BSM	97±14	8	83±9	27	81±11	66

① 检测限为不同加标水平下标准偏差的 3 倍。
② 不能回收或测定。

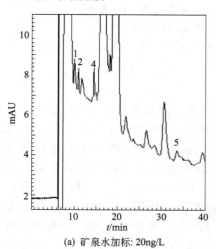
(a) 矿泉水加标: 20ng/L

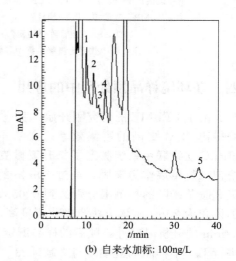
(b) 自来水加标: 100ng/L

图 4-10　两种样品加标所得色谱图
1—MSM；2—SMM；3—TBM；4—EMS；5—BSM

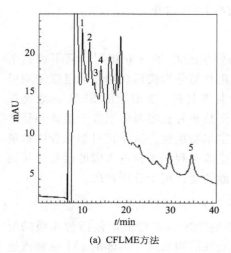

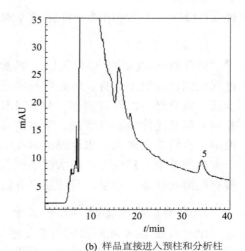

(a) CFLME方法　　　　　　　　　　　　(b) 样品直接进入预柱和分析柱

图 4-11　两种富集方法比较色谱图

1—MSM；2—SMM；3—TBM；4—EMS；5—BSM

加标浓度：200ng/L；样品体积：120mL

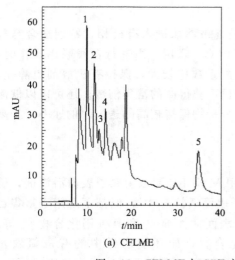

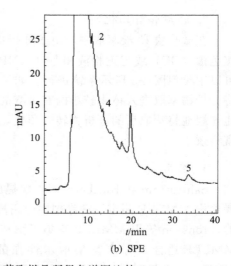

(a) CFLME　　　　　　　　　　　　(b) SPE

图 4-12　CFLME 与 SPE 方法萃取样品所得色谱图比较

1—MSM；2—SMM；3—TBM；4—EMS；5—BSM

样品体积：120mL；加标水平：1μg·L^{-1}

第五节　微孔膜液-液萃取

对憎水性强的化合物如有机氯农药（OCPs）、多氯联苯（PCBs）和多环芳烃（PAHs）等，可用微孔膜液-液萃取（MMLLE）富集。

1. 基本原理

微孔膜液-液萃取（MMLLE）的原理与传统的液-液萃取相同，只不过整个过程在流动系统中进行，因此容易实现自动化及与分析仪器联用，而且仅使用极少量（微升级）的有机溶剂。MMLLE 萃取装置与图 4-2 所示的 SLM 萃取装置相同，但其受体为有机溶剂。萃取富集时，样品和有机溶剂分别置于给体和受体槽中，有机溶剂渗入憎水性膜的微孔中与待富集物接触，从而将目标化合物富集于有机溶剂中。理论上，亲水性的微孔膜也应该有利于水相进入膜的微孔中从而被有机溶剂萃取。但是，目前还没有这一方面的尝试用于分析目的。

2. 影响微孔膜液-液萃取的因素

微孔膜液-液萃取的影响因素与连续渗析的影响因素相似，包括微孔膜的材质、厚度、孔径和孔率，受体（有机溶剂）的性质和流速，给体的 pH 值和流速等等。一般而言，应该尽可能选择使用溶质在其中分配系数大的有机溶剂，选择合适的 pH 使待分析物转化可萃取形式，而且当样品量足够时应该选用尽可能大的流速，以获得大的萃取效率。

3. 联用和自动化

在微孔膜液-液萃取中，由于分析物最终被萃取进入有机相，特别适合与气相色谱（GC）或与正相液相色谱（NP-HPLC）联用。当进行在线联用操作时，可以用类似图 4-5 所示系统进行。如果分配系数比较大，保持有机溶剂也静止，将分析物萃取进入体积较小的有机溶剂中仍可获得高的富集倍数。还可以以低流速连续地将萃取后的分析物转入预柱，使分析物保持较高的透过膜的速率，提高富集效率。

4. 应用

Sahlestrom 和 Karlberg[55]首次提出用 MMLLE 萃取阴离子表面活性剂，笔者也用 MMLLE 测定了洗涤剂中的阴离子表面活性剂[54]，但都不是用于富集目的。Jönsson 等用 MMLLE 富集了阳离子表面活性剂[56]和有机锡化合物[57]等。MMLLE 适合于分离富集憎水性强的化合物，如环境水样中的有机氯农药（OCPs）、多氯联苯（PCBs）和多环芳烃（PAHs）等持久性有机污染物[58~60]。

笔者研究小组发展了基于中空纤维膜的微耗损 MMLLE 萃取技术，用于采集环境水样中自由溶解态阿特拉津、去乙基阿特拉津和西玛津。将一段两端封口的聚丙烯中空纤维膜浸渍在正辛醇中超声使膜壁以及膜腔充满正辛醇，再将采样器放在样品中振荡至萃取平衡后，取出中空纤维膜腔中正辛醇以分析测定其中分析物的浓度[61]。这种操作模式的采样相体积较大，适合萃取 K_{ow} 比较小的分析物；当分析物的 K_{ow} 较大时，则需要使用很大的样品体积才能满足微耗损萃取的条件，给实验操作带来不便。为此，针对一些 K_{ow} 较大的污染物，笔者研究小组将亚微升正辛醇支载在中空纤维膜的膜壁上作为采样相，发展了一种薄液膜萃取技术，用于采集环境水样中自由溶解态污染物。制备采样器时，只需将多孔聚丙烯中空纤维膜浸渍在正辛醇中数秒钟，使纤维膜壁膜孔充满正辛醇，再用水洗涤即成。

在实际应用中，往往会出现待分析的目标污染物性质差异较大的情况，即一部分污染物适合用 SLM 萃取，而另一部分污染物适合进行 MMLLE 萃取。以苯胺、对硝基苯胺、2,4-二硝基苯胺、氯硝胺的萃取为例，这四种芳香胺类化合物的性质差异较大（$pK_a = -4.25 \sim 4.6$，$\lg K_{ow} = 0.9 \sim 2.8$），前两种化合物适合进行 SLM，而后两种化合物适合进行 MMLLE。我们将中空纤维 SLM 与薄液膜萃取技术相结合，发展了一次操作同时完成这两种萃取模式的方法，即在中空纤维膜壁上支载含 TOPO 的正己基醚液膜，在中空纤维内腔中充满一定浓度的盐酸作为受体进行萃取。萃取中，苯胺、对硝基苯胺先被萃取到液膜中，再被反萃取到盐酸受体中；而 2,4-二硝基苯胺和氯硝胺的 pK_a 为负值，不会被反萃取到盐酸受体中，富集在中空纤维膜壁上的液膜中。在优化的条件下，该方法对四种化合物的富集倍数为 415～2000[62]。

第六节　聚合物膜萃取

1. 基本原理

聚合物膜萃取（PMI）是分析物从给体通过聚合物膜，再到受体的过程。既可以像 SLM 那样进行水相-聚合物-水相萃取，也可以像 MMLLE 那样进行水相-聚合物-有机相萃取。Melcher[63,64] 首先描述了上述两种情况的原理。最常用的膜材料是硅橡胶，它具有很长的使用寿命，且可以将水相和有机相任意混合使用。由于膜的组成成分相对固定，对分离过程进行化学调节（如利用载体等）的可能性远小于 SLM 和 MMLLE。而且，由于分析物在聚合物中的扩散系数要低于在液相中的扩散系数，传质比较慢，因此萃取效率也比较低。值得注意的是，在水相-聚合物-有机相萃取中，通常由于有机溶剂的渗入而引起聚合物一定程度的膨胀，这种情况与 MMLLE 很相似。

聚合物膜萃取的一个特例是所谓带吸附剂接口的膜萃取（Membrane Extraction with a Sorbent Interface）[65,66]。操作时，将一根硅橡胶材质的中空纤维膜置于样品中。载气在纤维中流动，使透过膜并进入载气的分析物分子被带入吸附剂冷阱，从而被捕集。通过加热可以使富集到吸附剂上的分析物脱附，然后转移到气相色谱进行分离测定。

2. 联用和自动化

由于聚合物膜萃取无论从理论上还是从萃取装置上都与 SLM 和 MMLLE 相似，它与其他分析仪器的联用也与 SLM 和 MMLLE 联用技术类似。值得指出的是，带吸附剂接口的膜萃取可以很好地与气相色谱在线联用，将气相色谱的载气通过纤维膜及吸附剂捕集器（Sorbent Trap）即可。在野外采集样品时可进行离线操作，即先用膜萃取器与吸附剂捕集器采集样品，再将吸附剂捕集器与气相色谱连接，或单独进行解吸。

3. 应用

聚合物膜萃取技术已在实际分析中得到应用，大多数情况下是分析油类样品中的物质，目前已有以水相为受体捕集酚[63,67~69]、水杨酸[70]以及三嗪类除草剂[71]等的报道。带吸附剂接口的膜萃取技术，适合于萃取挥发性物质。在环境领域，该技术适用于萃取溶剂，如苯、甲苯、乙苯、氯苯、二甲苯以及相似化合物[72~77]。

第七节　结论与展望

如上所述，膜分离技术很有可能是选择性最高及处理后最"干净"的样品预处理技术。这是因为在这项技术中，人为设置了一"屏障"，被萃取的物质被有意地转移分离；而在 SPE 中则不同，干扰物质也同时被吸附在萃取柱上，且在进行洗脱时也同分析物一样被洗脱下来。

膜分离技术的另一优点是溶剂用量少。PME 可以不用溶剂，而 SLM 技术中用做液膜的高沸点有机溶剂的量则可以忽略。在 MMLLE 和 CFLME 技术中虽然使用有机相，但是只需要体积较小的常规有机溶剂。

膜分离技术的突出优点是可以实现自动化并与分析仪器在线联用，具有经济和快速的优点。由于在密闭系统中进行且可重复操作，该技术的准确度和精密度均较高。

膜分离技术的不足是每次萃取时只适合于处理一定类型的物质，且经常需要优化很多实验条件。膜分离技术的另一个难点是膜长期稳定性问题，对于 PME 技术来说，由于所用为聚合物膜，稳定性不成问题。而对于 MMLLE、SLM 和 CFLME 而言，膜两侧不可避免存在着压力差，这种压力差必须足够低，才能保证系统的稳定性。膜分离的第三个缺点是进行痕量富集时消耗的时间相对较长，一般认为要比 SPE 和 LLE 处理样品慢。

总之，膜分离技术在选择性、富集能力以及自动化程度上明显优于传统样品预处理技术，该技术已经广泛应用于环境、生物以及食品分析中，并必将得到更大的发展。

参考文献

[1]　Mulder M H V. Basic principles of membrane technology, Kluwer, Dordrecht, 1991.

[2]　Hwang S T, Kammermeyer K. Membranes in separations (Techniques of Chemistry, Vol. Ⅶ). New York: Wiley, 1975.

[3]　Mason E A, Lonsdale H K. J Membr Sci, 1990, 51: 1-81.

[4]　van de Merbel N C, Hageman J J, Brinkman U A Th. J Chromatogr, 1993, 634: 1-29.

[5]　van de Merbel N C. J Chromatogr A, 1999, 856: 55-82.

[6]　Jönsson J Å, Mathiasson L. J Chromatogr A, 2000, 902: 205-225.

[7]　Cordero B M, Pavon J L P, Pinto C G, Laespada M E F, Martnez R C, Gonzalo E R. J Chromatogr A, 2000, 902: 195-204.

[8]　van de Merbel N C, Teule J M, Lingeman H, Brinkman U A Th. J Pharm Biomed Anal, 1992, 10: 225.

[9]　Herraez-Hernandez R, Louter A J H, van de Merbel N C, Brinkman U A Th. J Pharm Biomed Anal, 1996, 14: 1077-1087.

[10]　Bao L, Dasgupta P. Anal Chem, 1992, 64: 991.

[11]　Debets A J J, Kok W Th, Hupe K P, Brinkman U A Th, Kok W Th. Chromatographia, 1990, 30: 361-366.

[12]　Debets A J J, Kok W Th, Hupe K P, Brinkman U A Th, Kok W Th. J Chromatogr 1992, 600: 163-173.

[13]　Groenewegen M G M, van de Merbel N C, Slobodnik J, Lingeman H, Brinkman U A Th. Analyst, 1994, 119: 1753-1758.

[14]　Audunsson G. Anal Chem, 1986, 58, 2714-2723 .

[15]　Jönsson J Å, Mathiasson L. Trends Anal Chem, 1999, 18: 318-334.

[16]　Pedersen-Bjergaard S, Rasmussen KE. Anal Chem, 1999, 71: 2650-2656.

[17]　Zhu L, Zhu L, Lee HK. J Chromatogr A, 2001, 924: 407-414.

[18]　Liu J, Jönsson J Å, Mayer P. Anal Chem, 2005, 77: 4800-4809.

[19]　Jönsson J Å, Lövkvist P, Audunsson G, Nilvé G. Anal Chim Acta, 1993, 277: 9-24.

[20]　Knutsson M, Mathiasson L, Jönsson J Å. Chromatographia, 1996, 42: 165-170.

[21]　Shen Y, Mathiasson L, Jönsson J Å. J Microcol Sep, 1998, 10: 107-113.

[22]　Pálmarsdóttir S, Thordarson E, Edholm L-E, Jönsson J Å. Mathiasson L. Anal Chem, 1997, 69: 1732-1737.

[23]　Nilvé G, Knutsson M, Jönsson J Å. J Chromatogr A, 1994, 688: 75-82.

[24]　Nilvé G, Stebbins R. Chromatographia, 1991, 32: 269-277.

[25]　Knutsson M, Nilvé G, Mathiasson L, Jönsson J Å. J Agric Food Chem, 1992, 40: 2413-2417.

[26]　Peng J, Liu J, Hu X, Jiang G. J Chromatogr A, 2007, 1139: 165-170.

[27]　Shen Y, Grönberg L, Jönsson J Å. Anal Chim Acta, 1994, 292: 31-39.

[28]　Shen Y, Obuseng V, Grönberg L, Jönsson J Å. J Chromatogr A, 1996, 725: 189-197.

[29]　Liu J, Toräng L, Mayer P, Jönsson J Å. J Chromatogr A, 2007, 1160: 56-63.

[30]　Audunsson G. Anal Chem, 1988, 60: 1340-1347.

[31]　Norberg J, Zander Å, Jönsson J Å. Chromatographia, 1997, 46: 483-488.

[32]　Trocewicz J. J Chromatogr A, 1996, 725: 121-127.

[33]　Chimuka L, Nindi M M, Jönsson J Å. Int J Environ Anal Chem, 1997, 68: 429-445.

[34] Megersa N, Jönsson J Å. Analyst, 1998, 123: 225-231.

[35] Megersa N, Solomon T, Jönsson J Å. J Chromatogr A, 1999, 830: 203-210.

[36] Peng J, Lü J, Hu X, Liu J, Jiang G. Microchim Acta, 2007, 158: 181-186.

[37] Feng Y, Tan Z, Wang X, Liu J. Anal Methods, 2013, 5: 904-909.

[38] Dong L, Tan Z, Chen M, Liu J. Anal Methods, 2015, 7: 1380-1386.

[39] Martínez R C, Gonzalo E R, Fernández E H, Méndze J H. Anal Chim Acta, 1995, 304: 323-332.

[40] Wieczorek P, Jönsson J Å, Mathiasson L. Anal Chim Acta, 1997, 346: 191-197.

[41] Wieczorek P, Jönsson J Å, Mathiasson L. Anal Chim Acta, 1997, 337: 183-189.

[42] Tao Y, Liu J, Hu X, Li H, Wang T, Jiang G. J Chromatogr A, 2009, 1216: 6259-6266.

[43] Djane N-K, Ndung'u K, Malcus F, Johansson G, Mathiasson L. Fresenius'J Anal Chem, 1997, 358: 822-827.

[44] Djane N-K, Bergdahl I A, Ndung'u K, Schütz A, Johansson G, Mathiasson L. Analyst, 1997, 122: 1073-1077.

[45] Danesi P R, Clanetti C. J Membrane Sci, 1984, 20: 201-213.

[46] Papantoni M, Djane N-K, Ndung'u K, Jönsson J Å, Mathiasson L. Analyst, 1995, 120: 1471-1477.

[47] Peng J, Liu R, Liu J, He B, Hu X, Jiang G. Spectrochim Acta Part B, 2007, 62: 499-503.

[48] Tan Z, Liu J. Anal Chem, 2010, 82: 4222-4228.

[49] Romero R, Jönsson J Å. Anal Bioanal Chem, 2005, 381: 1452-1459.

[50] Romero R, Liu J, Mayer P, Jönsson J Å. Anal Chem, 2005, 77: 7605-7611.

[51] Liu J, Chao J, Jiang G. Anal Chim Acta, 2002, 455: 93-101.

[52] Liu J, Chao J, Wen M, Jiang G. J Sep Sci, 2001, 24: 874-878.

[53] Chao J, Liu J, Wen M, Liu J, Cai Y, Jiang G. J Chromatogr A, 2002, 955: 183-189.

[54] Liu J, Jiang G. Microchem J, 2001, 68: 29-33.

[55] Sahlestrom Y, Karlberg B. Anal Chim Acta, 1986, 179: 315.

[56] Norberg J, Thordarson E, Mathiasson L, Jönsson J Å. J Chromatogr A, 2000, 869: 523-529.

[57] Ndung'u K, Mathiasson L. Anal Chim Acta, 2000, 404: 319-328.

[58] Barri T, Bergstrom S, Norberg J, Jonsson J A. Anal Chem, 2004, 76: 1928-1934.

[59] Basheer C, Obbard J P, Lee H K. J Chromatogr A, 2005, 1068: 221-228.

[60] Charalabaki M, Psillakis E, Mantzavinos D, Kalogerakis N. Chemosphere, 2005, 60: 690-698.

[61] Hu X, Liu J, Jönsson J Å, Jiang G. Environ Toxicol Chem, 2009, 28: 231-238.

[62] Tao Y, Liu J, Wang T, Jiang G. J Chromatogr A, 2009, 1216: 756-762.

[63] Melcher R G, Bouyoucos S A. Process Control and Quality, 1990, 1: 63-78.

[64] Morabito P L, Melcher R G. Process Control and Quality, 1992, 2: 35-39.

[65] Luo Y, Pawlisxyn J. in: Extraction Methods in Organic Analysis. Handley A J, Ed. Sheffield: Sheffield Academic Press, 1999: 75.

[66] Pratt K F, Pawlisxyn J. Anal Chem, 1992, 64: 2101.

[67] Fernandez Laespada E, Perez Pavon J L, Moreno Cordero B. J Chromatogr A, 1999, 852: 395-402.

[68] Garcia Sanchez T, Perez Pavon J L, Moreno Cordero B. J Chromatogr A, 1997, 766: 61-69.

[69] Rodrigues Gonzalo E, Perez Pavon J L, Ruzicka J, Christian G D, Olson D C. Anal Chim Acta, 1992, 259: 37-44.

[70] Melcher R G, Morabito P L. Anal Chem, 1990, 62: 2183-2188.

[71]　Carabias Martnez R，Rodriguez Gonzalo E，Hernandez Fernandez E，Hernandez Mendez J. Anal Chim Acta，1995，304：323-334.

[72]　Matz G，Kibelka G，Dahl J，Lenneman F. J Chromatogr A，1999，830：365-375.

[73]　Mitra S，Zhang L，Zhu N，Guo X. J Microcol Sep，1996，8：21-27.

[74]　Hauser B，Popp P. J High Resolut Chromatogr，1999，22：205-212.

[75]　Mitra S，Zhu N，Zhang X，Kebbekus B. J Chromatogr A，1996，736：165-173.

[76]　Yang M J，Harms S，Luo Y Z，Pawliszyn J. Anal Chem，1994，66：1339-1346.

[77]　Kostiainen R，Kotiaho T，Ketola R A，Virkki V. Chromatographia，1995，41：34-36.

第五章

低温吹扫捕集及相关技术

第一节 概　　述

一、低温吹扫捕集技术的发展

由于环境样品具有被测物浓度较低、组分复杂、干扰物多、同种元素以多相形式存在和易受环境影响而变化等特点，通常都要经过复杂的前处理后才能进行分析测定。经典的前处理方法，如沉淀、络合、衍生、吸附、萃取、蒸馏、干燥、过滤、透析、离心和升华等，重现性差，工作强度大，处理周期长，又要使用大量有机溶剂等。同时，处理复杂样品还需多种方法配合，操作步骤更多，更易产生系统与人为误差。若把整个分析全过程划分为取样、样品制备与处理、分析测定、数据处理和总结报告五部分，则样品处理所需时间占整个分析过程的61%，而分析测定的时间只占 6%，样品制备时间竟是分析测定的 10 倍[1]。因此样品前处理预分离是环境分析中最薄弱的环节，而也是环境分析化学乃至分析化学中一个重要的关键环节，开发准确度高、快速简单且无溶剂化的前处理方法非常迫切。自 1974 年 Bellar 和 Lichtenberg 首次发表有关吹扫捕集色谱法测定水中挥发性有机物论文以来[2]，一直受到环境科学与分析化学界的重视。

吹扫捕集技术适用于从液体或固体样品中萃取沸点低于 200℃、溶解度小于2%的挥发性或半挥发性有机物，广泛用于食品与环境监测、临床化验等部门。美国 EPA601、602、603、624、501.1 与 524.2 等标准方法均采用吹扫捕集技术[3,4]。特别是随着商业化吹扫捕集仪器的广泛使用，吹扫捕集法在挥发性和半挥发性有机化合物分析，有机金属化合物的形态分析中将起到越来越重要的作用[5~8]。吹扫捕集法作为样品的无有机溶剂的前处理方式，对环境不造成二次污染，而且具有取样量少、富集效率高、受基体干扰小及容易实现在线检测等优点；但是吹扫捕集法易形成泡沫，使仪器超载。另外伴随着水蒸气的吹出，不利于下一步的吸附，给非极性气相色谱分离柱分离带来困难，并且水对火焰类检测器也具有猝灭作用[9]。

二、吹扫捕集技术与其他新样品前处理方法的比较

样品的无溶剂制备与处理技术是指在样品制备与处理过程中不用或少用有机溶剂的方法与技术，包括吹扫捕集技术、超临界流体萃取技术、膜萃取技术、固相萃取技术及固相微萃取技术等。表 5-1 对吹扫捕集法与几种有代表性的无或少用溶剂的样品前处理方法进行了比较[7]。

表 5-1　吹扫捕集法与其他无溶剂样品前处理方法的比较

前处理方法	原理	分析方法	分析对象	萃取相	缺点
吹扫捕集	利用待测物的挥发性	利用载气尽量吹出样品中待测物后用低温捕集或吸附剂捕集的方法收集待测物	挥发性有机物	气体	易形成泡沫，仪器超载
超临界流体萃取	利用超临界流体密度高、黏度小和对压力变化敏感的特性	在超临界状态下萃取待测样品，通过减压、降温或吸附收集后分析	烃类及非极性化合物，以及部分中等极性化合物	CO_2、氨、乙烷、乙烯、丙烯及水等	萃取装置昂贵，不适合分析水样
膜萃取	膜对待测物质的吸附作用	由高分子膜萃取样品中的待测物，然后再用气体或液体萃取出膜中的待测物	挥发及半挥发性物质，支载液膜萃取在不同 pH 值下能离子化的化合物	高分子膜，中空纤维	膜对待测物浓度变化有滞后性，待测物受膜限制大
固相萃取	固相吸附剂对待测物的吸附作用	先用吸附剂吸附，再用溶剂洗脱待测物	各种气体、液体及可溶的固体	盘状膜、过滤片及固体吸附剂	回收率低，固体吸附剂容易被堵塞
固相微萃取	待测物在样品及萃取涂层之间的分配平衡	将萃取纤维暴露在样品或其顶空中萃取	挥发及半挥发性有机物	具有选择吸附性涂层	萃取涂层易磨损，使用寿命有限

其中，由于吹扫捕集技术具有可排除样品基质中非挥发组分干扰、无需有机萃取溶剂、可直接与气相色谱系统联用、较高的富集效率和再现性等优点，得到了较快的发展。运用它与不同的仪器联用，例如：气相色谱-电子捕获检测器、气相色谱-氢火焰离子化检测器、气相色谱-质谱检测器及气相色谱-电感耦合等离子体发射光谱检测器，可以测定饮用水、地表水、海水中 $\mu g \cdot L^{-1}$ 级，甚至 $ng \cdot L^{-1}$ 级的挥发性有机物。目前我国对于地表水或饮用水中挥发性有机物的测定基本采用顶空气相色谱法（HJ 620—2011，GB 11890—89），这种方法相对吹扫捕集法，其灵敏度较低、人为误差较大，不利于较多项目的同时监测。因此，在我国大力发展吹扫捕集和其他仪器联用测定水或其他介质中的多种挥发性有机物分析方法非常必要。

第二节　工作原理及仪器介绍

一、吹扫捕集的原理及操作步骤

吹扫捕集技术和静态顶空技术都属于气相萃取范畴，它们的共同特点是用氮气、氦气或其他惰性气体将被测物从样品中抽提出来。但吹扫捕集技术与静态顶空技术不同，它使气体连续通过样品将其中的挥发组分萃取后在吸附剂或冷阱中捕集，再进行分析测定，因而是一种非平衡态的连续萃取。因此，吹扫捕集技术又称动态顶空浓缩法。由于气体的吹扫，破坏了密闭容器中气液两相的平衡，使挥发组分不断地从液相进入气相而被吹扫出来，也就是说，在液相顶部的任何组分的分压为零，从而使更多的挥发性组分逸出到气相，所以它比静态顶空法能测量更低的痕量组分。

吹扫捕集气相色谱法分析流程如图 5-1 所示。1 为六通阀，吸附和脱附通过它来完成，为减少吸附效应，阀体应固定在插有加热体的厚金属板上并保持温度在 200℃。2 为吸附剂管，外面用管式电炉 3 进行加热脱附，若需要在低温下吸附时，可把吸附管置于冷阱中。4 为与六通阀连接的冷柱头，在吸附管加热脱附时，该毛细管柱放入装有液氮的杜瓦瓶 5 中，这样可以把组分集中在分析柱的柱头，对提高分析柱的分析能力很有利。6 为分析柱，连接检测器。

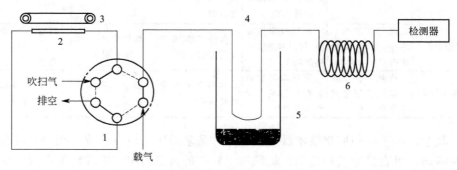

图 5-1　吹扫捕集气相色谱分析流程图
1—六通阀；2—吸附剂管；3—管式电炉；
4—冷柱头；5—杜瓦瓶；6—分析柱

吹扫捕集气相色谱法分析步骤大致如下：①取一定量的样品加入到吹扫瓶中；②将经过硅胶、分子筛和活性炭干燥净化的吹扫气，以一定流量通入吹扫瓶，以吹脱出挥发性组分；③吹脱出的组分被保留在吸附剂或冷阱中；④打开六通阀，把吸附管置于气相色谱的分析流路；⑤加热吸附管进行脱附，挥发性组分被吹出并进入分析柱；⑥进行色谱分析。

二、影响吹扫捕集吹扫效率的因素

吹扫效率是在吹扫捕集过程中，被分析组分能被吹出回收的百分数。影响吹扫效率的因素主要有吹扫温度、样品的溶解度、吹扫气的流速及流量、捕集效率和解吸温度及时间等。化合物不同，其吹扫效率也稍有不同。表 5-2 列出水中一些挥发性有机物的吹扫效率。

表 5-2　一些挥发性有机物的吹扫效率[10]

有机化合物	吹扫效率/%	有机化合物	吹扫效率/%
苯	98	对氯甲苯	90
溴苯	90	二溴氯甲烷	87
二溴甲烷	88	2-溴-1-氯丙烷	92
间二氯苯	96	邻二氯苯	96
对二氯苯	94	氯仿	71
一氯甲烷	85	正丁基苯	88
二叔丁基苯	88	二氯二氟甲烷	100
四氯化碳	87	氯苯	89
一氯环己烯	96	氯乙烷	90

1. 吹扫温度

提高吹扫温度，相当于提高蒸气压，因此吹扫效率也随之提高。蒸气压是吹扫时施加到固体或液体上的压力，它依赖于吹扫温度和蒸气压相与液相之比。在吹扫含有高水溶性的组分时，吹扫温度对吹扫效率影响更大。但是温度过高带出的水蒸气量增加，不利于下一步的吸附，给非极性的气相色谱分离柱的分离也带来困难，水对火焰类检测器也具有猝灭作用。所以一般选取 50℃ 为常用温度。对于高沸点强极性组分，可以采用更高的吹扫温度。

2. 样品溶解度

溶解度越高的组分，其吹扫效率越低。对于高水溶性组分，只有提高吹扫温度才能提高吹扫效率。盐效应能够改变样品的溶解度，通常盐的浓度大约可加到 15%～30%，不同的盐对吹扫效率的影响也有区别。

3. 吹扫气的流速及吹扫时间

吹扫气的体积等于吹扫气的流速与吹扫时间的乘积。通常用控制气体体积来选择合适的吹出效率。气体总体积越大，吹出效率越高。但是总体积太大，对后面的捕集效率不利，会使捕集在吸附剂或冷阱中的被分析物吹落。因此，一般控制在 400～500mL 之间。

4. 捕集效率

吹出物在吸附剂或冷阱中被捕集，捕集效率对吹扫效率影响也较大，捕集效率越高，吹出效率越高。冷阱温度直接影响捕集效率，选择合适的捕集温度可以得到最大的捕集效率。

5. 解吸温度及时间

一个快速升温和重复性好的解吸温度是吹扫捕集气相色谱分析的关键，它影响整个分析方法的准确度和精密度。较高的解吸温度能够更好地使挥发物送入气相色谱柱，得到窄的色谱峰宽。因此，一般都选择较高的解吸温度，对于水中的有机物（主要是芳烃和卤化物），解吸温度通常采用200℃。在解吸温度确定后，解吸时间越短越好，从而得到对称的色谱峰。

三、商业化仪器介绍

1. Tekmar 公司吹扫捕集仪器

Tekmar 公司吹扫捕集仪器工作原理如图 5-2 所示。整个过程可分为样品吹扫和样品解吸两个阶段。在样品吹扫阶段，25mL 样品（或 5mL 高浓度样品）被放入吹扫瓶中，氮气或氦气作为吹扫气以 40mL·min⁻¹ 的流速吹扫 11～12min。在样品解吸阶段，捕集管在180℃热解吸 4min，吹扫气以 15mL·min⁻¹ 的流速将其吹入气相色谱仪分离。

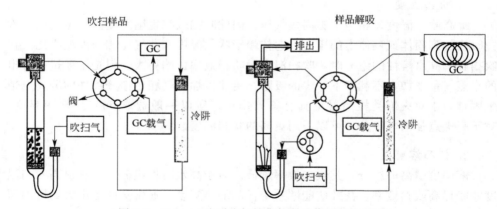

图 5-2　Tekmar 公司吹扫捕集仪器工作原理示意图

2. Chrompack 公司吹扫捕集仪器[11]

荷兰 Chrompack 公司生产的 CP-4010 型低温吹扫捕集仪装置图见图 5-3。装置由吹扫瓶、水冷凝器、热解吸管、冷阱、毛细管、进样口六部分组成。吹扫瓶 1 用于盛放样品；水冷凝器 2 用于冷却除去水蒸气，以防水蒸气冷凝在冷阱中堵塞管路；热解吸管 3 温度保持在250℃，使吹出样品全部汽化；冷阱 4 通液氮控制捕集温度；毛细管 5 放在冷阱中，用于捕集吹出的挥发物；在吹扫结束后吹出物经进样口 6 进入气相色谱毛细柱 7 中分离。

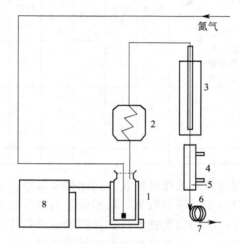

图 5-3　低温吹扫捕集装置图

1—吹扫瓶；2—水冷凝器；3—热解吸管；4—冷阱；

5—毛细管；6—进样口；7—色谱柱；8—水浴

第三节　在挥发性有机化合物分析中的应用

一、挥发性有机化合物的特点及其常用前处理技术

在现代社会中，挥发性有机化合物频繁地出现在人们居住的家中或工作的场所，几乎无处不在，主要用作溶剂、清洁剂、燃料和工业和商业用途的化学试剂，以至于在空气、水和食物中普遍存在。挥发性有机化合物已经被证明会对生态和环境系统产生广泛的影响，一些影响不同的大气过程，一些对水生有机物存在有毒效应，一些是致癌物或诱导有机体突变的物质，一些是难降解的化合物而显现出生物积累效应。同时，许多挥发性有机化合物或者有毒、或者致癌，这些化合物通过饮食和吸入可能对人体健康产生不利的影响，挥发性有机化合物的普遍存在和对健康的影响成为主要的公众关心的问题。

在大气和水环境中挥发性有机化合物的浓度非常低，一般在 $ng \cdot L^{-1}$ 到 $\mu g \cdot L^{-1}$ 水平。常见挥发性及半挥发性有机化合物的前处理技术包括吹扫捕集、静态顶空、固相微萃取、固相萃取、超临界流体萃取、微波辅助萃取、液液萃取、超声振荡、索氏萃取和凝胶渗透色谱等技术。表 5-3 对常用挥发性及半挥发性有机化合物前处理技术进行了比较。

表 5-3　常用挥发性及半挥发性有机化合物前处理技术比较

样品 \ 前处理技术		吹扫捕集	顶空	固相微萃取	固相萃取	超临界流体萃取	微波辅助萃取	液液萃取	超声振荡	索氏萃取	凝胶渗透色谱
分析物	挥发性有机化合物	√	√	√							
	半挥发性有机化合物			√	√	√	√	√	√	√	√
	非挥发性有机化合物				√	√	√	√	√	√	√
样品基体	固体	√	√	√		√	√		√	√	
	准固体	√	√	√		√	√		√	√	
	液体	√	√	√	√	√		√	√		
	气体			√							
萃取完全		√			√	√	√	√	√	√	√

　　液液萃取和静态顶空技术都耗时较长，固相微萃取技术和最近发展的膜萃取技术富集速度较快，但由于富集倍数低，对超痕量的挥发性有机化合物无法分析检测。因为高的灵敏度，吹扫捕集技术一直最频繁地被用作挥发性有机化合物的富集技术，和静态顶空相比，吹扫气连续通过样品基体，使得检出限为静态顶空的 $1/10\sim1/100$[12]。美国国家环保局和日本的国家标准多采用吹扫捕集作为样品前处理技术。表 5-4 列出了美国国家环保局几种标准方法，表 5-5 列出了日本关于挥发性有机物的国家标准。

表 5-4　美国国家环保局几种标准方法的比较

方法	样品类型	样品前处理	被分析物数目/个	线性范围/$\mu g \cdot L^{-1}$	检测器
502.2	饮用水	吹扫捕集	60	0.5～50	光离子化检测器或电解传导检测器
524.2	饮用水	吹扫捕集	84	0.5～50	质谱
624	废水	吹扫捕集	31	10～200	质谱
8021	液体或固体废物	吹扫捕集	60	2～200	光离子化检测器或电解传导检测器
8260	液体或固体废物	吹扫捕集直接注射	58	2～200	质谱
认证实验室程序	水、底泥土壤	吹扫捕集溶剂萃取	34	10～200	质谱

表 5-5　日本关于挥发性有机物的国家标准

项目		标准值/$mg \cdot L^{-1}$		检测方法
		饮用水	环境水	
水质量项目	四氯化碳	<0.002	0.002	吹扫捕集-气相色谱-质谱/气相色谱 顶空-气相色谱-质谱/气相色谱 液液萃取-气相色谱
	1,2-二氯乙烷	<0.004	0.004	吹扫捕集-气相色谱-质谱

续表

项目		标准值/mg·L⁻¹		检测方法
		饮用水	环境水	
水质量项目	1,1-二氯乙烯	＜0.02	0.02	吹扫捕集-气相色谱-质谱/气相色谱 顶空-气相色谱-质谱/气相色谱
	二氯甲烷	＜0.02	0.02	吹扫捕集-气相色谱-质谱/气相色谱 顶空-气相色谱-质谱/气相色谱
	顺-1,2-二氯乙烯	＜0.04	0.04	吹扫捕集-气相色谱-质谱/气相色谱 顶空-气相色谱-质谱/气相色谱
	四氯乙烯	＜0.01	0.01	吹扫捕集-气相色谱-质谱/气相色谱 顶空-气相色谱-质谱/气相色谱 液液萃取-气相色谱
	1,1,2-三氯乙烷	＜0.006	0.006	吹扫捕集-气相色谱-质谱
	三氯乙烯	＜0.03	＜0.03	吹扫捕集-气相色谱-质谱/气相色谱 顶空-气相色谱-质谱/气相色谱 液液萃取-气相色谱
	苯	＜0.01	0.01	吹扫捕集-气相色谱-质谱/气相色谱 顶空-气相色谱-质谱/气相色谱
	三氯甲烷	＜0.06	＜0.06	吹扫捕集-气相色谱-质谱/气相色谱 顶空-气相色谱-质谱/气相色谱
	二溴一氯甲烷	＜0.1		吹扫捕集-气相色谱-质谱/气相色谱 顶空-气相色谱-质谱/气相色谱
	二氯一溴甲烷	＜0.03		吹扫捕集-气相色谱-质谱/气相色谱 顶空-气相色谱-质谱/气相色谱
	三溴甲烷	＜0.09		吹扫捕集-气相色谱-质谱/气相色谱 顶空-气相色谱-质谱/气相色谱
	总三氯甲烷	＜0.01		吹扫捕集-气相色谱-质谱/气相色谱 顶空-气相色谱-质谱/气相色谱
	1,3-二氯丙烷	＜0.002	0.002	吹扫捕集-气相色谱-质谱
	1,1,1-三氯乙烷	＜0.3	1	吹扫捕集-气相色谱-质谱/气相色谱 顶空-气相色谱-质谱/气相色谱 液液萃取-气相色谱
监测项目	反-1,2-二氯乙烯	＜0.04	0.04	吹扫捕集-气相色谱-质谱/气相色谱 顶空-气相色谱-质谱/气相色谱
	甲苯	＜0.6	0.6	吹扫捕集-气相色谱-质谱/气相色谱 顶空-气相色谱-质谱/气相色谱
	乙苯	＜0.4	0.4	吹扫捕集-气相色谱-质谱/气相色谱 顶空-气相色谱-质谱/气相色谱
	对二甲苯	＜0.3	0.3	吹扫捕集-气相色谱-质谱/气相色谱 顶空-气相色谱-质谱/气相色谱
	1,2-二氯丙烷	＜0.06	0.06	吹扫捕集-气相色谱-质谱/气相色谱 顶空-气相色谱-质谱/气相色谱

二、吹扫捕集技术在挥发性有机化合物分析中的应用

1. 水样品

利用吹扫捕集技术和高分辨气相色谱-质谱联用，分析 ng·L^{-1} 浓度水平下海水样品中包括氯代烷烃和烯烃、单环芳烃和氯代单环芳烃在内 27 种挥发性有机化合物，对所有的挥发性有机化合物检测限范围为 0.15～6.57ng·L^{-1}[13]。应用吹扫捕集对环境水中苯酚进行提取和浓缩，基本不需要样品前处理步骤，当水样体积为 5mL 时，方法的检出限为 0.0001mg·L^{-1}；加标浓度在 0.002mg·L^{-1} 时，平均回收率为 92.43%，相对标准偏差为 7.68%[14]。

利用吹扫捕集技术-气相色谱法测定海水样品中的三卤代烷，吹扫流速和吹扫时间对吹扫效率影响不大，冷阱解吸温度从 180℃到 225℃吹扫效率降低 10%～20%，方法的相对标准偏差小于 10%，加标回收率在 80%～120%之间，方法的检出限为 0.02～0.07μg·L^{-1}[15]。测定海水中氟氯烃，CFC-11、CFC-113、CCl$_4$ 的相对标准偏差为 1.9%～4.1%，回收率为 99.3%～101.0%，检测限分别为 0.0145pmol·kg^{-1}、0.0332pmol·kg^{-1}、0.0198pmol/kg^{-1}[16]。

选用长 30cm、内径 0.4mm 的不锈钢管作为捕集管，装填 0.66g 60/80 目 Tenax TA，吹扫捕集与气相色谱微池电子捕获检测器联用分析海水中氯仿、四氯化碳、三氯乙烯、二氯一溴甲烷、四氯乙烯、一氯二溴甲烷等 6 种挥发性卤代烃，检测限在 0.003～0.369ng·L^{-1} 之间，相对标准偏差是 1.8%～4.0%，加标回收率为 98.1%～110.2%[17]。测量海水样品中的苯系物，苯、甲苯、乙苯、对二甲苯、间二甲苯及邻二甲苯的检出限分别为 7.3ng·L^{-1}、8.1ng·L^{-1}、11.4ng·L^{-1}、8.3ng·L^{-1}、13.2ng·L^{-1}、1μg·L^{-1}，海水样品回收率为 92.8%～100.9%[18]。

研究海洋中 N$_2$O 的时空分布，有利于揭示 N$_2$O 在海洋中的产生机制及控制因素，为计算海洋与大气之间的 N$_2$O 通量提供数据基础，进而了解氮的循环过程及其迁移转化机理。利用吹扫捕集与高分辨气相色谱法联用测定海水样品中一氧化二氮，检出限低于 pmol·mL^{-1} 水平[19]，较适合海水样品中的一氧化二氮分析。以 0.83mL 1.02×10^{-6}（体积分数）N$_2$O 为试样，分别考察 0.5nm 分子筛、单壁碳纳米管、多壁碳纳米管、Porapak Q、碳分子筛在不同温度下对 N$_2$O 的捕集能力，不需使用冷阱的条件下，0.5nm 分子筛可有效地捕集 N$_2$O[20]。

硫化合物是造成环境恶臭污染的主要原因之一，其中二硫化碳（CS$_2$）、甲硫醚（DMS）和二甲二硫醚（DMDS）等几种挥发性有机硫化合物，属于国内重点检测的恶臭气体。使用在线吹扫捕集-气相色谱-氢火焰离子化检测器测定海藻样品中的甲硫醚，方法的检出限在 ng·L^{-1} 以下，相对误差较小[21]。在 GC-MS 的测定技术上采用选择离子模式（SIM），可减少基体干扰物的影响，与全扫模式相比，可使目标化合物的仪器检出灵敏度得到显著提高，CS$_2$、DMS 和

DMDS 3 种挥发性硫化合物的方法检出限分别为 $3.75ng \cdot L^{-1}$、$11.33ng \cdot L^{-1}$ 和 $2.10ng \cdot L^{-1}$[22]。采用外标法 SIM 模式对甲硫醚、乙硫醚和二甲二硫醚三种成分进行定量，方法的检出限分别为 $0.02\mu g \cdot L^{-1}$、$0.05\mu g \cdot L^{-1}$ 和 $0.08\mu g \cdot L^{-1}$[23]。

美国国家环保局对原有 524.2 方法 3.0 版本吹扫捕集-气相色谱-质谱进行修订[24]，在原有 59 种挥发性有机化合物基础上，新增加了 24 种极性更强、水溶性更大和在水基体中更难检测的挥发性有机化合物，检出限通常在 $1\mu g \cdot L^{-1}$ 或更低。针对饮用水中常见的卤代烃、苯系物、卤乙烯等 27 种挥发性有机物进行吹扫捕集-气相色谱质谱联用测定研究[25]，回收率范围为 79.4%～138.9%，RSD 为 2.5%～7.6%，最低检出浓度范围为 $0.01～0.70\mu g \cdot L^{-1}$。

采用吹扫捕集法对水中 12 种挥发性卤代烃进行富集，经色谱分离后，质谱以选择离子模式进行检测。排除了非目标化合物的干扰，降低了基线噪声，提高了目标化合物的仪器检出灵敏度，从而降低了方法检出限[26]。采用三种不同的冷阱和吹扫流速系统，气相色谱-质谱联用在线监测饮用水中的三卤代烷。通过控制总的吹扫气体积和进样温度减少水蒸气的干扰，整个分析时间少于 5min。系统检出限分别为三氯甲烷低于 $10ng \cdot L^{-1}$，一溴二氯甲烷低于 $25ng \cdot L^{-1}$，一氯二溴甲烷低于 $40ng \cdot L^{-1}$，三溴甲烷低于 $50ng \cdot L^{-1}$[27]。

用吹扫捕集法作试样预处理，气相色谱-电子捕获检测器（ECD）测定多泥沙的黄河水样中挥发性卤代烃。为降低卤代烃在水溶液中的溶解度，采用饱和氯化钠溶液作为专用电解质，提高了方法的灵敏度，4 种卤代烃检出限在 $0.01～0.20\mu g \cdot L^{-1}$ 之间，加标回收率在 95.0%～103.0% 之间[28]。测定水中的 $\mu g \cdot L^{-1}$ 级和 $ng \cdot L^{-1}$ 级的三卤代烷，Carbopack B/Barboxen 1000&1001 填料与 Tenax 硅胶活性炭复合填料均为合适吸附材料[29]。

利用吹扫捕集-色谱-质谱联用对饮用水中的 27 种挥发性有机化合物同时进行富集分离、定性和定量检测，不同化合物的平均回收率为 75.6%～111.0%，相对偏差为 2.1%～9.2%，方法检出限为 $0.2～20.0\mu g \cdot L^{-1}$[30]。使用吹扫捕集-气相色谱-质谱联用法同时测定饮水中二溴乙烷等 10 种卤代烃，水样经吹扫捕集、脱附后进样，毛细柱分离，质谱检测器内标法测定，在质量浓度 $0.01～0.6\mu g \cdot L^{-1}$ 范围内，相关系数均大于 0.999，检测限为 $0.008～0.02\mu g \cdot L^{-1}$，平均回收率在 95.3%～105.2% 之间，RSD 为 1.5%～4.6%[31]。采用吹扫捕集与 GC-MS 联用法测定饮用水中一氯苯、1,2-二氯苯、1,4-二氯苯、1,2,3-三氯苯、1,2,4-三氯苯、1,3,5-三氯苯 6 种氯苯类化合物，分析周期短，可实现基线分离，检出限低，准确度和精密度高，不受水样基体干扰[32]。

利用吹扫捕集-气相色谱-质谱法联用测定临近汽油存储区域的地下水中的 MTBE 和它的主要降解产物，如 TBA、TBF 和其他汽油添加剂等，方法对 MTBE 的检测限为 $0.001\mu g \cdot L^{-1}$。地下水样品中 MTBE 的相对标准偏差小于 3%，回收率在 95%～101% 之间[33]。比较吹扫捕集和静态顶空两种不同的前处理方法与气相色谱火焰离子化检测器测定不同浓度范围的 MTBE，吹扫捕集方法测定的浓度范围为 $2\sim80\mu g \cdot L^{-1}$，检出限为 $2\mu g \cdot L^{-1}$；静态顶空方法测定的浓度范围为 $60\sim1000\mu g \cdot L^{-1}$，检出限为 $50\mu g \cdot L^{-1}$[34]。水相中加入 NaCl 或 Na_2SO_4 和加热样品至合适的温度可提高 MTBE 挥发度，采用吹扫捕集-气相色谱-火焰离子化检测器测定水样品中的 MTBE，方法检出限为 $0.1\mu g \cdot L^{-1}$，相对标准偏差小于 4%[35]。

采用三元混合吸附剂，吹扫捕集-气相色谱-质谱联用技术分析生活污水及饮用水中的挥发性有机物。活性炭对水有很强的亲和力，具有极强的表面活性，对极性化合物常产生不可逆吸附，同时解吸温度过高，可能会导致某些物质分解，Tenax 虽然比表面积较小，但对含羟基的化合物如水和脂肪酸的保留值低于对非极性和低沸点有机物的保留值，因此对水的吸附容量小，一般不会产生不可逆附和热分解现象，且热稳定性好，特别适合于非极性和中等极性的微量挥发性物质的浓缩，硅胶对水和脂肪酸等极性化合物均有较强的吸附能力，不需很高的热解吸温度，尤其对于 Tenax 不能有效保留的低沸点挥发性有机物如氯乙烯、CH_2Cl_2 等，硅胶却能很好地捕集。Tenax、硅胶和活性炭组合非常适合水中微量多组分 VOCs 的捕集和热解吸[36]。

采用吹扫捕集-气相色谱法测定生活饮用水中 13 种常见挥发性有机污染物，方法的最低检出浓度为 $0.041\sim1.08\mu g \cdot L^{-1}$，平均加标回收率为 80%～120%，适合于生活饮用水中苯系物、氯代烯烃等常见挥发性有机污染物的测定[37]。吹扫捕集-气相色谱测定水中四氢呋喃，检出限可达到 $0.18\mu g \cdot L^{-1}$ 级，相对标准偏差为 0.9%～4.0%，加标回收率在 77.2%～100.8%之间[38]。

应用 4-氨基安替比林比色法、液相色谱法、吹扫捕集-气相色谱质谱联用法 (GC-MS) 测定水和废水中的苯酚，三种方法的线性、精密度和准确度均较好，但 4-氨基安替比林比色法水样前处理繁琐、操作复杂、干扰因素多且检出限较高，液相色谱法检出限有所降低，但前处理繁琐复杂，吹扫捕集-GC-MS 法简便快捷，无须前处理且检出限最低[39]。通过乙酸酐衍生化-吹扫捕集-气相色谱-质谱分析水中五氯酚，采用吹扫时间 25min、样品池温度 60℃、离子强度 20%氯化钠以及衍生化试剂的量 $200\mu L$ 等条件对水中的五氯酚有较好的捕集效果[40]。

挥发性硫化物对水的气味影响很大，水中二甲基硫和二甲基二硫的味道阈值分别为 $0.3\mu g \cdot L^{-1}$ 和 $5\mu g \cdot L^{-1}$[41]。国内外首批确定的 8 种重点监测的恶臭物质中挥发性硫化物就占了两种，分别是二甲基硫和二甲基二硫[42]。采用吹扫捕集技术作为样品前处理方法与气相色谱-火焰光度检测器法在线联用，测定北京周围河流水中的二甲基硫（DMS）、甲基乙基硫（EMS）、二甲基二硫（DMDS）。图 5-4 给出了标准样品和水样品测定的色谱图。在所采集的城市运河和周围河水中均检测到了二甲基硫和二甲基二硫，其浓度在 $10\mu g \cdot L^{-1}$ 左右[43]。

硝基氯苯生产或使用过程中排放一定量含硝基氯苯的废水，吹扫捕集-GC-

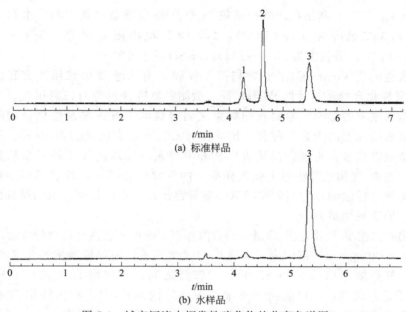

图 5-4 城市河流中挥发性硫化物的分离色谱图

1—DMS；2—EMS；3—DMDS

MS 测定水样中硝基氯苯类化合物，适合于测定一硝基氯苯化合物，不能用于测定二硝基氯苯化合物，方法的最低检出限可达 $2\mu g \cdot L^{-1}$[44]。垃圾填埋的环保控制最主要的就是垃圾渗滤液，根据美国 EPA8260B 标准方法，采用吹扫捕集法进行渗滤液的挥发性有机化合物的分析，含有较高浓度的苯系物和卤代烃类，甲苯浓度最高达到 $1\mu g \cdot L^{-1}$[45]。

2. 土壤样品

高速公路作为城市之间的交通要道，车流量非常大，所排放的废气中芳香烃化合物、多环芳烃等污染物对两边的土壤带来一定的影响。挥发性有机物在土壤中具有隐蔽性、挥发性、累积性、多样性、强毒害性等污染特性，吹扫捕集-GC-MS 分析方法对于土壤中的挥发性有机污染物分析灵敏度较高，线性范围较宽，空白干扰较少，在高速公路两侧农业土壤中能监测出氯仿、二氯甲烷、二氯乙烷、三氯乙烯、苯、甲苯、二甲苯、三甲苯、萘、短链烷烃等挥发性有机污染物[46]。

采用甲醇超声处理的吹扫捕集萃取方法，与气相色谱-原子发射检测器联用，测定土壤样品中的 9 种挥发性有机化合物，完成单个样品的吹扫-分析程序需要 21min，方法对土壤样品中三氯甲烷和二氯甲烷的检出限分别为 $0.05\mu g \cdot L^{-1}$ 和 $0.55\mu g \cdot L^{-1}$，RSD 为 1.1%～7.2%[47]。利用吹扫捕集-气相色谱-质谱法联用技术测定土壤样品中的 MTBE 和它的主要降解产物。方法对 MTBE 的检测限为

$0.13\mu g \cdot kg^{-1[48]}$。利用在线吹扫捕集-气相色谱-质谱联用技术测定水和土壤样品中的 1,3-二氯丙烯（1,3-DCP），1,3-DCP 检出限分别为 $0.1\mu g \cdot L^{-1}$ 和 $0.01mg \cdot kg^{-1}$，回收率为 93%～104%，RSD 低于 6%[49]。

用改进的 Tekmar SC 2000 吹扫捕集仪和气相色谱-质谱联用测定底泥中的 13 种挥发性化合物[50]，讨论底泥特征、吸附和解吸条件等对三氯甲烷、三氯乙烷、氯苯回收率的影响，考察吹扫捕集法测定底泥中有机挥发性化合物的回收率，结果表明底泥的重量、种类、传导性对回收率没有明显的影响[51]。采用水浸提上清液进样法、水浸提泥浆进样法和甲醇超声提取法等 3 种样品预处理方法，吹扫捕集-气相色谱法测定底泥样品中的挥发性和半挥发性有机污染物，水浸提上清液进样法测定的回收率较低但重现性最好，甲醇超声提取法得到的回收率最高，但重现性最差[52]。

采用吹扫捕集-气相色谱-质谱法测定海洋沉积物中挥发性有机物的含量，54 种 VOCs 在 4～40$\mu g \cdot L^{-1}$ 范围内具有良好的线性关系，相对标准偏差为 2.67%～14.2%，样品加标回收率在 87.0%～127% 之间，检出限为 0.07～1.87$\mu g \cdot kg^{-1}$（干重）之间，也可应用于土壤中 VOCs 的测定[53]。吹扫捕集-气相色谱法测量沉积物中的痕量苯系物，120～1200$ng \cdot L^{-1}$ 的浓度范围，苯、甲苯、乙苯、间/对二甲苯、邻二甲苯标准溶液的检出限分别为 $614ng \cdot L^{-1}$、$35.2ng \cdot L^{-1}$、$15.8ng \cdot L^{-1}$、$12.3ng \cdot L^{-1}$、$10.7ng \cdot L^{-1}$，相对标准偏差为 0.9%～6.1%，苯系物回收率为 93.50%～98.40%[54]。

3. 食物样品

（1）牛奶产品　用吹扫捕集技术检测干酪成熟时产生的挥发性化合物，氮气作为吹扫气，容纳样品的吹扫瓶被加热到 40℃，吹出的分析物捕集在 Tenax 吸附剂中，160℃热解吸后，再低温富集在气相色谱毛细管柱头的低温冷阱中。包括挥发性的醇、酮、氯化物、芳香族化合物、硫化物和醚等至少 30 种化合物被检测，样品分析时间小于 3h（其他技术为 5h～4d），相对标准偏差小于 3.2%[55]。

使用吹扫捕集-气相色谱-质谱联用方法研究脱脂粉乳和全脂牛奶对受热塑料包装材料（聚丙烯纤维、聚碳酸酯以及苯乙烯-丙烯共聚物）释放挥发性有机物的吸收情况，优化后的吹扫捕集-气相色谱-质谱联用分析检测方法对从不同包装材料中迁移进入牛奶中的甲苯、1-辛烯、乙苯、二甲苯、苯乙烯、二氯苯等有机物组分的质量检测限为 0.01～1.2ng，RSD 均低于 15%[56]。

吹扫捕集技术也被用来研究牛奶和其他牛奶产品中的芳香化合物，将 10g 样品（全脂牛奶或奶酪、冰淇淋等）和 250mL 去离子水加入 500mL 双颈圆底烧瓶中，圆底烧瓶一侧通入氦气，另一侧连接冷阱。水浴加热 30min 后，接通磁力搅拌器和 25mL·min^{-1} 速率的氦气吹扫 30min，然后使用 GC-MS 分析吸附管中的组分。结果在奶酪中检出了氯仿、甲苯、邻二甲苯、乙苯、对二氯苯、溴代二氯甲烷、1,1,1-三氯乙烷、1,2,4-三甲苯、三氯乙烯、间/对二甲苯、苯乙烯等组分，浓度范围为 $(11\sim54)\times10^{-6}$、$(17\sim255)\times10^{-6}$、$(3\sim4)\times10^{-6}$、$(3\sim4)\times10^{-6}$、3×10^{-6}、3×10^{-6}、$(2\sim25)\times10^{-6}$、6×10^{-6}、2×10^{-6}、$(4\sim112)\times10^{-6}$ 和 $(2\sim11)\times10^{-6}$ [57]。用两个串联的冷阱，第一个用于冷凝水蒸气，第二个用于捕集有机挥发物。牛奶样品被吹扫 20min，从水中吹出被检测物比从牛奶中直接吹出响应高近 10 倍。利用吹扫捕集-气相色谱法检测牛奶中的苯和烷基苯，测定苯、甲苯、乙苯、间/邻二甲苯和对二甲苯的浓度（重复 26 次）的结果分别为 $0.7\mu g\cdot L^{-1}$、$12.8\mu g\cdot L^{-1}$、$1.3\mu g\cdot L^{-1}$、$4.7\mu g\cdot L^{-1}$ 和 $1.4\mu g\cdot L^{-1}$，比其他研究者测定的浓度高出了 6 倍[58]。吹扫捕集技术结合多变量的主成分分析还可用来预测灭菌纯牛奶的保质期[59]。

（2）海产品　用吹扫捕集-气相色谱-质谱检测新鲜和腐烂牡蛎中的挥发性化合物[60]。取 1g 牡蛎样品捣匀，加入 1mL 饱和 KCl 溶液和 $100\mu L$ 内标。吹扫气氮气以 $40mL\cdot min^{-1}$ 吹扫 4min 后，吸附在用玻璃珠填充的动态顶空浓缩器上。干吹浓缩器 3min，除掉水蒸气，再 150℃ 热解吸 4min，进入气相色谱分离。使用微波-吹扫捕集萃取装置富集泥浆、鱼组织和藻类样品里的 5 种主要异味物质，样品在微波炉中接受 800W 微波辐射，散发出来的异味物质被吹扫气（99.999% 氮气，$40mL\cdot min^{-1}$）引入吹扫捕集装置，水分控制器温度设置为 110℃，吸附剂的温度设置为 30℃，吹扫时间 10min。然后加热吸附剂使组分解吸并直接吹入气相色谱-质谱联用装置的进样口进行分离检测。该方法对 5 种异味物质二甲基三硫、2-甲基异莰醇、土臭味素、环柠檬醛和柠檬烯的检测限分别为 $0.02\sim0.08ng\cdot g^{-1}$、$0.01\sim0.07ng\cdot g^{-1}$、$0.01\sim0.11ng\cdot g^{-1}$、$0.02\sim0.07ng\cdot g^{-1}$ 和 $0.03\sim0.15ng\cdot g^{-1}$ [61]。吹扫捕集法用于识别路易斯安娜咸水蛤中的释放气味[62]，MIB 的生物转化因子（水中浓度与鱼中浓度之比）是 28.1 ± 14.0。

利用吹扫捕集-气相色谱-质谱法同时测定海洋生物中的氯仿、四氯甲烷、1,1-二氯乙烷、1,2-二氯乙烷、1,1,1-三氯乙烷、三氯乙烯、四氯乙烯、苯、甲苯、乙苯和二甲苯[63]，生物组织用一个混合器在 0℃ 混匀，然后转移到吹扫瓶中在 70℃ 时开始吹扫，方法检出限在 $0.005ng\cdot g^{-1}$（1,2-二氯乙烷、1,1-二氯乙烷）至 $0.2ng\cdot g^{-1}$（氯仿）之间。使用在线吹扫捕集-气相色谱-氢火焰离子检测器测定海藻中的甲硫醚，方法的检出限在 $ng\cdot L^{-1}$ 以下，相对误差较小[21]。

分析罐装和汤类的金枪鱼样品中的挥发物时，把样品加热到 80℃，用氮气吹扫 2h，分析物被捕集在一个用液氮冷却的预柱上。因为样品容纳了大量的水，在样品和预柱中间安装水冷凝器。吹扫捕集结束后，样品解吸进入气相色谱分离。固体样品在吹扫前用脱水剂处理，放置 1h，主要是防止冰堵塞冷阱，回收率从 50%～70% 增加到 80%～97%，相对标准偏差从 5.1%～11.5% 减少至 2.8%～5.2%[64]。吹扫捕集也用于浓缩和分析冰冻金枪鱼片释放出的腐烂乙醛气味[65,66]。

氩气吹扫/微波蒸馏/固相吸附剂捕集技术，检测金枪鱼组织中的反式1,10-二甲基-反式-9-葵醇（Geosmin）和2-甲基异莰醇（MIB），从20g金枪鱼组织样品有效地萃取挥发性分析物的微波时间为10min，经过一个水冷凝器后，捕集在C_{18}柱上。蒸馏后，冷凝器和C_{18}柱用水洗去极性残留物，然后用1mL乙酸乙酯洗脱分析物。Geosmin的回收率在$5\mu g \cdot L^{-1}$时为91.3%，在$500\mu g \cdot L^{-1}$时为78.7%。MIB的回收率在$5\mu g \cdot L^{-1}$时为92.8%，在$500\mu g \cdot L^{-1}$时为99.6%。Geosmin和MIB的检测限为$0.630\mu g \cdot L^{-1}$和$0.217\mu g \cdot L^{-1}$。每个样品只需35min，每次分析只消耗2mL有机溶剂[67,68]。

（3）酒、咖啡和饮料　利用吹扫捕集和气相色谱-原子发射光谱联用检测软木塞和酒中的2,4,6-三氯苯甲醚（TCA），检测限分别为$25pg \cdot g^{-1}$和$5ng \cdot L^{-1}$，回收率在88.5%～102.3%之间[69]。对啤酒样品，吹扫捕集仪器的冷阱预冷至$-170℃$，放$250\mu L$的啤酒样品和10mL的水-硅树脂混合物于吹扫瓶中，将其浸入85℃的水浴中，用氦气以$20mL \cdot min^{-1}$的速率吹扫4min。主要困难是因为高浓度的气态二氧化碳不能被保持在水冷凝器里而堵塞毛细管冷阱，高浓度的二甲基硫超过优化方法的线性范围并且在吹扫过程中易形成泡沫。对咖啡样品，放0.5g的咖啡粉末于吹扫瓶中，可加入适量的标准溶液，然后加入10mL的热水，吹扫瓶浸入85℃的水浴中，用氦气以$40mL \cdot min^{-1}$的速率吹扫6min，分析结果显示二甲基硫化物远远超过其他化合物的浓度。

测定咖啡和饮料中的二甲基硫、甲基乙基硫、二甲基二硫[70]，色谱图如图5-5所示，二甲基硫、甲基乙基硫和二甲基二硫三种化合物的检出限分别为$80ng \cdot L^{-1}$、$80ng \cdot L^{-1}$和$100ng \cdot L^{-1}$。在所测定的咖啡样品中均检测到了二甲基硫（DMS）、甲基乙基硫（EMS）和二甲基二硫（DMDS），平均浓度分别为$26.5ng \cdot g^{-1}$、$65.2ng \cdot g^{-1}$、$65.7ng \cdot g^{-1}$，而在饮料样品中，仅发现有二甲基硫存在，平均浓度为$10.1\mu g \cdot L^{-1}$。

采用吹扫捕集浓缩饮料中的苯，气相色谱-质谱检测器进行定性定量测定，方法回收率为89%～102%，相对标准偏差为7%～12%；在$0.5～50\mu g \cdot L^{-1}$范围内线性关系良好，检测限为$0.1\mu g \cdot L^{-1}$[71]。食品接触材料中的单体、低聚物以及一些化学添加剂在高温下会从材料中挥发出来，不仅影响食品的气味和味觉，也给食品接触材料的使用安全性带来隐患。使用吹扫捕集仪和气相色谱-质谱联用定性分析食品接触材料中挥发性有机化合物，样品处理温度越高，从食品接触材料中挥发出的有毒有害物质的种类和量也越多[72]。

卷烟包装材料中的苯系物是由原料本身及后面的加工和印刷过程中使用的油墨和黏结剂等带入，采用吹扫捕集气相色谱法测定卷烟包装卡纸中苯系物残留，苯、甲苯、乙苯、对二甲苯、间二甲苯、邻二甲苯、苯乙烯等在$4.3～900\mu g \cdot L^{-1}$浓度范围具有良好的线性，检出限为$1.0～11.6ng \cdot g^{-1}$，回收率为91.5%～

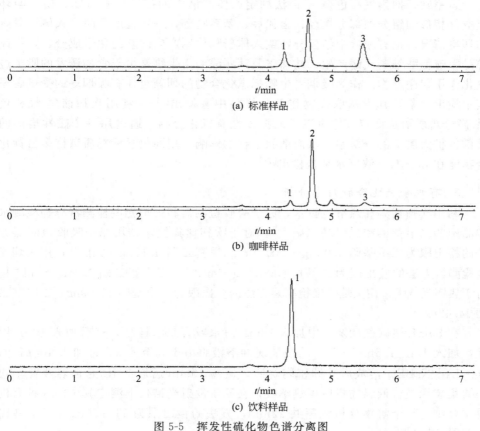

图 5-5　挥发性硫化物色谱分离图
1—DMS；2—EMS；3—DMDS

$109.2\%^{[73]}$。植物叶片样品经甲醇浸提后，用吹扫捕集/色谱-质谱法对其单萜烯含量进行测定。对 9 种单萜烯甲醇浸提效率大于 90%，吹扫捕集效率大于 99%，甲醇中 9 种单萜烯含量在 $0.5\sim100.0\mu g \cdot mL^{-1}$，5g 鲜叶共用 100mL 甲醇浸提并取 $20\mu L$ 进样情况下，9 种单萜烯的方法检出限在 $1.1\sim2.7\mu g \cdot g^{-1[74]}$。

4. 血液和尿样

利用吹扫捕集-气相色谱-火焰离子化检测器检测尿液和血液中的苯乙烯，5mL 的样品在室温下被氦气以 $40mL \cdot min^{-1}$ 吹扫 11min；在尿液中标准工作曲线在 $2.5\sim15\mu g \cdot L^{-1}$ 范围内成线性，在血液中标准工作曲线在 $25\sim150\mu g \cdot L^{-1}$ 范围内成线性；方法检出限在尿液中为 $0.4\mu g \cdot L^{-1}$，在血液中为 $0.6\mu g \cdot L^{-1[75]}$。利用吹扫捕集气相色谱法检测尿液中萘的浓度，用 Student t-检验法证明吸烟者和非吸烟者尿液中的萘没有显著的差别，但是职业暴露人群和非职业人群尿液中的萘却有显著的不同，因此工厂车间里的空气是尿液中萘的重要来源[76]。

运用吹扫捕集气相色谱-质谱法测定人体尿液中的挥发性有机物，检出与环境空气相似的组分如部分烷烃、卤代烃、苯系物等，一定程度反映了人体所暴露的环境情况，也有尿液中细菌分解或人体新陈代谢产生的新的化学成分，如甲硫醇是甲硫氨酸细菌代谢产生，呋喃以及某些醛的衍生物是由于食物诱发的脂类过氧化作用代谢产物。作为吸烟者生物标志化合物的烟碱也在有吸烟史的受试者尿液中检出，萘及其甲基取代物在部分样品中有检出[77]。利用吹扫捕集-气相色谱-高分辨质谱法测定人体血液里的挥发性有机化合物，通过用一个磁性扇形的质谱仪扩大质谱的分辨率，从而消除干扰的影响。用同位素稀释质谱许多目标化合物能在 ng·L^{-1} 浓度水平被检出[78]。

5. 有机金属化合物形态分析

利用吹扫捕集和热解吸技术，原子吸收检测器和火焰光度检测器分别检测水样品中的二甲基硒和二甲基二硒[79]，对于吹扫捕集技术，用原子吸收检测器方法的检出限为二甲基硒 0.03ng·mL^{-1}，二甲基二硒 0.12ng·mL^{-1}；用火焰光度检测器方法的检出限为二甲基硒 0.11ng·mL^{-1}，二甲基二硒 0.25ng·mL^{-1}。对于热解吸技术，用火焰光度检测器方法的检出限为二甲基硒 11.09ng，二甲基二硒 14.42ng。

在 50mL 聚碳酸酯烧瓶中加入 10mL 海水或自来水样品，然后加入 10μL 甲醇，加入 1mL 1.5mol·L^{-1} 的醋酸缓冲溶液将 pH 调至 4.8，再加入 100μL 的 2g·L^{-1} NaBEt$_4$ 溶液后立即密闭烧瓶，振荡 10min 后取 5mL 混合溶液置于吹扫捕集装置进行低温捕集后再热解吸，在原子发射光谱仪上测定其中的 6 种有机锡化合物。整个富集分析程序共 22min，方法的检出限为 11~50ng（三丁基锡和四甲基锡）[80]。

使用吹扫捕集-气相色谱-质谱联用技术检测生物样本和沉积物样品中的甲基汞，检测限分别为 0.1ng·g^{-1} 和 0.05ng·g^{-1}，对血液、金枪鱼等生物样本和河口湾沉积物等环境样品中的甲基汞含量进行检测的相对标准偏差分别低于 6% 和 15%，回收率分别为 85%~108% 和 83%~109%，测定结果与 GC-ECD 和 GC-CVAFS 数据无显著性差异[81]。

利用商业化的吹扫捕集仪器测定南极水样[82]和含锡化工废水溶液中[83]的甲基锡形态。水样用 3% 硼氢化钾处理后，直接被吹扫气氮气吹入−75℃的低温冷阱毛细管中捕集，然后迅速升温至 200℃，进入气相色谱中分离后，用火焰光度检测器检测。色谱分离图如图 5-6 所示。方法的检出限为一甲基锡 18ng·L^{-1}，二甲基锡 12ng·L^{-1}，三甲基锡 3ng·L^{-1}。样品测定结果与经典液液萃取-格林试剂衍生方法的测得结果符合较好。

利用吹扫捕集富集-多维毛细管柱等温分离-微型微波等离子发射光谱检测了海水中的有机汞化合物，方法的绝对检测限为一甲基汞 4pg 和无机汞 9pg，相对

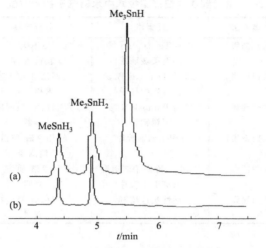

图 5-6　甲基锡氢化物色谱分离图
（a）标准样品；（b）化工厂水样品

检测限为一甲基汞 $0.4pg \cdot mL^{-1}$ 和无机汞 $0.8pg \cdot mL^{-1}$[84]。

利用吹扫捕集-多维气相色谱-原子光谱联用测定水溶液中的烷基铅，经过一个 30cm 管状 Nafion 膜干燥水蒸气，吹出的目标化合物捕集在一个涂层毛细管中，然后用一个 1m 的多维气相色谱柱分离；整个分析在 5min 内完成，检出限在 5pg 以下[85]。利用原位吹扫-低温冷阱捕集-气相色谱-电感耦合等离子体发射光谱-质谱联用测定天然水中的挥发性有机金属化合物的形态，方法的检出限是硒为 $0.8pg \cdot L^{-1}$、汞为 $0.2pg \cdot L^{-1}$、锡为 $0.05pg \cdot L^{-1}$、铅为 $0.08pg \cdot L^{-1}$[86]。利用吹扫捕集-气相色谱-微波等离子体原子发射光谱联用同时测定了水中的甲基锡、甲基汞和甲基铅，方法的检测限是甲基锡为 $0.15ng \cdot L^{-1}$、甲基铅为 $0.20ng \cdot L^{-1}$、甲基汞为 $0.60ng \cdot L^{-1}$[87]。

三、水蒸气对吹扫捕集技术的影响及其消除方法

吹扫捕集技术的一个缺点就是伴随吹扫气的流动，水体样品中有大量水蒸气被吹入富集气路，不利于下一步的吸附，给非极性气相色谱分离柱分离带来困难，常常会引起谱峰畸变，并且水对火焰类检测器也具有猝灭效果。此外，吹扫捕集技术与冷阱联用时，水蒸气在冷阱中冷凝、结霜或结冰，极易引起堵塞气路，因此，使用吹扫捕集技术时一定要注意消除水蒸气对组分富集及分离分析过程的影响。

表 5-6 对常见解决水蒸气对吹扫捕集-气相色谱技术分析结果干扰的方法进行了总结。

191

表 5-6　常见解决吹扫捕集技术中水蒸气干扰的方法[88]

样品类型	富集方法	捕集阱	分析仪器	除水方法
自来水	吹扫捕集	填装 Tenax、分子筛的石英玻璃管	气相色谱-电子俘获检测器	Nafion 干燥器
自来水、饮料	吹扫捕集	填装 Tenax、硅胶、活性炭的柱子	气相色谱-原子发射检测器	湿度控制器
海水	吹扫捕集	填装 Porapak N 的不锈钢管	气相色谱-质谱检测器	冷却吹扫容器、无水高氯酸镁
自来水、雪水	吹扫捕集	HP-1 毛细管柱	气相色谱-质谱检测器	乙二醇低温浴
自来水	吹扫捕集	−165℃冷阱中的熔融石英毛细管柱	气相色谱-质谱检测器	控制吹扫气体积和进样温度
饮用水	吹扫捕集	活性炭过滤器	气相色谱-质谱检测器	加热气路高于样品水浴温度

第四节　吸附捕集技术在大气中挥发性有机化合物中的应用

前面主要介绍了吹扫捕集技术及其在液体和固体基体中的应用，但是对于大气中的挥发性化合物的富集，还需要利用固体吸附剂吸附或低温冷阱捕集技术。因为对气体样品来说，为了优化分离、峰形和灵敏度，样品必须以一个狭窄的宽度进入分析柱。所以在分析柱之前，需要对气体样品进行吸附捕集。常见的办法是用固体吸附剂，例如玻璃珠、活性炭和 Tenax 吸附，或用制冷剂如液氮、液态二氧化碳低温捕集来解决这个问题。下面简要介绍固体吸附剂吸附或低温冷阱捕集技术在大气中不同挥发性化合物中的应用。

一、挥发性有机化合物

比较用惰性材料玻璃珠作为吸附剂的化学吸附阱和低温冷阱与气相色谱联用测定大气中的挥发性有机化合物[89]，两种富集方法对于测定 3 个碳到 10 个碳的烃都相对简单，除了吸附阱不能定量测定两个碳的烃，对于挥发性更大的挥发性化合物用吸附阱时色谱条件更容易改进。对潮湿空气中的连续分析，用吸附阱对于开管毛细管色谱柱上的水干扰较容易控制。

用 60/80 目的耐热玻璃珠填充在镍管里作为吸附剂，设计自动低温富集和分析系统来检测空气中的挥发性有机化合物[90]，采用微控制器控制冷阱温度和气相色谱阀切换来实现快速的升降温，挥发性有机化合物的回收率为 100%±5%。采用长 200mm、内径 0.8mm 的开口不锈钢管做冷阱，液态二氧化碳做制冷剂，直接控温冷阱捕集系统与气相色谱联用检测人体皮肤中的挥发性有机物[91]，利用冷阱管的电阻和温度的关系来控制冷阱温度，比用热电偶温度响应要快。系统与气相色谱联用检测人体皮肤中的挥发性有机物，冷阱循环周期为 53s，总共分析只需 3min。

比较三种不同规格的冷阱系统[92]，第一种用窄的铜管弯成 5.5cm 半径，使它与毛细管一致；第二种用两块加工的铝盘将柱子夹在一起形成冷阱；第三种用薄的不锈钢管弯成半弧与毛细管保持一致。三种冷阱系统分别与气相色谱-质谱联用检测了除丙烯醛和丙烯腈以外的其他 34 种美国国家环保局优先检测的挥发性有机化合物，三种冷阱系统的适用范围存在一定差异。选用 Carbograph 2 和 Carbograph 5 两种吸附剂，设计了一种双吸附剂的冷阱系统用于检测空气中的不同极性的有机化合物，用热解吸和溶剂萃取回收率评价冷阱的吸附行为[93]，适合富集空气的浓度范围在 $0.1 \sim 1000 \mathrm{mg \cdot m^{-3}}$。

利用半导体元件制冷，用 Carbopack B 和 Carbosieve S-Ⅲ 两种材料作为吸附剂，气相色谱法测定了空气中的挥发性有机化合物，克服了利用液体制冷剂制冷的缺点，特别适合在野外直接采样分析[94]。

二、挥发性硫化物

采用一段内径 4mm、长 30cm 的 U 形耐热玻璃管作为吸附阱，里面疏松地填充有 Supelco 公司生产的玻璃纤维棉，低温吸附冷阱捕集-气相色谱-火焰光度检测法测定大气样品中的还原性硫化物包括二甲基硫、二硫化碳和二甲基二硫[95]。在吸附捕集之前，空气中的氧化剂用一个高容量填充有 100％棉纤维的 Nafion 干燥器除去，方法的准确度为二甲基硫在 12％以内、二硫化碳和二甲基二硫约为 15％。当室温 22℃、相对湿度小于 30％时，方法的精密度为二甲基硫小于 3％、二硫化碳和二甲基二硫约为 5％。

采用固体吸附剂硅胶同时低温捕集了空气样品中的硫化氢、甲硫醇、甲硫醚和二甲基二硫，然后用气相色谱-火焰光度检测器进行了检测[96]，此 4 种不同的硫化物，检测限分别为 244×10^{-12}、141×10^{-12}、133×10^{-12} 和 75×10^{-12}。

利用三阶段的冷阱捕集系统与气相色谱质谱-联用测定人乳中的挥发性硫化物包括巯基甲烷、二甲基硫和二甲基二硫，能够在不损失挥发性硫化物的前提下，除去过多的水和二氧化碳。超过 400mL 的人乳样品能够一次被浓缩，方法的检测限为巯基甲烷 $0.13 \mu \mathrm{g \cdot L^{-1}}$、二甲基硫 $0.09 \mu \mathrm{g \cdot L^{-1}}$ 和二甲基二硫 $0.15 \mu \mathrm{g \cdot L^{-1}}$[97]。

三、挥发性氮化物和磷化氢

利用一段直径 1mm、长 13cm 的不锈钢管装上 60/80 目 DMCS 处理过的玻璃珠作为惰性材料吸附阱[98]，测定大气中的硝基甲烷、过氧化硝基乙酸酐、正硝基丙烷和过氧化硝基丙酸酯等含氮化合物。液氮作为制冷剂将色谱仪炉温降至

－50℃。相对标准偏差为：硝基甲烷 4.8%、过氧化硝基乙酸酐 3.9%、正硝基丙烷 5.7% 和过氧化硝基丙酸酯 6.0%；方法检出限为：硝基甲烷 0.02ng·L^{-1}、过氧化硝基乙酸酐 4ng·L^{-1}、正硝基丙烷 10ng·L^{-1} 和过氧化硝基丙酸酯 0.04ng·L^{-1}。

利用冷阱捕集技术来测定空气中磷化氢的含量[99]，如图 5-7 所示，空气样品首先经氢氧化钠处理除去硫化氢和二氧化碳后，进入冷阱 1 捕集。冷阱 1 的捕集温度为 －130～－100℃，此时甲烷和空气未被捕集而被排出。切换六通阀，加热冷阱 1，被捕集分析物进入冷阱 2 捕集，冷阱 2 的捕集温度为 －196℃。分析物经热解吸后，用气相色谱-氮磷检测器检测，50mL 样品的检测限为 0.1ng·L^{-1}。

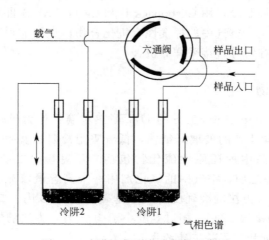

图 5-7 冷阱捕集测定磷化氢示意图

四、挥发性有机金属和准金属化合物

利用吸附剂吸附，低温气相色谱与电感耦合等离子体发射光谱联用，可同时测定空气中挥发性有机金属和准金属化合物的多种元素形态[100]。空气样品采样器如图 5-8 所示，空气样品首先经过一个过滤器除去悬浮颗粒，然后经过一个 －20℃ 的水冷阱除去水蒸气后，把分析物在 －175℃ 时同时低温富集在一段小的玻璃棉填充柱上。载气中的氧化剂可以降低样品中挥发性含碳物的形态干扰，同时用氙作为内标来连续检测分析过程中等离子体的稳定性。方法的绝对检测限为四甲基铅和四乙基铅 0.06～0.07pg、四甲基锡和四乙基锡 0.2pg、二甲基汞和二乙基汞 0.8pg、二乙基硒 2.5pg。

利用 Chromsorb 材料作为吸附剂与气相色谱-原子发射光谱联用同时测定低浓度的有机汞、有机锡和有机铅[101]，用四乙基硼化钠或硼氢化钠衍生后，捕集在 －160℃ 的低温吸附阱中；方法的重现性和回收率较好，检测限低于 1ng·L^{-1}。

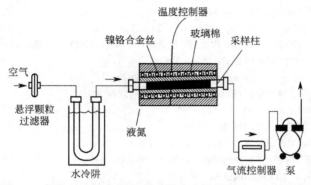

图 5-8　挥发性有机金属和准金属化合物测定的空气采样器

利用离子交换剂作为吸附剂富集底泥中的无机砷和有机砷化合物[102]，方法的回收率高于 75%，无机砷的检测限低于 $0.6ng \cdot g^{-1}$，二甲基砷、二甲基二砷、二乙基砷和二乙基二砷的检测限分别为 $33ng \cdot g^{-1}$、$1.0ng \cdot g^{-1}$、$22ng \cdot g^{-1}$ 和 $2.3ng \cdot g^{-1}$。

参考文献

[1]　黄骏雄. 化学进展，1997，9（2）：179.

[2]　Bellar T，et al. J Am Water Works Assoc，1974，66：739.

[3]　US Environmental Protection Agency，Cincinnati，OH，1986.

[4]　US Environmental Protection Agency，Cincinnati，OH，1992.

[5]　Holm T. J Chromatogr A，1999，842：221.

[6]　Amir Salemi，et al. J Chromatogr A，2006，1136：170.

[7]　Deng X W，et al. J Chromatogr A，2011，1218：3971.

[8]　汪尔康. 21 世纪的分析化学. 北京：科学出版社，1990：310.

[9]　Wang J L，et al. J Chromatogr A，2001，927：143.

[10]　梁汉昌. 痕量物质分析气相色谱法. 北京：中国石化出版社，2000：129.

[11]　刘杰民等. 现代科学仪器，2001（5）53.

[12]　马慧莲，张海军，田玉增等. 色谱，2011，29：912.

[13]　Huybrechts T，et al. J Chromatgr A，2000，893：367.

[14]　刘玲，许健，王坚. 广东化工，2005（4）44.

[15]　Allonier A S，et al. Talanta，2000，51：467.

[16]　孙娜，李文权，邓永智，陈祖峰. 厦门大学学报（自然科学版），2006，45（6）：816.

[17]　韩东强，马万云. 分析化学，2006，34（10）：1361.

[18]　杨桂朋，尹士序，陆小兰，宋贵生. 中国海洋大学学报，37（2），299（2007）.

[19]　Careri M，et al. J Chromatogr A，1999，848：327.

[20]　陈勇，袁东星，李权龙. 分析化学，2007，35（6）：897.

[21]　Careri M，et al. ANNALI DI CHIMICA，2001，91：553.

[22]　吴婷，易志刚，王新明. 分析试验室，2007，26（4）：54.

［23］ 李耕. 中国环境监测，2007，23（3）：20.

［24］ Munch J W. J Chromatogr Sci，1992，30（12）：471.

［25］ 袁青，艾明，应洪波，王高伟，廖国荣，杨晓燕，于军伟. 现代科学仪器，2014（3）：217.

［26］ 巢猛，李慧，许欢. 分析试验室，2008，27（增刊）：124.

［27］ Chen T C，et al. J Chromatogr A，2001，927：229.

［28］ 周艳丽，穆伊舟. 理化检验：化学分册，2006，42（12）：977.

［29］ 张军. 现代商贸工业，2008，20（5）：327.

［30］ 费勇等. 岩矿测试，2010，29（2）：127.

［31］ 赵慧琴等. 环境卫生学杂志，2014，4（6）：607.

［32］ 彭敏，周亚民，祝慧. 环境与健康杂志，2008，25（3）：253.

［33］ Monica R，et al. J Chromatogr A，2003. 995：171.

［34］ Nouri B. J Chromatogr A，1996. 726：153.

［35］ Cheng W，Liu J M，Jiang G B. Int J Environ Anal Chem，2003，83：285-293.

［36］ 林琳，叶剑峰，张寿荣，张晓松. 分析试验室，2008，27（增刊）：307.

［37］ 刘莹，孙力平，高士奇. 环境工程，2011，29（增刊）：242.

［38］ 李海燕，郭亚伟，姜玲. 污染防治技术，2007，20（2）：82.

［39］ 许健，刘玲. 广东化工，2007，34（11）：104.

［40］ 刘娅琳，吴笛，吴慧. 中国环境管理干部学院学报，2007，17（4）：80.

［41］ Winter P，Duckham S C，Winter P，Duckham S C. Wat Sci Tech，2000，41：73.

［42］ 王雷，杨震，张建法. 环境分析化学，1999，18：233.

［43］ 李宁，刘杰民，温美娟，江桂斌. 分析试验室，2004，23（6）：16.

［44］ 张丽萍，张占恩. 环境污染与防治，2007，29（4）：306.

［45］ 周志洪，戴秋萍，吴清柱. 广州化工，2006，34（3）：56.

［46］ 刘劲松，孙晓慧，叶伟红. 分析测试学报，2007，26（增刊）：213.

［47］ Natalia C，et al. A Talanta，2004，64：584.

［48］ Monica R，et al. J Chromatogr A，2006，1132：28.

［49］ Antonia G F，et al. Journal of Chromatographic Science，2009，47：27.

［50］ Roose P，Dewulf J，Brinkman U A T，Langenhove H V. Wat Res，2001，35（6）：1478.

［51］ Charles M J，Simmons M S. Anal Chem，1987，59：1217.

［52］ 张占恩，张丽君，张磊. 苏州科技学院学报，2006，19（2）：42.

［53］ 王晨宇，连进军. 化学分析计量，2006，15（6）：40.

［54］ 傅剑华，艾星涛，刘海生. 分析化学，2005，33（12）：1753.

［55］ Yan W T，et al. J Food Sci，1994，59：1309.

［56］ Lópcz P，et al. Journal of Food Protection，2008，9：1889.

［57］ Mary E F J，et al. J Agric Food Chem，2003，51：8120.

［58］ Hung C K，et al. Toxicological and Environmental Chemistry，1997.

［59］ Aallcjo-Cordoba B，et al. J Agric Food Chem，1994，42：989.

［60］ Bencsath F A. The 42th ASMS conference on Mass Spectrometry，1994：4.

［61］ Deng X W，et al. J Chromatogr A，2012，1219：75.

［62］ Hsich T C Y，et al. J Food Sci，1998，53：1228.

［63］ Rooseac P，et al. J Chromatogr A，1998，799：233.

［64］ Przybytski R. Can Inst Food Sci Technol，1991，24，129.

［65］ Freeman D W，et al. J Aquat Food Product Technol，1993，2，35.

［66］　Freeman D W，et al. J Food Sci，1994，59，60.

［67］　Conte E. J Agric Food Chem，1996，44，829.

［68］　Conte E. Anal Chem，1996，68，2713.

［69］　Natalia C，et al. J Chromatogr A，2004，1061，85.

［70］　Liu J M，Li N，Wen M J，Jiang G B. Microchimica Acta，2004，148，43.

［71］　姜俊，黄玉成. 低温与特气，2007，25（13）：38.

［72］　许华，张经华，陈舜珠，曹红. 现代科学仪器，2008，（1）：85.

［73］　柯颖芬，冯建跃，陈关喜，赵永信. 理化检验-化学分册，2006，2（7）：509.

［74］　丁翔，王新明，粟娟. 分析测试学报，2005，24（2）：83.

［75］　Prietoa M J. Journal of Chromatography B，2000，741：301.

［76］　Hung I F. Polycyclic Aromatic Compounds，1999.

［77］　黄毅，饶竹，王超. 分析测试学报，2007，26（增刊）：64.

［78］　Bonin M A，et al. Journal of the American Society for Mass Spectrometry，1992，3（8）：831.

［79］　Calle-Guntinas，et al. Fresenius J Anal Chem，1999，364：147.

［80］　Natalia C，et al. Anal Chim Acta，2004，525：273.

［81］　Park J S，et al. Water Air Soil Pollut，2010，207：391.

［82］　刘杰民等. 分析实验室，2001，20（4）：76.

［83］　Liu J M，et al. Analytical Sciences，2001，17（11）：1279.

［84］　Sofie S，et al. Anal Chim Acta，2000，414：141.

［85］　Wasik A. Spectrochimica Acta Part B：Atomic Spectroscopy，1998，53（6-8）：867.

［86］　Amourouxa D. Anal Chim Acta，1998，377：241.

［87］　Ceulemans M，et al. J Anal At Spectrom，1996，11：201.

［88］　José Luis Pérez Pavón，et al. Anal Chim Acta，2008，629：6.

［89］　Wang J L，et al. J Chromatogr A，1999，863：183.

［90］　Mcclenny W A. Anal Chem，1984，56：2947.

［91］　Naitoh K，et al. Anal Chem，2000，72：2797.

［92］　Kalman D，et al. Anal Chem，1980，52：1993.

［93］　Pierini E. J Chromatogr A，1999，855（2）：593.

［94］　Holdren M，et al. Anal Chem，1998，70：4836.

［95］　Persson C，et al. Anal Chem，1994，66：983.

［96］　Son Y S，et al. Anal Chem，2013，85：10134.

［97］　Ochiaia N. J Chromatogr B，2001，762（1）：67.

［98］　Moschonas N，et al. J Chromatogr A，2000，902：405.

［99］　Glindemann D，et al. Environ Sci and Pollut Res，1996，3（1）：17.

［100］　Pecheyran C. Anal Chem，1998，70：2639.

［101］　Reutherac R，et al. Anal Chim Acta，1999，394（2-3）：259.

［102］　Gomez-Ariza J L. J Chromatogr A，1998，823（1-2）：259.

第六章

微波消解和微波辅助萃取技术

微波消解和微波辅助萃取的定义

在微波能的作用下，破坏样品中目标组分的初始形态，而使其以无机离子最高或较高价态的形式萃取出来，此种技术称为微波消解技术（microwave digestion，MD）；在微波能的作用下，选择性地将样品中的目标组分以其初始形态的形式萃取出来的技术称为微波辅助萃取技术（microwave-assisted extraction，MAE），简称微波萃取技术。微波消解技术主要应用于元素总量分析，而微波辅助萃取技术主要应用于有机污染物的分析和有机金属化合物的形态分析。

第一节　微波消解和微波辅助萃取的作用机理

早在微波应用的初期，人们就发现微波能迅速加热水，使之升温。但直到 20 世纪 70 年代，微波加热技术及微波炉的应用才有较大的发展，关于物质同微波耦合的原理也有了详尽的研究[1,2]。概括起来讲，物质分子的偶极振动同微波振动具有相似的频率，在快速振动的微波磁场中，分子偶极的振动尽量与磁场振动相匹配，而分子偶极的振动又往往滞后于磁场，物质分子吸收电磁能以每秒数十亿次的高速振动而产生热能。因此，微波对物质的加热是从物质分子出发的，避免了对容器的加热（传统的加热方式），因此又称为"内加热"。

微波在传输过程中遇到不同物料时，会产生反射、吸收和穿透现象。大多数良导体如金属类物质能够反射微波而基本上不吸收，微波触及到这些物质时，根据物质的几何形状而把微波传输、聚焦或限制在一定的范围内。绝缘体可穿透并部分反射微波，通常对微波吸收较少，从分子结构上讲这些绝缘体通常是一些非极性物质，如烷烃、聚乙烯等，微波穿过这些物质时，能量几乎没有损失。而介质如水、极性溶剂、酸、碱、盐类等，则具有吸收微波的性质，微波穿过这些物质时电磁能转化成热能而使这些物质温度升高，并使共存的其他一些物质受热。物质同微波耦合的能力，除取决于微波的功率外，主要取决于物质本身的性质如物料的介电常数 ε'（dielectric constant，表示物质被极化的能力，即反应物质阻止微波穿透的能力，也就是反映物质吸收微波的能力。一般来说，物质的 ε' 值愈大，对微波的耦合作用愈强，极性分子同微波有较强的耦合作用，非极性分子同微波产生弱耦合作用或不产生耦合作用）、介质损失因子 ε''（dielectric loss，表示物质将电磁能转换为热能的效率）、比热容和形状等。

微波场中介质的加热主要取决于物质在特定频率和温度下将电磁能转化为热能的能力 [可以用该物质的损耗因子 δ（dissipation factor）[3] 来衡量] 及穿透深度。

$$\tan\delta = \varepsilon''/\varepsilon' \tag{6-1}$$

穿透深度常用给定频率下从介质表面到内部功率衰减到 1/e 时离截面的距离来表示[4]。

$$D_p \approx \lambda_0\varepsilon'/(2\pi\varepsilon'') = \lambda_0/(2\pi\tan\delta) \tag{6-2}$$

式中，λ_0 是微波辐射的波长。

由式(6-2) 可见，介质的耗散因子越大，一定频率下介质的穿透深度越小，对反射微波材料（如金属等）的穿透深度为零。

传统的加热方式中，容器壁大多由热的不良导体做成，热由器壁传导到溶液内部需要时间。另外，因液体表面的汽化，对流传热形成内外的温度梯度，仅一小部分液体与外界温度相当。相反，微波加热是一个内部加热过程，它不同于普通的外加热方式将热量由物料外部传递到内部，而是同时直接作用于介质分子，使整个物料同时被加热，此即所谓的"体积加热"过程。因此，升温速度快，溶液很快沸腾，并易出现局部过热现象。

微波辅助萃取技术就是利用微波加热的特性来对物料中目标成分进行选择性萃取的方法。通过调节微波加热的参数，可有效加热目标成分，以利于目标成分的萃取与分离。它的许多优点可以取代目前许多既耗能源、费时间、造成环境污染又无法进行最有效萃取的技术，可以说是一项符合"可持续发展"对环境友好的前瞻性"绿色技术"。

第二节　微波消解和微波辅助萃取装置

近几十年来，分析仪器有了很大的发展，而作为分析样品的第一步，也是最重要的一步——样品前处理，仍然处在缓慢的发展时期，快速、高效、安全的样品前处理方式始终没有出现。等离子体（ICP）技术的出现使得多种元素的同时测定成为可能，发展省时、高效的样品前处理方法也因此而延迟。自 1975 年

Abu-Samra[5]和 1978 年 Barrett[6]将微波消解方法应用到生物样品前处理中以后，样品前处理方法才有了质的飞跃，分析时间极大缩短，微波消解装置也有了很大改进。

一、微波消解和微波萃取容器

微波消解和微波萃取所用的容器大部分为绝缘体材料，如玻璃、聚四氟乙烯（PTFE）、全氟代烷氧乙烯（Teflon PFA）等。这些材料吸收微波的能力如前所述用 tgδ 表示。表 6-1 列出了一些材料的 tgδ，由表可知，它们均有较低的 tgδ，能快速穿透微波而基本上不吸收。在选择样品容器材料时，除了考虑吸收微波的大小，还要考虑材料的化学和热稳定性以及机械强度和加工等问题，表 6-2 列出了一些容器材料的性能。比较表 6-1 和表 6-2 可知，PTFE 和 Teflon PFA 是比较理想的容器材料，它们都具有耐化学腐蚀、易于加工成型、不吸收微波、热导性差等优点。Teflon 的优点在于避免了使用 Pyrex 玻璃容器时出现的酸的过热现象[7]；其缺点在于容积都比较大，用于多个样品的同时消解时多个容器的同时使用使得费用太高[8]。聚碳酸酯容器是研究人员早期用于微波消解的容器，其内壁很容易附着棕色和黄色的沉积物而变得透明、易脆，故后期没有被广泛采用[9]。

表 6-1　不同材料的 tgδ[①][3]

材料名称	测量温度/℃	tgδ × 10⁴
水	25	1570.0
熔凝硅石	25	0.6
F-66 陶瓷	25	5.5
4462 号陶瓷	25	11.0
磷酸盐玻璃	25	46.0
硼酸盐玻璃	25	10.6
0080 号麻粒玻璃	25	126.0
耐热有机玻璃	27	57.0
尼龙 66	25	128.0
聚氯乙烯	20	55.0
聚乙烯	25	3.1
聚苯乙烯	25	3.3
Teflon PFA	25	1.5
PTFE	25	1.5

① 3000MHz 下测量。

表 6-2　一些容器材料的性能[3]

材 料 名 称	最高工作温度/℃	对以下试剂抗化学腐蚀能力差
硼硅玻璃	600	氢氟酸、浓磷酸、氢氧化钠(钾)溶液
高硅玻璃	900	氢氟酸、浓磷酸、氢氧化钠(钾)溶液
石英	1100	氢氟酸、浓磷酸、氢氧化钠(钾)溶液
铂	1500	王水
玻璃碳	600	无
聚乙烯	80	有机溶剂、浓硝酸、浓硫酸
聚丙烯	130	有机溶剂、浓硝酸、浓硫酸、氢氧化钠(钾)溶液
Teflon PFA	306	无
PTFE	250	无

　　微波消解和微波萃取容器有两种，即敞口容器和密闭容器。

　　敞口容器主要有锥形瓶、硅硼玻璃容器和 PTFE 容器。在敞口微波消解和萃取装置中，样品的消解和萃取是在常压下进行的，消解和萃取的最高温度是由所用酸和萃取溶剂的沸点决定的。由于敞口消解和萃取一般是在聚焦微波系统中进行，样品的加热均一而且高效。最常用的敞口聚焦微波系统是 Prolabo 公司生产的 Soxwave 100 微波系统，功率为 200W。为了避免加热过程中溶质的损失，一般在敞口微波消解和萃取容器上加回流装置[10]。敞口消解容器的不足在于在加热过程中酸的挥发会导致装置的腐蚀，所消解的样品也可能会受到环境污染，同时每次只能处理一个样品。在有机金属化合物形态分析的样品前处理中，高功率的微波萃取条件易于将有机金属化合物完全氧化成其无机离子的最高价态，故一般采用敞口聚焦微波消解方式，在低功率条件下对样品进行比较温和的萃取[11]。

　　高压密闭微波消解和微波萃取容器自 1984 年推出，它将微波消解和微波萃取技术推进了一大步，它所具有的独特优势远远超出了它可能带来的危害，如爆炸等[12]。密闭消解和萃取容器主要为 PTFE 或 Teflon PFA 容器。由于在密闭系统中，没有溶剂的挥发，所以溶剂的消耗量较少。对于易挥发化合物的分析最好在密闭微波装置中进行，萃取溶剂可以被加热到常压下的沸点以上，从而有效地提高萃取速率和萃取效率，对化合物的萃取进行得非常彻底。密闭消解和萃取系统的优点还在于可以通过控制萃取的温度来控制萃取过程，而且可以同时处理多个样品，减少了总的萃取时间。如 CEM 公司生产的 MES 1000 密闭消解和萃取系统能同时处理 12 个样品，消解和萃取过程中对每个萃取容器进行温度和压力监测。由于炉腔内电场的不均一性，消解和萃取容器放置在旋转装置上加热，这与家用微波炉相同。目前，密闭消解和萃取系统所存在的最大不足是安全性较差，在消解和萃取过程中产生的高压可能会导致消解容器的爆炸[13]；而且消解和萃取容器内温度升高较快，可能会引起挥发性高的化合物的损失。

二、微波炉

目前广泛使用的微波消解和微波萃取系统有家用微波炉和专用微波炉两种。

家用微波炉造价比较低廉，稍加改造后也可用于样品的微波消解和萃取。由于炉腔内电磁场的不均一性，其底座一般都加入了旋转装置。在元素总量分析中，样品消解过程中产生的酸雾会造成微波炉的电子系统和磁控管的损坏。为避免酸雾对磁控管的损坏，研究人员在消解过程中向微波炉内通入压缩空气[9]，但代价比较昂贵。另有研究人员在微波炉腔内放置带盖的硼硅玻璃盒子[10]、硼硅玻璃直角缸[6]、陶瓷器皿[14]或塑料容器[15~17]等耐酸性器皿，在器皿内部再放置消解容器，消解过程中产生的酸雾通过与耐酸器皿相连的泵由 PTFE 管排出炉腔。在微波炉内壁涂渍合成的带有 Teflon 颗粒的涡轮润滑油进行喷雾，每周进行一次涂渍[10]，也可达到同样作用。在微波炉内腔的角落放置盛水的玻璃烧杯，可以避免未被吸收的辐射反射回磁电管[18]。

改造后的家用微波炉可同时测定 25 个样品[10]，大大提高了消解的速率，但应定期用微波测量计检查微波泄漏情况[10]，保证泄漏的微波对人体无害。微波泄漏的安全标准定义为：距炉体[19]、消解管或电缆[3]5cm 处的最小微波辐射泄漏值为 $1mW \cdot cm^{-2}$，炉腔内没有酸雾，消解容器的最高工作温度和工作压力为 230℃和 125psi[20]（1psi＝6894.76Pa）。

家用微波炉的缺点在于消解功率较大，不同隔挡之间功率差别较大，难以精确控制微波消解的合适功率，而且在样品消解过程中产生的酸雾对微波炉的电子系统有很大的损伤。

实验室专用的微波系统，具有大流量的排风和炉腔氟塑料涂层，可以防止酸雾腐蚀设备。商品化的微波炉及其主要的性能列于表 6-3。

表 6-3　商品化的微波消解系统[21]

型号/制造商	最大功率/W	传感器	消解容器的材料	消解容器的体积/mL	消解容器的数目	最大压力/bar	最高温度/℃	参考文献
MES 1000/CEM, UK	1000	通过光纤维温度探针监测温度,通过内置的压力控制系统监测压力	PTFE Teflon PFA	100	12 12	200psi 200psi	200℃	22
MDS 2000/CEM,USA	950	通过荧光温度探针监测温度,通过内置的压力控制系统监测压力	Teflon PFA	110	12	175psi	200	23
MES 1000/CEM,USA	950	温度或压力控制	PTFE		12			24

续表

型号/制造商	最大功率/W	传感器	消解容器的材料	消解容器的体积/mL	消解容器的数目	最大压力/bar	最高温度/℃	参考文献
Multiwave/Anton Parr Gmbh, Austria	1000	对每个容器进行压力控制和红外温度测量	TFM/陶瓷 TFM/陶瓷 TFM/陶瓷 石英 石英	100 100 50 50 20	12 6 6 6 6	70 70 130 130 130	230 260 260 300 300	
MARS-5/CEM，USA	1500	红外温度测量	TFM TFM	100 100	14 12	35 100	300 300	
Ethos 900/1600， Milestone, USA	1600	对每个容器进行压力和温度控制	TFM 或 PFA TFM TFM 或 PFA TFM	120 120 120 120	10 6 12 10	30 100 30 100	240 280 240 280	
Model 7195/O.I.Corp., USA	950		TFM TFM	90 90	12 12	13 40	200 200	
Soxwave 100/3.6, Prolabo, France	300	温度控制	石英 石英	250 250 或 100	1 6	敞口容器	敞口容器	
MK-1，新科微波技术应用研究所，上海	600	通过光纤维探针进行压力控制	PTFE	60	9	4MPa		25

注：1bar=10⁵Pa。

三、连续流动微波消解系统

为了减少样品的污染和损失，一些研究小组对家用微波炉进行改造，在线消解样品后直接进入检测器。1986 年，Burguera 等首次将流动注射（FI）原子吸收分析（AAS）与微波消解（MD）在线联用技术引入来测定生物组织中的金属元素[26]，实验装置如图 6-1 所示。Burguera 所采用的在线微波消解是在家用微波炉炉体的后部打两个圆孔，分别导入和导出消解管。所要消解的样品溶液必须先经过研磨至一定粒度，然后与酸混合成为匀浆（slurry）进样，样品溶液在微波炉内流动时在微波的作用下与酸相互作用达到消解目的。样品溶液颗粒的大小必须小于微波消解管内径的一半，否则会使系统堵塞。在线微波消解之后加上冰捕获和气体捕获装置，可以使消解过程中产生的蒸气冷凝并脱除消解过程中产生的气体[27]。此外，为避免在消解过程中产生过多的泡沫，可以加入两滴异戊醇[28]或两滴 2-乙基-1-己醇[29]。1993 年，美国 CEM 公司生产的商品化的连续微波消解仪 Spectro prep 问世，其流程图如图 6-2 所示。样品溶液充满定量环后，在载流的携带下流经微波炉，消解后的样品溶液经冷却后，若有固体颗粒物，可经过滤器除去，而后将样品溶液收集待测。连续流动微波消解的优点在于样品溶液可以直接连续导入微波炉，所以更换样品溶液十分方便，可进行自动化操作；样品溶液经消解管流经微波炉而不用消解罐。消解管可以是聚四氟乙烯（PTFE）管、全氟代烷氧乙烯（Teflon PFA）管或硼硅玻璃管，内径大部分为0.5~1.0mm，长为几十厘米到几十米。连续流动微波萃取系统与连续流动微波消解系统相类似，是一种正在研究发展中的方法。

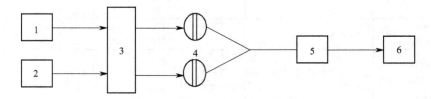

图 6-1　流动注射-原子吸收分析与微波消解在线联用流程图

1—载流溶液；2—样品溶液；3—蠕动泵；4—注射阀；5—微波炉；6—原子吸收分光光度计

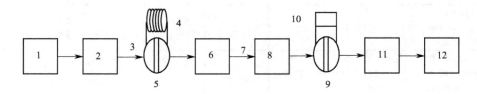

图 6-2　Spectro prep 系统流程图

1—载流溶液；2—泵；3—压力传感器；4—样品定量环；5—注射阀；6—微波炉；7—温度传感器；
8—冷却装置；9—清洗阀；10—过滤装置；11—压力调节器；12—消解液收集装置

四、液相色谱柱后在线微波消解系统

由于微波消解的快速有效性，它作为一种新的消解氧化方式与紫外灯照射柱后氧化和化学氧化法并存。与连续流动微波消解系统不同，此装置是将色谱柱流出液中的有机金属化合物在微波能和氧化剂的共同作用下氧化成无机离子，而后检测，采用的是液体样品进样。梁立娜等[30]采用高效液相色谱分离-柱后微波消解-原子荧光光谱法对甲基汞、乙基汞、苯基汞和无机汞进行了形态分析，实验装置如图 6-3 所示。四种汞化合物在高效液相色谱柱上分离后，顺序流入微波消解管，在消解管中与过硫酸钾混合并反应生成二价无机汞离子，经冷却后与硼氢化钾反应，生成的汞蒸气进入原子荧光检测器检测。Gómez-Ariza 等[31]采用高效液相色谱分离-微波消解-氢化物发生-原子荧光光谱法检测的方法对酵母中硒代半胱氨酸、硒代蛋氨酸、硒代乙硫氨酸、硒酸盐和亚硒酸盐进行了形态分析。高效液相色谱柱后在线微波消解系统是一种逐渐成熟的操作系统，有商品化的趋势。

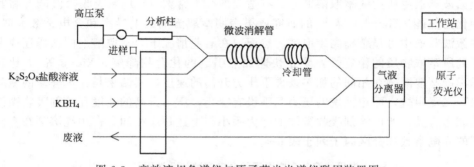

图 6-3　高效液相色谱仪与原子荧光光谱仪联用装置图

第三节　影响微波消解和微波萃取的因素

微波消解和微波萃取的效率受多种因素的影响。采用微波消解和微波萃取的方法处理样品时，要同时考虑到样品的种类、萃取溶剂、萃取温度、微波消解和萃取的功率和时间等多种因素的影响。

一、消解和萃取溶剂的影响

在元素总量分析中，一般是利用强酸（盐酸、硝酸、硫酸和王水）或强氧化剂如双氧水、酸性溴化钾-溴酸钾作消解介质对待测样品进行消解。而在有机金属化合物的形态分析中，为了避免酸对化合物的破坏作用，一般是采用较稀的酸和有机溶剂（异辛烷、苯、丙酮和甲醇）进行萃取。

在线消解全血样品时，选择稀盐酸和稀硝酸作萃取溶剂。酸的浓度稍高，在消解管内会产生大量的泡沫，影响液体在管内的流动方式，会降低分析的重复性[26]。在消解生物组织如肾、肝脏[32]、鱼[14, 33]以及污水淤泥[27, 29]时，只用硝酸就足以将目标分析物萃取出来。但在萃取鱼组织中的硒时，只用硝酸不能将其定量萃取，只有加入双氧水和硫酸后才能将硒定量萃取出来，可能的原因在于双氧水和硫酸的加入使酸混合物具有较高的沸点和较强的氧化能力，而且硒化合物易挥发，在氧化条件下，能将硒化合物最大程度地保存在酸混合物中[15]。一般情况下，萃取样品基体中的硒不采用盐酸作萃取溶剂，因为硒在盐酸介质中易挥发。

在分析特定的元素如钙和硫时，应避免使用硫酸，以防生成难溶的硫酸钙和硫元素测定的不准确性[10]。在某些情况下，萃取溶剂的体积影响萃取效率。如沉积物中甲基汞的萃取效率与萃取溶剂中盐酸的体积有关[34]。

利用微波辅助萃取技术处理样品时所选择的萃取溶剂一般情况下和传统的萃

取方法选择的萃取溶剂相同,"相似相溶"的原理在微波辅助萃取中仍然适用。但微波萃取中所用的萃取溶剂应具有适当的介电常数(ε')来吸收微波能并将其转化为热能。Ganzler 等[35]的研究成果表明萃取溶剂的电导率和介电常数大时,在微波萃取中可显著提高萃取率。然而,在有些情况下,萃取溶剂的选择还应考虑到所萃取物质的稳定性,防止快速加热引起的化合物降解。Xiong 等[36]比较了不同萃取溶剂在相同的加热条件下压力升高的速度,其结果是:甲醇>丙酮>水≫二氯甲烷,而正己烷的压力几乎没有变化,压力升高的速度和溶剂吸收微波的能力有关,所以溶剂吸收微波的能力大小与上述顺序相同。常用纯溶剂在室温下的介电常数和分散因子列于表 6-4。

表 6-4　常用纯溶剂在室温下的介电常数和分散因子 (tanδ)[37]

溶剂	介电常数	tanδ(2.45GHz)	溶剂	介电常数	tanδ(2.45GHz)
二氯甲烷	9.1	0.042	水	80	0.12
丙酮	21	0.054	乙酸	6.1	0.17
乙基乙酸	6.0	0.059	甲醇	33	0.66
乙腈	38	0.062	乙醇	24	0.94
氯仿	4.8	0.091	乙烯基甘油	38	1.17

二、消解和萃取温度的影响

消解和萃取温度是保证萃取效率的重要因素,高的消解和萃取温度通常情况下会提高萃取效率。例如,密闭系统中多环芳烃类化合物在室温下的萃取效率只有 52%,在 115℃的萃取效率可达到 75%[23];酚类化合物在 130℃萃取能得到较好的回收率[38];而三嗪类化合物在密闭系统中的温度达到 80~120℃时可得到较好的回收率[39]。但高的萃取温度可能会使多种化合物同时萃取出来,降低萃取的选择性,对待测化合物造成干扰,所以萃取温度的选择应同时兼顾高的萃取效率和高的萃取选择性。提高萃取温度可能还会导致所萃取的化合物降解,例如,有机氯杀虫剂二氯萘醌在 115℃降解[40]。一般来说,萃取温度的设置应在萃取溶剂的沸点附近以使萃取溶剂充分搅动起来增大萃取效率[41]。

在敞口微波装置中,消解和萃取的温度是根据所选择的酸和有机溶剂的种类决定的。难消解的样品一般加入高沸点强氧化性的酸如硫酸使样品彻底消解。

在密闭微波装置中,消解和萃取温度可由温度传感器得到,通过与温度传感器相连的计算机可以设置消解的温度。1986 年,Kingston 和 Jassie[42]提出了密闭系统中微波消解功率-消解时间-消解温度-样品质量之间的关系式,可以估算消解容器内的温度。

$$P = \frac{KC_p m \Delta T}{t}$$

式中，P 为样品的吸收功率，W；$K = 4.184\mathrm{J} \cdot \mathrm{cal}^{-1}$；$C_p$ 为试剂的比热容，$\mathrm{cal} \cdot \mathrm{g}^{-1} \cdot ℃^{-1}$；$m$ 为样品的质量，g；ΔT 为微波加热的最终温度与初始温度之差，℃；t 为消解时间，s。这一关系式的提出对设计微波消解样品的方案有很大的指导作用。元素总量的测定可以在密闭系统中采用较高的温度加速消解过程，但有机金属化合物的形态分析和易挥发化合物的分析必须严格控制微波消解的温度，以保持化合物的初始形态，提高萃取回收率。

三、消解和萃取功率及时间的影响

在密闭微波装置中，萃取功率的选择应与所萃取的样品的数目有关，因为大部分的密闭微波装置可同时处理 12 个样品。研究发现，在密闭微波装置中，微波功率和微波辐射时间的增加会导致多环芳烃类化合物（PAHs）的萃取效率降低，其原因在于微波功率和微波辐射时间的增加会导致密闭容器中的温度升高，从而导致 PAHs 的热降解[43]。在敞口微波装置中，将萃取功率从 30W 提高到 90W 对二氯甲烷萃取土壤和沉积物中的多环芳烃类化合物不会提高萃取效率[44]；而萃取污泥沉积物中的多氯联苯类化合物时也发现了同样的现象[45]。

研究发现，在萃取功率足够高的情况下，萃取时间对萃取效果的影响不大[29]。所以选择较高的萃取功率在尽可能短的时间内将待测样品消解完全，可以防止因消解时间过长引起的消解容器内的压力升高，避免可能发生的爆炸危险。对于有机金属化合物的形态分析，应在不破坏化合物初始形态的条件下选择萃取功率和萃取时间。对于难萃取的样品，循环多次进行微波辐射可将化合物定量地萃取出来，且不破坏化合物的存在形态。对于不同的元素，萃取功率也会有不同的影响。例如，镁的萃取与萃取功率无关，而铁的萃取与萃取功率密切相关[16]。

四、样品基体的影响

水具有较高的介电常数，能强烈吸收微波而使样品快速加热，所以样品中水的存在在某种程度上能促进微波萃取的进程。例如，异辛烷只能吸收少量微波，但水的存在能促进样品吸收微波[46]；甲苯定量萃取沉积物中的含氯杀虫剂也必须在 10％水的存在下进行[47]；用甲醇和丙酮-正己烷萃取土壤中的三嗪类化合物时，土壤的湿度对回收率没有影响，但用二氯甲烷萃取时，土壤中水的存在能极大地提高回收率[36]。Letellier 和 Budzinski 的研究表明[48]，样品基体的湿度对多环芳烃回收率的影响与样品基体的组成和样品颗粒的大小有关：对于大颗粒样品，水的加入可提高多环芳烃的回收率；对于极细颗粒的样品，水的加入对其回收率没有影响。

此外，样品中存在的能够吸收微波的物质，如含铁物质或木炭会发弧光对萃取造成干扰。

样品颗粒的大小对消解程度也有很大影响。样品颗粒越小，消解效率越高。为使样品具有代表性，通常情况下，样品颗粒一般小于 150 目[49]。

在元素定量分析中，元素的萃取回收率与样品的种类有很大关系。在消解果树叶子时，铁的回收率较低归因于叶子中硅锰矿的存在；而钡的低回收率则与叶子中的含硫化合物有很大关系，含硫化合物转变成硫酸盐进而使钡沉淀[20]。

第四节　微波技术在环境样品和生物样品前处理中的应用

微波技术所具有的独特优势使其在样品的前处理中迅速发展起来。早期的微波消解技术主要用于元素总量分析的样品前处理，之后陆续应用于持久性有机污染物和有机金属化合物的形态分析的微波消解样品前处理技术也逐步发展起来。

一、微波消解用于元素总量分析的样品前处理

微波消解的最早应用是生物样品中元素总量的分析。与传统的样品前处理技术相比，微波消解技术的应用大大减少了操作步骤，将样品前处理的时间由原来的几个小时甚至十几个小时缩短到几分钟到十几分钟，提高了样品的回收率，节省了试剂并减少了对环境造成的污染。尤其对组成复杂的样品基体，前处理时间的极大缩短节省了人力物力，使工作效率极大提高。微波消解在元素总量分析中的应用如表 6-5 所示。

（一）环境样品

1. 水

水的基体比较简单，在微波消解的条件下用酸性溴化钾-溴酸钾[50]或过硫酸盐[51]在很短的时间内就可以将基体中各种形态的元素（如砷、汞、铅、锡和铋等元素）消解氧化成其无机离子的最高价态，而后进入原子吸收检测器检测。

2. 土壤和沉积物

土壤和沉积物中人们所关心的是有毒元素的测定，如汞、砷、铅、镉等。土壤中有机物的含量和土壤的酸碱度对土壤中元素的存在形态有很大影响。Barra 等[54]研究了碱性大且有机物含量低的土壤，发现无机砷在总砷中占很大比例。无机砷仅在盐酸和碘化钾的存在下就能萃取出来，而有机砷则必须在浓硝酸存在的情况下才能萃取出来。对于硅酸盐含量高的土壤，在消解时最好加入 HF 进行。然而，Marin 等[55]的研究表明，对于钙化的土壤，在消解过程中加入 HF 会导致 Al 的回收率极低（<5%），而 Co 的回收率偏高（>124%）。Al 回收率

表 6-5　微波消解技术在元素总量分析样品前处理中的应用

待测元素	样品基体	消解条件	消解装置	消解容器	进样方式	测定方法	参考文献
Hg	水和尿	酸性 KBr-KBrO₃,75W,95s	Maxidigest MX 350 微波炉,通过 TX 31 Maxidigest 进行程序控制	PTFE 管,10.2m × 1.07mm	On-line	FI-CVAAS	46
Hg	土壤	HNO₃+HCl,消解功率逐级升高,共需 15min	MDS-81 型实验室用微波炉 600W,CEM,NC	密闭特制 Teflon 器皿,120mL,同时处理 12 个样品	Off-line	CVAAS	52
Hg	土壤和沉积物	浓 HNO₃,107.8W,5min	JES65T 通用型家用微波炉(未改造),600W,1200psi,250℃	密闭 PTFE 杯,同时处理两个样品	Off-line	LEAFS-ETA	17
As	土壤	10%盐酸和 0.05g·L⁻¹Triton-X 100,10%功率	MDS-81 型实验室用微波炉 600W,CEM,NC	Teflon 消解管,4m × 0.7mm	On-line	FI-HGAAS	53
As	土壤和沉积物	3mL HNO₃ + HCl(1：3),350W,3min;2mL HNO₃ + HCl(1：3),490W,3min;1mL 300g·L⁻¹ H₂O₂,490W,3min	FM 1535E Moulinex 家用微波炉,700W	密闭 PTFE 容器,60mL	Off-line	HG-AFS	54
Hg	泥浆样品	0.5%溴化钾和-0.14%溴酸钾溶液,20W	Microdigest 301 回流聚焦微波系统,Prolabo,Paris,France,200W	PTFE 盘管,1.0m × 0.8mm(i.d.)	On-line	CVAFS	56
Hg	环境样品	HNO₃ + H₂O₂,20%功率消解 5min	MDS™-2000 型微波,630W,CEM	Teflon 容器	On-line	FI-CVAAS	57
多种元素	海底沉积物	HNO₃ + HCl(3：1),720W,20min	ER-885BTC 型家用微波炉 Toshiba	密闭 PFA 容器	Off-line	ICP-AES,GFAAS	58

209

续表

待测元素	样品基体	消解条件	消解装置	消解容器	进样方式	测定方法	参考文献
Pb	污水淤泥	浓 HNO₃,650W,5min	Balay Bahm-100 型家用微波炉,650W(未改造)	PTFE 管,100cm	On-line	FI-FAAS	27
Cd, Mn,Pb, Cu,Fe,Zn	污水淤泥	HNO₃,520W,3min	Balay Bahm-100 型家用微波炉,650W(未改造)	具塞 Pyrex 玻璃反应器	Off-line	FAAS	29
As,Sb, Se,Hg	油料废弃物	HNO₃+H₂SO₄(1:3),消解功率逐级升高,共需23min	MLS-1200 型微波系统,Milestone,Mandell	Milestone 高压容器(HPV 80,某种聚合体衍生物,专利),350℃	Off-line	HGAAS CVAAS	59
P,Ca, Mg,K,S	蔬菜组织	硝酸和高氯酸(10:4),选择不同功率消解,共需 15~20min	EM-840 型家用微波炉,Sanyo,750W,在一侧打孔,每次可同时消解 25 个样品	敞口 Teflon FEP 瓶子	Off-line	ICP-AES	10
多种元素	植物样品	硝酸和双氧水,540W,30min	MDS-81 型实验室用微波炉,600W,CEM,同时处理 12 个样品	Kohlrausch 容量瓶,100mL	Off-line	ICAP-ES	60
Hg	眼部化妆品	HNO₃+H₂O₂+H₂SO₄(1:1:3),170W,45min	Microdigest 301 聚焦微波系统,Prolabo,Paris,France,200W	仪器自带的微波消解器,敞口消解	Off-line	FI-CVAFS	61
Mn , Zn	牛奶	硝酸,15min	MDS-2000 型实验室用微波炉,CEM,650W,能同时监测消解的温度和压力	实验室自制密闭 PTFE 容器,125mL	Off-line	GFAAS	62
Se	酵母	1%过硫酸钾(1% NaOH),90W	Microdigest M 301 聚焦微波系统,Prolabo	PTFE 管,1.5m×0.5mm	On-line	HG-AAS	63
Cu, Zn, Fe	全血	0.3mol·L⁻¹ HCl+0.4mol·L⁻¹ HNO₃,700W,少于25s	NE-7660/6660 型家用微波炉,Panasonic,700W	Pyrex 盘管,50cm×0.5mm	On-line	FI-AAS	26
Hg	人发	5mL 硝酸消解 15min,冷却后加入 1mL 双氧水消解 15min,30%功率	RMS 150 密闭微波消解系统,Floyd	密闭 PTFE 容器	Off-line	CV-AFS	64
Se, Bi, As, Sb	人发	5mL 盐酸消解 15min,冷却后,分两步各加入 1mL 双氧水消解 15min,40%功率	RMS 150 密闭微波消解系统,Floyd	密闭 PTFE 容器	Off-line	HG-AFS	64

续表

待测元素	样品基体	消解条件	消解装置	消解容器	进样方式	测定方法	参考文献
Zn, Cd	人的肾和肝脏	$10mol \cdot L^{-1}$ HNO_3,200W,8min	NE-7660/6660型家用微波炉,Panasonic,700W	玻璃试管,同时处理6个样品	On-line	FI-AAS	32
多种元素	环境和生物样品	王水和氢氟酸,选择不同功率消解,共需25~30min	MDS-81型实验室用微波炉,600W,CEM,NC	密闭PTFE容器,125mL,同时处理6个样品	Off-line	ICP-AES GFAAS	65
Hg	鱼	浓HNO_3,600W,90s	Moulinex FM-460微波炉,600W	密闭PTFE容器,Par,4782型	Off-line	CVAAS	33
Hg, Se	鱼组织	浓HNO_3,消解功率逐级升高,共需20min	R-9H10型家用微波炉,Sharp	带盖PTFE器皿	Off-line	AAS	14
Ca, Fe, Mg, Zn	生物样品	5%(体积分数)HNO_3,1~2min	MDS-81型实验室用微波炉,600W,CEM,NC	PTFE管,20m×0.8mm	On-line	FI-FAAS	66
Cu, Fe, Mg	匀浆的肝脏样品	HNO_3+HCl,750W,1min	Moulinex 2535型家用微波炉	密闭Teflon容器	Off-line	FAAS	16
多种元素	生物样品	HNO_3,$HClO_4$和双氧水,200℃,3min	改造后的Montgomery Ward Signature微波炉,600W	锥形瓶,125mL	Off-line	FAAS	5
Hg	人的牙齿和鱼	$HNO_3+H_2SO_4+HClO_4$,600W,少于10min	微波炉(未详细描述)	ASV cell, Pyrex检测管	Off-line	CVAAS	6
Cd, Cr, Pb, Cu, Fe, Zn	生物样品	$HNO_3+H_2SO_4$(1:1),700W,60s	700W微波炉	Teflon PFA容器	Off-line	FAAS	67
多种元素	植物和生物标准样品	王水,720W,2min	EXR-1690C型微波炉,Toshiba	Teflon PFA 盘管,4.2m×4.0mm	停留进样	ICP-AES	20

续表

待测元素	样品基体	消解条件	消解装置	消解容器	进样方式	测定方法	参考文献
Hg	鱼	敞口消解：HNO₃ + H₂SO₄ + 30% H₂O₂，50W，20min；密闭消解：HNO₃，采用不同功率消解，共需14min	敞口聚焦微波系统：Microdigest A 301,200W 密闭聚焦微波系统：Superdigest,300W 均为Prolabo公司研制	消解管带回流装置 密闭石英管，40bar	Off-line	CVAAS	13
Pb, Cu, Mn, Zn	蔬菜、食品和污水淤泥	浓 HNO₃ + 30%（体积分数）H₂O₂(1∶1)，650W，5s	Balay Bahm-100 型家用微波炉（未改造），650W	Teflon 消解管，1m × 0.8mm	On-line	FAAS	68
Se	鱼组织	分三步加热：5mL（HNO₃ + H₂SO₄）(1∶3)，330W,6min；0.2mL H₂O₂,450W,4min；0.2mL H₂O₂,600W,4min	Delonghi MW-155 家用微波炉（未改造），Italy,600W	密闭 PTFE 消解容器	Off-line	DPP HGAAS	15
多种元素	羊毛	0.2~0.4g样品,加入3mL HNO₃和2mL H₂O₂,分三步加热：130℃,8min;155℃,5min;170℃,12min	MWS 密闭微波系统,260℃	密闭消解容器	Off-line	ICP-OES FAAS	70
Pt	血浆	20μL血浆,加入0.9mL浓盐酸、0.3mL 浓 HNO₃ 和 8mL 50g·L⁻¹ H₂O₂,分多步加热：1min,250W；3min,0W；6min,250W；2min,400W;1min,600W	MLS-1200 MEGA 型微波系统,Milestone	石英容器	Off-line	ICP-MS	72

低的原因是由于 Al-F 络合物的生成和/或 Al 包含在了 Ca-F 络合物中。Co 回收率高的原因是 F 对 Co 的发射谱线有干扰（ICP-AES 测定）。

（二）生物样品

1. 植物

对纤维含量高的样品如木材、根茎和树皮等，需要多程序逐步消解；而海藻和树叶等样品一步即可消解完全[10]。

2. 血样

由于血样为液体样品，比较容易实现在线微波消解，消解过程中容易出现的问题在于消解管内大量气泡的生成。选择稀盐酸和稀硝酸作萃取溶剂，在将元素全部消解氧化的同时又避免了酸的浓度较高时消解管内大量泡沫的产生[26]。消解管内生成的大量泡沫会严重影响液体在管内的流动方式，重复性差，甚至使液体处于滞留状态。

3. 动物

生物样品在消解过程中易生成气态的降解产物。Mayer 等[69]建议在样品进入微波消解之前，先在室温下消解，然后放入 90℃水浴中加热 2h。动物样品中脂肪的含量很高，所以在微波消解时首先应考虑将脂肪消解。Wei 等[15]建议先在低功率微波条件下对样品进行消解，而后增大功率消解，样品的最后消解液中含有少量脂肪但不会影响测定。Aydin 等[70]比较了湿法消解、灰化和微波消解技术消解羊毛以测定其中的化学元素含量。研究发现，微波消解技术具有明显优势，消解时间更短，对羊毛的消解更彻底，且不同批次处理的重复性最佳。

二、微波萃取用于有机金属化合物形态分析的样品前处理

在密闭微波消解装置中用浓的强酸介质处理样品，样品会完全氧化消解，各元素均以无机离子的最高或较高价态形态存在，样品中的有机金属化合物如硒代胱氨酸、一甲基胂酸、二甲基胂酸、丁基锡、苯基锡、甲基汞等均被消解氧化成其无机离子的最高价态，故不能用于样品中有机金属化合物各存在形态的测定。研究人员采用敞口聚焦微波消解装置或密闭低功率微波消解装置，并加入稀酸/有机溶剂或碱溶液对样品进行萃取，在比较温和的状态下反应，可以有效地将有机金属化合物萃取出来并保持其最初的形态。微波辅助萃取在有机金属化合物形态分析样品前处理中的应用如表 6-6 所示。

（一）有机锡化合物

Szpunar[90]综述了低功率聚焦微波消解技术在有机锡化合物萃取中的应用。利用聚焦微波消解技术，可将萃取时间从 24h 缩短至 3～5min。传统的萃取沉积

表6-6 微波辅助萃取技术在有机金属化合物形态分析样品前处理中的应用

测定形态	样品基体	萃取条件	消解装置	消解容器	分离方法	测定方法	参考文献
一丁基锡,二丁基锡,三丁基锡、一苯基锡,二苯基锡和三苯基锡	沉积物	10mL 0.5mol·L⁻¹醋酸(溶于甲醇),70W,3min	A 301型聚焦微波系统,Prolabo	圆底敞口硅硼玻璃消解容器,50mL	GC	FPD	71
丁基锡	沉积物 生物样品	50%醋酸,60W,3min 25% TMAH,60W,3min	Microdigest A 301型聚焦微波系统,200W,Prolabo	敞口硅硼玻璃容器,50mL,带冷凝器	GC	MIP-AES	73
一丁基锡,二丁基锡、三丁基锡和三苯基锡	生物样品	5mL浓醋酸,1mL正烷,3mL 20g·L⁻¹四乙基硼化钠,40W,2min	Microdigest A 301型聚焦微波系统,200 W,Prolabo	Pyrex萃取管,25mL	GC	FPD	74
砷甜菜碱(AsB)、一甲基胂酸(MMAA)、二甲基胂酸(DMAA)和无机砷	生物样品	5%过硫酸钾(溶于3.4%氢氧化钠),50W,23s	Microdigest 301型聚焦微波系统,200W,Prolabo	PTFE管,9m×0.5mm	HPLC	HG-AAS	75
DMAA、MMAA, As(Ⅲ)、As(Ⅴ)、DMAA、MMAA, As(Ⅲ)、As(Ⅴ)、DMAA、MMAA	沉积物	15mL HNO₃-HCl(1:2),20W,12min; 0.3mol·L⁻¹(pH 1.3)或0.9mol·L⁻¹正磷酸,20W,10min; 0.3mol·L⁻¹草酸铵(pH 3)	MDS-81D微波萃取装置,CEM	PTFE罐	HPLC	ICP-MS	76
砷甜菜碱(AsB)	罐装加工海产品	10g·L⁻¹过硫酸钾25g·L⁻¹氢氧化钠,1100W,12s	Moulinex Super Crousty家用微波炉,1100W	PTFE管,1.6m×0.5mm	HPLC	HG-AAS	77
砷酸盐、亚砷酸盐、一甲基胂酸(MMAA)和二甲基胂酸(DMAA)	土壤和沉积物	50mL 1mol·L⁻¹磷酸,40W,20min	M301型敞口聚焦微波系统,Prolabo	敞口消解烧瓶	HPLC	ICP-MS	78

续表

测定形态	样品基体	萃取条件	消解装置	消解容器	分离方法	测定方法	参考文献
砷甜菜碱（AsB）	贻贝	甲醇-水(55:45)、40W、4min，总萃取效率达85%	A 301 型聚焦微波系统，200W，Prolabo	敞口玻璃容器，带回流装置	HPLC	ICP-MS	79
一甲基胂酸、二甲基胂酸、砷酸、三甲基胂氧化胂和砷甜菜碱	食用蘑菇	甲醇-水(10:90)、75W、8min，70℃，循环4次加热，萃取效率达68%~85%	Maxidigest MX 350 型聚焦微波萃取系统，300W，Prolabo	10mL 具塞离心管	HPLC	ICP-MS	80
砷甜菜碱（AsB）、一甲基胂酸（MMAA）、二甲基胂酸（DMAA）、砷酸盐、亚砷酸盐和砷胆碱（AsC）	鱼	甲醇-水(80:20)、65℃、4min，萃取效率达100%	MES 1000 微波萃取系统，CEM	Teflon PFA	HPLC	ICP-MS	41
一甲基胂酸（MMAA）	土壤和沉积物	10mL 10%(体积分数)盐酸-丙酮(1:1)、1000W功率(160℃,160psi)、15min	Questron Q-max 4000 型微波萃取装置，Mercerville, NJ, 1000W	密闭 PTFE 罐	HG-ICP/MS	81	
MMC	水系沉积物	4mL 6mol·L⁻¹盐酸和5mL苯，100%功率(120℃)萃取10min	MES-1000 密闭微波萃取装置，CEM	密闭 Teflon 萃取容器，同时处理12个样品	GC	ECD	34
MMC 和 MC	鱼	25% TMAH、20W、20min	Microdigest 301 型敞口聚焦微波系统，Prolabo	自设计的玻璃器皿	GC	MIP/AES	82
MMC	沉积物	10mL 2mol·L⁻¹盐酸、200W、40~60W、3~4min	Microdigest A 301 型敞口聚焦微波系统，200W，Prolabo	圆底敞口硅硼玻璃消解容器，50mL，带冷凝器	GC	CVAAS	83
MMC	鱼组织	0.4mL 6mol·L⁻¹盐酸和10mL苯、100℃萃取10min	MES 1000 微波萃取系统，CEM	密闭 Teflon PFA 消解容器	GC	ECD	84

续表

测定形态	样品基体	萃取条件	消解装置	消解容器	分离方法	测定方法	参考文献
MMC	鱼	25mL 5g·L⁻¹ L-半胱氨酸和 5g·L⁻¹ 2-巯基乙醇,60℃,2min	Star System 2 微波消解系统,CEM	Teflon 消解容器,250mL	HPLC	ICP-MS	85
MMC	生物样品	25% 氢氧化钾-甲醇溶液,80~90W,1min	MDS-81D 微波萃取装置,600W,CEM	具塞玻璃试管,22mL	HPLC	CVAFS	96
总汞,MMC 和 MC	鱼	0.5g 样品,加入 10mL 5mol·L⁻¹ 盐酸和 0.25mol·L⁻¹ 氯化钠溶液,60℃,10min	ETHOS-1 微波萃取系统,1500W,Milestone,Italy	Teflon PFA 消解容器	HPLC	ICP-MS	97
Se(Ⅳ)、Se(Ⅵ)	生物样品	硝酸和双氧水分三步消解,40~60W,20~40min	Microdigest 301 型敞口微波消解系统,200 W,Prolabo	敞口硅硼玻璃消解容器	微波消解后在线还原	FI-CSV	87
无机硒、硒代蛋氨酸、硒代氨基酸和硒代乙硫氨酸	人尿	HBr-KBrO₃,15% 功率消解约 1min	Microdigest M301 型聚焦微波系统,Prolabo	PTFE 管,4m×0.8mm(i.d.)	HPLC	FAAS ICP-MS ICP-AES	81
Se(Ⅳ)、Se(Ⅵ)	水溶液	6mol·L⁻¹ 盐酸,120W,2min	A 301 型聚焦微波系统,Prolabo	敞口硅硼玻璃消解容器,50mL,带回流冷凝器	不同的还原条件	HG/FI-ICP/MS	89
Se(Ⅳ)、Se(Ⅵ)、硒代蛋氨酸、硒代半胱氨酸和硒代乙硫氨酸	酵母	15mmol·L⁻¹ KBrO₃ 和 47% HBr,150W,总流速 2.8mL·min⁻¹	Moulinex CY-1 家用微波炉	PTFE 管,6m	HPLC	HG-AFS	31

物中有机锡化合物的前处理方法中，只有 3/10 的方法能将样品中 90％的三丁基锡萃取出来，而且没有任何一种方法能将一丁基锡准确重复地萃取出来[91]。利用超临界流体萃取的方法，不但设备昂贵，而且萃取时间需要 1h，一丁基锡和二丁基锡也不能定量萃取[92]。对于苯基锡化合物的萃取，文献中没有详细的报道。

1995 年，Donard[71]首次将微波消解技术用于有机金属化合物的样品前处理。在处理含有机锡化合物的沉积物时，Donard 发现样品的萃取效率与所萃取的有机锡的种类和萃取的介质有密切的关系。单取代有机锡化合物在异辛烷和人工海水中非常稳定，微波消解功率在 20～160W 之间对其萃取效率影响不大，可以采用较高功率在短时间内将单取代有机锡萃取出来。但萃取功率大于 160W后，单取代有机锡很快降解，而且单取代有机锡在其他溶剂中不稳定。双取代有机锡化合物的降解与萃取功率和萃取介质无关而且不明显，但在人工海水中容易降解。三取代有机锡化合物在异辛烷和甲醇中一般比较稳定，但在水和人工海水中与萃取效率成比例降解。此外，在微波消解沉积物萃取有机锡化合物时，萃取时间大于 10min 且萃取功率大于 100W 会导致有机锡化合物中 C—Sn 键的断裂，有机锡会降解成无机锡。除极性有机溶剂如异辛烷和甲醇外，酸介质的加入会提高沉积物中有机锡的回收率。但是酸的浓度高会导致二丁基锡和三丁基锡的降解，尤其是在盐酸介质中，所以一般采用醋酸介质。对于含有机物较多的沉积物，盐酸的加入会使单取代有机锡的回收率提高。微波消解的采用，使有机锡化合物的分析时间缩短为 1/100～1/20。

微波消解还能用于生物样品中有机锡化合物的萃取[90]。生物体内存在的有机锡以结合态（incorporate）形式存在，必须先将生物样品增溶，使有机锡化合物释放出来。采用四甲基氢氧化铵（TMAH）进行碱消解是常规的增溶方法。在微波辐射下，采用 20～60W 功率加热可将萃取时间从 1h 缩短至 3～5min。

（二）有机砷化合物

Claire 等[76]利用盐酸-硝酸、正磷酸和草酸铵作为萃取溶剂萃取了沉积物中的砷化合物。有机砷如一甲基胂酸和二甲基胂酸比较容易萃取出来，而且在不同的介质中都比较稳定，其萃取效率达 96％以上。无机砷离子在盐酸-硝酸介质中也能被定量萃取，但不能进行三价砷和五价砷的形态分析，因为三价砷在这种介质中容易氧化成五价砷。正磷酸和草酸铵是两种能够比较好地同时萃取三价砷和五价砷并能保持其各自形态的萃取介质，萃取效率达 90％～95％，但也发现了三价砷的部分氧化。随正磷酸浓度的增大，三价砷更容易氧化成五价砷，在微波消解的条件下，这种现象更加明显。Peter 等[81]比较了 50％丙酮-50％甲醇、异丙醇、5％盐酸-50％丙酮、5％盐酸-50％甲醇、5％盐酸-50％异丙醇五种萃取溶剂对土壤和沉积物中二甲基胂酸盐的萃取效率。以含盐酸的萃取溶剂进行萃取没发现二甲基胂酸盐的降解；从色谱分离图上可以看出，所有的萃取溶剂均不能把三价砷、砷的中性化合物和砷的阳离子化合物萃取出来。其可能的萃取机理在于萃取溶剂中的有机溶剂能浸润（permeate）土壤中的有机物，进而使砷化合物吸附到萃取溶剂中；而盐酸能使大部分溶剂质子化，这些质子化的阳离子与砷化合物的阴离子形成离子对，加速砷化合物的溶解。与此同时，氯离子作为一种强电解质能够取代砷化合物的阴离子而保留在离子交换的位置。能够部分解释砷化合物萃取效率的提高，而且萃取溶剂几乎没有氧化电势，不能将有机砷氧化为无机砷（As^V）。生物样品中的砷化合物主要为砷甜菜碱，以甲醇-水为萃取溶剂在低功率条件下萃取贻贝 4min 可达到 68% 的萃取效率[79]。萃取功率低于 60W 萃取时间小于 8min，砷甜菜碱就可以在聚焦微波炉内稳定存在。Ackley[41] 比较了去离子水、四甲基氢氧化铵溶液和甲醇-水萃取体系对鱼中砷化合物的萃取效率。在相同的萃取温度（50℃）和萃取时间（4min）下，5% 的四甲基氢氧化铵溶液对砷化合物的萃取效率最高。由于中性的四甲基氢氧化铵萃取溶液在进入高效液相色谱的 C$_{18}$ 柱以后改变化合物的保留时间，最终选择甲醇-水（80∶20）在 65℃萃取 4min，可得到 100% 的萃取效率。Larsen 首次在食用蘑菇中发现了三甲基氧化胂的存在并用甲醇-水进行了定量萃取[80]。

（三）有机汞化合物

　　Lorenzo[93]综述了水系沉积物中甲基汞的萃取方法，把微波萃取与传统的萃取方法作了比较。最经典的萃取生物样品中甲基汞的方法是 Westöö[94] 在 1966 年提出的，并用气相色谱分离电子捕获检测器进行了测定。后来的酸浸提技术基本上都是在 Westöö 的基础上稍加改进而来的。酸浸提技术是可靠性最高的萃取甲基汞的技术，其最大缺点是萃取时间太长，每天只能进行很少量样品的处理分析。碱消解技术可以有效地把甲基汞从生物样品中萃取出来，但所需时间较长，通常要 3～24h[95~98]，与超声振荡萃取结合后，可将萃取时间缩短至 2～3h[99,100]，但甲基汞含量低于 1ng·g^{-1} 会存在复杂的基体效应[101]。水蒸气蒸馏技术克服了复杂的基体效应，但 Bloom[102] 和 Hintelmann[103] 的研究发现在蒸馏过程中无机汞会转化成有机汞。超临界流体萃取能在较短的时间（50min）内用二氧化碳将甲基汞从沉积物中萃取出来用于形态分析，但样品基体中存在的硫化物和有机碳会影响萃取效率，且样品中必须不含无机汞[104]。微波消解则克服了上述萃取方法中存在的许多问题[34]，在密闭系统中以略高于溶剂沸点的温度在几分钟之内就可以把汞化合物萃取出来。此外微波消解能同时进行几个样品的处理，所需的有毒溶剂的量也非常少，样品基体对其基本上没有影响。

　　微波消解沉积物和生物样品中的甲基汞，是在酸浸提和碱消解的基础上利用微波这种特殊的能量，加快甲基汞从沉积物和生物样品中的萃取。加入 4mL 6mol·L^{-1}盐酸和 5mL 苯在 10min 内可将沉积物中的甲基汞定量萃取[34]；加入

6mL 250g·L^{-1} KOH-CH_3OH 溶液，在 80～90W 功率微波辐射 1min[86]，或者加入 5mL 25% TMAH，在 20W 功率微波照射 20min 就可以将鱼中的甲基汞定量地萃取出来[82]。微波消解沉积物中的甲基汞，关键的影响因素是盐酸的体积和消解温度。沉积物中的加标甲基汞只需少量的盐酸在较低的温度下就可以萃取出来，而固有的甲基汞则需要较多的盐酸和较高的温度才能萃取出来[93]。生物样品中的甲基汞常使用碱溶液进行萃取，然而酸也可以作为另一种萃取溶剂。酸作为萃取溶剂，更易于将与蛋白结合的汞释放出来，因为酸可以与蛋白反应生成氯代络合物[105]。研究表明[97]，盐酸的浓度对无机汞的萃取率有很大影响。盐酸浓度低于 2mol·L^{-1}，鱼中的无机汞不能被释放出来。盐酸浓度从 2mol·L^{-1}升高至 6mol·L^{-1}，无机汞的萃取率明显提高，最高萃取效率达 90%。甲基汞的萃取率与盐酸浓度关系不大。在盐酸中加入氯化钠也使无机汞的萃取率提高，而对甲基汞的萃取率没有影响。此外，萃取温度对甲基汞的萃取率有很大影响。萃取温度由 75℃ 升高至 125℃，会导致甲基汞的萃取率由 102% 降低至 68%。

（四）硒化合物

近几年，硒化合物的形态分析引起了人们的极大兴趣。硒化合物的形态分析对研究其在环境中的代谢、生物作用、营养价值和其在生物体内的代谢有很大的帮助。最近的文献关于无机硒的报道较多，关于有机硒的报道较少。测定有机硒的难点在于其在原子光谱检测器上的灵敏度很低，需要将其转化成可以在原子光谱检测器上可以直接检测到的形式。González 等[88]将在线微波消解系统引入色谱柱分离-柱后分解，将色谱柱中分离出的有机硒化合物如硒代胱氨酸、硒代蛋氨酸、硒脲、硒代乙硫氨酸等都分解成 Se(Ⅳ) 形态，然后氢化物发生，进入原子光谱检测器进行检测。Gómez-Ariza 等[31]也采用了在线微波消解的方式将液相色谱分离后的硒代胱氨酸、硒代蛋氨酸、硒代乙硫氨酸和硒酸盐用 15mmol·L^{-1} $KBrO_3$ 和 47% HBr 在线氧化还原。在微波消解的后面加上冰水浴进行冷却。冷却后的溶液与硼氢化钠发生氢化物反应，用原子荧光检测器检测。

三、微波萃取用于持久性有机污染物的样品前处理

（一）多环芳烃类化合物 （PAHs）

萃取多环芳烃类化合物的经典方法包括索氏提取法、碱解液液萃取法和超声萃取法。索氏提取方法尤其适合于含脂肪的样品中多环芳烃化合物的提取[106,107]，但耗时且溶剂消耗量大，环境不友好。碱解液液萃取法在萃取过程中容易形成泡沫[108]。而超声萃取法可节省时间和萃取溶剂，对多环芳烃化合物的提取效率也很高[109]。微波辅助萃取技术目前已广泛应用于萃取环境和生物样

品中的多环芳烃类化合物，如表 6-7 所示。Barnabas 等[22]研究了二氯甲烷、丙酮和不同比例的正己烷-丙酮等萃取溶剂对多环芳烃类化合物的萃取效率，发现二氯甲烷的萃取效率较低，当正己烷-丙酮萃取溶剂中丙酮的含量较低时其萃取效率和二氯甲烷相当，随丙酮含量的增大，所萃取出的多环芳烃类化合物也越多，纯丙酮的萃取效率最高。土壤基体对多环芳烃的回收率有很大影响，土壤中多环芳烃类化合物含量低时，利用微波萃取方法得到的萃取效率与索氏萃取相当，但重复性很差；土壤中多环芳烃类化合物含量高时，利用微波萃取方法得到的萃取效率和重复性均与索氏萃取相当。萃取温度、萃取时间和萃取溶剂的体积对回收率影响不大。然而，Villar 等[43]的研究表明，在密闭容器中用等体积比的丙酮-正己烷萃取污泥中的 PAHs 时，萃取温度和萃取时间的增加会导致 PAHs 的热降解，从而引起回收率降低。Pastor 等用甲苯（含 10％水）[47]作萃取溶剂，萃取功率在 66％（730W）以上萃取 6min 可以将多环芳烃化合物成功萃取出来，萃取效率达 99％～107％。其他的研究表明，用二氯甲烷[119]、二氯甲烷-水[48]、丙酮-二氯甲烷（1∶1）[111]也可以成功地将多环芳烃类化合物从土壤和沉积物中萃取出来。

（二）多氯联苯类化合物（PCBs）

表 6-8 列出了微波辅助萃取技术在环境样品中多氯联苯类化合物的应用，Lopez-Avila 等[117, 119]用正己烷-丙酮（1∶1）从土壤中萃取了亚老尔哥。亚老尔哥 1016 和 1260 的萃取率在 82％～93％；亚老尔哥 1248 和 1254 的萃取率在 75％～157％，萃取精密度低于 7％；而且在微波加热的条件下没发现多氯联苯类化合物的降解。Hiroyuki Fujita 等[122]仅用正己烷从鲸脂中萃取了三氯到八氯的不同多氯联苯类化合物，与传统的液液萃取相比，平均萃取率在 78％～103％。用甲苯-水[47]、丙酮[115]也能将多氯联苯类化合物定量萃取。

（三）多溴联苯（PBBs）及多溴联苯醚（PBDEs）

邵超英等[123]建立了微波辅助萃取纺织品中 8 种有代表性的多溴联苯及多溴联苯醚类阻燃剂的方法。通过优化萃取溶剂、萃取温度、萃取功率等参数，确定了以 25mL 正己烷-二氯甲烷混合溶剂（2∶3）为萃取剂，萃取温度 60℃，萃取功率 400 W，萃取 10 min 的微波萃取条件。

（四）杀虫剂（Pesticides）和除草剂（Herbicides）

1. 有机氯杀虫剂（OCPs）

Lopez-Avila 等[119]分别从新加标的土壤、老化 24h 的土壤和老化 14d 的土壤样品中用正己烷-丙酮（1∶1）萃取了 45 种有机氯类化合物。从各种化合物的萃取回收率可以看出，老化时间越长，有机氯的萃取回收率越低。例如，新加标土壤中百菌清的回收率为83%，老化24h后降为63%，老化14d后降为56%；毒草胺的回收率在新加标土壤中为92%，老化24h后降为63%，老化14d后降为43%。微生物降解可能是导致回收率降低的主要原因。Onsuska和Terry[46]用乙腈、异辛烷和乙腈-异辛烷（1∶1）从土壤和沉积物中萃取了艾氏剂、狄氏剂和滴滴涕，在微波辐射下循环5~7次辐射，每次辐射30s，即能把三种化合物定量萃取出来。研究发现，当土壤湿度达15%时，微波萃取效率显著提高。Fish和Revesz[118]用正己烷-丙酮萃取了有机氯类化合物，发现当正己烷-丙酮的比例从1∶1变至2∶3时，萃取率可大大提高。其他的研究表明，用甲苯（含10%水）[47]也能将有机氯杀虫剂定量萃取。见表6-9。

2. 有机磷杀虫剂（OPPs）

1986年，Ganzler等首次报道了家用微波炉萃取土壤中的有机磷杀虫剂——溴硫磷和对硫磷[128]的方法。为了避免密闭容器内的温度过高，每次只进行30s微波辐射，冷却至室温后再进行下一次辐射。微波萃取方法所用时间缩短为传统萃取方法的1/100，所得回收率与索氏萃取相当，说明在微波辐射过程中没有有机磷化合物的降解。之后，微波萃取技术在有机磷方面的应用逐渐多起来，萃取的样品类型和有机磷的种类也逐渐增多，如表6-9所示。

3. 磺酰脲类化合物

萃取磺酰脲类化合物常用的萃取溶剂是碳酸盐缓冲溶液（pH 8.5）。在密闭微波萃取系统中，用碳酸盐缓冲溶液萃取也可得到高的萃取效率，且萃取效率不受萃取时间的限制，但微波萃取后用固相萃取的方法净化不能提高选择性；用二氯甲烷-甲醇（9∶1）作萃取溶剂，在475W功率微波辐射10min，萃取温度60℃，可以把磺酰脲类化合物从土壤中完全萃取出来[24]，且萃取的选择性比水溶液萃取大大提高。萃取温度升至115℃会引起化合物的分解从而使回收率降低。

4. 三嗪类化合物

Molines等[125]用乙腈-0.5%氨水（70∶30）、二氯甲烷-水（1∶1）和甲醇-二氯甲烷（10∶90）分别萃取了土壤中的三嗪类除草剂，发现以上三种萃取溶剂均能将阿特拉津、西玛津和脱乙基阿特拉津定量萃取，萃取效率在80%以上；对极性最强的脱异丙基阿特拉津，含水萃取溶剂的萃取效率（65.4%~68.1%）低于非水萃取溶剂（98.6%），这可能是脱异丙基阿特拉津的部分降解和萃取不完全造成的。Xiong等采用微波辅助萃取的方法，以水[36,25]、甲醇[36]、丙酮-正己烷（1∶1）[36]为萃取溶剂也能成功地将三嗪定量萃取。用二氯甲烷[36]作萃取溶剂能将阿特拉津和西玛津定量萃取，但扑草净的萃取率较低，可能与二氯甲烷的低极性和扑草净在水中的易溶性及在土壤中的强吸附能力有关。水是最好的萃取溶剂，因为水具有较高的极性，能够和土壤中的极性物质相互作用，提高三

表 6-7　微波辅助萃取技术萃取环境样品中的多环芳烃类化合物

样品基体	萃取条件	回收率/%	消解装置	消解容器	分离方法	测定方法	参考文献
污染土壤	2g 土壤,40mL 丙酮,120℃,300W,20min		MES 1000 密闭微波系统,1000W,CEM	PTFE 容器	GC	MS	22
标准土壤和沉积物	5g 土壤,30mL 正己烷-丙酮(1:1),115℃,475W,10min	49~150	MDS 2000 密闭微波系统,950W,CEM	Teflon PFA	GC	MS	23
污水污泥	0.5g 干燥的污泥,20mL 正己烷-丙酮(1:1),150W,20min	51.7~109.9	Ethos 900,Milestone	密闭容器	LC	DAD/FD	43
海底沉积物	2~10g 沉积物,6~30mL 甲苯,1mL 水,726W,6min	99~107	Moulinex 型家用微波炉 1100W	密闭 PTFE 容器	GC	FID	47
海底沉积物	0.3~10g 沉积物,30% 水分,30mL 二氯甲烷,30W,10min	89	Soxwave-100 敞口聚焦微波系统,300W,Prolabo	石英器皿	GC	MS	48
污染土壤	2g 土壤,70mL 二氯甲烷,297W,20min	64~125.6	Soxwave-100 敞口聚焦微波系统,300W,Prolabo	石英萃取瓶	GC	FID	110
污染土壤	5g 土壤,40mL 二氯甲烷-丙酮(1:1),30W,10min	70.8~128.1	Soxwave-100 敞口聚焦微波系统,Prolabo	石英器皿	GC	MS	111
老化 30 天加标土壤	0.1~1g 土壤,3mL 乙腈,425W,10min	98~99	家用微波炉,800W	PTFE 容器	LC	FD/UV	112
松针和树皮	2g 或 5g 样品,90mL 正己烷-二氯甲烷(1:1),513W,30min	70~130	WP700P17-3 型家用微波炉	250mL 玻璃容量瓶	GC	MS	113
烟熏肉	2g 样品,20mL 正己烷,115℃,15min	77~103	MARS 密闭消解系统,CEM	Teflon 容器	LC	FD	114

表 6-8 微波辅助萃取技术萃取环境样品中的多氯联苯类化合物

样品基体	萃取条件	回收率/%	消解装置	消解容器	分离方法	测定方法	参考文献
污水淤泥	1g样品,30mL正己烷-丙酮(1:1),30W,10min	88~105	Soxwave-100敞口聚焦微波系统,300W,Prolabo	石英器皿	GC	MS	45
海底沉积物	2~10g沉积物,6~30mL甲苯,1mL水,726W,6min	98~100	Moulinex型家用微波炉,1100W	密闭PTFE容器	GC	MS	47
加标自来水和海水	10mL丙酮,100℃,475W,7min	71.2~93.2	MES 1000密闭消解系统,CEM,能同时处理12个样品	PTFE容器	GC	ECD	115
海洋哺乳动物的脂肪组织和加标猪油组织	0.5g组织中加入10mL正己烷,Weflon®,1000W,30s,5min冷却,循环7次加热	95.5~101.1	MLS 1200密闭消解系统	石英管	GC	ECD	116
土壤和沉积物	5g样品,30mL正己烷-丙酮(1:1),115℃,1000W,10min	62~100, 72~92	MES 1000密闭消解系统,1000W,CEM	Teflon PFA	GC	ECD	117
河水沉积物	5g样品,30mL正己烷-丙酮(1:1),115℃,15min	91~95	MARS 5密闭消解系统,1200W,CEM	Pyrex	GC	NCI-MS	121

表 6-9 微波辅助萃取技术萃取环境样品中的杀虫剂和除草剂

待测化合物	样品基体	萃取条件	回收率/%	消解装置	消解容器	分离方法	测定方法	参考文献
有机氯	标准土壤和沉积物	5g土壤,30mL正己烷-丙酮(1:1),115℃,475W,10min		MDS 2000密闭微波系统,950W,CEM	Teflon PFA	GC	ECD	23
有机氯	海底沉积物	2~10g沉积物,6~30mL甲苯,1mL水,726W,6min	100~103	Moulinex型家用微波炉,1100W	密闭PTFE容器	GC	ECD	47
有机磷	加标土壤	5g样品,30mL正己烷-丙酮(1:1),115℃,950W,10min		MES 1000密闭消解系统,950W,CEM	Teflon PFA	GC	NPD	119
有机磷	橄榄油	5g样品,5mL乙腈-二氯甲烷(90:10),250W,2min,然后700W,8min	60~104(9种)	MLS 1200 MEGA高压微波萃取系统,Milestone,Italy		GC	FPD MS/MS	120
磺酰脲类化合物	新加标土壤和老化土壤	10g土壤,20mL二氯甲烷-甲醇(9:1),60℃,475W,10min,100psi	新加标:78~102 老化:62~91	MES 1000密闭微波萃取系统,950W,CEM	PTFE	RPLC	UV,226nm	24

续表

待测化合物	样品基体	萃取条件	回收率/%	消解装置	消解容器	分离方法	测定方法	参考文献
三嗪类化合物	新加标土壤和老化一年的土壤	1~4g土壤,25~30mL水,0.5MPa,150℃,600W,4min	加标回收率:87.6~91.5	MK-1密闭微波系统	PTFE	GC	NPD	25
三嗪类化合物	加标土壤和未加标土壤	10g土壤,50mL水分两次萃取阿特拉津,0.35mol·L⁻¹盐酸萃取其代谢物,950W,95~98℃	50~115	MDS 2100密闭微波系统,CEM	PTFE	HPLC	PDA	124
三嗪类化合物	新加标土壤和老化土壤	10g土壤,40mL二氯甲烷-甲醇(9:1),115℃,950W,20min,100psi	72~105	MES 1000密闭微波萃取系统,950W,CEM	PTFE	GC	NPD	125
三嗪类化合物	加标土壤	7g土壤干纤维素柱体(cellulose cartridge)中,1.5mL水,30mL二氯甲烷,100W微波照射,每次15s,共10次	88.5~136	Microdigest 301型微口聚焦微波系统,200W,Prolabo	纤维素柱体	GC	ECD	126
咪唑啉酮类化合物	加标和老化土壤	20g土壤,20mL 0.1mol·L⁻¹醋酸铵-氨水,pH=10,125℃,3min	85~104	MES 1000密闭消解系统,950W,CEM	PTFE	GC	MS	127
除虫菊酯	土壤	2g土壤,10mL苯和1mL水,700W,9min	97~106(8种) 86(1种)	Intellowave型家用微波炉,500W,LG	密闭PTFE容器	GC	ECD NCI-MS	18

表 6-10　微波辅助萃取技术萃取环境样品中的酚及氯酚类化合物

样品基体	萃取条件	回收率/%	消解装置	消解容器	分离方法	测定方法	参考文献
标准土壤和沉积物	5g样品,30mL正己烷-丙酮(1:1),115℃,475W,10min	18~89	MDS 2000密闭微波系统,950W,CEM	Teflon PFA	GC	FID	23
老化25d土壤	1~5g土壤,10mL正己烷-丙酮(20:80),950W,10min,130℃	104.4	MES 1000密闭消解系统,950W,CEM	Teflon容器	GC	FID	38
老化25d加标沉积物	2g土壤,4mL 2%(体积分数)聚氧乙烯-6-十二烷醇醚非离子表面活性剂,500W,2min	100	Multiwave,Anton Paar	MF100容器	LC	DAD	131
加标土壤、沙子和有机堆肥	5g样品,30mL正己烷-丙酮(1:1),115℃,1000W,10min		MES 1000密闭消解系统,1000W,CEM	Teflon容器	GC	FID或MS	132

嗪的解吸效率；而且水安全、便宜，是一种环境友好的溶剂，在微波辐射下能迅速加热。用水作萃取溶剂萃取土壤中的阿特拉津，可得到73.4%的萃取效率[25]，因此"微波不仅仅是简单的加热"。

5. 咪唑啉酮类化合物

Stout等萃取了农作物[129]和土壤[110]中的咪唑啉酮类化合物，发现样品基体对萃取溶剂的选择有很大影响；水能够有效地将咪唑啉酮类化合物从农作物中萃取出来，但萃取土壤样品时却得到很差的萃取效率。用5%TEA（三乙胺）-水萃取土壤中的咪唑啉酮类化合物可得到较高的萃取效率，但腐殖质能同时萃取出来；用$0.1mol \cdot L^{-1}$醋酸铵-氨水缓冲溶液作萃取溶剂可得到高的萃取效率，随pH值升高所得萃取效率也会提高。最终选择pH＝10的缓冲溶液可使成分最复杂的黏土壤得到91%～115%的萃取效率而且所得萃取液澄清透明，选择性极高。

6. 除虫菊酯

除虫菊酯是一类合成的杀虫剂，对哺乳动物和鸟类的毒性很低。Esteve-Turrillas等[18]的研究表明，萃取时间和萃取功率对9种除虫菊酯的萃取效率有不同程度的影响。萃取功率为700W时，定量萃取氟氯氰菊酯（cyfluthrin）、溴氰菊酯（deltmethrin）、二氯苯醚菊酯（permethrin）、氯氰菊酯（cypermethrin）、氟胺氰菊酯（fluvalinate）仅需要6min；定量萃取联苯菊酯（bifenthrin）、氟氰戊菊酯（flucythrinate）、苯氧司林（sumithrin）需要9min；然而，即使萃取12min，胺菊酯（tetramethrin）的回收率也只有85%。最终选择700W的萃取功率和9min的萃取时间。用微波辅助萃取法萃取土壤样品所得除虫菊酯的含量与超声萃取所得结果相同。

（五）酚及氯酚类化合物

乙腈-正己烷是定量萃取美国环境保护署（EPA）规定的16种酚类化合物的适合溶剂[130]。土壤和沉积物中酚类化合物的萃取大都采用不同比例的丙酮-正己烷[116,38]，如表6-10所示。二氯甲烷和丙酮-石油醚能定量萃取壬基酚[130]。非离子表面活性剂聚氧乙烯-6-十二烷醇醚被用于萃取沉积物中的氯酚类化合物。与有机溶剂萃取相比，非离子表面活性剂萃取具有安全、节时、与液相色谱水相-有机溶剂系统兼容等优点，对于氯酚的萃取率高达100%[131]。在微波辅助萃取方法中，绝大部分的化合物在萃取过程中都能稳定存在，唯一降解的化合物是2,4-二硝基酚和4,6-二硝基-2-甲酚[23,111]。在所有的文献报道中，微波辅助萃取酚类化合物的回收率和精密度均比经典的萃取方法高。

四、微波萃取用于其他化合物的样品前处理

截至目前，微波辅助萃取技术已经用于多种基体中多种化合物的萃取。除前

文述及的有机金属化合物、持久性有毒污染物等化合物外，微波辅助萃取技术还用于药物。

氟喹诺酮类药物是一类重要的合成抗生素。环境中的氟喹诺酮类药物主要来源于人和动物的代谢。研究人员[133]用连续微波辅助萃取技术比较了不同 pH 的溶液（水、磷酸溶液、氨溶液）萃取土壤中诺氟沙星和环丙沙星的效果，发现在极限 pH 条件下（酸性或碱性），二者的萃取效率很高，原因在于氟喹诺酮类药物是两性化合物，在极限 pH 条件下易于质子化或去质子化，从而提高了溶解度；其在水中的溶解度最低。然而，为了与检测方法匹配，只能选择以水作溶剂进行萃取。微波萃取功率、萃取时间和萃取溶剂的流速均不是影响氟喹诺酮类药物萃取效率的重要因素，在萃取功率、萃取时间和萃取溶剂的流速均达到最大的情况下（300W、5min、1.2mL·min^{-1}），用水萃取氟喹诺酮类药物，萃取效率也只能达到 50%。而萃取的循环次数对萃取效率有很大的影响。实验发现，萃取 3 次后，萃取效率可达 90% 以上。

微波消解和微波辅助萃取技术已经显示了它在样品前处理方面的优越性，应用微波消解和微波辅助萃取技术作为常规的样品前处理技术已经成为样品前处理的重要发展方向。在微波消解和微波萃取装置方面的发展将集中在消解和萃取容器材料的选择、容器几何形状的设计以及将萃取-离心-溶剂蒸发融为一体的装置设计以期能提高送样量。

参考文献

[1] Cole K S, Cole R H. J Chem Phys, 1941, 9: 341-351.

[2] Frohlich H. Theory of Dielectrics. 2nd edit. London: Oxford University Press, 1958.

[3] Kingston H M, Jassie L B. Introduction to Microwave Sample Preparation: Theory and Practice. Washington D C: American Chemical Society, 1988, Translated by Guo Z K, et al. Beijing: Meteorology Publishing House, 1992.

[4] Zlotorzynski A. The application of microwave radiation to analytical and environmental chemistry. Critical Reviews in Analytical Chemistry, 1995, 25 (1): 43-76.

[5] Adel Abu-Samra, Morris J Steven, Koirtyohann S R. Anal Chem, 1975, 47 (8): 1475-1477.

[6] Peter Barrett, Leon J Davidowski Jr, Kenneth W Penaro, Thomas R Copeland. Anal Chem, 1978, 50 (7): 1021-1023.

[7] Michael Alexander Erich Wandt, Michael André Bruno Pougnet. Analyst, 1986, 111: 1249-1253.

[8] Smith F, Cousins B, Bozic I, Flora W. Anal Chim Acta, 1985, 177: 243-245.

[9] Paul J Lamothe, Terry L Fries, Jerry J Consul. Anal Chem, 1986, 58 (8): 1881-1886.

[10] Miguel-Angel Mateo, Santiago Sabaté. Anal Chim Acta, 1993, 279: 273-279.

[11] Beateice Lalère, Joanna Szpunar, Helène Budzinsli, Philippe Garrigues, Donard O F X. Analyst, 1995, 120: 2665-2673.

[12] Jackwerth E, Gomešček S. Int Union Pure Appl Chem, 1984, 56: 479.

[13]　Gilberte Schnitzer, Anne Soubelet, Christian Testu, Claude Chafey. Mikrochim Acta, 1995, 119: 199-209.

[14]　Suei Y Lamleung, Vincent K W Cheng, Yuet W Lam. Analyst, 1991, 116 (9): 957-959.

[15]　Wei Guang Lan, Ming Keong Wong, Yoke Min Sin. Talanta, 1994, 41 (1): 53-58.

[16]　Lizondo F, Vidal M T, Guardia M de la. Analusis, 1991, 19: 136-138.

[17]　Stefanie T Pagano, Benjamin W Smith, James D Winefordner. Talanta, 1994, 41 (12): 2073-2078.

[18]　Esteve-Turrillas F A, Aman C S, Pastor A, Guardia M de la. Anal Chim Acta, 2004, 522 (1): 73-78.

[19]　Toshiba Microwave Oven Service Data, File No. 330-353, Toshiba, Minato-Ku, Tokyo, Japan.

[20]　Karanassios Vassili, Li F H, Liu B, Salin Eric D. J Anal At Spectrom, 1991, 6 (6): 457-463.

[21]　Barceló D. Sample Handing and Trace Analysis of Pollutants: Techniques, Applications and Quality Assurance., Amsterdam: Elsevier, 1999: 124.

[22]　Barnabas I J, Dean J R, Fowlis L A, Owen S P. Analyst, 1995, 120 (6): 1897-1904.

[23]　Lopez-Avila V, Young R, Beckert W F. Anal Chem, 1994, 66 (7): 1097-1106.

[24]　Font N, Hernández F, Hogendoorn E A, Baumann R A, Zonnen P Van. J Chromatogr, 1998, 798 (1/2): 179-186.

[25]　Xiong G, Liang J, Zou S, Zhang Z. Anal Chim Acta, 1998, 371: 97.

[26]　Burguera M, Burguera J L, Alarcón O M. Anal Chim Acta, 1986, 179: 351-357.

[27]　Carbonell V, Guardia M de la, Salvador A, Burguera J L, Burguera M. Anal Chim Acta, 1990, 238 (2): 417-421.

[28]　Rubio A Morales, Carreño A Salvador, Cirugeda M de la Guardia. Anal Chim Acta, 1990, 235: 405-411.

[29]　Morales A, Pomares F, Guardia M de la, Salvador A. J Anal At Spectrom, 1989, 4 (4): 329-332.

[30]　Liang Li-Na, Jiang Gui-Bin, Liu Jing-Fu, Hu Jing-Tian. Anal Chim Acta, 2003, 477 (1): 131-137.

[31]　Gómez-Ariza J L, Torre M A Caro de la, Giráldez I, Morales E. Anal Chim Acta, 2004, 524 (1-2): 305-314.

[32]　Burguera M, Burguera J L, Alarcón O M. Anal Chim Acta, 1988, 214 (1/2): 421-427.

[33]　Navarro M, López M C, López H, Sánchez M. Anal Chim Acta, 1992, 257 (1): 155-158.

[34]　Vázquez M J, Carro A M, Lorenzo R A, Cela R. Anal Chem, 1997, 69 (2): 221-225.

[35]　Ganzler K, Szinai I, Salgó A. J Chromatogr., 1990, 520: 257-262.

[36]　Xiong G-H, Tang B-Y, He X-Q, Zhao M-Q, Zhang Z-P, Zhang Z-X. Talanta, 1999, 48 (1): 333-339.

[37]　Larched M, Moberg C, Hallberg A. Accounts Chem Res, 2002, 35: 717-727.

[38]　Llompart M P, Lorenzo R A, Cela R, pare J R J. Analyst, 1997, 122 (2): 133-137.

[39]　Hoogerbrugge R, Molines C, Baumann R A. Anal Chim Acta, 1997, 348 (1-3): 247-253.

[40]　Lopez-Avila V, Benedicto J. Trends Anal Chem, 1996, 15: 334.

[41]　Kathryn L Ackley, Clayton B'Hymer, Karen L Stutton, Joseph A Caruso. J Anal At Spectrom, 1999, 14: 845-850.

[42]　Kingston H M, Jassie L B. Anal Chem, 1986, 58 (12): 2534-2541.

[43]　Villar P, Callejón M, Alonso E, Jiménez J C, Guiraúm A. Anal Chim Acta, 2004, 524 (1-2): 295-304.

[44]　Zlotorzynski A. Critical Reviews in Analytical Chemistry, 1995, 25: 43.

[45]　Dupont G, Delteil C, Camel V, Bermond A. Analyst, 1999, 124 (4): 453-458.

[46] Onsuska F E, Terry K A. Chromatographia, 1993, 36: 191.

[47] Pastor A, Vázquez E, Ciscar R, Guardia M de la. Anal Chim Acta, 1997, 344 (3): 241-249.

[48] Letellier M, Budzinski H. Analyst, 1999, 124 (1): 5-14.

[49] Nadkarni R A. Anal Chem, 1984, 56 (12): 2233-2237.

[50] Welz B, Tsalev D L, Sperling M. Anal Chim Acta, 1992, 261 (1/2): 91-103.

[51] Dimeter L Tsalev, Michael Sperling, Bernhard Welz. Analyst, 1992, 117: 1735-1741.

[52] Delft W Van, Vos G. Anal Chim Acta, 1988, 209 (1/2): 147-156.

[53] Hakan Gürleyük, Julian F Tyson, Peter C Uden. Spectrochim Acta, Part B, 2000, 55: 935-942.

[54] Cristina Maria Barra, Cervera M Luisa, Guardia Miguel de la, Ricardo Erthal Santelli. Anal Chim Acta, 2000, 407: 155-163.

[55] Marin B, Chopin E I B, Jupinet B, Gauthier D. Talanta, 2008, 77 (1): 282-288.

[56] Kathryn J Lamble, Steve J Hill. J Anal At Spectrom, 1996, 11 (11): 1099-1103.

[57] Harri Lippo, Tauno Jauhiainen, Paavo Perämäki. Atomic Spectrometry, 1997, 18 (3): 102-108.

[58] Christopher G Millward, Paul D Kluckner. J Anal At Spectrom., 1989, 4 (8): 709-713.

[59] Campbell M B, Kanert G A. Analyst, 1992, 117: 121-124.

[60] Thomas R, White Jr, Garnett E Douthit. J Assoc Off Anal Chem, 1985, 68 (4): 766-769.

[61] Gámiz-Gracia L, Castro M D Luque de. J Anal At Spectrom, 1999, 14: 1615-1617.

[62] Minguel Angel de la Fuente, Gonzalo Guerrero, Manuela Juárez. J Agric Food Chem, 1995, 43: 2406-2410.

[63] Mean M L, Gómez M M, Palacios M A, Cámara C. Lab Automation and Information Management, 1999, 34: 159-165.

[64] Rahman L, Corns W T, Bryce D W, Stockwell P B. Talanta, 2000, 52: 833-843.

[65] Bettinelli M, Baroni U, Pastorelli N. Anal Chim Acta, 1989, 225: 159-174.

[66] Haswell S J, Barclay D. Analyst, 1992, 117: 117-120.

[67] Prasad Aysola, Perry Anderson, Cooper H. Langford Anal Chem, 1987, 59 (11): 1582-1583.

[68] Guardia M de la, Carbonell V, Morales-Rubio A, Salvador A. Talanta, 1993, 40 (11): 1609-1617.

[69] Daniel Mayer, Sabine Haubenwallner, Walter Kosmus, Wolfgang Beyer. Anal Chim Acta, 1992, 268: 315-321.

[70] Isil Aydin. Microchemical J, 2008, 90 (1): 82-87.

[71] Donard O F X, Beatrice Lalère, Fabienne Martin, Ryszard Lobiński. Anal Chem, 1995, 67 (23): 4250-4254.

[72] Breda M, Maffini M, Mangia A, Mucchino C, Musci M. J Pharmaceutical and Biomedical Analysis, 2008, 48 (2): 435-439.

[73] Joanna Szpunar, Vincent O Schmitt, Ryszard Lobiński. J Anal. At Spectrom, 1996, 11 (3): 193-199.

[74] Isaac Rodriguez Pereiro, Vincent O Schmitt, Joanna Szpunar, Donard O F X, Ryszard Lobiński. Anal Chem, 1996, 68 (23): 4135-4140.

[75] Kathryn J Lamble, Steve J Hill. Anal Chim Acta, 1996, 334: 261-270.

[76] Claire Demesmay, Micheline Ollé. Fresenius'J Anal Chem, 1997, 357 (8): 1116-1121.

[77] Dinoraz Vélez, Nieves Ybáñez, Rosa Montoro. J Anal At Spectrom, 1997, 12: 91-96.

[78] Thomas P, Finnie J K, Williams J G. J Anal At Spectrom, 1997, 12: 1367-1372.

[79] Dagnac T, Padrñó A, Rubio R, Rauret G. Anal Chim Acta, 1998, 364: 19-30.

[80] Erik H Larsen, Marianne Hansen, Walter Gössler. Appl Organometal Chem, 1998, 12: 285-291.

[81] Peter M Yehl，Hakan Gurleyuk，Julian F Tyson，Peter C Uden. Analyst，2001，126：1511-1518.

[82] Claudia Gerbersmann，Monika Heisterkamp，Freddy C Adams，José A C Broekaert. Anal Chim Acta，1997，350：273-285.

[83] Chun Mao Tseng，Alberto de Diego，Fabienne M Martin，Donard O F X. J Anal At Spectrom，1997，12 (6)：629-635.

[84] Vázquez M J，Abuín M，Carro A M，Lorenzo R A，Cela R. Chemosphere，1999，39 (7)：1211-1224.

[85] Chwei-Sheng Chiou，Shiuh-Jen Jiang，Danadurai K Suresh Kumar. Spectrochim Acta，2001，56B：1133-1142.

[86] Elsa Ramalhosa，Segade S Río，Eduarda Pereira，Carlos Vale，Armando Duarte. Analyst，2001，126，1583-1587.

[87] Bryce D W，Izquierdo A，Castro M D Luque de. Analyst，1995，120：2171-2174.

[88] González Lafuente J M，Fernández Sánchez M L，Sanz-Medel A. J Anal At Spectrom，1996，11 (12)：1163-1169.

[89] Riansares Muñoz Olivas，Donard O F X. Talanta，1998，45 (5)：1023-1029.

[90] Joanna Szpunar，Vincent O Schmitt，Olivier F X Donard，Ryszard Lobiński. Trends Anal Chem，1996，15 (4)：181-187.

[91] Zhang S，Chau Y K，Li W C，Chau A S Y，Appl Organomet Chem，1991，5：431.

[92] Bayona J M，Cai Y. Trends Anal Chem，1994，13：327.

[93] Lorenzo R A，Vázquez M J，Carro A M，Cela R. Trends Anal Chem，1999，18 (6)：410-416.

[94] Westöö G. Acta Chem Scand，1966，20：2131.

[95] Liang L，Horvat M，Cernichiari E，Gelein B，Balogh S. Talanta，1996，43：1883.

[96] Saouter E，Blattmann B. Anal Chem，1994，66：2031.

[97] Reyes L Hinojosa，Rahman G M Mizanur，Kingston H M. Skip. Anal Chim Acta，2009，631 (2)：121-128.

[98] Baeyens W. Trends Anal Chem，1992，11：245.

[99] Cai Y，Bayona J M. J Chromatogr，A，1995，696：113.

[100] Fisher R，Rapsomanikis S，Andreae M O. Anal Chem，1993，65：763.

[101] Horvat M，Bloom N S，Liang L. Anal Chim Acta，1993，281：135.

[102] Bloom N S，Colman J A，Barber L. Fresenius' J Anal Chem，1997，358，371.

[103] Hintelmann H，Falter R，Ilgen G，Evens R D. Fresenius' J Anal Chem，1997，358：363.

[104] Emteborg H，Bjorklund E，Odman F，Karlsson L，Mathiasson L，Frech W，Baxter D C. Analyst，1996，121：19.

[105] Houserová P，Matějíček D，Kubáň V，Pavlícková J，Komárek J. J Sep Sci，2006，29：248.

[106] Birkholz D A，Cout R T，Hrudei S E. J Chromatography A，1988，449：252-260.

[107] Solé M，Porte C，Barcelo D，Albaiges J. Mar Pollut Bull，2000，40：746-753.

[108] Takatsuki K，Suzuki S，Sato N，Ushizawa I. J Association of Official Anal Chemists，1985，68：945-949.

[109] García Falcón M S，Gonzáles Amigo S，Lage Yusty M A，López de Alda Villaizán M J，Simal Lozano J. J Chromatography A，1996，753：207-215.

[110] Saim N，Dean J R，Abdullah M P，Zakaria Z. J Chromatogr，1997，791 (1/2)：361-366.

[111] Dupeyron S，Dudermel P M，Couturier D. Analusis，1997，25：286.

[112] Criado A，Cárdenas S，Gallego M，Valcárcel M. J Chromatography A，2004，1050 (2)：111-118.

[113]　Nuno Ratola，Sílvia Lacorte，Damià Barceló，Arminda Alves. Talanta Volume，2009，77（3）：1120-1128.

[114]　Purcaro G，Moret S，Conte L S. Meat Science，2009，81（1）：275-280.

[115]　Chee K K，Wong M K，Lee H K. Anal Chim Acta，1996，330：217-227.

[116]　Hummert K，Vetter W，Luckas B. Chromatographia，1996，42：300.

[117]　Lopez-Avila V，Benedicto J，Charan C，Young R，Beckert W F. Environ Sci Technol，1995，29（10）：2709-2712.

[118]　Fish J R，Revesz R. LC GC，1996，14（3）：230.

[119]　Lopez-Avila V，Young R，Benedicto J，Ho P，Kim R，Beckert W F. Anal Chem，1995，67（13）：2096-2102.

[120]　Edwar Fuentes，María E Báez，Adalí Quiñones. J Chromatography A，2008，1207（1-2）：38-45.

[121]　Parera J，Santos F J，Galceran M T. J Chromatography A，2004，1046（1-2）：19-26.

[122]　Hiroyuki Fujita，Katsuhisa Honda，Noriaki Hamada，Genta Yasunaga，Yoshihiro Fujise. Chemosphere，2009，74（8）：1069-1078.

[123]　邵超英，邵玉婉，张琢，温晓华，何中发. 分析化学，2009，37（4）：522-526.

[124]　Steinheimer T R. J Agric Food Chem，1993，41：588.

[125]　Molines C，Hogendoorn E A，Heusinkveld H A G，Harten D C Van，Zonnen P Van，Baumann R A. Chromatographia，1996，43（9-10）：527-532.

[126]　Garcia-Ayusto L E，Sanchez M，Fernandez de Alba A，Luque de Castro M D. Anal Chem，1998，70（11）：2426-2431.

[127]　Stout S J，daCunha A R，Allardice D G. Anal Chem，1996，68（4）：653-658.

[128]　Ganzler K，Salgo A，Valkó K. J Chromatogr，1986，371：299-306.

[129]　Stout S J，daCunha A R，Picard G L，Safarpour M M. J Agric Food Chem，1996，44：3548.

[130]　Chee K K，Wong M K，Lee H K. J Liquid Chromatogr Related Tech，1996，19，259.

[131]　Cristina Mahugo Santana，Zoraida Sosa Ferrera，José J Santana Rodríguez. Anal Chim Acta，2004，524（1-2）：133-139.

[132]　Lopez-Avila V，Young R，Kim R，Beckert W F. J Chromatogr Sci，1995，33（9）：481-484.

[133]　Morales-Muñoz S，Luque-García J L，Luque de Castro M D. J Chromatography A，2004，1059（1-2）：25-31.

第七章

超临界流体萃取技术

第一节 概 述

一、超临界流体萃取技术的发展

临界现象的发现可追溯到 19 世纪初期，但是受当时条件和认知的限制，临界现象没有得到足够的重视，临界现象的优势未能得到充分发展的空间。20 世纪 60 年代末期，超临界流体色谱的出现，超临界流体的许多特有性质及其具有的优势得到了很好的展现，引起了学术界及工业界的广泛关注。但将超临界流体的概念引入到常规的萃取过程，无疑是一个较大的技术进步。20 世纪 80 年代，超临界流体的溶解能力及高扩散性能逐步得到了认可，将其作为一种优良的萃取溶剂用于萃取过程带来了超临界流体萃取技术的快速发展。近几十年来，围绕超临界流体萃取技术开展了大量的研究工作，取得了令人瞩目的成果。超临界流体萃取技术在医药工业、食品工业、化学工业等方面应用比较广泛[1~6]，如沙棘、玫瑰花、青蒿草、岩兰草、茴香、蜂胶、香蕉皮等中有效成分的提取[7~10]，桃中扁桃仁油、葡萄子油、中药成分提取[11~13]，日本草血竭中大黄素、白藜芦醇的提取[14]，微藻类中类胡萝卜素的纯化[15]，酒糟中抗氧化性化合物提取，咖啡脱咖啡因，咖啡渣中提取类脂，植物色素的提取、结晶，鼠尾草油、微孔草籽油提取，金属氧化物材料制备，化妆品中添加剂提取，红景天中肉桂醇酐的提取等[16~25]。这些实际应用及实验结果表明，超临界流体萃取技术的操作条件比较温和，萃取效率比较高，因此超临界流体萃取技术得到了很好的发展。近年来随着研究的深入，利用超临界流体技术进行药物的干燥、造粒和制作缓释剂也成为一个新的研究领域。

超临界流体萃取技术目前多采用二氧化碳作为萃取溶剂，其本身无毒，也不会像有机溶剂萃取那样导致毒性溶剂残留，可以说它是一项比较理想的、清洁的样品前处理技术，因此，超临界流体萃取技术在环境化学方面也起到了很重要的作用。当前提高人们的生活质量，改善生存环境，维护生态平衡是人们的共识。环境基质极其复杂，对其中的污染物进行分离分析一直是困扰人们的一个重要问题。超临界流体萃取技术的出现，给环境工作者提供了新的思路。超临界流体萃取技术用于复杂样品基质中杀虫剂、多氯联苯、多环芳烃等的萃取都得到了很好的效果。同时由于超临界流体萃取技术萃取速度快，易于自动化，因此将其用于环境净化取得了重要的进展，在环境科学领域得了越来越广泛的重视，在环境样品中的有机污染物或重金属的分析方面发挥了重要的作用。超临界流体萃取以其自身的处理环境样品的潜在优势吸引了广大环境工作者的视线，并得到了普遍认可，美国 EPA 应用超临界流体萃取技术建立了分析石油烃、多环芳烃及多氯联苯等的标准方法（US EPA 3560，3561，3562)[26~28]。

二、超临界流体萃取的优点

① 超临界流体具有比较低的黏度和较高的扩散系数，可以比液体溶剂更容易穿过多孔性基质，提高了萃取速率。

② 温度或压力的改变可以调整超临界流体的溶解能力，因此可以通过对温度和压力的调控得到合适的超临界流体的溶解能力，进而可以建立选择性比较高的萃取方法。

③ 超临界流体提取的分析物可以通过压力的调节而进行分离，省去了传统萃取过程中的样品浓缩过程，节省了时间，避免了挥发性分析物的损失。

④ 超临界流体萃取常用二氧化碳作为超临界流体萃取剂，减少了对环境的污染。

⑤ 超临界二氧化碳萃取可以在接近室温下进行，可以很好地防止对热不稳定物质的氧化和分解。

⑥ 二氧化碳既是一种不活泼的气体，又是一种不会发生燃烧的气体，没有毒副作用，在萃取过程不会发生化学反应，比较安全可靠。

⑦ 超临界流体萃取技术可以与色谱技术直接进行联用，有利于挥发性有机化合物的定性定量分析。

第二节　超临界流体萃取的基本原理

一、超临界流体萃取的基本原理

(一) 超临界流体涵义

任何一种物质随着温度和压力的变化都会以三种状态存在，也就是我们常说的三种相态：气相、液相、固相。气相、液相、固相之间是紧密相关的，同时三者之间也是可以相互转化的，在一个特定的温度和压力条件下，气相、液相、固相会达成平衡，这个三相共存的特定状态点，通常就叫三相点；而液、气两相达成平衡状态的点称为临界点，在临界点时的温度和压力就称为临界温度和临界压力。不同的化学物质其本身的特性也千差万别，因此其临界点所要求的压力和温度会有很大的差异。

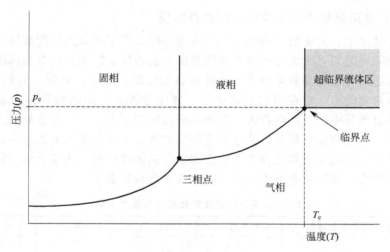

图 7-1　相图

图 7-1 中的阴影区所处的状态其温度和压力均高于临界点时所处的温度和压力，与常说的气、液、固三相不同，因此将这种高于临界温度和临界压力而接近临界点的状态称为超临界状态。处于超临界状态时，气液两相性质非常相近，以至难以分别，因此将处于超临界状态的物质称之为超临界流体。

目前研究较多的超临界流体是超临界二氧化碳，二氧化碳流体在超临界状态下兼有气液两相的双重特点，既具有与气体相当的高扩散系数和低黏度，又具有与液体相近的密度和良好的溶解能力，且其溶解能力也可通过控制温度和压力来进行调节。同时它还具有无毒、不燃烧、与大部分物质不发生化学反应、价格低廉等优点，因此应用最广泛。

（二）超临界流体萃取的基本原理

超临界流体萃取本质上就是调控压力和温度对超临界流体溶解能力的影响而达到萃取分离的目的。当气体处于超临界状态时，其性质介于液体和气体之间，既具有和液体相近的密度，也具有很好的扩散能力，其黏度高于气体但明显低于液体，因此对基质有较好的渗透性和较强的溶解能力，可以将基质中某些分析物与基质分离而转移至流体中从而将其萃取出来。

根据目标分析物的物理化学性质，通过调节合适的温度和压力来调节超临界流体的溶解性能，便可以有选择性地依次把目标分析物萃取出来。当然，所得到的萃取物可能不是单一的，但可以通过控制合适的实验条件得到最佳比例的混合物，然后再借助减压等方式，将被萃取的分析物进行分离，从而达到分离纯化的目的，将萃取和分离两个不同的过程联成一体，这就是超临界流体萃取分离的基本原理。

（三）常用超临界流体物质的超临界性质

通常情况下，大多数物质都存在三相点。但是真正可以用作超临界萃取的物质也是比较有限的，因为有的物质其临界压力或临界温度太高，有的则由于其在超临界状态具有极强的氧化性或在超临界状态极其不稳定，限制了它们的使用。比如，最常见的水，它在超临界状态下，氧化性极强，因此对设备的要求非常高，它在自然界中的量虽然很大，但是真正用的却不太多，只在水处理方面有一定的应用。有些物质在超临界状态下容易发生爆炸导致其应用大大减少，但是在一定条件下，可以加入其他物质中作为超临界流体改性剂，改变流体的特性，调节其溶解能力。常用超临界流体物质的超临界参数见表 7-1。

表 7-1　常用超临界流体物质的超临界参数[29]

物　　质	临界温度/℃	临界压力/atm	物　　质	临界温度/℃	临界压力/atm
水	374.2	218.3	苯	289	48.6
CO_2	31	72.9	甲苯	320.8	41.6
CO	−140	34.5	$CHClF_2$	96.4	48.5
CS_2	279	78	$CHCl_2F$	178.5	51
SO_2	157.5	77.8	CCl_2F_2	111.5	39.6
CH_4	−82.1	45.8	$CClF_3$	28.8	39
CH_3CH_3	32.3	48.2	CH_3OH	240	78.5
$CH_2{=}CH_2$	9.2	50	CH_3CH_2OH	243	63
环己烷	280	40	CH_3CN	274.7	47.7
吡啶	344.2	60	噻吩	317	48
NH_3	132.3	111.3	N_2O	36.5	71.7
六氟化硫	45.55	37.11			

注：1atm＝101325Pa。

二、超临界流体萃取系统

超临界流体萃取系统一般由五大部分组成：二氧化碳贮存器，萃取管或萃取池，限流器，收集装置，一个温度控制装置。二氧化碳由注射泵泵入，当需要在超临界流体中加入改性剂时，还需要一台改性剂的发送泵和一个混合室，如图 7-2 所示。

三、操作模式

依据超临界流体萃取技术操作方式的不同，可将超临界流体萃取分为静态萃

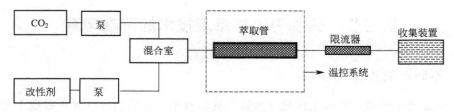

图 7-2　超临界流体萃取系统示意图

取、动态萃取、静态/动态联用萃取三种操作模式。

1. 静态萃取

静态萃取是固定超临界流体的用量，维持一定的压力和温度，保证超临界流体与基质和分析物充分接触，利用其高扩散性能透过基质与分析物相互作用，将分析物从基质中分离转移到流体中，从而达到萃取的目的，这是最简易的萃取模式。为达到更好的萃取效率，在静态萃取过程中，用一个循环泵使有限的超临界流体多次通过基质，使流体与基质有效地接触，增加分析物扩散至超临界流体的接触面。静态萃取的应用比较多，尤其是必须添加改性剂或配位剂时，采用静态萃取能显著提高萃取效率。简明的示意图见图7-3。

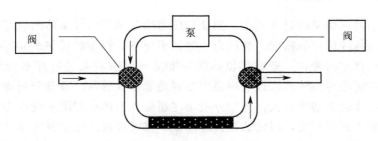

图 7-3　静态萃取示意图

2. 动态萃取

动态萃取就是临界流体连续通过样品基质，流路是单向的、不循环的。动态萃取实际上是依据分析物在超临界流体中有一定的溶解度，通过增加萃取剂的量达到最大萃取效率。

3. 静态/动态联用萃取

静态萃取和动态萃取各有其优点，二者的联用可以更好、更有效地萃取分析物。根据分析物的物理化学性质，适当选取改性剂，或者进行化学衍生，先进行一定时间的静态萃取，然后再进行动态萃取，对萃取条件进行优化，可以得到最佳的静态萃取和动态萃取的效果。

第三节　超临界流体萃取技术的影响因素

一、不同萃取流体的影响

前面已经提到，可以用作超临界流体的物质很多，它们的临界参数也千差万别，所以它们在超临界状态下对分析物的萃取效果也会有很大的不同。目前二氧化碳的临界参数比较容易实现，同时对设备的要求也比较低，它是目前用得最多的流体。但是二氧化碳是非极性化合物，在超临界状态下对脂类化合物的萃取是非常适合的，但对极性化合物的萃取效果就不是很理想。一氧化二氮是极性的萃取流体，它有偶极矩，在萃取二噁英方面明显要好于二氧化碳。但是它在高含量有机质存在的情况下，易发生剧烈爆炸，而一般的环境样品的有机质含量都比较高，所以它的应用就受到了很大的限制。水在超临界状态下具有很强的腐蚀性，多在处理有毒污染物时才用，但由于水在临界点附近对有机化合物也有比较好的溶解性能，通过调整临界参数，可以在很大的范围内调节流体的极性，所以也可以对很多化合物有很好的萃取效果。

二、温度和压力的影响[30～33]

在超临界流体萃取过程当中，温度与压力确定了超临界流体的状态，也就是说确定了超临界流体的密度。在压力不变的情况下，温度的任何改变都会导致超临界流体的密度的变化，超临界流体的密度又与萃取效果的好坏有着紧密的联系，因此在超临界流体萃取过程中温度控制是非常重要的。通常分析物在超临界流体最大密度时溶解度最大，同时分析物在超临界流体中的溶解度也与它的挥发性和溶剂效应密切相关，因此通过升高温度不仅可以改变超临界流体的密度，同样也可以升高分析物的蒸气压，所以升高温度从两个方面都会增大分析物的溶解度，有利于提高萃取效率。升高温度从而提高萃取效率的事例是很多的，可以从大量的文献中得到证实。

压力与温度对确定超临界流体的状态起决定作用，除了温度以外，压力无疑是另一个重要影响因素。压力的变化同样可以导致超临界流体密度的相应变化，通常在温度不变的情况下，超临界流体中物质的溶解度随压力升高而增大。由此可知，压力的增加，有助于提高超临界流体的溶解能力。同时超临界流体具有流动性高和扩散能力强的特点，这些对其所提取的各组分之间的分离以及加速溶解平衡都是有益的。但是压力的影响不是孤立的，因此，在具体应用中，须仔细考虑分析物的本身特点，综合考虑温度和压力两个影响因素，优化最佳工作条件，选择合适的萃取温度和萃取压力。

三、萃取时间的影响

萃取时间与超临界流体的溶解能力等密切相关，当这些因素一定的情况下，萃取时间的长短直接关系到萃取效率和运行成本的高低，但是总是存在一个最佳时间可以得到最好的萃取效率。因此在条件优化过程中必须考虑这个最佳时间，太短的话会导致目标化合物的损失，过长则增加了劳动强度和运行成本。

四、超临界流体的流速和样品颗粒大小的影响

分析物从基质中分离转移到流体中的机理虽然还不是十分的明确，分析物的溶解度和分析物从与基质的活性部位的脱附对萃取效果会有很大的影响，因此超临界流体的流速和分析物颗粒大小是应重点考虑的因素。如果超临界流体的流速太大，单位时间内通过的流体就多，与基质接触的时间相应就比较短，对分析物向流体的转移就少，相比较而言，要取得相同的萃取效果，就需要耗费大量的流体，成本就相应增加了。同时样品越细小，与流体的接触面积就越大，分析物从基质转移至流体中的部位就增加了，从而萃取效果就会更好。

五、溶解度的影响

分析物在超临界流体中的溶解度大，在萃取过程中就比较容易向超临界流体迁移，目标分析物就比较容易萃取。通常情况下，分析物的溶解度是与超临界流体的物质的溶解度参数密切相关的。一些常见作为超临界流体的物质的溶解度参数见表7-2。

表 7-2　常见作为超临界流体的物质的溶解度参数[34]

流　　体	溶解度参数$(\delta)/(cal \cdot cm^{-3})^{1/2}$	流　　体	溶解度参数$(\delta)/(cal \cdot cm^{-3})^{1/2}$
CO_2	10.7	$CClF_3$	7.8
N_2O	10.6	$CH_2=CH_2$	6.6
NH_3	13.2	CH_3CH_3	6.6
CH_3OH	14.4	$CHClF_2$	7.3

分析物在流体中的溶解是一个动态过程，平衡溶解度的预测是非常困难的。Somenath Mitra[35]提出了两个经验方程：方程式（7-1）基于溶解度是密度（d）与温度（T）的函数，方程式（7-2）则依据溶解度是温度（T）与压力（p）的函数。

$$\ln S = Ad + BT + C \qquad (7-1)$$

式中，S 为摩尔分数；d 为密度，$g \cdot cm^{-3}$；A，B，C 为系数。

$$\ln S = A\ln p + BT + CpT + Dp/T + E \qquad (7-2)$$

式中，S 为摩尔分数；p 为大气压，atm；A，B，C，D，E 为系数。

六、基质的影响

环境样品极其复杂，在常规萃取技术中它也是重要的影响因素，在超临界流体技术中它同样对萃取效果存在显著影响。环境样品中有机质和黏土矿物质与有机污染物的相互作用对萃取有比较大的影响。非极性及非离子性化合物主要是与土壤中的有机质作用[36]。分析物在环境中主要与无机或大分子物质的活性部位通过化学或物理吸附作用结合到一起，形成一种复合物。化学或物理吸附作用的大小与分析物的种类以及有机质的成分有紧密相关，在萃取过程中，只要能有效地破坏这种吸附作用，就可以提高萃取效率。

七、萃取流体及分析物的极性影响

虽然可作为超临界流体的物质很多，但是临界参数的巨大差异和现有仪器设备所能承受的条件仍然是选择超临界流体的重要依据。这样一来真正可以用作超临界流体的物质就所剩无几了。通常情况下，极性的流体对极性的分析物萃取效果比较好，而非极性的流体对非极性的或弱极性的分析物可以很好地萃取，这与相似相溶原理相类似。环境污染物千差万别，其极性也因物质的种类不同而有很大的差异，既有极性的，也有非极性的。因此，流体的极性对分析物的萃取就显得非常重要了。要改善萃取性能有两种途径：一是改变流体的极性，根据需要向流体中加入适当的改性剂；二是改变分析物的极性，即通过化学衍生或形成离子对等方式使分析物转化为被所选用的流体易于萃取的极性形式。近年来，围绕这两个方面的研究，在超临界流体萃取应用于环境样品和环境科学领域取得了大量科研成果。

八、水的影响

水是一个很特殊的物质，在自然界中存在极广。在超临界流体萃取技术中也成为影响萃取效果的一个不可忽视的因素。它对萃取的影响既有有利的一面，也有不利的一面，也就是说它不仅可以促进萃取过程，也可能阻碍萃取过程。如果水分含量超过一定限值，水就会堵塞限流器而影响萃取效果。因此，在萃取之前，我们就必须想办法减少样品中的水分含量，减少它对限流器的堵塞可能，最常用的方法就是对样品进行干燥。目前主要有三种干燥方式：升温干燥，冷冻干燥和加入干燥剂。这三种干燥方式各有优缺点，升温干燥会导致一些挥发性的分析物和半挥发性的分析物的损失，而且高温下一些分析物可能发生降解同样可能造成分析物的流失。冷冻干燥会使挥发性的分析物因挥发而不易流失。加入干燥剂虽然是一种比较好的方式，但湿样品与干燥剂混合可能产生一定的热量从而会导致一些挥发性和半挥发性的分析物的损失，同时干燥剂对某些分析物的选择性保留也有可能造成偏差[37]。现在还不能完全解释水在超临界流体萃取中的作用机理，但是实际研究结果表明少量水分的存在对萃取还是有利的。超临界流体萃取中为除去大量水分而常用的干燥剂主要有如下种类：玻璃珠，羧甲基纤维素，黄原胶（xanthan gum），果阿胶（guar gum），聚丙烯酰胺，分子筛（3A、4A、5A、13X），铝粉，硅胶，硅酸镁载体（florisil），无水碳酸钠，无水硫酸钠，一水硫酸钠，硫酸钙，硫酸铜，氧化钙，碳酸钾，三氧化二硼，氯化钙等。

第四节　超临界萃取的理论模型

超临界流体萃取技术的早期理论都是围绕分析物在超临界流体中的溶解性提出来的。用这些基本理论来分析所得到的实验结果，多数情况下，实验结果与理论数据方面总是存在很大的差异。同时环境分析领域关注的多是痕量分析物，基质的影响就显得十分突出，因此，提出更好的理论模型和超临界流体萃取的机理也是此领域研究工作者所急需的，因为合适的超临界萃取的理论模型，对于更好地理解超临界萃取的本质以及对超临界萃取条件的优化都是非常必要的。

超临界流体萃取技术的研究工作者从不同的角度提出了几种不同的理论模型，其中 Pawliszyn 所提出的萃取理论比较有代表性。Pawliszyn[38] 借鉴色谱理论，建立了以填充管萃取池为基础的数学模型，可以预测不同萃取时间时的萃取效率。他首先假设基质由两部分组成：一部分是无渗透的中心；另一部分是包裹在核心里面的有机层，分析物吸附在中心的表面。其次萃取过程由以下几个过程组成，分析物首先从中心表面解吸，然后扩散至有机层与流体的界面，在表面溶于超临界流体中，再扩散至大量流体中。

他把各种可能影响到萃取效果的因素归结为一定的塔板高度，即慢解吸（h_{RK}）、在基质中的扩散（h_{DC}）、在孔隙中的迁移（h_{DP}）、涡漩扩散（h_{ED}）、轴向扩散（h_{LD}）等。用数学表达式表示为：

$$H = h_{RK} + h_{DC} + h_{DP} + h_{ED} + h_{LD}$$

式中，H 为上面各影响因素对应于色谱上板高的总和。

单个分子的质量迁移步骤如图 7-4 所示，其质量平衡过程与色谱行为极其相似，每个迁移步骤都会影响萃取效果，也就是说产生了相应的理论塔板数。慢解吸过程对萃取效果的影响可用下列方程表示：

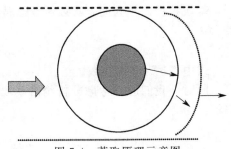

图 7-4　萃取原理示意图

$$h_{RK} = \frac{2ku_e}{(1+k)^2(1+k_0)k_d}$$

式中，k 为设定萃取条件下的分布系数；k_d 为分析物-基质复合物可逆过程的离解常数；k_0 为微粒内空死体积与微粒间空隙死体积之比；u_e 为空隙中流体的线性流速。

k_0 可用下式表示：

$$k_0 = \frac{\varepsilon_i(1-\varepsilon_e)}{\varepsilon_e}$$

式中，ε_i 为微粒内空隙度；ε_e 为微粒间空隙度。

u_e 可用以下方程表示：

$$u_e = u(1+k_0)$$
$$u = l/t_0$$

式中，u 是色谱线速度；l 是萃取管的长度；t_0 是气体的通过萃取管的时间。

当分析物存在于聚合材料或高有机质的基质中时，其在液体和基质的膨胀固体部分中的扩散就会对萃取效果产生重要影响。它对萃取效果的影响用相应的理论塔板的板高表示：

$$h_{DC} = \frac{2kd_c^2 u_e}{3(1+k)^2 D_c}$$

式中，d_c 为基质组分可渗透到分析物的距离；D_c 为分析物在基质中的扩散系数。

环境基质的多孔性结构，使分析物在萃取过程中在孔中的迁移也就成为分析物在流体中迁移的阻力。由此产生的板高如下式所示：

$$h_{DP} = \frac{\theta(k_0+k+kk_0)^2 d_p u_e}{30k_0(1+k_0)^2(1-k)^2 D_p}$$

式中，θ 为微粒的曲率因子；D_p 为分析物在空隙填充物中的扩散系数。

一般情况下空隙中的填充物就是超临界流体，也就是说 D_p 在多数情况下与分析物在超临界流体中的扩散系数是一致的。当孔隙中有太多的高密度有机质时，此因素的影响就显得至关重要了。

基质粒径比较大时，就必须考虑涡漩扩散对超临界流体萃取的影响，用下式表示：

$$h_{ED} = 2\lambda d_p$$

式中，λ 为结构参数。

同时，我们应当考虑分析物沿萃取管轴向上的扩散，这种扩散的效要用板高表示：

$$h_{LD} = \frac{\gamma_M D_F}{u_e}$$

式中，γ_M 为基质的阻力因子。

通常这种扩散的影响很小，但是在高温及低密度流体情况下，轴向上扩散还是比较高的。

因此，分析物的浓度（C）随时间（t）的变化在萃取管中一定体积的分布可用下式表示：

$$\frac{C(x,t)}{C_0} = \frac{1}{2}\left[\mathrm{erf}\left(\frac{\frac{L}{2}-x-\frac{ut}{1+k}}{\sigma\sqrt{2}}\right) + \mathrm{erf}\left(\frac{\frac{L}{2}+x+\frac{ut}{1+k}}{\sigma\sqrt{2}}\right)\right]$$

式中，L 为萃取管的长度；C_0 为初始浓度；σ 为带状分散的平均平方根。

$$\sigma = \sqrt{Ht\frac{u}{1+k}}$$

一定时间内洗脱出分析物的质量与归一化的浓度截面已离开萃取管的面积成正比。即：

$$\frac{m(t)}{m_0} = \frac{\int_{-\infty}^{-L/2} C(x,t)\,\mathrm{d}x}{C_0 L}$$

式中，$m(t)$ 为一定时间萃取的分析物的质量；m_0 为开始时样品中分析物的总质量。

第五节　提高超临界萃取效率的方法

提高超临界流体萃取效率的方法有很多种，因分析物、基质等因素的不同而存在很大的差异，主要有以下几个方面。

一、改性剂的作用

超临界二氧化碳对强极性的化合物或离子化合物的萃取能力比较差，同时使用极性的流体有一定的实际困难，这时向超临界二氧化碳中加入一定量的有机溶剂是目前比较常用的方法。这样对设备的要求不是十分苛刻，容易实现，也比较经济。这些加入的溶剂通常被称作改性剂，有时也称作共溶剂。从本质上讲，改性剂是通过两种方式来提高萃取效率的：一是与分析物-基质复合物作用加速分析物从基质上脱附；二是增强超临界二氧化碳的溶解能力。甲醇是最常用的改性剂，其他一些试剂如丙酮、正己烷、苯胺、醋酸、水、乙腈、丙烷、乙醇胺、苯基甲基醚、二乙胺、二氯甲烷等都可用作改性剂。同时必须注意，对于不同的目标化合物，因其与基质的作用方式存在很大差异，所以改性剂也应作相应的调整，才能起到比较理想的作用。通常情况下，改性剂的加入量不应超过 10%，因为大量改性剂的存在，增加了超临界流体的黏度，降低了流体的穿透能力，以致流体不能进入基质的内层吸附位置，反而降低了萃取效果。改性剂的加入可以提高萃取效果，已有相当多的文献报道[39~41]。因此在实际应用过程中，应根据具体情况选取合适的改性剂。

二、衍生反应

由于超临界二氧化碳毒性较小，易于保存，化学惰性，对环境污染小，而且可以简化分析物萃取、溶剂的去除以及分析物的收集过程。所以目前常用的超临界流体主要是超临界二氧化碳。超临界二氧化碳的极性较小，导致极性化合物在超临界二氧化碳流体中的溶解度很低，因而就要对含极性化合物的样品进行处理。目前比较好的方法就是化学衍生，通过化学衍生降低分析物的极性，增加其挥发性和其在流体中的溶解度，同时化学衍生反应也为后面的色谱分离及检测减少了处理过程。因此，随着研究的深入，衍生反应在超临界流体萃取中逐渐起到了非常重要的作用。

极性化合物，尤其是分子中含有羟基、巯基等官能团的极性化合物，其挥发性比较低。要提高这类化合物在非极性超临界流体中的溶解度，降低其极性，对其特殊官能团进行掩蔽，降低其反应活性，就显得至关重要。根据分子结构及其物理化学性质的具体特点，选取合适的衍生化试剂，进行烷基化反应、硅烷化反应或配位反应等，对提高萃取效率可以起到事半功倍的效果。

烷基化反应和硅烷化反应都是用烷基或者甲硅烷基将分析物分子中羟基、氨基等活性氢取代，生成相对低极性和反应活性低的化合物[42~48]。烷基化反应因发生具体反应的不同，其实验条件会有很大差异。有的需要酸性环境，有的需要非常严格的非水条件，也有的必须在催化剂存在下才能发生相应的衍生反应。所以在具体目标分析物选择衍生试剂时我们不仅要考虑这些反应条件，还要弄清衍生物的极性是否可以满足分析的要求。最好的衍生试剂就是反应条件温和，反应生成的化合物极性应在所选用的超临界流体的萃取极性范围内。硅烷化反应中硅烷化试剂的提供甲硅烷基的能力因种类不同而有很大差异，同时在提供甲硅烷基强度方面又是相互影响的，所以通常将硅烷化试剂混合使用，以期达到提高萃取效果的目的。

配位反应在溶剂萃取中占有很重要的地位，在超临界流体萃取中也是提高萃取效率的一条重要途径，尤其是在重金属污染去除方面占有独特的地位。重金属在环境污染中占有相当大的比例，但是它们又是离子性的，因此有必要把它们转化为电中性的易于被萃取的形式，配位反应就是比较理想的转化形式，可以将重金属转化为有机配合物，从而显著改变其在超临界流体中的溶解性能。在传统溶剂萃取中的一些重要配位剂，在超临界流体中也是同样很有用的。通常从固体及液体介质中去除重金属一直是一个非常棘手的问题，虽然已有一些报道的技术进行重金属的去除，但是超临界流体萃取作为一个新型的近于"绿色"的技术，通过配位反应提高萃取效率可以在重金属去除与提取方面发挥更大的作用。比如砷酸铬铜自 1940 年以来一直用作木材防腐剂，但是超过其使用年限后，给环境带来严重的重金属污染。Wang 和 Chiu 就利用超临界流体萃取技术开发了一个去除重金属的方法，向木材样品中添加有机磷配位剂（Cyanex 302），在 200bar、60℃的条件下，采用 CO_2 作为提取剂，5%甲醇作为改性剂，10mL 甲醇作为收集剂，进行 20min 静态萃取与 40min 动态萃取，重金属的提取获得了很大的改进，其顺序为 Cu≫As＞Cr。通过提高压力和静态萃取时间，处理效率可以提高到 95%（Cu）、66%（As）、50%（Cr）。通过原位配位超临界液体萃取，显著降低了在去污染过程中二次污染的产生，减轻了填埋可能产生的砷酸铬铜污染问题[49]。Kumar 等[50]采用有机磷类配位剂 TBP、TOPO、TPP、TPPO、TBPO 在超临界 CO_2 萃取棉纸中钍，结果发现，$0.2mol \cdot L^{-1}$ TOPO（甲醇溶液）的提取效果最好，提取率达到 68%±4%。表面活性剂可以作为配位剂使用，Koh 等[51]以 NP-4 配制微乳液进行钍的去除方法，采用加酸改性，利用超临界 CO_2 进行放射性重金属废物的去污染化。微乳液由表面活性剂 NP-4 与水组成，摩尔比为 20，有机酸的提取效率超过 95%，无机酸的提取效率大约 90%，此过程中 73%的 NP-4 可以回收再用。Vincent 等[52]建立了一个直接原位配位从钕其氧化物中提取钕的超临界流体萃取方法。甲醇作为改性剂，其提取过程可分为三步：离子化、配位、萃取。研究结果表明，TTA 和 TBP 作为配位剂具有很好的协同作用。另外，对不同的重金属而言，配位剂的使用也有选择性，不是所有的配位剂都可以获得相同的效果。Chou 等[53]的研究发现，β-二酮、氟代 β-二酮、硫代吡啶、硫代氨基甲酸类配位剂从酸性溶液中萃取重金属，萃取效率有很大的不同，其大小顺序为：硫代氨基甲酸类≥硫代吡啶类＞氟代 β-二酮≫β-二酮（乙酰丙酮）。而对镓的提取中，萃取效率大小顺序为：硫代吡啶类＞噻吩甲酰三氟丙酮＞β-二酮（乙酰丙酮）[54]。因此，采用超临界流体萃取去除与提取重金属，选取合适的配位剂，通过配位反应，需要时与改性剂或者表面活性剂相结合，可以大幅度提高萃取效率，而且二次污染的产生非常少，也就是说采用超临界流体萃取进行削减重金属污染将是一个环境友好、很有开发价值的方向，为开发重金属污染削减与控制新技术提供了很好的技术与理论参考。

目前，超临界流体萃取中常用的配位剂可以归为以下五类：二硫代氨基甲酸盐类，β-二酮类，有机磷类，冠醚类，其他含特殊官能团类。表 7-3 给出了一些常见配位剂的分子结构及缩写形式供参考。

表 7-3　金属离子的常用配位剂

分类	中文名称	英文名称	缩写形式	分 子 结 构
二硫代氨基甲酸盐类	全氟代聚醚哌嗪二硫代氨基甲酸铵	ammonium perfluoropolyether piperazindithiocarbamate	FE-APDC	$CF_3-[CF(CF_3)CF_2O]_n-CF_2CF_2-\overset{\displaystyle O}{\overset{\|}{C}}-N\diagdown\diagup N-CS_2^-NH_4^+$ $n=14,28,42$
	全氟代聚醚二硫代氨基甲酸铵	ammonium perfluoropolyether dithiocarbamate	FE-DC	$CF_3-[CF(CF_3)CF_2O]_n-CF_2CF_2-\overset{\displaystyle O}{\overset{\|}{C}}-N(CH_3)CH_2CH_2NCS_2^-NH_4^+$ $n=14,28,42$
	二乙基二硫代氨基甲酸盐	diethyldithiocarbamate	DDC	$C_2H_5-\underset{\underset{\displaystyle CS_2^-}{\|}}{N}-C_2H_5$
	二-三氟乙基二硫代氨基甲酸盐	bis-trifluoroethyldithiocarbamate	FDDC	$CF_3CH_2-\underset{\underset{\displaystyle CS_2^-}{\|}}{N}-CH_2CF_3$
	二丙基二硫代氨基甲酸盐	dipropyldithiocarbamate	P3DC	$CH_3CH_2CH_2-\underset{\underset{\displaystyle CS_2^-}{\|}}{N}-CH_2CH_2CH_3$
	二戊基二硫代氨基甲酸盐	dipentyldithiocarbamate	P5DC	$C_5H_{11}-\underset{\underset{\displaystyle CS_2^-}{\|}}{N}-C_5H_{11}$
	吡咯烷基二硫代氨基甲酸盐	pyrrolidinedithiocarbamate	PDC	$\diagup\diagdown N-CS_2^-$
	二己基二硫代氨基甲酸盐	dihexyldithiocarbamate	HDC	$C_6H_{13}-\underset{\underset{\displaystyle CS_2^-}{\|}}{N}-C_6H_{13}$
	二丁基二硫代氨基甲酸盐	dibutyldithiocarbamate	BDC	$C_4H_9-\underset{\underset{\displaystyle CS_2^-}{\|}}{N}-C_4H_9$
β-二酮类	2,2,7,三甲基-3,5-辛二酮	2,2,7-trimethyl-3,5-octanedione	TOD	$(CH_3)_3C-\overset{\displaystyle O}{\overset{\|}{C}}-CH_2-\overset{\displaystyle O}{\overset{\|}{C}}-CH_2CH(CH_3)_2$
	2,2,6,6-四甲基-3,5-庚二酮	2,2,6,6-butylmethyl3,5-heptanedione	THD	$(CH_3)_3C-\overset{\displaystyle O}{\overset{\|}{C}}-CH_2-\overset{\displaystyle O}{\overset{\|}{C}}-C(CH_3)_3$
	1,1-二甲基-3,5-已二酮	1,1-dimethyl-3,5-hexanedione	DMHD	$CH_3CH_2-\overset{\displaystyle O}{\overset{\|}{C}}-CH_2-\overset{\displaystyle O}{\overset{\|}{C}}-CH(CH_3)_2$
	2,6,二甲基-3,5-庚二酮	2,6-dimethyl-3,5-heptanedione	DIBM	$(CH_3)_2CH-\overset{\displaystyle O}{\overset{\|}{C}}-CH_2-\overset{\displaystyle O}{\overset{\|}{C}}-CH(CH_3)_2$
	乙酰丙酮	acetylacetone	AA	$CH_3-\overset{\displaystyle O}{\overset{\|}{C}}-CH_2-\overset{\displaystyle O}{\overset{\|}{C}}-CH_3$

续表

分类	中文名称	英文名称	缩写形式	分 子 结 构
β-二酮类	六氟代乙酰丙酮	hexfluoroacetone	HFA	$CF_3-\overset{\overset{\displaystyle O}{\|\|}}{C}-CH_2-\overset{\overset{\displaystyle O}{\|\|}}{C}-CF_3$
	噻吩甲酰基三氟代丙酮	thenoyltrifluoroace-tone	TTA	(噻吩)$-\overset{\overset{\displaystyle O}{\|\|}}{C}-CH_2-\overset{\overset{\displaystyle O}{\|\|}}{C}-CF_3$
	三氟代乙酰丙酮	trifluoroacetone	TFA	$CH_3-\overset{\overset{\displaystyle O}{\|\|}}{C}-CH_2-\overset{\overset{\displaystyle O}{\|\|}}{C}-CF_3$
	1,1,1-三氟-4-苯基-2,4-丁二酮	1,1,1-trifluoro-4-phenyl-2,4-butanedione	TFBZM	$CF_3-\overset{\overset{\displaystyle O}{\|\|}}{C}-CH_2-\overset{\overset{\displaystyle O}{\|\|}}{C}-$(苯基)
	1-苯基-1,3-戊二酮	1-phenyl-1,3-pentanedione	BZAC	(苯基)$-\overset{\overset{\displaystyle O}{\|\|}}{C}-CH_2-\overset{\overset{\displaystyle O}{\|\|}}{C}-CH_2CH_3$
	七氟丁酰基新戊酰基甲烷	heptafluorobutano-ylpivaroylmethane	FOD	$(CH_3)_3C-\overset{\overset{\displaystyle O}{\|\|}}{C}-CH_2-\overset{\overset{\displaystyle O}{\|\|}}{C}-CF_2CF_2CF_3$
有机磷类	三丁基氧化膦	tributylphosphine oxide	TBPO	$\begin{array}{c} n\text{-}C_4H_9 \\ n\text{-}C_4H_9-P=O \\ n\text{-}C_4H_9 \end{array}$
	三辛基氧化膦	trioctylphosphine oxide	TOPO	$\begin{array}{c} n\text{-}C_8H_{17} \\ n\text{-}C_8H_{17}-P=O \\ n\text{-}C_8H_{17} \end{array}$
	三苯基氧化膦	triphenylphosphine oxide	TPPO	(三苯基)$P=O$
	三丁基磷酸酯	tributylphosphate	TBP	$\begin{array}{c} n\text{-}C_4H_9O \\ n\text{-}C_4H_9O-P=O \\ n\text{-}C_4H_9O \end{array}$
	二-2,4,4-三甲基戊基二硫代磷酸	bis(2,4,4-trimeth-ylpentyl)-dithiophos-phinic acid	Cyanex301	$\begin{array}{c} (CH_3)_3CCH_2CH(CH_3)CH_2O \\ (CH_3)_3CCH_2CH(CH_3)CH_2O-P=S \\ HS \end{array}$
	二-2,4,4-三甲基戊基硫代磷酸	bis(2,4,4-trimeth-ylpentyl)-monothio-phosphinic acid	Cyanex302	$\begin{array}{c} (CH_3)_3CCH_2CH(CH_3)CH_2O \\ (CH_3)_3CCH_2CH(CH_3)CH_2O-P=S \\ HO \end{array}$
	二-2,4,4-三甲基戊基磷酸	bis(2,4,4-trimethyl-pentyl)-phosphinic acid	Cyanex272	$\begin{array}{c} (CH_3)_3CCH_2CH(CH_3)CH_2O \\ (CH_3)_3CCH_2CH(CH_3)CH_2O-P=O \\ HO \end{array}$
	二-2-乙基已基磷酸	di(2-ethylhexyl)phosphinic acid	D2EHPA	$\begin{array}{c} CH_3(CH_2)_3CH(CH_2CH_3)CH_2O \\ CH_3(CH_2)_3CH(CH_2CH_3)CH_2O-P=O \\ HO \end{array}$

续表

分类	中文名称	英文名称	缩写形式	分子结构
冠醚类	二环己基18-冠-6	dicyclohexyl-18-crown-6	DC18-C6	
	15-冠-5	15-crown-5	15-C5	
	二-三吡唑冠醚	bistriazolo-crown	BTCE	t-butyl … t-butyl
其他	全氟代聚醚基二巯代酯	perfluoropolyether dithiol	FE-DT	$CF_3[CF(CF_3)CF_2O]_{14,28,42}CF_2CF_2CCH_2CH(SH)CH_2SH$ (C=O)
	全氟代聚醚皮考胺	perfluoropolyether picolylamine	FE-PA	$CF_3[CF(CF_3)CF_2O]_{14,28,42}CF_2CF_2CN(CH_3)$ $(CH_2CH_2)_{2,3,6}N(CH_3)CH_2$— (pyridine)
	十五氟代壬酸	pentadecafluorooctanoic acid	HPFOA	$CF_3(CF_2)_7\!-\!C\!-\!OH$ (C=O)
	7-(1-乙烯基)-3,3,5,5-四甲基己基-8-羟基喹啉	7-(1-vinyl-3,3,5,5-tetramethylhexyl)-8-hydroxyquinoline	KELEX 100	$R=CH_2C(CH_3)_2CH_2C(CH_3)_3$
	N,N'-二乙脲	ethyl centralite	CE	$(C_2H_5)NH\!-\!C\!-\!NH(C_2H_5)$ (C=O)
	二甲基胂酸	dimethylarsenic acid	DMA	$CH_3\!-\!As\!-\!OH$ (As=O, CH_3)
	一甲基胂酸	methylarsenic acid	MMA	$CH_3\!-\!As\!-\!OH$ (As=O, OH)
	巯基乙酸甲酯	thioglycolic acid methyl ester	TGM	$HS\!-\!CH_2\!-\!C\!-\!OCH_3$ (C=O)

第六节　超临界流体萃取的收集技术

在超临界流体萃取过程中，萃取后的收集也是很重要的过程。Turner[55]对超临界流体技术的收集方法及其应用作了比较详细的评述，这里仅对收集方法作简要的介绍。超临界流体技术的收集方式有两种：即在线方式和离线方式。在线方式就是直接将收集过程与后面的测定技术联用。在线收集可以减少挥发性分析物的损失，提高萃取效率。离线方式则是通过一定的溶剂或吸附剂和适当的方法收集分析物。离线收集技术大体可分为三类：溶剂收集，固相收集，液-固联用收集。

一、溶剂收集

液体溶剂收集因其技术简单，应用非常广泛。在这种收集方法中，分析物质大体经历了三个过程：流出限流器，在气液相界面溶解，向液体溶剂的转移并稳定保留在溶剂当中。溶剂收集的方法又可细分为三种：直接将限流器插入液体溶剂中通过降压进行收集；将限流器与溶剂之间加一个玻璃迁移管进行收集；低温收集。目前在溶剂收集中常用的溶剂有甲醇、丙酮、环己烷、正己烷、甲苯、二氯甲烷等。

对于挥发性分析物在第一种方法中有更好的收集效率，第二种方法因依赖于分析物在液气两相中的溶解度的差异进行收集，因此常需要加一个固相捕集器。一般情况下，第一种方式比第二种方式的收集效率要好一些[56]。Burford[57]研究表明将挥发性的多环芳烃直接降压用二氯甲烷收集，可得到大于90%的收集效率，在同样的萃取条件经玻璃迁移管后只能得到50%左右的收集效率。

影响收集效率的因素主要有以下几个方面：收集效率受溶剂种类的影响；收集溶剂的高度和体积[57,58]；加热限流器的方法及限流器的温度；超临界流体的流速等。Langenfeld[59]调查了美国环保局半挥发性污染物名单上的66种化合物在不同溶剂中的收集效率，研究显示：二氯甲烷、氯仿、丙酮比甲醇和正己烷的收集效率高。原因在于二氯甲烷的极性与多环芳烃的极性相似，萃取的多环芳烃在二氯甲烷中较大的溶解度，减少了因形成气溶胶所造成的挥发损失。丙酮中存在羰基，其极性与多环芳烃的极性也很相似，因此得到相似的效果。限流器的温度如果不合适，会直接导致分析物的流失或者限流器的堵塞，因此为了控制限流器的温度，加上一个加热或者冷却装置就是比较合理的选择[59,60]。限流器的流速越低或者收集溶剂的黏度越大，延长了分析物质到达气液界面的时间，间接地提高了萃取效果，增加收集管中收集溶剂的高度，也可得到相同的效果[61]。收集溶剂的溶剂强度也是影响萃取的一个重要因素，收集溶剂的溶解性参数与分析

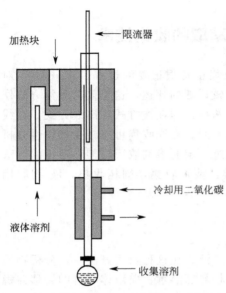

图 7-5　改进的收集装置原理图

加热块

限流器

冷却用二氧化碳

液体溶剂

收集溶剂

物的溶解性参数匹配得越好，越有利于萃取。通常适当提高溶剂温度，可以增加分析物的溶解度，但是增加了分析物的蒸气压，对挥发性分析物的收集是不利的。所以一般采用低温收集，这样降低了分析物蒸气压，减少了挥发性损失，尤其是对挥发性分析物，这种情况就更为突出。

Vejrosta[62]发展并改进了液体溶剂收集方法，提出了流出物与过热有机溶剂混合再低温收集的方法。这种改进的收集装置原理图见图 7-5。

二、固相收集

固相收集实际上就是就将超临界流体用分析物降压转化为气体后通过固体吸附剂，分析物通过化学或物理吸附作用保留在吸附剂中从而达到收集的作用。固相吸附剂如二醇和硅酸、Tenax、ODS、XAD、C_{18}、硅胶、硅酸镁载体（Florisil），涂层或吸附了键合相的玻璃或不锈钢珠等。此方法相比较而言用得较少，但有很好的应用前景。

固相收集的影响因素主要有四个方面：捕集剂的性质，捕集温度，洗脱溶剂，改性剂。

捕集剂的选择在超临界流体萃取过程中是一个非常关键的环节。捕集剂的选择恰当，不仅可以提高萃取效果，还可以节省劳力和运行费用，相反，就可能导致超临界流体萃取没有优势可言，甚至耗费大量的人力物力。选择捕集剂方面不仅要考虑它的高捕集效率，也要考虑分析物是否易于选择性地洗脱。理论上讲，惰性材料的低温捕集应当是很好的，而实际上真正应用的却很少，主要因为它只对非常难挥发的化合物有比较高的收集效率。

降低捕集温度通常可以提高捕集效率，但是捕集温度的降低也是有限度的。一方面，大多数环境样品都有少量的水分（除非经过特殊处理），水在 0℃易结冰导致堵塞；另一方面，有机改性剂在低温情况下也会与分析物一起保留在捕集剂中。要解决这个问题，最简捷的方法就是升高捕集温度，可是升高捕集温度又会降低非挥发性分析物的捕集效果。这确是一个非常棘手的问题，为了解决这个问题，既要得到更好的收集效果，又避免分析物的流失，Lee[63]发展了两步萃取过程，首先在低温下将挥发性分析物萃取捕集，然后提高捕集温度提取难挥发性的分析物，取得了很好的效果。

Bøwadt[64]的实验研究表明少量的改性剂可以提高捕集效果。2%的甲醇作为改性剂，PCB 的同系物都可以得到很好的收集。挥发性大的组分易丢失，如用 5%的甲醇，即使捕集温度达到 65℃，PCB 的同系物都能很好地被捕集。

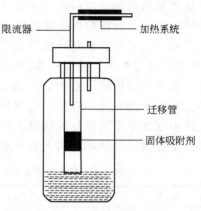

限流器　　加热系统

迁移管

固体吸附剂

图 7-6　液-固收集装置

三、液-固联用收集

Meyer[65]等用二氧化碳及甲苯改性的二氧化碳作超临界流体萃取剂，研究了标准海洋沉积物（SRM-HS-3）中多环芳烃的萃取，采用离线液-固收集装置对分析物多环芳烃进行了收集，避免了因降压导致的气溶胶的形成而造成的分析物的损失，简化了净化过程。液-固收集装置的原理图见图 7-6。

Deuster 等[66]应用超临界流体萃取技术萃取多环芳烃及硝基芳香化合物，采用了液-固收集装置，取得了比较好的效果。

第七节　超临界流体萃取技术在农用化学品方面的应用

随着科技水平的不断提高，为了消除病虫害及杂草造成的粮食损失，农药的问世和广泛使用无疑提高了农作物的产量，但是由于过量和不当使用对农产品造成的污染也是一个非常重要的环境问题。有机磷农药由于其防治对象多，应用范围广，在环境中降解比较快，残毒低等特点是我国现阶段使用量最大的农药。虽然有机氯农药早已被禁止使用，但食品中仍然能够检测出有机氯农药残留。并非只有毒性大的农药才对环境造成污染，毒性小的就不会造成污染，事实上毒性低的农药，如果其用量非常大或使用方式不当也同样可以造成环境污染。

农药及其在环境中的降解产物，会对大气、水体和土壤造成一定程度的污染，在某种程度上就破坏了生态系统。目前农药污染主要是有机氯农药污染、有机磷农药污染和有机氮农药污染。环境中农药的残留浓度一般情况下是很低的，但通过食物链和生物浓缩可使生物体内的农药浓度提高很多倍，可能对人体造成严重的危害，因此研究农药在环境中分布规律性及其环境化学行为等就非常重要，但是要研究这些内容其前提条件就是要建立灵敏的分析方法，就必须对样品进行前处理，排除一些不必要的环境基体干扰，同时适当对分析物进行富集，以提高分析的灵敏度。

由于环境样品的复杂性，样品处理也因分析物的不同有很大的差异。超临界流体萃取技术问世以后，由于其节约劳力、减少了操作成本、产生废物少、选择性好等优点，可以解决一些传统方法所不能解决的问题。

近年来，围绕农药开展的超临界流体萃取研究工作主要是通过在各种基质（土壤、底泥、水、生物样品、组织样品、植物样品等）中加标来进行的，建立了一系列有价值的分析测定方法，对实际样品进行的研究工作也有一些文献报道。由于农药在实际样品中的键合与在标准样品加标中的键合有很大的不同，因此所得到的结果与预想的结果之间存在一定的差异。表 7-4 给出了超临界流体萃取技术在农用化学品中的一些应用实例。

表 7-4　超临界流体萃取技术在农用化学品中的一些应用实例

基质	分 析 物	超临界流体	改性剂	文献
水	西玛津，扑灭津，草达津，敌草隆，绿麦隆，异丙隆	CO_2	甲醇	67
水	林丹，艾氏剂，狄氏剂，二嗪农，敌敌畏，马拉硫磷	CO_2	甲醇	68
水	磺胺氯哒嗪，甲磺隆，苄嘧磺隆，氯嘧磺隆，麦磺隆，嘧磺隆，氯磺隆	CO_2	甲醇	69
水	二嗪农，毒死蜱，七氯，狄氏剂，灭蚁灵	CO_2		70
硅藻土，水	氯磺隆，嘧磺隆	CO_2	甲醇	71
血液样品，鱼组织样品，奶样品	γ-HCH，艾氏剂，异狄氏剂，环氧七氯，氯丹，p,p'-DDE，DDD，DDT，狄氏剂，氯化三联苯，灭克磷，terbufos，地虫磷，二嗪农，马拉硫磷，对硫磷，苏达灭除草剂，毒死蜱，呋喃丹，西维因	CO_2	氯仿	72
土壤样品	α,β,γ-HCH，p,p'-DDE，狄氏剂，TDE p,p'-DDT，o,p'-DDT	CO_2	甲苯，丙酮，MeOH	73
土壤样品	抗蚜威	CO_2	吡啶等	74
底泥	阿特拉津，西玛津，绿麦隆，异丙隆，敌草隆，去乙基西玛津，利谷隆，去乙基阿特拉津	CO_2	乙腈，甲醇，乙酸，二乙胺，二氯甲烷	75
土壤样品	阿特拉津，敌草隆，苄嘧磺隆	CO_2	乙腈-0.1mol·L^{-1} HCl-0.5% Triton X-100	76
可可豆样品	吡嗪	CO_2	二氯甲烷，甲醇	77
硅藻土，水	嘧磺隆，氯磺隆	CO_2	甲醇	78
土壤样品	甲磺隆，嘧磺隆，烟嘧磺隆	CO_2	甲醇	79
土壤样品	AC263,222，咪草烟	CO_2	乙腈，乙酸	80
河流底泥	15 种农药	CO_2	水和丙酮	81
血液、牛奶样品	orbifloxacin	CO_2	甲醇	82
橄榄油	对草快，敌草快	CO_2	—	83
大菱鲆、蛤、贻贝、鸟蛤	15 种卤代污染物	CO_2	—	84

续表

基 质	分 析 物	超临界流体	改性剂	文献
人参	DDD,DDE,p,p'-DDT,o,p'-DDT,环氧七氯,五氯硝基苯,α-六氯苯,β-六氯苯,γ-六氯苯,δ-六氯苯	CO_2	—	85
猪肉、猪肺、猪肾	恩氟沙星,达氟沙星,环丙沙星	CO_2	甲醇	86
苹果	氯代杀虫剂、有机磷杀虫剂、有机氮杀虫剂、菊酯类杀虫剂	CO_2	—	87
甜瓜	氟虫腈,氟丙菊酯,哒螨灵,醚菌酯	CO_2	甲醇,水	88
新鲜水果,蔬菜,大米	抗倒胺,抑霉唑等18种农药	CO_2	丙酮	89
新鲜水果,蔬菜,大米	12种有机氯杀虫剂	CO_2		90
莴苣,苹果,土豆,西红柿	有机氯杀虫剂、有机磷杀虫剂、有机氮杀虫剂、菊酯类杀虫剂	CO_2	甲醇,丙酮	91
菠菜,大豆,橘子	303种杀虫剂	CO_2	—	92
甘蔗,橘子	敌草隆	CO_2	甲醇,正己烷,丙酮	93
大米	22种杀虫剂(苄氯菊酯,溴氰菊酯,p,p'-DDT,p,p'-DDE等)	CO_2	甲醇	94

第八节　超临界流体萃取技术在多环芳烃、多氯联苯分析方面的应用

多环芳烃是一类仅由碳和氢构成的有机化合物,其结构组成中含有多个苯环。它们的出现有其有利的方面,但其危害的一面因其中的大多数具有潜在的致癌性而显得更为突出。因而对多环芳烃的研究就具有比较现实的意义。环境中多环芳烃的主要来源是木材、汽油、油料以及燃煤的不完全燃烧。现代社会的发展日新月异,向环境中排放的"三废"也有越来越多的趋势。近年来的研究结果表明[95~98],多环芳烃在环境中日益增多。因此,建立快速有效的多环芳烃、多氯联苯提取和分析方法就成了非常急迫的问题。

超临界流体萃取技术快速发展起来后,研究工作者开展了大量的研究工作,研究内容也比较广泛。在萃取多环芳烃方面,Hawthorne 和 Miller[99]是比较早的应用超临界流体萃取技术进行多环芳烃萃取的研究者。他们在萃取底泥、飞灰等样品中的多环芳烃时,采用了超临界的乙烷和一氧化二氮为萃取流体,与超临界二氧化碳作了对比。在相同的条件下,纯一氧化二氮在超临界状态下对多环芳烃的萃取效果明显好于二氧化碳,是因为一氧化二氮的偶极矩(0.2D)稍大于二氧化碳的偶极矩(0.0D)。在5%甲醇作为改性剂时,却发现二者的萃取回收

率显著增加，5％甲醇作为改性剂的一氧化二氮的在超临界状态的萃取效果最好。他们在后来的研究中考查了 CHClF$_2$（1.4D）作为超临界流体在萃取多环芳烃方面的应用[100]，由于 CHClF$_2$（1.4D）的极性较强，其萃取效果要优于二氧化碳，一氧化二氮。而 Howard[101] 的研究表明，并非氟利昂都比二氧化碳的萃取效果好，他所得到的结果则是 CHClF$_2$＞CO$_2$＞CHF$_3$。但是随着人们环境保护意识的不断提高，CHClF$_2$ 的高毒性、臭氧层破坏性，必然是人们首要考虑的问题，CHClF$_2$ 的进一步应用还是要受到很大的限制。Hawthorne[102] 发现亚临界水在萃取土壤中的多环芳烃时具有更好的回收率。Lage-Yusty 研究建立了萃取海藻样品中的多环芳烃的超临界二氧化碳萃取方法，10 种多环芳烃的回收率在53％～133％之间[103]。

在超临界萃取中使用改性剂，已是人所共知的。甲醇是超临界萃取中最常用的改性剂。但是在萃取多环芳烃时应用一些特殊的改性剂可以明显提高萃取率。Hills 和 Hill[104] 在超临界二氧化碳中加入反应性改性剂六甲基二硅烷和三甲基氯硅烷的混合物（2∶1），其萃取效果是仅用二氧化碳的 6 倍，是 10％甲醇改性的二氧化碳的 2 倍。越来越多的研究表明，混合改性剂用于环境样品的分析物的萃取是有益的。Lee[105] 在萃取标准样品中的多环芳烃时，采用 1∶4 的甲醇和二氯甲烷的混合物作为改性剂，也得到了很好的回收率。

多氯联苯（简称 PCB）是一类具有两个相连苯环结构的含氯化合物，它具有非常优良的物理特性，因而应用比较广泛，如作为变压器的绝缘液体，润滑油等产品的添加剂，以及塑料的增塑剂等。多氯联苯在使用过程中，可以通过废物排放、挥发等多种途径进入环境中，从而造成环境的污染。因此对 PCB 的研究是当前研究的热门领域。

多氯联苯等有机污染物在环境中的与底泥等基质的相互作用决定了它们是否可以完全萃取的主要因素。因此搞清楚 PCB 等有机污染物在基质上的脱附行为是研究 PCB 等污染物在环境中的迁移转化及环境行为的一个重要方面，所以建立相应的方法来研究其脱附行为是目前研究污染物去除的一个重要途径。Nilsson[106] 建立了一个简明的选择性超临界流体萃取方法测定两种瑞典底泥中的 PCB 脱附行为。Hawthorne[107～109] 研究组在超临界萃取方面做了大量的工作，他们利用选择性超临界流体萃取开展了大量的工作研究 PCB 在底泥上的吸附和脱附行为，并建立了两个理论模型，为我们更好地理解 PCB 在环境中与基质的相互作用提供了很好的理论基础。新加坡的 H. K. Lee 研究组采用超临界流体二氧化碳开发了一个从松针样品提取 PCB（多氯联苯标样，Aroclor 1242、1248、1254 和 1260）的方法，获得了非常好的萃取效率，回收率均大于 90％[110]。

Miyawaki 等[111] 采用超临界 CO$_2$ 作为萃取剂，水作为改性剂、氧化铝作为捕集剂建立了快速定量土壤及沉积物中的 PCDDs、PCDFs 和类二噁英 PCBs 的新方法。其操作压力 300bar，温度为 130℃，收集装置温度控制为 150℃，洗脱剂为正己烷，以 GC-MS 作为最终分析技术。与传统的索氏萃取净化等相比，其浓度具有很好的可比性，超临界流体萃取的相对标准偏差低于 21%，但是其分析时间只有 2h，固相洗脱液无须净化即可分析。而传统的分析过程需要 3d 时间。Kawashima 等[112~114] 在超临界二氧化碳提取 PCDDs、PCDFs 和类二噁英 PCBs 方面做了比较多的研究工作，开发了半分批萃取装置与反流提取技术，二者之间存在很大的差异，采用反流超临界二氧化碳提取与活性炭处理结合的方式去除鱼油中的 PCDDs、PCDFs 和类二噁英 PCBs，采用反流超临界二氧化碳（70℃，30MPa）提取可以去除 PCDDs、PCDFs 和类二噁英 PCBs 浓度总量的93%，毒性当量的 85%；随后的活性炭处理可以去除 PCDDs、PCDFs 和类二噁英 PCBs 浓度总量的 94%，毒性当量的 93%。与半分批萃取相比，少用 40% CO_2，而多产出 30% 精制鱼油。研究发现，反流超临界二氧化碳提取对类二噁英 PCBs 的去除非常有效，而活性炭处理则对 PCDDs、PCDFs 有比较好的处置效果，二者的有机结合具有非常好的可操作性，为开发有效的提取与去除技术提供了比较好的理论与技术支持。

第九节　超临界萃取技术在金属及形态分析方面的应用

多数金属对身体的健康是有益的，是身体所必需的营养元素，但是它们的浓度过大或者以非营养价态存在，便会严重地影响人体各器官的正常机能。例如 Cr(Ⅲ) 是相对无毒的，通常作为一种营养元素，但是 Cr(Ⅵ) 却是一种潜在的致癌物质。

有机金属化合物是一类比较特殊的化合物，有的可作为防腐剂、增塑剂，很大一部分作农药使用。如有机锡、有机汞等因其特殊的用途如防腐、杀虫、杀菌、催化剂、聚合物添加剂或有机合成的中间体等而被大量生产，导致有相当大部分进入环境中，尽管浓度很低，仍会对人体或生物造成重要伤害。但是并不是所有的有机金属化合物都有很强的毒性，像有机锡就是因取代基的不同所呈现的毒性就有很大有差异。三丁基锡、三苯基锡及其降解产物都是非常重要的污染物。但是它们的长期使用对环境造成了严重的污染，近年来对其污染状况及其环境行为逐步开展了大量的研究。因此，要对环境中存在的金属或有机金属化合物进行分析时就必须建立有效的方法，对元素的各种存在形态进行独立分析，才能得到对我们有重要参考价值的数据。

早期的形态分析方法主要集中在两个方面：一是靠特异性试剂；二是依赖色谱。特异性试剂有时很难达到我们所要求的检测限，因此色谱方法的应用还是比较多的。但是如果样品基质非常复杂，要得到真实的测定结果，就必须进行样品处理，而传统的萃取方法是否改变了金属形态存在的比例，一直是受到怀疑的。

超临界流体萃取技术因条件比较温和等优点受到人们的欢迎,近几十年的研究表明,超临界流体萃取技术在金属及有机金属化合物的萃取方面存在很大的优势,为进一步研究金属及金属有机合物在环境中的迁移转化等打下了良好的基础。超临界二氧化碳萃取水介质中的金属具有以下几个方面的优点[115]:

① 超临界二氧化碳萃取可以避免传统的溶剂萃取中要大量使用有机溶剂的缺点。

② 避免了有机溶剂的残留污染。

③ 在金属溶剂的萃取中,萃取过程的动力学是受质量迁移控制的。超临界流体具有低的黏度和高的溶质扩散能力,有很好的质量迁移特性,因此用超临界二氧化碳取代有机溶剂必将提高萃取速率。

④ 一般情况下,超临界流体的表面张力比有机溶剂要小得多,所以增加了分散相的表面积。

⑤ 超临界二氧化碳的溶解能力可以通过温度及压力进行调节,因此可以建立选择性萃取方法。

⑥ 在原子能的某些应用中,如铀的萃取,溶剂会发生水解或放射解作用,产生硝酸酯、硝基化合物、羧酸、酮等。超临界二氧化碳由于其惰性而不会发生类似的反应。超临界流体萃取技术在此方面的应用见表 7-5。

表 7-5　超临界流体萃取技术在金属及其形态分析方面的应用

基质	分析物	萃取流体组成	络合剂	文献
水	二丁基锡,三丁锡	CO_2	溴化乙基镁	116
水	一丁基锡,二丁基锡,三丁锡,一苯基锡,二苯基锡,三苯基锡,二环己基锡,三环己基锡	CO_2	四乙基硼氢化钠	117
水	二苯基锡,三苯基锡,三环己基锡	CO_2-HCOOH		118
食品	丁基锡,苯基锡,环己基锡	CO_2-HCOOH		119
底泥	丁基锡	CO_2-MeOH-HCl		120
底泥	丁基锡,苯基锡	CO_2	溴化己基镁	121
底泥	丁基锡	CO_2-MeOH	NaDDC	122
底泥	丁基锡,乙基锡,甲基锡,苯基锡,环己基锡	CO_2-MeOH	NaDDC	123
底泥	丁基锡,苯基锡	CO_2-HCOOH	APDC NaDDC	124
生物样品	丁基锡	CO_2-MeOH		125
组织样品,鱼样品	丁基锡,苯基锡	CO_2-MeOH,CO_2-HOAc	环庚三烯酚酮	126
纤维素	汞,甲基汞,二甲基汞	CO_2-MeOH	LiDDC	127
底泥	甲基汞	CO_2		128
底泥	三甲基铅,三乙基铅	CO_2-MeOH		129
城市垃圾	二乙基铅		DDC	130
固体样品	甲基砷,二甲基砷	CO_2	TGM	131
土壤及塑料样品	三甲基锡,三丁基锡,二丁基锡,三甲基铅,三乙基铅	$CHClF_2$		132 133

参考文献

[1] Wang L, Weller C L, Schlegel V L, Carr T P, Cuppett S L. Bioresour Technol, 2007, 99: 1373.

[2] Jenab E, Rezaei K, Emam-Djomeh Z. Eur J Lipid Sci Technol, 2006, 108: 488.

[3] Silva, T L D, Bernardo E C, Nobre B, Mendes R, Reis A. J Food Lipids, 2008, 15: 356.

[4] Yee J L, Walker J, Khalil H, Enez-Flores R J. J Agric Food Chem, 2008, 56: 5153.

[5] Brunner G. J Food Eng, 2005, 67: 21.

[6] Yee J L, Khalil H, Jimenez-Flores R. Lait, 2007, 87: 269.

[7] 谢新华，艾志录，王娜，潘治利，郑煜臻. 天然产物研究与开发, 2009, 21: 390.

[8] Melreles M A A, Zahedi G, Hatami T. J of Supercritical Fluids, 2009, 49: 23.

[9] Biscaia D, Ferreira S R S. J of Supercritical Fluids, 2009, 51: 17.

[10] Comim S R R, Madella K, Oliveira J V, Ferreir S R S. J of Supercritical Fluids, 2010, 54: 30.

[11] Mezzomo N, Martínez J, Ferreira S R S. J of Supercritical Fluids, 2009, 51: 10.

[12] Passos C P, Silva R M, Da Silva F A, Coimbra M A, Silva C M. J of Supercritical Fluids, 2009, 48: 225.

[13] Sánchez-Vicente Y, Cabanas A, Renuncio J A R, Pando C. J of Supercritical Fluids, 2009, 49: 167.

[14] Blanka Benová, Adam M, Pavlíková P, Fischer J. J of Supercritical Fluids, 2010, (51): 325.

[15] Liau B-C, Shen C-T, Liang F P, Hong S-E, Hsu S-L, Jong T-T, Chang C M J. J of Supercritical Fluids, 2010, 55: 169.

[16] Wu J-J, Lin J-C, Wang C-H, Jong T-T, Yang H-L, Hsu S-L, Chang C-M J. J of Supercritical Fluids, 2009, 50: 33.

[17] Couto R M, Fernandes J, da Silva M D R G, Simões P C. J of Supercritical Fluids, 2009, 51: 159.

[18] Langa E, Porta G D, Palavra A M F, Urieta J S, Mainar A M. J of Supercritical Fluids, 2009, 49: 174.

[19] Shi L, Ren F, Zhao X, Du Y, Han F. J Am Oil Chem Soc, 2010, 87: 1221.

[20] Matejová L, Cajthaml T, Matej Z, Benada O, Kluson P, Solcová O. J of Supercritical Fluids, 2010, 52: 215.

[21] Schneider M, Baiker A. Catal Today, 1997, 35: 339.

[22] Dutoit D C M, Schneider M, Baiker A. J Porous Mater, 1995, 1: 165.

[23] Schneider M, Baiker A. Catal Rev-Sci Engineer, 1995, 37: 515.

[24] Yang T-J, Tsai F-J, Chen C-Y, Yang C-C, Lee M-R. Anal Chim Acta, 2010, 668: 188.

[25] Iheozor-Ejiofor P, Dey E S. J of Supercritical Fluids, 2009, 50: 29.

[26] US EPA method 3560-TPHs. 1995.

[27] US EPA method 3561-PAHs. 1995.

[28] US EPA method 3562-PCBs and OCPs. 2007.

[29] 程能林. 溶剂手册. 第2版. 北京: 化学工业出版社, 1994: 29.

[30] Clifford A A, Westwood S A. Supercritial Fluid Extraction and Its Use in Chromatographic Sample Preparation. Glasgow: Blackle Academic and Professional, 1993: 1-38.

[31] Janda V, France J E, Wenclawiak B. Analysis with Supercritical Fluids: Extraction and Chromatography. Berlin: Springer, 1992: 3.

[32] Langenfeld J J, Hawthorne S B, Miller D J, Paliszyn J. Anal Chem, 1980, 28: 1153.

[33] Robertson A M, Lester J N. Environ Sci Technol, 1993, 72: 1015.

[34] Monin J C, Barth D, Perrut M, et al. Adv Org Geochem, 1988, 13: 1079.

［35］　Somenath Mitra，Nancy K Wilson. An Empirical method to pridict solubility in supercritical fluids. J Chromatogr Sci，1991，29：305.

［36］　Dooley K M，Ghonasgi D，Knoft F C. Environ Progr，1990，9：197.

［37］　Burford M D，Hawthorne S B，Miller D J. J Chromatogr A，1993，657：413.

［38］　Pawliszyn J J. Chromatogr Sci，1993，31：31.

［39］　Lutermann C，Willems E，Dott W，et al . J Chromatogr A，1998，816：201.

［40］　Hollender J，Shneine J，Dott W，et al. J Chromatogr A，1997，776：233 .

［41］　Lutermann C，Dott W，Hollender J. J Chromatogr A，1998，811：151.

［42］　King J W，France J B，Snyder J M. Fresenius' J Anal Chem 1992，344：474.

［43］　Lopez-Avila V，Dodhiwala N S，Beckert W F. J Agric Food Chem，1993，41：2083.

［44］　Lopez-Avila V，Benedicto J，Beckert W F. Herbicide metabolites in surface water. ACS Symposium Series 630. Washington D C：American Chemical Society，1996：63.

［45］　 Rochette E A，Harsh J B，Hill Jr H H. Tanlanta，1993，40：147.

［46］　Alzaga R，Bayona J M. J Chromatogr A，1993，655：51.

［47］　Hills J M，Hill H H，Maeda T. Anal Chem，1991，2152.

［48］　Ngygen D K，Bruchet A，Arpino P. Environ Sci Technol，1995，29：1686.

［49］　Wang J S，Chiu K. J Hazard Mater，2008，158：384.

［50］　Kumar P，Pal A，Saxena M K，Ramakumar K L. Radiochim Acta，2007，95：701.

［51］　Koh M，Yoo J，Ju M，Joo B，Park K，Kim H，Kim H，Fournel B. Ind Eng Chem Res，2008，47：278.

［52］　Vincent T，Mukhopadhyay M，Wattal P K. J of Supercritical Fluids，2009，48：230.

［53］　Chou W-L，Yang K-C. J Hazard Mater，2008，154：498.

［54］　Chou W-L，Wang C-T，Yang K-C，Huang Y-H. J Hazard Mater，2008，160：6.

［55］　Turner C，Eskilsson C S，BjÖrklund E. J Chromatogr A，2002，947：1-22.

［56］　Meyer A，Kleibohmer W. J Chromatogr A，1993，657：327.

［57］　Burford M D，Hawthorne S B，Miller D J，Braggins T. J Chromatogr，1992，609：321.

［58］　Yang Y，Hawthorne S B，Miller D J. J Chromatogr A，1995，699.

［59］　Langenfeld J J，Burford M D，Hawthorne S B，Miller D J. J Chromatogr，1992，594：297 .

［60］　Porter N L，Rynaski A F，Campbell E R，et al. J Chromatogr Sci，1992，32：367.

［61］　McDaniel L H，Long G L，Taylor L T，et al. J High Resolut Chromatogr，1998，21：245.

［62］　Vejrosta J，Karásek P，Planeta J. Anal Chem，1999，71：905.

［63］　Lee H，Peart T E，Hong-you R L，Gree D R. J Chromatogr A，1993，653：83.

［64］　Bøwadt S，Johansson B，Pelusio F，et al. J Chromatogr，1994，662：424.

［65］　Meyer A，Kleiböhmer W. J Chromatogr A，1993，657：327.

［66］　Deuster R，Ubahn N，Friedrich C，Kleiböhmer W. J Chromatogr A，1997，785：227.

［67］　Barnabas I J，Dean J R，Hitchen S M，et al. J Chromatogr Sci，1994，32：547.

［68］　Barnabas I J，Dean J R，Hitchen S M，et al. Anal Chim Acta，1994，291：261.

［69］　Howard A L，Yost K J，Taylor L T. Abstracts of the international Symposium on supercritical Fluid chromatography and extraction. Cincinnati，OH，1992：141.

［70］　Ezzell J L，Richter B E. J Microcol Sep，1992，4：319.

［71］　Murugaverl B，Voorhees K J. J Microcol Sep，1991，3：11.

［72］　Nam K S，Kapila A F，Yanders A F，et al. Chemosphere，1990，20：873.

［73］　Van der Velde E G，Dietvorst M，Swart C P，et al. J Chromatogr A，1994，683：167.

[74]　Alzaga R，Barcelo D，Bayona J M. Abstracts of the international Symposium on supercritical Fluid chromatography and extraction. Baltimore, MD，11-14th，1994.

[75]　Robertson A M，Lester J N. Environ Sci Technol，1994，28：346.

[76]　Zhou M，Trubey R K，Keil Z，et al. Environ Sci Technol，1997，31，1934.

[77]　Sangagi M M，Hung W P，Yasir S M. J Chromatogr A，1997，785：361.

[78]　Howard A L，Taylor L T，J. Chromatogr Sci，1992，30：374.

[79]　BerglÖf T，Koskinen W，Kylin H. Intern Environ Anal Chem，1998，70（1-4）：37.

[80]　Pace P F，Senseman S A，Ketchersid M L，Cralle H T. Arch Environ Contam Toxicol，1999，37：440.

[81]　Mmualefe L C，Torto N，Huntsman-Mapila P，Mbongwe B. Water SA，2008，34：405.

[82]　El-Aty A M A，Choi J H，Ko M W，Khay S，Goudah A，Shin H C，Kim J S，Chang，B J，Lee C H，Shim J H. Anal Chim Acta，2009，631：108.

[83]　Zougagh M，Bouabdallah M，Salghi R，Hormatallah A，RiosA. J Chromatogr A，2008，1204：56.

[84]　Rodil R，Carro A M，Lorenzo R A，Cela R. Chemosphere，2007，67：1453.

[85]　Quan C，Li S，Tian S，Xu H，Lin A，Gu L. J of Supercritical Fluids，2004，31：149.

[86]　Choi J-H，Mamun M I R，El-Aty A M A，Kim K T，Koh H-B，Shin H-C，Kim J-S，Lee K B，Shim J-H. Talanta，2009，78：348.

[87]　Stefani R，Buzzi M，Grazzi R. J Chromatogr A，1997，782：123.

[88]　Boulaid M，Aguilera A，Busonera V，Camacho F，Monterreal A V，Valverde A. J Environ Sci Health B，2007，42：809.

[89]　Kaihara A，Yoshii K，Tsumura Y，Ishimitsu S，Tonogai Y. J Health Sci，2002，48：173.

[90]　Zhao C，Hao G，Li H，Luo X，Chen，Y. Biomed Chromatogr，2006，20：857.

[91]　Rissato S R，Galhiane M S，de Sauza A G，Apon B M. J Brazil Chem Soc，2005，16：1038.

[92]　Ono Y，Yamagami T，Nishina T，Tobino T. Anal Sci，2006，22：1473.

[93]　Lancas F M，Rissato S R. J Microcolumn Sep，1998，10：473.

[94]　Aguilera A，Rodriaguez M，Brotons M，Boulaid M，Valverde A. J Agric Food Chem，2005，53：9374.

[95]　Wild S R，Jones K C. Environ Pollut，1995，88：91.

[96]　Halasall C J，Coleman P J，Davis B J，et al. Environ Sci Technol，1994，28：2380.

[97]　wild S R，Jones K C. Waste Manag Res，1994，12：49.

[98]　Dennis A J，Massey R C，McWeeny D J，Watson D H. Polynuclear Aromatic Hydrocarbons：Seventh International Symposium on Formation，Metabolism and Measurement. Cooke M W，dennis A J，ed. Columbus：Battelle Press，1982.

[99]　Hawthorne S B，Miller D J. Anal Chem，1987，59：1705.

[100]　Hawthorne S B，Langenfeld J J，Miller D J，et al. Anal Chem，1992，64：1614.

[101]　Howard A L，Yoo W J，Taylor L T，et al. J Chromatogr Sci，1993，31：401.

[102]　Hawthorne S B，Yang Y，Miller D J. Anal Chem，1994，66：2912.

[103]　Lage-Yusty M A，Alvarez-Perez S，Punin-Crespo M O. Bull Environ Contam Toxicol，2009，82：158.

[104]　Hills J W，Hill H H. J Chromatogr Sci，1993，31：6.

[105]　Lee H B，Peart T E，Hong-You R L，et al. J Chromatogr，1993，653：83.

[106]　Nilsson T，Bøwadt S，Björklund E. Chemosphere，2002，46：469.

[107]　Björklund E，Bøwadt S，Mathiasson L，Hawthorne S B. Environ Sci Technol，1999，33：2193.

[108] Pilorz K，Björklund E，Bøwadt S，Mathiasson L，Hawthorne S B. Environ Sci Technol，1999，33：2204.

[109] Hawthorne S B，Björklund E，Bøwadt S，Mathiasson L. Environ Sci Technol，1999，33：3152.

[110] Zhu X R，Lee H K. J Chromatogr A，2002，976：393.

[111] Miyawaki T，Kawashima A，Honda K. Chemosphere，2008，70：648.

[112] Kawashima A，Watanabe S，Iwakiri R，Hond K. Chemosphere，2009，75：788.

[113] Iwakiri R，Kawashima A，Matsubara A，Honda K. Kankyo Kagaku，2004，14：253.

[114] Kawashima A，Iwakiri R，Honda K. J Agric Food Chem，2006，54：10294.

[115] Erkey C. J Supercritical Fluids，2000，17：259.

[116] Alzaga R，Bayona J M. J Chromatogr，1993，655：51.

[117] Cai Y，Bayona J M. J Chromatogr Sci，1995，33：89.

[118] Oudsema J W，Poole C F. Fresenius'J Anal Chem，1992，344：426.

[119] Dachs J，Alzaga R，Bayona J M，et al. Anal Chim Acta，1994，286：319.

[120] Cai Y，Alzaga R，Bayona J M. Anal Chem，1994，66：1161.

[121] Chau Y K，Yang Y，Brown M. Anal Chim Acta，1995，304：85.

[122] Liu Y，Lópz-Ávila Alcaraz M，et al. Anal Chem，1994，66：3788.

[123] Cai Y，Ábalos M，Bayona J M. Appl Organomet Chem，1998，12：577.

[124] Kumar U T，Vela N P，Dorsey J G，et al. J Chromatogr，1993，655：340.

[125] Fernández-Escobar I，Bayona J M. Anal Chim Acta，1997，355：269.

[126] Wai C M，Lin Y，Brauer R，et al. Talanta，1993，40：1325.

[127] Emteborg H，Odman F，Karlsson L，et al. Analyst，1996，121：19.

[128] Johansson M，Berglöf T，Baxter D C，et al. Analyst，1995，120：755.

[129] Wenclawiak B W，Krah M，Fresenius'J. Anal Chem，1995，351：134.

[130] Li K，Li S F Y. J Chromatogr Sci，1995，33：309.

[131] Johansson M，Berglöf T，Baxter D C，et al. Analyst，1995，120：755.

[132] Wenclawiak B W，Krah M，Fresenius'J. Anal Chem，1995，351：134.

[133] Li K，Li S F Y. J Chromatogr Sci，1995，33：309.

第八章

免疫亲和固相萃取技术

第一节　概　　述

在用色谱、光谱、质谱等分析仪器对环境样品中某类或某种化合物进行分析测定之前，通常需要对样品进行萃取和净化，以达到分离富集被分析物、降低干扰的目的。常用的萃取技术有液液萃取（LLE）、固相萃取（SPE）、超临界流体萃取（SFE）等。液液萃取技术发展最早，是最经典的萃取技术，现在仍然是AOAC；美国EPA、FDA；欧盟及我国制订的环境污染物分析标准方法中常用的萃取技术。但是，液液萃取技术需要消耗大量的有机溶剂，对环境造成一定的破坏，而且费时费力，难以提高分析速度，所以，近年来有逐渐被固相萃取、超临界流体萃取等新型萃取方法取代的趋势。在AOAC、EPA制订的新标准中，固相萃取、固相微萃取、超临界流体萃取等新技术所占的比重有了显著的增加[1~3]。无论传统的液液萃取技术还是较新的固相萃取、固相微萃取、超临界流体萃取技术，萃取的原理是根据目标化合物和样品基质及干扰化合物的极性的差异来进行分离萃取的。这就不可避免地会遇到两个问题：一是极性相近的干扰物和目标化合物可能同时被萃取；二是如果目标化合物的极性很强，则提取难度增加。为解决这一问题，需要进一步开发特异性强的固相吸附剂或萃取技术。

免疫萃取技术是随着免疫技术在分析化学中的应用而发展起来的。目前研究最多的是免疫亲和固相萃取技术，其原理是将抗体固定在固相载体材料上，制成免疫亲和吸附剂，将样品溶液通过吸附剂，样品中的目标化合物因与抗体发生免疫亲和作用而被保留在固相吸附剂上。然后用酸性（pH 2～3）缓冲液或有机溶剂作为洗脱剂洗脱固定相，使目标化合物从抗体上解离，从而使目标化合物被萃取和净化。由于免疫亲和作用具有很高的特异性，所以免疫亲和柱可以很方便地从复杂样品基质中分离其他萃取方法难以萃取的目标化合物。

由于分子量小于1000的化合物一般不具有免疫原性，因此早期的免疫亲和萃取技术主要应用于生化分析中分离蛋白、激素、多肽等生物大分子[4,5]。直到20世纪80年代以后，随着小分子免疫技术的突破，才具备了用于萃取环境中小分子污染物的可能。90年代中期以后，应用免疫萃取技术进行环境污染物分析的报道逐年增加。

目前这种技术已被用于环境样品中农药及其代谢产物[6~8]、多环芳烃（PAHs）[9,10]、BTEX 化合物（苯、甲苯、乙基苯、二甲苯的总称）[11]、生物毒素[12~15]等的萃取。其中，一些生物毒素的免疫萃取装置已实现了商品化（表 8-1）。

表 8-1　市售生物毒素免疫萃取装置

生产商	商品名	目标化合物	基体	灵敏度
Vicam	AflaTest	黄曲霉毒素 B_1、B_2、G_1、G_2 及 M_1	饲料，食品，谷类，坚果，奶制品，干果，可可，茶叶	2×10^{-9}
	Afla B	黄曲霉毒素 B_1		$> 1 \times 10^{-9}$
	Afla M1	黄曲霉毒素 M_1	牛奶，饲料，食品，谷类	$> 20 \times 10^{-12}$
	Afla Ochra HPLC	黄曲霉毒素 G_2 及赭曲霉毒素 A		0.25×10^{-9}
	OchraTest	赭曲霉毒素 A	坚果，咖啡，啤酒	0.2×10^{-9}
	DON；DONtest TAG	呕吐毒素		0.5×10^{-6}
	DONtest HPLC	呕吐毒素		100×10^{-9}
	FumoniTest	伏马菌素 B_1、B_2	饲料，谷类	10×10^{-9}
	ZearalaTest	玉米烯酮	饲料，粮食	$(2.5 \sim 10) \times 10^{-9}$
Rhone Diagnostics	Aflaprep & Easi-extract aflatoxin	黄曲霉毒素 B_1、B_2、G_1、G_2	饲料，粮食	$> 2.4 \times 10^{-9}$
	Ochraprep	黄曲霉毒素 A		$(20 \sim 45) \times 10^{-12}$
	Aflaprep M	黄曲霉毒素 M_1		$> 20 \times 10^{-12}$
	Fumoniprep	伏马菌素 B_1、B_2、B_3		400×10^{-9}
	Easi-extract	玉米烯酮		0.12×10^{-9}
Neogen	Aflatoxin column 5	黄曲霉毒素 B_1、B_2、G_1、G_2	饲料，粮食	$< 4 \times 10^{-9}$
R-Biopharm	Rida Aflatoxin column	黄曲霉毒素 B_1、B_2、G_1、G_2、M_1	食品，饲料	1×10^{-9}
	Rida Ochratoxin A column	赭曲霉毒素 A	食品，饲料	10×10^{-9}

免疫亲和固相萃取技术的成功与否一般由如下因素决定。

（1）抗体　根据不同要求，制备的多克隆或单克隆抗体应具有较高效价，并对某个目标化合物具有特异性，或者对某类化合物的特征基团具有特异性。

（2）抗体的固定化　通过共价结合、包埋、生物分子捕获等方法将抗体固定在固相载体上，制成的免疫亲和吸附剂应尽可能保持抗体的生物活性。

（3）免疫吸附剂的性质　包括固定化抗体在载体上的结合密度、免疫吸附剂的容量（保留目标化合物的能力）及免疫吸附剂的贮存寿命和使用寿命。

（4）免疫萃取的条件　其中选择合适的洗脱条件是获得较高回收率和重现性的重要条件，其他如溶液流速、非特异性结合等也是重要的影响因素。

通常，液体样品只需进行简单的过滤和调节 pH 值后就可以用免疫萃取柱进行萃取和分离。与传统液液萃取方法和固相萃取方法相比，免疫萃取不需对样品进行进一步净化，从而简化了样品前处理步骤。和传统的固相萃取方法一样，免疫萃取柱可以方便地实现和气相色谱、液相色谱的在线或离线联用，这有利于实现自动化，提高检测速度。由免疫反应所提供的特异性使免疫亲和固相萃取技术在萃取一些强极性化合物方面具有特殊的优势。另外，对于样品中的痕量目标化合物，传统固相萃取方法常常因为干扰化合物远远超过目标化合物而无法分析，而利用免疫亲和萃取方法则可以方便地实现痕量目标化合物的萃取与富集。近年来的研究进展也证明了免疫萃取技术是一项很有发展潜力的萃取技术。本文将对免疫萃取技术的开发所涉及的主要技术环节及应用情况进行介绍。

第二节　抗体的制备

抗体是动物机体在抗原刺激下，由 B 细胞分化成熟的浆细胞合成的，并能与抗原特异性结合的一类球蛋白，亦称免疫球蛋白（Immunoglobulin，Ig）。高等哺乳动物体内一般有 4 种免疫球蛋白，即 IgM、IgG、IgA、IgE，在免疫分析中常用的是 IgG。IgG 的分子量为 150～160kD，在动物血清中的含量约为 6～16mg·mL^{-1}，占血清蛋白总量的 75%[16]。IgG 的基本结构类似英文大写的"Y"形，如图 8-1 所示。IgG 由两条轻链（图中浅色部分）和两条重链（图中深色部分）组成，轻链和重链及重链和重链之间通过二硫键（—S—S—）连接。重链从其氨基端开始的 1/4 区域和轻链从其氨基端开始的 1/2 区域内的氨基酸组合成抗原结合部位。由图 8-1 可以看出，一个 IgG 分子可以有两个抗原结合部位。用木瓜蛋白酶水解 IgG，可以得到两个 Fab 片段和一个 Fc 片段。同种生物的 IgG，Fc 片段基本保持不变，称为稳定区，该区域有与金色葡萄球菌蛋白 A

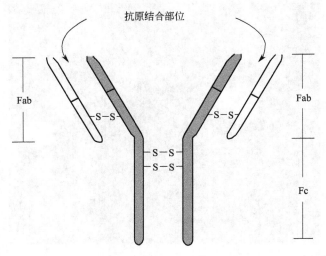

图 8-1　抗体基本结构示意图

结合的位点；Fab 片段从其氨基端开始的 1/2 区域，对不同的抗原有不同的氨基酸序列和空间结构，称为可变区，该区域是抗原识别部位。由于 IgG 分子的抗原识别部位在"Y"形结构的最顶端，这对于抗体的固定化具有重要意义：人们可以通过与 Fc 片段的特异性结合而把抗体固定在固相载体上，同时使抗原结合部位充分暴露，以保持抗体的活性。

凡能刺激肌体产生抗体，并能与之结合引起特异性免疫反应的物质称为抗原。物质刺激肌体产生抗体的特性称为免疫原性，与相应抗体发生免疫亲和反应的特性称为反应原性。对一些大分子物质，如蛋白、多糖来说，既有免疫原性又有反应原性，因此可以直接用来免疫动物制备抗体，这些物质又称为完全抗原。而对于环境分析中的大多数目标化合物来说，由于分子量较小，所以只具有反应原性而不具有免疫原性，不能直接刺激肌体产生抗体。但是，可以通过化学反应将目标化合物或目标化合物的特征结构结合到载体蛋白上，使之获得免疫原性，然后免疫动物，即可得到目标化合物或特征结构的抗体。这是小分子化合物免疫化学依据的基本原理。

抗体与抗原反应的一个最显著的特点是反应的特异性。这是因为在免疫反应中，在抗体的抗原结合部位，氨基酸组成了非常精致的三维结构，可以与抗原分子的空间结构实现高度互补（图 8-2），这种化学结构与空间构型的高度互补性，决定了抗体和抗原反应的特异性。但这一特异性又是相对的，一些与抗原分子的抗原决定簇具有相似结构的化合物也可以因为与抗体蛋白的抗原结合位点具有一定的互补性而被结合；另外，如果两种化合物具有部分相同的结构，而这个共同的结构恰好是抗原决定簇，那么这两种化合物都可能被抗体结合。

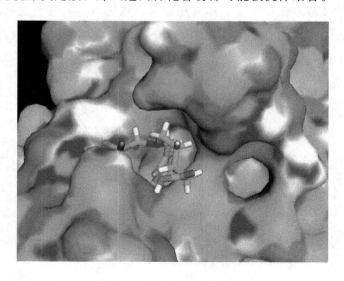

图 8-2　抗体与抗原结合的空间互补性（PDB 编号：1KEL）

　　抗体与抗原反应的另外一个特点是反应的可逆性，这也是免疫亲和萃取能够进行的基础。抗原与抗体分子是通过范德华力、静电引力、氢键、疏水作用等非共价相互作用结合在一起的。由于通过非共价键结合，所以抗体与抗原分子结合形成抗体-抗原复合物的过程是一个动态平衡过程。一般如下反应式表示：

$$\text{Ab} + \text{Ag} \xrightarrow{K} \text{Ab-Ag}$$

　　平衡常数 K 又称结合常数，表征的是抗体的亲和力，抗体与抗原的结合常数可达到 $10^5 \sim 10^{10} \text{ L} \cdot \text{mol}^{-1}$[17]。结合常数越高说明抗体的抗原结合位点与抗原在空间位置上的互补性越高，两者结合牢固，不易解离。

一、半抗原的设计与人工抗原的制备

　　如前所述，小分子化合物不能使动物机体产生免疫反应。在免疫分析中，小分子化合物抗体的制备通常是将该化合物或化合物的特征部分与蛋白大分子结合，使之获得免疫原性，然后刺激机体产生抗体。抗体可以特异性地与目标化合物结合，发生免疫反应。这种仅具有和相应抗体结合的免疫反应性，而没有免疫原性的物质叫做半抗原。与半抗原结合，并使其获得免疫原性的蛋白质叫做载体。载体与半抗原的复合物叫做人工抗原或完全抗原。半抗原通常通过一个双功能化合物（即分子两端都具有活性功能团的化合物）结合在载体蛋白上，这段化合物称为连接臂或间隔臂。半抗原的设计和合成是影响抗体的选择性和特异性的关键步骤，也是一个免疫亲和萃取方法能否成功建立的关键。一般而言，在半抗原和人工抗原的设计和制备过程中应综合考虑以下几个主要因素[18]：

　　① 半抗原的化学结构在大小、几何形状、化学组成、电荷分布等条件应尽量与目标化合物类似，尤其是要保留目标化合物的特征分子部分。很多情况下，以化合物的特征分子部分作为半抗原的主体，免疫动物制备的抗体对目标化合物都具有较好的特异性和选择性。

　　② 避免用对免疫反应有重要作用的功能基团（如—NH_2，—NO_3 等）与连接臂结合。因为与连接臂分子结合后，这些基团的化学特性将可能发生很大变化，从而可能对生物体的免疫响应产生"误导"，使机体产生的抗体不能很好地识别目标化合物。

　　③ 由于抗体的特异性和选择性与半抗原上的分子在免疫系统中的暴露状况有关，因此，连接臂与半抗原的结合位点应尽量远离半抗原分子的特征位点。

　　④ 尽量避免在连接臂上出现杂原子（如 N、S、P 等）和吸电子基团，因为这些基团可能影响半抗原的电子分布，使半抗原与目标分子的相似性降低，影响免疫效果。常用的间隔臂一般由一个或几个亚甲基基团组成。

　　⑤ 间隔臂的长度应适中。间隔臂的作用一方面是将小分子连接到载体蛋白上；另一方面是将小分子突出，使其免受载体蛋白屏蔽效应的影响。间隔臂的长

度以 3～6 个分子距离为宜，太长的间隔臂会因空间折叠而减弱目标分子结构在免疫系统中的暴露。但是，对分子尺寸比较大的半抗原，间隔臂的重要性降低。

　　与放射性标记免疫分析（RIA）、酶联免疫分析（ELISA）、免疫传感器（Immunosensor）等免疫分析方法不同，免疫亲和萃取对抗体的特异性要求可以相对较低，因为目前使用免疫亲和萃取或免疫亲和色谱的主要目的是将样品基质中难以用常规方法去除的干扰物，如腐殖酸等去除，而且可以将免疫亲和柱的洗脱液送入色谱柱进一步分离，所以在实际应用中，具有"分类识别"（Class-se-lective）能力，即对某一类化合物具有亲和能力的抗体可能更具有实用价值。"分类识别"抗体的制备可以通过在半抗原分子上有意识地突出此类化合物的特征分子结构来实现。

　　由于抗原与抗体的结合是通过非共价相互作用实现的，因此，可以利用计算机分子模型，通过分析半抗原分子与目标抗原分子之间的相似性来指导半抗原的选择与合成[19～22]。通常考察的参数为分子的空间构型、电子分布等。例如，对于目标化合物 2，4，6-三氯苯酚（2，4，6-TCP），可以在如图 8-3 所示的四个位置（1～4）衍生化，制备半抗原[20]。为进一步优化选择与目标化合物性质最相近的半抗原，利用半经验 MNDO 和 PM3 数学模型对这些化合物的空间构型、总电荷、苯酚环各碳原子上的电荷分布等进行分析，发现在 1 号位置衍生所制备半抗原与目标化合物的上述性质最为接近。进一步的 ELISA 实验证明，利用该半抗原制备的抗体对 2，4，6-TCP 具有很高的特异性。

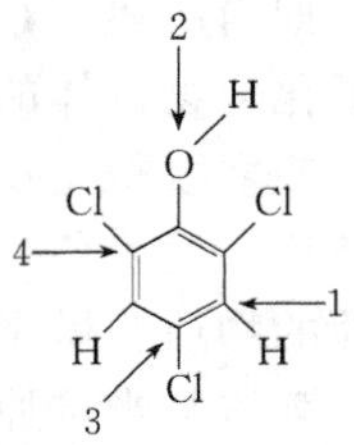

图 8-3　2，4，6-TCP 半抗原的衍生化位置

二、多克隆抗体的制备

　　用抗原免疫动物后得到的动物血清（抗血清），是由体内分别针对抗原物质上的多个抗原决定簇的多个 B 细胞克隆发生应答后产生的，因此叫多克隆抗体。最早用于免疫研究的抗体就是多克隆抗体。对同一抗原决定簇，动物也可产生不同族、亚族和不同亲和性的抗体，即使同一抗原用同一剂量免疫，也可因动物的种类和采血时间的不同，使血清中抗体的组成各异。因此，常规免疫血清中的抗体是多种多样的。

　　通过常规免疫制备多克隆抗体的基本方法是：用剂量约为 $0.5 \text{mg} \cdot \text{kg}^{-1}$ 体重的抗原和等体积的佛氏完全佐剂充分混合，形成稳定的油包水胶体，再加入 $0.1～0.2 \text{mL}$ 灭活的划痕卡介苗，使浓度约为 $0.1～0.2 \text{mg} \cdot \text{mL}^{-1}$ 佐剂，混匀。免疫家兔，致敏。家兔一般选用年龄 6 个月左右，体重约 3kg 的健康新西兰大白兔，2～3 只。此后，每间隔 7～10d 加强免疫一次，加强免疫时用佛氏不完全佐剂与抗原等体积混合。一般加强免疫 3 次即可，但第 3 次加强免疫之前，应取兔耳缘静脉血做抗体效价测定，以确定加强免疫的次数。当抗体的效价达到满意的结果时，将家兔麻醉，进行颈动脉放血。一般每只家兔可收集兔血 100～150mL。收集的血液室温放置 1～2h，然后在 4℃冰箱中过夜，使血清析出。用滴管吸取上层血清，下层血清和血浆混合物在 1500r 离心 10min，将血清和血浆分离。血清中加入 NaN₃（NaN₃ 的最终浓度为 0.2‰），分装，－20℃保存。

在一些免疫分析（如 ELISA、RIA）中，可直接用抗血清进行分析。但在免疫亲和萃取中，因为要对抗体进行固定化，所以需要从抗血清中分离纯化 IgG。常用的纯化方法主要有硫酸铵沉淀法、离子交换柱色谱法、蛋白质 A 吸附法等，具体操作可参阅相关文献[23,24]。

三、单克隆抗体的制备

根据抗体产生的克隆选择理论，哺乳动物体内每个淋巴细胞都有独一无二的受体特异性，因此而预先受到了约束，在受到适当抗原刺激后，只产生一种抗体。单克隆抗体是由一个抗体产生细胞与一个骨髓瘤细胞融合而产生的杂交瘤细胞经无性繁殖而来的细胞群所产生的，所以它的免疫球蛋白属同一类别，而且因为它是针对单一抗原决定簇的，因此特异性强，亲和性也一致。单克隆抗体的制备是建立在经细胞融合而获得的杂交瘤细胞基础上的。选经目标抗原免疫的小鼠脾细胞与体外培养的骨髓瘤细胞［经 8-氮鸟嘌呤或 5-溴脱氧尿嘧啶核苷诱导产生的代谢缺陷型细胞，无胸苷激酶（TK）或次黄嘌呤鸟嘌呤磷酸核糖转移酶（HGPRT）］，用聚乙二醇（PEG）等融合剂融合，然后将细胞悬浮在含次黄嘌呤、氨基嘧啶和胸腺嘧啶的培养液中，加入到 96 孔微量培养板培养。未融合的脾细胞在体外不能长期存活而死亡，骨髓瘤细胞也因为缺少次黄嘌呤鸟嘌呤磷酸核糖转移酶（HGPRT），不能合成核酸也将死亡。只有脾细胞和骨髓瘤细胞融合生成的杂交瘤细胞因为具有从脾细胞带来的 TK 和 HGPRT 而可以长期存活并生长繁殖。

如下是笔者实验室制备小分子化合物单克隆抗体的标准操作规程（SOP），供同行参考。

（一）动物免疫

1. 基础免疫

一般的基础免疫动物选择 6～8 周龄的雌性 BALB/C 小鼠，小鼠体重以 16～18g 为宜。

免疫的抗原用生理盐水溶解、稀释，将 1mg 抗原中加入 1mL 生理盐水至终浓度为 1mg·mL⁻¹。佐剂选择 SIGMA 公司福氏完全佐剂。

按照高、中、低三个剂量用生理盐水稀释抗原，高剂量按 60μg·只⁻¹，中剂量按 30μg·只⁻¹，低剂量按 5μg·只⁻¹准备。稀释后的抗原与等体积的福氏完全佐剂混匀，混匀到油包水的状态即可，以滴入水中不会散开为好。再以 $0.2mL \cdot 只^{-1}$，小鼠腹部皮下及脚掌多点注射，腹部约 15 点，每个脚掌各一点，腹股沟各一点。

2. 加强免疫

首次加强免疫与基础免疫间隔时间为 3 周，免疫佐剂选择 SIGMA 公司福氏不完全佐剂，免疫剂量及方法同前。

第二次加强免疫与首次加强免疫间隔 2 周，免疫佐剂和方法同首次加强免疫，除低剂量组外，其他组剂量减半。

以后每次加强免疫与前一次加强免疫间隔时间均为 2 周，免疫佐剂和方法、剂量同第二次加强免疫。

3. 血清鉴定

第二次加强免疫后 7d 即可眼周采集免疫鼠血液进行抗体鉴定。

（1）采血　用 0.5mm 直径的毛细管扎眼角采血约 $100\mu L$，插入到 1.5mL EP 管中，立即用洗耳球将血吹出以免凝固，碘酒擦小鼠眼睛消毒，4℃过夜后 $3000r \cdot min^{-1}$ 离心 5min 收集上清液。

（2）测效价　一般包被抗原 $2\mu g \cdot mL^{-1}$，血清从 1∶100 开始 1∶5 梯度稀释，用酶稀释液进行稀释，结果效价在 1∶10^4 以上时为合格，我们将最高 OD 值的一半对应的稀释倍数认定为效价。

（3）测竞争　包被抗原 $2\mu g \cdot mL^{-1}$，标准品从 $1\mu g \cdot mL^{-1}$ 开始 1∶5 梯度稀释，血清稀释根据测效价结果，选取 OD 值为 1.5 左右的稀释倍数进行竞争测定，结果 IC_{50} 在 200×10^{-9} 以下较好。

（二）细胞融合

1. 融合小鼠冲击免疫

融合前 3d，选效价好且竞争好的小鼠进行冲击免疫，方法为尾静脉注射，抗原加生理盐水共 $200\mu L$，抗原的剂量和基础免疫的剂量相同，其中 $5\mu g$ 的抗原剂量需加倍。

2. 融合用饲养细胞准备

取小鼠腹腔中的饲养细胞用于获得饲养细胞分泌的生长因子，一只小鼠可铺板 3 个 96 孔板。

在培养皿中加入 35mL 的 16％FBS 的 HAT 培养基。

将小鼠脱颈致死，放入 100mL 75％的乙醇中消毒 1～3min，取出后，放入超净台，用镊子将小鼠腹部的外层皮肤剪开，上下用力拉，使小鼠的整个腹腔与皮肤分离暴露，喷洒 75％的酒精，对腹腔膜进行消毒。

用 5mL 或 10mL 一次性注射器从培养皿中吸取 5～10mL 培养基，小心注入小鼠腹腔轻轻按压 1min，吸取腹腔内的培养基打入培养皿中。

将培养皿中的饲养细胞混合均匀后加入 96 孔板（$100\mu L \cdot 孔^{-1}$），37℃、5% CO_2 培养箱中培养。

3. 融合用 SP2/0 细胞准备

融合前 4 天复苏一只或两只 SP2/0 细胞，待密度达到 50% 左右可扩皿，需要扩成至少 4 个皿，每天传代一次，调整好密度，按经验保证在融合时其密度应在 80% 左右。每皿加入 12mL 的 10% 血清 DMEM 完全培养基。

注：SP2/0 细胞的状态对细胞融合很重要，若用含 8-氮杂鸟嘌呤的培养基（8-AG）筛选，那么 SP2/0 在融合前至少 2 周应停止使用 8-AG 筛选培养基，使用前保证 SP2/0 细胞的生长密度为 80% 左右为宜，并保证 SP2/0 细胞在细胞融合时处于对数生长期。

4. 小鼠脾脏细胞获取

① 准备好手术器械、2 个培养皿，每个培养皿加入 10mL SF 培养基，将细胞过滤筛放入第二个培养皿中，并盖好。

② 将待融合鼠摘眼球取血至 1.5mL EP 管，将血做好标记，常温放置 2h 后，4℃过夜，第二天离心取上清，−20℃冻存备用；摘眼球取血后老鼠颈椎脱臼处死，老鼠放到盛有 100mL 75% 酒精的小烧杯中，浸泡时间不要超过 5min，准备取脾。

③ 将处死的老鼠从烧杯中取出，放到手术台中，喷酒精消毒后置于超净台中，老鼠侧放，左侧在上暴露，用一把镊子夹起腹中线皮肤，剪刀剪开一小豁口（注意不能剪太深，以防剪破腹膜）。换一把干净镊子撕开皮肤，暴露腹膜，喷酒精消毒，换干净镊子，在酒精灯外焰中消毒，等其冷却后在离脾脏稍远位置夹起腹膜，用干净剪刀（酒精灯外焰中消毒）先剪开一小口，再依次沿着脾脏周围一直剪开，换用干净的剪刀和镊子（酒精灯外焰中消毒），用镊子夹起脾脏，将其拉出，用剪刀尽可能剪去周围粘连的脂肪，完成后，将取出的脾放到事先准备好的第一个培养皿中涮洗，之后放入第二个培养皿的细胞筛网上，用无菌的 2mL 注射器胶塞轻轻研磨脾脏，使脾脏组织分散为脾细胞，研磨结束后，用 5mL 移液管取 3～5mL SF 培养基冲洗细胞筛网，使上面的细胞通过筛网流至下面的培养皿中，并混匀所得细胞液，将其转移至 15mL 离心管中，静置 5min，等组织块沉降后取上清液转移至新的 15mL 离心管，混匀细胞液取样 $500\mu L$ 用于计数。

5. SP2/0 细胞和脾细胞的融合

按照 SP2/0 细胞：脾细胞＝1：（5～10）的比例进行混合，$1200r \cdot min^{-1}$ 离心 5min。离心结束后，弃上清液，用 SF 培养基 30mL 重悬，$1200r \cdot min^{-1}$ 离心 5min，离心后弃上清液（最后一次离心时弃上清液后上清液必须甩干，以免将 PEG 稀释）。

　　细胞沉淀用手指轻轻拍散后准备融合，吸取 PEG 1mL（37℃预孵育），逐滴滴加到混合的细胞中，在 20s 内滴加完成，滴加完成后，轻轻吹吸混匀 20s；结束后静置 90s，取出孵育的终止液 15mL，准备终止反应；用电动移液器和 5mL 移液管滴加终止液，先慢后快，于 2min 内滴加完成，同样边滴加终止液边轻轻晃动离心管混匀，滴加完成后，用移液管轻轻搅动细胞以免细胞沉底。终止反应结束后，1200r·min^{-1} 离心 5min，弃上清液。

　　细胞沉淀用 10mL HAT 重悬，转移至加有 HAT 的培养基中，混匀后加入培养皿中，铺板到 96 孔板中，每孔 100μL。铺板后放于 37℃、5%CO$_2$ 培养箱中培养。

　　细胞融合后需将 HAT 培养基换为 HT 培养基，换液方式因融合后细胞克隆的长势和数量而略有不同。若集落较大，一个孔细胞总量有几百个细胞（近千个），5d 后换全液 HT 培养基，吸出 180μL，加入 200μL HT 培养基，2d 后筛选；集落稍大（一个孔一二百个细胞），6d 后换全液 HT 培养基，2d 后筛选；集落特别小（一个孔几十个细胞），5~7d 后换半液 HAT 培养基，吸走 100μL、加入 120μL，3d 后换全液 HT 培养基，1d 后筛选。

（三）细胞筛选

　　细胞筛选分为初筛和复筛，初筛为筛选阳性孔，复筛为筛选有竞争的孔。

1. 初筛

　　杂交瘤细胞在融合 10d 左右即可进行筛选，笔者研究小组采用 ELISA 方法检测阳性细胞株，包被抗原为与免疫抗原不同的载体蛋白偶联的抗原（2μg·mL^{-1}），每孔吸 100μL 细胞上清液到酶标板中，做好标记，并设定阴性、阳性对照，酶稀液为阴性对照，融合鼠的血清为阳性对照，血清 100 倍稀释，37℃孵育 1h，加羊抗鼠酶标二抗，每孔 100μL，37℃孵育 30min，TMB 显色 10min 后终止，酶标仪读数。细胞上清液取出后及时补液，补液为 120μL HT 培养基，并将阳性高的孔标记好顺序。

2. 复筛

　　第二天将标记好的阳性高的孔取出 120μL 上清液用于竞争检测，左侧酶标板：50μL 酶稀释液＋50μL 细胞上清液为对照；右侧酶标板：50μL 一定浓度的标准品（用酶稀释液配制）＋50μL 细胞上清，37℃孵育 1h 加羊抗鼠酶标二抗，每孔 100μL，37℃孵育 30min，TMB 显色 10min 后终止，酶标仪读数。OD 左侧酶标板/OD 右侧酶标板，比值高的孔为竞争结果好的，选择 OD 值高的且竞争好的孔进行亚克隆并转入 24 孔。

　　阳性细胞株稳定性及抗体性能鉴定：阳性细胞转入 24 孔后，待细胞长势较好并达到一定数量时（细胞生长约占孔底面积的 1/4~1/3），可取样检测滴度和特异性、交叉反应性等，测滴度一般从 1:1 开始 3 倍或 5 倍梯度稀释，然后根据滴度结果测抗体特异性和交叉反应性，标准品浓度根据最终抗体所要达到的灵敏度来进行稀释。

（四）亚克隆

由于融合早期的杂交瘤细胞很不稳定，易丧失抗体分泌能力，因此应尽早进行亚克隆（细胞生长约占孔底面积的 1/4～1/3）。亚克隆一般需要进行 2～3 次，细胞即可稳定下来，第一次亚克隆可接每孔 5 个细胞左右以保住阳性，即一板铺 750 个细胞；第二次亚克隆可接每孔 3 个细胞左右，即一板铺 450 个细胞；最后一次亚克隆接每孔一个细胞，即一板铺 150 个细胞。亚克隆前需铺饲养细胞，用含 16％血清的 HT 培养基，方法同细胞融合前铺饲养细胞。

亚克隆后一周左右可进行亚克隆筛选，待克隆长势较好，一个克隆有几十个细胞以上时可取样筛选，包被抗原 2μg·mL^{-1}，取上清液 100μL 检测阳性，选择阳性高的，并尽量选择单克隆的孔，待细胞长势好并长到一定数量后转入 24 孔（细胞生长约占孔底面积的 1/4～1/3），转孔前需在 24 孔板中铺饲养细胞，转孔后 24～72h 进行滴度测定，选择滴度高的孔再次进行亚克隆，直至 100％的孔为阳性。选出几株滴度高的且为单克隆的细胞株进行扩大培养，冻存保种，每株冻存需 5 只以上，最后选出最好的一株细胞用于腹水制备，选出来的细胞株可进行亚类测定。

（五）腹水制备

（1）打降植烷　在腹水制备前 7～10 天，需打降植烷于 BALB/C 经产鼠（未怀孕）腹腔内，每只鼠 200μL。

（2）注射杂交瘤细胞　调整细胞至对数期，打降植烷 7～10d 后，将皿底细胞吹起，计数，取出足量细胞，每只鼠需注射 $2×10^6$ 个，1200r·min^{-1} 离心 5min 后，弃上清液，用生理盐水洗 2 遍，再用生理盐水稀释杂交瘤细胞，每只鼠注射 0.2～0.5mL。

（3）取腹水　注射杂交瘤细胞后，注意观察小鼠肚子，一般在第 6～7 天后小鼠肚子鼓起，此时可取腹水，采用多次少取的方式取腹水。准备 50mL 离心管，将 20mL 注射器针头插在小鼠腹部，注意不要扎到小鼠内脏，下面放 50mL 离心管，来回抽动针头，腹水便留到离心管中，每次取 3mL 左右，每天观察小鼠肚子，若鼓起便取腹水，一般取 3～5 次，直到取完为止。若腹水中有血，需要立即 3000r·min^{-1} 离心 5min，取上清液，注意不要吸上层的白色部分（即降植烷），腹水需放置于 −20℃保存。

腹水鉴定合格后，用 Protein A 亲和柱按照说明书对抗体进行纯化。

四、多克隆抗体与单克隆抗体的比较

商品化的免疫吸附剂或免疫亲和柱一般采用单克隆抗体。这是因为单克隆抗体可以在培养液中大量制备，并且抗体具有良好的均一性，便于产品的质量控制。另外，对于同样浓度的单克隆抗体和多克隆抗体来说，单克隆抗体溶液中对目标化合物的结合位点相对较多，因此，用单克隆抗体制备的免疫亲和吸附剂可以得到比较高的吸附容量[25,12]。

与单克隆抗体相比，多克隆抗体具有制备简单、费用低廉、制备周期短等特点，因此许多研究者在对某种化合物的免疫萃取方法进行初步研究时，多采用多克隆抗体，这样可以节省大量的前期准备时间及费用。并且，通过用不同半抗原平行免疫多只动物，然后对所获得的相应抗体的免疫萃取能力进行综合评价，可以选择出最佳的半抗原，用于后期商业生产中单克隆抗体的制备。

五、抗体的选择

与其他免疫分析方法（ELISA、RIA、Immunosensors）不同，免疫亲和柱中所用的抗体与目标化合物的亲和力必须适中。通常，在免疫亲和萃取或亲和色谱中，所用抗体的解离常数（K_d）应在 $10^{-8} \sim 10^{-7}$ mol·L^{-1} 之间，如果免疫吸附剂是用亲和力较高（$K_d < 10^{-10}$ mol·L^{-1}）的抗体制成的，那么，在洗脱时就需要比较严苛的条件才能将目标化合物洗脱下来，这就会导致对某些不稳定化合物的回收率降低，并且会降低免疫吸附剂的使用寿命。相反，如果抗体的亲和力太低（$K_d > 10^{-6}$ mol·L^{-1}），则免疫亲和柱从液相中萃取目标化合物的能力就会显著降低，结果会导致对溶质的分离能力差、分析物流失[26]。

对多克隆抗体来说，通常用亲和性选择的方法选择亲和性适中的抗体。一般的步骤是：将目标化合物固定在载体上，装柱，抗血清通过这个柱子而被捕获；然后，用洗脱液，不断降低 pH 值，进行梯度洗脱 [例如：用 0.2 mol·L^{-1} 的 Na_2HPO_4 +（0~100%）（体积分数）的 0.1 mol·L^{-1} 醋酸]或者不断提高离液剂（chaotropic agent）的浓度（例如：用 0~3 mol·L^{-1} 的 NaSCN），选择洗脱条件比较温和的抗体制备免疫亲和柱[26,27]。同样，在制备单克隆抗体时也要选择分泌的抗体既具有特异性，又具有比较温和的解离条件的杂交瘤细胞进行克隆化。

但是，需要指出的是，多克隆抗体不适于制备商业化免疫亲和柱。因为一般一支免疫亲和柱需要结合 mg 级的抗体，多克隆抗体的产生方式显然难以满足这么巨大的需求。因此，适用于制备商业化免疫亲和柱的抗体必须满足如下条件：

①单克隆抗体；②细胞分泌量大且稳定；③抗体对目标物的亲和力适中；④抗体对目标物的选择性满足要求。

第三节　免疫吸附剂

一、固相载体材料的选择

用于固定化抗体的固相载体材料的选择是影响免疫萃取柱性能的重要条件之一，一般而言，用于固定化抗体的载体材料应该具有以下特点：①具有化学和生物学稳定性；②表面容易连接—NH$_2$、—COOH、—OH等活性基团，即容易被活化；③力学性能强；④颗粒均匀；⑤有较大的孔径（一般在5~400nm）；⑥亲水性强，不容易产生非特异性吸附；⑦具有较强的耐压能力，可与HPLC等仪器在线联用。表8-2列举了一些常用的商品化固相载体材料。

表8-2　商品化固相载体材料

商品名	生产商	商品名	生产商
AvidGel/AvidGel CPG	Bioprobe	TSK Gerl Toyopearl	TOSOH
BioGel/Affi-Gel	BioRad	Emphaze	Pierce
Fractogel	EM Separatins	HiPAC	ChromatoChem
HEMA-AFC	Alltech	POROS	Perseptive
Reactigel	Pierce	Protein-Pak Affinity Packings	Waters
Sepharose/Superose/Sephacryl	Pharmacia	Ultraaffinity-EP	Bodman
Trisacryl/Ultrogel	IBF		

这些常用固相载体所用的化学材料主要是：琼脂糖、纤维素、聚合物（如：聚甲基丙烯酸酯衍生物，乙烯或聚苯乙烯亲水性有机聚合物等）、硅土、玻璃珠等[25,28,29]。在离线免疫萃取柱中以琼脂糖应用较多，它具有化学稳定性强、非特异性吸附少等优点，而且已有商品化的活化琼脂糖出售，比如常见的CNBr活化Sepharose等。

琼脂糖的缺点是机械稳定性差，在高压下容易被压缩变形，因此，以这种固相载体装填的免疫亲和萃取柱不能与HPLC等仪器在线联用。而且这种免疫亲和萃取柱的加样方式一般是依靠重力或在较低的流速下加入样品，萃取时间较长。琼脂糖载体的另一个缺点是生物稳定性差，在储存中容易发生生物降解。

在线免疫萃取中常选用耐压性能较强的硅土、多孔玻璃等作为固相载体材料，其中以硅土最为常用。硅土的孔径一般在5~400nm，具有很强的亲水性，可以和许多种功能基团键合而被活化。常用来活化固相载体材料的化合物如表

8-3 所示。但是，在使用硅土作为固相载体材料时必须注意使用的 pH 值范围，因为硅土在碱性条件下不稳定。

表 8-3　常用来活化固相载体材料的化合物

化合物名称	抗体分子的反应基团	连接方式
戊二醛	Ab—NH$_2$	R—CH$_2$—NH—Ab
1,4-丁二醇环氧丙氧酯	Ab—NH$_2$	R—CO—NH—Ab
	Ab—OH	R—CO—O—Ab
CNBr	Ab—NH$_2$	R—NHCS—NH—Ab
酰肼	Ab—COOH	R—NH—CO—Ab
	Ab—CHO	R—NH—CH$_2$—Ab
碳酰二咪唑	Ab—NH$_2$	R—CO—NH—Ab
	Ab—OH	R—CO—O—Ab
氨丙基乙醛	Ab—NH$_2$	R—CH$_2$—NH—Ab
氨丙基三乙氧基硅烷	Ab—COOH	R—NH—CO—Ab
	Ab—CHO	R—NH—CH$_2$—Ab

Knopp 等利用溶胶-凝胶将抗体包埋，制备了可萃取富集 PAHs 的免疫亲和萃取柱[30]，溶胶-凝胶具有很强的化学及机械稳定性，可以和 HPLC 等高压仪器联用；由于其具有较大的比表面积和网格状结构，可以允许小分子化合物自由通过，而蛋白大分子则被保留在网格中不易流失。溶胶-凝胶制作过程简单，制备条件温和，有利于在抗体的固定化过程中保持抗体的活性。溶胶-凝胶在内部为抗体提供了亲水性环境，外部则可以防止细菌等微生物的侵入，有助于提高固定化抗体的存储寿命。因此，溶胶-凝胶技术是一个有前途的免疫亲和萃取柱固相载体材料。

整体柱色谱（monolith chromatography）是近年来发展起来的一种快速色谱分离技术。与传统的填充柱色谱相比，整体柱色谱柱压小、分离速度快，这得益于其很高的传质效率。如图 8-4 所示，整体柱色谱填料上发生的传质过程是以对流为主，而传统柱色谱填充材料上的传质过程以扩散为主，因此，整体柱色谱具有更高的传质效率。整体柱色谱填料包括有机整体柱填料、硅胶整体柱填料、琼脂糖整体柱填料、晶胶（cryogels）等[65]。晶胶又称超大孔连续床，由瑞典隆德大学 Mattiasson 等发明[66]，晶胶是单体或聚合物前体在适度冷冻的溶液中形成的溶胶。这种制备条件下，溶胶形成相互联系的大孔（或超大孔），允许纳米甚至微米粒径溶质的几乎不受阻碍的扩散。这种独特的结构使晶胶具有良好的通透性、化学稳定性和机械稳定性。晶胶既可以制备整体柱，也可以用于制备分离膜材料[67]。

在整体柱色谱填料上固定化抗体后就制成了免疫亲和整体柱色谱，由于目标化合物到抗体抗原结合位点的传质过程大大加快，因此可以显著提高免疫亲和萃取效率。例如，Hage 等利用自制的免疫整体柱色谱装置，在 $3mL \cdot min^{-1}$ 的流速下，仅用 100ms 的时间就几乎对目标化合物实现完全萃取[31]。一种常用来制备亲和整体柱色谱填料的物质是缩水甘油异丁烯酸酯（GMA）和乙二醇二异丁烯酸酯（EDMA）的聚合物[32]。这种聚合物材料上的环氧基团可以很容易地被转化为二醇，因此具有很强的亲水性，不容易对蛋白或其他化合物发生非特异性吸附。环氧或二醇基团也容易通过多种方式与蛋白质共价结合[31]，从而可用于抗体蛋白在聚合物上的固定。上述利用环氧基团偶联抗体的方法优点是简便易行，但缺点是环氧基团容易水解，因此，对抗体的偶联效率不高。改进的方法包括将环氧键氧化为醛基，然后采用希夫碱法与抗体偶联，或者用碳二亚胺（CDI）或二琥珀酰亚胺碳酸酯（DSC）将环氧键活化[65]。

由于整体柱色谱柱压小，可以实现较高的流速，因此可以在较短时间内处理更多体积的样品，同时，由于传质效率高，使用少量洗脱剂在短时间内就可以将亲和吸附剂上捕获的目标化合物洗脱，所以免疫整体柱色谱将可能在环境样品中痕量化合物的免疫亲和萃取与富集中发挥重要作用。但是，整体柱载体与传统载体相比，其比表面积较小，因此其柱容量相对较低，这可能导致这种分析技术的线性范围较窄[68]。

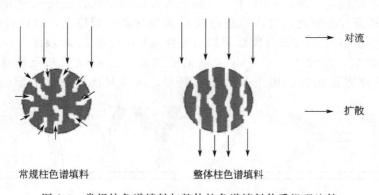

图 8-4　常规柱色谱填料与整体柱色谱填料传质机理比较

二、免疫吸附剂的制备

免疫吸附剂的制备过程涉及固相载体的预处理、抗体固定化、未偶联位点的封闭，以及清洗保存等步骤，其中抗体固定化过程是影响免疫吸附剂性能的关键。

理想的抗体固定化条件应具有以下特点：缓冲液 pH 值为 4～9（在 IgG 的等电点 0.5～2 个 pH 单位）；缓冲液的离子强度为 $0.01～0.5mol \cdot L^{-1}$；温度为 4～25℃；固定化反应时间应小于 16h；总之，在抗体的固定化过程中应尽量减少对抗体活性的影响[18]。

　　直接或通过双功能试剂，使抗体分子上的自由氨基、羟基基团与活化的固相载体共价结合，是常用的抗体固定化方法。常用到的双功能试剂有：1,4-丁二醇环氧丙氧酯，碳酰二咪唑（CDI），溴化氰（CNBr），二乙烯砜（DVS），三氯乙烷磺酰氯（TC），氢化琥珀酰亚胺等。Ubrich 等用前五种试剂固定抗体，并比较了固定化抗体的固定量和稳定性[33]，以抗体的固定量比较，顺序是 DVS＞TC＞CNBr＞CDI＞1,4-丁二醇环氧丙氧酯；以在琼脂糖（凝胶）上固定的抗体在实验中的流失情况比较，几种方法的稳定性由弱到强的顺序为：TC＜DVS＜CNBr＜CDI。由于双功能试剂和抗体分子上的自由氨基基团的共价结合是随机的，因此有可能使某些抗体分子的活性位点被封闭［图 8-5(a)］，这样造成固定化抗体的活性与在溶液中的自由抗体的活性相比有较大损失。为避免固定化过程中抗体空间取向的随意性，减少活性损失，可以采用定向固定的方法。方法之一是将抗体通过其重链（Fc 片段）上的糖基基团与载体材料联结，从而使抗体的抗原结合部位暴露［图 8-5(b)］。在固定化抗体时，首先利用高碘酸盐或酶将糖基温和氧化为醛基，然后与活化载体上的酰肼或胺共价结合，将抗体固定[34]。定向固定化的第二种方法是首先利用胃蛋白酶将抗体酶解，分离出 F(ab)₂ 片段，然后把单价 Fab′ 片段上的硫化物还原，生成的巯基可以与活化载体反应，从而使抗体被定向固定［图 8-5(c)］[35]。第三种定向固定化方法是一种生物固定方法。其原理是首先将蛋白质 A 或蛋白质 G 固定在固相载体上，然后将抗体通过载体，由于蛋白质 A 或蛋白质 G 可以特异性地与抗体的 Fc 片段结合，所以抗体被特异性捕获，而位于两个 Fab′ 片段上的抗原结合部位则充分暴露［图 8-5(d)］。这种固定化方法由于条件非常温和，所以对抗体活性的影响非常小，

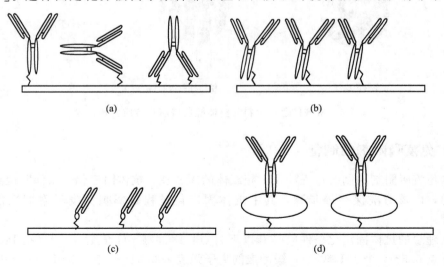

(a)　　　　　　　　　　　　　　(b)

(c)　　　　　　　　　　　　　　(d)

图 8-5　抗体的固定化形式及空间取向

Sisson 和 Castor 的研究表明，经蛋白质 A 固定化的免疫球蛋白（IgG）几乎保持了全部的免疫活性[36]。另外由于蛋白 A 或蛋白 G 与抗体的结合常数非常大（与人 IgG 和兔 IgG 的结合常数在 $4 \times 10^7 \sim 2 \times 10^8$ 之间[37]），故抗体不易流失。另外，如前所述，最近也有人用溶胶-凝胶包埋的方法将抗体固定化，并已用于多环芳烃（PAHs）的免疫萃取研究[30]。

三、抗体的结合密度

结合密度就是单位重量或单位床体积的固相载体上结合的抗体的量，用 $mg \cdot g^{-1}$ 或 $mg \cdot mL^{-1}$ 表示。结合密度是表征免疫亲和吸附剂特性的一个重要参数，是免疫亲和萃取柱制备过程中控制重现性的重要指标。结合密度可以通过分光光度法、折射光度法、放射性标记测量等方法，测量固定化前后溶液中抗体的浓度的减少值，计算得到。

活化载体的比表面积是影响免疫亲和吸附剂结合密度的一个重要因素。理论上，增加固相载体的表面积有利于提高抗体的结合密度。一般来说，单位体积的固相载体，其孔径越小则比表面积越大，但是，由于抗体蛋白的分子体积较大，如果载体的孔径过小则抗体难以进入；另外，固相载体的孔径如果过大虽有利于抗体的固定，但比表面积也相对减少，所以，在选择合适孔径的载体时必须兼顾这两方面的影响。研究表明，对小分子化合物的免疫萃取而言，载体的孔径为抗体分子直径的 10 倍，即 50nm 左右，最为适宜。例如，Hayashi 等比较了孔径为 $10 \sim 400nm$ 的免疫亲和固相吸附剂对多肽小分子的免疫萃取能力，结果表明载体的孔径为 50nm 时，免疫吸附剂的萃取能力最高[38]。又如，Pichon 等用孔径分别为 300nm 和 50nm 的硅土固定异特隆、阿特拉津、西玛津抗体，50nm 硅土上固定的抗体的量和免疫容量均是 300nm 硅土的 2 倍左右[39]。

另外一个影响抗体结合密度的因素使抗体的纯度。如果将未经纯化的抗血清直接用来固定化，则抗血清中的杂质蛋白会占据一定的结合位点，使抗体的结合密度降低。使用纯化抗体可以提高抗体的结合密度。用酶直接将抗体的 Fab 片断切割，分离，然后在固相载体上固定，更可以显著提高抗体的结合密度[35]。

四、非固相免疫吸附剂

抗体除了被固定在固相载体材料上作为固相免疫吸附剂之外，借助一些特殊的装置，水相中的游离抗体也可以被直接用作免疫吸附剂。例如，超滤离心管是底部或侧面装有超滤膜的离心管，超滤膜的孔径只能允许一定尺寸的物质通过，对于蛋白来说，这种尺寸表现为截流分子量。市售的超滤离心管有从 5kDa 到 500kDa 多种不同的截流分子量。超滤离心管中的样品在离心力的作用下将向超滤膜移动，分子量小于截流分子量的小分子物质可以通过超滤膜，而大分子物质则被保留在离心管中，从而实现了样品中小分子物质与大分子物质的分离，这也是实验室中一种常用的蛋白浓缩或脱盐技术。Haasnot 等首先借助超滤离心管和游离抗体对尿液样品中的 β-肾上腺受体激动剂沙丁胺醇（salbutamol）进行了免疫亲和萃取[40]。他们首先将沙丁胺醇多克隆抗体与尿样（以 1：50 稀释于 PBS 中）在截流分子量为 30kDa 的超滤离心管中混合，反应一段时间后，离心，将没有反应的小分子物质除去。然后向离心管中加入解离剂（甲醇：$0.1mol \cdot L^{-1}$ 醋酸＝1：1，体积比），离心，收集滤液，滤液蒸干后用 ELISA 分析萃取的沙丁胺醇。与没有经亲和萃取的方法相比，亲和萃取后的检测限降低了 30 倍。

免疫支载液体膜（immuno-SLM）萃取也是直接利用水相中的游离抗体作为免疫吸附剂。支载液体膜萃取是近年来发展起来的一种新型膜萃取技术，其原理在本书其他章节有详细介绍，在此不再赘述。免疫支载液体膜萃取与支载液体膜萃取的不同之处如图 8-6 所示，作为富集相（receptor）的水相中含有游离的抗体。目标化合物穿过有机相后在水相中被抗体捕获，这样一方面目标化合物无法再扩散回有机相，另一方面由于抗体的使用进一步提高了方法的选择性。immuno-SLM 已被用于 4-硝基苯酚[41]、阿特拉津[42] 等的免疫亲和萃取。利用荧光流动免疫分析（FFIA）检测地表水及果汁中阿特拉津时，样品基质的干扰很大，但经免疫支载液体膜萃取后基质干扰大大降低，阿特拉津检测限降低了 10 倍，方法对自来水、橙汁、河水中阿特拉津（$5\mu g \cdot L^{-1}$）的回收率在 104％～115％之间。

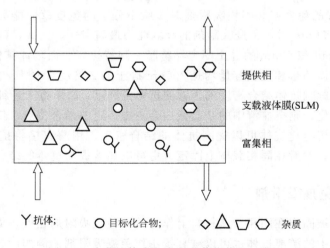

图 8-6　支载液体膜免疫亲和萃取装置示意图

与固相免疫亲和萃取相比，非固相免疫亲和萃取不需要那些可能对抗体活性造成较大影响的抗体固定化步骤，并且抗体的用量可以根据需要自由调节，抗体储存技术成熟，因此具有操作简单、萃取效率高、重现性好等特点。

第四节　免疫萃取步骤

一、免疫萃取的一般过程

免疫萃取的一般过程如图 8-7 所示，它包括四个基本步骤，即免疫亲和柱的平衡、目标化合物的免疫结合、非特异性吸附的冲洗、目标化合物的洗脱。

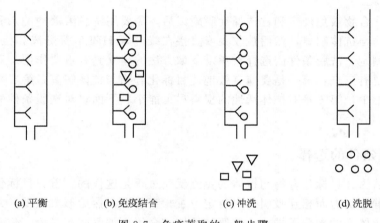

(a) 平衡　　　　(b) 免疫结合　　　　(c) 冲洗　　　　(d) 洗脱

图 8-7　免疫萃取的一般步骤

1. 免疫亲和柱的平衡

免疫萃取柱在准备用于样品的免疫萃取之前，首先要对之进行预平衡，又叫初始化。初始化的一般方法是依次用 5 倍柱体积的洗脱缓冲液和同样体积的吸附缓冲液冲洗免疫萃取柱。初始化的目的是除去残留在免疫萃取柱中的可能会对萃取结果造成干扰的化学试剂及其代谢产物。

2. 目标化合物的免疫结合

初始化完成以后，将样品溶液的 pH 值调节为中性左右（pH5～8，因为免疫反应的最适 pH 值约为中性），然后通过免疫萃取柱，溶液中的被分析物与抗体结合而被保留在柱中，其他物质大部分随溶液流出。为了解免疫亲和柱中抗体和被分析物结合的最佳酸度条件，需要事先用被分析物的标准溶液来选择萃取效率最高的最适 pH 值。此外，在样品的萃取过程中，还要尽量避免非特异性吸附的发生。通常，非特异性吸附是由于样品杂质的疏水性或与免疫吸附剂之间的离子作用造成的。因此，可以通过如下方法减少非特异性吸附的影响：

① 避免使用高取代的免疫吸附剂。

② 限制免疫吸附剂的用量，一般足够萃取样品中的目标化合物即可。

③ 使免疫吸附在半解离条件下进行，在此条件下，除抗体和抗原的特异性

免疫反应外，其他化合物与抗体的结合应被抑制。

④ 选择适宜的样品萃取和冲洗缓冲条件（pH 值和离子强度）。

3. 冲洗

冲洗是在免疫萃取柱中加入样品之后，洗脱之前，用干净的溶液或缓冲液冲洗免疫萃取柱的过程。冲洗的作用一方面是清除免疫吸附剂的空体积；另一方面是除去与免疫吸附剂非特异性结合的基团。

4. 洗脱

目标化合物被免疫亲和柱选择性吸附以后，需要用洗脱溶液冲洗亲和柱，使目标化合物与抗体解离，然后被收集或直接在线进入 HPLC 等分离和检测系统，进行分析测定。洗脱条件的选择对免疫萃取方法的建立具有重要作用。对洗脱液的要求主要有三点：第一是要能有效地使目标化合物与抗体解离；第二是溶液用量要尽可能少；第三是对抗体活性的损害尽可能小。下面将对洗脱条件的选择进行详细介绍。

二、洗脱条件的选择

一般认为，目标化合物与抗体的免疫反应过程是这样的：首先目标化合物和抗体通过静电引力而相互吸引并以特定位置相互靠近；然后形成氢键，并将目标化合物和抗体间的水分子排出，抗原和抗体结合得更加紧密；最后，分子间通过范德华力形成稳定的非共价键，目标化合物被抗体吸附[43]。要将目标化合物解吸下来，必须首先将抗原抗体复合物破坏。由于生化交互作用的能量非常高，因此必须显著地改变实验条件才能使抗原抗体复合物被破坏。目前，将目标化合物解吸的方法主要有两类：一类方法是竞争替换法，即用竞争性试剂如抗体、目标化合物的结构类似物等将目标化合物从抗体上夺取或替换下来；另一类方法是非竞争性方法，即显著提高抗原抗体复合物的解离常数，使目标化合物被解吸。这类方法主要有：使用离液剂，改变缓冲溶液的 pH 值，降低洗脱液极性，可逆性改变分子结构，升高溶液温度，电泳等。

竞争替换法需要用大量的抗体、替换试剂（抗原类似物或其他交叉反应试剂）冲洗免疫亲和柱，才能保证将目标化合物定量替换解吸下来，并且，替换试剂必须符合以下条件：①它必须与固定化抗体具有很强的交叉反应性；②在色谱柱上的保留时间必须与目标化合物有很大差异，否则，因为替换剂的用量非常大，它的峰可能会对目标化合物的峰造成干扰；③稳定性强，纯度高，因为低至 0.01%～0.1% 的杂质就会在色谱图上产生杂质峰；④价格低廉，毒性低，并且在实际样品中不存在。由于抗体较为昂贵，而符合条件的替换试剂又相对难以找到，所以这种方法只在临床研究中有所应用[44,45]，在环境分析中则未见报道。

在溶液中，离液剂的作用是扰乱抗体周围的水环境，从而导致抗体二级结构和目标化合物与抗体之间的疏水作用的破裂，使目标化合物被解吸。离液剂已成功地用于免疫亲和柱上吸附的蛋白抗原的解吸[46]，所用的浓度一般在 $1.5\sim8mol\cdot L^{-1}$。常见阴离子的离液作用强度由强到弱分别为：$CCl_3COO^->SCN^->CF_3COO^->ClO_4^->I^->NO_3^->Br^->Cl^->CH_3COO^->SO_4^{2-}>PO_4^{3-}$；常见阳离子的离液作用强度由弱到强分别为：$NH_4^+<Rb^+<K^+<Na^+<Cs^+<Li^+<Mg^{2+}<Ca^{2+}<Ba^{2+}$。

在免疫萃取中，降低洗脱液的 pH 值，使低分子量的目标化合物从免疫亲和柱上解吸下来，是常用的方法之一。在不改变离子强度的情况之下，洗脱液的 pH 值应与抗体蛋白的等电点相差 3 个 pH 值单位以上。可用于洗脱的缓冲体系有：甲酸（pH2.5）、丙酸（$0.01\sim0.1mol\cdot L^{-1}$）、甘氨酸-盐酸缓冲液（$0.01\sim0.1mol\cdot L^{-1}$；pH 1.5～3）、柠檬酸（$0.1mol\cdot L^{-1}$）。通过降低洗脱液 pH 值使免疫复合物解吸可以减少对抗体可变区的损害，但是如果酸度过低也有可能使抗体发生形变。使用这种方法进行洗脱所带来的一个问题是洗脱液的用量比较大，在离线萃取时，洗脱完成后还需要一个相对比较困难的水溶液蒸发浓缩的过程。这会增加实验的劳动强度，并影响结果的重现性。在在线萃取中，这种缺陷可以通过在免疫亲和柱的后面加一个捕集柱（trapping column）的方式克服[11]。图 8-8 是这一方法的示意图，第 1 步，将六通阀 1 和 2 置于"Load"位置，用吸附缓冲液（$0.1mol\cdot L^{-1}$磷酸盐缓冲液，pH 7.0）平衡免疫亲和柱，用色谱缓冲液（甲醇-水，80：20）平衡捕集柱和色谱分离柱；第 2 步，将六通阀 1 置于"Inject"位置，样品溶液通过免疫萃取柱，分析物与抗体结合；第 3 步是将六通阀 1 置于"Load"位置六通阀 2 置于"Inject"位置，使洗脱缓冲液（$0.05mol\cdot L^{-1}$磷酸盐缓冲液，pH 2.5）通过免疫萃取柱将分析物洗脱并送入捕集柱，使分析物被吸附；最后一步是将六通阀 2 置于"Load"位置，色谱缓冲液通过捕集柱使分析物解吸附，并在分离柱上被分离。通过改变缓冲液 pH 值将分析物洗脱的方法有两个优点：第一，免疫亲和柱可以做得比较大，并且样品的加入速度可以比较高；第二，由于流过免疫亲和柱的溶液全部为水溶液，所以有利于减少洗脱过程对固定化抗体的损

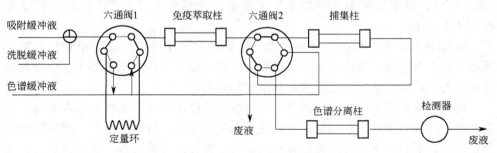

图 8-8　免疫亲和柱-捕集柱在线免疫萃取系统示意图

害，延长免疫亲和柱的使用寿命。

另外一个常用的洗脱方法是利用水-有机溶剂混合体系对目标化合物进行解吸。有时，在使用有机溶剂的同时还采用降低 pH 值或者 pH 值梯度洗脱的方法以提高洗脱的效率。有机溶剂洗脱的原理是溶液中的有机溶剂可以破坏抗原抗体复合物的疏水性结合部分，使抗原解吸。这种方法的优点是：①洗脱液用量少，洗脱时间短；②洗脱液可以作为 HPLC 等分离仪器的流动相，直接进入色谱柱进行检测；③洗脱液中有机溶剂含量越高，则蒸发浓缩越方便，可用于目标化合物的离线萃取。实际上，在许多离线萃取过程中，包括一些已经商品化的免疫萃取柱中所使用的洗脱溶液就是较高比例的有机溶剂和水的混合溶液，甚至是纯的有机溶剂，比如乙腈、甲醇等。但是，由于纯有机溶剂作为洗脱剂对目标化合物的解吸是以破坏抗体的二级结构为代价的，所以免疫亲和柱只能一次性使用。如果希望多次使用免疫亲和柱，则应采用有机物-水溶液混合体系，并尽量减少有机溶剂的使用量。

三、离线免疫萃取

离线免疫萃取（off-line immunoextraction）是相对比较容易与 HPLC、GC、CE、ELISA 等分析手段实现联用的一种免疫萃取方式。其基本操作步骤是首先将样品通过免疫亲和柱，使分析物被抗体捕获；然后用一定体积的吸附缓冲液冲洗免疫亲和柱，将柱中未与抗体结合的杂质洗出；接着用洗脱缓冲液将分析物从免疫亲和柱上洗脱下来，将洗脱液蒸干，用另一种溶剂将分析物重新溶解、定容或衍生，最后将分析物溶液引入分析仪器进行分析测定。由于离线免疫萃取对固相载体的耐压性要求不高，所以可以选用的固相载体材料非常广泛。尤其是可以使用一些比较常见的商品化活化载体材料，如 CNBr-Sepharose、Protein A-Sepharose 等对抗体进行固定化，从而使抗体的固定化更容易实现。在免疫亲和柱与气相色谱的联用中，离线免疫萃取方式应用最多。这主要是因为洗脱液往往含有水等强极性溶剂，无法直接进入 GC。另外，对于难挥发或热稳定性比较差的分析物在进入 GC 之前还需要进行衍生化处理。

在与 HPLC 的联用中，由于离线免疫萃取方式在选择洗脱缓冲液时不需要考虑其是否与色谱分离柱相匹配，所以可以选择最为理想的洗脱方式，以提高对分析物的回收率，或延长免疫亲和柱的使用寿命[47,48]。

离线免疫萃取的优点是容易与多种分析手段联用，对柱填料的要求不高，免疫亲和柱的制备相对比较容易；缺点是自动化程度低，费时、费力，测量的精密度也不高，而且由于不可能将定容后的溶液全部注入分析仪器，所以检测灵敏度也有一定程度的降低。

四、在线免疫萃取

提高分析过程的自动化程度是分析化学家追求的目标之一。将免疫亲和萃取及净化过程与分析检测过程实现在线连接（即在线免疫萃取，on-line immuno-extraction）不仅仅是提高自动化程度的问题，它还有助于提高分析方法的重复性和降低检测限。由于目前在环境分析中主要依靠 GC 和 HPLC 以及 MS 对样品进行分离、定性和定量，所以到目前为止，大多数研究集中在免疫亲和柱（IAC）与 GC-HPLC 的联用技术上。

IAC 与 HPLC 的联用有两种主要方式，相对比较简单的一种方式是将免疫亲和柱与色谱分析柱直接联用，基本连接方式如图 8-9 所示。由于免疫亲和柱要承受比较高的压力，所以固定化抗体用的载体材料必须是耐压的硅土、多孔玻璃等。比如 Pichon 等用以硅胶为载体材料的免疫亲和小柱直接与 C_{18} 分析柱在线联用，对三嗪类和苯基脲类除草剂进行了免疫萃取与测定[8,49]。首先样品通过 IAC，分析物与抗体结合，其他组分随废液排出；然后将阀切换，使 IAC 与分析柱直接连接，水-乙腈混合溶液以一定梯度流过 IAC，将抗体洗脱下来，并进入分析柱进行进一步分离。为保护免疫亲和柱，当乙腈的浓度大于 50％时，将阀切换，使溶液不经过 IAC 而直接进入分析柱，避免固定化抗体因长期暴露于有机相中而变性。免疫亲和柱先后经 5mL 70％甲醇和 6mL PBS 缓冲液恢复后可进行下一次萃取。对于比较脏的样品，免疫亲和柱可以反复使用 50 次左右。在一些研究中，洗脱出的分析物还可以在反相柱的顶端进一步浓缩，然后通过梯度提高流动相中有机溶剂的比例，使分析物在反相柱中得到分离[50]。

另外一种相对比较复杂的方式是免疫亲和柱-反相色谱预柱/捕集小柱-分析柱联用方式，系统基本结构如图 8-8 所示。由于捕集柱还可以对 IAC 洗脱出的组分起到浓缩富集的作用，所以免疫亲和柱的柱体积可以比较大，这样可以提高单位时间内的样品通量并提高检测灵敏度。另外，它还有助于降低由于柱切换而造成的背景峰[51]。由于洗脱溶液不进入色谱分析柱，所以可以灵活多样地选择洗脱缓冲液，以提高分析效率，延长免疫亲和柱的使用寿命。以琼脂糖为载体材料的免疫亲

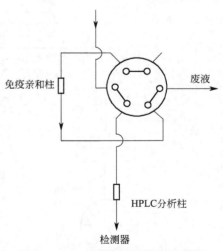

图 8-9 IAC-HPLC 联用装置示意图

和柱由于不能耐高压，所以在在线免疫萃取中主要以这种方式与 HPLC 实现联用[11,46,52]。

免疫亲和萃取和 HPLC 的在线联用现在研究得很多，其中一个主要原因是它可以显著降低样品中难分离基质对分析物的干扰，这样，利用常规的紫外检测器，就可以得到比较高的检测灵敏度。例如，除草剂阿特拉津在土壤中有两种主要的代谢产物：脱乙基-阿特拉津（DEA）和羟基-阿特拉津（OHA），利用常规的反相 HPLC 柱只能得到土壤提取液中阿特拉津和 DEA 的峰，OHA 的峰受样品基质的干扰很难辨认。而同样的土壤提取液经过阿特拉津免疫亲和柱后，样品基质的影响被显著消除，在色谱图上获得了明显的 3 种分析物的峰[39]。另外，由于 HPLC 具有非常精密的泵和注射系统，所以免疫亲和萃取和 HPLC 的在线联用也可以提高分析的精密度。

由于 GC 具有很强的分离能力和可以选配多种灵敏的检测器，所以 GC 是分析多种低沸点化合物的首选。将 GC 与 IAC 结合，可以显著降低样品基质对分析的影响，降低 GC 的检测限。GC 与 IAC 的离线联用已有多篇报道[7,53,54]，但是关于 IAC 与 GC 在线联用的报道尚不多见[55,56]。这可能主要是因为 IAC 的洗脱溶液通常是水溶液或水-有机混合溶液，不适合直接进入气相色谱柱，必须要经过一个溶液转换步骤将水除去，而这一过程一般比较复杂。常用的 IAC 与 GC 联用系统的基本连接方式如图 8-10 所示，从免疫亲和柱洗脱下来的分析物首先通过一个反相色谱预柱。在这里，反相色谱预柱的作用是捕集分析物，并在分析物进入 GC 之前除去其中的水分。然后，用极性有机溶剂，如乙酸乙酯等将分析物从反相色谱预柱上洗脱下来，进入 GC 定量阀；最后用 GC 进行分离和检测。

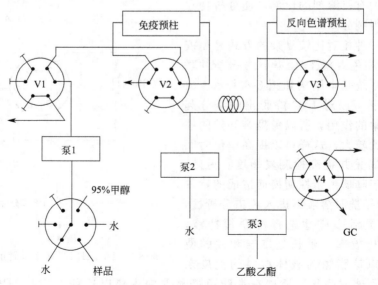

图 8-10　IAC-GC 联用系统示意图[47]

第五节　免疫亲和萃取柱的性能评价

一、免疫吸附剂的容量

免疫吸附剂的容量是免疫亲和萃取柱的一个重要评价指标。单位数量免疫吸附剂能够结合目标化合物的总量即为免疫吸附剂的容量。免疫吸附容量的数值可以进行理论估算，例如，对多克隆抗体，首先进行几点假设，即：①纯化的 IgG 有 10%～15% 是针对目标化合物的特异性抗体；②在固定化的过程中，抗体的活性没有损失；③固定化抗体的空间取向一致，活性位点充分曝露。在以上三点假设的基础上，根据抗体的结合密度，抗体和目标化合物的分子量，抗体的两价性，根据如下公式，就可以计算出免疫吸附剂的容量。

$$\frac{\text{理论容量}}{(\mu g \cdot mL^{-1})} = 2 \times \frac{\text{抗体结合密度}(\mu g \cdot mL^{-1}) \times \text{目标化合物摩尔质量}(g \cdot mol^{-1})}{150000(g \cdot mol^{-1})} \times 10\%$$

但是，在固定化过程中不可避免地会有一部分抗体的抗原结合部位因为空间取向、静电屏蔽、化学键合等因素而失去活性，因此实际免疫吸附剂容量要小于理论值。例如，Marx 等发现用酰肼化凝胶固定化阿特拉津抗体制备的免疫亲和柱理论容量应为 $6.2 \mu g \cdot mL^{-1}$，而实验测得的容量只有 $3.8 \mu g \cdot mL^{-1}$[57]。免疫吸附剂实际容量难以直接测量，但是可以通过计算结合抗原的最大量来间接估算[39]。

在免疫亲和萃取中，亲和柱萃取的目标化合物可能并非只有一种，而是几种结构相近的化合物，此时免疫萃取柱容量的计算则较为复杂。目前文献中报道的计算方法主要有两种：第一种方法是以一种代表化合物测免疫萃取柱容量，如 Shi 等用甲苯抗体制备免疫萃取柱，免疫萃取 BTEX 化合物，用甲苯作为代表化合物测量免疫亲和柱的结合容量[11]；第二种方法是在一定量其他化合物存在下，分别测每一种化合物对应的结合容量。Pichon 等用此方法测量了以异特隆抗体制备的免疫亲和萃取柱对苯基脲类除草剂的结合容量，其中，对异特隆的结合容量最高，但仍小于不加干扰物时免疫亲和萃取柱对异特隆的结合容量，这说明其他结构类似物的存在对异特隆与抗体的结合起到了竞争作用[39]。第一种计算方法简单方便，可用于对免疫亲和萃取柱性能的简单估算，第二种方法虽然复杂，但是更接近于样品萃取的实际情况。

另外需注意的一点是，在实际样品测试时，有时个别样品浓度过高，可能超过免疫吸附剂最大容量，由此导致检测结果偏低[69]。尤其用户为了降低检测成本，而对商品化免疫亲和柱反复使用时，一定要注意结合容量降低导致检测结果不准确的风险。

二、回收率

在免疫亲和萃取中，造成分析物回收率（recovery）降低的主要原因是上样过程中分析物没有与固定化抗体充分结合，一部分分析物直接流出免疫亲和柱，从而造成回收率的降低。在合适的反应缓冲液中，分析物与抗体充分结合与否与上样过程中溶液的流速有关。显然，如果溶液流速过高，则分析物与抗体结合的机会就越小。而如果在上样过程中停流一段时间，则目标化合物的回收率会显著升高[25]。另外，分析物与抗体的结合还与抗体对目标化合物的亲和性有关。比如，Houben 等用来源于三个不同实验室的多克隆和单克隆阿特拉津抗体制备免疫亲和柱，比较了它们对阿特拉津的回收率。结果显示，德国实验室提供的单克隆抗体具有最高的回收率，达 129%，其次为多克隆抗体 ELTI，回收率为 83%；法国实验室提供的多克隆抗体回收率则非常低。但是，如果将洗脱条件变得更剧烈，例如，将洗脱缓冲液中的甲醇浓度由 20% 变为 70%，则法国实验室提供的多克隆抗体回收率也可达到 120%。这说明抗体对目标化合物的亲和力必须适中：亲和力太低，目标化合物难以与抗体充分结合；而亲和力太高又会造成洗脱步骤的困难，二者都有可能造成回收率的降低。

目标化合物的回收率与免疫亲和柱的柱容量有很大关系。如图 8-11 所示，在样品体积恒定的条件下，增加样品浓度，则目标化合物结合量线性增加。当样品浓度增加到一定程度，固定化抗体上的抗原结合位点被目标化合物饱和，即达到了免疫亲和柱的最大容量，此时目标化合物结合量成一平台。研究表明，在目标化合物结合量线性增加的区域，其回收率为常数，而到达最大柱容量后，由于后来的目标化合物无法与抗体结合而直接流出免疫亲和柱，所以其回收率显著降低。

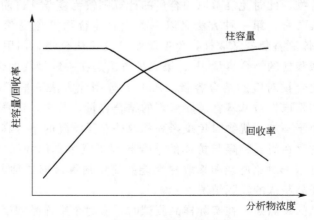

图 8-11　柱容量与回收率关系示意图

由于免疫亲和柱对目标化合物的回收率受其柱容量的影响很大，所以目标化合物的总量应在免疫亲和柱的容量范围以内，这样才能进行准确的定量分析。对于多目标化合物的免疫亲和萃取来说（比如，用固定有抗阿特拉津和西玛津抗体的免疫亲和柱萃取三嗪类除草剂），由于各化合物与抗体的亲和力的不同而导致其对应的柱容量的不同，所以在实际操作中应选用与抗体亲和力最弱的目标化合物来测定免疫亲和柱的柱容量。因为在此容量范围内，萃取的回收率不会受到样品中目标化合物的种类和多少的影响。

三、交叉反应性

免疫亲和萃取柱的交叉反应性（cross reactivity）是指其特异性萃取目标化合物及结构类似的其他化合物的能力。必须注意的是，目标化合物与其结构类似物在免疫萃取柱上的交叉反应性与酶联免疫吸附分析（ELISA）结果不完全相同。多数情况下，化合物在免疫亲和萃取柱上的交叉反应性比在 ELISA 分析中的结果要高。Stevenson 等对异特隆等抗体在 ELISA 分析和免疫亲和萃取柱上与其他苯基脲类除草剂的交叉反应性作了一系列比较，结果见表 8-4[58~61]。

表 8-4　异特隆等抗体在 ELISA 和免疫亲和萃取
柱上对苯基脲类除草剂的回收率　　　　单位：%

化合物	ELISA		免疫亲和萃取柱	
	异丙隆抗体	绿麦隆抗体	异丙隆抗体	绿麦隆抗体
绿麦隆	0.2	100	16	98
异丙隆	100	47	96	25
氯溴隆	0.1	71	58	79
甲氧隆	0.1	8.8	0.1	0
氯磺隆	0	1.3	—	—
噻唑隆	—	—	36	21
氯草隆	—	—	100	88
利谷隆			44	66

化合物在免疫亲和萃取柱上的交叉反应性比在 ELISA 分析中高的原因可能是因为在 ELISA 中，过量的分析物竞争少量的抗原抗体结合位点，而在免疫亲和柱中由于柱容量远大于被分析物的量，所以一些相对结合力较弱的被分析物也被保留。从表 8-4 还发现，在异丙隆抗体免疫亲和萃取柱中，氯草隆与异丙隆抗体的亲和性比异丙隆还要高，另外，Houben 等用 2,4-D 免疫亲和萃取柱萃取氯化苯氧类除草剂时也发现，2,4-D 的回收率只有 62%，而其他某些氯化苯氧类除草剂的回收率要比 2,4-D 高。对于这种现象，目前尚无合理解释，但据推测，这可能是因为在固相载体上抗体的某些特性发生了改变[25]。

虽然免疫萃取柱的选择性会因其柱容量大于分析物进样量的原因而有所降低，但是这仍不失为一种选择性萃取某一组化合物的好方法，因为免疫亲和萃取柱多与 HPLC 等分析仪器联用，所以萃取后的化合物经洗脱后可以进入 HPLC 色谱柱而被分离检测。此外，如果采用特异性更强的单克隆抗体，则免疫亲和萃取柱的选择性将会得到改善。

四、使用寿命

在目标化合物的洗脱过程中，由于固定化抗体周围环境条件的剧烈变化，使抗体的空间结构发生改变，失去活性。当环境条件恢复时，一部分抗体的空间结构仍不能恢复到正常状态，从而造成抗体活性的损失。如前所述，比较缓和的洗脱条件，如用 pH 为 3 左右的甘氨酸缓冲液作为洗脱剂，有助于抗体活性的保持，而一些剧烈的洗脱条件，如加入有机溶剂或变性剂则对抗体的活性有较大的损害，从而影响免疫吸附剂的使用寿命。但是比较缓和的洗脱条件一般会伴随着洗脱液体积的增大，并且一些结合比较牢固的化合物也难以洗脱下来，这样不利于后面分析工作的进行。因此，在方法的建立过程中，应对洗脱液和使用寿命（reusability）进行综合考虑。

另外一个可能影响免疫吸附剂使用寿命的因素是固定化抗体的流失。比如，Godfrey 发现，在 $300\mu L$ 免疫吸附剂装填的免疫亲和柱反复使用 60 次以后，用 ELISA 检测其洗脱液中抗体的浓度仍可达到 98ng[26]。为减少抗体的这种流失，当抗体固定在载体之后必须对载体进行充分洗涤，洗涤液可以是含较高浓度盐（如 $1mol \cdot L^{-1}$ 的 NaCl）的缓冲液，也可以是具有半解离条件的缓冲液。

目前，文献报道的免疫亲和柱的使用寿命多在几十次以上，并且主要与洗脱条件有关。比如，Water 等报道，以甘氨酸缓冲液作为洗脱液时，免疫亲和柱可以反复使用 30 次以上，而柱容量没有明显变化；但如果以甲醇作为洗脱剂，对同样的免疫亲和柱，使用 2 次以后，柱容量即下降为原来的 50%[62]。又如，A. Houber 等用阿特拉津抗体制备的免疫亲和柱萃取三嗪类除草剂，在洗脱条件为 20%甲醇水溶液（用 HCl 调节 pH=1）时，可稳定使用 20 次以上[25]。而 Shi 等用免疫亲和柱萃取 BTEX 化合物，在洗脱液为 $0.05mol \cdot L^{-1}$ 的磷酸盐缓冲液（pH=2.5）时，免疫亲和柱的使用寿命达到了 9 个月以上[11]。温和的洗脱条件虽然可以延长免疫亲和柱的使用寿命，但是这种洗脱方式一般需要消耗较多的洗脱溶液和洗脱时间，不利于后续色谱检测。因此，商业化免疫亲和柱，如德国 Romer，美国 Vicam、Beacon 等公司的免疫亲和柱都采用有机溶剂洗脱的方式。虽然这种洗脱条件具有洗脱溶剂用量少、洗脱时间短等特点，但是免疫亲和柱只能一次性使用。为降低检测成本，一些研究者探索了商业化免疫亲和柱的重复利用问题。例如，赵丽元等[70]选用了使用最广泛的美国 Vicam 公司的 AflaTest™ P 免疫亲和柱为研究对象，对其重复利用的影响因素进行研究。结果发现样品基质、亲和柱处理时的有机溶剂，空气暴露和复性时间均可影响柱子重复利用。李佩暖等[71]研究了 Vicam 公司黄曲霉毒素免疫亲和柱的回收纯化处理方法。使用过的免疫亲和柱分别用甲醇-水、水冲洗，再用 PbS 缓冲溶液进行填充，放入冰箱内于 2~8℃保存。结果显示，新柱子使用后，经过两次处理，柱效基本不受影响，即免疫亲和柱可重复使用 2 次（一共可使用 3 次）。最近，Zhang 等报道了利用包埋 Cu(Ⅱ) 的聚合物作为固相载体固定抗体的新方法[72]，该方法提高了固定抗体的稳定性。他们利用该方法将橘青霉素高亲和力抗体固定，制备了橘青霉素免疫亲和柱。在含 80％甲醇、pH＝3 的洗脱剂条件下，反复使用 20 次以后，柱容量仍可达到初始柱容量的 86％。

第六节　应　用　举　例

一、环境水样中多环芳烃（PAHs）的免疫亲和萃取

　　PAHs 是斯德哥尔摩公约规定的主要环境持久性有机污染物之一。欧盟规定 6 种主要的 PAHs（荧蒽，苯并 [b] 荧蒽，苯并 [k] 荧蒽，苯并 [a] 芘，苯并 [ghi] 二萘嵌苯，茚并芘）在饮用水中的总浓度不得超过 $0.2\mu g \cdot L^{-1}$。PAHs 具有易挥发性和憎水性两大特点。由于它的憎水性，它在水中的浓度很低，一般为 $\mu g \cdot L^{-1}$，因此需要灵敏的检测方法，并对样品进行浓缩和富集。由于它的挥发性，在浓缩和富集过程中应避免使用蒸发溶剂的方法，以免分析物的损失。应用免疫萃取技术可以很方便地实现这类化合物的浓缩和富集。

　　由 Pérez 等建立的水样中 PAHs 的免疫萃取方法如下：首先，依次用磷酸盐缓冲液和水平衡免疫亲和柱；然后，使一定体积的过 $0.45\mu m$ 滤膜的水样通过免疫亲和柱，为避免 PAHs 在管壁上的吸附，在样品中加入了 10％的乙腈，接下来用水溶液冲洗，洗掉非特异性结合的杂质；最后，用 50％的乙腈水溶液洗脱，洗脱液进入 C_{18} 分析柱而被捕集在柱顶端。洗脱一定时间后，梯度增加流动相中乙腈的浓度，PAHs 在 C_{18} 柱上得以分离[10]。

　　由于这种方法可以对大量样品进行在线富集与纯化，所以使用相对检测灵敏度较低的 DAD 检测器即可达到检测要求。并且可以再根据保留时间定性的同时，依据各峰对应的紫外谱图对化合物的结构进一步确认，这对于分析 PAHs 这类复杂化合物非常必要。

二、土壤样品中阿特拉津及代谢产物的免疫萃取

　　土壤中除草剂及其代谢产物的检测对于研究除草剂在环境中的降解及转化具有重要意义。一般而言，农药的降解过程是极性增强的过程。因此，用传统方法从土壤中萃取除草剂及其代谢产物时，会同时萃取出大量的胡敏酸和富里酸等极性有机物。这些有机物有时会极大地干扰分析物的测定。如图 8-12(a) 所示，用传统溶剂萃取方法萃取土壤样品中的阿特拉津及其代谢产物，用非选择性吸附剂（PLRP-S）并用 LC-DAD 进行分析，可以看到谱图上有许多杂峰及大的峰丘存

在，阿特拉津的代谢产物羟基阿特拉津（OHA）在谱图上几乎被峰丘完全覆盖。而用免疫亲和柱进行净化后，如图 8-12（b）所示，绝大多数杂峰及峰丘被去除，阿特拉津及其代谢产物脱乙基阿特拉津（DEA）和羟基阿特拉津在谱图上有非常清楚的峰，完全可以被定量检测[39]。

用免疫萃取方法从土壤中萃取目标化合物一般采用离线模式，需要经由三步操作。首先，同传统溶剂萃取方法一样，选择合适的溶剂，将目标化合物萃取到溶剂中；然后，用减压蒸馏等方法去除甲醇等有机溶剂，用磷酸盐缓冲液稀释；最后，通过免疫亲和柱进行免疫萃取与净化。采用类似的方法，也可以对食物样品（如：土豆、萝卜等）中的农药残留进行萃取与净化，同样达到了令人满意的效果[63]。

三、工业废水中染料及中间体的免疫萃取

联苯胺和二氯联苯胺是纺织和印染工业废水中常见的剧毒污染物。由于废水中其他极性基质的干扰，利用传统非选择性萃取方法对这几种化合物进行萃取与净化不但费时费力，而且难以达到令人满意的效果。而使用免疫萃取方法则可以非常简单地解决这一难题。

Bouzige 等用联苯胺抗体制备的免疫亲和柱研究了从纺织工业废水中萃取氨基偶氮苯及其他偶氮类染料的可行性[64]。他们首先取 2.5mL 纺织工业废水，向其中加入 47.5mL 磷酸盐缓冲液，在稀释后的溶液中添加 $1\mu g \cdot L^{-1}$ 的联苯胺、3,3′-二氯联苯胺和 4-氨基偶氮苯。然后将此溶液分别通过一个非选择性的固相萃取柱（PRP-1）和免疫亲和柱，最后将洗脱液用 HPLC 进行分析，色谱图分别如图 8-13（a）和（b）所示。可以很明显地看出，由于基体的干扰，用 PRP-1 萃取后的溶液中，联苯胺和 4-氨基偶氮苯无法检出，而经过免疫亲和柱的选择性萃取后，绝大多数干扰物被去除，上述三种化合物可以在色谱图上明显检出（4-氨基偶氮苯峰很低的原因是其在 287nm 的检测波长下吸收很小）。这说明，免疫萃取方法可以从基体复杂的工业废水中选择性地萃取目标化合物，从而可以有效地避免一些极性相近的基质对分析的干扰。

四、真菌毒素的免疫萃取

真菌毒素的免疫萃取是应用最多，发展最成熟的免疫亲和萃取技术。目前市场上商业化免疫亲和柱绝大多数集中于黄曲霉毒素、玉米赤霉烯酮、呕吐毒素、赭曲霉毒素、伏马毒素等真菌毒素，其中黄曲霉毒素免疫亲和柱用量最大。很多真菌毒素的免疫萃取方法已被权威机构认定为标准检测方法。例如我国现行国标检测方法：GB/T 18979—2003《食品中黄曲霉毒素的测定 免疫亲和层析净化高效液相色谱法和荧光光度法》，GB/T 30955—2014《饲料中黄曲霉毒素 B_1、B_2、G_1、G_2 的测定 免疫亲和柱净化-高效液相色谱法》，GB 5413.37—2010《食品安全国家标准 乳和乳制品中黄曲霉毒素 M_1 的测定》等均采用了免疫亲

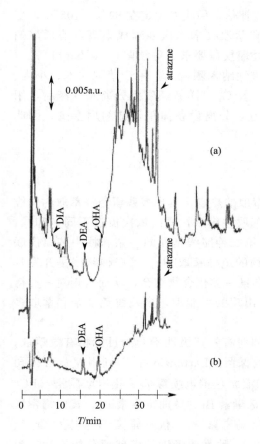

图 8-12 用固相萃取剂 PLRP-S 和免疫
亲和吸附剂萃取阿特拉津及其代谢产物
DIA—脱异丙基阿特拉津；DEA—脱乙基阿特拉津；
OHA—羟基阿特拉津；atrazrne—阿特拉津

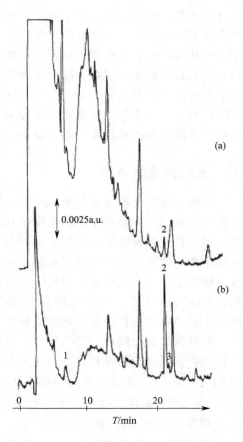

图 8-13 用固相萃取剂 PRP-1 和免疫亲和
吸附剂从工业废水中萃取偶氮苯类化合物
1—联苯胺；2—3,3′-二氯联苯胺；
3—4-氨基偶氮苯

和柱进行样本前处理。

由于研究比较成熟，因此真菌毒素免疫亲和萃取技术的一些研究经验可以为其他环境污染物的免疫亲和萃取技术开发提供参考。例如，免疫亲和萃取对于样品基质干扰的去除效果[73]，免疫亲和萃取条件对萃取回收率的影响[74,75]，免疫亲和萃取条件对亲和柱重复使用性能的影响[70,71]等。对于高脂肪含量样品中目标物的提取回收率及脂肪对免疫反应的干扰是导致这类样品检测结果准确性差的重要原因。Roberts J 等[76]开发的可可豆中赭曲霉毒素 A 的免疫亲和萃取-HPLC方法可以为解决这类问题提供参考。他们首先用 1‰的碳酸钠溶液（pH 10）对样品进行超声萃取，然后加入一种絮凝剂进行脱脂，净化处理后的样品直接进行

HPLC 检测。该方法经连续 4 年添加回收评估，回收率稳定在 89%～105%，变异系数 $CV<10\%$。为克服传统免疫亲和萃取技术单次处理成本高，消耗溶剂多，操作时间长，对操作人员经验及前处理仪器要求高等缺陷，Es'haghi 等[77]将黄曲霉毒素抗体固定在石墨烯修饰的磁性纳米颗粒上，用于萃取大米、小麦、芝麻等样品中的黄曲霉毒素 B_1、B_2、G_1 及 G_2。样品经磁力分离及洗涤后，用HPLC 检测。由于磁性载体材料价格便宜，分离设备简单，试剂用量少，因此可以大大降低黄曲霉毒素检测的成本。

五、多残留免疫萃取

多残留免疫萃取是近年来免疫亲和萃取的热点。实现多残留免疫萃取的路线主要有三种。一种是将不同的免疫亲和萃取柱串联，样品依次流过不同亲和柱，每一亲和柱选择性吸附对应待测物[78]。第二种路线是在同一亲和柱中装填偶联不同抗体的填料，从而实现对不同目标物的免疫萃取[79]。第三种路线是开发具有"组识别"能力的抗体，即抗体能够和某一类化合物结合，从而实现对一类待测物的同时萃取[80]。根据在样品中同时出现的可能性，多残留免疫亲和萃取多应用于真菌毒素或抗生素的同时萃取。

多残留萃取有两个主要挑战，一是如何有效把极性不同的目标物有效萃取，二是如何保证目标物在免疫亲和柱上有效保留。Lattanzio 等[81]利用 Vicam 公司的 Myco6in1＋™多残留亲和萃取小柱和液相色谱电喷雾离子化串联质谱（LC/ESI-MS/MS）联用，建立了玉米中黄曲霉毒素 B_1、黄曲霉毒素 B_2、黄曲霉毒素 G_1、黄曲霉毒素 G_2、赭曲霉毒素 A、伏马毒素 B_1、伏马毒素 B_2、呕吐毒素、玉米赤霉烯酮、T-2 毒素和 HT-2 毒素等 11 种真菌毒素的多残留分析方法。为应对前面所述多残留分析的两个挑战，本文采用了两步法，即首先采用磷酸盐溶液萃取，其后采用甲醇萃取。并且水相和有机相提取物依次采取亲和萃取操作，整个过程约消耗 120min。操作如此繁琐的主要原因在于免疫亲和柱所用的呕吐毒素抗体在有有机溶剂存在的条件下对呕吐毒素的亲和力减弱，从而使呕吐毒素在柱上的保留能力降低。2013 年左右，Vicam 公司采用了对有机溶剂耐受性更强的 DON 抗体，使得免疫亲和小柱的有机溶剂耐受性提升，从而大大减少了样品前处理时间和简化了操作。2014 年，Lattanzio VM 实验室报道了利用该真菌毒素多残留小柱改进后的免疫亲和萃取-LC-MS/MS 方法[82]。该方法首先将样品用水提取 2min，然后直接加入甲醇，继续提取 2min，离心得到上清后，将体积浓缩到原体积的 2/5，与适量磷酸盐（PBS）缓冲液混合后，上样进行亲和萃取。该方法将原来 120min 的样品提取和前处理时间缩短到不足 10min，而样品回收率及检测灵敏度未受影响。其他实验室采用改进后的 Myco6in1＋™多残留亲和萃取小柱也大大缩短了样品前处理时间[83]。

第七节 展 望

目前文献报道的对环境污染物的免疫萃取方法还局限于少数环境污染物，其主要原因首先是缺乏市场的推动，其次是因为小分子的抗体制备比较困难，许多分析工作者缺乏相应的技术。但是，作为一种近年来发展起来的新型固相萃取技术，免疫亲和萃取以其操作简单、选择性强的特点而被越来越多的研究者所注意。相信随着小分子化合物抗体制备技术的发展和成熟，抗体的种类会增加，而制作成本也将逐步降低，这些都将推动免疫萃取技术的长足发展。

小分子化合物抗体的开发和改进仍将是推动免疫亲和萃取技术发展的关键。抗体的质量对于免疫亲和柱的选择性、样品适应性、储存寿命、重复使用次数等至关重要。抗体批量生产的质量控制、固相载体材料的质量控制，以及抗体固定化过程的质量控制是保证免疫亲和柱质量稳定性的关键。

多残留免疫亲和萃取仍将是今后免疫亲和萃取技术研究的热点。利用基因工程技术对抗体进行改造，可望更有效地提高抗体对样品基质及有机溶剂等的耐受力，从而帮助简化样品前处理步骤和减少操作时间。将 QuEChERS 等新型高效样品萃取技术与免疫亲和萃取技术相结合[84]，也将有助于从另一条路径提高样品前处理工作效率及降低劳动强度。

参考文献

[1] Berrueta L A，Gallo B，Vicente F. Chromatographia，1995，40：474.

[2] Helena Prosen，Lucija Zupančič-Kralj. Trends In Analytical Chemistry，1999，18：272.

[3] Farid E. Ahmed，Trends In Analytical Chemistry，20（2001）649.

[4] Frutos M de，Regnier F E. Anal Chem，1993，65：17A.

[5] Hage D S. J Chromatogr B，1998，715：3.

[6] Pichon V，Bouzige M，Hennion M-C. Anal Chim Acta，1998，376：21.

[7] Pichon V，Chen L，Hennion M-C. Anal Chim，1995，67：2451.

[8] Pichon V，Chen L，Durand N，Goffic F Le，Hennion M-C. J Chromatogr A，1996，725：107.

[9] Bouzige M，Pichon V，Hennion M-C. Environ Sci Tech，1999，33：1916.

[10] Pérez S，Ferrer I，Hennion M-C，Barceló D. Anal Chem，1998，70：4996.

[11] Shi Ouyang，Yan Xu，Yong Hong Chen. Anal Chem，1998，70：931.

[12] Scott P M，Trucksess M W. J AOAC，1997，80：941.

[13] Watanabe E，Yoshonura Y，Yuasa Y，Nakazaw H. Anal Chim Acta，2001，433：199.

[14] Castellari M，Fabbri S，Fabiani A，Amati A，Galassi S. J Chromatogr A，2000，888：129.

[15] Visconti A，Pascale M，Centonze G. J Chromatogr A，2000，888：321.

[16] 李景鹏，崔岩. 免疫生物学. 哈尔滨：哈尔滨出版社，1996.

[17] Kuby. J Immunology. 3rd ed. New York：Freeman，1997.

[18] M-P Marco，Gee S，Hammock B D. Trends in Anal Chem，1995，14：415.

[19] Delaunay-Bertoncini N，Pichon V，Hennion M-C. J Chromatogr A，2003，999：3.

[20] Galve R，Camps F，Sanchez-Baeza F，Marco M-P. Anal Chem，2000，72：2237.

[21] Ballesteros B，Barcelo D，Sanchezbaeza F，Camps F，Marco M P. Anal Chem，1998，70：4004.

[22] Wang S，Allan R D，Skerritt J H，Kennedy I R. J Agric Food Chem，1998，46：3330.

[23] 李成文. 现代免疫化学技术. 上海：上海科学技术出版社，1992.

[24] 萨姆布鲁克 J. 分子克隆实验指南. 第 2 版. 金冬雁等译. 北京：科学出版社，1996.

[25] Houber A，Meulenberg E，Noij T，Gronert C，Stoks P. Anal Chim Acta，1999，399：69.

[26] Godfrey M A J. Analyst，1998，123：2501.

[27] Godfrey M A J，Kwasowski P，Clift R. Marks V. J Immunol Methods，1992，149：21.

[28] Water C Van de，Haagsma N. J Chromatogr，1987，411：415.

[29] Horne E，Coyle T，O'Keefe M，Brandon D L. Analyst，1999，124：87.

[30] Scharnweber T，Knopp D，Niessner R. Field Anal Chem Technol，2000，4：43.

[31] Jiang T，Mallik R，Hage D S. Anal Chem，2005，77：2362.

[32] Mallik R，Hage DS. J Sep Sci，2006，29：1686.

[33] Ubrich N，Hubert P，Regault V，Dellacherie E. J Chromatogr A，1992，584：17.

[34] Turkova J，Petkov L，Sajdok J，Kas J，BenesM J. J Chromatogr，1990，500：585.

[35] Lu B，Smyth M R，O'Kennedy R. Analyst，1996，121：29R.

[36] SissonT H，Castor C W. J Immunol Methods，1990，127：215.

[37] Kessler S W. J Immunol，1975，115：1617.

[38] Hayashi T，Sakamoto S，Shikanabe M，Wada I，Yoshida H. Chromatographia，1989，27：569.

[39] Pichon V，Rogniaux H，Fischer-Durand N，Ben Rejeb S，Le Goffic F，Hennion M-C. Chroma-tographia，1997，45：289.

[40] Haasnot W，Kemmers-Voncken A，Samason D. Analyst，2002，127：82.

[41] Thordarson E，Jonsson J A. J Emneus Anal Chem，2000，72：5280.

[42] Tudorache M，Rak M，Wieczorek P P，Jönsson J A，Emnéus J. J Immunol Methods，2004，284：107.

[43] Philips T M. in：Advances in Chromatography. Grushka E，Brown P R Eds. New York：Marcel Dekker，1989：133.

[44] Haasnoot W，Schilt R，Hamer A R M，et al. J Chromatogr，1989，489：157.

[45] Farjam A，Brugman A E，Soldaat A，et al. Chromatographia，1991，31：469.

[46] Farjam A，Jong G J de，Frei R W，et al. J Chromatogr，1988，452：419.

[47] Theodoridis G，Haasnoot W，Cazemier G，et al. J Chromatogr A，2002，948：177.

[48] Maurer H H，Schmitt C J，Weber A A，Kraemer T. J Chromatogr，B，2000，748：125.

[49] Pichon V，Chen L，Hennion M-C. Anal Chim Acta，1995，311：429.

[50] Janis L J，Regnier F E. J Chromatogr，1988，444：1.

[51] Hage D S. J Chromatogr B，1998，715：3.

[52] Farjam A，Van der Merbel C，Nieman A A，Lingeman H，Brinkman U A Th. J Chromatogr，1992，589：141.

[53] Bean K A，Henion J D. J Chromatogr A，1997，791：119.

[54] Rule G S，Mordehal A V，Henion J. Anal Chem，1994，66：230.

[55] Farjam A，Vreuls J J，Cuppen W J，Brinkman U A Th，De Jong G J. Anal Chem，1991，63：2481.

[56] Dalluge J，Hankemeier T，Vreuls R J J，Brinkman U A Th. J Chromatogr A，1999，830：377.

[57] Marx A，Giersch T，Hock B. Anal Lett，1995，28：267.

[58] Katmeh M F，Aherne G W，Frost G，Stevenson D. Analyst，1994，119：431.

[59] Katmeh M F，Aherne G W，Stevenson D. Analyst，1996，121：1699.

[60] Rashid B A，Aherne G W，Katmeh M F，Kwasowski P，Stevenson D. J Chromatogr A，1998，797：245.

[61] Rashid B A，Kwasowski P，Stevenson D. J Pharm Biomed Anal，1999，21：635.

[62] Water C Van de，Tebbal D，Haagsma N. J Chromatogr，1989，478：205.

[63] Lawrence J F，et al. J Chromatogr A，1996，732：277.

[64] Bouzige M，Legeay P，Pichon V，Hennion M-C. J Chromatogr A，1999，846：317.

[65] Pfaunmiller E L，Paulemond M L，Dupper C M，Hage D S. Anal Bioanal Chem，2013，405：2133.

[66] Kumar A，Plieva F M，Galaev I Y，Mattiasson B. J Immunol Methods，2003，283：185.

[67] Tetala K K，van Beek T A. J Sep Sci，2010，33：422.

[68] Moser A C，Hage D S. Bioanalysis，2010，2：769-790.

[69] 袁艺，陆廷瑾，沈腾腾，秦学磊，刘莹，焦志培，廖惊殊，张东升. 食品工业科技，2013：396.

[70] 赵丽元，郝爱鱼，刘英慧. 中国现代药物应用，2014：31.

[71] 李佩暖，曹鹏，耿金培，尹大路，阮新. 检验检疫学刊，2009：21.

[72] Zhang H，Wang M，Wang Y，Li Q，Zhou J，Huo F，Tang B. Food Addit Contam Part A Chem Anal Control Expo Risk Assess，2013，30：853.

[73] Senyuva H Z，Gilbert J，Turkoz G，Leeman D，Donnelly C. J Aoac Int，2012，95：1701.

[74] Bao L，Liang C，Trucksess M W，Xu Y，Lv N，Wu Z，Jing P，Fry F S. J Aoac Int，2013，96：1017-1018.

[75] Longobardi F，Iacovelli V，Catucci L，Panzarini G，Pascale M，Visconti A，Agostiano A. J Agric Food Chem，2013，61：1604.

[76] Roberts J，Chang-Yen I，Bekele F，Bekele I，Harrynanan L. J Aoac Int，2014，97：884.

[77] Es'haghi Z，Beheshti H R，Feizy J. J Sep Sci，2014，37：2566.

[78] 韦林洪，刘曙照，邵秀金. 理化检验：化学分册，2012：887.

[79] 余乐，霍光华，符金华. 分析测试学报，2014：693.

[80] 赵笑天，潘亚利，傅英文，宋欢，林勤保. 食品工业科技，2011：426.

[81] Lattanzio V M，Solfrizzo M，Powers S，Visconti A. Rapid Commun Mass Spectrom，2007，21：3253.

[82] Lattanzio V M，Ciasca B，Powers S，Visconti A. J Chromatogr A，2014，1354：139.

[83] Vaclavikova M，MacMahon S，Zhang K，Begley T H. Talanta，2013，117：345.

[84] Desmarchelier A，Tessiot S，Bessaire T，Racault L，Fiorese E，Urbani A，Chan W C，Cheng P，Mottier P. J Chromatogr A，2014，1337：75.

第九章

二噁英样品的前处理技术

第一节 方 法 概 述

二噁英类化合物是多氯代二苯并-对-二噁英（polychlorinated dibenzo-*p*-dioxins，PCDDs）和多氯代二苯并呋喃（polychlorinated dibenzofurans，PCDFs）的统称，多氯代二苯并-对-二噁英（PCDDs）由 2 个氧原子联结 2 个被氯原子取代的苯环构成；多氯二苯并呋喃（PCDFs）由 1 个氧原子联结 2 个被氯原子取代的苯环构成（结构见图 9-1）。每个苯环上都可以取代 1～4 个氯原子，从而形成众多的异构体，其中 PCDDs 有 75 种异构体，PCDFs 有 135 种异构体（见表 9-1）。

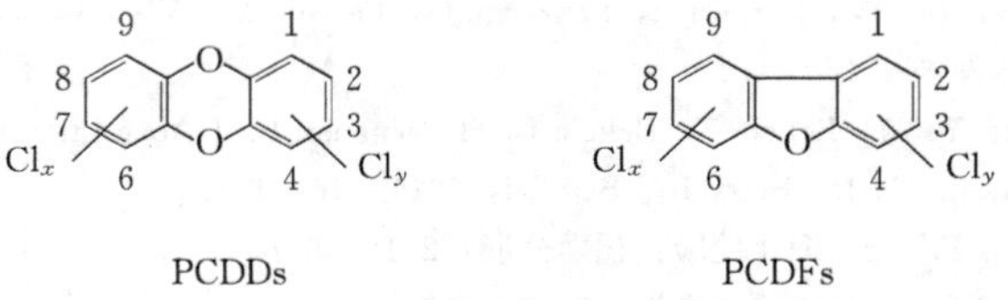

图 9-1 二噁英和呋喃的结构式

表 9-1 二噁英类化合物的同类物和异构体数目及缩写的表示法

氯代原子个数	PCDDs		PCDFs	
	缩写	异构体	缩写	异构体
1		2		4
2		10		16
3		14		28
4	TCDD	22	TCDF	38
5	PeCDD	14	PeCDF	28
6	HxCDD	10	HxCDF	16
7	HpCDD	2	HpCDF	4
8	OCDD	1	OCDF	1
总计		75		135

二噁英类包括 210 种化合物，这类物质非常稳定，熔点较高[1,2]，极难溶于

水（17种2,3,7,8-PCDD/Fs性质见表9-2），可以溶于大部分有机溶剂[3,4]，是无色无味的脂溶性物质，所以非常容易在生物体内积累。自然界的微生物和水解作用对二噁英的分子结构影响较小，因此，环境中的二噁英类很难自然降解消除。

表9-2　17种有毒二噁英类化合物性质

化合物	CAS号	熔点/℃	蒸汽压/Pa	lgK_{ow}
2378-TCDF	51207-31-9	227	2.0×10^{-6}	6.53
12378-PeCDF	57117-41-6	225	2.3×10^{-7}	6.79
23478-PeCDF	57117-31-4	196	3.5×10^{-7}	6.92
123478-HxCDF	70648-26-9	256	3.2×10^{-8}	
123678-HxCDF	57117-44-9	232	2.9×10^{-8}	
234678-HxCDF	60851-34-5	239	2.6×10^{-8}	
123789-HxCDF	72918-21-9	246	2.4×10^{-8}	
1234678-HpCDF	67562-39-4	236	4.7×10^{-9}	7.92
1234789-HpCDF	55673-89-7	221	6.2×10^{-9}	
OCDF	39001-02-0	258	5.0×10^{-10}	8.78
2378-TCDD	1746-01-6	305	2.0×10^{-7}	6.8
12378-PeCDD	40321-76-4	240	5.8×10^{-8}	6.64
123478-HxCDD	39227-28-6	273	5.1×10^{-9}	7.8
123678-HxCDD	57653-85-7	285	4.8×10^{-9}	
123789-HxCDD	19408-74-3	243	6.5×10^{-9}	
1234678-HpCDD	35822-46-9	264	7.5×10^{-10}	8.00
OCDD	3268-87-9	325	1.1×10^{-10}	8.20

　　自然界中的二噁英类来源广泛，实际检测环境和生物样品中化合物一般都是很多同类物的混合物，而各同类物的二噁英类毒性相差比较大，单单利用同类物的总和不能直观地反映其毒性。这在进行健康和生态风险评价方面造成了很多不便，十分有必要用一个数值可以直观地表征某个样品中二噁英类化合物毒性的大小。由于2,3,7,8-TCDD毒性最大，早期的工作主要围绕2,3,7,8-TCDD开展，对于它的毒性数据积累较多。毒性当量因子（toxic equivalency factor，TEF）法将其他同类物的毒性和2,3,7,8-TCDD毒性进行比较，比值为该同类物的毒性当量因子。将某样品中各同类物的含量和毒性当量因子相乘，加和后的总值即为该样品的毒性当量（toxic equivalency，TEQ）。由于TEF的方法是建立在致毒机理为单一受体调节机制的基础上的，所以存在着一定的缺陷和差异。但迄今为止实践证明，该方法因为能够直观反映样品中二噁英类的毒性而在国际上被广泛使用。

　　随着毒理实验技术的发展和毒性数据的积累，该方法逐渐得到发展和完善，至今建立了许多种TEF的标准体系，目前影响最大，应用最广泛的标准体系为世界卫生组织WHO1998年规定的体系（见表9-3）[5]，2005年WHO对毒性当量因子进行了修订[6]，欧洲和日本等国家均采用此体系来计算样品中二噁英类的含量。北约（NATO）体系规定的 TEF 为 I-TEF[7]在 1988 年建立，使用也比较广泛。毒性当量已经逐渐成为世界各国组织制定二噁英类化合物污染控制的指标。目前无论是科研还是商业测试二噁英类，基本上都是 TEQ 来描述测试结果。

表 9-3　NATO/CCMS 1988，WHO 1998 和 WHO 2005 值汇总

TEF 值	NATO/CCMS 1988[7]	WHO 1998[5]	WHO 2005[6]
PCDD			
2,3,7,8-TetraCDD	1	1	1
1,2,3,7,8-PentaCDD	0.5	1	1
1,2,3,4,7,8-HexaCDD	0.1	0.1	0.1
1,2,3,6,7,8-HexaCDD	0.1	0.1	0.1
1,2,3,7,8,9-HexaCDD	0.1	0.1	0.1
1,2,3,4,6,7,8-HeptaCDD	0.01	0.01	0.01
OctaCDD	0.001	0.0001	0.0003
PCDF			
2,3,7,8-TetraCDF	0.1	0.1	0.1
1,2,3,7,8-PentaCDF	0.05	0.05	0.03
2,3,4,7,8-PentaCDF	0.5	0.5	0.3
1,2,3,4,7,8-HexaCDF	0.1	0.1	0.1
1,2,3,6,7,8-HexaCDF	0.1	0.1	0.1
1,2,3,7,8,9-HexaCDF	0.1	0.1	0.1
2,3,4,6,7,8-HexaCDF	0.1	0.1	0.1
1,2,3,4,6,7,8-HeptaCDF	0.01	0.01	0.01
1,2,3,4,7,8,9-HeptaCDF	0.01	0.01	0.01
OctaCDF	0.001	0.0001	0.0003
non-ortho-substituted PCB			
3,3′,4,4′-TetraCB	—	0.0001	0.0001
3,4,4′,5-TetraCB	—	0.0001	0.0003
3,3′,4,4′,5-PentaCB	—	0.1	0.1
3,3′,4,4′,5,5′-HexaCB	—	0.01	0.03
mono-ortho-substituted PCB			
2,3,3′,4,4′-PentaCB	—	0.0001	0.00003
2,3,4,4′,5-PentaCB	—	0.0005	0.00003
2,3′,4,4′,5-PentaCB	—	0.0001	0.00003
2′,3,4,4′,5-PentaCB	—	0.0001	0.00003
2,3,3′,4,4′,5-HexaCB	—	0.0005	0.00003
2,3,3′,4,4′,5′-HexaCB	—	0.0005	0.00003
2,3′,4,4′,5,5′-HexaCB	—	0.00001	0.00003
2,3,3′,4,4′,5,5′-HeptaCB	—	0.0001	0.00003

　　二噁英类在远古的环境样品中就已发现，但所有样品中其浓度都相当低[8]。除了实验室少量合成用于科学研究外，二噁英类从未有任何商业目的的生产，研究表明，直到 20 世纪 20 年代之后，含氯化学工业的兴起才导致环境中二噁英

类的显著增加[9~11]。由于人类活动而无意产生的二噁英类主要来源于焚烧和化工生产。前者如城市生活垃圾、医院废物及化学废物的焚烧，钢铁和某些金属冶炼以及汽车尾气排放等；后者主要来源于氯酚、氯苯、多氯联苯及氯代苯氧乙酸除草剂等生产过程、制浆造纸中的氯化漂白及其他工业生产中。二噁英类化合物由于具有化学稳定性、低水溶性、亲脂性和半挥发性等特点，使得其能够进行远距离传输，从而造成全球性的环境污染[10]。

而人体暴露则归结于污染的水、空气和食品等二级污染源。二噁英类属于全球性污染物质，其化学性质稳定，难以生物降解，已证实此类化合物可在食物链中富集[12]。因此近年来普遍认为，对于普通人群，90%以上的背景暴露是由于食品引起的[8,13]，1991~1994年美国环保局进行了一项全面的、肯定二噁英类不良影响的风险性评价，初步研究结果表明二噁英类不仅对人类具有致癌性，显著增加癌症死亡率，还能降低人体免疫能力，影响正常荷尔蒙分泌[8]。

二噁英检测方面，美国、日本、德国、加拿大等都具备了大批符合国际标准的实验室。在检测表征方法方面，美国 EPA 先后发布了针对水及生物样品 US EPA 1613 方法；针对固体废物的 US EPA 8290、8280 方法和针对烟道气的 US EPA 23 等一系列方法；在针对二噁英类多氯联苯方面发布了 US EPA 1668 方法；在针对多溴联苯醚方面起草了 US EPA 1614 方法。近年来我国在超痕量持久性有机污染物检测方面取得一些进展，但从分析仪器、检测方法、分离测定、数据处理和质量控制等方面还存在一些问题。

样品的采集技术与前处理技术是当前环境与食品分析的瓶颈。就分析检测过程而言，这个过程不仅涉及样品的分离与测定，还包括样品采集和预处理技术及检测结果的处理等整个领域。分析工作中的误差，可能由多种原因引起，例如：实验方法本身的误差，试剂本身不纯或是被沾污，测定过程或数据处理过程的误差等，所有这些误差现在都可以通过空白实验、标准方法、标准参考物质等来校正和控制。但是，如果是样品本身处理方面的问题是很难解决的，是影响样品分析准确度和灵敏度至关重要的因素。

一、同位素稀释气相色谱与质谱联用测定二噁英类

二噁英异构体种类较多，各异构体毒性差别又大，这就要求其测定方法必须满足严格的要求[14,15]：

（1）高灵敏度　检出限达到 pg（$1pg=10^{-12}g$）级浓度以下；目前最好的 HRGC/HRMS 对 2,3,7,8-T4CDD 的绝对检出限可达 25fg（$1fg=10^{-15}g$）。

（2）高选择性　从监测样品中提取出来的多种化合物成分中，共存干扰成分的含量往往高出二噁英类几个数量级，没有高选择性的方法是不能用于超痕量二噁英类分析的。

（3）高特异性　二噁英类本身是由 210 种异构体组成的混合物，要分析的对

象为含 4-氯到 8-氯取代的二噁英，也有 136 种。在需要检测的各二噁英异构体中，必须全部分离 2,3,7,8-氯代异构体，单独定量，因而要求方法具有高特异性。

（4）严格的质量保证措施 二噁英类分析不同于常规项目分析，其浓度极低、操作复杂、分析周期长等特点要求方法本身必须有一套严格的质量保证措施。

二噁英类的分析始于 20 世纪 50 年代后期，随着样品制备技术的改进和质谱仪灵敏度和选择性的提高，最低检测浓度从最初的 10^{-6} 级减小到了如今的亚 10^{-15} 级，其中以 80 年代中期到 90 年代初期的进步最为显著，表 9-4 显示了这一时期二噁英分析技术进展。在此期间，美国、欧盟和日本先后建立规范化的同位素稀释-气相色谱-质谱联用技术检测二噁英类的标准方法。表 9-5 显示了血清中二噁英类分析技术的发展。

表 9-4 国际上一些分析测定二噁英类的重要标准化体系

方法名称	目标化合物	基　　质	仪器类型	国家或地区
EN 1948-2,3	PCDD/Fs	废气,废渣	HRGC-HRMS	欧盟
EPA method 23	PCDD/Fs	废气,废渣	HRGC-HRMS	美国
VDI 3499	PCDD/Fs	废气、废渣	HRGC-LRMS	德国
JIS K0311	PCDD/Fs	废气,废渣	HRGC-HRMS	日本
	DL-PCBs			
EPA Method T 09A	PCDD/Fs	废气,空气	HRGC-HRMS	美国
VDI 3498	PCDD/Fs	废气,空气	HRGC-HRMS	德国
EPA Method 1613	PCDD/Fs	土壤、水、飞灰、化工产品、食品,生物样品等	HRGC-HRMS	美国
EPA Method 8280	PCDD/Fs	土壤、水、飞灰、废弃物、化工产品,污泥等	HRGC-LRMS	美国
EPA Method 8290	PCDD/Fs	土壤、水、飞灰、废弃物、化工产品,污泥等	HRGC-HRMS	美国
EPS 1/RM/19	PCDD/Fs	造纸	HRGC-HRMS	加拿大

表 9-5 血清中二噁英类分析技术的发展

年　　份	1986～1987	1988～1989	1990～1991	1992～1993
血清样品/g	200	50	10	2
检测限/fg	2000	300	60	10
200g 血清样品的检测限/fg·g^{-1}	10	1.5	0.3	0.05

中国开展二噁英类的研究始于 20 世纪 80 年代中后期，然而由于长期研究经费的匮乏，二噁英类分析检测整体技术水平与国外差距较大。1996 年中科院武汉水生所建立了中国第一个装备有高分辨质谱仪的二噁英类分析测试实验室，2000 年之后中国加快了二噁英实验室的建设步伐，目前已经建成装备高分质谱仪的二噁英类实验室 40 余个。

典型的二噁英类分析程序包括样品采集、提取、净化和富集、气相色谱-质谱（GC-MS）分析和数据处理。由于二噁英的监测过程非常复杂，二噁英分析方法对样品采集的代表性、前处理的可选择性、特异性、回收率、定性和定量分析的灵敏度、分离度、准确性、再现性及可靠性等方面提出了严格的要求。同位素稀释定量法是保证二噁英类分析测试数据准确性的关键。在样品提取或采样（如烟道气的采样）前定量加入^{13}C标记2,3,7,8-取代的二噁英类毒性同类物，由于^{13}C标记物的化学性质与被分析组分的化学性质完全一致，因此在样品提取、净化和富集过程中的损失也是相同的，样品中二噁英类含量根据内标物来定量，这样就保证了分析结果的准确性。在GC-MS进样前还要加入另外2种^{13}C标记物，以计算回收率。

环境样品中二噁英类的提取通常采用液-液萃取或索氏提取，在生物样品处理中也用到固-液提取[16]、半透膜提取[17,18]。近年来出现了一些替代索氏提取的新技术，如超声提取[19]、超临界流体萃取（SFE）[20~22]、加速溶剂萃取（ASE）[23,24]、微波提取法[14]等。这些新方法缩短了提取时间，大大减少了有毒有机溶剂的使用量。对于提取液的净化大多采用柱色谱法，目前主要采用的色谱柱有复合硅胶柱、碱性氧化铝柱和活性炭柱。亦有采用酸性氧化铝柱的报道[15]。近年来，经过一些科学家的研究开发，推出了样品净化全部自动完成的装置并已商业化，减少了测试人员二噁英类物质暴露的风险[25,26]。

采用高分辨气相色谱将17种二噁英类毒性同类物与其他非毒性同类物及干扰物分离是二噁英类分析测定的又一关键技术。DB-5和SP-2331或SP-2330石英毛细管柱是用于二噁英类同类分离的最常用色谱柱。60 m非极性的DB-5柱可根据氯原子取代数目进行分组分离，但有些2,3,7,8-取代物难与其异构体分离[27]。弱极性的SP-2331或SP-2330柱对一些2,3,7,8-取代物的分离效果优于非极性柱，但二噁英类保留时间不以氯原子取代数目为序[28]。另外，在弱极性柱上二噁英类的保留时间也要比非极性柱长。为了提高二噁英类定性分析的准确性，一些实验室也采用DB-225或DB-Dioxin柱来确认2,3,7,8-TCDF。

测定二噁英类时，质谱仪通常采用电子轰击电离源（EI），选择离子监测（SIM）。近年来研究发现，负化学电离源（NCI）对除2,3,7,8-TCDD以外的二噁英类同类物检测的灵敏度和选择性都显著高于EI源，四极杆质谱对二噁英类的检出限在1~100fg（视氯原子取代数目不同而有所不同）[29]。近年来四极离子存储时间串联式质谱在检测二噁英类方面亦有较好的实践[30,31]。

从20世纪70年代末国外开始采用GC-MS联用技术测定二噁英类。20世纪80年代，美国环保局（US EPA）公布了基于气相色谱-质谱联用仪（GC-MS）的二噁英类测定方法标准（见表9-6）。随后，西方国家以US EPA的方法为基础建立了各国自己的检测方法标准。已出版的二噁英类分析方法如美国EPA的23方法、513/613方法、8280方法、1613方法及8290方法，以及德国 VDI 的 3298、3299 方法都是最常用的方案。当时没有考虑共平面多氯联苯（Co-PCBs）的检测问题。1996 年 12 月，欧洲标准化委员会（CEN）公布了关于固定污染源排放的二噁英类测定方法标准（CENEN-1948）。后来，WHO 欧洲局对原来的二噁英类同类物的毒性等价系数（TEF）和人日允许摄入量（TDI）进行了重新评估，并提出了包括 Co-PCBs 在内的新的 TEF 和 TDI。此后，很多发达国家已经或准备在二噁英类的监测方法标准中追加 Co-PCBs 内容。目前，我国已制定国家级废气、空气、土壤、沉积物及食品中二噁英类检测方法标准。

表 9-6   美国环保局的方法及其适用范围

方法	最后发布时间	应　用	检测限	方法选择判据[29]
HRGC/LRMS 8280A	1996	通用（以固体废物为主）	对固体样品：1ng·g⁻¹ 对水：　　1pg·g⁻¹	①样品预期浓度较高时（ng·g⁻¹级）；②测试经费紧张
613	1984	水中 2,3,7,8-TCDD	1pg·L⁻¹	
HRGC/HRMS 8290	1994	通用（以固体废物为主）	pg·g⁻¹～fg·g⁻¹ 对 2,3,7,8-TCDD 4.4pg·L⁻¹	①样品预期浓度较低时（fg·g⁻¹～pg·g⁻¹级）；②样品预期浓度不超过 ng·g⁻¹
1613B	1997	通用（以水为主）		
0023A	1996	烟道气		

以下是对部分二噁英类标准分析方法的简单介绍。

（1）美国 EPA 方法 613   最早的二噁英类分析方法标准，分析工业废水、城市污水中的 2,3,7,8-T4CDD；样品经萃取后，用氧化铝柱及硅胶柱净化；采用 SP-2330 色谱柱，LRMS 或 HRMS 分析；内标为 ^{13}C 或 ^{37}Cl 标记的 2,3,7,8-T4CDD。

（2）美国 EPA 方法 8280   分析土壤、底泥、飞灰、燃油、蒸馏残渣和水等废物中含 4～8 个氯的 PCDDs/PCDFs；样品提取后，经碱液、浓硫酸、氧化铝及 PX-2 活性炭柱净化，采用 HRGC/LRMS 分析。可选择三种色谱柱：CP-sil-88、DB-5 或 SP-2250，内标为 ^{13}C 标记的 8 种 2,3,7,8-位氯代异构体，是后续方法的发展基础，现已推出 8280A（1995）和 8280B（1998）等新版本。

（3）美国 EPA 方法 513   分析饮用水中的 2,3,7,8-T4CDD；水样经提取，用酸碱改性硅胶柱、氧化铝柱以及 PX-21 活性炭柱净化，采用 HRGC/HRMS 分析；色谱柱为 SP2330 或 CP-sil-88；内标为 ^{13}C 标记的 2,3,7,8-T4CDD 和 1,2,3,4-T4CDD 以及 ^{37}Cl 标记的 2,3,7,8-T4CDD。

（4）美国 EPA 方法 8290   是 8280 方法的发展，主要差别是分析仪器使用了 HRGC/HRMS；DB-5 色谱柱，并用 DB-225 柱重复分离；内标使用 ^{13}C 或 ^{37}Cl 标记的 11 种异构体。最低检出限达到 10^{-12} 以下。

（5）美国方法 TO-9   环境空气中的二噁英类分析方法，用装填聚氨酯泡沫（PUF）的吸附柱吸附环境空气中的二噁英，吸附柱用苯萃取后，用酸化改性的硅胶及酸性氧化铝柱净化，采用 HRGC/HRMS 分析，色谱柱为 DB-5；内标为 ^{13}C 标记的 2,3,7,8-T4CDD，检测限为 $1\sim5\mathrm{pg}\cdot\mathrm{m}^{-3}$。

（6）美国 EPA 方法 23　烟道气中的二噁英类采样和分析方法，可测定 17 种 2,3,7,8-位氯代异构体；用滤筒加 XAD-2 吸附柱进行等速采样，样品经提取后，用改性硅胶、碱性氧化铝净化，净化液用 HRGC/HRMS 分析；色谱柱为长 60m 的 DB-5 及长 30m 的 DB225，质谱的分辨率至少为 10000；以 ^{13}C 标记的 9 种二噁英同类物为内标，可以对 17 种 2,3,7,8-位氯代同类物单独定量，得到准确的毒性当量结果，并规定了严格的质量控制措施。最新版本为 0023A。

（7）美国 EPA 方法 1613　类似于方法 8290，但是可以测定土壤、底泥、组织及其他样品中的 17 种二噁英类异构体，样品的前处理程序比较复杂；样品先以酸、碱萃取，再以酸碱改性硅胶、AX-211 活性炭柱、GPC 等净化；使用 17 种 ^{13}C 标记的 2,3,7,8-位氯代异构体内标，因此可以对 17 种 2,3,7,8-位氯代异构体单独定量，得到准确的毒性当量结果，并规定了严格的质量控制措施。所以比方法 8290 的精确度更高，但是分析成本也更高。

（8）欧洲标准化委员会（CEN）标准 EN1948　类似于美国的方法 23，规定了固定源二噁英类的采样和测定方法，推动了二噁英类分析方法的国际标准化趋势。

（9）日本工业标准 JIS K0311　日本在 1999 年修订的最新版固定源排气中二噁英标准分析方法。该标准建立在欧洲和美国现有标准的基础之上，并结合了日本近 10 年的研究经验，具有更强的针对性、良好的可操作性和质量控制措施。采用了 WHO 的新规定，将共平面多氯联苯（Co-PCBs）也纳入二噁英类的范畴，要求同时测定样品中的二噁英类和 Co-PCBs，增加了分析难度和成本。

（10）日本工业标准 JIS K0312　工业废水和污水中的二噁英类标准分析方法。

（11）日本空气二噁英类分析标准手册　环境空气中的二噁英类分析方法，用石英纤维滤膜和聚氨酯泡沫（PUF）采集环境空气中的二噁英类，分别用甲苯和丙酮萃取后，经过多层硅胶柱及氧化铝柱净化，采用 HRGC/HRMS 分析定量，内标为 ^{13}C 标记的多种 2,3,7,8-位有氯取代的二噁英类同类物，检测限可达到 0.06pg TEQ $\cdot\mathrm{m}^{-3}$ 以下。

（12）中国国家环境保护标准 HJ/T 77.1～4—2008　全称《水质环境空气和废气/固体废物/土壤和沉积物　二噁英类的测定 同位素稀释高分辨气相色谱-高分辨质谱法》，替代 HJ/T 77—2001 中气态样品测定部分。适用于水质，环境空气和固定源排放废气，固体废物，土壤和沉积物中二噁英类污染物的采样、样品处理及其定性和定量分析。

由于二噁英类仪器分析方法分析成本高（应用 HRGC-HRMS 检测二噁英类的费用国外在每个样品 1000 美元左右）、样品测试周期长（一次样品的测试周期至少要 2 周），因此限制了仪器分析方法的普及。近年来生物法测定二噁英类总毒性当量（TEQ）的研究非常活跃。二噁英生物测试法有 EROD（7-乙氧基-异吩噁唑酮脱乙基酶）细胞培养法、荧光素酶方法、酶免疫方法（Enzyme Immuno Assay，EIA）和荧光免疫法（DELFIA）等。

通过对 2,3,7,8-取代二噁英类的特殊强毒性以及毒性与结构关系的研究发现，二噁英类对生物的毒性是通过一种特殊的受体即 Ah 受体而起作用的[32]。二噁英类对生物体内 Ah 受体具有高度的亲和能力，能专一性地诱导细胞色素 P450 酶。对 P450 酶的诱导作用可以通过 EROD 酶活性来测定，在一定浓度范围内具有线性的剂量-效应关系[24]。由于样品中其他共存污染物的干扰，EROD 酶的分析结果往往偏高。离体的 EROD 酶一般取自动物（如鸡胚胎和鼠）肝细胞[33~37]。目前，国内已开展了灵敏的离体 EROD 生物检测法用于环境样品中二噁英污染物的快速筛选[38]。另一种生物检测方法——酶免疫分析法（enzyme immunoassay，EIA），一般多采用抗 PCDD/Fs 的老鼠或兔子单克隆或复合克隆抗体[39]。该法简便、易操作，准确性一般优于 EROD 酶检测。国外已有免疫试剂盒商品出售[40]，每个样品的测试费用在 60~80 美元范围。

以上 2 种生物检测方法都具有分析周期短、分析成本低、可平行测定大量样品的特点，对环境样品的检测限可以达到 $pg \cdot g^{-1}$ 或 $ng \cdot L^{-1}$ 水平。但生物检测法只能测定二噁英类总毒性当量，不能报告样品中含有哪些二噁英类，因此生物检测法只能作为一种大量环境样品的快速筛选手段，可以应用于大规模的二噁英类背景调查。

二噁英的实时在线检测技术也是二噁英检测的一个重要研究方向[41,42]，比如在垃圾焚烧炉排出气体中存在大量的二噁英中间体——氯苯酚，利用气体中二噁英类物质含量与氯苯酚含量密切相关的特性，将氯酚选为测定指标，通过实时测定氯苯酚的含量，从而可间接测出二噁英浓度。另外也有人提出采用可移动激光质谱法[43~46]对垃圾焚烧炉排出气体中的二噁英进行在线检测。

二、我国二噁英类的分析研究现状及展望

我国学者自从 1987 年起陆续在国内外学术刊物上报道有关二噁英类研究的最新成果，到现在已有 40 多家装备有高分辨气相色谱-高分辨质谱的二噁英实验室，国家环境保护部也建成了 7 个区域二噁英分析实验室。其中部分二噁英实验室多次参加国际权威组织的国际比对，取得较好的结果，表明部分实验室的分析能力达到了国际先进水平。2007 年我国发布了《食品中二噁英及其类似物毒性当量的测定》（GB/T 5009.205—2007），该方法采用同位素稀释-高分辨气相色谱-高分辨质谱联用技术检测二噁英类，对 2,3,7,8-TCDD 的检出限为 $40fg \cdot g^{-1}$。

目前我国科研人员已经利用高分辨气相色谱-高分辨质谱对于长江、黄河、

洞庭湖、太湖等流域及东海、环渤海的沉积物、水、生物样品鱼类中二噁英类进行了分析检测，对我国环境样品中二噁英类的含量水平和分布有了初步认识。对典型工业源医疗废物焚烧、生活垃圾焚烧、钢铁冶炼等产生的二噁英类进行了采集和分析，意识到焚烧是我国环境中二噁英类的重要来源。但是现有的数据缺乏系统样品的采集和分析，还远远不能描述我国二噁英类污染现状，二噁英类的分析检测还需要多层次更加广泛地开展。

分辨率达 10000 以上的高分辨质谱改进了信噪比使灵敏度提高，但仪器的购置费和维护费昂贵，对仪器使用人员的要求也很高。毛细管气相色谱与低分辨的四极杆质谱或三重四极串联式质谱联用，仪器购置费仅为高分辨质谱的 1/10 左右。HRGC-LRMS 自动化程度高，仪器维护和使用都很方便，现已成为我国环境分析检测实验室的常规仪器，使用 HRGC-LRMS 分析环境样品中 ng·g^{-1} 级二噁英类样品，如果能严格按照国际上通用的质量保证与质量控制（QA/QC）标准同样可以获得可靠的结果。

德国政府曾组织了一项针对二噁英类分析方法的验证试验，有来自 8 个国家的 60 个实验室参与了这一计划，试验结果表明低分辨四极杆质谱和高分辨双聚焦质谱在分析污泥中二噁英类时无显著差异，试验数据如表 9-7 所示[47]。如果样品提取、净化比较严格的话，HRGC-LRGC 在分析复杂的生物样品中二噁英类时同样也可以取得满意的结果[48]。

表 9-7　低分辨质谱和高分辨质谱测定的毒性当量数据评价

样　　品		LRMS	HRMS
A	平均值	11.57pg TEQ·g^{-1}	11.95pg TEQ·g^{-1}
	标准偏差	1.23pg TEQ·g^{-1}	2.82pg TEQ·g^{-1}
	相对标准偏差	10.6	23.6
	实验室数量	22	32
B	平均值	29.49pg TEQ·g^{-1}	29.98pg TEQ·g^{-1}
	标准偏差	6.29pg TEQ·g^{-1}	4.92pg TEQ·g^{-1}
	相对标准偏差	21.3	16.4
	实验室数量	25	30

我国目前二噁英类监测的重点应是重点污染源、使用比较广泛且可能含有二噁英类杂质的有机化学品、典型污染区。在这些有机化学品、典型污染区的环境样品中二噁英类浓度一般都较高，如我国国产五氯酚和四氯苯醌中八氯二苯并二噁英（OCDD）的含量高达 μg·g^{-1} 级[34~45]，某些污染区底泥中 OCDD 的含量在 ng·g^{-1} 数量级[37,38]，类似样品 HRGC-LRMS 完全可以胜任。在我国现阶段应形成少数 HRGC-HRMS 二噁英类检测实验室与多数 HRGC-LRMS 实验室相互支持，互为补充的格局，这样才有可能在我们这样一个幅员广大，环境资源复杂的国家系统开展多层次的二噁英类监测，从而避免危及人体健康的二噁英类污染事件在我国重演，同时也可以体现我国为减少这类全球性有机污

物所做出国际贡献。

第二节　环境样品的采集和保存

一、环境样品的采集、保存及有效期

根据测定要求不同，对样品的采集、保存要求也不同。采样装置尽量避免使用聚乙烯、橡皮管和其他一些能吸附目标待测物的材料。全部样品都须在 4℃贮放，在 30d 内要提取，在 45d 内应分析完毕。

而对于高分辨分析则要求得更高更细。一般要求采集的样品应放入棕色玻璃瓶中。水样收集后放入冰箱中保存，固体样品用大口径采样器采集。具体要求如下：

样品到达实验室前需保存在 0~4℃的黑暗处。若有残留氯在水中，应在每升水中加入 80mg 硫代硫酸钠。EPA600/4-79-020 中的方法 330.4 和 330.5 可以用来测定残留氯。如果样品的 pH 大于 9，应用硫酸调至 pH 7~9。固体、半固体、油和混合相样品在到达实验室之前应保存在<4℃的暗处。样品到达实验室后，液体样品应储存在 0~4℃黑暗处。固体、半固体、油、混合相物质和组织样品储存在<−10℃的暗处。

1. 鱼和组织样品

野外采集的鱼经洗净，切片或用其他方式处理，例如分析时可用全鱼、鱼片或其他组织。鱼样应用铝铂纸包裹，在到达实验室前应保存在<4℃温度下。到达实验室后，样品应该冷冻保护（−10℃）。

2. 空气和废气

（1）环境空气中的二噁英类的采样　环境空气中二噁英类含量较低，因此样品的富集对于二噁英类的检测极为重要。一般环境空气中的二噁英类采用带 PUF 富集管的大流量采样器。颗粒物的捕集用玻璃纤维滤膜，气态部分的二噁英类用聚氨基甲酸酯泡沫块 PUF 捕集。采样前玻璃纤维滤膜在 250~450℃的马弗炉中净化 2~4h 除去吸附在滤膜上的有机物质，PUF 用丙酮、己烷或甲苯索氏抽提 24h。当含量较低时，增加采气量，以提高灵敏度。采完样品的滤膜用铝箔包好带回实验室。

（2）污染源排放尾气中二噁英类采样　污染源采样可采用等速采样法。当烟道温度低于 300℃，相对湿度小于 30％时，用预先处理过的玻璃纤维滤筒（250~450℃净化 2~4h）采集烟尘，用 XAD 树脂柱吸附烟气中的二噁英类。根据烟气参数计算等速采样条件，当燃烧炉达到正常稳定燃烧状态以后开始采样，同时监测烟气温度、流速、氧气和一氧化碳含量的变化，随时调整采样速率，采过样的滤筒用铝箔仔细包好带回实验室。当烟道温度高于300℃，湿度大于30％时，捕集材料用经过前处理的石英棉（用丙酮、己烷或甲苯索氏抽提24h）加 XAD。

3. 有效期

对水相、固体、半固体和其他样品基质中二噁英类的储存有效期还没有确切时间范围。如果按照以上条件储存，样品可以储存1年。样品提取物若保存在＜−10℃黑暗处也可以保存一年。

二、固体废物焚烧炉烟气的采集方法

采样中所用的玻璃器皿必须完全清洗干净。玻璃容器上任何小的污点都可能引进试验系统误差，造成试验结果无效。将玻璃器皿浸泡在热肥皂水内或类似的清洗溶液中，用自来水冲洗掉玻璃容器上的肥皂液，再用去离子水冲洗三次。洗净后的玻璃仪器在烘箱内烘干。冷却后用二氯甲烷冲洗三次，再用甲苯冲洗三次。处理好玻璃容器后用洁净的铝箔包好，用记号笔作上标记，备用。在现场使用玻璃器皿之前还要用丙酮和二氯甲烷进行冲洗。玻璃仪器在运输的过程中注意保持密封。

详细的试验准备工作包括以下几个步骤：

① 准备高纯水；
② 制备 XAD-2 树脂；
③ 制备硅胶；
④ 仔细清洗采样中所用的吸附瓶和管路系统；
⑤ 对流量计按照标准方法进行校准；
⑥ 对其他采样中使用的仪器进行校准。

1. 采样位置选择

位置应优先选择在垂直管段，尽量避开烟道弯头和断面急剧变化的部位，采样位置应设置在距弯头、阀门、变化管下游方向不小于6倍直径，和距上述部件上游方向不小于3倍直径处，对于矩形烟道，其当量直径 $D=2AB/(A+B)$，式中 A，B 为边长。对于气态污染物，由于混合均匀，其采样位置可不受上述规定，但应避开涡流区，如果同时测定排气流量，采样位置选定仍需要按照上述严格要求。同时，采样位置的选定应避开测试人员操作有危险的场所。

另外，采样点附近应设立采样平台，平台应有足够的工作面积保证操作人员安全、方便的操作，面积不小于 $1.5m^2$，并设有 $1.1m$ 高的护栏，采样孔距平台面为 $1.2 \sim 1.3m$。

2. 采样流程

烟尘采样管采样头内预先装入一个滤筒，将烟尘采样管由采样孔插入烟道中，采样嘴置于正对气流方向，等速采样，采样嘴的吸气速度与测定点的气流速度相等（其相对误差应在 10%内），抽取一定量的烟气，根据抽取的气体量计算排气中的二噁英类等污染物的浓度。

烟尘采样管有玻璃纤维滤筒采样管和刚玉滤筒采样管两种。玻璃纤维滤筒采样管由采样嘴、前弯管、滤筒夹、滤筒、采样管主体等部分组成。滤筒由滤筒夹顶部装入。玻璃纤维滤筒由玻璃纤维制成，有直径 32mm 和 25mm 两种，对 0.5μm 的粒子捕集效率应不低于 99.9%，失重应不低于 2mg，适用温度为 500℃以下。刚玉滤筒采样管由采样嘴、前弯管、滤筒夹、刚玉滤筒、滤筒托、耐高温弹簧、石棉垫圈、采样管主体等部分组成。刚玉滤筒由刚玉砂等烧结而成，对 0.5μm 的粒子捕集效率应不低于 99%，失重应不低于 2mg，适用温度 1000℃以下，空白滤筒阻力，当流量为 20L·min^{-1}，应不大于 4kPa。

采样嘴入口角度应不大于 45℃，与前弯管连接的一端的内径应与连接管内径相同，不得有急剧的断面变化和弯曲。

3. 采样步骤

用干净的镊子或者手套将滤筒装入合适而洁净的采样管内。滤筒放的位置应该完全居中，垫圈（如果使用）放置位置正确，防止样品气流从滤筒周围漏出，组装完毕后需要对过滤器进行检漏。记下滤筒编号。

根据烟道断面确定采样点数和位置，按顺序测定排气温度、水分含量、静压和各采样点之间的气体动压，如果干排气成分与空气的成分有较大差异，应测定氧气等排气的成分。进行各相测定时，应将采样孔封闭。根据测定的数据，算出各采样点的等速采样流量。

将采样管插入烟道第一采样点处，将采样孔封闭，使采样嘴对准气流方向（其与气流方向偏差不大于 10°），开动抽气泵，迅速调整流量到第一个采样点的采样流量。采样期间，由于滤筒上颗粒物的逐渐聚集，阻力会增大，应适时调节控制阀保持等速采样流量。一点采样后，立即按顺序将采样管移动到第二采样点后，调整流量。如此类推。采样结束后，小心地从烟道取出采样管，注意不要倒置，再关闭抽气泵。如果烟道内有负压，先关闭抽气泵，将导致颗粒物倒吸，此点需要注意。用镊子将滤筒取出，轻轻敲打前弯管，并用细毛刷将附着在前弯管的尘粒刷到滤筒内，将滤筒装入专用玻璃管内，密封保存。每次采样，至少采取三个样品，取其平均值。

固定污染源排气中颗粒物测定与气态污染物采样装置如图 9-2 和图 9-3 所示。

采样装置 1$^\#$瓶内装有 50mL 左右的超纯水，作用为吸附气流中的污染物，如

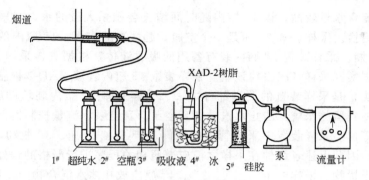

图 9-2　固定源等速采样装置图

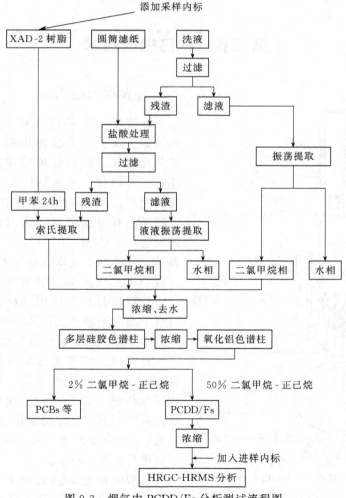

图 9-3　烟气中 PCDD/Fs 分析测试流程图

果样品气流含水量较高，该 1# 瓶内随时间增长会积累大量的水，在采样中可能需要进行更换。采样装置 2# 瓶是一个空瓶，起缓冲的作用，1# 瓶内的水会随气流进入 2# 瓶。采样装置 3# 瓶内装有备用的吸收液体，根据具体采样过程而定，也可以根据实际采样情况去掉该瓶。采样装置 4# 瓶内装填 XAD-2 树脂，可以吸附二噁英类，是采样装置的关键部件之一。采样装置 5# 瓶内装填硅胶干燥剂，吸附气流中残留的水气，防止水汽破坏真空泵。真空泵和流量控制器保证采样气流的连贯等速。采样装置中采样管内的滤筒、1# 瓶、2# 瓶、3# 瓶和 4# 瓶需要进行分析，因此上述各组件在采样之前应遵照相关程序进行严格的预处理，保证不会带进干扰物。采样中 1#、2#、3#、4# 瓶应放在冰水混合物中，冷却气流，减少水分的挥发，保证采样可以获得高的吸附率。

第三节　样品提取技术

一、经典提取技术

环境样品中不仅二噁英类浓度低，而且组分复杂，干扰物质多，使得样品必须经过复杂的前处理后方能进行分析测定。可以说，从原始样品中提取出二噁英类是分析二噁英类的最关键环节。二噁英类样品的提取方法因样品类型不同而各异。然而，用于二噁英类、PCBs 及杀虫剂的基本提取方法没有太大差异。有效分析二噁英类所需的更高的富集因子，使得样品预备所用的材料及玻璃器具要求非常干净和无污染。在提取之前，样品中要加入已知量的标记标准混合物。

经典的二噁英类提取技术主要有两种：索氏提取和液液提取。环境中的固体样品传统上多采用索氏提取，但此方法消耗溶剂多，处理周期长（一般要 24h 左右）。索氏提取器（Soxhlet extractor）示意图如图 9-4 所示。

一般做法是将滤纸做成与提取器大小相应的套袋，然后把固体混合物放入

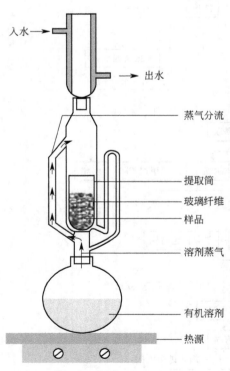

入水 →
→ 出水
蒸气分流
提取筒
玻璃纤维
样品
溶剂蒸气
有机溶剂
热源

图 9-4　索氏提取器（Soxhlet extractor）
示意图

套袋，装入提取器内。在蒸馏烧瓶中加入提取溶剂和沸石，连接好蒸馏烧瓶、提取器、回流冷凝管，接通冷凝水，加热。沸腾后，溶剂的蒸气从烧瓶进到冷凝管中，冷凝后的溶剂回流到套袋中，浸取固体混合物。溶剂在提取器内到达一定的高度时，就携带所提取的物质一同从侧面的虹吸管流入烧瓶中。溶剂就这样在仪器内循环流动，把所要提取的物质集中到下面的烧瓶内。

液态样品，如水样、牛奶、体液或血液等一般采用液液萃取。

一些环境样品的常规提取方法介绍如下。

1. 食物和其他生物材料的提取

对于固态样品，预备工作的第一步是称重，然后冷冻干燥，用己烷或己烷-丙酮索氏提取。液态样品如牛奶、体液或血液，当样品中存在与蛋白质结合的脂肪，用草酸钠和乙醇变性并绞碎。变性后的脂肪用乙醇或己烷移入萃取器中。然后蒸发掉有机溶剂，留下的脂肪称重，一般视为样品中的脂肪原始含量，并用以计算最终的二噁英类浓度。

2. 飞灰的提取

包含在飞灰内的污染物检测必须先将灰粒破裂。传统的方法是盐酸与灰的混合，洗涤和干燥后用甲苯索氏提取。另一个替代方法要求飞灰首先用甲苯、甲氧氟烷和盐酸的混合溶剂索氏提取，过滤后，提取液用水洗以除去甲氧氟烷，然后用碳酸钾中和。

3. 土壤、沉积物和底泥的提取

样品称重，干燥，在烘箱中或直接与无水硫酸钠完全混合。用甲苯索氏提取干燥样品中的二噁英类。

关于环境样品的具体提取过程可根据测定的不同要求分为高分辨测定和低分辨测定。高分辨测定可参考国家行业推荐标准——同位素稀释 HRGC-HRMS 法测定四～八氯代二苯并二噁英类和呋喃；低分辨测定可参考美国环保局 8280 方法——多氯代二苯并-对-二噁英和多氯代二苯并呋喃分析。

二、提取技术的新进展

目前提取环境中固体样品的新方法与新技术有：超声振荡法、夹层法、超临界流体萃取（SFE）、加速溶剂萃取（ASE）、微波消化法（MWD）等。

采用索氏提取、超声振荡萃取、夹层法、CO_2-SFE 这四种方法提取土壤中的二噁英，提取效率都能令人满意，只是 CO_2-SFE 与其他三种方法比较回收率略低[49]。

CO_2 和 N_2O 均适于作为 SFE 的流体，以 CO_2 最为常见。SFE 的萃取效率取决于多种因素，如温度、压强、流速、改良剂的添加、固态样品种类、淋洗液等。在超临界流体中加入一定比例的甲醇、苯、甲苯等作为改良剂，可提高二噁英类的回收率[50]。调整萃取温度、压力和萃取混合液的极性，可适当提高 SFE 对目标物的选择性。若将 SFE 与固相萃取（solid phase extraction，SPE）结合，选用两根极性不同的毛细管柱可以更好地去除许多 SFE 共淋洗的干扰成分[51]。

若将 SFE 应用于飞灰中的二噁英类提取，含碳量低（1%～3%）的飞灰样品（仅采用石灰作为烟气净化吸收剂）可达到索氏提取回收率的 140%；而对于使用活性炭和石灰作为烟气净化材料的飞灰，其含碳量在 8%～12% 之间，SFE 的萃取效率就比较低。此外，在含有氯酚类化合物时，测定 pg·g^{-1} 级的二噁英类有可能因 SFE 中共溶物而影响结果[52]。

采用 ASE 装置提取固体样品时，一般选用甲苯作为萃取溶剂，采用相对较高的压强和温度（在有机萃取溶剂的沸点以上），仅需操作 10min 左右，即完成样品的提取过程。后期净化可采用 HPLC 方法[53]。实际应用中，需要综合考虑温度、压强和流速。在提取飞灰的方法比较中，在 80℃ 时，ASE 提取二噁英类效率与索氏提取相当；而在 150℃ 时，提取效率则明显高于索氏提取。在 150℃ 条件下，ASE 的萃取速度取决于飞灰与甲苯的比例；与此相反的，在 80℃ 条件下，萃取速度最初由该比例决定，但后来则由二噁英类从基质上被甲苯洗脱的初始解吸附速率决定[54]。

与索氏提取比较，ASE 可多次提取，萃取效率高，时间短（索氏提取一般要 24h 左右），消耗的有毒有机溶剂量如甲苯要少得多，唯一的缺点是 ASE 装置价格较高。

微波消化法也称为微波辅助萃取法（MAE），是利用微波为能量对样品进行提取过程的技术。微波功率、辐照时间、样品含水量及溶剂组成等因素均会影响被测组分的萃取回收率。这种方法快速（一般少于 20min），溶剂用量少，萃取效率高，重复性好，并且节省能源。

提取液态样品的新方法有液膜分离法（SLM），采用表面涂有有机固定液膜的聚四氟乙烯多孔膜，可浓缩和分离目的待测物，浓缩比可达 1:1000，且不需有机溶剂，适于野外现场处理各种环境水样。Lebo 等所介绍的用于现场采集河水中二噁英类的半透膜装置（SPMD），可采集到真正溶解于水中的二噁英类，而与溶解于有机质如腐殖酸等以及吸附在沉积物上的二噁英类无关，浓缩比也很高[55]。亦有人开发了一种用固相提取膜盘提取污水中二噁英类的固相提取（SPE）技术，快速且回收率高，有可能取代常规的液-液萃取[56]。

第四节　样品的净化

除大量基质外样品中可能存在多种浓度干扰物质，有机氯农药、多氯代萘（PCN）、多氯代联苯醚（PCDPE）、多氯三联苯（PCT）等其他多氯代化合物都对 PCDD/Fs 分析造成干扰。虽然目前所使用的仪器大多具有很好的选择性和很高的灵敏度，但在实际样品中基质和其他干扰物的浓度大大高于目标化合物，因此即使是采用最适宜的色谱、质谱条件，在进行仪器分析之前样品也需要经过复杂的前处理以除去样品中存在的大量干扰化合物和基质成分，而且从目前实际情况来看样品前处理净化效果在很大程度上影响着分析结果的质量。

对于样品的净化大多采用柱色谱法，目前主要采用的色谱柱有复合硅胶柱、碱性氧化铝柱和活性炭柱等。一般常用的色谱柱制备方法及作用如下。

一、色谱柱的制备

1. 活性炭柱的制备

（1）炭柱（重力流动型） 炭和硅胶填充材料的制备，制备方法是将 5%（质量分数）活性炭先用甲醇洗，后在真空中 110℃ 干燥，再与 95% 硅胶（60型，EM 试剂，70~230 目）混合，然后在 130℃ 下活化 6h，一次性血清学用的 10mL 吸液管，切割两端制成 4in（1in＝0.0254m）的柱，然后在火上把管的两头烧圆滑，必要时还扩成喇叭口，在一端插入玻璃毛滤团后填充进 1g 的碳-硅胶混合物，最后，再用玻璃毛滤团填紧（把贮液罐接到柱上以便加入溶剂）。

（2）选择炭柱（HPLC） 硅烷化玻璃柱（10mm×7cm）或相当物，其内包含有 1g 填充物，该物是由 5%（质量分数）活性炭 AX-21，经甲醇洗涤，在真空中 110℃ 下干燥后，与 95% 10μm 粒径硅胶混合，混合物必须搅拌均匀，再经过 30μm 筛孔的筛子过筛，除去筛上大块。

2. 氧化铝柱的制备

氧化铝的大小要求是在 100~200 目之间，一根石英玻璃色谱柱（2.5cm×55cm，在柱子入口处有一约 200mL 的储液槽，出口处有一小段突出的粗玻璃管）用来盛放氧化铝。入口处加管通空气，保证系统压力最大约为 10psi（1psi＝6894.76Pa），流速控制在 400cm³·m⁻¹。将色谱柱夹在铁架台上高温加热至700℃，保持 90min，冷却至环境温度。将制备好的氧化铝转移到一干净玻璃瓶中，用特氟龙封口胶封住瓶口置于干燥器中备用，碱性氧化铝最好在制备 5d 内使用。

3. 复合硅胶柱制备

（1）活化硅胶的制备 硅胶要求是色谱级的，大小要求是在 100~200 目之间。一根厚壁的硼硅酸玻璃色谱柱（2.5cm×40cm，柱两端装配有标准的 24/40母口接头，在柱子入口处有一约 200mL 的储液槽，出口处有一小段突出的玻璃管）用来盛放硅胶。入口处加管通氮气，保证系统压力最大约为 10psi，流速控制在 400cm³·min⁻¹。将管子置于一鼓风干燥炉上，初始温度为实验室环境温度，然后以每分钟 20℃ 的速度加热到 180℃，维持 30min 后。使炉子及管子都冷却到环境温度，取出冷却后的管子垂直夹在铁架台上，用 150mL 的甲醇冲洗硅胶床，同时用氮气加压。然后用 150mL 的二氯甲烷冲洗。将溶剂吹干后再将管子放入炉内加热，温度由环境温度开始，以每分钟 20℃ 的速度加热到180℃，维持 30min 后再冷却到室温。重复上述的溶剂淋洗步骤。再将柱子放于炉内以每分钟 20℃ 的速度加热到 180℃，维持 90min。从炉内取出管子冷却到实验室环境温度。将制备好的硅胶转移到一干净玻璃瓶中，用特氟龙封口胶封住瓶口置于装有五氧化二磷的干燥器中备用。需要注意的是此过程须在通风橱内操作以保证流出气体能够及时排走。

（2）44%（质量分数）硫酸硅胶的制备　硅胶的大小要求是在 100~200 目之间的。操作过程同前。将活化好的硅胶转移到一大小适中的玻璃瓶中（但硅胶所占体积不能超过瓶子总体积的 33%），减重法称重得到硅胶的重量。加入足量的浓硫酸，使酸的重量占硅胶重量的 44%。用特氟龙封口胶封住瓶口，用手摇动瓶子直到硅胶不结块为止。将制备好的硅胶转移到一干净玻璃瓶中，用特氟龙封口胶封住瓶口置于装有五氧化二磷的干燥器中备用。注意：制备好的硫酸硅胶中具有浓硫酸的所有特性，须适当处理。

（3）10%硝酸银硅胶的制备　硅胶的大小要求是在 100~200 目之间，标准硅胶的制备过程如前所述。将制备好的硅胶转移到一大小适中的棕色玻璃瓶中（但硅胶所占体积不能超过瓶总体积的 33%），减重法称重得到硅胶的重量。加入的硝酸银占硅胶重量 11%，去离子水占 43%。为了保证加入试剂量的一致性，应先用去离子水将硝酸银溶液稀释，然后采用滴加方式慢慢加入到硅胶中，边加边不停振荡。这样不仅可以避免硅胶结块，又可使溶液均匀包裹在硅胶颗粒周围。在进行下一步操作前使其混合至少 30min。最后的吸附过程是用到前面制备硅胶所用的色谱柱。将混合好的硅胶倒入色谱柱中，入口处通氮气。将管子放入炉中，由室温开始，以每分钟 0.5℃ 的速度加热到 125℃，维持约 15h。取出玻璃管冷却到室温。转移硅胶至一干净的棕色玻璃瓶中，用特氟龙封口胶封住瓶口置于装有五氧化二磷的干燥器中备用。

4. 33%（质量分数）1mol·L^{-1}氢氧化钠硅胶的制备

硅胶的大小要求是在 100~200 目之间，标准硅胶的制备过程如前所述。制备好的硅胶转移到一大小适中的玻璃瓶中（但硅胶所占体积不能超过瓶总体积的33%），减重法称重得到硅胶的重量。慢慢滴加 1mol·L^{-1} 的氢氧化钠，使其占硅胶总重量的 33%。边加边振荡。这样在避免硅胶结块的同时，又可使氢氧化钠溶液均匀包裹在硅胶颗粒周围。将制备好的硅胶转移到一干净玻璃瓶中，用特氟龙封口胶封住瓶置于装有五氧化二磷的干燥器中备用。

二、不同种类色谱柱的作用

氧化铝可分离基制中的非平面 PCBs、非极性化合物、联苯类、氯苯、酚类、

PAH、DDE、灭鼠灵及农药。活性炭可除去基制中的非极性干扰物。活化硅胶的作用是可除去基制中的极性化合物。酸性硅胶可除去基制中的脂质、还原性化合物及多环芳烃（PAHs）。而碱性硅胶可除去基制中的还原性化合物、酸性化合物、酚类、脂质、磺酰胺类、带羟基多氯联苯类（PCBs）、带羟基联苯醚类。

典型样品的分析流程如图 9-5 所示。

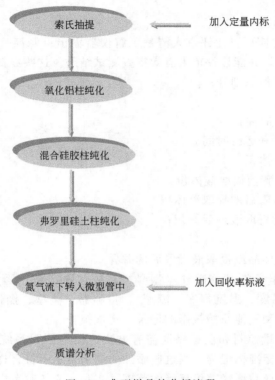

图 9-5　典型样品的分析流程

第五节　分析测试质量保证和质量控制（QA/QC）

二噁英类分析实验室都需要一个分析质量保证规程。这个规程最基本的要求包括实验室分析能力的初步证明，添加标记化合物样品的分析数据评价和数据质量文件，以及标样和空白的操作分析能力。实验室操作应与已建立操作标准的实验室对比，并且分析数据结果应符合本方法要求的质量保证参数。若该方法应用于水样以外的其他样品基质（例如：土壤、吸附剂、腐殖质、组织）应使用最相似的替代基质。

报告数据应包括：

① 污染物测定的清单，包括名称和 CAS 登记号。

② 所有质量控制（QC）实验的结果与改动它的 QC 结果，包括：

a. 校正及校正考察；

b. 初始精确度和回收率；

c. 标记化合物回收率；

d. 空白的分析；

e. 准确度评价。

③ 呈示的数据应可以让评审人清楚了解仪器输出（峰高、峰面积或其他信号）直到最后结果，并能让评审人有效审查测试结果。这些数据包括：

a. 样品号和其他识别号；

b. 提取时间；

c. 分析日期和时间；

d. 分析的次序和运行时间表；

e. 样品重量或体积；

f. 每次纯化步骤前提取液体积；

g. 每次纯化步骤后的提取液体积；

h. 在进样前的提取液最后体积；

i. 进样体积；

j. 稀释时间，样品或提取液稀释后的差异；

k. 仪器和操作条件，色谱柱（型号、直径、固定液、固定相、液膜厚度等）；操作条件（温度、温度程序、流速）、检测器（类型、操作条件等），质量色谱图、数据磁盘和其他原始数据的记录，定量报告。

二噁英分析质量控制和质量保证需有方法空白并证明系统未被污染。所有分析样品必须添加标准标记物。当这些添加的结果显示不符合样品的典型处理要求时，就需要将该样品稀释至可接受的范围。实验室应按时考察校正结果、精确度和回收率，以确认分析系统处于正常状态。实验室必须保留记录以确认分析数据的质量。主要的质量控制和质量保证措施包括：

1. 初始精确度和回收率

首先通过 PAR 实验，验证实验室是否具备可接受的准确性和回收率的能力。样品可分成几份定期送到其他实验室分析测试，以保证实验室间的一致性，至少在每 24 个样品中要有一个样品做平行分析，确定实验精密度。

2. 添加标准标记化合物溶液

实验室应该在所有样品基质中添加稀释的标记化合物溶液，用来评估本方法的运行情况。利用内标方法，计算出标记化合物的回收率。当所有的 2,3,7,8-氯取代二噁英都需要测定时，每个标记化合物的回收率都应符合质量控制标准。

如果任何化合物的回收率不能满足要求，应该重新分析测试。

3. 回收率

样品中标记化合物的回收率需要按期评价并做好记录。需要经常对每种基质中每个标记化合物进行定期准确地评价（例如：在 5～10 个样品测定后，需进行评价）。

对给定基质类型样品（水、土壤、活性污泥、泥浆等）进行 5 个平行样分析后，只计算出标记化合物的平均回收率（R）和回收率标准偏差（SR）。评价结果以每个基质的（$R-2SR$）至（$R+2SR$）的回收率范围表述。例如，如果纸浆的 5 次分析结果 $R=90\%$ 和 $SR=10\%$ 则回收率范围为 70%～110%。

4. 方法空白

在进行样品的处理之前，分析工作者应评价分析方法的空白值，以证实所有的玻璃器具和试剂在方法的检测限内是否有干扰。每当提供一批样品或试剂有了变化时，都必须作方法空白值的评价，以防护实验室不受污染。

利用参考物基质的空白来证明实验系统未被污染。每套样品处理装置都需要包括制备、提取，纯化和浓缩步骤的方法空白。做方法空白的基质应与样品基质尽量相似。例如：1L 水空白、细砂参考物基质空白、纸基质空白、组织空白或其他参考物基质空白。进行方法空白试验时除了引入样品外，其余完全按照拟订的提取、净化各个步骤进行，方法的空白试验也加内标物。在当天实验精确度和回收率内标分析后应立即分析空白，以证明系统未被污染。

如果任何一个 2,3,7,8-氯取代二噁英在空白中浓度高于检测要求的最低检出限或超过规则中规定的 1/3 或更大，样品分析必须停止，直到找到空白中没有明显污染才可继续分析。所有样品必须有未污染的空白证明，这样才能将这些数据结果呈报给有关机构。适当的时候，还提供现场空白以监测在现场内样品可能的交叉污染。典型的"现场空白"将是未被污染的土壤。

5. 可靠性评价

实验室要定期分析 QC 考察样品以确认校正标准的准确性和分析过程中的可靠性。如果没有达到性能指标的话，就不允许其他样品的分析。在样品分析重新开始之前，应进行修正和验收性能的演示。建议两周进行一次 QC 考察样品分析。

每 12h 样品分析为 1 周期，GC 柱性能在开始时要进行评定，GC 柱性能检验溶液也必须在其他样品和标准相同的色谱和质谱条件下进行分析测定。

在使用净化程序之前，分析工作者应采用一系列标准校准试验步骤，以实现有效洗脱模式和保证没有来自试剂的干扰，氧化铝柱和炭柱的性能都应被检验，应常规检验是否有目标待测物在氧化铝柱和 8% CH_2Cl_2 和己烷的混合淋洗液中。

若所用装置已被校正和维持在校正状况，方法中所包含的参数就可以满足分析要求。用作校正的标准、校正确认标准以及用于初始和当天的标准准确度和回收率应该一致，以便于获得最准确的结果。

第六节　我国典型二噁英类分析实践

近年来，随着我国二噁英分析能力的提高，一些环保部门及科研单位开展了对我国环境介质土壤、沉积物、大气中二噁英的监测，而一些卫生部门和检验检疫部门也开展了对我国食品及母乳中二噁英类的检测。本节以大气、污染源及食品为例展开介绍。

1. 我国背景点大气中二噁英类分析

为落实《斯德哥尔摩公约》第 16 条第 1 款有关履约成效评估的规定，在环境保护部对外合作中心履行斯德哥尔摩公约办公室组织协调下，自 2007 年始开展了对我国背景点大气的监测。依据 "全球 POPs 监测导则"，在全国设置了 11 个大气背景采样点，监测了大气中二噁英类的浓度水平。

首先在采样前将采样用的 PUF 利用丙酮和正己烷进行索氏提取，风干后备用，玻璃纤维滤膜高温焙烧后备用。根据全球环境监测导则的要求，利用具有 PM_{10} 切割头的大流量采样器采集气体 $1500m^3$ 以上。将采集的样品（玻璃纤维滤膜 GFF 和聚氨酯泡沫 PUF）添加同位素内标后，以正己烷-二氯甲烷（1∶1，体积比）为提取溶剂，使用加速溶剂萃取 ASE 进行提取，提取液浓缩后用 Power-Prep 的二噁英自动净化系统进行净化（选择复合硅胶柱，碱性氧化铝柱及活性炭柱净化），洗脱液浓缩加标后进行四～八氯取代 PCDD/Fs 的 HRGC-HRMS 测定。监测结果发现，我国背景点空气中二噁英类浓度水平相对较低，与国外背景值没有显著差异。

2. 食品中二噁英类的分析方法

二噁英和多氯联苯的分析属于痕量、超痕量水平的分析，尤其是以食品为代表的生物样品基质干扰多，目标化合物浓度低，一直是分析领域的难点。近年来我国在二噁英和多氯联苯的分析能力上得到很大发展，已经有数个实验室具备了符合国际标准的检测能力。2005 年由中国疾病预防控制中心营养与食品安全所组织其他单位提出的食品中二噁英和多氯联苯的检测方法已由食品卫生标准委员会审查通过，已作为国家标准方法颁布。对于鱼、蛋、肉类等食品首先要进行冷冻干燥并称取干重，之后进行索氏提取或者 ASE 萃取；对于母乳、牛奶等样品可以利用乙醚等进行液液萃取；食品进行提取后，一般要将提取液旋转蒸发和氮吹浓缩，当提取液质量恒重时称取其脂肪含量。很多食品样品在给出食品中二噁英类含量时，所用单位为每克脂肪含量中含多少二噁英类。之后可以利用手动玻璃柱，如酸性硅胶柱、复合硅胶柱、氧化铝柱、佛罗里土柱、活性炭柱等组合来净化食品样品粗提取液，也可以使用全自动净化系统 FMS 进行净化。由于食品中二噁英类处于痕量或超痕量水平，且食品组分复杂，所以一般对于食品中二噁英类都是利用 HRGC-HRMS 进行分析，当样品量大时，可以利用生物检测方法进行筛查分析，能满足食品中二噁英类的分析要求。

3. 我国典型工业源二噁英类的分析研究

二噁英类工业排放源的识别和量化是实现有效控制工业过程中二噁英类排放的首要步骤[57]，我国正在积极开展典型工业源二噁英类排放水平和排放特征的系统研究，目前在生活垃圾焚烧、医疗垃圾焚烧、再生有色金属冶炼和焦炭生产等过程中二噁英类排放水平方面已取得了一些研究进展[58~62]。

对于工业生产过程排放的烟道气，其采样和分析方法主要参考 US EPA 23 或 EN 1948 标准方法，利用工业源烟道气等速采样技术进行烟道气样品的采集，以石英纤维滤筒捕集烟道气中的颗粒物，而以 XAD-2 树脂吸附气相中的二噁英类物质，采样前在 XAD-2 树脂筒中添加^{13}C 标记的同位素采样标记物，用于表征采样回收率。采集的烟道气样品添加同位素内标后，以甲苯为溶剂索氏提取约24h，提取液浓缩后用复合硅胶柱和碱性氧化铝柱净化，在净化浓缩后加标进行四～八氯取代 PCDD/Fs 的 HRGC-HRMS 测定。而对于工业过程产生的飞灰，其分析方法主要参考 US EPA 8290，飞灰在加标提取前首先要用盐酸进行酸洗，酸洗干燥后的飞灰以甲苯为溶剂进行索氏提取，而酸洗的水相部分用有机溶剂萃取，将萃取液与甲苯提取液合并后浓缩，再经过浓硫酸酸洗、复合硅胶柱和碱性氧化铝柱净化，最后浓缩加标后进行 PCDD/Fs 的 HRGC-HRMS 分析。对我国典型工业源二噁英类的排放水平和排放特征的研究为我国制定环境保护决策、编制二噁英类排放清单和履行《关于持久性有机污染物的斯德哥尔摩公约》提供了数据支持和理论依据。

参考文献

[1] Pohland A E, Yang G C. Preparation and characterization of chlorinated dibenzo-*p*-dioxins. J agric food Chem, 1972, 20 (6): 1093-1099.

[2] Gray A P, Steven P C, Cantrell J S. Intervention of the Smiles rearrangement in synthesis of dibenzo-*p*-dioxins: 1,2,3,6,7,8-and 1,2,3,7,8,9- hexachlorodibenzo -dioxin. Tetrahydron Lett, 1975, 33: 2873-2876.

[3] Sarna L P, Hodge P E, Webster G R B. Octanol-water partition coefficients of chlorinated dioxins and dibenzofurans by reversed-phase HPLC using several C_{18} columns. Chemosphere, 1984, 13: 975-983.

[4] Burkhard L P, Kuehl D W. *N*-Octanol/water partition coefficients by reverse phase liquid chromatography/mass spectrometry for eight tetrachlorinated planar molecules. Chemosphere, 1986, 15:

163-167.

[5] Van den Berg M，Birnbaum L，Bosveld A T C，Brunström B，Cook P，Feeley M，Giesy J P，Hanberg A，Hasegawa R，Kennedy S W，et al. Toxic equivalency factors (TEFs) for PCBs，PCDDs，PCDFs for humans and wildlife. Environ Health Perspect，1998，106：775-792.

[6] Van den Berg M，Birnbaum L S，Denison M，De Vito M，Farland W，Feeley M，Fiedler H，Hakansson H，Hanberg A，Haws L，Rose M，Safe S，Schrenk D，Tohyama C，Tritscher A，Tuomisto J，Tysklind M，Walker N，Peterson R E. The 2005 World Health Organization re-evaluation of human and mammalian toxic equivalency factors for dioxins and dioxin-like compounds. Tox Sci，2006，93：223-241.

[7] NATO/CCMS，International Toxicity Equivalent Factor (I-TEF). Method of risk assessment for complex mixtures of dioxins and related compounds. Pilot study on international information exchange on dioxins and related compounds. 1988，Report no. 176.

[8] ES&T Editors. Dioxin risk. Environ Sci Technol，1995，29：4A-35A.

[9] 蒋可. 燃烧排放物中的有毒二噁英及类二噁英多氯联苯. 化学进展，1995，7：30-46.

[10] Ramos L，Eljarrat E，Hernandez L M，et al. Comparative study of methodologies for the analysis of PCDDs and PCDFs in powdered full-fat milk. PCB，PCDD and PCDF levels in commercial samples. Chemosphere，1999，38 (11)：2577-2589.

[11] Bergqvist P A，Strandberg B，Rappe C. Lipid removal using semipermeable membranes (SPMs) in PCDD and PCDF analysis of fat-rich environmental samples. Chemosphere，1999，38 (5)：933-943.

[12] Lebo J A，Gale R W，Petty J D，et al. Use of the semipermeable membrane device as an in situ sampler of waterborne bioavailable PCDD and PCDF residues at sub-parts-per-quadrillion concentrations. Environ Sci Technol，1995，29：2886-2892.

[13] Hengstmann R，Hamann，Weber H，et al. Comparison of different methods of extraction for the determination of polychlorinated dibenzo-p-dioxin in soil. Fresenius J Anal Chem，1989，335：982-986.

[14] Eljarrat E，Caixach J，Rivera J. Microwave vs. Soxhlet for the extraction of PCDDs and PCDFs from sewage sludge samples. Chemosphere，1998，36：2359-2366.

[15] O'Keefe P W，Miller J，Smith R，et al. Separation of extracts from biological tissues into polycyclic aromatic hydrocarbon，polychlorinated biphenyl and polychlorinated dibenzo-p-dioxin/ polychlorinated dibenzofuran fractions prior to analysis. J Chromatogr A，1997，771：169-179.

[16] Ramos L，Eljarrat E，Hernandez L M，et al. Comparative study of methodologies for the analysis of PCDDs and PCDFs in powdered full-fat milk. PCB，PCDD and PCDF levels in commercial samples. Chemosphere，1999，38 (11)：2577-2589.

[17] Bergqvist P A，Strandberg B，Rappe C. Lipid removal using semipermeable membranes (SPMs) in PCDD and PCDF analysis of fat-rich environmental samples. Chemosphere，1999，38 (5)：933-943.

[18] Lebo J A，Gale R W，Petty J D，et al. Use of the semipermeable membrane device as an in situ sampler of waterborne bioavailable PCDD and PCDF residues at sub-parts-per-quadrillion concentrations. Environ Sci Technol. 1995，29：2886-2892.

[19] Hengstmann R，Hamann R，Weber H，et al. Comparison of different methods of extraction for the determination of polychlorinated dibenzo-p-dioxin in soil. Fresenius J. Anal Chem，1989，335：982-986.

[20] Taylor K Z，Waddell D S，Reiner E J，et al. Direct elution of solid phase extraction disks for the determination of polychlorinated dibenzo-p-dioxins and polychlorinated dibenzofurans in effluent

samples. Anal Chem，1995，67：1186-1190.

[21] Bavel B V，Jaremo M，Karlsson L，et al. Development of a solid phase carbon trap for simultaneous determination of PCDDs，PCDFs，PCBs，and pesticides in environmental samples using SFE-LC. Anal Chem. 1996，68：1279-1283.

[22] Mannila M，Koistinen J，Vartiainen T. Comparison of SFE with soxhlet and sonication for the determination of PCDD/PCDF in soil samples. Organohalogen compounds. 1999，40：197-200.

[23] Henkelmann B，Wottgen T，Chen G，et al. Accelerated solvent extraction (ASE) of different matrices in the analysis of polychlorinated dibenzo-p-dioxins and dibenzofurans：Method development and comparison to soxhlet extraction. Organohalogen compounds. 1999，40：133-136.

[24] Miyamoto H，Ohtsuka K，Fukuda Y，et al. Rapid extraction of dioxins from soil，fly ash and XAD-2 resin using accelerated solvent extraction (ASE) and hot extraction. Organohalogen compounds. 1999，40：215-218.

[25] Shin S K，Chung Y H，Shirkhan H. PCDDs，PCDFs，co-PCBs and PCB congener analysis in environmental sample using the automated sample cleanup system. Organohalogen compounds. 1999，40：255-259.

[26] Abad E，Saulo J，Caixach J，et al. Application of an automated sample cleanup system for the analysis of PCDD/PCDF in environmental samples. Organohalogen compounds. 1999，40：57-60.

[27] Fraisse D，Paisse O，Hong L N，et al. Improvements in GC/MS strategies and methodologies for PCDD and PCDF analysis. I. Evaluation of non-polar DB-5ms column. Fresenius J Anal Chem. 1994，348：154-158.

[28] De Jong A P J M，Liem A K D. Gas chromatography-mass spectrometry in ultra trace analysis of polychlorinated dioxins and related compounds. Trends in Anal Chem，1993，12 (3)：115-124.

[29] Hass J D. Analysis of dioxins. 按捷伦科技技术报告，Agilent Technologies Technical semiar，北京，2000：1-35.

[30] Hayward D G，Hooper K，Andrzejewskit D. Tandem-in-time mass spectrometry method for the sub-parts-per-trillion determination of 2，3，7，8-chlorine-substituted dibenzo-p-dioxins and – furans in high-fat foods. Anal Chem， 1999，71：212-220.

[31] Hayward D G，Holcomb J，Glidden R，et al. Quadrupole ion storage tandem mass spectrometry and high-resolution mass spectrometry：complementary application in the determination of PCDDs and PCDFs in U S. and Kazakhstan foods. Organohalogen compounds. 1999，40：43-46.

[32] Swanson H I，Bradfield C A. The Ah-receptor：genetics，structure and function. Pharma-cogenetics，1993，3：213-230.

[33] Bosveld A T C，Berg M V. Biomarkers and bioassays as alternative screening methods for the presence and effects of PCDD，PCDF and PCB. Fresenius J Anal Chem. 1994，348：106-110.

[34] Chittim B G，Bunce NJ，Hu K，et al. Comparison of GC-MS with an in vitro bioassay for PCDDs and related compounds in environmental samples. Chemosphere，1994，29：1783-1788.

[35] Schneider U A，Brown M M，Gillesby B，et al. Screening assay for dioxin-like compounds based on competitive binding to the murine hepatic Ah receptor. Ⅰ. Assay development. Environ Sci Technol，1995，29：2595-2602.

[36] Hu K，Bunce N J，Chittim B G，et al. Screening assay for dioxin-like compounds based on competitive binding to the murine hepatic Ah receptor. Ⅱ. Application to environmental samples. Environ Sci Technol，1995，29：2603-2609.

[37] Engwall M，Brunstrom B，Naf C，et al. Levels of dioxin-like compounds in sewage sludges deter-

mined with a bioassay based on EROD induction in chicken embryo liver cultures. Chemosphere，1999，38：2327-2343.

[38] 徐盈，吴文忠，张甬元. 利用 EROD 生物测试法快速筛选二噁英类化合物. 中国环境科学，1996，16：279-283.

[39] Harrison R O，Eduljee G H. Immunochemical analysis for dioxins-progress and prospects. The science of the total environment，1999，239：1-18.

[40] Focant J F，Eppe G，Pauw E D. Rapid screening of PCDD/Fs：comparison between immunoassay，GC/MS/MS and HRGC/HRMS on different fly ashes. Organohalogen compounds. 1999，40：101-104.

[41] Gullett B，Oudejans L，Touati A，et al. Verification results of jet resonance-enhanced multiphoton ionization as a real-time PCDD/F emission monitor. Journal of material cycles and waste management，2008，10：32-37.

[42] Heger H J，Zimmermann R，Blumenstock M，et al. On-line real-time measurements at incineration plants：PAHs and a PCDD/F surrogate compound at stationary combustion conditions and during transient emission puffs. Chemosphere，2001，42：691-696.

[43] Shimada Y，Mizoguchi R，Shinohara H，et al. Detection of dioxins by femtosecond laser ionization mass spectrometry. Bunseki Kagaku，2005，54：127-134.

[44] Zimmermann R，Rohwer E R，Heger H J，et al. New possibilities for on-line analysis of waste incinerator emissions Resonance ionization laser mass spectrometry，1996-Eighth International Symposium. AIP Conference Proceedings 1997，388：123-126.

[45] Ma J，Fang L，Zheng H Y，et al. Initial results of continuous monitoring of dioxins surrogate using laser mass spectrometry. Optical Technologies for Atmospheric，Ocean，and Environmental Studies，2005，PTS 1 AND 2，5832：342-349.

[46] 李子尧，魏杰，张冰. 激光质谱法原理及其在环境监测中的应用. 量子电子，2001，18（1）：1-8.

[47] Lindig C. Proficiency testing for dioxin laboratories determination of polychlorinated dibenzo-p-dioxins and dibenzofurans in sewage sludge. Chemosphere，1998，37：405-420.

[48] Giesy J P，Kannan K，Kubitz J A，et al. Polychlorinated dibenzo-p-dioxins（PCDDs）and dibenzofurans（PCDFs）in muscle and eggs of salmonid fishes from the Great Lakes. Arch Environ Contam & Toxicol，1999，36：432.

[49] Hengstmann R，Hamann R，Weber H，Kettrup A. Comparison of different methods of exraction for the determination of polychlorinated dibenzo-p-dioxins in soil. Fresenius Z Anal Chem，1989，335：982-986.

[50] Larsen R，Facchetti. Use of supercritical fluid extraction in the analysis of polychlorinated dibenzodioxins and dibenzofurans. Fresenius J Anal Chen，1994，348：159-162.

[51] Hartonen K，Bowadt S，Hawthorne S B，Riekkola M-L. Supercritical fluid extraction with solidphase trapping of chlorinated and brominated pollutants from sediment samples. J Chromatogr A，1997，774：229-242.

[52] Fiddler W，Pensabene J W，Shadwell R J，Lehotay S J. Potential artifact formation of dioxins in ball clay during supercritical fluid extraction. J Chromatogr A，2000，992：427-432.

[53] Noriyuki Suzuke，Koji Tosa，Masashi Yasuda，Takeo Sakurai，Junko Nakanishi. Analysis of polychlorinated dibenzo-p-dioxins and polychlorinated dibenzofurans by the accelerated solvent extraction（ASE）and HPLC cleanup. Organohalogen Compounds，1999，40：267-270.

[54] Windal I，Miller D J，Pauw E De，Hawthome S B. Supercritical fluid extraction and accelerated sol-

第九章 二噁英样品的前处理技术

vent extraction of dioxins from high- and low-carbon fly ash. Anal Chem，2000，72：3916-3921.

[55] Lebo J A，Gale R W，Petty J D，Huckins J N，Meadows J C，Orazio C E，Echols K R，Schroeder D J，Inmon L E. Use of the semipermeable membrane device as an in situ sampler of waterborne bio-available PCDD and PCDF residues at sub-parts-per-quadrillion concentration. Environ Sci Technol，1995，29：2886-2892.

[56] Taylor K Z，Waddell D S，Reiner E J，Macpherson K A. Direct elution of solid phase extraction disks for the determination of polychlorinated dibenzo-*p*-dioxins and polychlorinated dibenzofurans in effluent samples. Anal Chem，1996，68：1556-1560.

[57] 郑明辉，孙阳昭，刘文彬. 中国二噁英类持久性有机污染物排放清单. 北京：中国环境科学出版社，2008.

[58] Ni Y W，Zhang H J，Fan S，Zhang X P，Zhang Q，Chen J P. Emissions of PCDD/Fs from municipal solid waste incinerators in China. Chemosphere，2009，75：1153-1158.

[59] Gao H C，Ni Y W，Zhang H J，Zhao L，Zhang N，Zhang X P，Zhang Q，Chen J P. Stack gas emissions of PCDD/Fs from hospital waste incinerators in China. Chemosphere，2009，77：634-639.

[60] Ba T，Zheng M H，Zhang B，Liu W B，Su G J，Xiao K. Estimation and characterization of PCDD/Fs and dioxin-like PCB emission from secondary zinc and lead metallurgies in China. J Environ Monitor，2009，11：867-872.

[61] Ba T，Zheng M H，Zhang B，Liu W B，Xiao K，Zhang L F. Estimation and characterization of PCDD/Fs and dioxin-like PCBs from secondary copper and aluminum metallurgies in China. Chemosphere，2009，75：1173-1178.

[62] Liu G R，Zheng M H，Liu W B，Wang C Z，Zhang B，Gao L R，Su G J，Xiao K，Lv P. Atmospheric Emission of PCDD/Fs，PCBs，Hexachlorobenzene，and Pentachlorobenzene from the Coking Industry. Environ Sci Technol，2009，43：9196-9201.

第十章

多氯联苯和多环芳烃样品的前处理技术

第一节 概 述

持久性有机污染物（Persistent Organic Pollutants，POPs）主要包括：有机氯农药（Organochlorine Pesticides，OCPs）、多环芳烃（Polycyclic Aromatic Hydrocarbons，PAHs）、多氯联苯（Polychlorinated Biphenyls，PCBs）和酞酸酯类（Phthalate Esters，PEs）。这一类化合物在环境中普遍存在[1]，毒性较大，降解速度极慢，能吸附在沉积物上及在生物体内富集，甚至可以沿食物链进行生物放大，对高级生物产生极大危害，对被污染环境造成持久性难以恢复的影响。虽然POPs在包括极地环境[2]在内的各种环境介质中普遍存在，但含量相对都很低，一般在$10^{-9} \sim 10^{-6}$量级；同时环境中POPs多种多样，其中许多在分析时相互干扰，所以分析方法的选择将对分析的准确度产生重要的影响。

1976年，美国环保局（Environmental Protection Agency，EPA）在"清洁水法"中颁布了工业废水中129种优先污染物（Priority Pollutants)[3]，其中包括了114种有机物。根据优先污染物的理化特征及生物效应等，将129种优先污染物分为10大类，包括：金属和无机物、农药类、多氯联苯类、卤代脂肪烃类、醚类、单环芳香烃类、苯酚和甲苯酚类、酞酸酯类、多环芳烃类、亚硝胺和其他化合物。根据优先污染物所具有毒性的长效性及生物积累性，又可将其分为五级，其中PCBs和PAHs都属于长效性，有积累作用，且非挥发性的一级污染物。

随着各国环境标准及规章越来越严格，对环境样品的分析方法提出了越来越高的要求[4]。近年来，计算机技术及分析仪器软硬件迅速发展，复杂的分析仪器变得高度自动化而且价格合适。相反的，样品萃取技术需要大量的人工和时间，样品预处理技术已经成为提高实验室效率的焦点。尤其是在分析PCBs及PAHs等持久性有机污染物时表现得更为明显，此类物质分析的复杂性体现在它们在各种介质中的含量非常小，而且不同的组分之间的毒性差异非常大，还有大量存在的干扰（interference）和基体效应（matrix effect)[5]。因此，一个好的分析方法需要做到：

① 高灵敏度（sensitivity）和低检出限；

② 高选择性（selectivity）；

③ 高特异性（specificity）；

④ 高准确度（accuracy）和精确度（precision）。

近年来发展较快的样品前处理技术[6]有静态的顶空萃取（Headspace，HS）技术；动态的吹扫-捕集技术（Purge and trap，PT）；超临界流体萃取法（SFE）；固相萃取法[7]（SPE）；液膜萃取法[8]（Membrane extraction，ME），微波辅助萃取法[9]（MAE）；MSPD[10]等方法。主要的目标是尽量减少甚至不使用有机溶剂以及减少样品处理阶段被分析物的损失。除去仅适用于挥发性物质的 HS 和 PT 之外，其他方法都已经应用在环境样品 POPs 的处理以替代传统的液液萃取（LLE）及索氏（Soxhlet）提取。另外还有近年来发展的固相微萃取[11]（SPME），加压流体萃取（PLE）[12]也可以用于 POPs 的预处理。

关于这些方法的基础理论可参见前面几章的叙述。本章仅就这些方法在环境样品中 PAHs 及 PCBs 前处理技术中的应用进行比较，另外还介绍了美国 EPA 的标准分析方法。

一、多氯联苯

PCBs 是氯代联苯同系物的混合体系，它是人工合成的化学品，含有 209 种同分异构体（图 10-1）。PCBs 的商业性生产主要在 1930～1980 年，世界各国生产 PCBs 总计近 150 万吨，1977 年美国首先禁止生产，其后各国陆续停产。主要的生产国及商品名包括：Aroclor（美国 Monsanto 化学公司），Clophen（德国 Bayer 公司），Phenoclor（法国 Prodelec 公司），Kanechlor/KC（日本 Kanegafuchi 公司），Fen-clors（意大利 Caffaro 公司）及 Sovol（前苏联）等。其中美国的多氯联苯产品（Aroclor 系列）产量最大，应用范围最广。PCBs 的不同混合物的商品名，基本都是按照混合物中含氯百分数来命名，如 Aroclor 1221 中约含有 21% 的氯元素；Aroclor 1254 中含有联苯和 54% 的氯，它由 11% 的四氯代、49% 的五氯代、34% 的六氯代和 6% 的七氯代联苯所组成的。各种商品 PCBs 平均含氯量及近似的分子量见表 10-1。

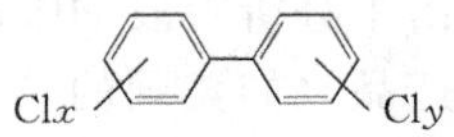

图 10-1　PCBs 结构示意图

表 10-1　商品 PCBs 平均含氯量及基本性质

商品名		含氯量 /%	平均氯原子数	近似相对原子质量	密度 ρ(20℃) /g·mL^{-1}	溶解度（25℃） /μg·L^{-1}
美国	日本					
Aroclor 1232	KC-200	32～33	2	223.0	1.26	
Aroclor 1242	KC-200	40～42	3	257.5	1.38	240
Aroclor 1248	KC-200	48	4	291.9	1.44	52
Aroclor 1254	KC-200	52～54	5	326.4	1.54	12
Aroclor 1260	KC-200	60	6～6.3	366.0	1.62	3

PCBs除特殊高温下一般具有不可燃性、低电导率以及化学稳定性，PCBs非常适合于一些上封闭的用途，如电容器（50.3%）或变压器（26.7%）中的绝缘油、液压设备中的液压油和滑润剂（6.4%）和导热系统中的导热剂（1.6%）及一些外端应用，如增塑剂（9.2%）、无碳复写纸（3.6%）、石油及油漆添加剂（0.1%），另外PCBs还被用作表层外包装、墨水、胶黏剂、阻火剂、阻燃剂、除尘剂、切削油、密封剂和堵漏剂等其他工业用途（2.2%）。

由于PCBs有剧毒而化学性质稳定，它的污染后果严重而持续时间长久。PCBs污染物对生物的危害作用包括致死。PCBs会导致哺乳动物性功能紊乱、阻碍生长、损害生殖能力和导致鱼类甲状腺功能亢进和对外界环境变化及疾病抵抗力的下降等。PCBs污染对人体的危害，由于日本发生了著名的"米糠油事件"而引起世人关注。20世纪60年代，日本北九州一家食用油加工厂在生产米糠油时，用PCBs作脱臭工艺中的热载体。由于管理不善，米糠油中混进了PCBs，含量高达每升2000～3000mg，造成大批米糠油食用者5000人中毒，其中死亡16人。用米糠油的副产品做饲料也造成几十万只鸡突然死亡。

我国于1965年开始生产多氯联苯，大多数厂于1974年底停产，到20世纪80年代初国内基本已停止生产PCBs，估计历年累计产量近万吨。其中三氯联苯约9000t，五氯联苯约1000t。我国在1965年到1975年间曾用三氯联苯制造电力电容器70万～75万台。另外50～70年代，曾由一些发达国家进口部分含有多氯联苯的电力电容器、动力变压器等，也是潜在的污染源。

由于分析手段的限制，最初的PCBs是以总量定量的，后来逐渐发展到以商品化产品（如美国的Arochlor）为标准选择3～7个特征识别信号峰，用毛细管柱气相色谱法分析。另外，还有简单的利用单个同系物系列标准对各工业品PCBs的各峰进行定性和定量，计算出各峰的百分含量[13]。但是不同批次产品之间必然存在的组成差异使得定量存在较大的误差。

1980年中期以来，PCBs同类物分析被认为是更好的定量方法，而立法也基于几种特定的PCBs同类物，而不是PCBs总量[14]。根据它们的丰度，色谱分离，响应值以及作为标准的可能性，CB28、CB52、CB101、CB118、CB138、CB153和CB180常用作"指示性PCB（indicator PCB）"，但是必须注意的是，PCBs各同系物由于氯含量和取代位置的不同，导致其毒性差异很大。这种区分不能体现它们的毒性影响。

二、多环芳烃

多环芳烃（PAHs）是含有两个或多个稠芳香环的一类有机化合物的统称。按广义的考虑，芳香环上含有N、S、O等原子的杂环芳香化合物也可以归到此类中。但本文仅考虑只含C、H元素的PAHs。目前，在主要环境介质，如空气、水、土壤（沉积物）、生物体内都发现有PAHs的存在。现在一般认为其来源主要有两个：一是自然界的生物合成以及森林、草原等的自然燃烧；二是人类活动带来的化石燃料的不完全燃烧和工业过程中产生的副产品，其中人类来源占绝大部分。其他来源还包括吸烟，熏肉[15]等过程。

　　EPA 确定的 16 种 PAHs，如表 10-2 所示，包括了从最简单的两环的萘到六环的苯并［ghi］芘，在结构、性质等方面都比较有代表性，同时也是环境中存在较广泛、含量较高的，在南极地区被溢油污染 30 年的土壤中都有检出[16]，浓度范围可达 41～8105ng·g^{-1}干重。国际海洋考察理事会（International Council for the Exploration of the Sea, ICES)[17]提出 10 种 PAHs 作为国际间互校的对象，包括：菲、荧蒽、苯并［a］蒽、䓛、苯并［b］荧蒽、芘、苯并［e］芘、苯并［a］芘、苯并［ghi］芘、茚并［123-cd］芘。这 10 种 PAHs 也涵盖了三环到六环的代表性 PAHs，但是与 EPA 的 16 种 PAHs 相比，缺少了菲、蒽，苯并［b］荧蒽、苯并［k］荧蒽这两个难分离对，增加了苯并［e］芘、苯并［a］芘一对难分离对，同时致癌性较强的二苯并［a,h］蒽也未涉及。

表 10-2　代表性 PAHs 及其结构[18]

序号	英文名称	分子式（相对分子质量）	溶解度/mg·L^{-1}	分配系数（K_{OW}）	结构式
1	萘 naphthalene	C$_{10}$H$_8$ (128)	32	2300	
2	苊烯 acenaphthylene	C$_{12}$H$_8$ (152)	3.93	12000	
3	苊 acenaphthene	C$_{12}$H$_{10}$ (154)	3.4 (25℃)	21000	
4	芴 fluorene	C$_{13}$H$_{10}$ (166)	1.9	15000	
5	菲 phenanthrene	C$_{14}$H$_{10}$ (178)	1.0～1.3 (25℃)	29000	
6	蒽 anthracene	C$_{14}$H$_{10}$ (178)	0.05～0.07 (25℃)	28000	
7	荧蒽 fluoranthene	C$_{16}$H$_{10}$ (202)	0.26 (25℃)	340000	

序号	英文名称	分子式(相对分子质量)	溶解度/mg·L^{-1}	分配系数(K_{OW})	结构式
8	芘 pyrene	$C_{16}H_{10}$ (202)	0.14 (25℃)	2×10^5	
9	苯并[a]蒽 benz[a]anthracene	$C_{18}H_{12}$ (228)	0.01 (25℃)	4×10^5	
10	䓛 chrysene	$C_{18}H_{12}$ (228)	0.002 (25℃)	4×10^5	
11	苯并[a]芘 benzo[a]pyrene	$C_{20}H_{12}$ (252)	0.0038 (25℃)	10^6	
12	苯并[b]荧蒽 benzo[b]fluoranthene	$C_{20}H_{12}$ (252)	—	4×10^6	
13	苯并[k]荧蒽 benzo[k]fluoranthene	$C_{20}H_{12}$ (252)	—	7×10^6	
14	二苯并[a,h]蒽 dibenz[a,h]anthracene	$C_{22}H_{14}$ (278)	0.0005 (25℃)	10^6	
15	苯并[ghi]芘 benzo[ghi]perylene	$C_{22}H_{12}$ (276)	0.00026 (25℃)	10^7	
16	茚并[123-cd]芘 indeno[123-cd]pyrene	$C_{22}H_{12}$ (276)		5×10^7	

第二节　多氯联苯和多环芳烃样品的前处理技术

由于 POPs 在环境介质中的含量极低，在现有条件下，要进行仪器分析必须对样品进行一定的前处理。前处理技术直接关系到最终分析结果的好坏。所谓前处理技术主要包括：萃取技术和净化分离技术。

萃取过程的目的是去除大量的样品介质，而将含有被分析物的部分转移到合适的溶剂中，同时对被分析物进行富集，而萃取过程的选择和萃取效率与样品类型有很大的关系。经过净化分离后，用高效液相色谱（HPLC）或气相色谱（GC）分析，主要检测手段为质谱仪（MS）、紫外检测器（UV）、火焰离子化检测器（FID）或者是选择性检测器［如荧光检测器分析 PAHs，电子捕获检测器（ECD）分析 PCBs］。如油类和脂肪中 PAHs 的分析[19]就包括液液萃取或皂化萃取，然后是一次或多次净化过程（如柱色谱，薄层色谱或固相萃取），分析方法为 HPLC-紫外或荧光检测，或者 GC-FID 或质谱分析，也有用毛细管电泳（CE）、毛细管电色谱（CEC）[20]等分析的报道。

一、各种环境介质及其特征

1. 水样

环境中的水样主要包括：地表水（河流水、湖泊水）、地下水、饮用水、冰雪水、海水、工业废水等。各种水体中 PCBs 和 PAHs 的浓度范围变化很大。自然水体中，由于半挥发性有机污染物水溶性一般较差，其在水体中的含量非常少。一般在 $10^{-12} \sim 10^{-9}$ 量级，其至可以达到 10^{-15} 的量级，在采样和操作过程中易造成损失或因为其他污染物的干扰而造成误差。但是对于工业废水来说，其成分复杂，悬浮物及其他有机物的含量往往较高，基体中过多的有机物含量既影响到萃取的效率又有可能干扰被分析物的定性和定量分析。另外，不同性质的水体还存在不同的基体效应，如地表水及海水中的悬浮颗粒物及溶胶、盐度等都会对预处理方法的效率产生影响。所以对于不同的水体要采用不同的预处理方法和程序。

2. 固体样品

固体样品主要包括：土壤，河流/湖泊和海洋沉积物，底泥，大气颗粒物等。一般情况下，为了相互之间的比较，萃取土壤和沉积物之前需要测定其水分含量，然后干燥，研磨，过适当的筛子，用试剂萃取。另外比较重要的固体样品包括淤泥和工业废物，它们的主要特征是介质相当复杂，而且很多情况下脂类物质的含量相当高，因此土壤和沉积物的预处理方法往往不能直接用于这些介质的分析。

3. 生物样品

生物样品主要包括肉，鱼，贝，家禽等动物性食物；以及植物及其果实，包括蔬菜，茶叶、谷物、中草药和水果等。

动物性食品中一般蛋白质和脂肪含量非常高，而由于 PCBs、PAHs 等都属于脂溶性化合物，常常富存于脂肪组织中。黄油、脂肪和油类一般认为是比较均匀的，可以直接将它们溶解在正己烷或轻石油醚中得到脂类物质；肉和鱼体样品等则需要先将水分除去后用下面提到的固体样品的萃取方法提取；植物类样品的特点是糖类和色素的含量较高，不可能用碱皂化成匀浆，一般对此类样品可将干样或新鲜样品直接用有机溶剂提取[21]。

在被分析物比较稳定的情况下，脂类和油状样品中 PAHs 和 PCBs 的提取方法一般是在有机溶剂萃取后，在碱性条件下（乙醇和 KOH）皂化。但是也有研究认为这样做会导致含氯较多的 PCBs 的损失。

二、萃取技术

1. 液液萃取（liquid-liquid extraction，LLE）

萃取是将存在于某一相的有机物用溶剂浸取、溶解，转入另一液相的分离过程。这个过程是利用有机物按一定的比例在两相中溶解分配的性质实现的。水样提取常用的方法是利用有机溶剂的液液萃取（LLE），LLE 是用一种适宜溶剂从溶液中萃取在水中溶解度很小的有机物的方法。此时所选溶剂与溶液中的溶剂不相溶，有机物在这两相中以一定的分配系数从溶液转向所选溶剂中。常选用的溶剂有：二氯甲烷，正己烷，丙酮，乙醚，乙酸乙酯等。对于一般的地下水，海水等推荐使用二氯甲烷；而污水则用正己烷。

LLE 在分液漏斗中进行，先将溶液与萃取溶剂倒入分液漏斗振荡，然后静置待混合液体分层后，取有机相进行浓缩，必要时还需要进一步净化。LLE 中最大的问题是容易由试剂或玻璃器皿带入污染，而影响最终结果的准确获得。最好每次都要进行对照实验，观察并扣除试剂、容器引进的干扰。另外，LLE 需要大量有毒的有机溶剂，现在已经逐渐被新的预处理手段（如 SPE，SPME）所取代。

2. 固相萃取法（solid-phase extraction，SPE）

SPE 已经有几十年的发展历史，在环境分析中有着广泛的应用[22]，已经成为 LLE 的替代技术，它仅需要少量的有机溶剂和时间，而且避免了 LLE 中常见的乳化现象，并能得到相当的回收率，而且很容易实现和 GC、HPLC 的在线连用[23]。

SPE 中主要考虑穿透曲线，吸附剂种类，溶剂极性，去除干扰等因素。对于中性的 PAHs、农药和 PCBs 类化合物，目前应用最为广泛的固相萃取固定相是键和硅胶类填料，如 C_8、C_{18}（ODS）[24]等。固相萃取中使用的键和硅胶的比表面积一般在 $50 \sim 500 m^2 \cdot g^{-1}$ 之间，表面的孔径大多在 $5 \sim 50 nm$ 之间。

SPE 有小柱和萃取盘两种形式，SPE 柱是应用最早且最广泛的形式，但是小柱有几个缺点。它的细内径限制了流速，而且极易被环境水样中的悬浮物堵塞，在萃取大体积样品时会使时间增加，SPE 柱干扰也有报道[25]。SPE 萃取盘与过滤膜有相似的原理，由于萃取盘比小柱使用更小的颗粒，大的直径和膜厚度提高了流速。例如，Urbe 和 Ruana[26] 使用基于玻璃纤维介质的 SPE 盘（SPE disc GFM）萃取液体样品中的 PAHs，用 HPLC-荧光检测器分析。它最多可以富集 1L 水样，比常规的 SPE 节省 3～12 倍时间。LODs 可达到 $0.1～2ng \cdot g^{-1}$，$1ng \cdot g^{-1}$ 浓度下回收率大于 80%（RSD<6%）。

（1）SPE 柱萃取环境水样中的 OCPs 和 PCBs

萃取柱：BAKERBOND spe™ C_{18}，6mL，500mg。

样品：1L 水样，必要时需预先过滤。

柱子准备：用 3mL 乙酸乙酯冲洗柱子，干燥 30s，依次用 2×5mL 甲醇、2×5mL 水冲洗。在准备中或结束后不能让柱子流干。

加样/洗涤：关闭真空，加 3mL 样品。样品以 $10mL \cdot min^{-1}$ 的速度流过柱子。再用 2×5 mL 水洗柱子，真空下干燥 30min。

淋洗：用 2×2.5mL 乙酸乙酯淋洗（$2mL \cdot min^{-1}$）柱子，然后用 2×2.5mL 二氯甲烷淋洗。必要时加入无水硫酸钠干燥，氮气浓缩。

分析方法：GC-ECD。

加标回收率：Aldrin 92% 到 CB180 107%。

（2）SPE 盘萃取环境水样中的 PCBs

萃取柱：BAKERBOND Speedisk® C_{18}，50mm。

样品：1L 水样中加入 2～5mL 甲醇，混匀。

柱子准备：加 10mL 乙酸乙酯，真空抽去，然后加 10mL 二氯甲烷。低真空下加 10mL 甲醇，润湿 SPE 盘 1min。保持甲醇在盘上 3～5mm。用 10mL 蒸馏水重复操作。

加样/洗涤：高真空度下加入样品（1L 样品约需 3～5min）。保持高真空约 5min。

淋洗：抽去一半溶剂，停止真空，浸泡 SPE 盘 1min，抽去剩余溶剂。用 5mL 二氯甲烷，然后用 3mL 乙酸乙酯-二氯甲烷（1∶1）冲洗。合并后的淋洗液用 10g 无水硫酸钠去水。用 2×3mL 乙酸乙酯-二氯甲烷（1∶1）洗涤，并用氮气或 KD 浓缩器浓缩至 0.5～1mL。

分析方法：GC-MS。

回收率：86%～100%（RSD3.8%～12.9%）。

（3）SPE 盘萃取水中的 PAHs

萃取盘：BAKERBOND Speedisk® C_{18}，50mm。

样品：1L 水样中加入 2～5mL 甲醇，混匀，避光保存。

柱子准备：低真空下加 10mL 甲醇，润湿 SPE 盘 1min。保持甲醇在盘上 3～5mm。用 10mL 蒸馏水重复操作。

加样/洗涤：真空状态下加入样品（需 3～5min），保持真空 5min 使 SPE 盘干燥，5mL 乙酸乙酯洗涤样品瓶，并全量转移到萃取盘上。

淋洗：抽去一半溶剂，停止真空，浸泡 SPE 盘 1min，抽去剩余溶剂。用 5mL 二氯甲烷，然后用 3mL 乙酸乙酯-二氯甲烷（1：1）冲洗。合并后的淋洗液用 10g 无水硫酸钠去水。用 2×3mL 乙酸乙酯-二氯甲烷（1：1）洗涤，并用氮气或 KD 浓缩器浓缩至 0.5～1mL。

分析方法：GC-MS。

萃取柱：92%～100%（RSD 0.6%～2.1%）。

3. 固相微萃取（solid-phase microextraction，SPME）

目前 SPME 在环境样品分析、食品检测及药物检测方面均有应用[27]，主要用于分析挥发、半挥发性有机物，其中较为典型的有 BTEX、PAHs、氯代烃等多种化合物，样品基质包括了气体、液体和固体等多种形态。直接浸入 SPME 和顶空 SPME 都可用于 PAHs 和 PCBs 的预处理。直接浸入法萃取时间短，富集速度快。缺点是不适于萃取有机溶剂含量较高的样品，但是也曾有直接浸入法测定水解后血清中的 PAHs[28]；顶空法主要目的是保护纤维不受样品基体中高分子量的有机物和不易挥发性物质的不利影响（腐殖酸、蛋白质等）。

固相微萃取是一个基于待测物质在样品及萃取涂层中的平衡分配的萃取过程，遵循"相似相溶"原理。SPME 法测定结果的效率及稳定性主要受萃取头类型、萃取方式、萃取时间、萃取温度、水样体积、顶空部分的体积、搅拌、pH 值、无机盐的浓度和解析条件等诸多因素的影响。根据"相似相溶"的原则，非极性的 PAHs 和 PCBs 最适合的固定相为 PDMS，另外也有作者使用 PA 的报道。Doong 等[29]发展了一种测定 16 种 EPA PAHs 的 SPME-GC-FID/MS 方法。比较了五种纤维的萃取效率，其中，85PA 和 100PDMS 萃取效果最佳。PA 比 PDMS 更适合于分析少环 PAHs，而 PDMS 适合分析多环 PAHs。线性范围 0.1～100ng·mL^{-1}。顶空 SPME 适于分析二环到五环 PAHs。

表 10-3 列举了 SPME 技术应用于水体环境中的一些半挥发性有机物（主要是 POPs）的分析过程。其中包括了萃取过程中几个重要影响参数，如萃取温度、萃取方式、萃取时间、纤维类型，还列出了如检测器、解吸温度以及测定的检出限。从表中可以看出，大部分的半挥发有机物都使用直接浸入法萃取。

表 10-3　固相微萃取在半挥发性有机物分析中的应用

化合物	介质	纤维涂层①	方式	时间/min	温度/℃	盐	解析/℃	检测器	LOD/μg·L^{-1}(RSD)
PAHs[30]	水	C$_8$,C$_{18}$	HS	30	60	NaCl	300	GC-FID-MS	—
PAHs[31]	废水	PDMS	DI	30	45	—	—	HPLC-DAD	1～5
PAHs,PCBs[32]	水	PDMS	DI	10	室温	—		GC-ITMS	1～20(10%～20%)
PCBs[33]	水	PDMS	HS	30	室温	KCl	260	GC-MS	0.3ng·L^{-1}(5%)

续表

化合物	介质	纤维涂层①	方式	时间/min	温度/℃	盐	解析/℃	检测器	LOD/μg·L⁻¹(RSD)
PCBs[34]	水	PDMS	DI	15	室温	—	300	GC-ECD	$<5ng \cdot L^{-1}$
PCB,DDT[35]	血液	PA	DI	40	100	—	280	GC-ECD	0.08～1.6
农药[36]	酒	PDMS	DI	30	室温	MgSO₄	250	GC-MS	0.10～6.0(9.7%～18%)
农药[37]	蜂蜜	PDMS	DI	60	70	NaCl	260	GC-ECD	0.1～30(8%～16%)
农药[38]	水	PDMS,PA	DI	50	室温	NaCl	250	GC-MS	0.001～0.05(2%～17%)
OCPs[39]	河水	PDMS	DI	2	室温	—	250	GC-ECD	0.005～0.02(<30%)
OCPs[40]	水	PA	DI	45	55	NaCl	250	GC-MS	0.001～0.005(10%～24%)
除草剂[41]②	超纯水	PDMS	DI	50	50	—	220	GC-TSD	0.01～1.5(<12%)
除草剂[42]②	纯净水	PDMS-DVB	HS	60	22	NaCl	250	GC-MS	0.1～1 (14%～32%)

① PMDS 均为 100μm；PA 为 85μm；65 μm PDMS-DVB。

② 柱后衍生。

4. 索氏提取 （Soxhlet extraction）

以上所述的三种方法主要适用于水样及液体样品的分析。索氏提取法就是从各种沉积物、土壤、动植物组织等固体样品中提取非极性及半挥发性痕量有机污染物的应用最为广泛的方法，它还经常被用做其他萃取方法的验证方法。

索氏提取的步骤主要为：萃取之前样品要经过粉碎、研磨过程，对于含有水分的样品（如淤泥、动物组织、新鲜植物等）首先需要混合均匀，冷冻干燥或无水硫酸钠化学方法干燥以除去水分，对生物样品还可以有助于打开组织结构。将滤纸做成与提取器大小相应的套袋，然后把固体混合物放入套袋，装入提取器内。在蒸馏烧瓶中加入提取溶剂和沸石，连接好蒸馏烧瓶、提取器、回流冷凝管，接通冷凝水，加热沸腾后，溶剂的蒸气从烧瓶进到冷凝管中，冷凝后的溶剂回流到套袋中，浸取固体混合物。溶剂在提取器内到达一定的高度时，就携带所提取的物质一同从侧面虹吸管流入烧瓶中。溶剂就这样在仪器内循环流动，把所要提取的物质集中到下面的烧瓶内。索氏提取系统的大小各异，但是一般使用100～200mL 溶剂萃取 20～200g 沉积物或 100g 生物组织。

索氏提取法溶剂的选择原则是：对被分析物选择性好；沸点低；便于纯化和浓缩；毒性低。常用的溶剂包括：苯，甲苯，甲醇，正己烷，丙酮，二氯甲烷，三氯甲烷等。使用正己烷之类非极性溶剂萃取时间至少需要 6h，加入适量的极性溶剂（如 DCM）可以缩短萃取时间，提高萃取效率。索氏提取在环境中应用实例见表 10-4。

表 10-4 索氏提取在环境中应用实例

介质	被分析物	溶剂	时间/h	参考文献
沉积物	PAHs,PCBs,PCDD/Fs	甲苯	24	43
土壤/淤泥	PAHs	DCM	3	44
沉积物	23 PCBs	正己烷/丙酮	16	45

介质	被分析物	溶剂	时间/h	参考文献
土壤/生物组织	CB77,CB126,CB169	正己烷/丙酮	8～12	46
鱼体	CB28,CB52,CB101,CB118,CB138,CB153,CB180	乙酸乙酯	18	47

5. 超声提取 （ultrasonic extraction）

超声提取的最大优点是提取速度快、操作简便，而且不需要特殊的仪器设备。在优化条件下，可以基本达到索氏提取的回收率。Turlough[48]比较了超声提取和索氏提取在萃取被焦油污染了几十年土壤中的 PAHs，认为在超声萃取中萃取时间是一个非常重要的因素，尤其是在处理被长时间污染的土壤样品时尤为重要。使用超声萃取 8h，DCM-丙酮 （1∶1） 为萃取剂，得到 16 种 PAHs 的最大萃取效率。不同分子量的 PAHs 的萃取效率随时间变化。使用 DCM-丙酮（1∶1） 索氏提取 8h，其效率是超声提取 ［DCM-丙酮 （1∶1）］ 的 95%，表明超声提取可以达到索氏提取的效果。而由于挥发性 PAHs 的损失使得索氏提取效率降低。

6. 微波辅助萃取 （microwave assisted extraction，MAE）

微波辅助萃取 （MAE） 也被称为 MASE 微波辅助溶剂萃取 （microwave-assisted solvent extraction），1986 年由 Ganzler 等首次提出，最初用于无机领域，而最近逐渐用到有机萃取中。与 ASE 类似，MASE 比 LLE 和索氏提取使用更少的溶剂和更少的时间。其中，选择合适的萃取溶剂至关重要。例如，在使用正己烷时必须加入微波转换器，因为它的介电常数较低不能用微波直接加热；而使用介电常数较高的乙酸乙酯时就没有必要使用转换器。

Camel[49]综述了 MAE 的理论，主要参数，其在环境中的应用及其与 SFE，ASE 和索氏提取的比较。Zhang[50]等综述了 MAE 与 GC、GC-MS、HPLC 等仪器联用技术，并介绍了各种微波辅助萃取技术。Xiong 等[51]将 MAE 进一步细化，分为微波辅助萃取 （MAE-extraction），微波辅助皂化 （MAS-saponification），微波辅助分解 （MAD-decomposition） 等技术。他们采用市售商用微波炉分别萃取土壤（沉积物）和生物（贻贝）样品中的 PCBs。其中：MAE 用于土壤（沉积物）样品，用丙酮-正己烷 （1∶1） 及甲醇 （1mol·L^{-1}KOH） 作为溶剂；MAS 用于贻贝样品，15g 样品用 30mL 甲醇 （1mol·L^{-1}KOH），2min，600W；在 MAE 的同时，加标的 OCPs 被 MAD 去除，从而不会影响到 PCBs 的分析，而 PCBs 在此过程中不受影响。

Ericsson 和 Colmsjo[52]设计了一种新的动态 MAE 装置，溶剂在萃取过程中不断输入萃取管中 （稍加压使溶剂保持液态）。回收率由 CRM EC-1 （沉积物）确认。动态 MAE 中最重要的参数是温度和萃取时间，流速对回收率并不重要。每个萃取过程为 40min。

Cresswell 和 Haswell[53]分别考察了两种微波萃取方法处理淤泥中的 PAHs。方法 1：水相淤泥通过流路进行微波萃取后，吸附在 C_{18} SPE 柱，用 60％乙腈洗脱，HPLC 分析；方法 2：淤泥溶解于丙酮中，通过微波流路萃取后，10mL 正己烷振荡萃取，有机相进 GC-MS 分析。其中方法 1 的效果差，RSD 在 22％～50％；方法二的回收率在 62％～93％（RSD 2％～7.3％），与标准 EPA 方法的回收率接近，但是精密度更高。

聚焦微波辅助萃取（focused microwave assisted extraction，FMW）是 MAE 的一种形式。它使用开放式的萃取容器，与索氏提取相结合。应用于环境样品中 PAHs、烷烃、农药、痕量重金属分析，可以大大减少时间和溶剂[54]。图 10-2 为法国生产的 Soxwave 100 型 FMW 仪器的示意图（Prolabo, Fontenay-sous-Bois，France），频率为 2450MHz，带有程序加热装置（功率 30～300W）。微波能量通过两个机理转化成热能：偶极旋转（dipole rotation）和离子电导（ionic conductance）。只有极性和中等极性的化合物能被加热。由于二氯甲烷的极性，它可以吸收和传递微波的能量；另外，它对芳香族化合物是较好的溶剂。

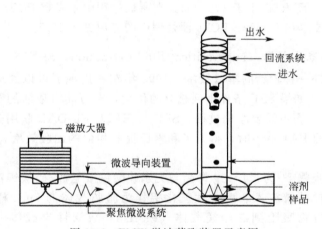

图 10-2　FMW 微波萃取装置示意图

FMW 的优点：采用聚焦微波技术使样品均匀，重复性好；安全，整个系统在常压下进行；加热时间短（30W 条件下小于 1min）；萃取后不需要冷却；节省时间（仅需要 10min）和溶剂（1g 样品，30mL 溶剂）；最大样品量可达到 30g。

FMW 被用于萃取海洋沉积物标准参考物质 SRM 1941a（NIST, Gaithersburg, USA）。1g 冷冻干燥的样品，萃取前加入含有氘代 PAHs（内标）的溶剂（30mL）DCM。MAE 为在 30W 条件下 FMW 萃取 10min。索氏提取用 DCM（2×250mL）萃取 48h。然后用氧化铝和硅胶柱净化后进 GC-MS-SIM 分析。得到结果与确证过的值及索氏提取的值相当。单个化合物的回收率是确证值的

89%，是索氏提取的 96%，变异系数小于索氏提取（<10%）。表明对于 PAHs 分析，常压下的 FMW 是索氏提取很好的替代技术。

Garcia-Ayuso 等[55]研制了一种荧光检测器和 FMASE 的流动注射接口，可以实时在线检测每一次 Soxhlet 循环从固体样品中萃取出的 PAHs，用 CRM 524 作为质量控制/验证。HPLC-荧光检测器测定，结果表明 FMASE 萃取土壤中的 PAHs 与常规 Soxhlet 同样有效，而且萃取时间和溶剂都大大减少。Ericsson 和 Colmsjo[56]设计了一种新的动态 MAE 装置，溶剂在萃取过程中不断输入萃取管中（稍加压使溶剂保持液态）。回收率由 CRM EC-1（沉积物）确认。动态 MAE 中最重要的参数是温度和萃取时间，流速对回收率并不重要，但相互影响效应明显。每个萃取过程为 40min。

总之，MAE 可以定量萃取 PAHs，其回收率可以与索氏提取相当。当使用开放体系时，使用二氯甲烷为溶剂可以得到与丙酮-正己烷（1:1）相同的效果。但是挥发性较大的萘、芴和蒽的回收率将下降 15%～20%，某些情况下，萘的回收率可能下降 50%。典型土壤中 PCBs（如 Aroclors 1016 和 1260）的回收率一般大于 70%，而 RSD 小于 7%。而且在萃取过程中未发现 PCBs 的降解。

微波萃取技术在 PAHs，PCBs 预处理中的应用见表 10-5。

7. 超临界流体萃取（supercritical fluid extraction，SFE）

SFE 是另外一种较新的萃取技术。1990 年左右出现了可以处理大量样品的商用 SFE 仪器。如果 SFE 条件得到充分的优化，有可能将浓缩的萃取液直接与 GC-MS 相连接，而不需要净化过程。SFE 与 HPLC-FL-DAD 联用分析含有油脂的工业废水中的 PAHs[68]时，得到了和索氏提取相似的回收效率，但是 SFE 更省时、省溶剂。

SFE 基本步骤[69]为：1～3g 样品与无水硫酸钠或硅胶/硝酸银混合，然后这些混合均匀的样品被放入装满中性氧化铝作为脂肪载体的 7mL 样品室中进行 SFE，将被分析物吸附到硅酸镁载体（Florisil）或活性炭载体（PX21-ODS）上。萃取结束后（0.5～2h），含有被分析物的部分用几毫升正己烷（Florisil）或正己烷-DCM 和二甲苯（活性炭）洗脱下来。另外，还有将 SFE 作为 SPME 的解析手段，HPLC 分析水样中农药的报道[70]。

由于 CO_2 具有合适的临界温度（31℃）和压力（73atm），成为 SFE 中最常用的溶剂[71]。一般说来，PAHs 的萃取效率随 SFE 改性剂极性的降低和共溶剂浓度的升高而增加。通过将 BF_3 用在甲醇中作为改性剂，含有高腐殖酸的土壤中 PAHs 的回收率显著提高[72]。

某实验室[73]使用方法 3561（SFE-SOLID TRAP）萃取确证参考物质（CRM）EC-1（湖泊沉积物）和 HS-3（海洋沉积物）。使用的 SFE 仪器为 HP-7680，GC-MS 分析，6 次萃取平均回收率分别为确证值的 85%～148%（平均大

表 10-5　微波萃取技术在 PAHs,PCBs 预处理中的应用

介质	组分	萃取溶剂	系统	萃取条件	备注	文献
大气颗粒物	PAHs	正己烷-丙酮(1:1)		微波能量为600W;时间为20min	回收率与索氏提取相当;加标与SRM验证	57
木材	5种PAHs	乙腈	密闭系统	时间、温度和样品量		58
土壤	PAHs	40mL丙酮	密闭系统	120℃,20min	与索氏提取相比较	59
沉积物	PAHs	环己烷-丙酮,正己烷-丙酮	MES-1000	硅胶净化,GC-MS分析	回收率与索氏提取相当(RSD 1%~11%)	60
水	Aroclor 1260	30mL正己烷-丙酮(1:1)	密闭系统	70℃,GC-ECD	77%~107%(RSD 2.4%~8.6%)	61
贻贝	PCBs	戊烷-NaOH(5%)或DCM-戊烷(1:1)	密闭系统	70℃,90℃,萃取10min 氧化铝净化,GC-ECD-MS分析	回收率77%~106%(RSD 2%~20%),用CRM验证	62
沉积物	PCBs	正己烷-丙酮(1:1)	密闭系统	时间、温度、样品体积和水分含量	回收率接近定量,RSD 2%~11%	63
土壤、沉积物	PCBs	5g样品30mL正己烷-丙酮(1:1)	MES-100密闭体系	115℃,1000W萃取10min	1016回收率>71%;1260回收率>80%	64
土壤、沉积物	PAHs,PCBs	30mL正己烷-丙酮(1:1)	密闭系统	115℃,10min	回收率>75%,SRM 1941验证	65
土壤	PAHs,Aroclors	30mL正己烷-丙酮(1:1)	密闭系统	115℃,10min	回收率68%~142%(RSD 1%~16%)	66
海洋沉积物	PAHs,PCBs	10mL甲苯+1mL水	家用微波炉	660W,6min	回收率97%~102%;样品量为2~10g	67

于 100%，RSD 8.7%～12.9%）和 73%～133%（平均为 92%，RSD 8.1%～27.3%）。使用方法 3561（SFE-LIQUID TRAP）萃取土壤确证参考物质（CRM）SRS103-100 中 PAHs。SFE 仪器为 Dionex 703-M，GC-MS 分析，4 次萃取平均回收率与确证值的比率为 60%～122%（平均为 89%，RSD 2.0%～10.7%）；3.4g 样品，压力为 300atm，时间 60min，CO_2 萃取，加入 10% 1:1（体积比）甲醇/DCM 改性，炉温为 80℃，节流阀温度为 120℃；捕集流体为氯仿（同样使用 DCM）。

SFE 一般可以得到与索氏提取相似的回收率，而且省时、省溶剂，是索氏提取的理想替代技术，尤其是对于有机质含量较高的工业淤泥及废弃物等样品[74]。使用 HPLC-DAD-荧光检测器，检出限可以达到 $0.1～1mg \cdot kg^{-1}$（干重）。

超临界流体萃取技术在 PAHs，PCBs 预处理中的应用见表 10-6。

表 10-6　超临界流体萃取技术在 PAHs、PCBs 预处理中的应用

介　　质	组分	萃取溶剂	萃取条件	收集条件	文献
海洋沉积物大气颗粒物（NIST 1649）	PAHs	CO_2（100%）	80 或 200℃,450atm 15min 静态,30min 动态萃取	5mL　DCM 收集	75
河流沉积物	PAHs,CBs PCDD/Fs, OCPs	CO_2（100%）	50℃,1h 静态	Florisil＋石墨化炭黑吸附	76
大气颗粒物（NIST 1649） 海洋沉积物（NRCC HS-3）	PAHs	CO_2（100%）,CO_2＋MeOH(9:1)	60℃,350atm 15min 静态,15min 动态萃取	1～4mL 甲苯收集	77
沉积物（NRCC HS-3）和污泥（BCR 392）	PAHs	CO_2＋0.5mL 1% TFA（IPA，TEA 和 TBAOH）	90℃,400atm 10min 静态,120min 动态萃取		78

8. 加压流体萃取（pressurized liquid extraction，PLE）

PLE 作为 SFE 的一种新的形式，最早出现在 1995 年。它是溶剂被泵入盛有样品的萃取池后，加温加压，数分钟后，萃取物从加热的萃取池中输送到收集瓶中供分析。特点是：全部萃取过程自动化，多次萃取，快速省时，溶剂消耗量少，而且有大量的溶剂（或混合溶剂）可以选择。在 PLE 中温度和压力的变化并不如 SFE 中重要，因为 PLE 中并不需要保持超临界状态[79]。PLE 的名称比较混乱，80%～90%与 PLE 有关的文献使用 ASE。ASE 是由 Dionex 公司提出的 PLE 的商品名，而在美国化学会（ACS）提出以 PFE（Pressurized Fluid Extraction，PFE）命名，在 EPA 方法 3545 中也使用 PFE 的名称。

常见的仪器有戴安公司的 ASE 和 Supelco SFE-400，萃取池由不锈钢或其他

耐高压（＞2000psi）材料制成。主要部件为溶剂供应系统，萃取单元，加热炉，收集系统和吹扫系统。ASE 200 一次可以萃取 24 个样品，有 26 个收集瓶和 4 个收集废液的瓶子。所有的萃取器的内径都是 19mm，但是有五个容积：1mL、5mL、11mL、22mL、33mL。在某些特殊用途中，样品体积可以增加到 66mL 甚至 100mL。萃取器的两端都是可拆卸的，使加样和清洗都十分方便。萃取器被竖直放在加热炉中，通过溶剂供应系统充满溶剂（或几种溶剂的混合体）。然后将萃取器加热到预先设置的温度（最高 200℃）和压力（最高 20MPa），保持几分钟（一般为 5min）。萃取结束后打开阀门，让萃取液流出。最后用 N_2 吹扫整个管路和萃取器。

ASE 在高压（1500～2000psi）和高温（50～200℃）下快速萃取固体样品。使用溶剂比常规技术少。5～10g 固体样品与溶剂一起放入萃取容器中，加温萃取 5～10min，将蒸发出来的溶剂收集起来；然后，通入压缩氮气将剩余的溶剂吹入同一个收集瓶中；整个过程需要 10～20min，以及 15～20mL 溶剂。有研究者[80]将 PLE 与大体积进样-GC 联用，用 0.1mL 甲苯为溶剂萃取 50mg 土壤（沉积物）样品中的 PAHs，10min 内萃取效率与索氏提取相当，绝对检测限（LODs）＜9×10^{-9}。

PLE 中，最重要甚至可以称为唯一的提高萃取效率的因素是溶剂的选择[81]。表 10-7 为 EPA 3545A 中推荐的溶剂。

表 10-7　EPA 3545A 中推荐的溶剂

化合物	溶　　　剂
有机氯农药	丙酮/正己烷（1∶1，体积比），丙酮/C_6H_{14}，丙酮/CH_3Cl（1∶1，体积比），丙酮/DCM
SVOC	丙酮/CH_3Cl（1∶1，体积比），丙酮/DCM（1∶1，体积比），丙酮/C_6H_{14}
PCBs	丙酮/正己烷（1∶1，体积比），丙酮/C_6H_{14} 或 丙酮/CH_3Cl（1∶1，体积比），丙酮/DCM，正己烷/C_6H_{14}
OPPs	CH_3Cl，DCM，丙酮/CH_3Cl（1∶1，体积比），丙酮/DCM
氯代杀虫剂	丙酮/CH_3Cl/磷酸溶液（250∶125∶15，体积比），丙酮/DCM /H_3PO_4，丙酮/ DCM/CF_3COOH

PLE 在环境分析 POPs 中有广泛的应用。Hubert 等[82]用 ASE 萃取污染土壤中的 POPs，主要包括氯苯、HCHs、DDTs、PCBs、PAHs 等。实验了不同极性的溶剂和温度对萃取效率的影响，并与索氏和超声提取做了比较。优化的条件为甲苯为溶剂，压力为 150MPa，在 80℃和 140℃下分两步萃取，萃取过程重复 2 次，总萃取时间为 35min。实际样品的分析比常规的索氏提取得到高一个数量级以上的结果。

Lundstedt 等[83]考察了在应用 PLE 萃取污染土壤中 PAHs 时影响萃取效率的 7 个参数，包括样品量、溶剂种类、混合溶剂比率、压力、温度、萃取时间和冲洗体积，发现：大样品量及少溶剂量使得萃取效率降低；低分子量的 PAHs 回收率随温度降低而降低；其他参数对萃取效率影响不大。重复实验表明 PLE

萃取完全；用标准参考物质（CRM 103-100）证实 PLE 的准确度和精确度；内标物质应该与样品充分混合或者在萃取结束后加入，而不能仅仅加在样品柱的顶端。这是因为 PLE 管也可近似地当成色谱柱，加在顶端的物质比其他物质需要更长的距离才能穿过柱子，谱带会产生分散。

ASE 分析长期污染土壤中的 DDTs 和 PAHs 可以得到与索氏提取相近似甚至更高的回收率。Notar 等[84]用二氯甲烷和二氧化碳作为溶剂将 ASE 和 SFE 联用，不用净化而直接用 GC-MS 分析 PAHs。在 30min 内完成整个前处理过程，比单独的 ASE 用时长，但比单独的 SFE 用时短。用氘代的 PAHs 表示的回收率为：2～3 环的 PAHs 为 77%；4 环的为 85%；5 环的为 88%；6 环的为 97%。用 SRM 验证，2～4 环的回收率与单独的 ASE 或 SFE 相当，而 5～6 环的则高于单独的 ASE 或 SFE。15 种 PAHs 的方法检出限在 $0.06～3.54ng \cdot g^{-1}$。

McCant 等[85]使用 Dionex 的 ASE 系统测定河流沉积物中 TCDDs 的 TEQ 值。10g 样品用 50mL DCM 在 100℃、1500psi 条件下萃取 5min，将萃取液浓缩到 5mL。然后取其中的 2.5mL 用柱净化（1cm 无水硫酸钠，4cm 中性硅胶，10cm 浓硫酸改性硅胶），淋洗液为 135mL 二氯甲烷/正己烷（1:9），浓缩到 1mL（异辛烷），用免疫方法测定 TEQ、EROD 值，得到的结果为（237±55）$TEQ \cdot g^{-1}$（ASE），（216±106）$TEQ \cdot g^{-1}$（索氏提取）。由此可以看出，ASE 比索氏提取回收率稍高，变异系数小，而且可以节省 33% 的时间和 72% 的溶剂。

ASE（EPA 方法 3545）回收率与自动索氏提取的比较。仪器为 Dionex ASE 系统和 Perstorp 的 Soxtec™（自动索氏提取）装置。自动索氏提取相对于加标值的平均回收率为 96.8%（黏土）、98.7%（农田土）和 102.1%（沙土），ASE 与自动索氏提取相比的回收率为 99.2%～101.2%。

另外，PLE 还可用于分析土壤中的有机质、壬基酚、有机锡、磷形态分析等方面，其简要介绍见表 10-8。

表 10-8　PLE 在环境样品预处理中的应用

介质	萃取目标	条件	备注	文献
土壤	有机质	10MPa,150℃	比常规方法（水，NaOH 和 $Na_4P_2O_7$）效率高	86
沉积物	直链烷基苯磺酸（LAS）	100℃，100atm，15min 静态，20min 动态过程，甲醇为溶剂；GC-MS 分析	加标回收率为 115%，RSD 为 4%；湖底泥回收率为 110%，RSD 为 2%	87
沉积物	壬基酚	100℃，100atm，15min 静态，10min 动态过程，甲醇为溶剂；GC-MS 分析；与索氏和超声萃取做比较	加标回收率为 111%，RSD 为 4%；底泥回收率为 105%，RSD:5%	88

续表

介质	萃取目标	条　件	备　注	文献
沉积物	有机锡（MBT，DBT，TBT，MPT，DPT，TPT）	溶剂为 0.5mol·L^{-1}醋酸和 2g·L^{-1}环庚三烯酚酮，定量萃取 MPT、DPT（常规无法萃取），时间 30min；LC-ICP-MS 分析	回收率：72%～102%；检测限：0.7～2ng·g^{-1} Sn；RSD：8%～15%，用 CRM 验证	89
湖底泥	磷形态	25℃缓冲，然后在 100℃下萃取 90min	与常规方法得到相同磷的各种形态及含量	90
土壤	阿特拉津	二氯甲烷/丙酮（1∶1）或甲醇，130～140℃（温度对回收率影响最大）	加标老化至少 2 周，大大高于用甲醇/水（4∶1）索氏或振荡提取效率	91

9. 固相萃取搅拌棒萃取（sorptive extraction technique，SBSE）

固相萃取搅拌棒（SBSE）是在 SPME 基础上发展的针对挥发性、半挥发性污染物富集的一种新技术[92]，在吸附搅拌棒上涂上 PDMS 涂层，萃取时吸附搅拌棒自身完成搅拌，可避免 SPME 中搅拌子对 PAHs 的竞争吸附。同时，由于 SBSE 中的 PDMS 萃取固定相体积一般为 50～250μL。比 SPME 所用固定相量大 50～500 倍，比表面积也提高 100 倍，因此提高萃取量 50 倍以上，与 SPME 相比具有更低的检出限（通常低于 ng/L 级）及更高的回收率，更加适合痕量有机物的萃取富集[93]。SBSE 与 HPLC 联用和 SBSE 与 GC 联用检测水中 PAHs[94～96]、PCB[97,98]都有报道。Erkuden 等[99]利用 SBSE 与 GC-MS 联用同时测定了海水中 14 种 PAHs、16 种有机氯农药、2 种有机磷农药及 5 种 PCB，结果具有很好的重复性及线性关系，检出限在 1ng·g^{-1}以下，PAHs 及 PCB 的回收率在 50%～90%。作为一种简易、高效的富集方式，SBSE 具有灵敏度高、重复性好的优点，适合用于多种半挥发性污染物的同时富集检测。

10. 液相微萃取（liquid-phase microextraction，LPME）

1999 年 Pedersen-Bjergaard 等提出了中空纤维膜-液相微萃取法（hollow-fiber liquid-phase microextraction，HF-LPME)[100]，将一定长度（一般约为 1cm）的中空纤维膜的一端插在微量进样器针头上，密封膜的另外一端。在进行萃取之前把中空纤维膜浸入到作为接收相萃取剂的有机溶液中，使有机溶液被固定在中空纤维膜的微孔之中。在 HF-LPME 中，待测物能通过被固定在中空纤维膜微孔中不溶于水的有机接收相溶剂，进入到中空纤维膜内部的注射器中[101]。LPME 装置示意图见图 10-3。

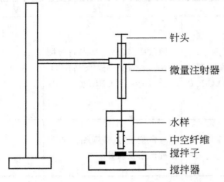

针头

微量注射器

水样

中空纤维

搅拌子

搅拌器

图 10-3　LPME 装置示意图[102]

Liu 等[103]研究发现 $[C_8mim][PF_6]$ IL 应用于 LPME 中对 PAH 有很好的富集能力，对于低分子量的 PAHs 直接萃取比顶空萃取效果更好，但对高分子量的 PAHs 结果则相反。

11. 半透膜被动采样装置（semipermeable membrane devices，SPMD）

SPMD 是一种用于有机污染物监测的新型采样装置，用于富集环境中亲脂性有机污染物。这种采样技术自 20 世纪 90 年代产生以来，在各种环境介质中都得到了广泛的研究和使用[104~106]。常见的 SPMD 包括一条薄壁带状的低密度聚乙烯（low-density polyethylene，LDPE）膜筒或者其他低密度聚合物（例如：聚丙烯或者离子化硅树脂）制成的膜筒，内封一层薄层的大分子量（≥600Da）中性酯类，例如三油酸甘油酯[107]。SPMD 允许水中非极性分子以被动扩散方式通过薄膜上的微孔进入装置内，与中性酯类结合，进入其中的有机污染物可以定量地用有机溶剂透析出来，可以利用它来对环境中的有机污染物进行时间累加性的采集和定量。

SPMD 技术在被动采样的同时考虑时间权重，可以实现长期连续监测，从而使采样结果具有整体环境代表性。有实验证明该技术对亲脂性有机物的富集倍数可达 10^5[108]，而且前处理简单、易于保存而且处理分析成本较低。徐建等[109]利用半透膜被动采样技术（SPMD）和固相萃取技术（SPE）对黄河兰州段八盘峡、包兰桥等六个监测断面的典型 PAHs 和壬基酚类（NPs）物质进行了采集测定。根据污染物在 SPMD 中浓度推算出的污染物在水体中的平均浓度值，和利用 SPE 测得的水样中污染物的实际浓度值具有较高的相关性，且相对于固相萃取和液液萃取等常规采样技术，其对有机污染物的富集倍数明显提高，可以用于大流量河流中有机污染物的监测。

12. 各种萃取方法的比较

MAE、SFE、PLE 等属于较新的样品前处理手段，与常规的索氏提取或 LLE 相比有很多的优势，而且对有机氯农药、PCBs 和 PAHs 等都能得到一致的结论，所以它们在环境介质中对有机污染物的提取方面应用得越来越广泛。但是各种萃取方法又有各自的特征（见表 10-9），并不能相互替代。

Assis 等[110]比较了 PFE、SFE、超声及 Soxhlet 等方法萃取煤样中的有机物，结果 SFE 比其他各种方法萃取有机物的效果都好，但是选择性萃取 PAHs

的效果却最差；而且还有实验证明[111]SFE 萃取煤飞灰时中的 Dioxins 时受介质影响较大，而 PLE 的回收率则相对较稳定。

表 10-9　各种萃取方法的比较[112]

方法	LLE	Soxhlet	SPE	SPME	超声	SFE	MAE	PLE
介质	液体	固体	液体	液/固体	固体	固体	固体	固体
样品量/g	100～1000	5～30	几十至几百	2～50	2～30	1～10	2～5	<30
萃取时间/h	0.5	6～24	0.5～2	0.2～2	0.5～1	0.5～1	0.5	0.2
溶剂量/mL	20～100	150～300	1～10	0	50～300	10～20	20～50	25
萃取方式	振荡	加热	真空	分配	超声	温度＋压力	温度＋压力	温度＋压力
自动化程度	很低	很低	高	低～高	很低	低～高	中等	高
建新方法时间	短	短	中等	中等	短	长	长	长
对操作者要求	低	低	中等	中等	低	高	高	中等
仪器价格	很低	很低	低	低	很低	高	中等	高

Hawthorne 等详细比较了 Soxhlet、PLE、SFE 和 SWE 萃取工厂附近被 PAHs 污染的土壤，结果见表 10-10。

表 10-10　几种方法萃取污染土壤中的 PAHs 比较

方法	Soxhlet	PLE	SFE	SWE
萃取时间	18h	50min	1h	1h
温度	溶剂沸点附近	100℃	150℃	250℃
萃取液颜色	黑色	黑色	橘色(最干净)	淡黄色
PAHs 选择性	无(烷烃多于 PAHs)		先萃取烷烃，再萃取 PAHs	先得到 PAHs，而不萃取烷烃
共萃物选择性	无(萃取了 1/4～1/3 的有机质)			仅萃取 8%的有机质
定量效果	一致			

ASE 与索氏提取比较[113]：ASE 适用于有机质含量低的样品，但是甲苯适用于有机质含量高的样品。Zuloaga 等[114]比较了 MAE 和索氏提取萃取土壤中 PCBs 的效率。在优化的 MAE 条件下，MAE 比索氏提取得到的值更接近于经过确认的值，另外有研究证明，MAE 的重复性也好于索氏提取和振荡萃取[115]。

三、净化及分类分离技术

对于测定较低含量的有机物时，净化过程是非常重要的，特别是基体较复杂，而检测方式又是非特异性的情况下。因为有机溶剂提取的萃取液中不可避免地会含有一定量的共萃物，需要经过浓缩和纯化的过程后才能进行仪器分析，对于结构、性质相近的物质，如 PCBs 和 OCPs 还要进行分类分离。由于 PCBs 和部分 OCPs 在浓硫酸条件下是稳定的，对于含有大量脂类物质的生物样品来说，浓硫酸净化是比较简单易行的方法；但是由于大部分 PAHs 在浓硫酸下不稳定，所以对于生物样品中的 PAHs 不宜用浓硫酸净化。而使用色谱过程进行分类分离，如氧化铝、硅胶、硅酸镁（Florisil）和活性炭。

1. 液相色谱（LC）

一般使用常压吸附柱色谱过程，如氧化铝、硅胶、Florisil 和活性炭，它的机理是根据被分析物对吸附剂的亲和力和淋洗液对被分析物的解吸作用，使萃取液在吸附柱上分离，但这种方法并不能除去极性类似的大分子物质。这种方法装置简单、便宜，但是吸附剂在使用前需要进行处理以达到一定的活性，而且较难自动化。

一般情况下，氧化铝和 Florisil 用于除去共萃物和极性物质，而硅胶则是用来进行族分离，如正构烷烃、PAHs、OCPs 等。其分离效率主要取决于三个因素：吸附剂的量，溶剂的极性和吸附剂的活性。

对于 PCBs 分析，由于其组分较多，有些研究还利用 HPLC 技术将其进一步分离。如在分析血浆中的 PCBs[116] 时，先用蚁酸、MTBE 和正己烷（1∶1）进行液液萃取，然后用硅胶柱正己烷净化除去脂类物质。再用 Dinitroanilino-propyl（DNAP）柱分离邻位 PCB（检测限 0.04pg·g^{-1}）和单-双-邻 PCB（5pg·g^{-1}），非邻位进行 GC-MS 分析；其他进行 GC-ECD 分析。

还有一个例子是分析水中的 PCBs[117]，首先用 DCM 进行索氏提取 4h，KOH/EtOH 皂化 1h（60℃），顺序过氧化铝和硅胶柱除去共萃物，必要时还需要用浓硫酸净化，然后过 PYE 柱，分段分离双-三-邻位（1）；单-邻位（2）；非邻位（3）。

另外，在色谱柱中曾经使用的填充物见表 10-11。

表 10-11　色谱柱使用的填充物

填料	介质	分离对象	流动相	过程	参考文献
多孔石墨化炭黑（PGC）	鱼和海豚脂肪	非邻位 PCBs 与单-邻位 PCBs(105 118)		GC/NCI-MS	118
2-(1-芘基)-乙基二甲基甲硅烷基硅石(5-PYE,Cosmosil)		PCBs（例如 105,118,156,157）和平面结构的 PCBs	正己烷	2.5mL 正己烷；反冲模式冲洗下来	119

2. 固相萃取（SPE）

SPE 即可以作为水样品中有机污染物的萃取手段，又可以作为净化手段。SPE 中经常使用硅胶或 C$_{18}$-键合硅胶小柱[120]，另外有报道使用复杂的 LC 柱切换系统和 Lichrosorb Si-60 柱填料，净化分离母乳中的 PCBs 和 OCPs[121]。

使用 SPE 净化的一个比较典型的例子是使用 GC-MS 同时分析加标土壤，水和血浆样品中的 PAHs、氯代芳烃（PCHs）、含氮芳烃（PNHs）、PCBs 和

OCPs[122]时，水和血浆先用 SPE 萃取后再进行 SPE 净化。加标土壤样品用水、甲醇或 DCM 萃取后，将溶剂换为乙腈，然后 SPE 净化，GC-MS-SIM 分析。水样的 SPE 回收率为 60%～105%，而血浆样品仅有 2%～60%。加标土壤的回收率分别为 1%～30%（水）和 65%～100%（甲醇或 DCM）。

另外，Russo[123]用乙腈萃取贻贝样品，浓缩后重新用蒸馏水（12g·g^{-1}）稀释，依次过 NH$_2$ Sep-Pak 柱和 C$_{18}$ Sep-Pak 柱。用 25mL 40% 甲醇-水为溶剂冲洗。结果为 PCBs 在 NH$_2$ 柱上，OCPs 在 C$_{18}$ 柱上。回收率大于 95%，RSD<5%，检测限在 0.01～0.008μg·kg^{-1}。

3. 凝胶渗透色谱（GPC）

凝胶渗透色谱（gel permeation chromatography，GPC）又称体积排阻色谱（size exclusion chromatography，SEC），主要是根据分析物分子体积大小进行洗脱的一种色谱过程，首先将分子量高的大分子干扰物质除去，而将被分析物及分子量近似的其他物质留下，这对于介质中含有大量高分子物质的环境介质（如食品，含腐殖酸的土壤）尤为重要。环境分析中最常用的为聚苯乙烯填料，如 Biobeads SX-3、SX-8、SX-12 等，常用得洗脱剂有环己烷、乙酸乙酯-甲苯、环己烷-DCM 等。

Birkholz 等[124]用 DCM 索氏提取鱼组织中的 PAHs、PASHs 和碱性 PANHs，然后用 Bio-beads SX-3 GPC 净化。对于 PAHs/PASHs，还需要用 Florisil 柱净化，正己烷淋洗。对于碱性 PANHs，需要用 6mol·L^{-1} HCl 和氯仿进行液液分配，调节水相为碱性后用氯仿萃取。CGC-FID、CGC-MS 分析。加标 0.1～1mg·g^{-1} 范围内两种方法结果吻合很好，表明此方法能有效地去除生物基质的干扰。平均回收率分别为：87%（PAHs），70%（PASHs）和 97%（PANHs）。

4. 葡聚糖分离 Sephadex LH-20

Sephadex LH-20 是丙基羟基化的葡聚糖，是一种含有 90% 以上的 α-1,6 配糖键的多糖，结构上主要为醚键和羟基键，为极性物质。由于它的吸附性能不受水分含量的影响，所以今年来也被应用为柱填充物以纯化和分离 PAHs[125]。根据所选用的淋洗剂的种类，Sephadex LH-20 既可以采取吸附效应（小分子，环数少的 PAHs 先被洗脱），也可能按照排阻效应（大分子，多环 PAHs 先被洗脱）。一般用极性较小、对 PAHs 亲和力大的溶剂，如 DMF、四氢呋喃（THF）和二甲基乙酰胺（DMA）为淋洗剂时，偏重于作为吸附剂；而极性较强、对 PAHs 亲和力较小的溶剂，如甲醇、异丙醇、丙酮和乙腈为淋洗剂时，按照排阻效应，也就是凝胶渗透色谱的原理。

5. 流程分析（mutil-residual analysis）

由于环境样品的复杂性，一个样品的预处理过程往往要消耗大量的时间，而且操作都比较繁琐。随着新的技术的应用，环境样品的预处理过程也在不断地向前发展。下面用两个实例来说明环境样品预处理的基本过程。

【例1】 Nerin 和 Demeno[126] 使用 BioBeads SX3 GPC 净化方法除去工业废油中的油性基质，然后用氧化铝柱分离 PCBs 和 PAHs 组分，HPLC-UV 分析 EPA 推荐的 16 种 PAHs。经过 GPC 处理后，除苯并 $[ghi]$ 芘回收率为 65% 之外，其余为 78%～95%（加标浓度在 400ng·g^{-1}）。而氧化铝柱的回收率在 89%～101%。样品处理流程如图 10-4 所示。

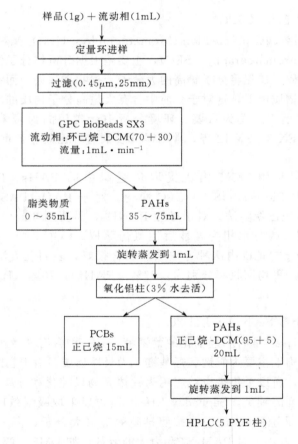

图 10-4 【例1】样品处理流程

【例2】 Dupont 等[127] 利用微波辅助萃取（MAE）污水淤泥中的 PCBs，用硅胶柱净化，以 1,2,3,4-四氯代萘（1,2,3,4-tetrachloronaphthalene, TCN）为内标，GC-MS 分析。与传统的 Soxhlet 方法比较，萃取效率为 81%～106%。样品的处理流程如图 10-5 所示。

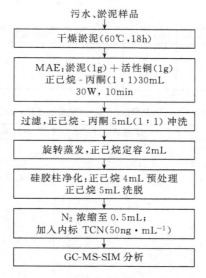

污水、淤泥样品

干燥淤泥(60℃,18h)

MAE:淤泥(1g)＋活性铜(1g)
正己烷－丙酮(1∶1)30mL
30W, 10min

过滤,正己烷－丙酮 5mL(1∶1) 冲洗

旋转蒸发,正己烷定容 2mL

硅胶柱净化:正己烷 4mL 预处理
正己烷 5mL 洗脱

N_2 浓缩至 0.5mL;
加入内标 TCN(50ng·mL^{-1})

GC-MS-SIM 分析

图 10-5 【例 2】样品处理流程

第三节 与 PAHs 和 PCBs 有关的 EPA 方法

一、EPA 方法简介

1969 年,美国国会授权成立了环境保护局 (Environmental Protection Agency, EPA) 负责美国的所有与环境有关的事物。EPA 的组织结构中体现了对各种环境介质的关注[128],它主要的介质包括:水(废水、地下水及饮用水)、固体废物、大气和农药。EPA 的各种标准分析方法也按照介质进行分类,如 500 系列为饮用水分析方法,600 系列为废水分析方法,8000 系列为固体废物分析方法,TO 系列为大气样品的分析。

表 10-12 和表 10-13 为与半挥发性有机污染物及于 PAHs 和 PCBs 有关的 EPA 各系列方法的具体方法名称。

表 10-12 与半挥发性有机污染物有关的 EPA 500,600 和 8000 系列方法[129]

污染物名称	500 系列	600 系列	8000 系列	TO 系列	主要分析方法
有机卤化物、农药及 PCBs	505			TO-10,TO-10A	
邻苯二甲酸酯类	506	606	8060		
农药(N,P)	507				
有机氯农药及 PCBs	508/508A	608	8080	TO-04,TO-04A	GC/ECD
多环芳烃类		610	8100	TO-13,TO-13A	HPLC/UV,FLD,GC/FID,FLD
卤代烃类		612	8120		GC/ECD
PCBs,TCDDs		613		TO-09A	GC-MS

续表

污染物名称	500 系列	600 系列	8000 系列	TO 系列	主要分析方法
有机磷类			8140		
有机氯除草剂			8150		
半挥发性有机物		625	8250	TO-14	GC-MS

表 10-13　与 PAHs，PCBs 有关的 EPA 方法

化合物或方法名称	检测手段	方法编号	EPA 报告编号
油中的 PAHs	HPLC-UV	1654	821/R-92-008 1
土壤/污泥中的 PAHs 和 PCBs	TE/GC-MS	8275A	SW-846 Ch 4.3.2
PAHs	GC-MS	TO-13A	625/R-96-010b
PAHs	HPLC	0550	600/4-90-020
土壤中的 PAHs	免疫	4035	SW-846 Ch 4.4
PAHs		0610	
PAHs		8100	SW-846 Ch 4.3.1
PAHs	HPLC	8310	SW-846 Ch 4.3.3
PAHs		TO-13	600/4-89-017
鱼体中的 PCBs		PCBs	600/3-90-023
PCBs & OCPs		0608	
水/土壤/沉积物中 PCBs 和农药	GC-MS	0680	01A0005295
PCBs	GC	8082	SW-846 Ch 4.3.1
水，土壤中的 PCBs	同位素稀释 HRGC-HRMS	1668	821/R-97-001
PCBs	免疫	4020	SW-846 Ch 4.4

二、SW-846 系列方法[130]

　　EPA 的固体废物办公室从 1980 年起提出了包括土壤、固体废物、油状介质和地下水的一系列的分析方法，命名为"Test Methods for Evaluating Solid Waste：Physical/Chemical Methods"，一般被称为 SW-846 系列。SW-846 现在已经是第三版了。为了体现对样品预处理技术的重视，SW-846 中 3000 系列为样品的萃取、浓缩和净化方法。SW-846 系列中的样品萃取方法见表 10-14，样品净化方法见表 10-15。

表 10-14　SW-846 系列中的样品萃取方法

方法编号	介质	萃取类型	被分析物	备注
3510	水样	LLE(分液漏斗)	不(微)溶于水的半(不)挥发有机物	便宜,方便,快速
3520	水样	连续 LLE	不(微)溶于水的半(不)挥发有机物	时间:6~24h
3535	水样	SPE(柱或盘)	不(微)溶于水的半(不)挥发有机物	溶剂消耗少,方便
3540	固体(土壤,淤泥和固体废物)	索氏提取	半挥发及不挥发有机物	需大量溶剂,费时(16~24h)

方法编号	介质	萃取类型	被分析物	备注
3541	固体(土壤、淤泥和固体废物)	自动索氏提取	半挥发及不挥发有机物	时间 2h
3545	固体(土壤、淤泥和固体废物)	PLE(ASE)	半挥发及不挥发有机物	快速,高效
3550	固体(土壤、淤泥和固体废物)	超声萃取	半挥发及不挥发有机物	快速,但效率不高,适于大批量样品
3560/3561/3562	固体(土壤、淤泥和固体废物)	SFE	半挥发性石油烃/PAHs	几乎不用有机溶剂,快速
3580	非水性-溶剂可溶废物	溶剂稀释	半挥发及不挥发有机物	适用于高含量样品($>20g \cdot kg^{-1}$)

表 10-15 SW-846 系列中的样品净化方法

方法编号	方法名称	原理	适用范围
3610	氧化铝净化	吸附	非极性或弱极性物质,如 OCPs、PAHs 等,可以用 SPE 小柱代替
3611	氧化铝柱净化和分离石油废物	吸附	非极性或弱极性物质,如 OCPs、PAHs 等,可以用 SPE 小柱代替
3620	Florisil 净化	吸附	非极性或弱极性物质,如 OCPs、PAHs 等,可以用 SPE 小柱代替
3630	硅胶净化	吸附	非极性或弱极性物质,如 OCPs、PAHs 等,可以用 SPE 小柱代替
3640	GPC 净化	按尺寸分离	大范围的半挥发性有机物和农药,除去高沸点、高分子量的干扰物质
3650	酸-碱分配净化	酸-碱分配	将酸性或碱性有机物与中性有机物分离,如氯酚与 PAHs 的分离等
3660	硫净化	氧化/还原	除去萃取液中干扰仪器分析的硫
3665	浓硫酸/高锰酸净化	氧化/还原	PCBs 分析前除去有机脂类物质,可能破坏某些 OCPs(艾氏剂、狄氏剂、硫丹等)

方法 3545 为从土壤、黏土、沉积物、淤泥和固体废物中萃取不溶于水或水溶性很小的半挥发性有机污染物(OPPs、OCPs、氯代杀虫剂和 PCBs)的分析方法。样品量为 10~30g(干重),研磨至 100~200 目(150~75μm)的粉末装入萃取池。使用温度一般为 100℃,压力为 1500~2000psi,5min 预热平衡,5min 萃取。萃取液从热的萃取池中被收集起来,冷却浓缩并转换成适于净化或分析的溶剂。可以得到与索氏提取相似的回收率,并显著减少溶剂及操作时间。

三、8000 系列

EPA 方法 8270C[131]为各种经过预处理的固体废物介质、土壤、大气颗粒物和水样中半挥发性有机污染物的 GC-MS 分析方法。它主要包括了 GC-MS 分析 253 种 S-VOCs,包括了 16 种 PAHs 和 Aroclor 1016、Aroclor 1221、Aroclor

1232、Aroclor 1242、Aroclor 1248、Aroclor 1254 和 Aroclor 1260。该方法还推荐了各种预处理方法，对于 PAHs 和 PCBs，推荐为 3510、3520、3540/3541、3550、3580。具体介质和推荐样品预处理方法见表 10-16，GC-MS 分析前的净化方法见表 10-17。

表 10-16　具体介质和推荐样品预处理方法

介质	萃 取 方 法
空气	3542
水	3510,3520,3535
土壤/沉积物	3540,3541,3545,3550,3560,3561
废弃物	3540,3541,3545,3550,3560,3561,3580

表 10-17　GC-MS 分析前的净化方法

目标分析物	净 化 方 法
酞酸酯	3610,3620,3640
有机氯农药和 PCBs	3610,3620,3630,3660,3665
多环芳烃	3611,3630,3640
氯代烃	3620,3640
有机磷农药	3620

　　EPA 方法 8275A[132]使用热萃取-GC-MS 分析土壤/淤泥中的 PAHs 和 PCBs。根据所估计的样品浓度仅需要 0.003～0.250g 样品，装有样品的熔融石英坩埚置于热萃取室中，340℃萃取 3min。所有的样品传输线路温度必须高于 315℃。对于土壤/沉积物，方法 8275 的估计定量限（estimated quantitation limit，EQL）为 1.0mg·kg^{-1}（干重，对 PAHs/PCBs 同类物）；对于湿的淤泥/其他固体废物为 75mg·kg^{-1}（与水和其他溶剂含量有关）。如果不存在干扰，通过调整标准曲线和加大样品量可以降低 EQL。

参考文献

[1]　Wania F，Mackay D. Environ Sci Technol，1996，30：390A-396A.

[2]　Aislabie J，Balks M，Astori N，Stevenson G，Symons R. Chemosphere，1999，39（13）：2201-2207.

[3]　刘达璋. 海洋环境科学，1992，11（4）：84-90.

[4]　Lopez-Avila V. Critic Rev Anal Chem，1999，29：195-230.

[5]　Clement RE，Koester CJ，Eiceman GA. Anal Chem，1993，65（12）：85R-116R.

[6]　Namiesnik J，Wardencki W，J High Resolut. Chromatogr，2000，23（4）：297-303.

[7]　Pichon V. J Chromatogr A，2000，885（1-2）：195-215.

[8]　Jönsson JÅ，Mathiasson L. Trends Anal Chem，1999，18：318-325.

[9]　Jin Q，Liang F，Zhang H，Zhao L，Huan Y，Song D. Trends Anal Chem，1999，18：479-484.

[10]　Barker S A. J Chromatogr A，2000，880（1-2）：63-68.

[11]　Peñalver A，Pocorull E，Borrull F，Marcé R M. Trends Anal Chem，1999，18：557-568.

［12］ Bjorklund E，Nilsson T，Bowadt S. Trends Anal Chem，2000，19（7）：434-445.

［13］ 董亮，张太生. 多氯联苯的定量分析研究. 第六次全国环境监测学术交流会文集. 成都. 2001：69-73.

［14］ Djien Liem A K. Trends Anal Chem，1999，18（6）：429-439.

［15］ Hansen A M，Olsen I L，Poulsen O M. Sci Total Environ，1992，126（1-2）：17-26.

［16］ Aislabie J，Balks M，Astori N，Stevenson G，Symons R. Chemosphere，1999，39（13）：2201-2207.

［17］ Law R J，Biscaya J L. Mar Poll Bull，1994，29（4-5）：235-241.

［18］ Manoli E，Samara C. Trends Anal Chem，1999，18（6）：417-428.

［19］ Moret S，Conte L S. J Chromatogr A，2000，882（1-2）：245-253.

［20］ Li J，Fritz J S. Electrophoresis，1999，20（1）：84-91.

［21］ Liem A K D. Trends Anal Chem，1999，18（7）：499-507.

［22］ Pichon V. J Chromatogr A，2000，885（1-2）：195-215.

［23］ Vreuls J J，Lowter A J H，Brinkman U A T. J Chromatogr A，1999，856（1-2）：279-314.

［24］ Ruepert C，Grinwis A，Govers H. Chemosphere，1985，14：279-291.

［25］ Junk G A，Avery M J，Richard J J. Anal Chem，1988，60：1347-1350.

［26］ Urbe I，Ruana J. J Chromatogr A，1997，778（1-2）：337-345.

［27］ Arthur C，Pratt K，Belardi R，Motlagh S，Pawliszyn J. J High Resolut Chromatogr，1992，15：741-744.

［28］ Poon K F，Lam P K S，Lam M H W. Anal Chim ACTA，1999，396（2-3）：303-308.

［29］ Doong R A，Chang S M，Sun Y C. J Chromatogr A，2000，879（2）：177-188.

［30］ Liu Y，Lee M L，Hageman K J，Yang Y，Hawthorne S B. Anal Chem，1997，69（24）：5001-5005.

［31］ Negrao M R. J Chromatogr A，1998，823（1-2）：211-218.

［32］ Potter D W，Pawliszyn J. Environ Sci Technol，1994，28：298-305.

［33］ Llompart M，Li K，Fingas M. Anal Chem，1998，70（13）：2510-2515.

［34］ Yang Y，Miller D J，Hawthorne S B. S J Chromatogr A，1998，800（2）：257-266.

［35］ Roehrig L，Puettmann M，Meisch H U. Fresenius'J Anal Chem，1998，361（2）：192-196.

［36］ Vitali M，Guidotti M，Giovinazao R，Cedrone O. Food Addit Contam，1998，15（3）：280-287.

［37］ Jimdnez J J，Bernal J L，Nozal M J，Martin M T，Mayorga A L. J Chromatogr A，1998，829（1-2）：269-277.

［38］ Boyd-Boland A A，Magdic S，Pawliszyn J. Analyst，1996，121：929-938.

［39］ Jackson G P. Analyst，1998，123（5）：1085-1090.

［40］ Aguilar C，Penalver S，Pocurull E，Borrull F，Marce R M. J Chromatogr A，1998，795（1）：105-115.

［41］ Lee M R，Lee R J，Lin Y W，Chen C M，Hwang B H. Anal Chem，1998，70（9）：1963-1968.

［42］ Nilsson T，Baglio D，Galdo-Miguez I，Madsen J O，Facchetti S. J Chromatogr A，1998，826（2）：211-216.

［43］ Zebuhr Y，Naf C，Bandh C，Broman D，Ishaq R，Pettersen H. Chemosphere，1993，27：1211-1219.

［44］ Wild S R，Waterhouse K S，McGrath S P，Jones K C. Environ Sci Technol，1990，24：1706-1711.

［45］ Brannon J M，Myers T E，Gunnison D，Price C B. Environ Sci Technol，1991，25：1082-1087.

［46］ Harrad S J，Sewart A S，Boumphrey R，Duarte-Dacidson R，Jones K C. Chemosphere，1992，24：1147-1154.

［47］ Porte C，Barcelo D，Albaiges J. Chemosphere，1992，24：735-743.

［48］ Turlough F G. J Environ. Monit，1999，63（1）：63-67.

[49]　Camel V. Trends Anal Chem，2000，19（4）：229-248.

[50]　Zhang Z X，Xiong G H，Lie G K，He X Q. Anal Sci，2000，16（2）：221-224.

[51]　Xiong G H，He X Q，Zhang Z X. Anal Chim ACTA，2000，413（1-2）：49-56.

[52]　Ericsson M，　Colmsjo A. J Chromatogr A，2000，877（1-2）：141-151.

[53]　Cresswell S L，Haswell S J. Analyst，1999，124（9）：1361-1366.

[54]　Garcia-Ayuso L E，Luque de Castro M D. Trends Anal Chem，2001，20（1）：28-34.

[55]　Garcia-Ayuso L E，Luque-Garcia J L，de Castro M D. Anal Chem，2000，72（15）：3627-3634.

[56]　Ericsson M，Colmsjo A. J Chromatogr A，2000，877（1-2）：141-151.

[57]　Pineiro-Iglesias M，Lopez-Mahia P，Vazquez-Blanco E，Muniategui-Lorenzo S，Prada-Rodriguez D，Fernandez-Fernandez E. Fresenius J Anal Chem，2000，367（1）：29-34.

[58]　Pensado L，Casais C，Mejuto C，Cela R. J Chromatogr A，2000，869（1-2）：505-513.

[59]　Barnabas I J，Dean J R，Fowlis I A，Owen S P. Analyst 1995，120：1897-1903.

[60]　Shu Y Y，Lao R C，Chiu C H，Turle R. Chemospere，2000，41（11）：1709-1716.

[61]　Onuska F I，Terry K A. J High Resolut Chromatogr，1995，18（7），417-421.

[62]　Carro N，Garcia I，Llompart M. Analusis，2000，28（8），720-724.

[63]　Carro N，Sanvedra Y，Garcia I，Llompart M. J Microcolumn Sep，1999，11（7）：544-549.

[64]　Lopz-Avila V，Benedieto J，Charan C，Young R，Beckert W F. Environ Sci Technol，1995，29：2709-2712.

[65]　Lopz-Avila V，Young R，Beckert W F. Anal Chem，1994，66：1097-1106.

[66]　Lopez-Avila V，Young R，Benedicto J，Ho P，Kim R，Beckert W F. Anal Chem，1995，67：2096-2102.

[67]　Pastor A，Vazquez E，Ciscar R，Guardia M. Anal Chim Acta，1997，344（2）：241-249.

[68]　Miege C，Dugay J，Hennion M C. J Chromatogr A，1998，823（1-2）：219-230.

[69]　Hale R C，Gaylor M O. Environ Sci Technol，1995，29：1043-1047.

[70]　Salleh S H，Saito Y，Jinno K. Anal Chim ACTA，2000，418（1）：69-77.

[71]　Hawthorne S B，Miller D J. Anal Chem，1994，66：4005-4012.

[72]　Lutermann C，Dott W，Hollender J. J Chromatogr A，1998，811（1-2）：151-156.

[73]　Lee H B，Peart T E，Hong-You R L，Gere D R. J Chromatogr A，1993，653：83-91.

[74]　Miege C，Dugay J，Hennion M C. J Chromatogr A，1998，823（1-2）：219-230.

[75]　Yang Y，Gharaibeh A，Hawthorne S B，Miller D J. Anal Chem，1995，67：641.

[76]　Tillo R，Krishnan K，Kapila S，Nam K S，Facchetti S. Chemospere，1994，29，1849.

[77]　Hills J W，Hill H H. J Chromatogr Sci，1993，31：6.

[78]　Friedrich C，Dachs J，Bayona J M. Fres. J Chromatogr A，1995，352：730.

[79]　David M D，Seiber J N. Anal Chem，1996，68：3038-3044.

[80]　Ramos L，Vreuls J J，Brinkman U A T. J Chromatogr A，2000，891（2）：275-286.

[81]　Zdrahal Z，Karasek P，Lojkova L，Backova M，Vocera Z，Vejrosta J. J Chromatogr A，2000，873（1）：201-206.

[82]　Hubert A，Wenzel K D，Manz M，Weissflog L，Engewald W. Anal Chem，2000，72（6）：1294-1300.

[83]　Lundstedt S，van Bavel B，Haglund P，Tysklind M，Oeberg L. J Chromatogr A，2000，883（1-2）：151-162.

[84]　Notar M，Leskovsek H. Fresenius J Anal Chem，2000，366（8）：846-850.

[85]　McCant D D，Inouye L S，McFarland V A. Bull Environ Contam Toxicol，1999，63（3）：282-285.

[86]　Schwesig D，Gottlein A，Haumaier L，Blasek R，Ilgen G. Intern J Environ Anal Chem，1999，73

（4）：253-268.

[87]　Ding W H，Fan J C H. Anal Chim ACTA，2000，408（1-2）：291-297.

[88]　Ding W H，Fan J C H. J Chromatogr A，2000，866（1）：79-85.

[89]　Chiron S，Roy S，Cottier R，Jeannot R. J Chromatogr A，2000，879（2）：137-145.

[90]　Waldeback M，Rydin E，Markides K. Intern J Environ Anal Chem，1998，72（4）：257-266.

[91]　Gan J，Papiemik S K，Koskinen W C，Yates S R. Environ Sci Technol，1999，33（18）：3249-3253.

[92]　Baltussen E，Sandra P，David F，Cramers C. J Microcol，1999：737-747.

[93]　David F，Sandra Pat. J Chromatogr A，2007，1152：54-69.

[94]　Popp P，Bauer C，Paschke A，Montero L Anal Chem Acta，2004，504：307-312.

[95]　Itoh N，Tao H，Ibusuk T. I Anal Chem Acta，2005，535：243-247.

[96]　Roy G，Vuillemin R，Guyomarch J. Talanta，2005，66：540-546.

[97]　Popp P，Keil P，Montero L，R ucker M. J Chromatogr A，2005，1071：155-163.

[98]　Montero L，Popp P，Paschke A，Pawliszyn J. J Chromatogr A，2004，1025：17-26.

[99]　Erkuden Perez-Carrera，Victor M Leon Leon，Abelardo Gomez Parra. J Chromatogr A，2007，1170：82-90.

[100]　Pedersen-Bjergaard S，Rasmussen K E. Anal Chem，1999，71：2650-2656.

[101]　Rasmussen K E，Pedersen-Bjergaard S. J Chromatogr A，2000，873（1）：3-11.

[102]　Linbo Xia，Bin Hu，Zucheng Jiang，et al. J Anal At Spectrom，2006，21：362-365.

[103]　Liu J-F，Jiang G-B，Chi Y-G，Cai Y-Q，Zhou Q-X，Hu J-T. Anal Chem，2003，75：5870-5876.

[104]　Huckins J N，Tubergen M W，Manuweera G K. Chemosphere，1990，20：533-552.

[105]　Huckins J N，Manuweera G K，Petty J D，Mackay D，Lebo J A. Environ Sci Technol，1993，27：2489-2496.

[106]　Van drooge B L，Grimal J O，Booij K，Camarero L，Catalan J. Atmospheric Environment，2005，39：5195-5204.

[107]　Huckins J N，Petty J，Lebo J A，Orazio C E，Prest H F，Tillit D E，Ellis G S，Jonhson B T，Manuweera G K. Techniques in Aquatic Toxicology. Boca Raton：Lewis/CRC Press，1996.

[108]　Huckins J N，Petty J D，Prest H，Cerc U S. Geological Survey，2000（8）．

[109]　徐建，钟霞，王平等. 生态环境，2006，15（3）：481-485.

[110]　Assis L M，Pinto J S S，Lancas F M. J Microcolum Sep，2000，12（5）：292-301.

[111]　Windal J，Miller P J，Pauw E，Hawthorne S B. Anal Chem，2000，72（16）：3916-3921.

[112]　Dean J R，Xiong G H. Trends Anal Chem，2000，19（9）：553-564.

[113]　Weichbrodt M Vetter W，Luckas B. J AOAC Int，2000，83（6）：1334-1343.

[114]　Zuloaga O，Etxebarria N，Fernandez L A，Madariaga J M. Talanta，1999，50（2）：345-357.

[115]　Cicero A M，Pietromtonio E，Romanelli G，Muccio A. Bull Environ Contam Toxicol，2000，65（3）：307-313.

[116]　Grimvall E，Ostman C，Nillson U. J High Resolut Chromatogr，1995，18（11）：685-691.

[117]　Wells D E，Echarri I. Intern J Environ Anal Chem，1992，47：75-97.

[118]　Kannan N，Petrick G，Schulz D，Duinker J，Boon J，Van Arnhem E，Jansen S. Chemospere，1991，23：1277-1283.

[119]　Asplund L，Grafstrom A K，Haglund P，Jansson B，Jarnberg U，Mace D，Strandell M，Wit CD. Chemospere，1990，20：1481-1488.

[120]　Prapamontol T，Stevenson D. J Chromatogr，1991，552：249-257.

[121]　Hogendoorn E A，Hoff G R，Van Zoonen P. J High Resolut Chromatogr，1989，12：784-789.

［122］ Singh A K，Spassova D，White T. J Chromatogr B，1998，706（2）：231-244.

［123］ Russo M V. Chromatographia，2000，51（1-2）：71-76.

［124］ Birkholz D A，Coutts R T，Hrudey S E. J Chromatogr，1988，449（1）：251-260.

［125］ 谢重阁. 环境中的苯并［a］芘及其分析技术. 北京：中国环境科学出版社，1991：116.

［126］ Nerin C，Domeno C. Analyst，1999，124：67-70.

［127］ Dupont G，Delteil C，Camel V，Bermond A. Analyst，1999，124（4）：453-458.

［128］ Grosser Z A，Ryan J F，Dong M W. J Chromatogr，1993，642：75-87.

［129］ 汪尔康. 21世纪的分析化学. 北京：科学出版社，1999：311.

［130］ Test methods for evaluating solid waste，physical/chemical methods. SW-846，US EPA 3rd，edn. Proposed update Ⅱ，November 1992.

［131］ EPA Method 8270C. Semivolatile organic compounds by Gas chromatography /mass spectrometry （GC/MS）Revision 3. Dec 1996.

［132］ EPA Method 8275A. Semivolatile organic compounds （PAHs and PCBs）in soils/sludges and solid wastes using thermal extraction/gas chromatography/mass spectrometry （TE/GC/MS）Revision 1. December 1996.

第十一章

有机锡化合物前处理方法

 有机锡化合物是一类锡原子通过共价键结合一个或几个有机取代基的化合物，它的通式为 $R_n SnX_{4-n}$，R 代表烷基或芳香基，$n=1\sim4$，X 是阴离子，如卤素、氧或羟基。通常，锡原子与有机基团相连部分决定了有机锡化合物的物化性质与生物活性，而 X 基团对有机锡活性影响不大。

 早在 1849 年 Edward Frankland 利用格林试剂衍生法首次合成了二碘化二乙基锡$[(C_2H_5)_2SnI_2]$[1]，虽然有机锡化合物被较早发现，但其后续的开发应用一直没有太多进展，直到 1940 年后人们将有机锡开发应用为聚氯乙烯（PVC）稳定剂，其商业价值才得到高度重视，自此有机锡的生产应用得到了大规模的扩增与推广。1955 年世界总锡产量约为 5000t，而 80 年代仅有机锡产量就增长为 25000~30000t，约等于 50 年代总锡的 5~6 倍。1992 年升达 50000t[2]，近些年全球精炼锡产量相对稳定，约每年 35×10^4t。锡总产量中 10%~20% 用于合成有机锡化合物。2000 年我国 PVC 助剂的需求量为 50000t[3]。2001 年全世界用作 PVC 稳定剂的有机锡化合物约为 23000t，约占有机锡总产量的 40%，用于农业杀虫剂的有机锡化合物约占 40%，而用于海洋船只防污的有机锡约为 3000t，主要以三丁基锡（TBT）和三苯基锡（TPT）为主[4]。随着有机锡人工合成技术方法的不断开发与改进，包含有机锡化合物的各类商品或材料日益增多，有机锡产品的大量生产使用势必导致其环境释放量的不断增加。由于环境基体的复杂性，环境中有机锡赋存形态、代谢转化与分布行为值得关注。

 了解当前有机锡的生产应用是阐释环境有机锡污染来源、分布与组成的重要前提。目前，有机锡化合物被广泛应用于杀菌剂、杀虫剂、木材防腐剂、聚合物稳定剂和催化剂[5]。另外，由于一些有机锡化合物具有抗癌活性，因此新的有机锡化合物在药物中的应用还在继续开发研究[6~8]。在这些应用中，作为轮船防污剂的有机锡对水环境产生了极大的影响。船体上的污垢，如水草、海藻和甲壳类动物增加了船体的重量和粗糙程度，导致了燃料消耗和清洗费用的增加。使用有机锡杀虫剂是其最有效的解决方法，自 20 世纪 70 年代起投入使用，替代原来使用的 Cu_2O[9]。最初，三丁基锡（TBT）氧化物或氟化物防污剂被掺进油漆里，这种方式导致有机锡快速地释放到水体中。为了降低释放速率，1974 年，一种新的"自清洗"的共聚物防污油漆被应用到轮船上，它可以稳定缓慢地水解生成三丁基锡氧化物（图 11-1）。水解速率大约是每天 $1.6\mu g(Sn)\cdot cm^{-2}$。到 1991 年，80%轮船使用了超过 4000t 的 TBT 油漆。另外，这种 TBT 油漆也用于渔网等其他水上设备的防污处理。

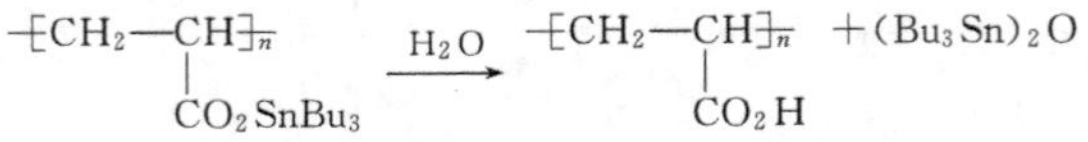

$$\begin{array}{c} \text{---}[\text{CH}_2\text{---CH}]_{\overline{n}}\text{---} \\ | \\ \text{CO}_2\text{SnBu}_3 \end{array} \xrightarrow{\text{H}_2\text{O}} \begin{array}{c} \text{---}[\text{CH}_2\text{---CH}]_{\overline{n}}\text{---} \\ | \\ \text{CO}_2\text{H} \end{array} + (\text{Bu}_3\text{Sn})_2\text{O}$$

图 11-1 "自清洗"的共聚物防污油漆水解方式

由于有机锡化合物的大量使用，特别是作为船舶防污涂料的三丁基锡与三苯基锡，导致了水体的严重污染，有机锡的毒性也引起了人们的高度关注。这类化合物可引起牡蛎和贻贝生长异常、种群数量下降，腹足纲软体动物性畸变，海洋哺乳动物死亡。它们通过食物链可进入各种高营养级生物体内，最终对人体产生了严重危害，因此，近年来研究有机锡化合物的污染水平、环境化学行为与生态毒理学效应已成为环境科学中的热点之一[10]。正是由于有机锡污染带来了一系列严重的环境危害，造成了巨大的经济损失，近 20 年来，环境中特别是海洋环境中有机锡污染问题已引起世界各国政府和环境保护组织的普遍重视。许多国家制定的优先控制有毒污染物名单上有机锡名列其中。英国、法国、美国、德国、加拿大、日本、西班牙、新西兰等国都发生了沿海、河流中因有机锡排放造成的严重污染事件，许多政府纷纷禁止三丁基锡、三苯基锡等有机锡化合物用于船舶涂料。然而西方国家在限制使用 10 年后，水体底质中有机锡的含量仍无明显下降。

我国有机锡污染问题相当严重，特别是近海、港湾和内河港口。有机锡污染可能是造成水生生物污染的主要来源，在个别严重污染区域甚至存在着引起突发性公害事件的潜在危险性。我国对有机锡污染的研究不多，仍缺少有机锡污染的第一手资料。研究各种有机锡化合物的毒性及其在环境中的迁移、转化和归宿，必须建立在灵敏有效的形态分析检测方法的基础之上，而从目前已有的工作基础来看，缺乏各种化学分离和高效检测的分析方法是制约这项研究广泛开展的重要原因之一。

目前应用较多的有机锡形态分析方法是以气相色谱和液相色谱为基础的各种仪器联用技术，其中，气相色谱具有很强的分离能力且能较方便地与各种高选择性、高灵敏度的检测器联用，因此在有机锡分析中得到了更为广泛的应用。然而环境样品中的有机锡化合物通常以氧化物或沸点很高的离子状态如氯化物、硫化物、氢氧化物或生物大分子等形式存在，而气相色谱仅适于分析沸点较低易于挥发和热稳定的化合物，所以必须在保持各类有机锡化合物原有特性的基础上，进行萃取衍生反应，使之转化成相应的氢化物或四烷基取代的衍生物，降低其极性与沸点，并增加热稳定性以利于色谱分离。由于环境样品种类各异，来源不一，组成复杂，含有许多杂质，直接进样分析将会导致分析仪器的背景污染或分析性能下降，所以对样品进行适当的前处理净化非常重要。目前，环境有机锡样品分析的常规操作含有萃取、衍生、净化和分离测定等步骤。

第一节　有机锡化合物的萃取方法

萃取是有机锡样品分析的第一个关键步骤，特别是针对复杂的生物样品，在进行仪器分析前，必须选择性地将目标化合物从基质中提取出来。常见的有机锡萃取技术有以下几种方式：非极性溶剂萃取，非极性溶剂加酸萃取，极性溶剂萃取，固相萃取，超临界流体萃取、碱或酶水解，利用螯合试剂萃取以及最近发展起来的固相微萃取技术。

非极性溶剂萃取通常用于干燥样品或水样，常用的有机溶剂有己烷[11,12]、苯[13,14]、二氯甲烷[15,16]、戊烷[17,18]、异辛烷[19,20]、甲苯[21,22]等。Parks等[21]研究发现甲苯溶液萃取效率优于甲基异丁酮（MIBK）、氯仿、正己烷，这是由于 MIBK 与海水可形成聚合物。己烷只能萃取 50% 的三丁基锡，氯仿溶剂萃取三丁基锡效率很低，而甲苯能给出较好的回收率。另外也可使用混合溶剂萃取有机锡。Matthias 等[16]用二氯甲烷萃取水样中的丁基锡化合物时，四丁基锡萃取率为 60%，三丁基锡萃取率为 95%。当用硼氢化钠衍生反应和二氯甲烷萃取同时进行可相应提高一丁基锡和二丁基锡化合物 50% 的响应，其他丁基锡化物的回收率也都有所提高。有时在萃取前加入缓冲溶液，调节样品 pH 保持在 5~6，常用的缓冲体系有醋酸-醋酸钠[11,23]、柠檬酸-磷酸氢二钠或钾缓冲液[24,25]。萃取通常采用手摇[15,16]、机械振荡[21]、搅拌回流[14]或超声等手段[22]。索式提取法仅适用于不含螯合试剂的挥发性溶剂的萃取过程[26]。选择萃取液需综合考虑各种有机锡的物理化学性质，一般来说，对于那些可溶性较好和具较大极性的一烷基锡和短链有机锡（如甲基锡），只用非极性有机溶剂和配位剂时不能进行有效的萃取，其基体效应很明显，常常需用环庚三烯酮等螯合试剂与有机溶剂一起使用以增加有机锡的溶解性，并进行相应的净化处理。Siu等[27]在萃取泥样中有机锡氯化物时比较了两种萃取溶剂，其中甲苯-异丁基醋酸酯-环庚三烯酮混合溶液可使各丁基锡获得较高的回收率，分别为 94.4%±4.7%（三丁基锡）、94.9%±2.2%（二丁基锡）、86.3%±4.2%（一丁基锡）；而己烷-异丁基醋酸酯混合溶液作萃取剂对极性较小的二丁基锡氯化物和三丁基锡氯化物的萃取率仅为 60%～70%，一丁基锡氯化物的萃取率更小。Chau等[28]比较了最常用的六种萃取剂和不同的萃取操作。这六种萃取剂和方法分别是：①甲苯；②二氯甲烷；③0.5%环庚三烯酮-己烷溶液；④0.5%环庚三烯酮-二氯甲烷溶液；⑤0.5%环庚三烯酮-甲苯溶液；⑥用酸回流 2h 后用 0.5%环庚三酮-甲苯溶液萃取。根据回收率结果，萃取剂含有环庚三酮将有利于提高萃取效率，选择第⑤种萃取剂萃取，各丁基锡能取得 90%～114% 的高回收率。利用二乙基二硫代氨基甲酸钠作为配位剂，再用己烷萃取，也可以很好地萃取样品中的有机锡配合物[17,19]。

非极性溶剂加酸的萃取方法已被广泛用于非生物或生物样品。样品酸化的目的主要有两个：①溶解样品中影响有机锡测定的无机粒子包括碳化物和硫化物；②将有机锡化合物转化成易于被有机溶剂萃取的卤化物。然而用卤化物酸化后的缺点是有机锡化合物受到卤化氢的亲核进攻后易失去有机基团，从而改变其原有形态，因此分析时需根据不同样品用不同的酸来酸化。Chau 等[30]在测定水样中甲基锡及无机锡时，为提高萃取效率，比较了用不同酸（盐酸、溴化氢溶液、醋酸、硫酸）来酸化水样，并用 5mL 1% 环庚三烯酚酮（tropolone）-苯溶液萃取。结果发现，盐酸和溴化氢溶液可通过阻止 Sn^{4+} 水解和容器壁吸附而提高 Sn 的回收率，但它们抑制二甲基锡和三甲基锡的回收；用醋酸酸化可提高二甲基锡和一甲基锡的回收率，但三甲基锡和无机锡的回收率降低；而用硫酸酸化不能提高这四种锡化合物的回收率。相对而言，样品中加入盐酸[31,32]，经振荡或超声后用溶剂萃取的操作方法较为常见。另外，HBr[33,34]或 HAc[18,35]可以增强离子对效应，有效提高有机锡如一丁基锡[35]的萃取效率。Meinema 等[36]比较了几种萃取剂萃取水样中的丁基锡化合物，经溴化氢溶液酸化过的样品用苯和氯仿能完全萃取出三丁基锡和二丁基锡，用含 0.05% 环庚三烯酮的有机溶液能较好地萃取出三丁基锡、二丁基锡、一丁基锡和无机锡。虽然各文献报道加入酸的浓度，处理时间与振摇方式有所不同，但这一过程均在室温下进行。最近，超声已成为非生物样品的常用萃取方式，而生物样品常用低能搅拌方式如振摇、磁子搅拌等。对于萃取样品的溶剂尚无一致选择。通常使用的溶剂有：二氯甲烷[37,38]、戊烷[34,39]、己烷[32,40]、异辛烷[41]、乙酸乙酯[42,43]、苯[44,45]、甲苯[28,46]、乙醚[47,48]、DCM[49]，另外也有人使用混合溶剂如己烷-乙酸乙酯[35]、己烷-乙酸异丁酯[27]、甲苯-乙酸异丁酯[27]、己烷-乙醚[40]、戊烷-乙醚[50]。当用苯作萃取剂时，可加入过量的格林试剂，在操作上比较方便。而甲苯将干扰三甲基丁基锡的测定，氯仿和二氯甲烷可与格林试剂反应，因而进行格林反应前需用其他溶剂进行替换[36]。降低介质极性的溶剂如甲苯-酸（如醋酸）可满足有机锡的萃取效率，并且有助于将有机锡选择性地从沉淀中提取出来，以进行经典的衍生反应[25]。在使用 HCl 时，对于生物样品的盐溶出效应或 NaCl 的离子对效应可增加有机锡从水相转移到有机相的效率[30]。由于甲基锡比具长链的丁基锡更易极化和溶剂化，萃取时加入盐可有效提高回收率，并且不同量的氯化钠其盐析效果不同。一般来说，100mL 水样中加入 3.6～4.0g 的氯化钠对全部甲基锡和无机锡的回收率都较好。Hattori 等[31]在测定环境水样和底泥中二丁基锡、三丁基锡、三丙基锡、三苯基锡时，采用盐酸酸化各样品使有机锡化合物转化成有机锡氯化物。虽然三烷基锡可直接用己烷萃取，但用己烷直接萃取二烷基锡的萃取率只有 50%，先在各样品中加入氯化钠能克服此缺陷，加入氯化钠和盐酸的样品再用己烷萃取，三烷基锡和二烷基锡的萃取率均为 90%~100%。Shhora 和 Mastsui[51] 通过向样品中加入 1.5g NaCl 和 0.5mL 浓盐酸，并用 10mL 0.05% 环庚三酮-苯溶液萃取，干燥后用格林试剂衍生，GC-FPD 测定分析牡蛎中的丁基和苯基锡化合物，其中有机锡回收率达 71%~74%。在无机锡同时存在时，有机锡可选择性地被萃取并直接利用石墨炉原子吸收测定，不经色谱分离[52]。用 HCl-己烷体系萃取，经 NaOH 洗涤可除去一丁基锡与二丁基锡，达到与三丁基锡分离的目的[38]。Forsyth 等[50,53] 利用格林试剂衍生-GC-AAS 测定葡萄酒和水果汁中的丁基锡、环己基锡、苯基锡化合物时，在样品中先加入 0.5g 抗坏血酸，用浓盐酸调节样品 pH 至 1，再用 0.05% 环庚三烯酮-25% 戊烷二乙醚萃取。当样品中含有一丁基锡时，抗坏血酸量要控制在 0.5g，抗坏血酸用量的减小可提高一丁基锡的回收率。

常用极性溶剂为 HCl 水溶液[54]、醋酸溶液[55]，盐酸或醋酸与极性溶剂的混合溶液如盐酸-甲醇[56,57]、盐酸-丙酮[44]、丙酮[58]、1-丁醇[59]，极性有机溶剂与非极性有机溶剂的混合液如二氯甲烷-甲醇[60] 等。最近微波萃取被用以缩短萃取时间至几分钟[55]。Shawky 等[61] 测定鱼中三丁基锡时，向鱼组织中加入 0.5mol·L^{-1} 甲醇-乙酸溶液或 0.5mol·L^{-1} 甲醇-醋酸溶液再用超声处理或微波振荡萃取。Han 和 Weber[62] 通过在 0.5g 牡蛎组织中加入 1mL 甲醇和 5mL 8.4mol·L^{-1} 盐酸溶液，于 60℃ 水浴中用 50~60Hz 超声处理 1h，使牡蛎完全溶解成橙黄色透明溶液来萃取牡蛎中的有机锡化合物，其回收率为 96%~104%。然而通常高温、高浓度盐酸以及加热时间过长也将致使某些有机锡失去有机基团。Desauziers 等[63] 在测定泥样和生物样中无机锡和甲基锡时，尝试使用多种不同酸溶液进行酸化，其中包括 0.1mol·L^{-1} 盐酸、2mol·L^{-1} 盐酸、8mol·L^{-1} 盐酸-甲醇溶液、纯醋酸。从回收率结果来看，0.1mol·L^{-1} 盐酸无论对无机锡还是有机锡效果都较差；2mol·L^{-1} 盐酸和 8mol·L^{-1} 盐酸-甲醇溶液对无机锡萃取效果最好。由于泥样中无机锡的含量较高，用这种酸体系酸化后测定无机锡和甲基锡，SnH_4 信号峰将会掩盖甲基锡信号峰；纯醋酸对三丁基锡的酸化效果最好，对一丁基锡和二丁基锡萃取效果也不错。在很多情况下，一些固体样品在利用酸或极性溶剂萃取后，再利用与之不相溶的溶剂如苯[31]、二氯甲烷[56]、异辛烷[59]、氯仿-二氯甲烷[40]、己烷[64]、二氯甲烷-己烷[64]、甲苯-乙酸异丁酯、甲苯-乙酸异丁酯[27]、己烷-乙醚[56] 进行液液萃取，可将有机锡从原来萃取液中提取出来。Sasaki 等[64] 用 3 份 30mL 1:1 的 0.5mol·L^{-1} 盐酸和甲醇溶液依次提取 10g 黄尾鱼中的三丁基锡和二丁基锡，合并的提取液离心后，取上层清液浓缩至 30mL，加入 100mL 饱和氯化钠溶液，再用 3 份 40mL 正己烷萃取，离心后用 0.1mol·L^{-1} 碳酸氢钠溶液洗正己烷层。萃取液干燥浓缩后进行衍生分析。利用环庚三烯酚酮（tropolone）或盐溶出效应可增加有机锡在有机溶剂中的溶解性，提高萃取率。二乙基二巯基氨基甲酸钠（DDTC）也可用于螯合萃取样品基质中的离子态有机锡。

固相萃取主要用于水样分析，常用的萃取柱为 C_{18} 柱[65]、Cep-Pak-C_{18} 柱[48]、Waters-Sep-Pak Classic cartridges C_{18} 反相柱与填 C_8、C_2、苯基填料（1.2∶1∶1）的 Maxi-Clean cartridges 柱[34]，也有将螯合试剂溶液预先通过柱子形成 tropolone-Sep-Pak C_{18} 柱[47]，还有人采用多孔树脂柱[39]。吸附在柱子上的有机锡可直接利用衍生试剂淋洗过柱，从而进行柱上衍生，接着加极性溶剂如甲醇将衍生物洗脱下来[65]；或者有机锡可直接形成螯合物吸附于柱上，再利用溶剂如乙醚[34]、酸化乙醚[39]、酸化乙酸乙酯[65]、戊烷[34]、二氯甲烷-己烷[34]、甲醇-己烷[34]等洗脱下来。Okoro 等[66]研究发现甲醇-酸消解有助于提高有机锡分析方法回收率，采用固相萃取对水中三丁基锡和三苯基锡的加标回收率分别是 65％和 70％，苯基锡回收率略高于丁基锡。

有机锡的超临界流体萃取（SFE）与测定已得到较多的应用[67,68]。SFE 方法仅用于土壤与沉淀样品，萃取时间短，有毒溶剂与酸使用量少，分析物损失少是这一方法的主要优点，但该方法对于一丁基锡的萃取回收率较低，为 55％～62％[67,69]。为提高一烷基锡与二烷基锡的萃取效率，可加入螯合剂如 DEA-DDC 或 DDC，通过 SFE 萃取，而后再以有机溶剂萃取衍生。微波辅助萃取也被报道用于底泥样品中丁基锡与苯基锡的提取，样品中加入醋酸溶液，微波萃取时间仅需 3～4min，该方法通过测定标准参考物质 NRCC PACS-1 与 BCR CRM 462 进行了验证[70,71]。

碱与酶水解通常用于生物样品分析，使组织增溶，这样样品内含的有机锡更易于进入萃取溶剂。一般而言，四甲基氢氧化铵（TMAH）水解温度设置在室温～60℃的范围内，水解时间为几个小时（如 1～2h)[72]。当用微波消解时，TMAH 水解时间可由几小时减到几分钟[55]。生物样品水解后，再利用 tropolone-己烷溶液液-液萃取获得有机锡[73]。或者对生物水解溶液进行 pH 校正后，用 $NaBEt_4$ 直接衍生，并同时结合有机溶剂萃取，这比经典的格林试剂衍生方法有效，减少了萃取次数[55]。另外，用 KOH-60％甲醇[40]、3％ NaOH[49] 或 $NaHCO_3$[64] 洗涤有机溶剂萃取液皂化水解，或使衍生样品通过弗罗里硅土柱后吹干，再用 20％水-乙腈淋洗[25] 以除去共萃取的脂质，然后进行液液萃取，这一方法也可用于测定生物样品中的有机锡化合物。但由于一烷基锡、二烷基锡化合物在碱萃取条件下的稳定性差，所以消化时间的控制很重要。另外，胃蛋白酶可在 pH＝2 时用于消化酒样，这有利于液液萃取时有机相与水相的清晰分层[53]。Pannier 等[74]测定鱼组织中丁基锡时，用发酵法提取生物样中的目标化合物，具体步骤为：在 8mL 具盖玻璃管中加入 0.1～0.3g 干鱼样或 0.2～0.5g 湿鱼样，依次加入 4mL pH＝7.5 的磷酸盐缓冲溶液、10mg 脂肪酶Ⅶ和 10mg 蛋白酶ⅩⅨ，恒温 37℃发酵 4h，同时磁力搅拌，发酵完成后的萃取液可直接用于 HG-GC-QFAAS 分析测定。

将 tropolone 溶于非极性溶剂如二氯甲烷、苯、乙醚、甲苯、己烷中，可有效提高有机锡特别是一取代、二取代有机锡在低极性萃取溶剂与超临界流体中的溶解性[57,60]。tropolone 浓度在 0.01%～0.5%范围内，萃取效率无显著差异。用液体溶剂从生物或非生物样品中萃取有机锡时使用 tropolone 可增加共存物的溶解性，所以在 GC 分析前必须先进行净化处理[35]。另一种螯合剂 DDC[67]也较常使用，其他螯合试剂如 EDTA[58]、DEA-DDC[68]同样可以提高有机锡在超临界流体 CO_2 中的溶解性。

固相微萃取（SPME）是 20 世纪 90 年代由加拿大 Waterloo 大学的 Pawliszyn 及其同事提出[75,76]的一项新型的无溶剂样品萃取技术。它基于待测物在样品及萃取介质中平衡分配的原理，利用光纤的熔融石英或涂布有气相色谱固定液的石英纤维作为吸附层有效萃取富集待测物。目前这一技术在分析领域中已备受重视，它成功解决了传统样品制备方法中的一系列问题，如操作步骤繁琐，使用大量有毒溶剂，被分析物易损失等。该技术在环境污染物分析方面的应用日益增加，结合顶空操作方法，检测对象可为挥发或半挥发有机化合物[77]。目前 SPME 技术已很好用于水样有机锡形态分析方法中[78]，它在一个简单过程中同时完成了取样、氢化或乙基化衍生、萃取和富集，从而大大简化了待测物的前处理过程，获得了对液体样品中痕量有机锡萃取方法的重要进展。

第二节　有机锡化合物衍生技术

利用气相色谱法进行有机锡形态分析，虽有不经衍生而直接以卤化物分离的情况[27]，但由于它在进样前注入 HCl 或在载气中加入 HCl 或 HBr 会缩短常规色谱柱的使用寿命，而且卤化物的热力学稳定性比较差，所以其应用并不常见。目前有机锡分析最为通用的方法是利用衍生反应，将有机锡化合物转化成满足气相色谱分析要求的易挥发热稳定性化合物，常见的衍生方法主要为烷基化或氢化方法，相应的衍生试剂有格林试剂、四乙基硼化钠（$NaBEt_4$）和硼氢化钠（$NaBH_4$），根据其不同特征，这些方法可应用于不同环境或生物样品的有机锡分析。

格林试剂衍生法是利用气相色谱分析有机锡化合物最为经典的前处理步骤之一。它能针对不同复杂环境基体中的有机锡离子进行衍生，从而形成易挥发和热力学稳定的烷基化有机锡，这类衍生产物可以长期保存，特别适用于测定很不稳定的苯基锡和甲基锡化合物。然而它的缺点是操作步骤繁多，可能影响结果的准确性。另外，使用格林试剂的衍生反应需要严格控制在无水条件下进行，这使操作过程趋于复杂化，然而由于该方法稳定，易于实现标准化，目前在国际上仍然是使用最多的有机锡分析方法。研究显示，格林试剂衍生法可广泛应用于水样、底泥样、污水污泥样、生物样及其他多种基质复杂的环境样品分析。目前可采用的格林试剂有甲基[36,39]、乙基[67]、丙基[45]、丁基[74]、戊基[79]和己基[26]化格林试剂，其中戊基化衍生试剂最为常用。由于格林试剂种类较多，人们可根据被分析物的种类选择不同的衍生试剂以实现多种类有机锡污染物在气相色谱中的基线分离，与此同时，生成的相对稳定、较难挥发的衍生物可有效减少前处理过程中的挥发损失。然而值得注意的是，由于自然环境中有机锡形态多样，常存在甲基锡、丁基锡等化合物，因此在衍生过程中需要避免使用甲基或丁基等格林试剂，以免造成污染物分析的形态混淆[14]。另外考虑到乙基锡化合物毒性极强，因此一些格林试剂如甲基、乙基或丁基格林试剂，仅用于特定场合以实现特殊的分析目的，在常规分析中较少为人们采用。在格林试剂的选择过程中，衍生物的挥发性和衍生剂的稳定性是重要的考虑因素，为保证后续常规色谱的有效分离检测，不宜选择分子量过大或分子量过低的衍生基团。综合当前有机锡的研究报道，丙基与戊基衍生试剂应用最为广泛，是有机锡衍生分析的最佳选择。由于格林试剂衍生方法需要严格的无水条件，它只能在不带活泼氢离子的非极性溶剂中进行，因此如果样品在萃取过程中使用了极性溶剂，则需要进行溶剂交换[56]。一般来说，当衍生试剂选定后，有机锡的衍生产率与样品中结合在锡原子上的有机基团取代数目有关，与其所带的阴离子如卤离子、醋酸根等无关。格林反应时间也因不同有机锡形态而异，可以从几十秒到几个小时不等。反应过程中，可以辅以搅拌[36]、旋转搅动[57]、回流[33]、超声[80]、手摇或机械振荡[46]等方式以提高衍生反应效率。另外，衍生反应结束后过量格林试剂需要低浓度稀酸去除，因此衍生化有机锡同样还需要通过液液萃取以转移至有机溶剂中。在色谱分析前，可根据样品的清洁度与有机锡化合物含量情况，选择进行纯化或浓缩。浓缩方式可采用旋转蒸发或氮气吹干法。浓缩过程中，考虑到有些衍生化有机锡化合物挥发性较高，例如甲基、乙基化有机锡，为避免浓缩过程中的大量损失，所以需要注意的是将有机锡溶液浓缩至近干，而不是全部蒸干。

下面将结合典型环境样品中有机锡的分析实例，详细介绍格林试剂衍生法在水样[81]、猪油样[82]、血样与尿样[83]、内脏样[84]、水产品样[85]以及多种食品样中的应用。

1. 水样

经过一系列关键萃取条件如 pH、盐度与螯合剂的选择优化显示当 pH 值为 5，使用 tropolone 螯合剂可有效提高有机锡化合物，尤其是一丁基锡、二丁基锡化合物的萃取效率，减少使用其他螯合剂时所引入的杂质干扰。为抵消基体盐度可能产生的影响，标准品分析与环境样本盐度应保持一致。对于水样中的丁基锡化合物，具体萃取过程为：取 100mL 含丁基锡标准的水样和采集的环境海水样置于一个特制的 200mL 带细颈萃取瓶（如图 11-2）中，用 0.2mol•L^{-1}磷酸氢二钠-0.1mol•L^{-1}柠檬酸缓冲溶液调至 pH 值为 5，再以 10mL 0.1% tropolone-环己烷溶液振摇 5min，静置分层，如分层不明，则需经离心处理，而后转移上层有机相至一 60mL 干燥带细颈的反应瓶中，剩余水液再以另外 10mL 0.1% tropolone-环己烷溶液如上述方法萃取，在大部分有机萃取溶液转移后，向萃取瓶中注入去离子水至有机相下液面达细颈处以利于其充分转移。将所得的有机溶液用旋转蒸发仪浓缩至 1～2mL 后，与 1mL 2mol•L^{-1}正丙基溴化镁或正戊基溴化镁格林试剂密闭常温反应 15min，这个反应可以定量完成，并且

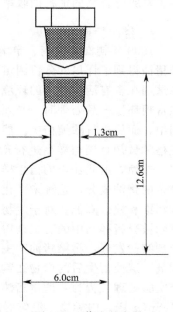

图 11-2　萃取反应器

所得产物稳定，可以长期保存，符合定量分析的要求。

反应完成后，于冰水浴中缓慢滴入 5mL 0.2mol•L^{-1}硫酸溶液以除去过量格林试剂，加入约 60mL 去离子水振摇洗涤有机相并调节其下液面至细颈处，将此有机溶液充分转移至一预先以 5mL 环己烷淋洗过的弗罗里硅土（0.8mg）-无水硫酸钠（0.2mg）短柱（0.5cm × 4.5cm）上净化干燥，并以环己烷洗至淋出液达 5～6mL。所得溶液用氮气流浓缩至 1mL，取其中 2μL 样品

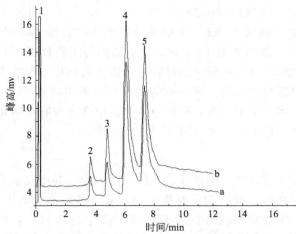

图 11-3　黄海娱乐城水样加标前后的 GC-FPD 谱图比较

a—加标前；b—加标后；

1—溶剂（环己烷）；2—三丁基锡；

3—二丁基锡；4—一丁基锡；5—无机锡

注入气相色谱分离，并由表面发射火焰光度检测器或质谱定量分析。该方法适用于淡水、海水、化工废水、污水等多种类环境水样中丁基锡化合物的分析测定，

各丁基锡化合物的加标回收率达96％以上（见图11-3）。

2. 猪油样品

1999年初江西赣南、定南两县发生了一起严重的食物中毒事件，其中的污染猪油得到了详尽的分析测定，研究采用的方法为直接格林试剂衍生法。由于格林试剂在含有活泼质子的环境中易于被破坏，从而丧失烷基化试剂的特性，因而在常规环境样品处理时，必须将被分析物预先萃取转移到不含活泼 H^+ 的有机溶剂中，而后进行浓缩衍生。然而由于猪油样本的特殊性，即不含活泼质子，所以使格林试剂直接与样品进行衍生反应成为可能，这样可避免有机溶剂萃取的步骤。然而，由此获得的衍生样品，净化过程非常重要，因为样品中含有大量基质复杂的猪油成分，这种未净化的样品如直接进行色谱分析将导致气相色谱柱的严重污染和柱效降低。对于生物样品的净化处理，通常采用弗罗里硅土，它可有效清除被分析样品中的有机杂质，从而获得符合气相色谱分析检测纯度的样品。基于预实验发现，污染猪油中主要富含甲基锡化合物，因此研究选用了戊基化格林试剂，这使衍生后的产物在常规的气相色谱中更容易与所用溶剂环己烷分离。整个实验处理过程为：适量猪油样品，用少量环己烷溶解，加入 1mL 2μg·mL^{-1} MeSn(n-Pr)$_3$ 内标物，混匀后用 0.8mL 2.0mol·L^{-1} (n-Pe)MgBr 密闭超声反应 15min，于冰水浴中缓慢滴入 4mL 0.5mol·L^{-1} H$_2$SO$_4$，振摇去除过量格林试剂，用约 60mL 去离子水洗涤有机层，将有机相转移至一预先以 5mL 环己烷淋洗过的弗罗里硅土（0.8mg）-无水硫酸钠（0.2mg）短柱（0.5cm×4.5cm）上净化干燥，并以环己烷淋洗至滤出液为 10mL，所得样品以 GC-FPD 或 GC-MS 测定，有机锡化合物的 GC-FPD 色谱图如图11-4所示，甲基锡与无机锡戊基化衍生产物的 GC-MS 分析质谱图如图11-5所示。通过在一个典型猪油样本中加入一甲基锡、二甲基锡和三甲基锡标准化合物，所得到的加标回收率均高达95％，由此可见该定量方法的可靠性。实验结果表明，所测污染猪油中含多种有机锡化合物，尤其以二甲基锡含量最高，达 mg·g^{-1} 水平，为主要污染物。

3. 血样与尿样

针对来自赣南猪油中毒事件中中毒病人的血样、尿样，由于样品基质以水为主，因此其处理过程与水样分析相似，其中包括有机溶剂萃取、格林试剂衍生、弗罗里硅土-无水硫酸钠净化干燥以及 GC-FPD 检测。具体操作过程如下：取 2mL 尿样或 0.40g 搅匀的全血样置于一分离瓶中，以 5mL 磷酸氢二钠-柠檬酸缓冲液调 pH 为 5，加入 2mL 80ng·mL^{-1} MeSn(n-Pr)$_3$ 内标溶液，混匀后，以 2.5mL 0.1％ tropolone-环己烷溶液超声萃取 15min，离心转移上层有机相，剩余物再以等量上述有机溶液萃取一次。合并两次萃取液并以无水硫酸钠干燥后，再经戊基化衍生、净化并干燥处理后，进行 GC-FPD 检测，结果见图11-4。分析结果表明尿样中含 ng·mL^{-1} 水平的二甲基锡与三甲基锡，血样中含有

ng·g^{-1}水平的三甲基锡。

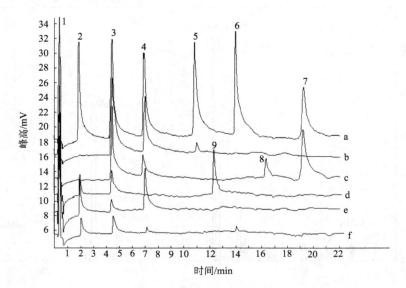

图 11-4　戊基化标准锡化合物与一些样品的 GC-FPD 谱图比较

a—标准锡的戊基化衍生物；b—定南 3 油样；c—油店油样；d—中毒病人血样；
e—中毒死者肾脏；f—2 号中毒病人尿样；1—溶剂；2—三甲基锡；3—甲基三丙基锡（内标）；
4—二甲基锡；5—甲基锡；6—无机锡；7—二辛基锡；8—未知化合物 1；9—未知化合物 2

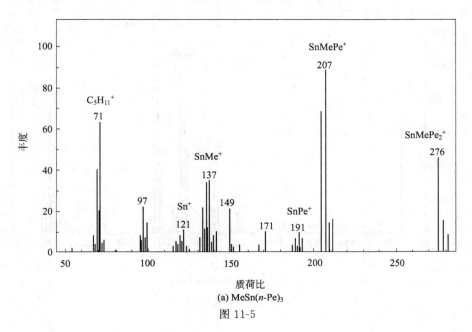

(a) MeSn(n-Pe)$_3$

图 11-5

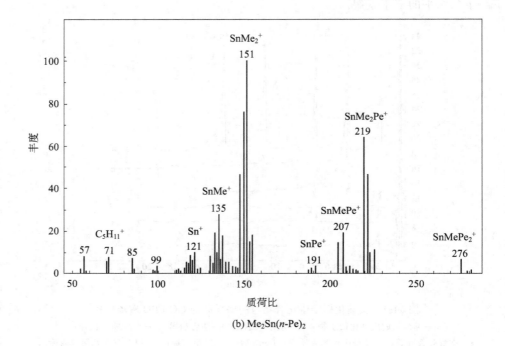

(b) Me₂Sn(n-Pe)₂

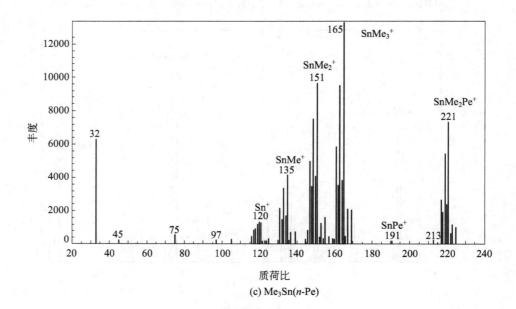

(c) Me₃Sn(n-Pe)

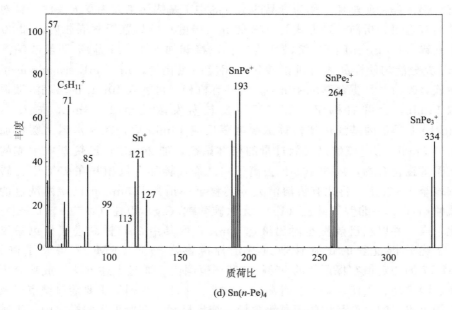

(d) Sn(n-Pe)₄

图 11-5   各有机锡化合物 EI 质谱图

4．内脏样品

在赣南猪油污染事件中，3 人食物中毒死亡，针对死者的心脏、肝脏、胃以及肾脏样本同样进行了相应的分析检测。实验采用常规生物样本有机锡分析的前处理过程，也就是加入一定消化试剂对生物组织进行预先消解，例如硫酸可消化有机样本，这样可溶解无机颗粒（碳酸盐、硫化物），从而释放被它们结合的有机锡[47]。另外由于火焰光度检测器对硫化物敏感，所以可通过加入 $CuSO_4$ 溶液形成 CuS 沉淀来去除 S^{2-} 干扰。加入 KBr 可增加水溶液的离子强度，有助于分析物被有机溶剂更好地萃取。本研究各内脏样品的处理方法如下：取 0.4～0.8g（湿重）中毒死者或非中毒死者内脏样（分别为胃、肝、肾及心脏）置于一 10mL 具塞离心管中，加入 2mL 80ng·mL^{-1} MeSn(n-Pr)₃ 内标溶液，混合均匀平衡后，样品由 2mL KBr-H_2SO_4 溶液（由 90g KBr 与 27.5mL 浓 H_2SO_4 溶于 200mL 去离子水中配制而得）与 0.5mL 1mol·L^{-1} $CuSO_4$ 溶液在强烈振摇下消化 15min，再以 5mL 磷酸氢二钠-柠檬酸缓冲液调 pH 为 5，后续萃取衍生步骤同尿样或血样的处理方法。样品经净化干燥后，由气相色谱分离与 FPD 检测，其谱图如图 11-4 所示。实验结果显示，中毒死者内脏中含有 μg·g^{-1} 水平的甲基锡化合物。

5．生物样品

有机锡船舶防污涂料的广泛使用导致水环境中丁基锡污染比较普遍，水产品中有机锡污染在所难免，作为食品的水产品中丁基锡污染尤为受人关注。针对水产品的有机锡分析前处理方式为：称取 2g（湿重）样品置于萃取瓶内，加 60μL 四丁基锡（10μg·mL⁻¹）溶液作为内标，接着加入 1∶11 盐酸-四氢呋喃溶液 10mL 充分混匀使样品内有机锡转化为相应的氯化物，用 25mL tropolone-正己烷溶液（0.01%）振荡萃取 40min，转移有机相，再加入 10mL 正己烷溶液振荡萃取 10min，合并有机相，在 25℃ 下旋转蒸发浓缩至 2～3mL，加入 1mL 2.0mol·L⁻¹ 正丙基溴化镁格林试剂振荡反应 15min 后，在冰水浴上缓慢加入 5mL 0.5mol·L⁻¹ 硫酸以去除过量的格林试剂，加 20mL 正己烷萃取生成的丙基化丁基锡化合物，用约 40mL 去离子水洗涤，转移有机相并在 25℃ 下旋转蒸发浓缩至 1～2mL，将此有机溶液充分转移至一预先以 5mL 正己烷淋洗过的无水硫酸钠（2g）-弗罗里硅土（1g）-无水硫酸钠（2g）短柱（1.5cm×15cm）上净化干燥，并以正己烷洗至淋出液达 10mL，取其中 2μL 样品进气相色谱仪分析。上述分析过程的正确性通过测定标准参考物质 CRM477 得到了确证，CRM477 的测定值在保证值的 95%～102% 范围内。通过上述方法，成功分析了大连、秦皇岛、天津、烟台、青岛、连云港、上海、福州等重要港口城市以及北京市场上出售的水产品中的丁基锡含量。结果显示，在所采集的样本中，丁基锡污染普遍，并且某些贝类中有机锡含量远高于其他海产品，另外，在加工或常规烹调后，水产品中的丁基锡没有显著降解或消失的趋势，由此可见食品中的有机锡污染令人担忧。

6. 食品

除船舶防污涂料外，有机锡还可广泛用于农药、塑料稳定剂、木材防腐剂等多个领域，其中有许多与日常食品生产紧密相关，这就有可能引起食品中有机锡的污染，因而对多种类食品进行有效准确的污染评价，可很好确保食品安全，保障人体健康。对我国四个典型区域（北方一区、北方二区、南方一区与南方二区）的 12 种常用食品进行丁基锡污染研究可揭示我国食品安全状况。这些食品包括：水果、蔬菜、乳品、肉类、谷类、白糖、蛋类、水产、酒类、薯类、饮料水与豆类样品。这些食品样的处理方式与水产品相似，不同的是其取样量为 5g，净化柱为无水硫酸钠（2g）-弗罗里硅土（2g）-硅胶（2g）-无水硫酸钠（2g）的短柱（1.5cm×15cm）。这一测定过程通过加标回收率的测定进行了评估，结果显示各丁基锡化合物的加标回收率在 101.8%～103.8% 范围内。四个典型区域样品测定结果表明各类食品不含有或含有微量（每克几纳克）的丁基锡化合物，所以我国常见食品中丁基锡污染并不普遍。

近年来，直接在水溶液中用四乙基硼化钠（NaBEt₄）进行乙基化衍生的方法得到了越来越多的应用。该方法集衍生反应与萃取一步完成，具有易于操作、简便、快速的特点。其他衍生试剂如四丙基硼化钠[19]也可使用。Desauziers

等[63]发现样品中的酸度对硼氢化钠衍生反应有显著影响，因而选择试验过程中的最佳酸度往往至关重要，这常可通过选择合适的缓冲溶液来实现。常用缓冲体系为醋酸-醋酸钠[61]、醋酸-醋酸铵[32]与柠檬酸-氨[65]缓冲液，pH 值可调节约为 4[61]、5[55]、6[41]与 9[65]。但对于含有大量共萃取物的复杂基体，其衍生产率低于格林反应。乙基化衍生物通常可以由非极性溶剂如异辛烷[55]、己烷[73]萃取，但对于低沸点衍生物也可以通过顶空抽提[37]或萃取[20]以及冷阱捕获提取[80]。

6. 水溶性涂料与黏合剂

基于一些国家如日本对有害物质在家用产品中应用的控制与管理条例，需要开发对水溶性涂料与黏合剂中三丁基锡与三苯基锡含量分析的方法。Kawakami 等[86]针对乙酸乙烯酯、聚氨酯、丙烯酸树脂与氯丁橡胶进行了研究，首先采用 HCl-丙酮萃取，再用己烷萃取。天然橡胶组成的黏合剂在酸化前先分散在水中，而后通过己烷萃取其中的有机锡。这些化合物进而通过乙腈从己烷中萃取出来。萃取物采用弗罗里硅土柱净化后用 $NaBEt_4$ 乙基化衍生。结合气质联用技术，该定量分析方法在加标量为 $0.5\mu g \cdot g^{-1}$ 情况下回收率达 $81\%\sim118\%$，三丁基锡与三苯基锡的相对标准偏差分别为 0.83% 与 4.3%，方法定量检测限为 $9\sim25ng$ $\cdot g^{-1}$。利用该方法可很好分析涂料与黏合剂中的一丁基锡、二丁基锡、一苯基锡、二苯基锡。

氢化衍生法利用 $NaBH_4$ 在酸性环境中将有机锡转化为相应的氢化物。同样 $NaBH_4$ 氢化衍生方法可在水相中直接进行，并同时实现衍生反应与萃取过程，然而四乙基硼化钠与硼氢化钠这两类衍生试剂间也存在很大的区别。Cai 等[87]研究发现，对于测定样品中的一丁基锡和二丁基锡化合物，硼氢化钠优于四乙基硼化钠，然而用 $NaBH_4$ 衍生的缺点是该反应受样品基体的影响较大，即使样品中有少量的有机物存在也能使反应受到抑制。利用氢化衍生法处理水样时，常可采用直接加酸如醋酸[88,89]、硝酸[90]进行衍生；而对于固体样品，其基质可能抑制氢化反应，所以常先经溶剂萃取后衍生[91,92]。由于氢化物稳定性差，所以氢化衍生常用在线方法。结合低温色谱，这些衍生技术不仅可测定丁基锡，还可测定高挥发性有机锡如甲基锡等。在线的氢化物发生-低温捕集-石墨炉原子吸收方法可使样品操作步骤达到最少，这是快速分析有机锡的方法之一。另外样品也可同时衍生萃取，将生成的氢化物转移到有机溶剂如二氯甲烷[93,94]中。还有人通过在气相色谱仪进样口上填装与惰性的 GC 填料混合的 $NaBH_4$ 将进样与氢化结合起来[91]，虽然这种方法可减少分析时间，但它用于分析环境样品时重现性差。基于氢化衍生法，可结合不同的前处理技术实现有机锡的分析检测，例如有机溶剂萃取法、顶空固相微萃取方法以及低温吹扫捕集法。

8. 饮料

有机溶剂萃取法的操作过程为将衍生试剂硼氢化钠直接加入到水溶液中，与此同时采用有机溶剂萃取氢化的有机锡化合物，净化浓缩后由气相色谱分析。该方法已成功地用于环境水样与饮料中的三丁基锡及二辛基锡化合物的测定[23]。

由于一些饮料含有乳化有机质，即使静置很长时间也难于将萃取液从水相中分离开，为减小分析误差，需向饮料样品中加入 $50\mu L$ $1\mu g(Sn)\cdot mL^{-1}$ 的四丁基锡作为内标。转移第一次萃取的有机相后，再加入 $1mL$ CH_2Cl_2 进行振摇萃取，分离有机相。上述操作重复 3 次。合并的有机相通过旋转蒸发仪浓缩到 $0.05\sim$ $0.1mL$，其中有机锡含量由内标法测定。

上述水样与饮料测定过程的灵敏度与可靠性得到了全面评估。结果显示在测定范围内三丁基锡的线性回归系数达 0.9998，而二辛基锡的线性回归系数为 0.9994。对水样与饮料的加标回收研究发现其回收率在 87%～107% 范围内，这表明样品基质影响并不严重。另外，对含 0.6ng TBT、5ng DOT 与 0.5ng TeBT 的样品进行 5 次重复测定，结果显示测定误差小于 4%。各化合物相应于 3 倍基线噪声高的检测限分别为：DOT，10pg；TeBT，0.3pg；TBT，0.7pg。

顶空固相微萃取技术有利于获得纯净的目标化合物，并直接在气相色谱仪上解析分析，没有溶剂或其他杂质干扰。目前这一方法已成功应用于多种环境样品的有机锡形态分析，其中主要包括环境水样[95]、酒类[96]、其他液体食品以及底泥[97]、海产品等复杂样品。

9. 水，酒和其他液体食品

对于环境液体样品中有机锡化合物，采用原位氢化衍生法常可避免有机溶剂的预萃取过程，然而以往人们仍需用大量有机溶剂来萃取氢化后的有机锡以进行气相色谱分析。在这一过程中存在萃取效率不高，挥发性氢化物易在萃取转移过程中损失等问题。顶空固相微萃取技术的引入很好地解决了这些难点，它不仅可有效萃取氢化有机锡，而且操作简单、易行。在固相微萃取技术用于富集萃取液体样品有机锡化合物的研究中，发现采用 $100\mu m$ PDMS 萃取纤维，在温度约 30℃ 下萃取 15min 可获得非常理想的结果。具体操作为：在 150mL 锥形瓶中加入 50mL $0.1mol\cdot L^{-1}$ 的醋酸和醋酸钠缓冲液。加入适量 MBT、DBT 与 TBT 工作溶液以及 $5\mu L$ 内标 $MeSnPr_3$。塞上瓶盖，混合液用磁子搅拌。固相微萃取针穿透盖子，萃取纤维从保护针管中伸出并暴露在反应瓶顶空中。接着用注射器向密封瓶中迅速加入 1mL 3% 硼氢化钠溶液，同时开始计时。在酸性条件下，各丁基锡化合物与 $NaBH_4$ 剧烈反应产生相应挥发性的氢化物，反应 15min 后，纤维上的丁基锡氢化物吸附-解吸达到平衡。在 SPME 装置的针管保护下，萃取纤维直接转移到 GC 进样口中热解吸 3min。丁基锡氢化物在程序升温控制下于 HP-1 毛细管柱中被有效分离，并在表面发射火焰光度检测器中得到灵敏测定。对于酸化环境水样，在测定前需加入少量 $6min\cdot L^{-1}$ NaOH 溶液调节 pH 为 3.3。对于香槟等含 CO_2 的样品，测定前需先进行超声脱气，以免在后面的氢化衍生反应时发生气流过大而冲开瓶盖，破坏反应密闭体系，造成被分析物的损失现象。通过上述过程获得的分析结果符合定量分析的要求，样品加标回收率分别为：MBT 85%，DBT 117%，TBT 103%。采用上述顶空固相微萃取技术与GC-QSIL-FPD联用方法研究了我国典型湖泊、河流和海域中的丁基锡污染状况，并对市场上出售的一些国产或进口分装的酒类以及其他一些塑料袋包装的液体食品如酱油、黄酒、牛奶等中的丁基锡进行测定，测定结果显示我国水域中丁基锡污染已相当普遍。另外由于塑料包装稳定剂的渗透作用也已引起食品中的丁基锡普遍污染，这将直接影响人们的生活质量。

10. 底泥

底泥作为水体污染物的沉降池，富含比相应水体高得多的污染物，因此受到了人们的广泛关注。目前分析测定底泥中有机锡污染物的方法已日趋成熟，一般以格林试剂衍生法作为常规的前处理手段。固相微萃取技术的引入大大简化了底泥中有机锡化合物分析的操作过程。实验过程简述如下：150mL 锥形瓶中加入0.5g 干燥底泥样，加入 $10\mu L$ $1\mu g \cdot mL^{-1}$ $MeSnPr_3$ 内标溶液，如果进行加标实验，则同时加入三种丁基锡化合物，待 30min 吸附平衡后，加入 50mL pH3.3的醋酸-醋酸钠缓冲溶液，混匀后加上瓶盖密封，而后插入固相微萃取纤维，在磁子搅拌下加入 1mL 3% 硼氢化钾溶液，反应 20min 后，纤维达萃取平衡。将纤维转移到气相色谱进样口进行热解吸分析。在上述过程中，硼氢化钾浓度、溶液酸度和盐度、萃取温度、萃取时间分别得到了优化，结果发现采用固相微萃取技术分析测定底泥样品的方法具有很好的重复性与检测灵敏度，7 次重复测定的RSD 小于 10%，检测限低达 $ng \cdot g^{-1}$ 水平。另外通过对标准参考物质 CRM462 的测定发现，其结果与保证值具有很好的一致性。通过上述方法，笔者研究小组测定了采集于香港海域的多个底泥样品，结果表明样品中含有 $10^{-1} \sim 10^2 ng \cdot g^{-1}$ 的丁基锡化合物。由此可见，作为长期的污染释放源，底泥有机锡污染将对周围水环境产生长久而深远的影响，值得人们关注。

11. 海产品

由于固相微萃取方法的操作简便性，在处理分析基体复杂的生物样如海产品时，这一技术很具吸引力，它可以避免常规操作中繁琐的有机溶剂萃取与净化过程。采用固相微萃取技术分析海产品内丁基锡化合物的前处理过程如下：称取1g 湿重匀浆贝肉，加入内标，混匀后放置 12h 达吸附平衡。加入 30mL0.5mol $\cdot L^{-1}$ HAc-H_2O 浸提液，超声萃取 30min，再在 2000r $\cdot min^{-1}$ 的转速下离心分离 10min，移取 10mL 上层清液。上清液与 40mL 0.1mol $\cdot L^{-1}$ HAc-NaAc（pH3.3）缓冲溶液混合，滴加 6 滴 6mol $\cdot L^{-1}$ NaOH 中和浸提液，使pH 值在 3.3 左右。溶液混匀后加上橡胶塞，插入固相微萃取器，将萃取纤维暴露在样品顶空中，再以注射器向反应瓶内注入 1mL 3% KBH_4 溶液，进行衍生反应和萃取，反应过程中以磁力搅拌器搅拌。15min 后将萃取纤维转移至气相色谱进样口热解吸以进行后续的色谱分析。上述过程通过测定标准参考物质 CRM477 进行了评价，结果显示各丁基锡化合物的测定值与保证值间的相对误差小于 8.8%。由此可见固相微萃取方法可有效准确地测定海产品中的丁基锡含量。

由于环境样品中经常存在一些浓度较低、易于挥发的低沸点污染物需要监测，经典的前处理方法通常为沉淀、配位、衍生、吸附、萃取、蒸馏、干燥、过滤、透析、离心和升华等，这些方法依赖于人工操作、重现性差、工作强度大、处理周期长且需使用大量有机溶剂，并且经常由于样品基质组分复杂、干扰物多而影响前处理效率和效果，造成被分析物不可挽回的损失与实验人力及财力的巨大浪费。因此样品前处理过程是环境分析中最薄弱的环节，开发准确度高、快速简单且无溶剂化的前处理方法非常重要。早在 1974 年 Bellar 和 Lichtenberg 首次报道了吹扫捕集色谱法测定水中挥发性有机物[98]。由于吹扫捕集技术对挥发性有机物具有较高的富集效率，因而一直受到环境科学与分析化学界的高度重视，并得到了较快的发展。与此相应的联用技术，如气相色谱-电子捕获检测器、气相色谱-火焰离子化检测器、气相色谱-质谱检测器及气相色谱-电感耦合等离子体发射光谱检测器的联用技术也日益成熟，目前相关联用技术已得到商品化生产。吹扫捕集技术适用于从液体或固体样品中萃取沸点低于 200℃、溶解度小于 2% 的挥发性或半挥发性有机物。它被广泛用于食品与环境监测，临床化验等部门。美国 EPA 601、602、603、624、501.1 与 524.2 等标准方法均采用吹扫捕集技术[99,100]。吹扫捕集法作为样品的无有机溶剂的前处理方式，对环境不造成二次污染，而且具有取样量少、富集效率高、受基体干扰小及容易实现在线检测等优点。

众所周知，环境中由于人为投入或生物甲基化作用而广泛存在着甲基锡污染，通常甲基锡的检测采用经典的格林试剂衍生方法，然而这一方法常需经过有机溶剂反复萃取、浓缩、衍生、净化等步骤，操作繁琐，人为引入误差大，不易实现样品的快速监测。而应用氢化衍生结合固相微萃取技术，则又由于生成的甲基锡氢化物沸点低、易挥发，在常规气相色谱仪上难于分离而不能作为可行的分析方法。低温吹扫捕集的应用解决了上述甲基锡形态分析上的难题。

在实验中可通过将 Chrompack 吹扫捕集仪与 Angilent GC6890-FPD 仪器在线联用，建立氢化甲基锡的富集浓缩与色谱分离方法。在这一过程中甲基锡氢化衍生的溶液 pH、衍生试剂硼氢化钾浓度、吹扫时间、吹扫流量以及冷阱温度都会对被分析物的分离检测产生一定的影响。具体操作过程为：含有甲基锡的 15mL 水样在 pH 调到 5 后被加入到吹扫瓶中，接着注射入 1mL 3% KBH_4 溶液以发生氢化衍生反应，而后以 $30mL \cdot min^{-1}$ 的氮气流量吹扫 12min。吹扫出来的甲基锡氢化物在冷却到 -75℃ 的熔融石英毛细管柱冷阱中被捕集浓缩，而后冷阱快速升温到 200℃ 将被分析物释放到分析柱上进行色谱分离与检测。5 次重复测定结果显示此方法精密度小于 3％，并且各甲基锡的检测线性范围在 30～6000ng·L^{-1}，检测限达 ng·L^{-1} 水平，环境样品的加标回收率在 91％～106％ 范围内。由此可见，采用低温吹扫捕集方法可灵敏有效地测定水样中痕量甲基锡 的污染[101]。该方法已被成功应用于多个化工废水中的甲基锡含量分析，对环境 水样如北京官厅水库与下游永定河等的痕量甲基锡污染，低温吹扫捕集法也有很 灵敏的分析检测能力[102]。分析测定结果与经典的格林衍生方法吻合，证实了其 分析可靠性。

在有机锡化合物分析过程中，衍生反应是获得适于气相色谱分析的挥发性更 好的有机锡化合物的关键步骤。Morabito 等比较格林试剂法、氢化与 NaBEt₄ 乙 基化法[103]，研究结果显示，后两者比较适于水样，它们能被直接用于这类样品 的衍生分析，同时实现原位衍生与萃取，减少分析步骤并因此降低检测误差。与 氢化相比，乙基化对丁基锡和苯基锡都有较高的衍生效率。针对固体样品，例如 底泥、生物样品，氢化衍生可出现严重的干扰效应，而 NaBEt₄ 乙基化反应则不 然。此外，NaBEt₄ 虽然常用于固体样品分析，但它在强酸条件下并不稳定，在 这种情况下需要将有机锡化合物提前萃取入有机溶剂中。格林试剂衍生法适用于 不同环境基质（水、底泥与生物样）中大多数有机锡化合物（甲基锡、丁基锡与 苯基锡）的分析。在不同的格林衍生反应中，己基化和苯基化衍生产物挥发性较 低，这可有效降低前处理浓缩过程中的损失，但可引起其在 GC-AAS 接口处的 冷凝。丙基、乙基与甲基格林衍生试剂反应活性较强，但产物挥发性较高，从而 可能在样品浓缩过程中造成挥发损失，另外在环境样品的甲基锡与乙基锡形态分 析中需要注意避免使用甲基格林衍生试剂与 NaBEt₄ 乙基化衍生试剂，以免引起 被分析物形态混淆。不管采用哪种衍生技术，原则上都应该针对被分析样品的具 体情况进行衍生效率的评估。然而由于缺乏商品化的有机锡衍生物标准（如苯基 化、乙基化有机锡），这阻碍了衍生率的系统定量评估。

第三节　有机锡化合物的净化技术

利用气相色谱分析的样品在衍生后常需要过柱净化。硅胶是最为常用的吸附 剂填料[43,104]，有多种净化柱类型[90]。其他吸附剂有：弗罗里硅土[45]，氧化 铝[55]，氧化铝-硅胶[105]，弗罗里硅土-氧化铝[22]。为获得一致的结果，吸附剂 的活性需要严格控制，须达到净化效率与分析物回收率的平衡。在净化柱上端或 两端填加无水硫酸钠可同时干燥样品。淋洗可采用单一溶剂或多种溶剂梯度洗 脱，也可使用混合溶剂，当采用梯度洗脱时，淋洗溶剂采用极性由小到大的顺 序。常用的淋洗液有：己烷[28]、戊烷[34]、苯[105]、苯-乙醚[105]、乙醚[35]、乙 醚-己烷[47]、乙醚-醋酸[57]、乙酸乙酯-己烷[31]、二氯甲烷-甲醇-0.02mol·L^{-1}

HCl[90]、乙醇-水-0.2mol·L^{-1} HCl[43]以及 20％水-乙腈[45]。净化柱不仅可起到有效净化样品基体的效果，还可通过使用不同极性的淋洗液[31]或收集不同淋出液[42]起到初步分离的作用。当利用 GC-MS 或 GC-FPD 分析底泥等样品时，需在净化之后用活化铜进行脱硫处理。但该过程并不能除去由元素硫在格林试剂衍生时产生的烷基硫。采用二甲基双环氧乙烷（DMD）可氧化所有硫化物形成砜或硫氧化物，由于砜比有机锡极性大，它可被氧化铝色谱柱吸附去除，而硫氧化物可同时被蒸发。DMD 可高效选择氧硫化物而不影响有机锡化合物，另外，过量的 DMD 可在氧化铝柱净化前用氮气流蒸发去除。该脱硫过程结合相应的净化处理操作可有效去除各类底泥样品中含量高达 3.1％的硫元素干扰，DMD 用量仅为 0.6mol[106]。弗罗里硅土是一种很好的吸附剂，可用于含脂量很高的生物样品。在生物样品处理中，常采用外加的净化步骤，如利用己烷-甲醇、己烷-乙腈再分配或碱水解，或在分析过程中两次利用弗罗里硅土柱净化。在净化过程中，己烷或己烷-乙醚混合液是常用的淋洗液，因为它们可与 GC 测定兼容。易于挥发的淋洗液如戊烷可减少易挥发被分析物的蒸发损失。在分析过程中，也可进行衍生前的净化如利用硅胶-HCl[42]柱或 C$_{18}$cartridges 固相萃取。由于未衍生的有机锡化合物与这些吸附剂有强烈吸附作用，所以必须使用极性溶剂加以淋洗，以获得较好的定量回收率，然而这样的话，净化效率很差。在这种情况下，使用 tropolone-己烷作为淋洗液可提高回收率。

总而言之，有机锡化合物的前处理方法常因环境样品种类、分离分析手段以及目标化合物的不同而异，所以在进行分析测试前，需详细考察被测样品的理化性质，并充分考虑整个分析过程中各个影响因子，在前处理过程的每一操作细节详尽优化基础上进行分析，这将在很大程度上决定了整个分析方法的准确性与灵敏度，其重要性显而易见。

第四节　有机锡化合物的气相色谱分析法

一、气相色谱-火焰光度检测技术

气相色谱-火焰光度检测（GC-FPD）技术非常适合于某些挥发性烷基金属化合物的分离与检测，是元素形态分析的有力工具。自从 Brody 和 Chaney 在 1969 年首次设计出火焰光度检测器后，经过该检测器构造与性能的不断改进和提高，新型火焰光度检测器分析有机锡的灵敏度大为提高，由于其价格低廉、操作简便等特点，使它在有机锡化合物分析测定中得到了很好的应用。

火焰光度检测器的工作原理是色谱流出物进入火焰光度检测器与氢气、空气混合燃烧，火焰所发出的光通过滤光片到达光电倍增管，光电倍增管把光的强度转变为电信号，其中滤光片选择性通过特定波长的光，硫滤光片通过 394nm 波长的光，磷滤光片通过 526nm 波长的光。有机锡化合物与氢气、空气燃烧后有两种类型的分子发射光谱（610nm 和 485nm 波长），其中 610nm 左右波段的分子发射是由于 SnH 的气相发射；而 485nm 处是由 SnOH 的气相发射引起的，虽然也有人采用 485nm 波长测定有机锡，但应用最多的还是选择 610nm 波长来检测。根据火焰光度检测器的构造，它可分为单火焰和双火焰光度检测器。在传统的火焰光度检测器基础上，引入石英玻璃表面引发的分子发射原理，将一洁净石英管置于燃烧头，可有效提高火焰光度检测器对被分析物的检测灵敏度。采用该石英玻璃改进的火焰光度检测器，可成功应用于水和生物样品中有机锡、有机铅和有机锗的定量分析测定。以有机锡为例，新型表面发射火焰光度检测器比原有检测器的检测限提高了 100～1000 倍，被认为是有机锡形态分析中最简便和最灵敏的方法，这一检测器的设计已获得国家发明专利。

采用气相色谱-脉冲火焰光度检测器（GC-PFPD）也可实现有机锡化合物的灵敏分析。Leermakers 等[107]针对三种丁基锡混合物，利用 $NaBEt_4$ 乙基化衍生、己烷萃取后，通过无分流模式进样分析。有机锡定量线性范围在 $(100～150)\times10^{-9}$，一丁基锡、二丁基锡与三丁基锡化合物的检测限分别为 0.7×10^{-9}、0.8×10^{-9} 与 0.6×10^{-9}。方法重复性与重现性相对标准偏差均低于 20%。采用三丙基锡作为内标分析生物标准参考物质 CRM477 的回收率在 90%～110%，表明该方法在实际生物样品分析中的可靠性。

结合固相微萃取技术，可实现有机锡在线萃取、衍生、富集浓缩与进样分析检测，这大大提高了大量环境样品有机锡形态分析的效率。具体操作是使样品中有机锡化合物与 $NaBH_4$ 或 KBH_4 反应生成易挥发的氢化物，再采用固相微萃取装置顶空萃取，而后将萃取纤维转移至气相色谱进样口热解吸分离。仪器使用条件及 SPME 萃取的各项参数都直接影响分析方法的灵敏度[108]。例如不同的萃取纤维质地、萃取涂层可显著影响被分析物的萃取效率。通过对不同萃取纤维的研究发现，截取一段开管毛细管柱，两端以环氧树脂封口，浸于浓氢氟酸中 3.5h，洗净后在高温下老化 4h，就可以作为一根简易的萃取纤维用于被分析物的顶空萃取。另外也可以将石英毛细管外面的保护层通过燃烧去除，而后将熔融石英表面暴露于一定的吸附剂中以涂布纤维吸附层。吸附剂可选择弱极性的色谱固定相，如硅酮 OV-101、OV-17、DC-200。经实验证实氢氟酸处理的纤维对丁基锡、甲基汞、乙基汞和苯基汞的氢化物灵敏度非常高。

二、气相色谱与原子吸收联用

由于气相色谱（GC）与原子吸收（AAS）联用（GC-AAS）接口装置简单，选择性高并有较高的灵敏度，因而在过去十多年中得到了广泛的应用。目前常用的接口原子化装置及 GC-AAS 联用类型主要有 3 种。

1. 气相色谱与火焰原子吸收联用 （GC-FAAS）

这种装置是早期研究工作中常用的手段，具体做法是将色谱流出组分直接通入喷雾器或直接连到加热的火焰上，后一种连接方法可以获得较高灵敏度因为色谱流出组分没有经过喷雾器的稀释[109]。

2. 气相色谱与电热原子吸收联用 （GC-ETAAS）

电热石英原子化器是由一个石英玻璃 T 形管组成，T 形管的两端开口，外边绕有镍铬电阻丝，通过加热石英管到 $600\sim900℃$ 达到分解有机金属化合物的目的。这种装置的特点是石英管可以连续工作，重现性好，灵敏度略低于石墨炉方式。这种方法的缺点是有时溶剂的吸收峰很大，用氘灯无法扣除，影响样品的分离和测定，需要预先进行处理。另外，石英管使用一段时间后，在 T 形管的内壁会出现一层金属氧化物的薄膜，这时需要清洗或更换新管[109~112]。由于上述气相色谱（GC）与原子吸收（AAS）联用接口装置简单、选择性高并有较好的灵敏度，因而在过去十多年中得到了广泛的应用。然而面对当前越来越低的环境污染物痕量与超痕量的检测目标，在很多时候该方法已难以满足分析需求。

3. 气相色谱与石墨炉原子吸收联用 （GC-GFAAS）

气相色谱与石墨炉原子吸收联用可以获得很高灵敏度，因而使用较为广泛。这种方法的缺点是接口装置的耐高温性能不佳，目前尚没有合适的材料。另外，普通石墨管的使用寿命为 $10\sim15h$，而 GC-GFAAS 要求石墨管在整个色谱测定过程中维持 $1500\sim2500℃$ 的高温，这种运行成本比较高，而且随着石墨管的使用延长，其灵敏度逐步下降，不断更换石墨管，容易带来灵敏度改变及重复性差等问题[112,113]。

三、气相色谱与微波等离子体发射光谱联用

元素受激后原子的外层电子从较高能级回到较低能级时所释放的光能并非是任意的，而是符合一定的选择规律。因此原子受激辐射的谱线波长能显示该元素的特征，而谱线强弱取决于释放光量子的原子数目，也就是与各元素受激的原子数目有关，因而与待测元素的浓度有关。二极管阵列检测器的发展使得原子发射光谱的上述特点得到了充分的体现。由于使用了二极管阵列检测器，可以实现多元素的连续测定或同时测定，具有很好的应用前景。以有机锡的测定为例，最低检测限一般在 $0.10\sim6pg$ 范围[114]。目前，特别是气相色谱与常压微波等离子体发射光谱联用 （GC-MIP-AES） 受到越来越多的重视。

Lobinski 等[116]用 GC-MIP-AES 测定水样和泥样中的有机锡化合物，并用 GC-AAS 验证这种方法的准确性，他们对微波等离子体和原子发射各条件进行

了详细的研究，波长选择在 $303\sim419$nm 处；从色谱中流出的氦气流量不足以维持等离子体发射，因而在进入发射管前需加大氦气的流量，在氦气流速增至 240mL·min^{-1}，有机锡的响应随流速的增加而增大，当流速达到 240mL·min^{-1} 时，有机锡信号最强，当流速超过 240mL·min^{-1} 后，有机锡响应随流速的增大而急剧下降；氢气和空气作为溶剂气体，对有机锡响应影响较大，由于在微波等离子体中锡易于跟氧气形成不活泼的锡氧化物，而且该氧化物易于沉积在石英发射管壁上，从而导致灵敏度下降、峰的拖尾，但氧气存在是很有必要的，因为它能消除碳水化合物在管壁上的积累，特别对于那些污染严重、含有大量的碳水化合物的样品；引入氢气能消除由锡氧化物所引起的干扰，它使氧化物难以形成且使锡易于激发，在实验中氢气和空气压力分别为 50psi 和 20psi，用该方法所测的检测限为 0.05pg(Sn)。

Scott 等[116]用 GC-MIP-AES 测定生物样和泥样中有机锡化合物，其色谱条件为：进样口温度，250℃；程序升温为初温 90℃，以 20℃·min^{-1}升温速率升至 200℃，保持 5min；载气（氦气）流速，5mL·min^{-1}；柱口压力，115kPa，气相色谱与等离子体之间的连接管温度保持在 210℃，选择测定波长为 303.4nm，检测室温度 210℃，等离子区温度保持在大于 3000℃。有机锡的响应与进入等离子区的载气流速有很大关系，当用三种丁基锡（一丁基锡、二丁基锡、三丁基锡）化合物选择等离子区载气流速时发现，随着进入等离子区氦气流速的增加，当气流小于 100mL·min^{-1} 时，有机锡化物没有响应；当流速超过 100mL·min^{-1} 时，有机锡的信号随着载气的流速增加而增大；当流速达到 180mL·min^{-1} 时，峰高仍增大，但载气流速为 180mL·min^{-1} 会损坏发射管上的密封套，因而气流选择在 170mL·min^{-1}；用该方法测定有机锡化物的检测限为 6pg（Sn）。

Liu 等[117]用 GC-MIP-AES 测定泥样中的有机锡化合物，其色谱条件：25m×0.32mm HP-5 毛细管柱，柱温（程序升温）为 55℃保持 5min，再以 15℃·min^{-1}升温速率升至 260℃，保持 5min，进样口温度也用程序升温，其温度保持高于柱温3℃；载气（氦气）流速为 4mL·min^{-1}；等离子体的溶剂气体是用氢气和空气，压力分别为 65psi 和 30psi；波长选择在 270.6nm，该方法能同时测出 15 种有机锡化合物（包括甲基锡、乙基锡、丁基锡、苯基锡和环己基锡），检测限为 1ng·mL^{-1}。采用同样的方法，可同时测定泥样中 9 种有机锡化合物[118,119]。

Dirkx 等[120]用 GC-MIP-AES 测定比利时安特卫普港湾海水中的有机锡化合物，通过格林试剂把各种有机锡衍生成挥发性的有机锡衍生物，测得各种海水中有机锡的浓度分别为二甲基锡 $0.74\sim5$ng·g^{-1}、一甲基锡 $0.88\sim10$ng·g^{-1}、三丁基锡 $1.83\sim443$ng·g^{-1}、二丁基锡 $1.45\sim120$ng·g^{-1} 以及一丁基锡 $1.08\sim38$ng·g^{-1}，其中含三丁基锡浓度最高的海水样品采自于修船处，而且在五月到八月之间丁基锡浓度较高，这是由于休渔船只经过夏季整修油漆从而污染海水所致。分析比较

GC-AES 与 GC-AAS 测定有机锡化物的灵敏度，发现用原子发射光谱法测定有机锡比用原子吸收测定灵敏得多，前者比后者灵敏度大约高两个数量级，原子发射光谱法的有机锡检测灵敏度在 $0.1 \sim 0.15$pg。

Chau 等[121]在泥样中先加入二乙基二硫代氨基甲酸钠作为配位剂，再用超临界萃取有机锡化物，萃取物用格林试剂衍生，衍生物用 GC-AES 测定，其中各有机锡的回收率分别为 $93.5\% \pm 3.7\%$（三丁基锡）、$91.5\% \pm 3.0\%$（二丁基锡）、$62.0\% \pm 5.1\%$（一丁基锡）。

四、气相色谱与质谱联用

现在，由于气相色谱-质谱联用（GC-MS）的定性定量正确性高，近年来其在有关实验室与检测部门的应用推广程度得到了很大的加强。在有机金属化合物的分析鉴定方面，GC-MS 有着不可取代的独到之处，因而也得到了越来越多的应用[122]。通过顶空固相微萃取结合原位 NaBEt$_4$乙基化衍生，Chou 与 Lee[123]利用 GC-MS 分析了包括丁基锡与苯基锡在内的 6 种有机锡化合物，分析方法检测限达 ng·L^{-1}，线性范围为 $10 \sim 10000$ng·L^{-1}，除三苯基锡外，其他有机锡化合物的相对标准偏差均低于 12%，该方法很好地应用于表层海水样有机锡污染分析。Vidal 等[124]利用低压气相色谱串联质谱成功分析了水、底泥与贻贝样品中 8 种痕量有机锡化合物。与传统的气相色谱方法相比，低压气相色谱可提高样品进样量并降低分析时间。针对水样，研究者采用 DDTC 螯合萃取、格林衍生并结合固相萃取法；针对底泥与贻贝样品中的有机锡采用甲苯进行萃取。通过基质匹配的标准分析减少基质效应，所建分析方法，对水样的加标回收率为 $86\% \sim 108\%$，底泥与贻贝的加标回收率为 $78\% \sim 110\%$，检测精度低于 18%。水样中有机锡检测限为 $0.1 \sim 9.6$ng·L^{-1}，其他样品基质为 $0.03 \sim 6.10\mu$g·kg^{-1}。针对环境底泥中 ng·g^{-1}丁基锡污染物，GC-MS 也可进行灵敏有效的分析评价[125]。

第五节　有机锡化合物的液相色谱分析法

和气相色谱相比，液相色谱具有很强的样品预处理能力，不需要复杂的萃取和衍生步骤，适用于大多数极性及非极性有机锡化合物的直接分离，因此它具有操作简单、快速的优点，可以减少由于步骤过多而产生的误差。但是，液相色谱常由于缺少灵敏和特异性的检测器导致其联用体系在环境有机锡的分离测定中应用远不如气相色谱。常用分离有机锡的 HPLC 方法有离子交换色谱、离子对色谱、反相色谱、正相色谱、凝胶色谱等几种。液相色谱测定有机锡的检测器有紫外检测器、二极管阵列检测器、荧光检测器、原子吸收检测器、原子荧光检测器、ICP-MS、ICP-AES 检测器等。液相色谱与高灵敏度检测器的连接须满足两个条件：①柱流出液经状态转换如雾化后，其流量等参数必须与所用检测器相匹配；②检测器必须有足够的灵敏度来克服因雾化所引起的稀释效应而造成的信号下降。

一、液相色谱分离与原子光谱联用技术

火焰原子吸收（FAAS）作为 HPLC 的检测器，具有灵敏度高和选择性好的特点。HPLC 与 FAAS 联用的设计一般是直接连接分析柱出口与 AAS 的喷雾装置。因 HPLC 通常的流速为 $0.5\sim2\mathrm{mL\cdot min^{-1}}$，而喷雾到 AAS 的流速一般为 $4\sim8\mathrm{mL\cdot min^{-1}}$，故须平衡柱流出液和喷雾器的流速提升。解决的办法有：通过 T 形接口加入溶剂或气体，但其同时带来了稀释效应。喷雾装置为整个 HPLC-AAS 系统中最薄弱的一环，雾化效率经常仅为 5%～15%，为提高检测有机锡的灵敏度，也常采用柱后氢化技术[126]。

与 FAAS 较低的雾化效率而导致较低的灵敏度相比，GFAAS 因石墨炉原子化效率较高而具有较好的灵敏度。但由于石墨炉自身设计的局限，很难在线操作。连续的高温会大大缩短石墨管的寿命，而 1200℃ 以下的温度只能测定氢化有机锡，加入氢气发生器使仪器连接更加烦琐，故 HPLC 与 GFAAS 在线联用只能设计为半连续分立系统。

作为与 HPLC 联用的检测器，ICP-AES 具有较高的灵敏度、宽达 5 个数量级的动力学范围及多元素多通道检测的能力，对于既有无机离子形式（Sn^{2+}、Sn^{4+}）又有有机金属化合物形式的锡来讲，这种检测器尤其适合全锡的测定。ICP-AES 的试样引进系统多为气动雾化装置，但一般雾化效率仅有 10% 左右，且气动雾化的方法所使用的有机溶剂导致 ICP 耐受性能差。有机溶剂常以不完全雾化的气溶胶形式聚集在等离子体炬中，影响稳定性及激发特性。ICP-AES 与 HPLC 联用的主要问题在于尽量克服由雾化效率低下和有机溶剂效应引起的色谱峰展宽。利用液态卤化有机锡较易形成气态极性氢化物的性质，HPLC-ICP-AES 在线测定有机锡时常采用在线氢化衍生的方法，ICP 雾化器兼作气-液分离器，从而实现了提高雾化效率及去溶剂化，减小峰宽和改善峰形的目的，检测限可达 ng 级。

二、液相色谱分离与 ICP-MS 联用技术

ICP-MS 在金属元素分析中具有诸多优点，它可兼容与 ICP-AES 联用的 HPLC 系统同样的洗脱液，具有较好的灵敏度，不需要柱后衍生技术，还可使用同位素稀释分析。除离子色谱外，它可与凝胶色谱、反相色谱等液相色谱技术联用。在 ICP-MS 与 HPLC 联用体系中主要存在的问题是由有机溶剂引起的。

去溶剂化的方法是在通入雾化器的载气中加入少量氧气去除还原物质，消除碳的沾污和积聚，减少到达等离子体炬的有机溶剂总量。通过采用降低雾化室温度、微型 HPLC 系统等技术，可提高炬的稳定性并达到较低的检测下限。

　　HPLC-ICP-MS 测定有机锡的工作中，一般采用 Telfon、Tygon 或 PTFE 等材料的柔韧管路连接分析柱和雾化器。载气中混入的氧气量在 1.5%～3% 之间；雾化器温度一般通过异丙醇等冷却循环系统恒定在 −10℃ 左右。应用 HPLC-DIN-ICP-MS 系统，以微型 LC 填充柱及直接进样雾化系统（DIN）降低有机溶剂的量，使死体积降低至不影响峰形等，这些工作在对丁基锡、甲基锡等各种形态的分析测定中取得了 pg 级的检测下限。

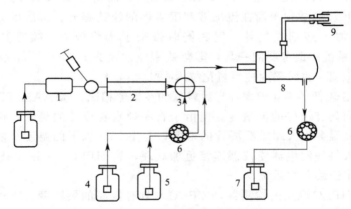

图 11-6　HPLC-HG-ICP-MS 系统连接示意图[113]

1—HPLC 泵；2—C_{18}柱；3—四通阀；4—HAc；5—KBH_4；
6—蠕动泵；7—废液；8—雾化室；9—ICP-MS

　　Zhai 等研究开发了一种液相色谱-在线氢化衍生（HG）-ICP-MS 联用的仪器分析系统，可用于甲基锡化合物的直接快速分析测定，联用装置如图 11-6 所示。该系统可以实现海水、湖水、河水和葡萄酒等液体样品中甲基锡化合物的形态测定，而无需复杂的样品前处理过程。一甲基锡（MMT）、二甲基锡（DMT）和三甲基锡（TMT）首先通过 C_{18} 液相色谱柱进行分离，然后和硼氢化钾与乙酸在线反应生成挥发性的甲基锡氢化物，挥发性的甲基锡氢化物在雾化室内气液分离后由载气氩气带入 ICP-MS 进行测定，一甲基锡、二甲基锡和三甲基锡在 15min 内达到完全基线分离。通过对衍生试剂硼氢化钾（5g・L^{-1}，含2g・L^{-1} 氢氧化钾）和 2%（体积分数）不同酸及浓度的优化，实现了该联用装置对甲基锡标准系列（0.5～50ng・mL^{-1}）的分析测定，化合物峰高和浓度具有良好的线性关系，对一甲基锡、二甲基锡和三甲基锡的相关系数（R）分别为 0.9990、0.9990 和 0.9996。对 10ng・mL^{-1} 一甲基锡、二甲基锡和三甲基锡混合溶液平行 5 次进行测定，其相对标准偏差范围为 0.6%～1.4%。该系统对一甲基锡、二甲基锡和三甲基锡的检出限$[S/N=3, ng(Sn) \cdot mL^{-1}]$分别为 0.266、0.095 和 0.039。目前该系统已被用于多种液体样品中甲基锡的形态分析。另外，由于 SnH_4 沸点很低（$-52℃$），该方法也能够同时测定水中的无机锡。该方法也拓宽了在没有加氧系统的情况下反相液相色谱与 ICP-MS 联用的应用范围。可以预期本系统加上合适的接口（如保持接口连接线的温度），也能实现丁基锡化合物和苯基锡化合物的形态分析[127]。

Chiron 等[128]利用 HP LC-ICP-MS 对底泥中的三种丁基锡与三种苯基锡化合物进行了形态分析，他们发现在甲醇-醋酸-水（72.5∶6∶21.5）的流动相中加入 0.75g · L^{-1} tropolone 和 0.1%（体积分数）三乙胺可使这 6 种化合物得到很好的色谱分离。采用 0.5mol · L^{-1}醋酸和 2g · L^{-1} tropolone 的甲醇混合液进行加压液相萃取可定量回收丁基锡和苯基锡，回收率为 72%～102%。

三、液相色谱分离与光度检测器联用技术

在有机锡形态分析方面，HPLC 与 UV 及荧光检测器的联用体系应用极少，原因是大多数有机锡化合物中缺乏如芳香族类的发光基团或荧光基团，使其检测灵敏度非常低，另外，样本中存在的其他发光或荧光物质可能引起非特异性的分析检测干扰。然而，如果在有机锡化合物中引入荧光引发剂如桑色素（Morin）等并应用凝胶色谱，荧光检测也可成为测定有机锡的有效方法之一。基于荧光检测器本就是 HPLC 的常规检测器，不需要喷雾等汽化手段的特点，液相色谱荧光检测器联用装置灵敏简便，不失为有机锡污染筛选分析的很好选择。另外也有应用间接光度法测定有机锡的研究报道。

采用液相色谱（HPLC）-在线氢化衍生（HG）-膜气液分离（MGLS）-石英表面诱导火焰光度检测器（QSIL-FPD）联用仪器系统可很好分析甲基锡化合物，系统示意图如图 11-7 所示。三种甲基锡化合物：一甲基锡（MMT）、二甲基锡（DMT）和三甲基锡（TMT）首先通过 C$_{18}$液相色谱柱进行分离，然后和硼氢化钾与乙酸在线反应生成挥发性的甲基锡氢化物，甲基锡氢化物通过膜气液分离器在线分离后利用石英表面诱导火焰光度检测器进行测定。膜气液分离器数量、流动相组成与流速、衍生试剂组成和比例、气相色谱气路等参数需要实验优化以提高被分析物的检测灵敏度。研究显示，利用液相色谱柱，流动相组成为 70%甲醇、3%（体积分数）乙酸、1g · L^{-1} tropolone 和水。泵流速为 0.3mL · min^{-1}。衍生试剂为硼氢化钾（5g · L^{-1}，含 2g · L^{-1}氢氧化钾）和 2%（体积分数）乙酸。在上述条件下，一甲基锡、二甲基锡和三甲基锡在 15min 内完全分离。对 10ng · mL^{-1}一甲基锡、二甲基锡和 5ng · mL^{-1}三甲基锡混合溶液平行 3 次进行测定，其相对标准偏差分别为 2.0%、3.7%和 3.8%。对它们的标准系列（1～100ng · mL^{-1}）进行测定，其峰高和溶液浓度具有良好的线性关系，相关系数（R）分别为 0.9980、0.9911 和 0.9975。本系统对一甲基锡、二甲基锡和

三甲基锡的检出限分别为 $1.69ng \cdot mL^{-1}$、$0.51ng \cdot mL^{-1}$ 和 $0.36ng \cdot mL^{-1}$。该联用系统整合了液相色谱分析有机锡前处理步骤简单与表面发射火焰光度检测器高灵敏度、高选择性且价廉的优点。另外，新开发的膜气液分离器（MGLS）具有较长的分离通道（160cm）和较小的死体积，因此易操作，且具有很高的气液分离效率。体系中的水蒸气可以很容易地利用少量无水氯化钙干燥剂去除，因此可获得很低且很稳定的信噪比。本方法成功地应用于甲基锡生产工厂废水和工艺流程样品的测定，取得了满意的结果。可以预测，新开发的膜气液分离器（MGLS）也可以应用于其他有机金属化合物，如铅、汞、硒和砷的氢化物的气液分离[129]。

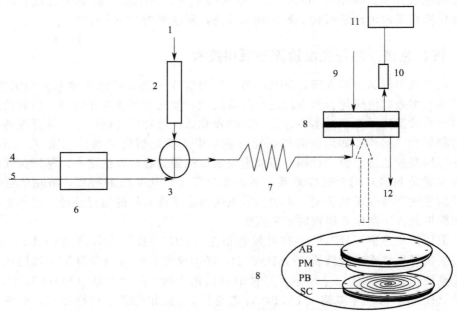

图 11-7　HPLC-HG-MGLS-QSIL-FPD 系统示意图[114]

1—液相色谱仪；2—液相色谱柱；3—四通阀；4—硼氢化钾；5—乙酸；

6—蠕动泵；7—混合线圈；8—膜气液分离器；9—载气（N_2）；

10—干燥管；11—气相色谱石英表面诱导检测器及工作站；12—废液

AB—铝盖；PM—季四氟乙烯膜；PB—季四氟乙烯圆盘；SC—分离凹槽

第六节　其他分离测定方法

除了应用上述气相色谱和液相色谱进行有机锡形态分析外，毛细管电泳技术和毛细管电色谱技术也可分析水样中的有机锡化合物。Pobozy 等[130]利用毛细管电泳和间接紫外检测分析了三甲基锡、三乙基锡、三丁基锡和三苯基锡。这四个化合物在 20min 内得到分离，利用间接紫外检测的检测限优于 HPLC 方法。Whang 等[131]也采用了毛细管电泳和紫外检测来分析三甲基锡、三乙基锡、三丙基锡、三丁基锡和三苯基锡。为了分析二取代有机锡（二丁基锡和二甲基锡）和三取代有机锡（三甲基锡、三乙基锡、三苯基锡和三丁基锡），可在电泳缓冲液中加入 α-环糊精（α-CD）作为修饰剂，可获得约 2 个数量级的线性范围，相对标准偏差为 1.3%～7.1%，该方法可用于海洋底泥分析。据报道凝胶电动色谱能用于分离土壤中的三取代有机锡化合物[132]。

　　通过用 HCl 将流动相调节到 pH 值为 2.65，水溶液中的三丁基锡、二丁基锡和二甲基锡通过毛细管电泳-间接紫外吸收检测进行分离分析。吡啶用作 254nm 处紫外吸收添加剂，在 6min 内达到分离。较高 pH 值处获得的峰脱尾表明二甲基锡阳离子和负性毛细管壁间的相互作用。当流动相 pH 值大于 3.5 时，十六烷基三甲基溴化铵加入到流动相中以改善峰形。不同 pH 值流动相的电泳迁移率变化表明二甲基锡和二丁基锡在 pH＝3 时进行水解。研究还发现缓冲阴离子的选择在有机锡分析中也很关键，因为在存在草酸盐和柠檬酸盐的情况下，二甲基锡和二丁基锡可形成螯合物[133]。

　　Fukushia 等通过毛细管等速电泳和电位梯度检测器直接检测，同时分析了三丁基锡和三苯基锡阳离子，其中含有 0.1%Triton X-100 和 50%丙酮的 10mmol·L^{-1}氢氧化钾用作导向电解液。氢氧化钾溶液 pH 值用谷氨酸调节到 5.0，终止电解液是 10mmol·L^{-1}甜菜碱氢氧化物。毛细管等速电泳可将三丁基锡和三苯基锡彻底分离，并直接用电位梯度检测器进行测定。当注射 200μL 10mg·L^{-1}的离子混合物时，三丁基锡和三苯基锡相对标准偏差值分别为 1.5% 和 1.9%。三丁基锡和三苯基锡的检测限分别是 0.46mg·L^{-1}和 0.57mg·L^{-1}[134]。

　　三甲基锡、三乙基锡、三丙基锡、三丁基锡和三苯基锡可通过毛细管电泳用 70mmol·L^{-1} N-2-羟乙基-哌嗪-N′-2-乙磺酸作为两性离子缓冲液在 pH＝2.0 下得到彻底分离。流动缓冲液还含有 1mmol·L^{-1} 6-氨基喹啉（6-AQ）作为背景荧光团。用非激光荧光计进行间接荧光检测。对 5 种有机锡化合物的浓度检测限在 8～18μmol·L^{-1}范围内，相当于 80～180fmol，相对标准偏差在 3.5%～8.6%范围内[135]。

　　生物荧光分析在环境样品的有机锡形态分析中也得到了应用[136]。*Escherichia coli* 菌株对 TBT 和 DBT（带有 Cl、Br 或 I 作为卤素基团）有特异性反应，中心锡原子对荧光的产生很重要。将菌株彻夜培养后进行分析，接着与有机锡接触 60min 以产生显著的荧光。检测限分别为 TBT：0.08μg·L^{-1} 26μg·L^{-1}，DBT：0.03μg·L^{-1}，线性范围为 1 个数量级。生物分析的可重复性为 8%，三丁基锡和二丁基锡的再现性约为 14%。菌株的冻干保存并不显著影响检测限以及监测范围。利用不同的化学计量学方法，通过氢化发生-气相分子吸收光谱可测定二甲基锡、三甲基锡和一丁基锡混合物[137]。

超临界流体色谱特别适于多取代的有机锡化合物，如四取代和三取代有机锡。作为有机锡化合物直接形态分离的方法，在与 ICP-MS 联用的条件下，检测限可达到亚皮克范围。Shen 等报道使用二氧化碳可用作超临界流体。由于流动相是非极性的，因此在这些条件下不可能实现三丁基锡或二丁基锡的洗脱。加入修饰剂（如甲醇）可以增加溶剂强度。四丁基锡和四苯基锡用毛细管柱（SB-辛基 50%）在 3min 内进行分离。报道的检测限低于 HPLC 体系，因为样品在等离子体中的传输率较高（100%），气体样品在等离子体中可更好地离子化[138]。

Vela 等[139]通过使用 SB-联苯基-30% 毛细管柱，以 CO_2 作为流动相改善了这一分离。通过控制界面温度以及 CO_2 压力梯度在 10min 内可分离四丁基锡、三丁基锡、四苯基锡和三苯基锡。ICP-MS 用作这两个超临界流体色谱方法的检测器。Blake 等报道通过使用相同柱子建立了超临界流体色谱和 ICP-MS 间的新界面[140]。

Dachs 等[141]使用 SE-52 毛细管柱，CO_2 作为超临界流体和火焰光度检测器，在 35min 内分离 6 个有机锡化合物（三丙基锡、三丁基锡、三苯基锡、四丁基锡、二丁基锡和二苯基锡）。该研究首次报道了利用该色谱方法分离二取代有机锡化合物（二丁基锡和二苯基锡）。

底泥标准参考物质中的三丁基锡可通过离子-喷雾质谱-质谱进行直接测定。底泥样品用异辛烷或 1-丁醇萃取，用含 $1mmol \cdot L^{-1}$ 醋酸铵的甲醇稀释，通过流动注射利用离子喷雾串联质谱进行测定。三丁基锡通过选择监测碎片离子对 $BuSnH_2^+/TBT^+$，即 m/z 为 179/291，进行定量，检测限为 5pg。串联质谱对有机锡化合物形态分析的能力，通过监测不同有机锡的分子离子与碎片离子间的关系得到证实。获得的结果表明可直接鉴定混合物中的单个化合物，而无需预先进行衍生或色谱分离[142]。

另有一些技术通过选择性萃取并由 GFAAS 测定来分析三丁基锡化合物[143]。离子喷雾质谱（ISMS）技术可在其他丁基锡存在的情况下选择性测定三丁基锡化合物[53]。

第七节　有机锡形态分析质量控制

对于环境样品中有机污染物的分析，由于其基质复杂、分析方法多样，往往难于确定其分析结果的可靠性，也难于进行环境污染水平的比较。为了评价与控制各种有机锡形态分析方法的质量，有必要对此有针对性地进行一系列实验以进行分析研究。目前，大多数实验室常采用以下方法来进行有机锡形态分析方法的质量评估。

1. **标准参考物质回收率**

标准参考物质（CRM）常用于验证整个分析方法，控制分析结果质量。回收率是测定的分析物含量与保证值的比值。通过分析标准参考物质测定回收率可很好评价分析方法的可靠性。原则上，在分析 CRM 回收率并获得理想结果的基础上，该方法可以用于相似基质样品的分析检测。目前用于有机金属测定的标准参考物质数量与种类相当有限，而许多环境样品基质可能与标准参考物质不尽相同，这使回收率评估结果的可靠性受到质疑。另外，有些问题，例如未知样品的物理状态也可能影响分析可靠性。在日常分析中，新鲜底泥或生物组织，其物化性质与均匀粉碎、冷冻干燥制备的 CRM 成分有所不同，这可能会影响其污染物定量分析的准确性[144]。

由于使用 CRM 分析可评估整个分析过程的性能，测定值和保证值之间差别的产生原因不仅可能源于萃取效率低，也可能由于衍生效率低以及净化过程中的损失。另外，操作者的随机误差，实验室本身或标准参考物质的不正确使用也可引起测定值与保证值有区别。在这种情况下，对未知样的测定值使用校正因子校正会获得样品中污染物浓度的错误信息。因此采用标准参考物质来计算用于未知样分析的"校正因子"仍是一个很有争议的问题。

环境样品有机锡标准参考物质得到了人们多年的努力研制与不断改进。1988年欧洲首先组织了实验室间的锡形态分析，分析了纯有机锡标准溶液（三丁基锡和一丁基锡、二丁基锡和三丁基锡混合物），测定技术中没有系统误差。1989年测定研制了三丁基锡加标底泥，同样不同方法间也没有系统误差，因此欧共体组织了天然底泥中三丁基锡含量的鉴定工作。然而由于样品基质中有机碳和硫的含量很高，采用衍生分析存在很大的难度，三丁基锡浓度太低（约 $20\mu g \cdot kg^{-1}$），难以获得理想的分析精度，因此首次对海湾底泥（RM424）中的丁基锡鉴定工作失败。1993 年成功研制了沿海底泥（CRM462）标准参考物质，其中三丁基锡和二丁基锡浓度分别为 $(70\pm14)\mu g \cdot kg^{-1}$ 与 $(128\pm16)\mu g \cdot kg^{-1}$[145]。该物质保存于 4℃黑暗中，在这种条件下，化合物可稳定 24 个月以上。但是有研究表明在这种保存条件下三丁基锡和二丁基锡的含量并不稳定，因此这些未开封的标准参考物质被保存在 -20℃条件下。1998 年对 CRM462 又进行了重新鉴定，获得新的保证值，该标准参考物质为 CRM462R，它被贮存于 -20℃[146]。

1996 年贻贝样品中丁基锡和苯基锡的鉴定工作（CRM477 或 ERM-CE 477）得以开展，其中一丁基锡、二丁基锡和三丁基锡化合物含量得到了标定。贮存在 -20℃的贻贝样品中的丁基锡非常稳定（稳定时间超过 44 个月）。然而在所有贮存条件（-20℃，4℃，25℃和 40℃）下，苯基锡都不稳定，因此在标准物质鉴定过程中，对于苯基锡分析，不同实验室间没有获得良好一致的结果，而没有被标定[147]。CRM477 贻贝标准参考物质中一丁基锡、二丁基锡和三丁基锡的保证值分别为 $(1.50\pm0.28)mg \cdot kg^{-1}$、$(1.54\pm0.12)mg \cdot kg^{-1}$ 和 $(2.20\pm$

$0.19)mg \cdot kg^{-1[147]}$。

为了扩展并完善用于有机锡形态分析的参考物质存在范围以满足立法、环境监测和研究需要，欧盟决定研制一种淡水底泥参考物质（BCR646），标定6个有机锡化合物，即一丁基锡、二丁基锡和三丁基锡以及一苯基锡、二苯基锡和三苯基锡化合物，以进行相应丁基锡和苯基锡分析的质量控制[148]。其中三丁基锡、二丁基锡、一丁基锡的保证值分别是$(480\pm80)\mu g \cdot kg^{-1}$、$(770\pm90)\mu g \cdot kg^{-1}$与$(610\pm120)\mu g \cdot kg^{-1}$，三苯基锡、二苯基锡与一苯基锡的保证值分别是$(29\pm11)\mu g \cdot kg^{-1}$、$(36\pm8)\mu g \cdot kg^{-1}$与$(69\pm18)\mu g \cdot kg^{-1}$。该参考物质在$-20℃$或以下可长期保存。欧盟研制的另一种海洋底泥标准参考物质BCR462中三丁基锡和二丁基锡标定含量分别为$(54\pm15)\mu g \cdot kg^{-1}$、$(68\pm12)\mu g \cdot kg^{-1}$。另外来自加拿大国家研究理事会（NRCC）的PACS-2也是一种丁基锡化合物的底泥标准参考物质，其中一丁基锡、二丁基锡和三丁基锡的含量分别为$(0.45\pm0.02)\mu g(Sn) \cdot g^{-1}$、$(1.09\pm0.15)\mu g(Sn) \cdot g^{-1}$和$(0.98\pm0.13)\mu g(Sn) \cdot g^{-1}$。

至今，研发的含三丁基锡标准参考物质还有：由NRCC研制的海洋底泥标准参考物质PACS-1，其中二丁基锡、三丁基锡含量分别为$1160ng(Sn) \cdot g^{-1}$与$(1.22\pm0.22)mg(Sn) \cdot kg^{-1}$；淡水底泥PACS-2，其中一丁基锡、二丁基锡与三丁基锡含量分别为$(0.45\pm0.05)\mu g(Sn) \cdot g^{-1}$、$(1.09\pm0.15)\mu g(Sn) \cdot g^{-1}$、$(0.98\pm0.13)\mu g(Sn) \cdot g^{-1}$；来自日本的鱼组织经冷冻干燥获得NIES11，其中三丁基锡含量为$(1.3\pm0.1)mg \cdot kg^{-1}$干重，三苯基锡为$6.3mg \cdot g^{-1}$干重（该值没有被标定），总锡含量为$(2.4\pm0.1)mg \cdot g^{-1}$干重[149]。2014年中国科学院生态环境研究中心采用天然富含有机锡化合物的海洋野生贝类样品砂海螂，通过粉碎、匀浆、冷冻干燥、研磨、过筛、灭菌、混合、均匀性与稳定性分析等一系列实验，研制了我国有机锡分析用于贝类生物的标准参考物质，其中一丁基锡、二丁基锡与三丁基锡标定值分别为$(0.33\pm0.07)\mu g(Sn) \cdot g^{-1}$、$(0.62\pm0.08)\mu g(Sn) \cdot g^{-1}$与$(2.64\pm0.22)\mu g(Sn) \cdot g^{-1[150]}$。

不同实验室鉴定标准参考物质所采用的分析技术并不相同。萃取一般基于酸（如醋酸）或溶剂（如甲醇、甲苯、环庚三烯酚酮、戊烷等）在机械或超声下萃取。有实验室成功采用了超临界流体萃取方法。在氢化后采用填充气相色谱与QFAAS或ICP-MS联用分离检测。毛细管气相色谱是最为流行的分离技术，常与火焰光度检测器联用分析氢化、乙基化或戊基化的有机锡化合物，或者和MIP-AES或MS联用分析乙基化有机锡。HPLC也可与ICP-MS联用分析底泥和贻贝样，或与ICP-AES和荧光计分析贻贝样，从而避免了有机锡的衍生步骤。

2. 加标回收率评估

向样品中加入组成类似、浓度已知的标准物，放置平衡，而后萃取分析检测该样品，由此来评估萃取过程的回收率。当加标化合物的萃取与样品内在被分析物的萃取相当，则可采用回收率校正法。但实际上，通常很难断定加标化合物与样品内在被分析物具有相当的萃取行为。

（1）同位素稀释法　加入同位素标记的目标化合物是回收率评估的最佳方法。在这种情况下，化合物形态相似，只要加标物与内在化合物平衡时间足够长，可获得相同的回收率。在同位素稀释法测定有机金属化合物中，加标回收率可通过质谱评估。实际上，要获得放射标记化合物的有效平衡并不容易，化合物很有可能仅仅部分与基质结合，在这种情况下加标回收率常高于内在化合物。因此虽然该方法是本领域最好的方法，但仍可产生有偏差的回收评估。此外，该方法受含同位素的有机锡化合物的可获得性，昂贵的花费与测定所需仪器的限制。

（2）加标法　最常用的方法是通过采用部分有机锡化合物作为加标物进行加标以评估回收率。如果可获得与未知样品基质相同的不含有机锡的空白样品，可直接加入加标物，并采用常规分析过程进行测定。如果没有这样的空白样品，可采用普通分析样品，在平行分析未加标情况下被分析物含量的同时，进行加标分析测定。两个结果间的差值是回收的加标物量，它可与已知加入量进行比较。这一方法同样存在上述缺点，也就是加标物不能有效地达到与内在化合物相当的结合平衡。与内在化合物相比，加标物与基质的结合较弱，因此可过高估计回收率，从而导致校正结果的负偏差。

加标方法的主要缺点是加标物并不总能以与天然存在的化合物相同的方式与基质结合，也就是说加标回收率好，并不一定代表内在化合物回收率好。然而不能定量回收加标化合物的萃取过程则完全不能使用，因而它在环境污染物分析中有一定的研究意义，但在自然结合化合物萃取效率的评价中其应用价值尚值得商榷。

针对有机锡环境样品分析的最佳方案和加标实验条件仍需要进一步研究，以下推荐一些特殊的方法可能改善或提高评价方法准确性与可靠性。

① 对于固体样品，需要较长的平衡时间来尽可能模拟加标物的"自然"吸附。

② 平衡时间一般推荐为24h，或至少过夜。然而，平衡时间应根据具体情况而定，考虑加标物种类和/或样品基质的性质。实际上在平衡过程中可能发生加标物的降解或转化，特别是在底泥样品中。

③ 对于每种化合物都必须进行回收率测试，因为不同化合物的萃取效率不同。

④ 应采用与未知样品尽可能相同的加标基质，而且这些基质应不含有或者含量低于所用分析方法检测限的目标分析物。开放海域采集的底泥和海水样可满足这种要求。然而生物样品，特别是那些滤食性生物常含有一定浓度的目标化合物。在这种情况下，必须在加标前正确评估内在化合物的含量，回收率的百分比

通常指的是原始浓度加上加标量或者是减去原始浓度后的直接加标量。值得强调的是，两种方法可获得不同的回收率评估，但两者都不能获得准确的回收率评估。

评估回收率的第三个方法是标准加入方法（也就是在不同水平上加标）。在这种情况下，由于加标实验所选择的加标水平数目（如 2 个、3 个或 3 个以上）和/或加标水平不同可获得不同的回收率。加标水平数目越多，回收率评估的准确度越好。然而，分析费用也同时相应增加，分析时间增加，准确重复加标实验的难度增加。

考虑到浓度水平，加标量一般采用内在分析物的 2 倍浓度。然而在文献中加标浓度常为样品内在浓度的 10 倍。在这种情况下过高估计回收率的风险相当大。在多水平加标实验中，很重要的一点是加标水平不能超过内在化合物浓度太多，否则就会引起回收率的过高估计。

对于要加标的基质中内在化合物相对于加入化合物的不同百分比会导致萃取回收率的错误估计。或者，只有当萃取过程不改变样品组成和外观时，可预先萃取样品，而后通过加标，平衡并萃取，进行加标实验分析。需要注意的是，对样品进行剧烈萃取通常会显著改变基体组成。

在加标实验中应注意基体的原始物理性质。干的样品应该在加标前再湿润，这过程非常重要，尤其是对于底泥样品。底泥纤维是有机锡的重要结合位点。当样品处于干燥状态，纤维由伸展态变成卷曲态。在这种形态下，它们表现出较低的金属化合物结合力，加标化合物与基体结合较弱。此外，干样和新鲜样品的萃取效率经常不一样，因此干湿样的回收率可显著不同。实验中的一些操作条件，如加标物溶解的溶剂、光照或黑暗条件、温度等，都可影响最后回收率的分析评估。加标方法测定有机锡的缺点之一是缺乏统一协调的、细节明确的加标手段，但这是底泥参考物质研制的常用方法[151]。

（3）内标法　内标法经常用于评估回收率。在这种情况下，加标化合物和测定化合物的形态不同。虽然要求内标物与分析物的化学性质相同，但实际上它们的化学性质也可以不完全一样。在分析多个有机锡化合物时，采用同一内标来评估每个化合物的回收率不切实际，在该过程中由于内标化合物不可能与内在化合物表现出完全相同的行为（如化学性质，结合状态等），然而很多时候，物化性质大致相似的内标物的使用可有效改善目标化合物的定性定量准确性。常用于丁基锡和苯基锡化合物分析的内标物包括：三丙基锡氯化物，戊基化三丙基锡，戊基化三甲基锡，戊基化二甲基锡，乙基化二苯基锡，乙基化三苯基锡[144]。

不同的回收率研究可引起分析结果不同的偏差，阻碍了形态研究结果的可比较性。加标实验应用最广，但也存在一些问题。特别是在没有标准化方法时，不能充分测试不同基质中的不同化合物，然而采用加标实验有助于减小分析误差，回收率测定可很好实现分析方法质量控制的目的。

第八节　展　　望

总而言之，有机锡形态分析方法已日臻成熟，然而在分析研究中仍存在以下几个方面需要研究：①在样品分析过程中有机锡的稳定性；②在生物与非生物样品转化过程中有机锡的中间体与最后产物；③各种基质中有机锡形态分析快速简便的环境监测技术。

我国有机锡研究起步相对较晚，因此需要大力加强以下几方面的研究工作：①组织有关具备条件的科研部门，大规模开展港湾水域的有机锡污染调查，弄清污染现状，掌握第一手资料，为实行控制监测作好充分准备。②在调查研究的基础上，参考国外有机锡污染控制管理经验，尽快建立完善有机锡作为船体防污涂料使用的可行性政策法规。③将有机锡化合物列入环境保护优先控制的污染物名单。充分重视有机锡对食品饮料等与日常生活密切相关的物品污染现状的调查研究，制定严格的行业管理规范，防止污染事故的发生。④开展新的环境友好防污涂料研制工作，1995 年美国第一届总统绿色化学挑战奖项中就包括了最新合成的三丁基锡的替代产品，说明这项工作在国外受到很大重视。结合国情及早进行这方面研究是很有必要的，也会取得良好的经济效益。⑤采取相应有力措施，防止由于进口涂料产品和引进一些造漆技术而带来的有机锡污染问题。⑥鉴于有机锡测定技术上的要求，组织研究有机锡化合物的规范测定方法，包括样品采集方法、保存方法和前处理方法、分离方法和检测仪器的研究，研制有关样品的标准参考物质，确保监测过程的质量控制。

参考文献

[1]　Smith P J. Chemistry of Tin. London：Blackie Academic & Professional，1997.

[2]　Mercier A，Pelletier E，Hamel J F. Aqua Toxicol，1994（28）：259-273.

[3]　黄锐. 塑料工程手册. 北京：化学工业出版社，2000.

[4]　曹江，段军，韩薇，李军媛. 水资源保护，2007（23）：113-115.

[5]　Fent K. Crit Review Toxicol，1996（26）：1-117.

[6]　Kalsoom A，Mazhar M，Ali S，Mahon M F，Molloy K C，Chaudry M I. Appl Organometa Chem，1997（11）：47-55.

[7]　Nath M，Yadav R，Gielen M，Dalil H，de Vos D，Eng G. Appl Organometal Chem，1997（11）：727-736.

[8]　Sedaghat T，Menati S. Inorg Chem Commun，2004（7）：760-762.

[9]　Hoch M. Applied Geochem，2001（16）：719-743.

[10]　Suuday A O，Alafara B A，oladele O G. Chemical Speication and Bioavailability，2012，(24)：216-226.

[11]　Plzák Z，Polanská M，Suchánek M. J Chromatogr A，1995（699）：241-252.

[12]　Vainiotalo S，Hyri L. J Chromatogr，1990（523）：273-280.

[13] Maguire R J, Chau Y K, Bengert G A, Hale E J, Wong P T S, Kramer O. Environ Sci Tech, 1982 （16）: 698-702.

[14] Maguire R J. Environ Sci Technol, 1984 （18）: 291-294.

[15] Valkirs A O, Seligman P F, Olson G J, Brinckman F E, Matthias C L, Bellama J M. Analyst, 1987 （112）: 17-21.

[16] Matthias C L, Bellama J M, Olson G J, Brinckman F E. Environ Sci Technol, 1986 （20）: 609-615.

[17] Dirkx W, Lobinski R, Ceulemans M, Adams F. Sci Total Environ, 1993 （136）: 279-300.

[18] Lobinski R, Dirkx W M R, Ceulemans M, et al. Anal Chem, 1992 （64）: 159.

[19] Smaele T D, Moens L, Dams R, Sandra P, Van der Eycken J, Vandyck J. J Chromatogr A, 1998 （793）: 99-106.

[20] Aguerre S, Bancon-Montigny C, Lespes G, Potin-Gautier M. Analyst, 2000 （125）: 263-268.

[21] Parks E J, Blair W R, Brinckman F E. Talanta, 1985 （32）: 633-639.

[22] Jiang G B, Maxwell P S, Siu K W M, Luong V T, Berman S S. Anal Chem, 1991 （63）: 1506-1509.

[23] Jiang G B, Xu F Z, Zhang F J, Fresenius. J Anal Chem, 1999, 363: 256-260.

[24] Dirkx W M R, Van Mol W E, Van Cleuvenbergen R J A, Adams F C. Fresenius Z Anal Chem, 1989 （335）: 769-774.

[25] Chau Y K, Maguire R J, Brown M, Yang F, Batchelor S P. Water Qual. Res J Canada, 1997 （32）: 453-521.

[26] Rice C D, Espourteille F A, Huggett R J. App Organomet Chem, 1987 （1）: 541-544.

[27] Siu K W M, Maxwell P S, Berman S S. J Chromatogr, 1989 （475）: 373-379.

[28] Chau Y K, Zhang S Z, Maguire R J. Analyst, 1992 （117）: 1161-1164.

[29] 江桂斌. 环境化学, 1997 （16）: 103-108.

[30] Chau Y K, Wong P T S, Bengert G A. Anal Chem, 1982 （54）: 246-249.

[31] Hattori Y, Kobayashi A, Takemoto S, Takami K, Kuge Y, Sugimae A, Nakamoto M. J Chromatogr, 1984 （315）: 341-349.

[32] Tao H, Rajendran R B, Quetel C R, Nakazato T, Tominaga M, Miyazaki A. Anal Chem, 1999 （71）: 4208-4215.

[33] Maguire R J, Tkacz R J. J Chromatogr, 1983 （268）: 99-101.

[34] Ariza J L G, Beltran R, Morales E, et al. Appl Organomet Chem, 1994 （8）: 553-561.

[35] Ceulemans M, Adams F C. Anal Chim Acta, 1995 （317）: 161-170.

[36] Meinema H A, Tineke B W, Gerda V de H, Gevers E Ch. Environ Sci Technol, 1978 （12）: 288-293.

[37] Ashby J R, Craig P J. Appl Organomet Chem, 1991 （5）: 173-181.

[38] Stephenson M D, Smith D R. Anal Chem, 1988 （60）: 696-698.

[39] Mueller M D. Fresenius Z Anal Chem, 1984 （317）: 32-36.

[40] Krull I S, Panaro K W, Noonan J, Erickson D. Appl Organomet Chem, 1989 （3）: 295-308.

[41] Michel P, Averty B. Appl Organomet Chem, 1991 （5）: 393-397.

[42] Tsuda T, Nakanishi H, Aoki S, Takebayashi J. J Chromatogr, 1987 （387）: 361-370.

[43] Tsuda T, Wada M, Aoki S Matsui Y. AOAC Int, 1988 （71）: 373-374.

[44] Takahashi S, Mukai H, Tanabe S, Sakayama K, Miyazaki T, Masuno H. Environ Pollut, 1999 （106）: 213-218.

[45] Tanabe S, Prudente M, Mizuno T, Hasegawa J, Iwata H, Miyazaki N. Environ Sci Technol, 1998 （32）: 193-198.

[46] Chau Y K, Zhang S, Maguire R J. Sci Total Environ, 1992 (121): 271-281.

[47] Müller M D. Anal Chem, 1987 (59): 617-623.

[48] Fent K, Muller M D. Environ Sci Technol, 1991 (25): 489-493.

[49] Dooley C A, Vafa G. Proceeding of the organotin symposium of the oceans' 86 conference, Washington DC, September 1986 IEEE [C], NewYork, 1986: 1171-1176.

[50] Forsyth D S, Weber D, Barlow L. Appl Organomet Chem, 1992 (6): 579-585.

[51] Shhora S, Matsui H. J Chromatogr, 1990 (525): 105.

[52] Riepe H G, Erber D, Bettmer J, Cammann K. Fresenius J Anal Chem, 1997 (359): 239-243.

[53] Forsyth D S, Weber D, Dalglish K. AOAC Int, 1992 (75): 964-973.

[54] Randall L, Han J S, Weber J H. Environ Technol lett, 1986 (7): 571-576.

[55] Szpunar J, Schmitt V O, Łobiński R. J Anal At Spectrom, 1996 (11): 193-199.

[56] Yamada S, Fujii Y, Mikami E, Kawamura N, Hayakawa J. AOAC Int, 1993 (76): 436-441.

[57] Forsyth D S, Weber D, Dalglish K. Talanta, 1993 (40): 299-305.

[58] Vernon F. Anal Chim Acta, 1974 (71): 192-195.

[59] Siu K W M, Gardner G J, Berman S S. Anal Chem, 1989 (61): 2320-2322.

[60] Sullivan J J, Torkelson J D, Wekell M M, Hollingworth T A, Saxton W L, Miller G A. Anal Chem, 1988 (60): 626-630.

[61] Shawky S, Emons H, Dürbeck H W. Anal Com, 1996 (33): 107-110.

[62] Han J S, Weber J H. Anal Chem, 1988 (60): 316-319.

[63] Desauziers V, Leguille F, Lavigne R, Astruc M, Pinel P. Appl Organomet Chem, 1989 (3): 469-474.

[64] Sasaki K, Ishizaka T, Suzuki T, Saito Y. AOAC Int, 1988 (71): 360-363.

[65] Lobinska J S, Ceulemans M, Łobiński R, Adams F C. Anal Chim Acta, 1993 (278): 99-113.

[66] Okoro H K Fatoki O S, Ximba BJ, Adekola F A, Snyman R G. Pol J Environ Stud, 2012, (21): 1743-1753.

[67] Chau Y K, Yang F, Brown M. Anal Chim Acta, 1995 (304): 85-89.

[68] Liu Y, Lopez-Avila V, Alcaraz M. Anal Chem, 1994 (66): 3788-3796.

[69] Cai Y, Bayona J M. J Chromatogr Sci, 1995 (33): 89.

[70] Lalère B, Szpuhar J, Budzinski H, Garrigues P, Donard O F X. Analyst, 1995 (120): 2665-2673.

[71] Olivier F X D, Beatrice L, Fabienne M, Ryszard L. Anal Chem, 1995 (67): 4250-4254.

[72] Lobinska J S, Ceulemans M, Dirkx W et al. Mikrochim Acta, 1994 (113): 287.

[73] Maguire R J, Tkacz R J, Chau Y K, Bengert G A, Wong P T S. Chemosphere, 1986 (15): 253-274.

[74] Pannier F, Astruc A, Astruc M. Anal Chim Acta, 1996 (327): 287-293.

[75] Belardi R P, Pawliszyn J B. Water Pollut Res J Can, 1989 (24): 179-191.

[76] Arthur C L, Pawliszyn J. Anal Chem, 1990 (62): 2145-2148.

[77] 贾金平, 何翊, 黄骏雄. 化学进展, 1998 (10): 74-84.

[78] Jiang G B, Liu J Y, Yang K W. Anal Chim Acta, 2000 (421): 67-74.

[79] Dirkx W M R, Adams F C. Appl Organomet Chem, 1994 (8): 693-701.

[80] Martin F M, Donard O F X. Fresenius J Anal Chem, 1995 (351): 230-236.

[81] 周群芳, 江桂斌. 海洋学报, 2000 (22): 391-396.

[82] Jiang G B, Zhou Q F. J of Chromatogr A, 2000 (886): 197-205.

[83] Jiang G B, Zhou Q F, He B. Bul of Environ Contamination and Toxicology, 2000 (65):

277-284.

[84] Jiang G B，Zhou Q F，He B. Environ Sci and Technol，2000（34）：2697-2702.

[85] Zhou Q F，Jiang G B，Liu J Y. J of Agr and Food Chem，2001（49）：4287-4291.

[86] Kawakami T，Isama K，Nakashima H，Ooshima T，Tsuchiya T，Matsuoka A. Yakuqaku Zasshi，2010（130）：223-235.

[87] Cai Y，Rapsomanikis S，Andreae M O. Anal Chim Acta，1993（274）：243-251.

[88] Quevauviller P，Donard O F X，Wasserman J C，Martin F M，Schneider J. Appl Organmet Chem，1992（6）：221-228.

[89] Hodge V F，Seidel S L，Goldberg E D. Anal Chem，1979（51）：1256-1259.

[90] Andreae M O，Byrd J T. Anal Chim Acta，1984（156）：147-157.

[91] Dowling T M，Uden P C. J Chromatogr A，1993（644）：153-160.

[92] Weber J H，Donard O F X，Randall L，Han J S. Speciation of methyl- and butyltin compounds in the great bay estuary. 1986 IEEE［C］，Ocean-86，1986：1280-1282.

[93] 王克欧，钟灵，刘淑芬. 环境化学，1994（13）：550-554.

[94] 徐福正，江桂斌，张福军. 分析化学，1997（25）：1386-1390.

[95] Jiang G B，Zhou Q F，Liu J Y，Wu D J. Environ Poll，2001（115）：81-87.

[96] Liu J Y，Jiang G B. J of Agr and Food Chem，2002（23）：6683-6687.

[97] Liu J Y，Jiang G B，Zhou Q F，Yang K W. J of Sep Sci，2001（24）：459-464.

[98] Bellar T A，Lichtenberg J J. J Am Water Works Assoc，1974（66）：739-744.

[99] US Environmental Protection Agency. Cincinnati OH，1986.

[100] US Environmental Protection Agency. Cincinnati OH，1992.

[101] Liu J M，Jiang G B，Zhou Q F，Yao Z W. Anal Sc，2001（17）：1279-1283.

[102] Liu J M，Jiang G B，Liu J Y，Zhou Q F，Yao Z W. Bull of Environ Contam and Toxicol，2003（70）：219-225.

[103] Morabito R， Massanisso P，Quevauviller P. Trends in analytical chemistry，2000（19）：113-119.

[104] Gauer W O，Seiber J N，Crosby D G. J Agr Food Chem，1974（22）：252-254.

[105] Romero B G，Wade T L，Salata G G，Brooks J M. Environ Pollut，1993（81）：103-111.

[106] Fernández-Escobar I，GibertM，Messeguer A，Bayona J M. Anal Chem，1998（70）：3703-3707.

[107] Leermakers M，Nuyttens J，Baeyens W. Anal Bioanal Chem，2005（381）：1272-1280.

[108] He B，Jiang G B，Ni Z M. J Anal At Spectrom，1998（12）：1141-1145.

[109] Radziuk B，Thomasser Y，Chau Y K，Van Loon J C. Anal Chim Acta，1979（105）：255-262.

[110] Jiang G B，Ni Z M，Wang S R，Han H B. Fresenius J Anal Chem，1998（334）：27-30.

[111] Jiang G B，Ni Z M，Wang S R，Han H B. J Anal At Spectrom，1989（4）：315-318.

[112] Jiang G B，Ni Z M，Wang S R，Han H B. J Anal At Spectrom，1992（7）：447-450.

[113] Jonghe W D，Chakraborti D，Adams F C. Anal Chim Acta，1980（115）：89-101.

[114] Dirkx W M R，Lobinski R，Adams F C. AnalSci，1993，9（2）：273-278.

[115] Lobinski R，Dirkx W M R，Ceulemans M，Adams F C. Anal Chem，1992（64）：159-165.

[116] Scott B F，Chau Y K，Firous A R. Appl Organomet Chem，1991（5）：151-157.

[117] Liu Y，Lopez-Avila V，Alcaraz M，Beckert W F. Anal Chem，1994（66）：3788-3796.

[118] Liu Y，Lopez-Avila V，Alcaraz M，Beckert W F. J High Resol Chromatogr，1993（16）：106-112.

[119] Liu Y，Avila V L，Alcaraz M，Beckert W F. AOAC Int，1995，78（5）：1275-1285.

[120] Dirkx W，Lobinski R，Ceulemans M，Adams F. The Sci of the Total Environ，1993（136）：

279-300.

[121]　Chau Y K，Yang F，Brown M. Anal Chim Acta, 1995（304）：85-89.

[122]　Dirkx W M R，Adams F C. Appl Organomet Chem, 1994（8）：693-701.

[123]　Chou C C, Lee M R. Journal of Chromatography A, 2005 (1064)：1-8.

[124]　Vidal J L, Vega A B, Arrebola F J, Gonzá lez-Rodrí guez M J, Sá nchez M C, Frenich A G. Rapid Commun Mass Spectrom, 2003 (17)：2099-2106.

[125]　Yozumaz A, Sunlu F S, Sunlu u, Ozsuer M. Tuekish Journal of Fisheries and Aquatic Sciences, 2011 (11)：649-660.

[126]　Burns D T, Glockling F , Harriott M. Analyst, 1981（106）：921-930.

[127]　Zhai G S, Liu J F, Li L, Cui L, He B, Zhou Q F, Cai Y, Jiang G. Talanta, 2009, 77（4）：1273-1278.

[128]　Chiron S, Roy S, Cottier R, Jeannot R. J Chromatogr A, 2000 (879)：137-145.

[129]　Zhai G S, Liu J F, Jiang G B, He B, Zhou Q F. Journal of Analytical Atomic Spectrometry, 2007（22）：1420-1426.

[130]　Pobozy E, Glód B, Kaniewska J, Trojanowicz M. J Chromatogr, 1995（718）：329.

[131]　Whang K S, Whang C W. Electrophoresis, 1997（18）：241.

[132]　Li K, Li S F Y. J Chromatogr Sci, 1995（33）：309-315.

[133]　Han F, Fasching J L, Brown P R. J Chromatogr B, 1995（669）：103-112.

[134]　Fukushia K, Sagishima K, Saito K, Takeda S, Wakida S, Hiiro K. Anal Chim Acta, 1999（383）：205-211.

[135]　Lee Y T, Whang C W. J Chromatogr A, 1996（746）：269-275.

[136]　Durand M J, Thouand G, Dancheva-Ivanova T, Vachon P, Bow M D. Chemosphere, 2003（52）：103-111.

[137]　Sanz-Asensio J, Martínez-Soria M T, Plaza-Medina M, Clavijo M P. Talanta, 2001（54）：953-962.

[138]　Shen W L, Vela N P, Sheppard B S, Caruso J A. Anal Chem, 1991（63）：1491.

[139]　Vela N P, Caruso J A. J Anal At Spectrom, 1992（7）：971.

[140]　Blake E, Raynor M W, Cornell D. J Anal At Spectrom, 1994（683）：223.

[141]　Dachs J, Bayona J M. J Chromatogr, 1993（636）：277.

[142]　Lawson G, Otash N. Appl Organomet Chem, 1993（7）：183.

[143]　Tong S L, Pang F Y, Phang S M, Lai H C. Environ Pollut, 1996（91）：209-216.

[144]　Quevauviller Ph. Royal Society of Chemistry, Cambridge, 1998, Ch. 5.

[145]　Quevauviller Ph, Astruc M, Ebdon L, Desauzier V, Sarradin P M, Astruc A, Kramer G N, Griepink B. App Organometal Chem, 1994（8）：629.

[146]　Institute for reference materials and measurements, Retieseweg, B-2440 Geel, Belgium, personal communication.

[147]　Quevauviller Ph, Chiavarini S, Cremisini C, Morabito R, Bianchi M, Muntau H. Mikrochim Acta, 1995（120）：281.

[148]　Quevauviller Ph, Ariese F. Trends anal chem, 2001（20）：207-218.

[149]　Montigny C, Lespes G, Potin-Gautier M. J Chromatogr A, 1998（819）：221-230.

[150]　Zhang K G, He B, Cui Z Y, Cao D D, Jiang G B. Anal Methods, 2013 (5)：4487.

[151]　Ariese F, Cofino W, Gomez-Ariza J I, Kramer G N, Quevauviller Ph. J Environ Monit, 1999（2）：191.

第十二章

金属样品的前处理技术

environment段落：

　　环境中的金属来源于天然污染源或作为人类活动的结果，金属及其化合物是我们所生存的环境当中最隐伏的污染物，它们大多是不能被生物降解的物质。除少数几种金属甚至在高浓度下也是非毒性的外，大量金属的活性都很高，即使在很低的浓度下也会在人类和动植物体内引起变化。虽然借助于形成不溶性或不活泼化合物与沉积物可暂时从自然循环中除去这些金属，但它们仍是潜在的污染源，仍可通过微生物的作用或 pH 的改变等因素在环境中转化、迁移，因此测定环境和生物样品中的金属浓度及其存在形态是环境化学和生态毒理学研究的重要内容之一。

　　环境和生物样品根据它的存在形态可分为气体样品、液体样品（水、血液、尿液等）和固体样品（土壤、底泥、植物、动物组织等）。对于金属浓度足够大的气态样品可直接进行测定，对于浓度较低的金属蒸气用溶液吸收法采集并富集后可用光谱法直接测定，对于气态颗粒物和气溶胶可用固体阻留法，采用过滤材料（滤纸或有机滤膜）和吸附剂采集和浓缩，样品经溶剂洗脱或热解吸后可用光谱法测定其中的金属。通常，简单溶液可不经预处理直接导入光谱仪进行分析，对于基体较复杂的样品可加入 HNO_3 或 $HNO_3 + HClO_4$ 消解后进行测定，对于痕量待测元素在消解的同时还可以进行富集。测定固体样品中的金属元素时通常需将固体样品转化成液体样品，根据样品基体和所测组分的不同需要选择不同的转化方法，例如生物样品中含有较多的有机质，一般多采用灰化法分解样品，而土壤和底泥样品则含有较多的矿物成分，转化时应将样品中所含的有机和矿物成分尽可能地破坏。当有干扰存在时或待测组分为痕量时，还需采用适当的分离富集方法将干扰除去并将待测组分与主成分分离，同时富集痕量待测组分。

第一节　样　品　分　解

　　样品分解最常用的方法是溶解法和熔融法。溶解法通常采用水、稀酸、浓酸或混合酸等处理，酸不溶组分常采用熔融法。对于难分解样品，采用高压焖罐消解可收到良好的效果。有机成分含量较高或样品中含有高分子物质的样品主要采用灰化处理，当待测组分的挥发性较高时可用低温灰化法分解样品。对于那些容易形成挥发性化合物的待测组分，蒸馏法可使样品的分解与分离同时进行。

一、溶解法

对于基体中的主要成分为矿物质的样品可用溶解法进行样品分解，即用适当的溶剂将固体样品溶解转化为液体样品，同时将待测组分转化为可测定形态。分解用的溶剂可以是单一溶剂如水、单一的酸或碱溶液，也可以是混合溶剂如混合酸、酸＋氧化剂或酸＋还原剂。有些溶剂可以与待测元素形成可溶性配合物，如 EDTA 二钠盐溶液可与 $BaSO_4$ 和 $PbSO_4$ 形成配合物，因此可用 EDTA 二钠盐溶液溶解 $BaSO_4$ 和 $PbSO_4$ 以测定其中的 Ba 或 Pb。

二、熔融法

当基体的主要成分为矿物质时通常采用高温熔融法分解样品，即在坩埚中将试样与 5～20 倍的熔剂混合后置于马弗炉中加热熔融，加热温度通常介于 500～1200℃。根据样品基体的不同，分解所用的熔剂可分为碱性熔剂、酸性熔剂、还原性熔剂、氧化性熔剂和半熔法熔剂，常用熔剂有 Na_2CO_3、Na_2O_2、NaOH、KOH、硼砂-硼酸、焦磷酸钾等。

三、湿灰化法

湿灰化法也称酸消化法，主要指用不同酸或混合酸与过氧化氢或其他氧化剂的混合液在加热状态下将含有大量有机物的样品中的待测组分转化为可测定形态的方法。含有大量有机物的生物样品通常采用混酸进行湿法消解，用于湿法消解的混酸包括 HNO_3-$HClO_4$、HNO_3-$HClO_3$-$HClO_4$、HNO_3-$HClO_4$-H_2SO_4、HNO_3-H_2SO_4、H_2SO_4-H_2O_2 和 HNO_3-H_2O_2。其中沸点在 120℃ 以上的硝酸是广泛使用的预氧化剂，它可破坏样品中的有机质，硫酸具有强脱水能力，可使有机物炭化，使难溶物质部分降解并提高混合酸的沸点，而热的高氯酸是最强的氧化剂和脱水剂，由于其沸点较高，可在除去硝酸以后继续氧化样品。在含有硫酸的混合酸中过氧化氢的氧化作用是基于过一硫酸的形成，由于硫酸的脱水作用，该混合溶液可迅速分解有机物质。当样品基体含有较多的无机物时，多采用含盐酸的混合酸进行消解，而氢氟酸主要用于分解含硅酸盐的样品。酸消化通常在玻璃或聚四氟乙烯容器中进行。

由于湿法消解过程中的温度一般较低（<200℃），待测物不容易发生挥发损失，也不易与所用容器发生反应，但有时会发生待测物与消解混合液中产生的沉淀剂发生共沉淀的现象，其中最常见的例子就是当用含硫酸的混合酸分解高钙样

品时，样品中待测的铅会与分解过程中形成的硫酸钙产生共沉淀，从而影响铅的测定。

湿法消解操作简便，可一次处理较大量样品，适用于生物样品中痕量金属元素分析。该法的缺点是：①若要将样品完全消解需要消耗大量的酸，且需高温加热（必要时温度可＞300℃），从而导致器壁及试剂给样品带来沾污。消解前将所用容器用 1:1HNO$_3$ 加热清洗并将所用酸溶液进行亚沸蒸馏可除去其中的微量金属元素干扰。②某些混酸对消解后元素的光谱测定存在干扰，例如当溶液中含有较多的 HClO$_4$ 或 H$_2$SO$_4$ 时会对元素的石墨炉原子吸收测定带来干扰。测定前将溶液蒸发至近干可除去此类干扰。

Fenton 反应也是一种敞开体系湿法消解法，该法利用 Fe(Ⅱ) 与 H$_2$O$_2$ 在 80～90℃时反应生成的—OH 将有机物质氧化分解而达到消解样品的目的。该法可处理大量样品（样品量可大于 100g），避免了大量酸的使用，由于分解温度较低，因而适用于含挥发性待测元素的样品的前处理[1,2]。

四、干灰化法

干灰化法又分为高温干灰化法和低温干灰化法，干灰化法主要用于除去样品中的有机物。

高温干灰化法的灰化步骤为：称取一定量的样品置于坩埚内（通常用铂金坩埚），将坩埚置于马弗炉中，在 400～600℃ 的温度下加热数小时以除去样品中的有机物质，剩余的残渣用适当的酸溶解即可得到待测溶液。如果待测元素及其化合物在 550℃ 以上才挥发，则样品可在马弗炉中用高温干灰化法消化。该法操作简单，可同时处理大量样品，适用于待测物含量较高（10^{-6}级）的生物样品。但由于挥发性待测元素（如汞、砷、硒等）在高温灰化过程中易发生损失，因此简单的干灰化法不适用于含挥发性待测元素样品的前处理，此时需加入氧化剂作为灰化助剂以加速有机质的灰化并防止待测元素的挥发。常用的灰化助剂有氧化镁和硝酸镁。由于在灰化过程中炉体材料以及灰化助剂，如 H$_2$SO$_4$、HNO$_3$、Mg(NO$_3$)$_2$ 等会对待测元素带来干扰，炉壁在高温下对待测元素存在吸附作用，因此高温干灰化法不适用于痕量和超痕量金属元素的准确测定。

当样品中含有痕量或超痕量的待测元素以及挥发性待测元素时，为避免实验室环境的污染、痕量元素的丢失和吸附，降低测定空白，可应用低温干灰化法，即利用低温灰化装置在温度低于 150℃、压力小于 133.322Pa 的条件下借助射频激发的低压氧气流对样品进行氧化分解，该法不会引起 Sb、As、Cs、Co、Cr、Fe、Pb、Mn、Mo、Se、Na 和 Zn 的损失，但 Au、Ag、Hg、Pt 等有明显损失。当样品中含有 Hg、As 和 Se 等挥发性元素以及 Cr 时，灰化装置需带有冷阱以防止这些元素在消解过程中损失。该法的缺点是，灰化装置较贵，而且由于激发的氧气流只作用于样品表面，样品灰化需较长时间，特别是当样品中无机物含量较高时样品完全灰化需要很长时间。

在干灰化法中，待测物被保留在坩埚内的固体物质上是导致待测物损失的另一个原因，导致损失的固体物质通常是指坩埚本身（如硅质坩埚和瓷坩埚）和样品的灰分组分。消除该类损失首要的是选择适当的坩埚，干灰化法中常用铂金坩埚，当样品中的待测组分为金、银和铂时，需用瓷坩埚。

五、高压消解

高压消解是一种在高温、高压下进行的湿法消解过程，即把样品和消解液（通常为混酸或混酸＋氧化剂）置于合适的容器中，再将容器装在保护套中，在密闭情况下进行分解。高压消解所用容器多为 PTFE、玻璃碳或石英材料做成，这些材料易于用酸清洗，因而不存在器壁沾污，保护套为不锈钢材料。与敞开体系将比，高压密闭消解更适用于痕量及挥发性元素分析。HNO_3 是高压消解常用的氧化剂，有时还需加入 HF、$HClO_4$ 或 H_2SO_4 以帮助分解样品中的含硅基质及有机质。由于在高温高压下 HNO_3 的氧化能力大大提高，高压消解无需消耗大量酸，从而降低了测定空白。高压消解存在着容器内压力过高发生爆炸的危险，因此用高压消解法时样品处理量最多不超过 1g，消解温度不能升得太快，以免样品中有机质与酸剧烈反应在短时间内生成大量气体使容器内压力过高产生爆炸。若样品中有机质含量较高，可先在敞开体系中加酸进行预氧化，除去部分有机质，再用高压消解法进行样品前处理。

有些样品基体组成相对简单，在高温下用 HNO_3-$HClO_4$ 或 HNO_3-H_2SO_4 完全矿化，但用高压消解时只能部分矿化，此时可在 150～180℃ 条件下将时间从 1～3h 延长至 6～12h，消解后的样品可用于 GFAAS 和 ICP-AES 测定。若用伏安法测定，则样品经高压消解后还需用紫外光照射，或用 $HClO_4$、$HClO_4$-H_2SO_4 加热，或用 $NaNO_3$-KNO_3 分两步加热至 450℃ 进行后处理。

对某些高分子有机键合的 As 化合物采用高压消解法时，即使延长消解时间也不能消解完全，此时将消解液用 H_2SO_4-HCl 加热至 310℃ 或用 $Mg(NO_3)_2$ 加热至 450℃ 后，其中的 As 可用 AAS 测定。$Mg(NO_3)_2$ 加热法也适用于高分子含 Se 化合物的样品后处理。值得注意的是，除紫外光照外，其他的后处理法均会增加测定空白。采用高压消解法时由于容器内部高压、密闭，溶剂没有挥发损失，因此既可以将复杂基体完全溶解，又可以避免挥发性待测元素的损失，对于难溶样品的分解可取得很好的效果。

六、其他技术

1. 蒸馏法

为防止 As、Hg、Se 和 Ge 等易挥发待测元素在样品分解过程中损失，可用磷酸＋氧化剂或还原剂蒸馏分解待测样品，例如用中子活化分析沉积物、岩石、生物样品中的 As 和 Hg 时可用磷酸＋硫酸高铈蒸馏样品，而上述样品经磷酸＋溴化铵蒸馏后可测定其中的 Se。

2. 组织溶解法

有时无需将样品完全溶解即可用于 FAAS、GFAAS 或 ICP-AES 测定，此时可用季铵化合物在低温下对组织或毛发样品进行快速溶解，溶解一般需过夜，溶解液经适当稀释后可直接用于测定。尽管组织溶解法操作快速简便，但由于样品基体没有完全矿化，测定时存在较严重的基体干扰，而且组织溶解法仅适用于有限的样品基体，所适用的测定方法和待测元素也有限，因此它的应用并不广泛。

3. 固体和固体悬浮样品的直接分析法

近年来原子光谱分析工作者对固体进样技术越来越感兴趣，这是因为采用固体进样技术无需将样品溶解，从而避免了样品的沾污和损失。由于与校正用的溶液进样的物理化学干扰不同，固体进样不适用于火焰原子吸收（FAAS）和 ICP-AES，只适用于石墨炉原子吸收（GFAAS）。尽管采用了特殊设计的原子化器，如石墨杯、石墨探针、石墨舟、特殊设计的石墨管和管-平台原子化器，固体进样电热原子吸收仍然面临许多问题，例如：由于样品的不均匀性导致测定结果不平行；与溶液相比固体样品未经矿化的复杂基体给测定带来较大干扰；由于与原子化器表面接触不紧密，待测物受热不均匀从而影响基体改进剂的效率和原子化效率等。

1974 年 Brady 等提出了悬浮进样法，即将粉末状固体样品悬浮于去离子水中形成悬浮液，再用微量进样器或自动进样器进样[3,4]。为防止颗粒沉淀导致进样不均匀，进样时需用磁力搅拌器或超声混合器将溶液混合均匀。Littlejohn 等提出将样品粉末与丙烯酸混合[5]，Hoenig 等提出将样品粉末与甘油混合[6]，均可得到稳定的悬浮液，进样时无需搅拌。采用悬浮进样法既克服了一般固体进样所面临的问题[7~9]，同时应用基体改进基还可消除基体组分对测定的影响[10]。目前，悬浮进样法已成为日常分析中常用的固体进样技术。对于一定量的悬浮液，样品颗粒越大颗粒数目越少，因此在样品前处理时需将样品仔细研磨以使样品颗粒最小。

近年来微波溶样成为一种新的消解方法，该法利用微波作为能量来源，其优点是可快速有效地将难溶样品分解，并可实现自动化。微波溶样适用于不同基体样品中痕量金属测定时样品前处理过程，但溶解含有机质较高的样品时，微波溶样的温度不能升得太快。

第二节　分离和富集

固体样品经分解后，为提高测定灵敏度，减少基体干扰，还需进行干扰组分的分离、痕量和超痕量待测组分的富集及其与基体的分离，最后才能进行测定。常用的分离富集技术包括：沉淀分离法、溶剂萃取法、离子交换法、色谱分离法及蒸馏、挥发、升华等。

由于不同价态的金属对环境及生物体的毒性作用不同，确定样品中不同价态金属离子的含量对环境毒理分析至关重要。要确定环境样品中存在的元素的不同价态及其含量，需在最后定性定量测定前将待测形态与干扰元素及基体分离、纯化，并对浓度极低的待测形态进行预富集，同时要求在分离、富集和纯化过程中化合物的形态不发生变化。常用的分离富集方法除溶剂萃取、离子交换法和色谱分离等，某些氢化物形成元素还可通过不同价态化合物在不同 pH 条件下生成氢化物的反应达到分离的目的，如选择不同的 pH 可分别测定样品中的 As(III) 和 As(V)。

一、沉淀分离法

沉淀分离法包括用于分离常量组分的一般沉淀分离法和分离富集痕量组分的共沉淀分离法。其原理是在分析试液中加入适当的沉淀剂或共沉淀剂，使被测组分沉淀分离出来并富集，或将干扰组分沉淀分离出去，从而达到分离的目的。

常用的氢氧化物沉淀法、硫化物沉淀法和铜试剂沉淀由于其选择性不高，前两种方法还易形成胶状沉淀，共沉淀现象严重，一般不用于待测组分的沉淀分离，而用于分离和除去重金属干扰离子仍是很有效的。但用氢氧化物沉淀法可实现两性元素与非两性元素的分离。对于常量组分多选用生成硫酸盐沉淀、磷酸盐沉淀、草酸盐沉淀和氟化物沉淀的方法进行分离。

虽然氢氧化物沉淀法和硫化物沉淀法不是很好的沉淀法，但它们生成的胶体沉淀却是很好的共沉淀剂，由于它们的比表面积大、吸附能力强，故有利于痕量组分的共沉淀，缺点是选择性不高，利用生成混晶进行共沉淀的方法的选择性比吸附共沉淀法高。在实际工作中常用单宁、甲基紫、孔雀绿等有机共沉淀剂，有机共沉淀剂的优点是：沉淀剂体积较大，有利于痕量组分的共沉淀；沉淀剂一般是非极性或弱极性分子，选择性高，分离效果好；沉淀剂可借灼烧而除去。无论是无机共沉淀剂还是有机共沉淀剂都应具备以下特点：①对欲分离组分具有强烈吸附或与其形成共晶的能力；②易溶于酸或其他溶剂；③对后续测定无干扰；④生成的沉淀易分离；⑤对相互干扰的组分具有选择性。常用的共沉淀剂除氢氧化物和硫化物以外，$Bi(NO_3)_3$ 可用于分离 K、Ca、Mg、Sr、Mo、Cr、Mn、Fe、Co、Ni、Cu、Zn、Cd、Hg、Te 和 Pb，活性炭可用于 Cu、Pb、Co、Ni、Fe、Cd、Mn、In 和 Hg 的分离富集，泡沫塑料可吸附 Au、Ag、In，巯基棉可用于吸附 Cd、Pb、Cu、Zn、Mn、Ag、Hg、Te、In 和 Au。对于 X 射线荧光光谱法，用 DDDC 将 Cr、Ni、Fe、Cu、Zn、Cd、Pb、As、Hg 和 Se 共沉淀是分离富集这些元素的有效方法。

二、溶剂萃取分离法

　　某些螯合剂、配合剂能与被测元素的不同形态化合物反应，所生成的化合物在水相和有机相中的溶解度不同，在特定的条件下可被选择性从水相萃取到有机相当中，而另一些组分仍留在水相，这就是溶剂萃取分离法，这一技术被广泛用于大多数金属的形态分离。溶剂萃取可将分析物与基体分离，而且在大多数情况下可将分析物富集，适用于天然样品中低浓度金属的分离分析。

　　在优化的条件下，金属与吡咯二硫代氨基甲酸铵（APDC）、二乙基二硫代氨基甲酸二乙铵或二乙基二硫代氨基甲酸钠（DDDC 或 DDTC）、环己烯二硫代氨基甲酸环己烯铵（hexamethylene ammonium hexamethylene dithiocarbamidate，HMAHMDC）、双硫腙以及其他配位剂反应生成的配合物在水相和有机相中的分配系数为 $10^2 \sim 10^3$，因此用溶剂萃取法可实现单一或一组金属元素的分离富集。特定的 pH 条件、加入不同的螯合剂（complexing agent）、反萃取剂、配位剂或掩蔽剂可选择性分离富集某些待测元素。

　　溶剂萃取分离法一方面设备简单、操作快速、分离效率高，故应用广泛；另一方面，由于采用手工操作，工作量较大，萃取溶剂有毒、易燃、易挥发，其应用也受到限制。目前，膜萃取、超临界流体萃取、固相萃取、固相微萃取等新兴的仪器萃取技术相继问世，由于它们的自动化程度较高，少用甚至无需有机溶剂，避免了有机溶剂对环境的污染，在金属样品的前处理过程中已得到了越来越广泛的应用，但仍无法完全取代溶剂萃取分离法。

三、离子交换分离法

　　离子交换分离法是利用离子交换剂与溶液中的金属离子之间所发生的交换反应来进行分离的方法，在环境样品分析中离子交换法主要用于痕量分析组分的分离和富集。通常离子交换在交换柱中进行，称为柱式法，也可以将一定量的树脂加到酸度已调好的样品溶液中，振荡一定时间，待交换反应达到平衡后将树脂分离，这样的分离方法称为平衡法。常用的交换树脂有 Chelex 100、甲壳素、8-羟基喹啉螯合树脂、席夫碱、XAD 系列树脂等。离子交换分离的优点是操作简便易行，选择性好，浓缩系数大。

四、蒸馏、挥发分离法

　　许多金属在特定的条件下与特定的试剂反应能生成挥发性的金属化合物，并通过蒸馏或挥发的方法与样品基体分离开来。蒸馏和挥发法既可用以除去干扰组分，也可用于待测组分定量分离。例如，在 $H_2SO_4 + HBr$ 存在的条件下，Se、

Te、Sn 等均可生成挥发性的 SeBr、TeBr 和 SnBr，加热后可将这些元素从样品中分离出去，收集馏分又可用于这些元素的测定。

第三节　不同样品中金属总量测定的前处理技术

一、气体样品

气体样品主要指大气、飞灰和烟道废气，气体样品中的金属主要来自于煤、石油等燃料的燃烧、工矿企业排出的烟气以及汽车尾气等。气体中的金属按照存在的形态可分为气态、气溶胶态，气态金属是指某些在常温常压下是液态或固态但由于它们的沸点或熔点低，挥发性大，因而能以蒸气态挥发到空气中的金属，如 Hg、As、Se 等；气溶胶态金属是指以小的固体颗粒或液滴的形式分散在大气中的金属及其化合物，如 Pb。实际上金属及其化合物在大气中的存在状态是复杂多变的，通常情况下是以多种形态存在的，例如 As 一般认为是颗粒状态，但大气样品中既有颗粒 As 也有蒸气 As；Hg 在气体中多以气态存在，也有部分 Hg 以气溶胶态存在；而 Pb 主要以气溶胶存在于大气中，同时也有蒸气态的 Pb。根据其存在状态的不同，气体样品的前处理方法也不同。

1. 气态样品

当气态样品中金属的浓度足够大时，样品采集后可直接用原子吸收法（AAS）、ICP-AES、ICP-MS 等进行测定，如灯泡制造车间的蒸气汞可直接用火焰原子吸收法（FAAS）测定。

当样品中被测金属的浓度较低时多采用溶液吸收法采集并富集样品。溶液吸收法是利用被测金属与吸收液发生化学反应而溶解到溶液中从而完成被测物的采集，通气时间越长吸收液中被测金属的浓度越大，从而达到富集被测物的目的。

气态金属还可用吸附的方法进行采集和富集，如用巯基棉或涂有 Au、Ag 等贵重金属的玻璃珠可采集并富集气态 Hg。

2. 大气颗粒物

$0.05\sim5\mu m$ 的滤膜、纤维素过滤器、PTFE 和聚碳酸酯过滤器是采集大气颗粒物常用的过滤材料，近年来玻璃纤维、聚苯乙烯纤维、石英纤维和银膜等过滤材料也被广泛用于大气颗粒物的采集。采样过滤器不同，样品的前处理方法也不同。滤膜可用不同的混酸分解，常用的混酸包括热 HNO_3-HCl、HNO_3-$HClO_4$-HF 和 HNO_3-HF，分解后酸被蒸发，残渣可溶于稀 HNO_3。若用玻璃纤维滤材采集样品，则样品可用 HNO_3-$HClO_4$ 消解，剩余酸被蒸发后残渣可用 HCl 或 HNO_3-HF-HCl-H_2O_2 溶解，也可在电热板上用 $KClO_3$-HNO_3 温和加热，然后加入 HCl 继续加热分解，残渣用 HNO_3 溶解后用索氏提取器萃取富集待测金属。聚苯乙烯纤维可用二甲苯溶解，再用混酸分解样品。

用阶梯式碰撞取样器可收集不同粒径的气体颗粒物，目前常用的碰撞取样器其采样盘由树脂玻璃做成，支撑滤膜由玻璃纤维做成，样品采集后每一级滤膜可用 HNO_3 萃取，再通过 Amberlite XAD-4 离子交换树脂分离富集其中的待测金属，洗脱液可直接用 ETAAS 进行测定。

大气悬浮颗粒物还可用冲击式吸收管采集，被采集的气体以很快的速度通过吸收液，其中的胶粒由于惯性作用冲到瓶底后又被洗入到吸收液中，吸收液可用 HNO_3-H_2O_2，也可用王水，对于大气中的 Hg 含有 3％$KMnO_4$ 的 10％H_2SO_4 是最合适的吸收液。

目前，由于测定技术的改进，气体颗粒物经某些采样技术收集后可不经处理直接进行测定，例如，用滤膜或纤维素过滤材料采样后可将过滤材料直接放入石墨炉中进行原子化，用阶梯式碰撞取样器采样时也可将采样器喷嘴直接与电热原子化器相连以测定其中的金属化合物。

二、水样

测定水样中的总金属需消化破坏有机物，溶解悬浮物，泥沙型水样还需采用离心或自然沉降法，取上清液分离或富集。

若需测定悬浮物中的金属，则需用玻璃砂芯、滤膜或滤纸将新鲜水样抽滤，将滤渣在 105～110℃烘干，置于干燥器中冷却，直至恒重为止，然后再用干灰化或酸消解法分解样品。通过 $0.45\mu m$ 膜过滤，测定的是可溶态金属含量。

1. 天然水

由于样品基体相对简单，可用比色法测定其中的金属，如在不同的 pH 条件下用双硫腙比色法可测定 Cd、Pb 和 Hg，用 DDTC 比色法可测定 Cu。如果水样中金属含量很低，无法进行直接测定时，则可用溶剂萃取法富集后进行测定，常用富集金属元素的萃取螯合剂有二乙基二硫代氨基甲酸二乙铵（DDDC）、二乙基二硫代氨基甲酸钠（DDTC）和吡咯烷二硫代氨基甲酸铵（APDC）等。

2. 海水

海水的盐分很高，而其中有毒金属的含量很低，对这些金属一般不能进行直接测定，必须分离富集后才能测定。对海水样品中的金属，除用 DDDC、DDTC、APDC 等螯合萃取外，还可用 Chelex-100 树脂、8-羟基喹啉树脂或纤维膜、Amberlite XAD 系列树脂等进行分离富集。温蓓等用一种含硫代羧基、氨基、膦酸基聚丙烯腈的新型离子交换螯合纤维从海水中分离富集了 Ag、Co、Ga、Cd、In、Mn、Cu、Pb、Be 和 Bi，富集倍数可达 200 倍[11]，而用经 8-羟基喹啉改性的中空纤维膜，富集倍数可达 300 倍，海水中大量的 K、Na、Ca 和 Mg 不被富集[12]。

3. 排放水

由于含有较多的有机物和悬浮物，样品需加入少量 HNO_3 酸化并加热处理，对特别污浊的样品则需进行消化处理，可用 HNO_3-H_2SO_4 或 HNO_3-$HClO_4$ 加热进行酸消解，也可用 $NaOH$-H_2O_2 或氨水-H_2O_2 蒸发至干进行碱消解，还可用干灰化法，将样品蒸干后用马弗炉在 $500 \sim 550$℃加热将有机物灰化，冷却后用稀 HCl 稀释。

三、土壤和底泥样品

重金属在土壤和底泥中不能被微生物分解，但可不断积累，并为生物所富集，通过食物链传递，对人类造成威胁，甚至有些重金属在土壤和底泥中可被微生物转化为毒性更大的化合物。与气体样品和水样不同，土壤和底泥样品的前处理较复杂，常常使用熔融、干灰化、酸或混酸消解以溶解固体物质、破坏有机物，同时将各种形态的金属转变为可测形态。具体的分解方法要根据试样的性状、待测元素及最终测定方法而定。

干灰化消解样品时常用碳酸钠为熔剂，使之与样品充分混匀，并在上面再平铺一层碳酸钠，然后放入马弗炉中在 900℃灰化 $0.5h$ 以上，待样品熔融完全后将熔块倒入烧杯中研碎，再加入 HCl 使熔块溶解，加水定容后以备测定。干灰化法更适用于有机质含量较高的底泥样品的分解。

土壤和底泥样品也可以用 H_2SO_4、HNO_3 或 $HClO_4$ 与其他强酸混合液进行酸消解。与干灰化法相比，酸消解耗时较长，当样品含有较高有机质时还需加入 $KMnO_4$、V_2O_5 或 H_2O_2 加速破坏有机质。

无论采用干灰化法还是湿法消解，在溶解土壤和底泥样品时都需加入氢氟酸以消除基体中的硅对待测元素的吸附。用干法消解时为防止 Cd、Pb、As、Hg 等待测物发生挥发损失还需加入氧化助剂。用湿法消解时，采用高压焖罐、王水（HCl∶HNO_3＝3∶1）或逆王水（HCl∶HNO_3＝1∶3）可快速有效地溶解难溶矿物组分。

用 GFAAS 测定土壤和底泥样品时还可采用悬浮固体进样技术，此时需将自然风干后的样品研磨得极细，并在进样前将悬浮样品搅拌均匀。

在生物地球化学研究领域，不仅要了解底泥重金属的总量，更要了解其在迁移转化过程中形态发生的变化，即要对金属化合物进行形态分析，此时为防止化合物形态发生变化不能用消化法分解样品，而需用浸取法将待测形态溶解到酸、碱或有机溶剂中，以达到与样品基质分离的目的。HCl 浸取法可使吸附在有机基团上的 Cd、Zn、Cu、Ni 等重金属及 As、Se 等通过交换释放出来，也可以使一部分 Fe、Al 氧化物所包藏的重金属随溶解而进入液相，NH_4Ac 浸取法可提取样品中的 K、Ca、Na、Mg、Pb、Mn 等，$CaCl_2$ 溶液浸取可测定样品中的

Cd，醋酸、EDTA、二乙烯三胺五乙酸等浸取可测定 Cu、Co、Fe、Mn、Zn 等。

四、生物样品

1. 体液

使用混酸可有效分解体液样品，但空白值较大。

尿样可用 HNO_3 加热或用水、Triton X-100 等稀释后用 AAS 进行测定，例如用含 5% 的镧溶液稀释后可测定尿中的 Ca，测 Mg 时只需用水稀释；尿 Cu 可用稀 H_2SO_4 稀释后直接用 FAAS 测定，也可用 H_3PO_4、NH_4NO_3 和 Triton X-100 稀释后用 GFAAS 测定；尿 Fe 可用三氯乙酸脱蛋白后再用 AODC-MIBK 萃取。

血清用 EDTA 稀释后可测定其中的 Ca 和 Mg，用乙醇稀释后可测定其中的 Zn，用丙酮稀释后可测定其中的 Fe，用水稀释后可测定其中的 Cu、Au，用去离子水或柠檬酸铵稀释后可测 Pb。全血可用 HNO_3-$HClO_4$ 或 HNO_3-$HClO_4$-H_2SO_4 分解后测定其中的 Ca、Mg、Zn、Cu、Se、Mn、Cr、Co、V、Bi、Cd、Ni 和 As，对于浓度较低的元素在样品分解后还需用 APDC-MIBK 分离富集。

2. 动物组织样品

由于不含硅，动物样品如肌肉、组织器官和鱼肉等可采用简单加热，残渣用硝酸和过氧化氢溶解的干消化法处理，消化后可测定样品中的 Cd、Co、Cr、Cu、Mn、Ni、Pb 和 Zn。湿法消解同样适用于动物组织样品的前处理，特别是当需要测定样品中的挥发性元素时。对于含汞样品，其前处理方法与植物样品相同。对于含 As 和 Se 的样品，应采用高压焖罐消解，样品中的有机质在强酸和高温、高压作用下更容易分解而待测物不会发生挥发损失。由于有机物分解时产生大量气体，因此用高压焖罐消解时样品和混酸的用量需严格掌握以防发生爆炸。例如当用硝酸分解样品时，样品量不应超过 0.1g，浓硝酸的用量应在 2.5~3.0mL 之间。

五、植物样品

用干法消解时需将样品加热到 450℃，为消除样品中的硅对待测微量元素的吸附，样品中的残留硅可用氢氟酸和硝酸混合液进行处理。经干法灰化后，用原子光谱法可测定样品中大量的 Ca、K、Mg、Na，少量的 Fe、Mn，痕量的 Cd、Co、Cr、Cu、Mo、Ni、Pb、Sb、Tl、V 和 Zn。当待测物为 As 和 Se 时，对于陆生植物可用 >450℃ 的干灰化法分解样品，As、Se 不损失，对于水生植物，湿法消解是常用的样品分解方法[13]。若只测定汞，则样品用浓硫酸消解即可。湿法消解同样适用于测定其他金属元素时样品的前处理，H_2SO_4-H_2O_2 消解适用于 Al、Cd、Cr、Cu、Fe、Mn、Pb、V 的测定，测定 Be 时可用 HNO_3-HF-

H_2SO_4 分解样品，HNO_3-$HClO_4$ 可用于测定 Cd、Cr、Cu、Fe、Mn 时样品的前处理。

第四节　常见有毒金属（汞，砷，硒，铬，铁，锰等）形态分析的样品前处理技术

一、汞

汞（Mercury，Hg）蒸气可吸附在 Au、CdS_2 或木炭上，通过加热蒸发进入原子化器进行测定。溶液吸附、纤维素或活性炭等固体吸附剂吸附，金、银等贵金属的汞齐化法均可用于气态总汞的采集。采集后的气态总汞可通过在酸性溶液中 $SnCl_2$ 还原、燃烧吸附剂、汞齐热解等方式从吸附介质中释放出来，并经 AAS、AFS 或 AES 进行测定。键合粒子型的汞通过空气采样器过滤收集后，再经酸解或热解还原成蒸气 Hg，从而测定大气样品中的总汞含量。燃气中氧化态的汞（Hg^{2+} 和 MeHg）可被浸有碱石灰吸附剂的氯化钾吸附。Larjava 等[14]用涂金散射屏在温度高于 100℃ 的条件下从流速 6L·min^{-1} 的燃气中吸收气态汞化合物，再在较高温度下解吸测定，金属汞和 $HgCl_2$ 的吸附率可达 90％ 以上，燃气中的 SO_2、NO 和 H_2O 对测定没有影响。元素汞在通过 KCl-碱石灰吸附剂后可被碘化了的炭吸附剂收集[15,16]。

由于 Hg 的易挥发性，一般不能用干灰化法分解样品。清洁水样可用 $KBrO_3$-KBr 处理，污水可用 H_2SO_4-$KMnO_4$ 消化。土壤样品可用 H_2SO_4-HNO_3-$KMnO_4$ 加热分解，使样品中的汞以 Hg^{2+} 的形态存在，然后在酸性溶液中用 $SnCl_2$ 或 $NaBH_4$ 还原后测定。对于生物样品常用的方法是加入浓 H_2SO_4，加热至 50～60℃，直至溶液清晰为止，冷却后加入 $KMnO_4$。尿样可加入 H_2SO_4 和 $KMnO_4$ 氧化，然后用 $SnCl_2$ 还原测定单质 Hg，若用高压消解，可在 100℃ 时以 H_2SO_4-$KMnO_4$ 氧化生物样品。回流法常被用来处理含 Hg 样品，对于固态含汞生物样品中，国际分析方法委员会推荐的样品分解方法为 H_2SO_4 蒸馏法，即在凯氏烧瓶（Kjeldahl flask）中将 2.5g 匀浆样品与 9mL H_2SO_4 混合并旋转加热回流，之后将烧瓶在冰水浴上冷却后加入 2mL H_2O_2，移出冰浴，缓慢旋转，待反应完成后继续加热并加入 2mL HNO_3，待冒白烟后将冷凝液倒入烧杯；再加入 1mL HNO_3 和 H_2O_2，冷凝物倒入同一烧杯；然后加入 0.5mL H_2O_2 和 HNO_3。将全部冷凝液通过回流系统再倒入烧瓶中，冷却后加入 $KMnO_4$ 溶液直到冷凝液变成粉色。将消解液移至 50mL 容量瓶中，用去离子水清洗回流系统，合并清洗液并定容。用冷蒸气发生 AAS 可测定消解液中的 Hg[17]。植物样品可用 V_2O_5-HNO_3-H_2SO_4 加热分解，冷却后加入 $KMnO_4$ 使样品中的汞以 Hg^{2+}

存在。

在环境样品特别是天然水体中汞的含量是超痕量的，各形态汞化合物的含量更低，因此分离富集手段是必不可少的，其中发展最早、目前仍广泛使用的是有机溶剂萃取法，在汞的形态分析中常用的分离富集方法还包括酸解溶剂萃取、碱消化萃取和酸挥发预富集法。

酸解溶剂萃取技术以 20 世纪 60 年代 Westoo[18] 提出的在 HCl 介质中用苯从鱼肉中萃取甲基汞为代表，这一萃取过程需要分几次进行才能得到纯净的甲基汞苯溶液。在 Westoo 提出的萃取技术的基础上后人又多次改进。Padberg[19] 和 Bulska[20] 分别在 HCl 中加入了 NaCl，Rezende[21] 等在 HCl 中加入了 KBr，而 Lansens[22] 等则向 HCl 中加入碘乙酸，再用苯[23]、甲苯[24]、氯仿[21] 或二氯甲烷[25] 等有机溶剂连续萃取，可从样品中选择性地萃取甲基汞。试验表明，当甲基汞的含量低于 $0.5 ng \cdot L^{-1}$ 时，苯不能达到完全萃取[26]，用半胱氨酸或硫代硫酸钠从苯或甲苯萃取剂中反萃取，可富集汞的化合物[18,27]。但用微波等离子体原子发射光谱（MIP-AES）测定时，甲苯萃取剂会导致背景值的增加[28]。研究认为，加入配位剂有助于提高氯仿萃取甲基汞的萃取率[21]，而加入 $HgCl_2$[29] 或 $CuCl_2$[30] 可将固体样品中的甲基汞与复合的—SH 基团分离。

在碱消化萃取法中 KOH-甲醇[25,31] 和 NaOH-半胱氨酸溶液[32] 均可将甲基汞从底泥中萃取出来，而不破坏其 Hg—C 键。但与酸相比，由于不易获得较纯的碱溶液，碱萃取法易导致样品的沾污。此外，碱消化萃取法还会导致样品基体中的有机物、硫化物或有色金属离子与汞化合物的共萃取，给后续的预富集、分离和测定带来严重的干扰[30]。

酸挥发预富集是一种将待测的汞化合物形态转化成挥发性的衍生物，从而避免用有机溶剂萃取的分离富集方法[22,30]。将均化的固体样品溶于含过量 NaCl 的稀 H_2SO_4 中，用 150℃ 的空气或氮气流蒸馏是非色谱分离 Hg(Ⅱ) 和甲基汞的有效方法。所形成的 CH_3HgCl 被蒸馏出来并收集于一密闭试管中，经水冷后储存于黑暗之处以防甲基汞的降解，然后再用各种原子光谱检测器测定[33]。Horvat 等[30] 发现，在 145℃ 条件下，用 $60 mL \cdot min^{-1}$ 的氮气流从含 KI 的 $8 mol \cdot L^{-1}$ H_2SO_4 中蒸馏甲基汞是从底泥中分离富集这一形态汞的简便方法。他们还比较了有机溶剂萃取和蒸馏法从水样中萃取甲基汞的方法，认为蒸馏法能更有效地定量萃取甲基汞且萃取回收率较高[34]。然而，Cai 等[35] 发现，由于水和底泥样品基体中有机物质的存在，用蒸馏法萃取时会额外生成 $MeHg^+$，且生成的 $MeHg^+$ 的量与样品中有机物的类型及含量有关。HCl 一般不能用于蒸馏萃取 $MeHg^+$，因它不能使 $MeHg^+$ 完全从底泥中释放出来。

根据样品基质的不同，分离富集的手段也各不相同。

GC 常用于大气中汞的形态分离[23,36~38]。在 GC 分离中，Chromosorb 106、DEGS、Tenax、Carbotrap 等均可作为采样介质，采样后汞化合物经加热被释放出来，被苯、甲苯等有机溶剂吸收富集，再注入 GC 进行分离测定，也可直接导入控温 GC 柱中，经分离后用 AAS、AFS 或 AES 测定。根据其在气液两相的分配系数，当含甲基汞的大气样品被吹入纯水时，部分甲基汞会溶解在水相，其含量可用 GC-AFS 测定[39]。除 CH_3HgCl 和 $(CH_3)_2Hg$ 以外用 GC 吸附分离法还可测定 C_2H_5HgCl。

有机溶剂萃取法常用于液体样品中汞的分离富集。Yamamoto 等[40]将大量水样酸化后与双硫腙盐反应，再用苯萃取富集，并用 AAS 测定 CH_3Hg-双硫腙盐，测得日本沿岸海水中 CH_3Hg^+ 不到总汞含量的 1%（质量分数）。较有效的萃取 CH_3HgCl 的方法是双硫腙-苯萃取，萃取后经薄层色谱（TLC）展开，CH_3HgCl 谱带用 AAS 测定[41]，用这种方法可分离 CH_3Hg^+、Hg^{2+} 和其他形态的汞，并测得日本和加拿大的河水中这 3 种形态化合物的浓度分别为 $1.6\sim7.0\mu g\cdot L^{-1}$（占总汞的 26%~46%）、$2.1\sim16.8\mu g\cdot L^{-1}$（占总汞的 43%~61%）和 $0.6\sim2.1\mu g\cdot L^{-1}$（9%~25%）。

树脂吸附[42~45]，金或银汞齐化[46,47]或液液萃取[40,48]是水环境中痕量和亚痕量级汞形态化合物必不可少的预富集手段，有人将金汞齐法直接用于野外采样，富集 Hg^{2+}、甲基汞和苯基汞，经 $NaBH_4$ 还原用氩直流等离子体发射光谱进行测定。蒸馏法也可用于水样的萃取，与溶剂萃取法相比它的萃取回收率较高[48]，解决了复杂基体样品萃取回收低的问题。

以商品化的半配位性的 Q-10 树脂为填料的微柱固相萃取可用于分离富集海水中的汞化合物，树脂中的巯基官能团对无机和有机汞有很强的亲和力。被富集的汞化合物可用微酸性的 5%（体积分数）的硫脲洗脱。含二硫代碳酸盐官能团（DTC）[49]或二硫代氨基甲酸盐[50]的树脂以及巯基棉[51]的填充柱也可用于分离富集水中的汞。由于汞化合物在 DTC 树脂上的稳定性较差，因此用 DTC 柱富集后需马上洗脱。

水样中的有机键合态汞可用土壤渗滤浸析法萃取。Nakayama 等[52]用该法富集了有机键合态汞，并用 XAD-2 树脂吸附了其中的酯类键合、蛋白质键合和烷烃键合的 Hg。酯类键合 Hg 可用 $CHCl_3$ 洗脱，蛋白质键合汞可用 $MgCl_2$ 盐析出，再经过滤分离，滤液中含有烷烃键合汞。

Westoo[18]提出的 GC-ECD 测定鱼中 CH_3Hg^+ 的方法是底泥中有机汞形态分析最常用的方法。无论是何种测定方法，底泥样品均需经 HCl 酸化后用苯或甲苯等有机溶剂将有机汞以氯化有机汞的形式进行萃取富集，蒸气蒸馏法也可用于底泥中无机和有机汞的萃取[34]，例如用 KCl 和 H_2SO_4 蒸气蒸馏萃取底泥中的 CH_3Hg^+ 时可用 GC-ICP-MS 测定[53]。

碱（$1mol\cdot L^{-1}KOH$-乙醇）消解也是萃取底泥中汞化合物的常用方法，由于底泥中大量有机物质的存在，用酸-有机溶剂萃取时会发生严重的乳化现象，使萃取时间延长，降低了萃取效率。用碱消解法可达到破乳化的目的，均化了消解液，使样品分布均匀。Kanno 等[54]比较了碱解-双硫腙-苯和 HCl-苯萃取底泥中 CH_3Hg^+ 的分析结果，从统计上来讲碱消解萃取法可获得较高的萃取效率，且用色谱分离时不会出现干扰峰。

连续萃取法常用于无机汞的形态分析[55,56]。Sakamoto 等[57]用连续萃取法测定了底泥中的甲基汞、HgO 和 HgS，其中 CH_3Hg^+ 可用氯仿萃取，HgO 用 $0.05mol \cdot L^{-1}$ H_2SO_4 萃取，最后用含 3%（质量分数）的 NaCl 和少量 $CaCl_2$ 的 $1mol \cdot L^{-1}$ HCl 萃取 HgS。土壤和底泥中的 HgS 还可用饱和 Na_2S 溶液进行选择性萃取[58]。对有机物含量较高的土壤和底泥样品进行热蒸发也可定量萃取金属汞、HgS 和有机汞[59]。将样品置于石墨炉内连续加热可用于热解析-AAS 分析汞的形态[60]。

生物样品的复杂基体严重干扰样品的萃取过程，分析过程中的去甲基化将甲基汞转化为无机汞，导致分析结果出现误差，因此碱解和标准加入法是分析生物样品常用的方法。对甲基汞化合物来说，碱消化法比常规苯萃取法的回收率要高，表明碱消化的效果更好，用碱消化法可测得鱼样中甲基汞的含量占总汞的 95%。

硫酸可用于鱼样中甲基汞的离析，离析出的甲基汞在碘乙酸的作用下转化成碘化甲基汞的形式。由于碘化甲基汞具有高的蒸气压，它可用半自动顶空气相导入法导入 GC[61]。

毛发样品可在 50℃用碱-甲苯在超声浴中消解，冷却后加入 $6mol \cdot L^{-1}$ HCl 酸化，经饱和 $CuSO_4$ 破乳后，有机汞被萃取到甲苯中[62]。

血样被冷冻干燥时易导致甲基汞的丢失，因此为避免在高 pH 值条件下甲基汞的损失，在对样品进行预处理之前需加入 L-半胱氨酸[63]。

酸浸取-冷蒸气原子吸收是一种简单、快速测定人发中汞化合物形态的方法[64]，其结果与碱消化法一致。LC 也可用于汞形态的定性和定量分析，此时需将汞反萃取到流动相中。血和尿样中的有机汞也可用此法处理，无机汞在萃取前需经四甲基锡甲醇溶液转化成氯化甲基汞衍生物。

二、砷

含砷（Arsenic，As）气溶胶和大气颗粒物样品多用 HNO_3-$HClO_4$-HF 在密闭容器中进行湿法消解。

用 HNO_3 即可将较清洁的水样中的 As 分解出来，对于污水样品则需用 HNO_3-$HClO_4$ 进行分解。当水样中 As 浓度较高时可用二乙基二硫代氨基甲酸银（DDCAg）比色法测定，浓度较低时应用 APDC 为配位剂，As（Ⅲ）可被 MIBK 萃取[65]。

对于海洋生物和组织样品中总 As 的测定最好采用 HNO_3-$HClO_4$-H_2SO_4 分

解样品，生物组织样品还可用 V_2O_5-HNO_3-H_2SO_4 分解。血样可通过 HNO_3-H_2SO_4-H_2O_2 湿法氧化或以 $Mg(NO_3)_2$ 作灰化助剂，于 550℃ 干灰化都是有效的，尿样的处理可采用 HCl 酸化和 KI-CCl_4 萃取。

植物样品用混合消解法进行分解可获得满意的效果，即在 $Mg(NO_3)_2$ 和 $Ni(NO_3)_2$ 或 $Mg(NO_3)_2$ 和 MgO 存在时先用 HNO_3 进行湿消解，溶液蒸发至近干后将残渣置于马弗炉中在 450℃ 小心加热分解[66,67]。

底泥样品可用 HNO_3-H_2SO_4-$HClO_4$[68] 或 HNO_3-$HClO_4$-HF-$KMnO_4$ 加热回流[69]，也可用 NaOH 或 NaOH-Na_2O_2 熔融分解。

无论是干灰化还是湿消解，As 都可能以 $AsCl_3$、AsF_3 或 AsH_3 的形式挥发损失，通常样品消解需在氧化条件下进行，如 HNO_3 存在时。在湿法消解时，As 还会随加热冒烟的 $HClO_4$-HF 损失。

当进行形态分析时不能用简单的样品分解法处理样品，而需用浸提、萃取等方法将待测形态与基体分离。对生物样品可加入水-甲醇（1∶1）进行超声萃取，萃取液经离心分离，连续萃取 5 次，合并萃取液并蒸发至近干，加水定容后加入乙醚除去萃取液中的有机物质，纯化后的水相经 LC-原子光谱联用技术分离测定，可对 As(Ⅲ)、As(Ⅴ) 以及有机砷进行形态分析。底泥样品可与磷酸混合，用 40W 功率超声萃取 5min，再用 50W 功率超声萃取 10min，分离萃取液待测。该法可将 As(Ⅲ)、As(Ⅴ) 以及有机砷（MMA 和 DMA）与基体分离而不破坏砷的形态。

氢化物发生技术一般用于总砷的测定，但由于 As(Ⅲ)、As(Ⅴ)、MMA 和 DMA 生成氢化物时所需 pH 值及反应机理不同，氢化物发生也可用于砷的形态分析。As(Ⅲ)、MMA 和 DMA 被 $NaBH_4$ 还原均可生成相应的氢化物，而 As(Ⅴ) 与 $NaBH_4$ 反应时，先由 As(Ⅴ) 还原成 As(Ⅲ)，再生成砷化氢（AsH_3），其氢化物生成率最多只有 As(Ⅲ) 的 90%。As(Ⅲ) 在 pH<5 的条件下均可生成氢化物，而 As(Ⅴ)、MMA 和 DMA 需要强酸介质（pH≤1）。不同种类的酸作还原介质时，不同形态砷化合物可被 $NaBH_4$ 还原。在巯基乙酸介质中，四种化合物均被还原，在醋酸介质中选择性还原了 As(Ⅲ) 和 DMA。用醋酸-醋酸钠缓冲溶液（pH=5）[70,71] 和柠檬酸-柠檬酸钠缓冲溶液（pH=4.5）[70] 可在 As(Ⅴ)、MMA 和 DMA 存在时选择性还原 As(Ⅲ)，然后再用 KI 将 As(Ⅴ) 在抗坏血酸存在下还原成 As(Ⅲ) 进行测定[71]。在高浓度 HCl 条件下，As(Ⅴ) 可不经 KI 还原而直接与 $NaBH_4$ 反应[71]。与上述方法类似，Bermejo-Barrera 等[72] 在 0.02mol·L^{-1} 的巯基乙酸介质中还原 As(Ⅲ)＋As(Ⅴ)＋MMA＋DMA，在 pH=5 的柠檬酸-氢氧化钠中还原 As(Ⅲ)，在 4mol·L^{-1} HCl 中还原 As(Ⅲ)＋As(Ⅴ)，在 0.14mol·L^{-1} 醋酸溶液中还原 As(Ⅲ)＋DMA，分别测定了海水和温泉水中的总砷和 As(Ⅲ)、As(Ⅴ)、MMA 和 DMA。

氢化物发生-冷阱捕集技术是将砷化物转化成其相应的氢化物，氢化物被载气带入浸在液氮中的、填充有载体的 U 形管冷阱中捕获富集后，加热 U 形管，使氢化物依沸点顺序被蒸出冷阱而达到分离的目的[73~76]。由于生成的氢化物在液氮中被预富集，此方法可大大提高测定灵敏度。为防止氢化物发生时产生的水蒸气在液氮中冷凝，需在 U 形管入口加入 $CaCl_2$ 等干燥剂。$CaCl_2$ 的缺点是使用几次后由于变湿而阻碍载气的透过，引起 U 形管中反压力增加，导致系统崩溃[77]，因而需要经常更换干燥剂。用高品化的吸湿离子交换膜代替 $CaCl_2$ 解决了这一问题，这种膜还可在不损失 AsH_3 的条件下将挥发性的有机物分开[73]。与选择性氢化还原法相比，冷阱捕集还存在精密度不高、氢化物捕集不完全、还原步骤缺乏选择性等缺点。

在氢化物反应前 As(Ⅴ)可被 KI[78]、硫代硫酸盐或 KI-抗坏血酸[65]、L-半胱氨酸[79~82]等预还原。其中 L-半胱氨酸具有良好的稳定性和抗干扰能力，还原性强，使用量少，并且对还原介质的酸度要求很低，因而避免了强腐蚀性溶液的使用。利用不同性质和浓度的酸，As(Ⅴ)可不必预还原[83]。虽然氢化物发生-冷阱捕集法操作简单，易于自动化，但当 MMA 和 DMA 同时存在时，由于对反应的 pH 选择性差，As(Ⅲ)和 As(Ⅴ)的值会有所增加。

氢化物发生-冷阱捕集技术的缺点是只适用于能直接被还原生成氢化物的砷形态，对不能直接生成氢化物而在海洋有机物中广泛存在的 AsB、AsC、AsS 和 AsL 等不适用，而且由于该法分离的不完全性限制了该技术在砷形态分析中的应用。但由于冷阱的富集作用，使得允许的进样量较大，因此在目前仍是一种灵敏的形态分析方法。

用气相色谱分离砷化物，首先要将它们进行衍生化反应，生成的衍生物必须具备良好的挥发性、化学稳定性及热稳定性，而且衍生反应应能适用于多种砷形态。常用于砷形态分析的衍生方法有：氢化物发生法、二硫代氨基甲酸衍生法、三甲基硅烷衍生法、DMA 的碘代二甲基砷氢化物法以及巯基乙酸甲酯（TGM）衍生法等。

在气相色谱中衍生物一般被溶于某一溶剂，然后在液态下进样于色谱柱中。由于氢化物的挥发性太大，不易被萃入溶剂中，因此在实际应用时常将氢化物发生器与气相色谱直接相连，发生的氢化物通过载气被直接带入色谱柱。Fukui 等[84]利用 2,3-二巯基丙醇（BAL）与无机砷和 MMA 形成配合物，然后在涂有 20% SE-30 Chromosorb AWA DMCS 的气相色谱柱上加以分离。Beckermann[85]利用 MMA 和 DMA 与 TGM 形成配合物并在涂有 2.5% XE-60 Chromosorb GAW-DMCS 柱上将它们分离。Dix 等[86]利用 TGM 为衍生剂，分离了无机砷、MMA 和 DMA，并用于尿、血及生物器官提取液的分析。Fukui 等[87]还用 KI 将 DMA 还原成碘代二甲基砷氢化物，在 10% SE-30 Chromosorb 柱上将 DMA 与其他砷化物分离开，可用于土壤提取液及尿液中 DMA 的分析。Claussen 以六氯苯作内标，并用 TGM 对砷化物衍生化，衍生物经过 5% 苯基硅橡胶-95% 甲基硅橡胶的交联毛细管柱后用质谱检测，该法对无机砷和有机砷的

检测限分别为 $3\mu g \cdot L^{-1}$ 和 $0.1\mu g \cdot L^{-1[88]}$。Mester 也用 TGM 衍生和 GC-MS 法测定了人尿中的 MMA 和 DMA[89]。由于 TGM 为强还原剂，因此 As(Ⅴ)会被还原为 As(Ⅲ)，从而不能将 As(Ⅲ)和 As(Ⅴ)分开。

液相色谱也可用于不同形态砷化物的分离。在适宜的条件下，As(Ⅲ)、As(Ⅴ)、MMA 和 DMA 均以阴离子形式存在，AsB 可同时以阴、阳离子形式存在，这些形态化合物均可用离子交换进行分离，Hamilton PRP-X100 柱及不同浓度磷酸流动相的恒流或梯度淋洗是常用的离子交换分离法，其中梯度淋洗常伴有柱后氢化物发生。当 pH＜10 时，阴离子砷化物的流出顺序一般为 As(Ⅲ)、DMA、MMA 和 As(Ⅴ)。当 pH＞10 时，DMA 首先洗脱，MMA 后被洗脱。洗脱顺序的明显不同，可能是由于不同砷化物与固定相的疏水反应强弱不同。离子交换色谱常用于水样、尿样、固体浸取液、底泥、鱼及软体动物组织等样品中砷的形态分析。

离子型的各砷化合物与带相反电荷的含长链有机基团的粒子形成疏水型的离子对化合物后，可在非极性的反相柱上分离。对阴离子型的砷化物，如 As(Ⅲ)、As(Ⅴ)、MMA 和 DMA 等，常用的离子对试剂是含长链烷基（＞4）的季铵盐，对于阳离子型的砷化物，烷基磺酸盐是常用的离子对试剂。使用不同极性的离子对试剂在同一根柱子上可分别分离阴离子型砷化物和阳离子型砷化物。离子对反相色谱常用的是 C_{18} 柱，根据洗脱液的组成和浓度不同，各砷化物的洗脱顺序不同。水样、尿样及标准参考物质中砷的形态分析常用离子对反相色谱法。

三、硒

在 350℃干灰化样品即可造成硒（Selenium，Se）的损失，破坏有机物。将 Se 从样品中释放出来的最常用方法是湿消解，多种混酸被用于湿消解，其中最常用的是 HNO_3-$HClO_4$ 和 HNO_3-H_2SO_4-$HClO_4$，消解时必须维持氧化性条件，加入 H_2O_2、Mo、V 或过硫酸盐可加快湿消解速度。当某些样品难于用湿消解法分解时可采用酸简单溶解方法，即称量较多样品（5～25g 干样）放入烧杯中，加入 10mL 浓 NHO_3 加热溶解、定容。

根据最后的测定目的和测定方法不同，可用不同的方法分离富集样品中的硒化物。

将 Se(Ⅳ)与 2,3-二氨基萘配位生成 4,5-苯并噻硒醇（benzopiazselenol）后用环己烷萃取，在 380nm 激发波长和 520nm 发射波长测定络合物的荧光强度，可测得样品中 Se(Ⅳ)的含量。此法可对天然水样中的 Se(Ⅳ)、Se(Ⅵ)、Se(0)、有机硒以及无机和有机胶束硒进行形态分析，图 12-1 总结了荧光法进行硒形态分析的基本步骤。

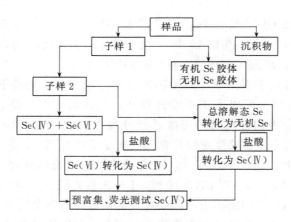

图 12-1　荧光法进行硒形态分析的基本步骤

　　将采得的水样通过玻璃纤维过滤除去其中的沉积物，一次滤液再用孔径为 1.2nm 的超滤膜过滤可分离出胶束态无机和有机硒。二次滤液经配位反应后用荧光法可测得 Se(IV) 的含量；将二次滤液与 HCl 反应后再经配位反应可测得 Se(IV)+Se(VI) 含量，由差值可得到 Se(VI) 的含量；二次滤液与 H_2O_2 混合后在 1200W 汞灯的紫外光照射下氧化分解至少 5h，可将其中的有机硒氧化为 Se(VI)，Se(VI) 被 HCl 还原成 Se(IV) 后再经配位反应和荧光测定得到可溶性无机硒和有机硒的总量，从中减去无机硒的量即可得到有机硒的含量。当水样中 Se(IV) 的含量较低时，可将样品酸化至 pH4.0 后与 1-吡咯烷基二硫代氨基甲酸铵 (APDC) 配位，配合物用氯仿萃取后再用硝酸反萃取可达到分离富集 Se(IV) 的目的[90]。

　　无机硒还可用碲溶液预富集，具体方法是将无机硒还原成元素硒后在硫酸肼存在下与碲共沉淀，沉淀经硝酸和高氯酸氧化溶解后与 HCl 反应，待所有形态的硒均转化成 Se(IV) 后用荧光法可测得总无机硒含量，Se(VI) 可由无机硒与 Se(IV) 的差值求得。

　　由于河水中含有大量的有机碳，在样品预富集过程中形成极细小的沉淀影响测定的准确性，因此采用荧光测定时一般用标准加入法。另外，当用氯仿萃取分离 Se(IV) 时样品中的有机质和部分有机形态硒，如与脂肪酸、碳氢化合物、脂质以及腐殖物相连的硒也会被萃取，从而给测定结果带来误差。当用过氧化氢或溴将无机硒还原成 Se(IV) 时部分有机硒会同时被分解成无机硒，从而给用差减法得到的 Se(VI) 的结果带来误差。

　　若用光谱法进行硒的形态分析，需要在最后测定前用不同的配位剂和萃取剂将不同形态的硒分离。APDC、二乙基二硫代氨基甲酸盐（DDTC）和双硫腙是分离 Se(IV) 常用的配位剂，$CHCl_3$、CCl_4 和 MIBK 是常用的萃取剂。用 APDC-$CHCl_3$-CCl_4 可从 5mol·L^{-1} HCl 到 pH7 的酸性溶液中选择性分离 Se(IV)[91]，用 APDC-MIBK 可从 pH3.5～5 的溶液中萃取 Se(Ⅳ)，而 Se(Ⅵ)在所有 pH 范围都不被萃取[65]，用 DDTC-CCl$_4$ 可从含有柠檬酸-EDTA 的溶液中萃取 Se(Ⅳ)[92]，4-氯-1,2-二氨基苯也可用于萃取 Se(Ⅳ)[93]。Se(Ⅵ)可用 4% 的 TiCl$_3$ 或过氧化氢还原成 Se(Ⅳ)，但目前常用的方法使用 4～6mol·L^{-1} 的 HCl 在水浴上加热 15～20min，可将 Se(Ⅵ)定量还原成 Se(Ⅳ)[65]，Se(Ⅵ)的值可由总硒与 Se(Ⅳ)的差值求得。蒸发法也可用于总硒的富集，HNO$_3$ 的存在可减少硒的蒸发损失，但会造成有机硒水解，也会使 Se(Ⅱ)和 Se(0)氧化成 Se(Ⅳ)或 Se(Ⅵ)而给测定带来误差。Se(Ⅳ)还可以以 SeBr$_4$ 或 H$_2$Se 的形式从样品溶液中蒸馏出来并被富集。

阴离子交换树脂也可用于分离 Se(Ⅳ)和 Se(Ⅵ)[94]，在 0.05mol·L^{-1} HCl 溶液中 Se(Ⅵ)可被保留在 Ag-1X8 阴离子交换树脂上而 Se(Ⅳ)不被保留，分离后 Se(Ⅳ)可用 30mL 0.3mol·L^{-1} HCl 洗脱。该法也可用于气体样品中硒的形态分析：将硒吸附在涂金石英珠柱上，Se(Ⅳ)和 Se(Ⅵ)可用热的去离子水浸提，元素硒可用 3mol·L^{-1}HNO$_3$ 洗脱。

基于在酸性条件下 Se(Ⅳ)与还原剂 NaBH$_4$ 反应生成挥发性的 SeH$_2$，采用 HG 法可测定样品中的 Se(Ⅳ)，Se(Ⅵ)可通过样品还原前后分别测得的 Se(Ⅳ)和总硒的差值求得。在氢化衍生法中 SnCl$_2$-KI、NH$_4$Cl-HCl 和 H$_2$SO$_4$-HCl 是常用的 Se(Ⅵ)还原剂，但这些还原剂在与 NaBH$_4$ 反应时会给氢化物衍生带来干扰，目前常用的还原方法是将样品用 4～6mol·L^{-1} HCl 酸化后简单煮沸 10～20min 即可。Cobo-Fernandez 等[95]将反应管用石墨浴加热到 140℃，利用 FIA 和连续样品流动系统实现了 Se(Ⅵ)的在线还原氢化物衍生测定，还原和衍生所用酸是 12mol·L^{-1} HCl，此法可将 Se(Ⅵ)完全还原，其值可由总硒与 Se(Ⅳ)的差值求得。氢化物衍生冷阱捕集技术可用于分离富集环境样品中的痕量硒，捕集管中需加入 NaOH、CaSO$_4$、CaCl$_2$、Mg(ClO$_4$)$_2$ 和 H$_2$SO$_4$ 等干燥剂以除去冷凝的水汽。样品中其他的挥发性物质和氢化物也会被冷阱捕集并给待测物的测定带来干扰，当冷阱捕集与 GC 联用时反应产生的 CO$_2$、甲硼烷、乙硼烷、HCl 等会降低色谱柱的使用寿命[96]。

四、铬

对于含铬（Chromium，Cr）的生物样品可用湿消解法分解，常用的混酸为 HNO$_3$-HClO$_4$-H$_2$SO$_4$ 或 HClO$_4$-H$_2$SO$_4$。用含 HClO$_4$ 的混酸分解时必须加入 H$_2$SO$_4$，以便形成稳定的 Cr$_2$(SO$_4$)$_3$，防止形成 CrO$_2$Cl$_2$（沸点 118℃）造成 Cr 损失。酸消解的缺点是所使用的酸中 Cr 含量较高，因此必须用高纯酸或二次蒸馏酸进行消解。

用干灰化法消解时需将样品置于带盖坩埚中，放入凉的马弗炉中，温度逐渐升至 500℃，并保持过夜。坩埚冷却后白灰溶于 1mL 1mol·L^{-1} HCl 中（亚沸蒸馏或超纯）。若灰化后灰中含有碳，则需向坩埚中加入 20μL H$_2$SO$_4$ 和 50μL 50％的 H$_2$O$_2$，并加热至近干，然后将坩埚放在马弗炉中在 500℃加热 1h。若需要，酸处理可重复，对于大多数生物样品，只需一次或不需酸处理即可完全消解。由于 Si 吸附 Cr，对于含 Si 的土壤和植物样品在干灰化后还需将样品转入 PTFE 容器中，再用 HF 溶解。采用干灰化法最好使用铂坩埚，石英坩埚也可以，这一方面是因为当灰化温度低于 500℃时 Cr 不发生灰化损失，当温度高于 600℃时 Cr 被保留在瓷坩埚壁上导致损失；另一方面瓷坩埚和石英坩埚在高温下释放出的 Cr 会沾污含 Cr 量低的样品，给分析带来误差。当样品中含有大量的 NaCl 时干灰化法也会导致 Cr 的损失。

对于 Cr 含量在 1ng·mL^{-1}左右的体液样品还可采用氧等离子体灰化法，在铂坩埚或石英坩埚中加入 0.5～1.0mL 熔化后的样品，缓慢加热蒸发至干，在氧等离子体灰化器中用 133Pa 和 400W 功率处理 5h，然后加入 100μL 50％H$_2$O$_2$，再缓慢蒸发至近干。若需要，氧等离子体灰化可重复进行，通常尿样只需 H$_2$O$_2$ 处理一次。灰化后灰分溶于 1mol·L^{-1} HCl 中，30min 后才可用 AAS 进行测定。该法的缺点是分解效率不高，某些含 Cr 量较高的样品不适用。

MIBK 可从 HCl 介质中萃取 Cr(Ⅵ)，基于 Cr(Ⅵ)与吡咯烷二硫代氨基甲酸铵-甲基异丁基酮（APCD-MIBK）或二乙基二硫代氨基甲酸二乙铵-甲基异丁基酮（DDTC-MIBK）的配位作用来萃取铬是分离富集 Cr(Ⅲ)和 Cr(Ⅵ)的常用方法。该法也是美国环保局建议使用的方法。通常在一般条件下 Cr(Ⅲ)不易被配位萃取，Subramanian[97]发展了一种无需将 Cr(Ⅲ)氧化为 Cr(Ⅵ)而直接萃取 Cr(Ⅲ)的方法，在最佳邻苯二甲酸缓冲溶液和 APCD 浓度、pH 以及萃取时间等条件下，可选择性测定 Cr(Ⅵ)，溶液中得共存离子不产生干扰。萃取 Cr(Ⅲ)时溶液中腐殖酸的浓度需小于 2mg·L^{-1}。Jong 和 Brinkman[98]在弱酸（pH2）条件下用季铵氯化物 [Aliquat 336，(CH)$_3$R^{1}R^{2}R^{3}NCl，其中 R 基主要是辛基和癸基] 萃取 Cr(Ⅵ)，在含有至少 1mol·L^{-1}硫氢酸盐的中性溶液中萃取 Cr(Ⅲ)，将 Cr(Ⅲ)氧化成 Cr(Ⅵ)后用 Aliquat 336 萃取 Cr(Ⅵ)的方法分别测定了海水中得 Cr(Ⅲ)、Cr(Ⅵ)和总铬。用硫氢酸盐法测得的 Cr(Ⅲ)值低于差减法测得的 Cr(Ⅲ)值，这主要是因为硫氢酸盐不能将 Cr(Ⅲ)从胶体和高稳定配合物中分离出来。Chakraborty 和 Mishra[99]用 N-羟基-N,N'-二苯基苯甲脒作配位剂，将 Cr(Ⅵ)从盐酸溶液中萃取到 CHCl$_3$ 中，用二苯基卡巴腙（DPC）作感光增强剂选择性测定了溶液中的 Cr(Ⅵ)，用 KMnO$_4$ 做氧化剂测得了总铬含量，并用见法获得了样品中 Cr(Ⅲ)的含量。在 pH＝8 的条件下，Cr(Ⅲ)与 8-羟基喹啉配位后可用 MIBK 萃取，微波加热可加快配位反应，用此方法将 Cr(Ⅵ)还原后可测得样品中的总铬含量，进而测得 Cr(Ⅵ)的值[100]。Cr(Ⅲ)可与三氟乙酰丙酮（TFA）发生衍生反应，生成的衍生物可用甲苯萃取，并用电子捕获气相色谱法[101]和电热原子吸收法[102]测定，用 Na$_2$S 将 Cr(Ⅵ)还原后可测的样品中的总铬和 Cr(Ⅵ)含量，微波加热可加快衍生反应。在 pH6 时羟基喹啉可配位 Cr(Ⅲ)，而在 pH4 时 DDTC 可配位 Cr(Ⅵ)[103]。

Fe(OH)$_3$ 和 Al(OH)$_3$ 是 Cr(Ⅲ)的常用共沉淀剂，该法的缺点是：少量 Cr(Ⅵ)会吸附在沉淀上给测定带来误差；测定时溶液中大量的 Fe 或 Al 存在光谱干扰；实际样品测定时水中的有机物质和腐殖酸降低了 Fe(OH)$_3$ 的沉淀效率。

PbSO$_4$ 和 BaSO$_4$ 是常用的 Cr(Ⅵ)共沉淀剂。Obiols 等[104]用 PbSO$_4$ 作沉淀剂，用 ETAAS 测定了 Cr(Ⅵ)、Cr(Ⅲ)离子、配位型的 Cr(Ⅲ)和粒子吸附态的 Cr。水样首先用 0.45μm 的膜过滤，沉淀用稀硝酸溶解后可测定粒子吸附态的 Cr；滤液在 pH6～7 时用 Pb$_3$(PO$_4$)$_2$ 沉淀可测其中的 Cr(Ⅲ)＋Cr(Ⅵ)；滤液在 pH3 时用 PbSO$_4$ 沉淀可测定其中的 Cr(Ⅵ)。

Lan 等[105]利用在不同的 pH 条件下 Cr(Ⅲ)和 Cr(Ⅵ)可分别与 Pb(PDC)$_2$(PDC＝吡咯烷二硫代氨基甲酸盐)发生沉淀反应的原理，在 pH4 时分离 Cr(Ⅵ)，在 pH9 时分离 Cr(Ⅲ)，将 Cr(Ⅵ)用 NaHSO$_3$ 还原后在 pH9 时沉淀分离 Cr(Ⅲ)，用中子活化法分别测定水样中的 Cr(Ⅵ)、Cr(Ⅲ)和总铬。

硝酸纤维素、醋酸纤维素、PVC、PTFE 和玻璃纤维膜均可用于收集气体样品中的铬，并将 Cr(Ⅵ)还原成 Cr(Ⅲ)。美国国家职业安全与健康机构(NIOSH)推荐的方法是，用硫酸或 3% Na$_2$CO$_3$ 和 2% NaOH 将 Cr(Ⅵ)从膜上洗脱下来后用二苯肼法测定，该法的缺点是若样品含大量 Fe(Ⅱ)、当溶液 pH 较低时 Cr(Ⅵ)易被还原，从而降低了铬酸盐的测定浓度，在高 pH 条件下用 7% Na$_2$CO$_3$ 洗脱解决了这一问题。通过空气过滤器的气体用 3% Na$_2$CO$_3$ 和 2% NaOH 洗脱后，还可用 Amberlite LA-2 分离其中的 Cr(Ⅵ)，这种分离方法还可消除 Ca、Fe、K 和 Na 的干扰[106]。Ehman 等[107]用 0.005% 的乙二胺和 Dowex 1X8-100 阴离子交换树脂分离了粒子型键合的 Cr(Ⅵ)。Naranjit 等[108]用 Anga 316 阴离子交换树脂和 Dowex 50W-8X 阳离子交换树脂将 Cr(Ⅵ)和 Cr(Ⅲ)分别从样品中萃取出来。Neidhart 等[109]利用血红细胞对 Cr(Ⅵ)的吸收作用将红细胞涂布在藻酸钙珠粒上，从样品中分离出了 Cr(Ⅵ)，实现了粒子键合型铬的形态分析。

五、铅

用氢化物发生法测定水样中的铅(Lead，Pb)时，共存的 Cu 和 Ni 引起严重干扰，用 MnO$_2$ 共沉淀后可消除此类干扰。

测定血铅时只需将样品用 HNO$_3$ 加热分解即可，也可用 Saponin-Triton X-100 将血液样品用 APDC-MIBK 萃取。若用 GFAAS 进行测定，则血样只需用去离子水或柠檬酸铵稀释即可。测定头发中的铅时需预先将样品用丙酮在超声浴下洗 30s 或 1min，然后用酸消解。对于组织样品，由于其有机物含量较高，一般多用干灰化法分解样品，但灰化温度高于 450℃ 时 Pb 可能损失，可用 $Mg(NO_3)_2$、KNO_3-$NaNO_3$-K_2CO_3 作灰化助剂提高灰化温度，以 HNO_3 或 HCl 作灰化助剂再次灰化对于许多样品的处理是必要的。为避免灰化损失也可采用低温干灰化法。当采用 GFAAS 测定 Pb 时，研究表明应用 $NH_4H_2PO_4$ 为基体改进剂并从 L'vov 平台上原子化，则可以无干扰测定许多生物样品包括尿样中的 Pb[110]。毛发、指甲、骨和软组织样品也可不经消化，以 2mL 25% 四甲基氢氧化胺-乙醇溶液溶解，以水稀释后用 AAS 进行测定。样品经分解后再结合 APDC-MIBK 萃取或 Chelex-100 离子交换分离可测定痕量的 Pb。

进行形态分析时样品无需分解。气体样品可用冷阱捕集后再在 80～100℃ 加热直接进入 GC-AAS 进行分离测定。水样中的二烷基铅、三烷基铅和 Pb^{2+} 经过二乙基二硫代氨基甲酸钠（NaDDTC）螯合之后，可用苯定量萃取，然后再用格林试剂烷基化，用 GC-AAS 分离测定。实验表明少量 NaCl（5%）可促进萃取时有机相的快速分离，同时使标准系列的离子强度与各种水样相适应。生物样品均化后加入 20% 的 TMAH 在 60℃ 水浴中消化直至样品完全溶解，用 HCl 将消解液调至 pH6～8 时加入 NaCl、NaDDTC 和苯螯合萃取，再经格林试剂丁基化后可用 GC-AAS 测定。底泥样品与 NaCl、KCl 和苯甲酸钠混合后可用 NaDDTC-苯螯合萃取，然后经格林试剂丁基化后用 GC-AAS 分离测定。

六、锑

许多适用于含砷样品的分解方法亦适用于含锑（Antimony，Sb）样品，如果以 $Mg(NO_3)_2$ 作灰化助剂，在 550℃ 灰化生物样品能获得令人满意的结果，用 HNO_3-$HClO_4$-H_2SO_4 或 H_2SO_4-H_2O_2 混酸分解样品也可获得很好的效果。需要注意的是无论采用何种方法分解样品都要防止 Sb 以 $SbCl_3$ 和 SbH_3 的形式挥发，若用 HNO_3 蒸馏法分解样品，则需防止生成不溶性的 Sb_2O_4，通常用酒石酸稳定溶液中的 Sb(Ⅲ)。

用分光光度法测定时（配合物生成）：Sb(Ⅴ) 可以 $SbCl_6^-$ 的形态被阳离子染色剂如若丹明 B、龙胆紫、噻唑兰等萃取，Sb(Ⅲ) 可被黄原酸乙酯、O,O'-二乙基二硫代次磷酸盐等配位萃取。这些染色剂对 Sb(Ⅲ) 和 Sb(Ⅴ) 缺乏选择性，因此不能用于分离 Sb(Ⅲ) 和 Sb(Ⅴ)，而需用 $NaNO_2$ 等氧化剂将其他形态锑氧化成 Sb(Ⅴ)，或用 KI、柠檬酸等还原剂将锑化物还原成 Sb(Ⅲ) 后用光度法测定总锑。

Sato[111] 利用反应条件的差异，即当 pH2.2～3.5 时 Sb(Ⅲ) 可在室温下与苯乙醇酸反应生成阴离子螯合物，而 Sb(Ⅴ) 需在 45℃ 加热 15min 才能完成反应，将 Sb(Ⅲ) 和 Sb(Ⅴ) 与苯乙醇酸反应后再与孔雀绿反应生成离子对化合物，最后用氯苯萃取分离实现了 Sb(Ⅲ) 和 Sb(Ⅴ) 的形态分析，反应步骤见图 12-2。

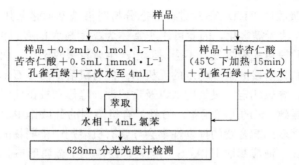

图 12-2　利用反应条件的差异测定 Sb(Ⅲ)和 Sb(Ⅴ)形态

Sato 和 Uchikawa 利用 Sb 与 2-羟基-4-甲基戊酸形成配合物的反应对 Sb(Ⅲ)和 Sb(Ⅴ)进行了形态分析[112]，2-羟基-4-甲基戊酸在 pH3 时与 Sb(Ⅲ)快速反应，而与 Sb(Ⅴ)的反应需在 45℃条件下加热 15min 才能完成。生成的配合物在与孔雀绿反应后可被氯苯萃取，若溶液中加入柠檬酸则 Sb(Ⅲ)不被萃取，其值可由总 Sb 与 Sb(Ⅴ)的差值求得。此法的优点是可在 Sb(Ⅲ)存在时直接测定 Sb(Ⅴ)，从而提高了 Sb(Ⅴ)的测定准确性。分析步骤如图 12-3 所示。

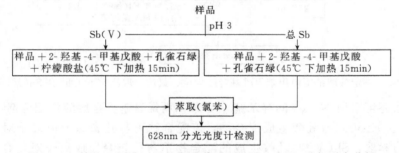

图 12-3　利用 2-羟基-4-甲基戊酸对 Sb(Ⅲ)和 Sb(Ⅴ)进行形态分析

Yonehara 等[113]将 Sb(Ⅲ)与过量的 Cr(Ⅵ)反应，剩余 Cr(Ⅵ)与二苯卡巴肼配位并用光度法在 540nm 测定该配合物的值，由此间接测定了样品中的 Sb(Ⅲ)。将 Sb(Ⅴ)用 Na_2SO_3 + HCl 还原后可测的样品中的总 Sb 含量，Sb(Ⅴ)的值可由总 Sb 与 Sb(Ⅲ)的差值求得。该法流程图如图 12-4 所示。

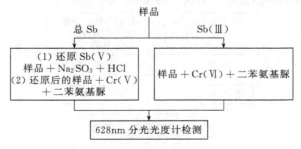

图 12-4　利用过量的 Cr(Ⅵ)测定 Sb(Ⅲ)和 Sb(Ⅴ)形态

用电热原子吸收法（ETAAS）进行形态分析时液液萃取是常用的样品前处理方法。由于 ETAAS 法无需雾化，因此可用于基体为黏度较大的有机溶液的样品分析。有机溶剂在干燥阶段可完全挥发，不会对测定产生背景吸收干扰，而且大多数被萃取的配合物都可在灰化阶段分解成稳定的无机物。但有机溶剂易在石墨管中发生渗透或在石墨表面滑动，导致测定的灵敏度低以及重现性、峰形和校正曲线线性差，有机溶剂的扩展性还可导致 7% 的进样误差。另外，有机溶剂的分散作用、有机溶剂和配位剂的性质以及被萃取的配合物的挥发性都会导致有机溶剂中待测物的测定灵敏度低于水液中。尽管如此，液液萃取 ETAAS 仍然被广泛应用于金属形态分析。

Sun 等[114] 在 pH6 到 2mol·L^{-1} HCl 的酸度范围内用苯甲酰苯基羟胺（BPHA）配位、氯仿萃取将 Sb(Ⅲ) 从样品中分离出来，Sb(Ⅴ) 在此酸度范围内不被萃取。样品中的 Sb(Ⅴ) 经饱和 KI 还原后，用此法可测定样品中的总 Sb 含量，Sb(Ⅴ) 的含量可由总 Sb 与 Sb(Ⅲ) 值差求得。分离步骤如图 12-5 所示。

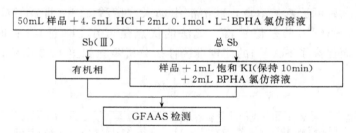

图 12-5　一定酸度范围内用苯甲酰基羟胺配位、氯仿萃取测定 Sb(Ⅲ) 和 Sb(Ⅴ) 形态

该法还可采用 N-（4-间羟苯基）-2-苯基丙烯酰基异羟肟酸作配位剂[115]。

Sb(Ⅲ) 还可以与乳酸生成配合物，该配合物可与孔雀绿形成离子对化合物并被氯仿萃取，Sb(Ⅴ) 与乳酸生成的配合物不与孔雀绿形成离子对化合物，因而不能被氯仿萃取，用此方法可以达到分离 Sb(Ⅲ) 的目的[116]。由于 KI 能使孔雀氯降解，因此不能用 KI 将 Sb(Ⅴ) 先还原成 Sb(Ⅲ)，再与乳酸配位、与孔雀氯形成离子对化合物并用氯仿萃取的方法分离 Sb(Ⅴ)，也不能用差减法求 Sb(Ⅴ) 的值，Sb(Ⅴ) 的值只能由水相直接测得。此法只适用于饮用水和地表水中 Sb(Ⅲ) 和 Sb(Ⅴ) 的形态分析。分析步骤如图 12-6 所示。

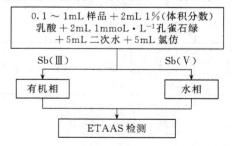

图 12-6　利用乳酸测定 Sb(Ⅲ) 和 Sb(Ⅴ) 形态

目前常用的分离 Sb（Ⅲ）的方法是吡咯烷基二硫代氨基甲酸铵（APDC）法[117]。Sb（Ⅲ）与 APDC 生成的螯合物在 pH5 的条件下可被 $CHCl_3-CCH_4$ 萃取并用 AAS 测定，将 Sb（Ⅴ）用 $TiCl_3$ 还原后在 pH0.3 的条件下萃取可测定总 Sb 含量，通过两者的差值可得到 Sb（Ⅴ）的含量。分离步骤如图 12-7 所示。

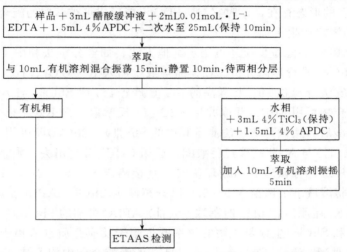

图 12-7　吡咯烷基二硫代氨基甲酸铵（APDC）法分离 Sb（Ⅲ）和 Sb（Ⅴ）

采用 APDC-MIBK 配位分离体系不用将 Sb（Ⅴ）还原成 Sb（Ⅲ），可根据反应体系 pH 的不同而达到分离 Sb（Ⅲ）和 Sb（Ⅴ）的目的[65]。在 pH0～9.0 的范围内 Sb（Ⅲ）可被配位萃取而 Sb（Ⅴ）的萃取需在 pH2.5～10.0 的条件下完成。测定总 Sb 时需在 $0.3\sim1.0\,mol\cdot L^{-1}$ HCl 的酸性条件下，此时 Sb（Ⅲ）和 Sb（Ⅴ）可同时被萃取。常温下 Sb（Ⅲ）与 APDC 配位后只需振荡 5s 即可被完全萃取，而 Sb（Ⅴ）与 APDC 的反应较慢，在 25℃ 下需振荡 5min 才能从 $0.5\,mol\cdot L^{-1}$ HCl 中萃取出来，若将含有 Sb（Ⅴ）和 1%APDC 的 $0.5\,mol\cdot L^{-1}$ HCl 溶液煮沸 1min 后再冷却至室温，则振荡 30s 后即可完全萃取 Sb（Ⅴ）。分离步骤见图 12-7 和图 12-8。研究表明，Sb（Ⅲ）-APDC 配合物在 MIBK 中可稳定 2 个月，若将配合物用 pH1.0 的酸性溶液从 MIBK 中反萃取则 Sb（Ⅲ）-APDC 的稳定时间还可进一步延长。

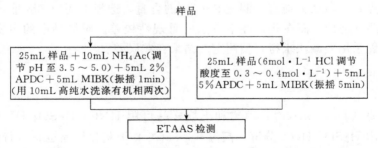

图 12-8　采用 APDC-MIBK 配位分离体系分离 Sb（Ⅲ）和 Sb（Ⅴ）

当样品溶液 pH＜3 时加入 APDC，则当溶液的 pH＞3.5 时样品中的 Sb（Ⅴ）对 APDC-MIBK 或 APDC-CH$_2$Cl$_2$ 配位分离 Sb（Ⅲ）存在干扰[118]，这主要是因为当 pH＜3 时，Sb（Ⅴ）以 Sb（OH）$_5$ 的形态存在，Sb（OH）$_5$ 与 APDC 形成的配合物在 pH＞3 时也能稳定存在并可被有机溶剂萃取。而当溶液的 pH＞3 时 Sb（Ⅴ）以 Sb（OH）$_6^-$ 的形态存在，此时它与 APDC 不能形成可被萃取的配合物，也不会对 Sb（Ⅲ）的测定产生干扰。

Sb 与 APDC 的配位反应还可用于其他方法，如电分析法和中子活化法，对 Sb（Ⅲ）和 Sb（Ⅴ）进行形态分析。在样品溶液中加入 K$_2$Cr$_2$O$_7$、HCl 和柠檬酸后可用循环伏安法测定总 Sb，将样品的 pH 值调至 4.5 后 Sb（Ⅲ）与 APDC 形成配合物，该配合物可用 MIBK 萃取并用 K2Cr2O7 反萃取，向 K$_2$Cr$_2$O$_7$ 溶液中加入 HCl 和柠檬酸后可用循环伏安法测定其中的 Sb（Ⅲ），Sb（Ⅴ）既可用差值法求得，也可先将 Sb（Ⅲ）与 N-苯基苄羟肟酸配位后用 CHCl$_3$ 分离出去，剩余的水相加入 K$_2$Cr$_2$O$_7$、HCl 和柠檬酸后用循环伏安法直接测定 Sb（Ⅴ）[119]。当用中子活化法测定时可将溶液 pH 调至 3.5～5.5 以分离测定 Sb（Ⅲ）-APDC，将 Sb（Ⅴ）用 Na$_2$S$_2$O$_3$ 和 KI 还原后在 pH1 时萃取 Sb（Ⅲ）-APDC 可测的 Sb（Ⅴ）的值[120]。

Sb（Ⅲ）和 Sb（Ⅴ）生成氢化物的效率既依赖于反应介质也依赖于反应介质的 pH 值。Sb（Ⅲ）和 Sb（Ⅴ）在 4mol·L^{-1} HCl 的强酸介质中均可被 NaBH$_4$ 还原成 H$_3$Sb。当 HCl 和 H$_2$SO$_4$ 溶液的 pH＞1 或 H$_3$PO$_4$ 溶液的 pH＞3 时 Sb（Ⅲ）生成 H$_3$Sb 的效率随 pH 值的升高而降低，当强酸溶液的 pH 值在 0～1 时 Sb（Ⅴ）被还原的效率急剧下降。Sb（Ⅲ）在 pH≥2 的柠檬酸[121]、pH≥4 的酒石酸[122]、pH6～7[123] 的硼酸缓冲液中可被选择性的还原成 H$_3$Sb。在 pH5 的醋酸缓冲溶液[124] 和 pH1.5～2 的 H$_3$PO$_4$[125] 中 Sb（Ⅴ）的氢化物发生被抑制。

虽然在强酸溶液中 Sb（Ⅴ）可直接生成氢化物，但其生成氢化物的效率低于 Sb（Ⅲ），因此用氢化物发生法测定总 Sb 含量时，需在 HCl 溶液中用 KI 或硫脲将 Sb（Ⅴ）先还原成 Sb（Ⅲ）。液氮冷阱捕集可用于富集环境样品中低含量 Sb 的氢化物，富集介质为玻璃珠或玻璃毛。

根据反应介质的 pH 值不同，用氢化物发生法对 Sb（Ⅲ）和 Sb（Ⅴ）进行形态分析的缺点是，该法只能直接测定 Sb（Ⅲ）的含量，选择性还原 Sb（Ⅲ）还需在较高 pH 条件下进行，而在此条件下方法的重现性较差。对样品中的主要成分 Sb（Ⅴ）则只能采用差减法求得，使测定的结果存在误差。

七、锡

测定锡（Tin，Sn）时，植物和土壤样品可用 HNO$_3$-H$_2$SO$_4$-HF 分解，生物样品可用 H$_2$SO$_4$-H$_2$O$_2$ 分解，高温（＞550℃）干灰化样品也是可行的，但由于易形成不溶性氧化物而必须用碱熔融。用 GFAAS 测定水体颗粒物中的 Sn 时可加入草酸钠或预先与含水 MnO_2 共沉淀来除去 Cu、Ni、Sb 和 As 的干扰[126]，而测定水中的 Sn 时 EDTA 比 $Na_2C_2O_4$ 能更好地消除干扰[127]。

　　水样经芳庚酚酮-苯萃取后，再加入格林试剂烷基化，用 GC-AAS 可分离测定其中的甲基锡和 Sn(Ⅳ)[128]。生物样品匀浆后可用 H_2SO_4-KBr-$CuSO_4$ 或 HCl-四氢呋喃浸取，浸取液经 tropolone-环己烷萃取，再经格林试剂戊基化或丙基化后可分离测定其中的甲基锡和丁基锡[129,130]。

八、镍

　　测定镍（Nickel，Ni）时在均匀加热的电热板上用锥形瓶酸解组织样品较方便，与干灰化法相比，在耐热玻璃管中用超纯混酸 HNO_3-H_2SO_4-$HClO_4$ 加热回流分解血样和尿样具有以下优点：消化、螯合、萃取可以在一个容器中完成，无需定量转移；空白、标准、样品所用酸可定量；到消解完成时 H_2SO_4 一直在管中回流，因此样品无需蒸发至干[131]。Ader 和 Stoeppler 以[63]Ni 为示踪剂比较了干灰化和酸消解过程中的 Ni 损失，发现在石英管中酸解，[63]Ni 可定量回收，而在石英坩埚中干灰化，由于形成不溶硅酸镍，导致不定量的[63]Ni 损失[132]。用三氯乙酸（TCA）-HCl 沉淀蛋白质的方法可消解血浆和血清中的有机质[133]，在低 pH 时，Ni^{2+} 被释放到血浆蛋白和氨基酸中，并在无蛋白上层液中被螯合萃取，该法的缺点是 TCA-HCl 沉淀法不能将 Ni 从刀豆脲酶——一种 Ni 金属蛋白中定量沉淀出来[134]。

　　对于大多数分析技术的灵敏度来讲，环将样品中 Ni 的浓度很低，在定量测定前样品还需经过螯合、萃取、沉淀或吸附等方法进行富集。Ni 可与吡咯烷二硫代氨基甲酸铵配位后用 MIBK 萃取[135]。海水中的 Ni 可用离子交换柱分离富集[136]，也可用吡咯烷二硫代氨基甲酸钴共沉淀分离富集[137]，还可用有机溶剂萃取再用 HNO_3 反萃取的方法[138]。土壤中的 Ni 可用 $CHCl_3$、二甲苯等萃取[139~141]。用 APDC-MIBK 配位萃取血清和尿液中的 Ni 是 IUPAC 规定的标准方法[142]。尿样酸解后调至中性，在 pH9.5 时可用 MK-2 离子交换树脂吸附富集，并用稀 HCl 洗脱[143]。将酸化的尿样过聚二硫代氨基甲酸盐树脂可富集其中的 Ni，酸消解树脂可解吸 Ni[144]。Ni 还可以与 APDC、DMG、FD（糠偶酰二肟）和 BD（苯偶酰二肟）螯合，然后用 MIBK 或正丁基醋酸盐萃取，在 pH7~7.5时 Ni 与 APDC（>FD>DMG）螯合，用 MIBK 萃取的分离效率最高[145,146]。Ni 用 FD 配位后可用 $CHCl_3$ 萃取，萃取前加入柠檬酸或酒石酸可消除 Fe、Al 的干扰，用氨水回洗 $CHCl_3$ 萃取液可减少 Co、Cu 干扰[147]。

九、镉

　　低温灰化对所有镉（Cadmum，Cd）测定技术均适用，且空白低[148]。由于

Cd 及其化合物的挥发性，干灰化法需要严格控制温度，使用可编程序炉，炉温最高不能超过 500℃[149]，对含量较低的样品，灰化需在石英管中进行[150]。用不同的酸、氧化剂、混酸（HNO_3、H_2SO_4、$HClO_4$ 和 H_2O_2）进行生物样品湿消解时需加热至 310℃ 才能完全分解样品[151]，若酸和容器未经过仔细处理，湿法消解会增加 Cd 的空白值。由于 Cd 的挥发温度较低，若消解所用的酸沸点较高或氧化能较强，在消解过程中又未完全除去，则对 Cd 的 GFAAS 测定带来困难。用 HNO_3 在 170℃ 对样品进行高压消解，所得试液空白值低，适用于 FAAS 和 GFAAS 测定 Cd[152]。然而由于分解不完全，试液若没有经过进一步处理，该法不适用于电化学分析[153]。

血样用 HNO_3-H_2O_2 消解后可用二硫腙-$CHCl_3$ 萃取 Cd，再用稀 HCl 反萃取后进行测定[154]；用 HNO_3-H_2SO_4 消解或用 HNO_3 高压消解后可用 HMA-HMDC（hexamethylene ammonium-hexamethylene dithiocarbamidate）萃取到二异丙基酮（diisopropyl ketonem，DIPK）-二甲苯混合液中，也可以先用 $NaHCO_3$ 将溶液调至中性，再用 APDC 萃取至 CCl_4 中[155,156]，两种萃取方法均可用有机相进样 AAS 进行测定。血样也可不经消解，直接用 Triton X-100 稀释或加入皂角苷和甲酰胺后用 APDC-MIBK 萃取其中的 Cd[157]，或用去离子水将红细胞溶解后用 APDC-MIBK 萃取 Cd[158]。当样品中 Cd 含量较高时可用 $1mol·L^{-1} HNO_3$ 与蛋白共沉淀的方法除去蛋白，离心后取上清液进样 AAS 进行测定[159,160]。

尿样中的 Cd 可用 NaDDC-MIBK 或 APDC-MIBK 萃取后测定，也可将尿样用 HNO_3-H_2SO_4 消解后用 $NaHCO_3$ 调至中性，再用 APDC-CCl_4 萃取[155,156]，但后一种方法不能完全回收 Cd。Cd 含量较高时，尿样可先加入 HNO_3，再加入 H_2O_2 蒸发至干，以稀 HNO_3 溶解残渣后直接用 AAS 测定，也可将尿样用等体积的 $0.3mol·L^{-1} HNO_3$[161] 或 $5％HNO_3$[162] 稀释后直接用 GFAAS 测定。

组织样品可用 HNO_3-H_2O_2、HNO_3-H_2SO_4 和 HNO_3-$HClO_4$ 湿消解，也可用 HNO_3 进行高压密闭消解，还可以用 TMAH 将指甲、毛发和组织样品溶解，加水稀释后测定。

十、铊

由于铊（Thallium，Tl）的挥发性和易形成硅酸盐，一般不用高温干灰化法分解含 Tl 样品，但可在密闭体系中用氧化熔解法分解样品，使样品在氧气氛中低温灰化。用含 HNO_3、$HClO_4$、H_2SO_4 的混酸进行消解是分解含 Tl 样品的常用方法，但若使用分光光度法进行测定，则湿法消解时不能用 $HClO_4$，以免影响测定。

当样品中 Tl 含量较低时可用在弱酸性溶液中生成 Tl_2S 沉淀或用二乙基乙醚

萃取 $TlCl_3$ 或 $TlBr_3$ 的方法进行富集分离。当用分光光度法测定，可在 $pH \geqslant 11$ 时用 $CHCl_3$ 萃取 $Tl(I)$ 与二硫腙反应的配合物，生物样品经 HNO_3-H_2SO_4 酸消解后可用丙酮萃取 $TlBr_3$-亮蓝配合物，萃取前要除去 HNO_3，以免干扰测定，而且 H_2SO_4 的浓度应在 $0.5 \sim 1.5 mol \cdot L^{-1}$ 之间。全血、血浆和尿液可不经破坏，在 pH5~8 的范围内用二乙基二硫代氨基甲酸钠（SDDC）或吡咯烷二硫代氨基甲酸铵（APDC）螯合后用 MIBK 或 DIPK（二乙丙基酮）萃取，然后用 FAAS 测定[163,164]。若用 GFAAS 测定，则只有尿样可不经破坏，用 $1\%H_2SO_4$ 稀释后直接测定，其他样品均需分解、萃取后才能测定。

参考文献

[1]　Sansoni B，Kracke W. Z Anal Chem，1969，243：209-241.

[2]　RC Torrijos and JA Perez-Bustamante，Analyst，1978，103，1221-1226.

[3]　Brady D V，Montalvo J G，Jung J，Curran R A. Atom Absorpt Newsl，1974，13，5.

[4]　Brady D V，Montalvo J G，Joseph G，Glowacki G，Pisciotta A. Anal Chim Acta，1974，70：448.

[5]　Littlejohn D，Stephen S C，Ottaway J M，Application of a slurry technique for the trace element analysis of foodstuffs by electrothermal atomic absorption spectrometry. paper presented at SAC 86/3rd BNASS，Bristol：1986.

[6]　Hoenig M，Regnier P. Wollast R. J Anal Atom Spectrom，1989，4：631.

[7]　Karwowska R，Jackson K W. Spectrochim Acta，1986，41B：947.

[8]　Ebdon L，Wilkinson J R. J Anal Atom Spectrom，1987，2：39.

[9]　Ebdon L，Parry H G M. J Anal Atom Spectrom，1987，2：131.

[10]　Hoenig M，Hoeyweghen P V. Anal Chem，1986，58：2614.

[11]　Wen Bei，Shan Xiaoquan，Liu Ruixia，Tang Hongxiao. Fresenius J Anal Chem，1999，363：251-255.

[12]　BeiWen，ShanXiaoquan，XuShuguang. Analyst，1999，124：621-626.

[13]　Vassileva E，Docekalova H，Baeten H，Vanhentenrijk S，Hoenig M. Talanta，2001，54：187-196.

[14]　Larjava K，Laitinen T，Kiviranta T，Siemens V，Klockow D. Int J Environ Anal Chem，1993，52：65-73.

[15]　MeijR. Water，Air and Soil Pollut，1991，56：117-129.

[16]　Laudal D，Nott B，Brown T，Roberson R. Fresenius Z Anal Chem，1997，358：397-400.

[17]　Anal Methods Committee. Analyst，1977，102：769-776.

[18]　Westoo G. Chem Scand，1966，20：2131-2137.

[19]　Padberg S，Burow M，Stoeppler M. Fresenius J Anal Chem，1993，346：686-688.

[20]　Bulska E，BaxterD C，Frech W. Anal Chim Acta，1991，249：545-554.

[21]　Rezende M C R，CamposR C，CurtiusA J. J Anal At Spectrom，1993，8：247-251.

[22]　Lansens P，Baeyens W. Anal Chim Acta，1990，228：93-99.

[23]　Jiang G B，Ni Z M，Wang S R，HanH B. Fresenius J Anal Chem，1989，334：27-30.

[24]　Hempel M，Hintelman H，WilkenR D. Analyst，1992，117. 669-675.

[25]　BloomN S. Can J Aquat Sci，1989，46：1131-1140.

[26]　LeeY H，Mowrer J. Anal Chim Acta，1989，221，259-268.

[27] Beauchemin P，Siu K W M ，BermanS S. Anal Chem，1988，60：2587-2590.

[28] Emteborg H，Sinemus H W，Radziuk B，BaxterD C ，Frech W. Spectrochim Acta，1996，51B：829-837.

[29] Cela R，Lorenzo R A，Rubi E，Botana A，Valino M，Casais C，Garcia M S，Mejuto M C，Bollain M H. Environ Technol，1992，13：11-22.

[30] Horvat M ，Bloom N S ，Liang L. Anal Chim Acta，1993，281：135-152.

[31] Lepine L，Chamberland A. Water Air and Soil Pollut，1995，80：1247-1256.

[32] Oda C E，Ingle Jr J D. Anal Chem，1981，53：2305-2309.

[33] Horvat M，May K，Stoeppler M，Byrne A R. Appl Organomet Chem，1988，2：515-524.

[34] Horvat M，Liang L，Bloom N S. Anal Chim Acta，1993，282：153-168.

[35] Cai Y，Jaffe R，Alli A，Jones R D. Anal Chim Acta，1996，334：251-259.

[36] Wittmann Z. Talanta，1981，28：271-273.

[37] Paudyn A，Van Loon J C. Fresenius Z Anal Chem，1986，325：369-376.

[38] Bloom N S，Fitzgerald. W F. Anal Chim Acta，1988，208：151-161.

[39] Brosset C，Lord E. Water Air and Soil Pollut，1995，81：241-264.

[40] Yamamoto J，KanedaY，HikasaY. Int J Environ Anal Chem，1983，16：1-16.

[41] Kudo A，Nagase H，OseY. WatRes，1982，16：1011-1015.

[42] Emteborg H，Baxter D C，Frech W. Analyst，1993，118：1007-1013.

[43] Lee Y H. Int J Environ Anal Chem，1987，29：263-276.

[44] Sengupta B，Das J. Anal Chim Acta，1989，219：339-343.

[45] Elmahadi H A M，Greenway G M. AnalJ At Spectrom，1993，8：1011-1014.

[46] Nojiri Y，Otsuki A，Fuwa K. Anal Chem，1986，58：544-547.

[47] Ichinose N ，Miyazawa Y. Fresenius Z Anal Chem，1989，334：740-742.

[48] Chiba K，Yoshida K，Tanabe K，Haraguchi H，Fuwa K. Anal Chem，1983，55：450-453.

[49] Johansson M，Emteborg H，Glad B，Reinholdsson F ，Baxter D C. Fresenius Z Anal Chem，1995，351，461-466.

[50] Bloxham M J，Gachanja A，HillS J，Worsfold P J. J Anal At Spectrom，1996，11：145- 150.

[51] Mena M L，Mcleod C W，Jones P，Withers A，Minganti V，Capelli R，Quevauviller P. Fresenius J Anal Chem，1995，351：456-460.

[52] Nakayama E，Suzuki Y，Fujiwara K，Kitano Y. Anal Sci，1989，5：129-139.

[53] Florence T M，Talanta，1982，29：345-364.

[54] Kanno A，akagi H ，Takabatake E . Eisei Kagaku，1985，31：260-268.

[55] Revis N W，Osborne T R，Holdsworth G ，Hadden C. Water，Air and Soil Pollut，1989，45：105-113.

[56] Revis N W，Osborne T R，Sedgley D，King A. Analyst，1989，114：823-825.

[57] Sakamoto H，Tomiyasu T，Yonehara N. Anal Sci，1992，8：35-39.

[58] 巨振海，张桂芹. 分析化学，1991，19：1288-1290.

[59] Bombach G，Bombach K，KlemmW. Fresenius Z Anal Chem，1994，350：18-20.

[60] Windmoeller C C，Wilken R D，JardimW de F. Water，Air and Soil Pollut，1996，89：399-416.

[61] Lansens P，Leermakers M，Baeyes W. Water，Air and Soil Pollut，1991，56：103-115.

[62] Chiavarini S，Cremisini C，Ingrao G，Morabito R. Appl Organomet Chem，1994，8：563-570.

[63] Harms U. Appl Organomet，1994，8：645-648.

[64] Kratzer K，Benes P，SpevackovaV，Kolihova D，Zilkova J. J Anal At Spectrom，1994. 9：303 -306.

[65] Subramanian K S，MerangerJ C. Anal Chim Acta，1981，124. 131.

[66]　Horler B A T. Analyst, 1989, 114: 919.

[67]　Ybanez N, Cervera M L, Montoro R. Anal Chim Acta, 1992, 258: 61.

[68]　Saraswati R, Vetter T W, Watters R L. Jr Analyst, 1995, 120: 95.

[69]　Terashima S. Anal Chim Acta, 1976, 86: 43.

[70]　Lopez A, Torralba R, Palacios M A, Camara C. Talanta, 1992, 39. 1343-1348.

[71]　Driehaus W, Jekel M. Fresenius J Anal Chem 1992, 343: 352-356.

[72]　Bermejo-Barrera P, Moreda-PineiroJ, Moreda-pineiro A, Bermejo-Barrera A. Anal Chim Acta, 1998, 374: 231-240.

[73]　Elteren J T Van, Das H A, Deligny C L, Agterdenbos J, Bax D. J Radioanal Nucl Chem Articles, 1994, 179: 211-219.

[74]　Michel P, Averty B, Colandini V. Mikrochim Acta, 1992, 109: 35-38.

[75]　Howard A G, Comber S D W. Mikrochim Acta, 1992, 109: 27-33.

[76]　Cabredo Pinillos S, Sanz Asensio J, Galban Bernal J. Anal Chim Acta, 1995, 300: 321-327.

[77]　Boampong C, Brindle I D, Ceccarelli Ponzoni C M. J Anal At Spectrom, 1987, 2: 197-200.

[78]　Hon P K, Lau O W, Tsui S K. J Anal At Spectrom, 1986, 1: 125-130.

[79]　Welz B, Sucmanova M. Analyst, 1993, 118: 1417-1423.

[80]　Welz B, Sucmanova M. Analyst, 1993, 118: 1425-1432.

[81]　Le X C, Culten W R, Reimer K J. Anal Chim Acta, 1994, 285: 277-285.

[82]　Feng Y L, Cao J P. Anal Chim. Acta, 1994, 293: 211-218.

[83]　orralba R T, Bonilla M, Perez-Arribas LV, Palacios M A, CamaraC. Spectrochim. Acta, 1994, 49B: 893-899.

[84]　Fukui S, Hirayama T, Nohara M, Sakagami Y. Talanta, 1983, 30, 89-93.

[85]　Beckermann B. Anal Chim. Acta, 1982, 135: 77-84.

[86]　Dix C J Cappon, Toribara TY. J Chromatogr Sci, 1987, 25: 164-169.

[87]　Fukui S, Hirayama T, Nohara M, Sakagami Y. Talanta, 1981, 28: 402-404.

[88]　Claussen FA. J Chromatogr Sci, 1997, 35: 568-572.

[89]　Mester Z, Vitanyi G, Morabito R, Fodor P. J Chromatogr A, 1999, 832: 183-190.

[90]　王子健, 彭安. 分析化学, 1988, 16: 7.

[91]　Chung Chan-Huan, Yamamoto M, Wamoto Etsuro I, Yamamoto Y. Spectrochim Acta, 1984, 39B: 459.

[92]　Ohta K, Suzuki M. Fresenius Z Anal Chem, 1980, 302: 177.

[93]　Neve J, Hanocq M, Molle L. Intern Environ Anal Chem, 1980, 8: 177.

[94]　Muangnocharoen S, Oliver Keith M, Ciou K Y. Talanta, 1988, 35: 679.

[95]　Cobo-Fernandez M G, Palacios M A, Camara C. Anal Chim Acta, 1993, 283: 386.

[96]　Ornemark U, PettersonJ, Olin A. Talanta, 1992, 39: 1089.

[97]　Subramanian K S. Anal Chem, 1988, 60: 11.

[98]　Jong G Jde, Brinkman U A Th. Anal Chim Acta, 1978, 98: 243.

[99]　Chakraborty A R, Mishra R K. Chemical Speciation and Bioavailability, 1992, 4 (4): 131.

[100]　Beceiro-Gonzales E, Barciela-Garcia J, Bermejo-Barrera P, Bermejo-Barrera A. Fres J Anal Chem, 1992, 344: 301.

[101]　MugoR K, OriansK J. Anal Chim Acta, 1993, 271: 1.

[102]　Arpadian S, KrivanV. Anal Chem, 1986, 58. 2611.

[103]　Myanagisawa, M Suzuki, TakeuchiT. Microchim Acta, 1973, 475.

[104]　Obiols J, Devesa R, Garcia-Berro J, Serra J. Jntern J Environ Anal Chem, 1987, 30: 197.

[105] Lan C R，Tseng C L，Yang M H，Alfassi Z B. Analyst，1991，116：35.

[106] Brescianini C. Mazzucotelli A，Valerio F，Frache R，Scarponi G. Frez Z Anal Chem，1988，332：34.

[107] Ehman D L，AnselmoV C，Jenks J M. Spectros，1988，3：32.

[108] Naranjit D，Thomassen Y，Van Loon J C. Anal Chim Acta，1979，110：307.

[109] Neidhart B. Herwald S. Lippmann C h，Straka-Emden，B. Fresenius J Anal Chem，1990，337：853.

[110] Hinderberger E J，KaiserM L，Koirtyohann S R At Spectros，1981，2：1.

[111] Sato S. Talanta，1985，32：341.

[112] Sato S，Uchikawa S. Anal Sci，1986，2：47.

[113] Yonehara N，Fujii T，Sakamoto H，Kamada M. Anal Chim Acta，1987，199：129.

[114] Sun H，Shan X，Ni Z. Talanta，1982，29：589.

[115] Abassi S A. Anal Lett，1989，22：237.

[116] Calle-Guntinas M B de la，Madrid Y，Camara C. Anal Chim Acta，1991，247：7.

[117] 迟锡增，万宝，时彦. 光谱学与光谱分析，1988，8：40.

[118] Iwamoto E，Inoike Y，YamamotoY，HayashiY. Analyst，1986，111：295.

[119] Metzger M，Braun H. Anal Chim Acta，1986，189：263.

[120] Mok W M，Wai C M. Anal Chem，1987，59：233.

[121] Apte S C，Howard A G. J Anal At Spectrom，1986，1：221.

[122] Yamamoto M，Uraka K，Murashige K，Yamamoto Y. Spectrochim Acta，1981，36B：61.

[123] Andreae M O，Asmode J F，Foster P，Vańt Dack L. Anal Chem，1981，53：1766.

[124] Campbell AT，Howard A G. Anal. Proc，1989，26：32.

[125] Calle-Guntinas M B de la，Madrid Y，Camara C. Fresenius' J Anal Chem，1992，343：597.

[126] Vijan P N，Chan C Y. Anal Chem，1976，48：1788.

[127] Pyen G，Fishman M. AtAbsorption Newslett，1979，18：34.

[128] Chau Y K，Wong P T S，BengertG A. Anal Chem，1982，54：246.

[129] Jiang Gui-bin，Zhou Qun-fang，He Bin. Environ Sci Technol，2000，34：2697-2702.

[130] ZhouQun-fang，JiangGui-bin，Liu Ji-yan. J Agric Food Chem，2001，49：4287-4291.

[131] Mikac-DevicM，Sunderman Jr F W，NomotoS. Clin Chem，1977，23：948-956.

[132] Ader D，StoepplerM. J Anal Toxicol，1977，1：252-260.

[133] Andersen I，TorjussenW，ZachariasenH. Clin Chem，1978，24：1198-1202.

[134] Sunderman Jr F W. Pure Appl Chem，1980，52：527-544.

[135] Sprague S，Slavin W. At Absorption Newslett，1964，3：160.

[136] Kingston H M.，Barnes I L，BradyT J，RainsT C，ChampM A. Anal Chem，1978，50：2064.

[137] Boyle E A，Edmond J M. Anal Chim Acta，1977，91：189.

[138] Jan T K，Young D R. Anal Chem，1978，50：1250.

[139] Iu K L，Pulford I D，DuncanH J. Anal Chim Acta，1979，106：319.

[140] Pedersen B，Willems M，Jorgensen S S. Analyst，1980，105：119.

[141] PetrovI I，TsalevD L，Barsev A I. At Spectros，1980，1：47.

[142] Brown S S，Nomoto S，Stoeppler M，Sunderman F W. Pure & Appl Chem，1981，53：773.

[143] Janik B，Jankowski J. Pamiet Farmaceut，1973，5：1-2.

[144] Barnes R M，Genna J S. Anal Chem，1979，51：1065-1070.

[145] Torjssen W，Andersen I，ZachariasenH. Clin Chem，1977，23：1018-1022.

［146］　Mikac-Devic M，Sunderman Jr F W ，NomotoS. Clin Chem，1977，23：948-956.

［147］　Mavrodineanu R. Procedures Used at the National Bureau of Standards to Determine Selected Trace Elements in Biological and Botanical Materials. NBS Special Publication 492，US Government Printing Office. Washington D C，1977：287.

［148］　Valenta P，Rutzel H，Nurnberg H W，StoepplerM. Fresenius Z Anal Chem，1977，285：25-34.

［149］　Holak W. J Ass Offic Anal Chem，1977，60：239-240.

［150］　Fariwar-Mohseni M，Neeb R. Fresenius Z Anal Chem，1979，296：156-158.

［151］　May K，Stoeppler M. Fresenius Z Anal Chem，1978，293：127-130.

［152］　Stoeppler M，Backhaus F. Fresenius Z Anal Chem，1978，291：116-120.

［153］　Sroeppler M，Muller K P，Backhaus F. Fresenius Z Anal Chem，1979，297：1，7，112.

［154］　Boitean H L，Metayer C. Analusis，1978，6：350-358.

［155］　Sperling K R，Bahr B. Fresenius Z Anal Chem，1980，301：29-31.

［156］　Sperling K R，Bahr B. Fresenius Z Anal Chem，1980，301：31-32.

［157］　Ullucci P A，Wang J V. Talanta，1974，21：745-750.

［158］　Allain P，Mauras Y. Clin Chim Acta，1979，91：41-46.

［159］　Stoeppler M，Brandt K，RainsT C. Analyst，1978，103：714-722.

［160］　Stoeppler M，Brandt K. Fresenius Z Anal Chem，1980，300：372.

［161］　Vesterberg O，Wrangskogh K. Clin Chem，1978，24：681-685.

［162］　Pleban P A，Pearson K H. Clin Chim Acta，1979，99：267-277.

［163］　Stoeppler M，Bagshik V，May K. Fresenius Z Anal Chem，1980，301：106-107.

［164］　Armore F. Anal Chem，1974，46：1597-1599.